高等学校教学用书

粉末冶金原理

（第2版）

中南大学　黄培云　主编

北　京
冶金工业出版社
2022

图书在版编目（CIP）数据

粉末冶金原理／黄培云主编 . —2 版 . —北京：冶金工业出版社，1997.11（2022.6 重印）

高等学校教学用书

ISBN 978-7-5024-2047-5

Ⅰ. 粉…　Ⅱ. 黄…　Ⅲ. 粉末冶金—高等学校—教材　Ⅳ. TF12

中国版本图书馆 CIP 数据核字（2008）第 102908 号

粉末冶金原理　（第 2 版）

出版发行	冶金工业出版社	**电　话**	(010)64027926	
地　址	北京市东城区嵩祝院北巷 39 号	**邮　编**	100009	
网　址	www.mip1953.com	**电子信箱**	service@mip1953.com	

责任编辑　高　娜　宋　良　美术编辑　彭子赫　责任印制　李玉山

三河市双峰印刷装订有限公司印刷

1982 年 11 月第 1 版，1997 年 11 月第 2 版，2022 年 6 月第 17 次印刷

787mm×1092mm　1/16；29.25 印张；707 千字；459 页

定价 59.00 元

投稿电话　　(010)64027932　投稿信箱　tougao@cnmip.com.cn

营销中心电话　(010)64044283

冶金工业出版社天猫旗舰店　yjgycbs.tmall.com

（本书如有印装质量问题，本社营销中心负责退换）

再 版 前 言

　　《粉末冶金原理》一书自 1982 年 11 月第一版问世以来已经 12 年了。在这期间，经 1985 年 11 月第二次印刷，1988 年 10 月第三次印刷，1991 年 11 月第四次印刷，共印 9600 册。中南工业大学、北京科技大学、东北大学、合肥工业大学、上海工业大学、广东工学院等高等学校将该书用作粉末冶金、金属材料工程、复合材料等专业的教材，也用作这些专业研究生的教学参考书，《粉末冶金原理》在培养粉末冶金专业人才中起了重要作用；同时，也受到了粉末冶金、材料科学方面研究院所和工厂、设计部门技术人员的青睐和好评；也曾与美国、英国、德国、日本等国家的大学进行过交流。该书获 1987 年中国有色金属工业总公司优秀教材一等奖和 1988 年国家教委全国高等学校优秀教材奖。

　　根据专业教学的需要以及粉末冶金的迅速发展，我们对本书进行了修订，一方面删去了一些比较陈旧的或不成熟的技术以利精简学时，另一方面增加了一些专业更需要、更重要的新技术、新理论。删去的内容有：倒焰炉还原生产铁粉，盐酸水冶法生产铁粉，共沉淀法制取 Ag-CdO 复合粉，楔形成形等。我们已编写出版了粉末冶金专业使用的一整套教材，除《粉末冶金原理》外，还有《粉末冶金材料》、《粉末冶金实验技术》，《粉末冶金模具设计》和《粉末冶金电炉及设计》，因此，为避免重复，删去了原只作为参考资料的第八章粉末材料和制品。增加的内容，粉末制取方面有：复合型铁粉、蓝钨的还原、快速冷凝技术、超细金属粉末及其制取等；粉末性能及其测定方面有：光散射法、电阻法等；成形方面有：喷雾干燥制粒、压制过程应力和应力分析、黄培云压制理论动压成形的研究、喷射成形、粉末注射成形、烧结-热等静压等；复合材料强韧化方面有：复合陶瓷的相变韧化、复合陶瓷的弥散韧化等。另外，从便于学生学习出发，每一章末增加了思考题。全书均采用了法定计量单位。

　　为了适应新的发展和要求，我们尽了较大的努力作了上述修订。但是，粉末冶金的发展日新月异，领域不断扩大。现在，颗粒材料领域包括粉末材料、金属间化合物、陶瓷和复合材料等都与粉末冶金密切相关，且相互渗透。限于篇幅，有些很重要的内容没有也不可能全包括进去。例如，粉末冶金新技术中的自蔓燃高温合成，大气压力固结，快速多向成形等的一些基础问题，粉末材料中的准晶、非晶粉末、纳米微粒、纳米材料、功能梯度材料以及金属间化合物、现代陶瓷、复合材料等的一些共性理论，因为本书不是写粉末冶金新技术和粉末材料各论，我们只好割爱了。在这里，顺便提及一点，中南工业大学已组织人员正在编写一套粉末冶金丛书，将陆续出版，届时有可能较全面地、较系统地反映粉末冶金领域的新技术、新理论和新材料。

编　者

1995.7

前　言

粉末冶金是大有发展前途的科学技术，在国民经济和材料科学中有着重要的作用。为了材料科学人才的培养和科学技术的发展，有必要编写一些粉末冶金的教科书和参考书。本书是根据《粉末冶金原理》教学大纲编写的，可作为高等院校专业课教科书，也可供粉末冶金工程技术人员和研究人员参考。

本书共分八章，与过去国内外粉末冶金教科书相比，除了粉末的制取、粉末性能及其测定、成形、特殊成形、烧结等基本章节外，增写了粉末冶金锻造和粉末冶金材料的孔隙性能与复合强化两章；此外，编写了一章粉末冶金材料和制品，是按产品系统而写的，不计入教学时数，只作为参考资料。

本书由黄培云任主编（并编写了黄培云压制理论部分），参加编写的有徐润泽（绪论、第一章、第七章第一、四、五、六、七节）、曾德麟（第二章、第五章）、姚德超（第六章、第七章第二、三节）、张齐勋（第三章）、林炳（第四章）、贾春林（第八章）等同志。

东北工学院李规华、杨宗坡，北京钢铁学院刘传习、吴成义，广东矿冶学院黄声洪、李锡豫等同志在本书审稿中提出了宝贵意见，谨在此致以谢意。

由于编写人员水平有限，书中缺点和错误在所难免，希望广大读者批评指正。

编　者

1981.1

目　　录

绪　论

粉末冶金是用金属粉末（或金属粉末与非金属粉末的混合物）作为原料，经过成形和烧结制造金属材料、复合材料以及各种类型制品的工艺过程。粉末冶金法与生产陶瓷有相似的地方，因此也叫金属陶瓷法。

1. 粉末冶金工艺

粉末冶金工艺的第一步是制取金属粉末、合金粉末、金属化合物粉末以及包覆粉末，第二步是将原料粉末通过成形、烧结以及烧结后的处理制得成品。粉末冶金的工艺发展已远远超过此范畴而日趋多样化。粉末冶金材料和制品的工艺流程举例如图0-1所示。

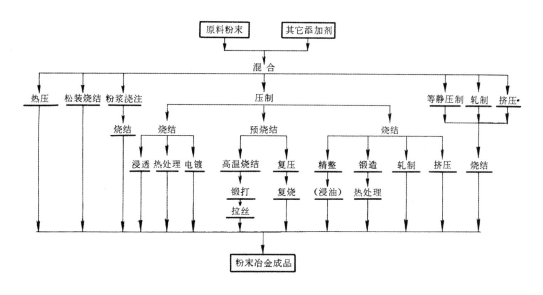

图 0-1　粉末冶金材料和制品的工艺流程举例

粉末的制取方法是多种多样的，将在后面详细加以讨论。

成形前要进行物料准备。物料准备包括粉末的预先处理（如粉末加工、粉末退火）、粉末的分级、粉末的混合和粉末的干燥等。

成形的目的是制得一定形状和尺寸的压坯，并使其具有一定的密度和强度。成形方法基本上分加压成形和无压成形两类。加压成形中用得最普遍的是模压成形，简称压制。其他加压成形方法有等静压成形、粉末轧制、粉末挤压等。粉浆浇注是一种无压成形。

烧结是粉末冶金的关键工序。成形后的压坯或坯块通过烧结可得到所要求的物理机械性能。烧结分单元系烧结和多元系烧结。不论单元系或多元系的固相烧结，其烧结温度都比所含金属与合金的熔点低；而多元系的液相烧结，其烧结温度比其中难熔成分的熔点低，但高于易熔成分的熔点。一般来说，烧结是在保护气氛下进行的。除了普通烧结方法外，还有松装烧结、将金属渗入烧结骨架中的熔浸法、压制和烧结结合一起进行的热压等。

根据产品的不同要求，烧结后的处理，有多种方式，如精整、浸油、机加工、热处理

（淬火、回火和化学热处理）和电镀等。此外，一些新的工艺，如轧制、锻造可应用于粉末冶金材料烧结后的处理。

总之，粉末冶金工艺是多种多样的。

2. 粉末冶金的发展简史

粉末冶金是一项新兴技术，但也是一项古老技术。根据考古学资料，远在纪元前3000年左右，埃及人就在一种风箱中用碳还原氧化铁得到海绵铁，经高温锻造制成致密块，再锤打成铁的器件。3世纪时，印度的铁匠用此种方法制造了"德里柱"，重达6.5t。19世纪初，相继在俄罗斯和英国出现将铂粉经冷压、烧结，再进行热锻得致密铂，并加工成铂制品的工艺。19世纪50年代出现了铂的熔炼法后，这种粉末冶金工艺便停止应用，但它对现代粉末冶金工艺打下了良好的基础。

直到1909年库利奇（W. D. Coolidge）的电灯钨丝问世后，粉末冶金才得到了迅速的发展。下面扼要说明现代粉末冶金材料和制品的发展史。

粉末冶金材料和制品	出现年代
钨	1909
难熔碳化物	1900～1914
电触头材料	1917～1920
WC-Co 硬质合金	1923～1925
烧结摩擦材料	1929
多孔青铜轴承	1921～1930
WC-TiC-Co 硬质合金	1929～1932
烧结磁铁	1936
多孔铁轴承	1936
机械零件、合金钢机械零件	1936～1946
烧结铝	1946
金属陶瓷（TiC-Ni）	1949
钢结硬质合金	1957
粉末高速钢	1968

现代粉末冶金发展中有着三个重要标志。

第一是克服了难熔金属（如钨、钼等）熔铸过程中产生的困难。1909年制造电灯钨丝（钨粉成形、烧结、再锻打拉丝）的方法为粉末冶金工业迈出了第一步，从而推动了粉末冶金的发展。1923年又成功地制造了硬质合金，硬质合金的出现被誉为机械加工工业中的革命。

第二是本世纪30年代用粉末冶金方法制取多孔含油轴承取得成功。这种轴承很快在汽车、纺织、航空等工业上得到了广泛的应用。继之，发展到生产铁基机械零件，发挥了粉末冶金无切屑、少切屑工艺的特点。

第三是向更高级的新材料新工艺发展。40年代，新型材料如金属陶瓷、弥散强化材料等不断出现。60年代末到70年代初，粉末高速钢、粉末超合金相继出现，粉末冶金锻造已能制造高强度零件。

我国的粉末冶金工业从1958年以来发展迅速。就粉末冶金材料和制品的类别而言，国外有的，我们有的在生产，有的在研制；就生产规模而言，有些产品如硬质合金居于世界前沿；就基础理论而言，烧结、压制等方面的理论研究已取得了可喜的成绩。总之，粉末冶金在我国农业、工业、国防和科学技术现代化建设中发挥了重大的作用，作出了积极的贡献。

3. 粉末冶金的特点

粉末冶金在技术上和经济上具有一系列的特点。

从制取材料方面来看，粉末冶金方法能生产具有特殊性能的结构材料、功能材料和复合材料。

（1）粉末冶金方法能生产用普通熔炼法无法生产的具有特殊性能的材料：

1）能控制制品的孔隙度，例如，可生产各种多孔材料、多孔含油轴承等；

2）能利用金属和金属、金属和非金属的组合效果，生产各种特殊性能的材料，例如，钨-铜假合金型的电触头材料、金属和非金属组成的摩擦材料等；

3）能生产各种复合材料，例如，由难熔化合物和金属组成的硬质合金和金属陶瓷、弥散强化复合材料、纤维强化复合材料等。

（2）粉末冶金方法生产的某些材料，与普通熔炼法相比，性能优越：

1）高合金粉末冶金材料的性能比熔铸法生产的好，例如，粉末高速钢、粉末超合金可避免成分的偏析，保证合金具有均匀的组织和稳定的性能，同时，这种合金具有细晶粒组织使热加工性大为改善；

2）生产难熔金属材料或制品，一般要依靠粉末冶金法，例如，钨、钼等难熔金属，即使用熔炼法能制造，但比粉末冶金的制品的晶粒要粗，纯度要低。

从制造机械零件方面来看，粉末冶金法制造机械零件是一种少切屑、无切屑的新工艺，可以大量减少机加工量，节约金属材料，提高劳动生产率。

总之，粉末冶金法既是一种能生产具有特殊性能材料的技术，又是一种制造廉价优质机械零件的工艺。

但粉末冶金在应用上也有不足之处。例如，粉末成本高、粉末冶金制品的大小和形状受到一定的限制，烧结零件的韧性较差等等。但是，随着粉末冶金技术的发展，这些问题正在逐步解决中，例如，等静压成形技术已能压制较大的和异形的制品；粉末冶金锻造技术已能使粉末冶金材料的韧性大大提高等等。

4. 粉末冶金的应用

粉末冶金在解决材料领域问题的范围是很广泛的。就材料成分而言，有铁基粉末冶金、有色金属粉末冶金、稀有金属粉末冶金等。就材料性能而言，既有多孔材料，又有致密材料；既有硬质材料，又有很软的材料（如孔隙度60％以上的铁的硬度相当于铅）；既有重合金，也有很轻的泡沫材料；既有磁性材料，也有其他性能材料（如原子能控制材料）。就材料类型而言，既有金属材料，又有复合材料。复合材料广义地说，包括金属和金属复合材料、金属和非金属复合材料、金属陶瓷复合材料、弥散强化复合材料、纤维强化复合材料等。

粉末冶金由于在技术上和经济上有优越性，在国民经济中起的应用愈来愈广。可以说，现在没有哪一个工业部门不使用粉末冶金材料和制品。粉末冶金材料和制品的大致分类列于表0-1中。金属粉末和粉末冶金材料及制品的应用列于表0-2中。

表0-1只是列出了粉末冶金的主要材料和制品。表0-2所列用途只是一些典型例子，并

不是粉末冶金材料和制品应用的全貌。从这些例子可以看出,从普通机械制造到精密仪器,从日常生活到医疗卫生,从五金用具到大型机械,从电子工业到电机制造,从采矿到化工,从民用工业到军事工业,从一般技术到尖端技术,粉末冶金材料和制品都得到了广泛的应用。

表 0-1 粉末冶金材料和制品的分类

类　　别	材　料　和　制　品　名　称		
机械零件和结构材料	减摩材料	多孔含油轴承	铁基含油轴承
			铜基含油轴承
			铝基含油轴承
		金属塑料减摩材料	
		致密减摩材料	
	机械零件		铁基机械零件
			有色金属基机械零件
	摩擦材料		铁基摩擦材料
			铜基摩擦材料
	多孔材料	过滤器	
		其他多孔材料: 　流体分布元件 　多孔电极 　发散与发汗材料 　吸音材料 　密封材料等	
工具材料	硬质合金	含钨硬质合金	WC-Co 硬质合金
			WC-TiC-Co 硬质合金
		无钨硬质合金	碳化钛基硬质合金
			碳化铬基硬质合金
		钢结硬质合金	
	超硬材料	立方氮化硼	
		金刚石工具材料	
	陶瓷工具材料		
	粉末高速钢		
磁性材料和电工材料	磁性材料	软磁材料	
		硬磁材料	
		高温磁性材料	沉淀硬化型高温转子材料
			弥散强化型高温转子材料
			纤维强化型高温转子材料
		矩磁铁氧体	
		旋磁铁氧体	

类　别	材　料　和　制　品　名　称		
磁性材料和电工材料	电接触材料	电触头材料	金属-金属触头
			金属-石墨触头
			金属-金属化合物触头
		集电器	
	电热材料		金属电热材料
			难熔金属化合物电热材料
	电真空材料		
耐热材料	粉末超合金		粉末镍基超合金
			粉末钴基超合金
	难熔金属及其合金		
	金属陶瓷	高温金属陶瓷	氧化物基金属陶瓷
			碳化钛基金属陶瓷
	金属陶瓷	高温涂层	
	弥散强化材料		氧化物弥散强化材料
			碳化物、硼化物、氮化物弥散强化材料
	纤维强化材料		
原子能工程材料	核燃料元件		铀合金、钚合金核元件
			化合物核元件
			弥散强化型复合核元件
	其他原子能工程材料	反应堆结构材料 减速材料 反射材料 控制材料 屏蔽材料	

表 0-2　金属粉末和粉末冶金材料、制品的应用

工　业　部　门	金属粉末和粉末冶金材料、制品应用举例
采　矿	硬质合金，金刚石-金属组合材料
机械加工	硬质合金，陶瓷刀具，粉末高速钢
汽车制造	机械零件，摩擦材料，多孔含油轴承，过滤器
拖拉机制造	机械零件，多孔含油轴承
机床制造	机械零件，多孔含油轴承
纺织机械	多孔含油轴承，机械零件
机车制造	多孔含油轴承
造　船	摩擦材料，油漆用铝粉
冶金矿山机械	多孔含油轴承，机械零件

工 业 部 门	金属粉末和粉末冶金材料、制品应用举例
电机制造	多孔含油轴承，铜-石墨电刷
精密仪器	仪表零件，软磁材料，硬磁材料
电气和电子工业	电触头材料，真空电极材料
无线电和电视	磁性材料
计算机工业	记忆元件
五金和办公用具	锁零件，缝纫机零件，打字机零件
医疗器械	各种医疗器械
化学工业	过滤器，防腐零件，催化剂
石油工业	过滤器
军　　工	穿甲弹头，炮弹箍，军械零件
航　　空	摩擦片，过滤器，防冻用多孔材料，粉末超合金
航天和火箭	发汗材料，难熔金属及合金，纤维强化材料
原子能工程	核燃料元件，反应堆结构材料，控制材料

为了满足国民经济对粉末冶金的日益增长的需要，必须进一步扩大粉末冶金材料和制品的生产，改进生产工艺，提高产品质量。同时还必须大力进行试验研究，发展新的实验技术，解决各种特殊的结构材料、功能材料和复合材料的关键科学技术问题，创造新的材料。随着科学技术的发展，对超高温、超高压、超高真空、超高磁场等极端条件下所需材料的要求越来越高。例如，航空、航天和火箭技术对高温材料提出了新的要求。弥散强化粉末超合金、新的纤维强化复合材料都是新时代要求的材料。就像当年硬质合金的出现使机械加工产生了革命性的进展一样，粉末冶金在各种特殊的结构材料、功能材料和复合材料的应用、改进上将发挥其特有的作用。粉末冶金在今后将大有发展。随着新工艺、新技术、新材料的发展和基础理论研究的深入，粉末冶金将呈现出一个崭新的局面。

第一章 粉末的制取

第一节 概　　述

　　制取粉末是粉末冶金的第一步。粉末冶金材料和制品不断增多，其质量不断提高，要求提供的粉末的种类也愈来愈多。例如，从材质范围来看，不仅使用金属粉末，也要使用合金粉末、金属化合物粉末等；从粉末外形来看，要求使用各种形状的粉末，如生产过滤器时，就要求球形粉末；从粉末粒度来看，要求各种粒度的粉末，从粒度为 $500\sim1000\mu m$ 的粗粉末到粒度小于 $0.1\mu m$ 的超细粉末。

　　为了满足对粉末的各种要求，也就要有各种各样生产粉末的方法，这些方法不外乎使金属、合金或者金属化合物从固态、液态或气态转变成粉末状态。制取粉末的各种方法以及各种方法制得的粉末的典型实例如表 1-1。

　　在固态下制备粉末的方法包括：(1) 从固态金属与合金制取金属与合金粉末的有机械粉碎法和电化腐蚀法；(2) 从固态金属氧化物及盐类制取金属与合金粉末的有还原法；从金属和非金属粉末、金属氧化物和非金属粉末制取金属化合物粉末的有还原-化合法。

　　在液态下制备粉末的方法包括：(1) 从液态金属与合金制金属与合金粉末的雾化法；(2) 从金属盐溶液置换和还原制金属、合金以及包覆粉末的置换法、溶液氢还原法；从金属熔盐中沉淀制金属粉末的熔盐沉淀法；从辅助金属浴中析出制金属化合物粉末的金属浴法；(3) 从金属盐溶液电解制金属与合金粉末的水溶液电解法；从金属熔盐电解制金属和金属化合物粉末的熔盐电解法。

　　在气态下制备粉末的方法包括：(1) 从金属蒸气冷凝制取金属粉末的蒸气冷凝法；(2) 从气态金属羰基物离解制取金属、合金以及包覆粉末的羰基物热离解法；(3) 从气态金属卤化物气相还原制取金属、合金粉末以及金属、合金涂层的气相氢还原法；从气态金属卤化物沉积制取金属化合物粉末以及涂层的化学气相沉积法。

　　但是，从过程的实质来看，现有制粉方法大体上可归纳为两大类，即机械法和物理化学法。机械法是将原材料机械地粉碎，而化学成分基本上不发生变化；物理化学法是借助化学的或物理的作用，改变原材料的化学成分或聚集状态而获得粉末的。粉末的生产方法很多，从工业规模而言，应用最广泛的是还原法、雾化法和电解法；而气相沉积法和液相沉淀法在特殊应用时亦很重要。

第二节　还原或还原-化合法

　　还原金属氧化物及盐类以生产金属粉末是一种应用最广泛的制粉方法。特别是直接使用矿石以及冶金工业废料如轧钢铁鳞作原料时，还原法最为经济。实践证明：用固体碳还原，不仅可以制取铁粉，而且可以制取钨粉；用氢或分解氨还原，可以制取钨、钼、铁、铜、钴、镍等粉末；用转化天然气作还原剂，可以制取铁粉等；用钠、钙、镁等金属作还原剂，可制取钽、铌、钛、锆、钍、铀等稀有金属粉末。归纳起来，不但还原剂可呈固态、气态以至液态，而被还原物料除固态外，还可以是气相和液相。还原法广义的使用范围如表 1-

2 所示。从气相和液相还原将在第三节和第四节讨论。用还原-化合法还可以制取碳化物、硼化物、硅化物、氮化物等难熔化合物粉末。

<h3 align="center">表1-1 粉末生产方法</h3>

生产方法			原材料	粉末产品举例			
				金属粉末	合金粉末	金属化合物粉末	包覆粉末
物理化学法	还原	碳还原	金属氧化物	Fe,W	—	—	—
		气体还原	金属氧化物及盐类	W,Mo,Fe,Ni,Co,Cu	Fe-Mo,W-Re	—	—
		金属热还原	金属氧化物	Ta,Nb,Ti,Zr,Th,U,	Cr-Ni	—	—
	还原-化合	碳化或碳与金属氧化物作用	金属粉末或金属氧化物	—	—	碳化物	—
		硼化或碳化硼法	金属粉末或金属氧化物	—	—	硼化物	—
		硅化或硅与金属氧化物作用	金属粉末或金属氧化物	—	—	硅化物	—
		氮化或氮与金属氧化物作用	金属粉末或金属氧化物	—	—	氮化物	—
	气相还原	气相氢还原	气态金属卤化物	W,Mo	Co-W,W-Mo或Co-W涂层石墨	—	W/UO$_2$
		气相金属热还原	气态金属卤化物	Ta,Nb,Ti,Zr	—	—	—
	化学气相沉积		气态金属卤化物	—	—	碳化物或碳化物涂层 硼化物或硼化物涂层 硅化物或硅化钼丝 氮化物或氮化物涂层	—
	气相冷凝或离解	金属蒸气冷凝	气态金属	Zn,Cd	—	—	—
		羰基物热离解	气态金属羰基物	Fe,Ni,Co	Fe-Ni	—	Ni/Al,Ni/SiC
	液相沉淀	置换	金属盐溶液	Cu,Sn,Ag	—	—	—
		溶液氢还原	金属盐溶液	Cu,Ni,Co	Ni-Co	—	Ni/Al,Co/WC
		从熔盐中沉淀	金属熔盐	Zr,Be	—	—	—
	从辅助金属浴中析出		金属和金属熔体	—	—	碳化物 硼化物 硅化物 氮化物	—
	电解	水溶液电解	金属盐溶液	Fe,Cu,Ni,Ag	Fe,Ni	—	—
		熔盐电解	金属熔盐	Ta,Nb,Ti,Zr,Th,Be	Ta-Nb	碳化物 硼化物 硅化物	—
	电化腐蚀	晶间腐蚀	不锈钢	—	不锈钢	—	—
		电腐蚀	任何金属和合金	任何金属	任何合金	—	—
机械法	机械粉碎	机械研磨	脆性金属和合金	Sb,Cr,Mn,高碳铁	Fe-Al,Fe-Si,Fe-Cr等铁合金	—	—
			人工增加脆性的金属和合金	Sn,Pb,Ti	—	—	—
		旋涡研磨	金属和合金	Fe,Al	Fe-Ni,钢	—	—
		冷气流粉碎	金属和合金	Fe	不锈钢,超合金	—	—
	雾化	气体雾化	液态金属和合金	Sn,Pb,Al,Cu,Fe	黄铜,青铜,合金钢,不锈钢	—	—
		水雾化	液态金属和合金	Cu,Fe	黄铜,青铜,合金钢	—	—
		旋转圆盘雾化	液态金属和合金	Cu,Fe	黄铜,青铜,合金钢	—	—
		旋转电极雾化	液态金属和合金	难熔金属,无氧铜	铝合金,钛合金,不锈钢,超合金	—	—

表 1-2　还原法广义的使用范围

被还原物料	还 原 剂	举　　例	备　注
固　体	固　体	$FeO+C \rightarrow Fe+CO$	固体碳还原
固　体	气　体	$WO_3+3H_2 \rightarrow W+3H_2O$	气体还原
固　体	熔　体	$ThO_2+2Ca \rightarrow Th+2CaO$	金属热还原
气　体	固　体	—	
气　体	气　体	$WCl_6+3H_2 \rightarrow W+6HCl$	气相氢还原
气　体	熔　体	$TiCl_4+2Mg \rightarrow Ti+2MgCl_2$	气相金属热还原
溶　液	固　体	$CuSO_4+Fe \rightarrow Cu+FeSO_4$	置　换
溶　液	气固体	$Me(NH_3)_nSO_4+H_2 \rightarrow Me+(NH_4)_2SO_4+(n-2)NH_3$	溶液氢还原
熔　盐	熔　体	$ZrCl_4+KCl+Mg \rightarrow Zr+产物$	金属热还原

一、还原过程的基本原理

1. 金属氧化物还原的热力学

为什么钨、铁、钴、铜等金属氧化物用氢还原即可制得金属粉末，而稀有金属如钛、钍等粉末则要用金属热还原才能制得呢? 对不同的氧化物应该选择什么样的物质作还原剂呢? 在什么样的条件下还原过程才能进行呢? 下面从金属氧化物还原的热力学来讨论这些问题。

还原反应可用下面一般化学式表示:

$$MeO + X = Me + XO$$

式中　Me、MeO —— 金属、金属氧化物;

X、XO —— 还原剂、还原剂氧化物。

上述还原反应可通过 MeO 及 XO 的生成-离解反应得出:

$$2Me + O_2 = 2MeO \tag{1-1}$$

$$2X + O_2 = 2XO \tag{1-2}$$

$$\frac{1}{2}\big[(1\text{-}2)-(1\text{-}1)\big] \qquad MeO+X=Me+XO$$

按照化学热力学的理论，还原反应的标准等压位变化为:

$$\Delta Z^{\ominus} = -RT\ln K_p$$

热力学指出，化学反应在等温等压条件下，只有系统的自由能 Z 减小的过程才能自动进行，也就是说 $\Delta Z^{\ominus} < 0$ 时还原反应才能发生。对于反应 (1-1) 和 (1-2)，如果参加反应的物质彼此间不形成溶液或化合物，则反应 (1-1) 的标准等压位变化为

$$\Delta Z_{(1)}^{\ominus} = -RT\ln K_{p(1)} = -RT\ln \frac{1}{p_{O_2(MeO)}} = RT\ln p_{O_2(MeO)}$$

反应 (1-2) 的标准等压位变化为

$$\Delta Z_{(2)}^{\ominus} = -RT\ln K_{p(2)} = -RT\ln \frac{1}{p_{O_2(XO)}} = RT\ln p_{O_2(XO)}$$

式中的反应平衡常数用相应氧化物的离解压来表示。

因此，还原反应向生成金属方向进行的条件是

$$\Delta Z^{\ominus} = \frac{1}{2}(\Delta Z_{(2)}^{\ominus} - \Delta Z_{(1)}^{\ominus}) < 0$$

即
$$\Delta Z_{(2)}^{\ominus} < \Delta Z_{(1)}^{\ominus}$$

或者
$$p_{O_2,(XO)} < p_{O_2(MeO)}$$

由此可知，还原反应向生成金属方向进行的热力学条件是还原剂的氧化反应的等压位变化小于金属的氧化反应的等压位变化；或者说，只有当金属氧化物的离解压 $p_{O_2(MeO)}$ 大于还原剂氧化物的离解压 $p_{O_2(XO)}$ 时，还原剂才能从金属氧化物中还原出金属来。也就是说，还原剂与氧生成的氧化物应该比被还原的金属氧化物稳定，即 $p_{O_2(XO)}$ 比 $p_{O_2(MeO)}$ 小得愈多，则 XO 愈稳定，金属氧化物也就愈易被还原剂还原。因此，凡是对氧的亲和力比被还原的金属对氧的亲和力大的物质，都能作为该金属氧化物的还原剂。这种关系可以从氧化物的 $\Delta Z^{\ominus}$-T 图〔1〕（见图 1-1）得到说明。氧化物的 $\Delta Z^{\ominus}$-T 图是以含一摩尔氧的金属氧化物的生成反应的 $\Delta Z^{\ominus}$ 作纵坐标，以温度 T 作横坐标，将各金属氧化物生成的 $\Delta Z^{\ominus} = a + bT$ 关系在图上作直线而绘成的。由于各种金属对氧的亲和力大小不同，所以各氧化物生成反应的直线在图中的位置高低不一样。下面先对图作一些必要的说明。

（1）随着温度升高，$\Delta Z^{\ominus}$ 增大，各种金属的氧化反应愈难进行。因为 $\Delta Z^{\ominus} = RT \ln p_{O_2(MeO)}$，也就是温度升高，金属氧化物的离解压 $p_{O_2(MeO)}$ 将增大，金属对氧的亲和力将减小，因此还原金属氧化物通常要在高温下进行。

（2）$\Delta Z^{\ominus}$-T 关系线在相变温度处，特别是在沸点处发生明显的转折。这是由于系统的熵在相变时发生了变化。

（3）CO 生成的 $\Delta Z^{\ominus}$-T 关系的走向是向下的，即 CO 的 $\Delta Z^{\ominus}$ 随温度升高而减小。

（4）在同一温度下，图中位置愈低的氧化物，其稳定度也愈大，即该元素对氧的亲和力愈大。

根据上述热力学原理，分析氧化物的 $\Delta Z^{\ominus}$-T 图，可得以下结论：

（1）$2C + O_2 = 2CO$ 的 $\Delta Z^{\ominus}$-T 关系线差不多与很多金属氧化物的关系线相交。这说明在一定条件下碳能还原很多金属氧化物（如铁、钨等的氧化物），在理论上甚至 Al_2O_3 也可在高于 2000℃时被碳还原。

（2）$2H_2 + O_2 = 2H_2O$ 的 $\Delta Z^{\ominus}$-T 关系线在铜、铁、镍、钴、钨等氧化物的关系线以下。这说明在一定条件下氢可以还原铜、铁、镍、钴、钨等氧化物。

（3）位于图中最下面的几条关系线所代表的金属如钙、镁等与氧的亲和力最大。所以，钛、锆、钍、铀等氧化物可用钙、镁等作还原剂，即所谓金属热还原。

但是，必须指出：$\Delta Z^{\ominus}$-T 图只表明了反应在热力学上是否可能，并未涉及过程的速度问题。同时，这种图线都是标准状态线，对于任意状态则要另加换算。例如，在任意指定温度下各金属氧化物的离解压究竟是多少？用碳或氢去还原这些金属氧化物的热力学条件是怎样的？这些是无法从 $\Delta Z^{\ominus}$-T 图上直接看出的。虽然 $\Delta Z^{\ominus}$-T 图告诉我们：碳的不完全氧化（生成 CO）反应线与其他金属氧化物相反，能与很多金属氧化物线相交，用碳作还原剂，原则上可以把各种金属氧化物还原成金属，但是，正如下面两个还原反应所表示的那样，它们究竟如何实现，不仅取决于温度，而且还取决于 CO/CO_2 或 H_2/H_2O 的比值。

$$FeO + CO = Fe + CO_2$$

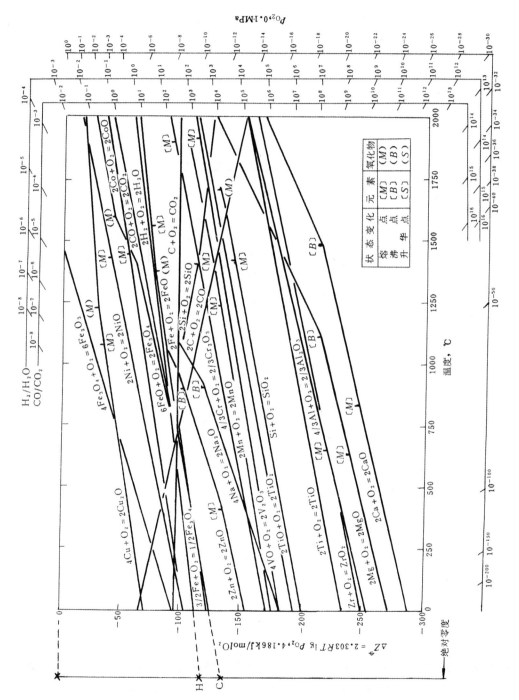

图 1-1　氧化物的 $\Delta Z^{\ominus}\text{-}T$

状态变化	元素	氧化物
熔点	[M]	(M)
沸点	[B]	(B)
升华点	[S]	(S)

$\Delta Z^{\ominus} = 2.303RT \lg P_{O_2} \cdot 4.186\,\text{kJ/mol}\,O_2$

绝对零度

温度，℃

P_{O_2},0.1MPa

H_2/H_2O
CO/CO_2

$$\Delta Z = \Delta Z^{\ominus} - 4.576T \lg \frac{p_{CO}}{p_{CO_2}}$$

$$WO_2 + 2H_2 = W + 2H_2O$$

$$\Delta Z = \Delta Z^{\ominus} - 4.576T \times 2\lg \frac{p_{H_2}}{p_{H_2O}}$$

上面两式说明 p_{CO}/p_{CO_2} 或 p_{H_2}/p_{H_2O} 愈大，相应还原反应的 ΔZ 就愈负，即在指定温度下的还原趋势愈大，或开始的还原温度可愈低。这类问题用 $\Delta Z^{\ominus}$-T 图无法直接说明。为了解决这类问题，在 $\Delta Z^{\ominus}$-T 图的右侧附加 p_{O_2}、p_{CO}/p_{CO_2}、p_{H_2}/p_{H_2O} 三个专用坐标，就便于得到定量的解答了。下面用生成反应线较少的图（见图 1-2）讨论其原理和使用方法。

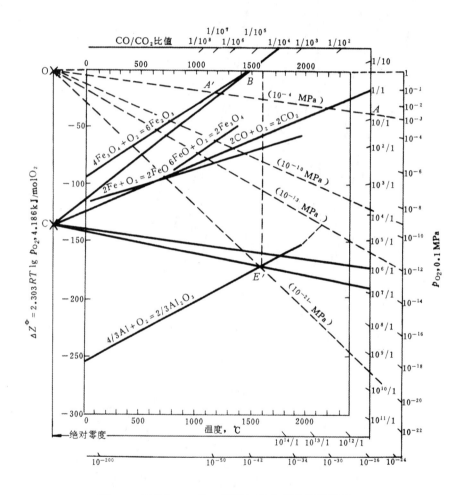

图 1-2　氧化物 $\Delta Z^{\ominus}$-T 图附加的专用坐标解说图

关于 p_{O_2} 专用坐标的使用　附加 p_{O_2} 坐标的目的是要在任意指定温度下立即读出相应氧化物离解反应的平衡常数即离解压来。如何求得离解压 p_{O_2} 与任意氧分压 p'_{O_2} 的关系呢？现举两价金属氧化物为例加以说明。

任意纯氧化物生成反应（$2Me+O_2=2MeO$）的标准等压位变化为 $\Delta Z^{\ominus}=-4.576T \lg \frac{1}{p_{O_2}}=$

12

$4.576T\lg p_{O_2}$，那末，在任意状态下，$\Delta Z = 4.576T\lg p_{O_2} - 4.576T\lg p'_{O_2}$。因为生成反应是离解反应的逆反应，故式中 p_{O_2} 是氧化物的离解压，p'_{O_2} 则是实际的任意氧分压。用 $\Delta Z'$ 表示 $4.576T\lg p'_{O_2}$ 这一项自由能变量的数值，所以 $\Delta Z = \Delta Z^{\ominus} - \Delta Z'$。$\Delta Z^{\ominus}$-$T$ 图中各氧化物 $\Delta Z^{\ominus} = a + bT$ 的关系线是在 Me 和 MeO 都为纯物质以及 $p'_{O_2} = 1$atm（$\sim 10^5$Pa）的条件下绘制出来的。对于 p'_{O_2} 小于 1atm（~ 0.1MPa）的任何纯态体系来说，反应的自由能变量，如上所说多了一项 $\Delta Z' = 4.576T\lg p'_{O_2}$。当反应平衡时 $\Delta Z = 0$，从而 $\Delta Z^{\ominus} = \Delta Z'$，即 $4.576T\lg p_{O_2} = 4.576T\lg p'_{O_2}$。如果指定的任意氧分压恰好就是平衡态（$\Delta Z^{\ominus} = \Delta Z'$），则这个任意氧分压就是离解压，即 $p'_{O_2} = p_{O_2}$，这样就把离解压与 p'_{O_2} 坐标联系起来了。因此，如把 p'_{O_2} 小于 1atm（~ 0.1MPa）时的 $\Delta Z'$-T 关系线也画在图中，则 $\Delta Z'$-T 和 $\Delta Z^{\ominus}$-T 这两条线相交的交点温度就是体系在给定 p'_{O_2} 下的平衡温度，而且在交点温度下 $p'_{O_2} = p_{O_2}$。通过图左边的氧点 O，向图右方向再作一系列的 $\Delta Z' = 4.576T\lg p'_{O_2}$ 的虚线。这样图上就有 $\Delta Z = 4.576T\lg p_{O_2} - 4.576T\lg p'_{O_2}$ 关系式中的两种直线。一种是向右上倾斜的实线，表示氧化物生成反应的 $\Delta Z^{\ominus} = 4.576T\lg p_{O_2}$，一种是向右下倾斜的虚线，表示氧原点与 p'_{O_2} 坐标联线的 $\Delta Z' = 4.576T\lg p'_{O_2}$。例如，图中位置最高，向右上倾斜的一条直线是 Fe_2O_3 的标准生成反应线，另有一条向右下倾斜的 $OA'A$ 虚线是过 O 点与 p'_{O_2} 坐标 10^{-3} 的连线，两线在 A' 处相交，表示该两线在 1200℃时相等而平衡，即 Fe_2O_3 在 1200℃时的离解压 $p_{O_2} = 1 \times 10^{-3}$atm（$\sim 10^{-4}$MPa）。此例在其他温度下两线不相交，则两线的距离表示 ΔZ，例如，在 500℃时，如图 OA 线在 Fe_2O_3 生成反应线之上，ΔZ 为负，Fe_3O_4 自动氧化，Fe_2O_3 不离解；在 1500℃时，OA 线在 Fe_2O_3 生成反应线之下，ΔZ 为正，Fe_3O_4 不氧化，Fe_2O_3 自动离解。

氧点 O 的坐标又是如何确定的呢？图中从 O 点至 p'_{O_2} 坐标所画的一系列虚线是用一系列不同的氧分压表示的 $\Delta Z' = 4.576T\lg p'_{O_2}$ 的线。一摩尔氧从初态 1 大气压膨胀到任意压力 p'_{O_2} 时，过程的等压位变化为 $\Delta Z' = 4.576T\lg p'_{O_2}$。当温度趋近于绝对零度时，任意氧分压的 $\Delta Z' = 4.576T\lg p'_{O_2} = 0$，故在 $\Delta Z^{\ominus}$-T 图的纵坐标 $\Delta Z^{\ominus} = 0$ 处画一水平横线，左边交于 O 点，这就是氧的原点。右边与 p'_{O_2} 坐标相交之处 $p'_{O_2} = 1$atm（~ 0.1MPa），因为在此压强时任何温度的等压位变量都等于零，在此坐标以下，刻度为 p'_{O_2} 小于 1atm（~ 0.1MPa），符合 ΔZ 值愈下愈负的关系。

从图 1-2 可以看出，任何虚线与任何氧化物的 $\Delta Z^{\ominus}$-T 线相交时，我们就能把相当于此交点温度下的平衡氧分压直接从 p'_{O_2} 专用坐标上读出来。例如，求在 1200℃时 Fe_2O_3 的离解压，只要从图中标出 Fe_2O_3 生成反应线与 1200℃的垂线相交的点 A'，连结 OA' 并延长交 p'_{O_2} 坐标于 10^{-3} 点，便可得出 Fe_2O_3 在 1200℃时离解压为 1×10^{-3}atm（$\sim 10^{-4}$MPa）。用同样的方法可知在 1200℃时，Fe_3O_4 的离解压为 1×10^{-9}atm（$\sim 10^{-10}$MPa），FeO 的离解压为 1×10^{-12}atm（$\sim 10^{-13}$MPa）。又如要找出 1620℃时 Al_2O_3 生成反应的 p'_{O_2} 值，只要从图中标出 Al_2O_3 生成反应线与 1620℃的垂线相交于点 E'，连结 OE' 并延长交 p'_{O_2} 坐标于 10^{-20} 点。这 10^{-20}atm（$\sim 10^{-21}$MPa）就是欲求的 p'_{O_2} 值。这个数值说明，纯的 Al_2O_3 在 1620℃温度中，即使在氧压力小到 10^{-20}atm（$\sim 10^{-21}$MPa）的气氛中还是稳定的。如果氧的压力小于这个数值，Al_2O_3 就变得不稳定。事实上，要在体系中使氧的压力小于 10^{-20}atm（$\sim 10^{-21}$MPa）通常是不容易办到的。所以 Al_2O_3 在这些条件下通常是一种很稳定的氧化物。

关于 CO/CO_2 比值专用坐标的使用　在氧化物 $\Delta Z^{\ominus}$-T 图上附加 CO/CO_2 或 H_2/H_2O 比值坐标，其目的在于能从图上对反应 $2CO+O_2=2CO_2$（或反应 $2H_2+O_2=2H_2O$）直接读出某温度时的 CO/CO_2 或 H_2/H_2O，从而能迅速确定各金属氧化物被 CO 或 H_2 还原的可能性和条件。

对于 CO 的氧化反应 $2CO+O_2=2CO_2$，两项式直线关系为

$$\Delta Z^{\ominus}=-565.11+0.173T$$

用平衡常数表示为

$$\Delta Z^{\ominus}=-4.576T\lg\frac{p_{CO_2}^2}{p_{CO}^2 \cdot p_{O_2}^2}=4.576T\lg\frac{p_{CO}^2 \cdot p_{O_2}}{p_{CO_2}^2}$$

两个关系式应相等：

$$4.576T\lg\frac{p_{CO}^2 \cdot p_{O_2}}{p_{CO_2}^2}=-565.11+0.173T$$

故得

$$2\lg\frac{p_{CO}}{p_{CO_2}}+\lg p_{O_2}=-\frac{123.49}{T}+0.0380$$

从此式可看出，CO/CO_2 取决于 T 和 p_{O_2} 值。图中 CO 的氧化反应是标准状态线，将此反应线的 $\Delta Z^{\ominus}$-T 线向左延长交于绝对零度纵坐标得点 C，这就是碳的原点。同时，将这根线向右上方延长，交于表示 CO/CO_2 的专用坐标线，并把这个点的刻度定为 1/1；那末，这条线上的 p_{O_2} 与 T 的关系必须符合 $\lg p_{O_2}=-\frac{123.49}{T}+0.0380$，因为已经决定 $\frac{p_{CO}}{p_{CO_2}}=\frac{1}{1}$。由此可以算出：当温度为 1000℃ 时，$p_{O_2}\approx10^{-14}$atm（$\sim10^{-15}$MPa）。从图上读出的也是这一个数。可见该坐标的刻度是符合这个关系的。CO/CO_2 比值坐标的刻度是从 1/1 出发，按对数关系划刻的。越往下走 $\lg p'_{O_2}$ 必定越负，则从 $\lg p_{CO}/p_{CO_2}$ 与 $\lg p_{O_2}$ 的关系就可知道 CO/CO_2 越往下越大。

利用上述坐标，求反应 $2CO+O_2=2CO_2$ 在 1500℃ 时 CO/CO_2，如果已知 p_{O_2} 为 1 大气压，可以从图上的 C 点通过 B 点画线延长交得 $CO/CO_2=1/10^4$；如果已知 p_{O_2} 为 10^{-6}atm（$\sim10^{-7}$MPa），首先画一条从 O 点至 10^{-6}atm（$\sim10^{-7}$MPa）的线，接着找到这条线与从温度横坐标上 1500℃ 处画下的垂线相交点，再从 C 点通过此相交点画一条线，这条线与 CO/CO_2 坐标的交点就是所求的 CO/CO_2 值 1/10。同样，可以求得 $p_{O_2}=10^{-20}$atm（$\sim10^{-21}$MPa）时，CO/CO_2 为 $10^6/1$。

下面举例说明如何确定金属氧化物被还原时的 CO/CO_2。例如，就 Al_2O_3 生成反应，求在 1620℃ Al_2O_3 被 CO 还原时 CO/CO_2 是多少？用图解法从 1620℃ 处作垂线交 Al_2O_3 生成反应线于 E' 点，然后从 C 点通过 E' 点画一直线交于 CO/CO_2 坐标线上 $10^6/1$ 和 $10^7/1$ 之间的一点，即为所求的 CO/CO_2 值。注意 CO/CO_2 坐标是对数关系刻度的，该点位于 $10^6/1$ 和 $10^7/1$ 之间，离 $10^6/1$ 相距 0.75，而 0.75 的反对数是 5.66，故 $CO/CO_2=5.66\times10^6$ 为平衡比值，就是说 CO 的浓度要高于此值才能使 Al_2O_3 还原。可是，我们知道，甚至较纯的一氧化碳都可能含有比这个数大得多的二氧化碳，可见 Al_2O_3 在 1620℃ 时即使用所谓纯一氧化碳也不能被还原。关于 FeO 用 CO 还原的情况，从图可知，在 1000℃ 时，CO/CO_2 的平衡比值约为 2.5/1，就是说 CO 的浓度约为 72% 时，FeO 的还原才开始进行。

H_2/H_2O 比值专用坐标与 CO/CO_2 比值专用坐标的原理相类似,图解的方法也一样,这里不再赘述。

2. 金属氧化物还原反应的动力学

研究化学反应有最重要的两个问题。一个是反应能否进行,进行的趋势大小和进行的限度如何,这是热力学讨论的问题;另一个是反应进行的速度以及各种因素对反应速度的影响等,这就是动力学所研究的问题。研究化学反应的动力学对于改进生产、提高生产率具有重大的意义。在任何生产过程中,设备的生产能力与生产过程的反应速度有关。了解和研究反应进行的机理,从而控制反应速度,就能尽量加快有利的反应,尽量减慢不利的反应。从实践中知道,有些化学反应进行得较快,例如,铝在空气中很快生成氧化铝薄膜;有些化学反应进行得很慢,例如,煤在空气中的氧化几乎不易察觉。另一方面,同一反应在不同的外界条件下其反应速度也不一样。例如,氢和氧在常温时,反应速度实际上等于零;而当温度升高到 700℃ 以上时,则成为爆炸反应。可见反应速度除取决于反应物的本性外,也受反应所处条件的影响。影响反应速度的因素是多方面的,例如,反应物的浓度、反应进行时的温度以及是否存在催化剂等等。

研究化学反应动力学时一般分为均相反应动力学和多相反应动力学。所谓均相反应就是指在同一个相中进行的反应,即反应物和生成物或者是气相的,或者是均匀液相的;所谓多相反应就是指在几个相中进行的反应,虽然在反应体系中可能有多数相,实际上参加多相反应的一般是两个相。多相反应包括的范围是很广的,在冶金、化工中的实例极多,如

表 1-3　多相反应的例子

界　面	反　应　类　型	例　　子
固-气	固体吸附气体	物理吸附
	固$_1$+气→固$_2$	金属的氧化:$n\text{Me}+\frac{1}{2}m\text{O}_2\rightarrow\text{Me}_n\text{O}_m$
	固+气$_1$→气$_2$	$C+1/2O_2\rightarrow CO$;羰化:$Ni+4CO\rightarrow Ni\,(CO)_4$
		氯化:$W+3Cl_2\rightarrow WCl_6$;氟化:$W+3F_2\rightarrow WF_6$
	气$_1$→固+气$_2$	羰基物的分解:$Ni\,(CO)_4\rightarrow Ni+4CO$
	固$_1$→固$_2$+气	碳酸盐、硫酸盐等的分解:$CaCO_3\rightarrow CaO+CO_2$
	固$_1$气→固$_2$+气$_2$	氧化物的还原:$FeO+CO\rightarrow Fe+CO_2$
		氯化物的还原:$FeCl_2+H_2\rightarrow Fe+2HCl$
固-液	固→液	金属的熔化
	固+液$_1$⇌液$_2$	溶解-结晶
	固$_1$+液$_1$→固$_2$+液$_2$	置换沉淀
固-固	固$_1$→固$_2$	烧　结
	固$_1$+固$_2$→固$_3$+气	碳还原氧化物:$FeO+C$〔实际上 CO 在起作用〕
	固$_1$+固$_2$→固$_3$+固$_4$	金属还原氧化物
液-气	液⇌气	蒸发-冷凝
	液$_1$+气→液$_2$	气体溶于金属熔体中
	液$_1$+气→固+液$_2$	溶液氢还原
液-液	液$_1$⇌液$_2$	熔渣-金属熔体间反应;溶剂萃取

表 1-3 所示。多相反应一个突出的特点就是反应中反应物质间具有界面。按界面的特点，多相反应一般包括五种类型：（1）固-气反应；（2）固-液反应；（3）固-固反应；（4）液-气反应；（5）液-液反应。例如，固体与气体间的反应界面是固体与气体的接触表面，在液体与液体间反应的界面是两个不互溶的液体的接触表面。在粉末冶金中所碰到的多数是多相反应，特别是固-气多相反应。

（1）一般规律，气体间两个分子能相互作用的必要条件是相互碰撞。然而，并不是每一次碰撞都能引起反应的，只有那些在碰撞的一瞬间具有高于必要能量的分子才能发生相应的反应。可以认为：当外界情况不变时，碰撞的次数愈多，相互作用的机会也就愈多，反应进行愈快。在外界条件不变时，任一化学反应的速度不是常数，而是随时间变化的。随着反应物的逐渐消耗，反应速度就逐渐减小。通常，化学反应速度以单位时间内反应物浓度的减小或生成物浓度的增加来表示。浓度的单位常用摩尔每升（mol/L）表示，时间则根据反应速度快慢，用秒、分或小时表示。反应速度的数值在各个瞬间是不同的。用在 $t_2 - t_1$ 的一段时间内浓度变化 $c_2 - c_1$ 来表示这段时间内反应的平均速度

$$v_{\Psi} = \pm \frac{c_2 - c_1}{t_2 - t_1}$$

另一方面，也可以用在无限小的时间内浓度的变化来表示反应速度

$$v = \pm \frac{\mathrm{d}c}{\mathrm{d}t}$$

反应速度总认为是正的，而 $\frac{c_2 - c_1}{t_2 - t_1}$ 和 $\frac{\mathrm{d}c}{\mathrm{d}t}$ 既可以为正数，也可以为负数，这要看浓度 c 是表示一种反应物的浓度还是表示一种生成物的浓度而定。前者的浓度随时间而减小，即 $c_2 < c_1$ 和 $\frac{\mathrm{d}c}{\mathrm{d}t} < 0$，所以，为了使反应速度有正值，在公式前取负号；后者的浓度随时间而增加，即 $c_2 > c_1$ 和 $\frac{\mathrm{d}c}{\mathrm{d}t} > 0$，所以，为了使反应速度有正值，在公式前取正号。

1）均相反应的速度方程式 反应物的浓度与反应速度的关系，有下列规律：当温度一定时，化学反应速度与反应物浓度的乘积成正比，这个定律叫质量作用定律，例如，反应 $A + B \rightarrow C + D$，按质量作用定律则有：

$$v \propto c_A \cdot c_B$$
$$v = k \cdot c_A \cdot c_B$$

式中　　k——反应速度常数。

对同一反应，在一定温度下，k 是一个常数。当 $c_A = c_B = 1$ 时，$k = v$，即当各反应物的浓度都等于 1 时，速度常数 k 就等于反应速度 v。k 值愈大，表示反应速度也愈大，因此，反应速度常数常用来表示反应速度的大小。

一级反应的反应速度与浓度的关系式为

$$-\frac{\mathrm{d}c}{\mathrm{d}t} = kc$$

将上式移项积分　　　　　　　　$$-\int \frac{\mathrm{d}c}{c} = \int k\mathrm{d}t$$

即　　　　　　　　　　　　　　$$\ln c = -kt + B$$

对于一级反应，反应物浓度的对数与反应经历的时间成直线关系。若反应开始时（即

$t=0$）的浓度为 c_0，则 $c=c_0$，代入上式，则得 $\ln c_0 = B$（积分常数）。由此可得：

$$\ln c_0 - \ln c = kt$$

$$\ln \frac{c_0}{c} = kt$$

$$\therefore \quad k = \frac{1}{t}\ln\frac{c_0}{c}$$

所以，如果知道反应开始时反应物的浓度 c_0 及 t 时间后反应物的浓度 c，就可计算出反应速度常数 k。若时间的单位用秒，则一级反应 k 的单位为秒$^{-1}$，而与浓度的单位无关。

2）活化能　有些反应例如煤燃烧时可放出热量，要使煤燃烧还须加热，这说明温度对反应速度有影响。例如反应 $A+B \Longrightarrow C+D$，正反应的 $v = k \cdot c_A \cdot c_B$，逆反应的 $v' = k' \cdot c_C \cdot c_D$，平衡时 $k \cdot c_A \cdot c_B = k' \cdot c_C \cdot c_D$，$\dfrac{c_C \cdot c_D}{c_A \cdot c_B} = \dfrac{k}{k'} = K$，$K$ 为平衡常数。根据平衡常数与温度的关系 $\dfrac{\mathrm{d}\ln K}{\mathrm{d}T} = \dfrac{\Delta H}{RT^2}$，有

$$\frac{\mathrm{d}\ln\frac{k}{k'}}{\mathrm{d}T} = \frac{\Delta H}{RT^2}$$

$$\frac{\mathrm{d}\ln k}{\mathrm{d}T} - \frac{\mathrm{d}\ln k'}{\mathrm{d}T} = \frac{\Delta H}{RT^2}$$

如　$\Delta H = E - E'$，那末，

$$\frac{\mathrm{d}\ln k}{\mathrm{d}T} = \frac{E}{RT^2}$$

$$\frac{\mathrm{d}\ln k'}{\mathrm{d}T} = \frac{E'}{RT^2}$$

将上两式积分可得

$$\ln k = -\frac{E}{RT} + B$$

$$\ln k' = -\frac{E'}{RT} + B_1$$

式中　B、B_1——积分常数。

这说明反应速度常数的对数（$\ln k$ 或 $\lg k$）与温度的倒数（$1/T$）成直线关系（见图 1-3）。$-E/R$ 为直线斜率，常数 B 为直线在纵轴上的截距。实践证明此式可较准确地反映出反应速度随温度的变化，此式称为阿累尼乌斯方程式。若以 $\ln A$ 代替 B，则阿累尼乌斯方程式可改写为

$$k = A \cdot \mathrm{e}^{-E/RT}$$

式中　A——常数，称频率因子；

　　　E——活化能。

活化能是反应的一个特征量，决定着温度对反应速度的影响。如何认识活化能，有两个理论，即碰撞理论和活化络合物理论。

碰撞理论　该理论提出的基础是反应 $A+B \rightarrow AB$ 要能进行，两个分子 A 和 B 必须碰撞。但是，把计算的碰撞分子数和实验确定的反应分子数进行比较，发现有两个矛盾。第一，碰撞分子数为反应分子数的 10^{17} 倍，也就是说 10^{17} 次碰撞中只有一次碰撞是有效的；第

二，温度每提高10℃，双分子碰撞次数约增加2%，而化学反应速度则增加200%～300%。为此，只能假定碰撞分子的能量必须大于某一数量才能发生反应，其他碰撞分子都无效果。有效碰撞数只是气体中总碰撞数的一小部分，故反应速度等于碰撞总数乘以有效碰撞分数。

活化络合物理论　碰撞理论假设分子是刚性球体，但是，对复杂分子来说，除了平动能外还必须考虑其他形式的分子能，如转动能、振动能。三个或更多分子同时碰撞才能发生的反应，按碰撞理论是不可能的。对 $AB \rightarrow A+B$ 这种类型的分解反应也很难用碰撞理论来解释。因此，1935年艾林（H. Eyring）提出了活化络合物理论。这种理论假定在所有化学反应中都有一种中间形态的活化络合物生成。活化络合物是由那些具有足够能量，能彼此紧密接近的反应分子按反应物⟶活化络合物→生成物的方式相互作用而形成的。活化络合物是暂时存在的分子，它们能以一定的速度分解而产出生成物。反应活化能是反应分子为形成反应所必需的活化络合物而必须具有的附加能量（见图1-4）。

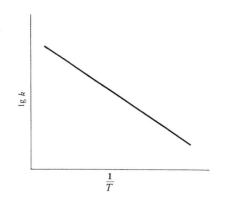

图 1-3　反应速度常数的
对数与温度倒数的关系

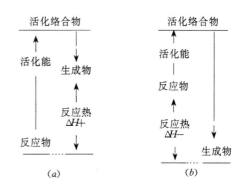

图 1-4　吸热反应（a）和放热
反应（b）的活化能

$\Delta H = E - E'$。若 $E > E'$，由反应物变成生成物是吸热反应，整个反应过程中吸收的能量大于放出的能量；若 $E < E'$，由反应物变成生成物是放热反应，整个反应过程中吸收的能量小于放出的能量。

从公式 $k = A \cdot e^{-E/RT}$ 中可以看出，若反应的活化能 E 大，则速度常数 k 小，即反应速度慢；相反，E 小，则反应速度快。一般化学反应的活化能在 $40000 \sim 400000$J/mol 之间，E 小于 40000J/mol 的反应速度是很快的。降低反应的活化能是提高反应速度的重要措施。催化剂之所以能加快反应速度，就是因为能降低反应的活化能。各种化学反应在一定条件下有一定的活化能。实践证明，温度对活化能的影响不大，温度主要是使高于平均速度的分子数增加，分子间有效碰撞比例增加，因此，反应速度加快。

（2）多相反应的特点　前已指出，反应物之间有界面存在是多相反应的特点。此时影响反应速度的因素更复杂，除了反应物的浓度、温度外，还有许多重要的因素。例如，界面的特性（如晶格缺陷）、界面的面积、界面的几何形状、流体的速度、反应相的比例、核心的形成（如从液体中沉淀固体；从气相中沉积固体）、扩散层等等。更值得注意的是固-液反应和固-气反应中固体反应产物的特性。

1）多相反应的速度方程式　先研究固-液反应的简单情况，例如，金属在酸中的溶解，设酸的浓度保持不变，则反应速度为（负号表示固体重量是减少的）

$$-\frac{dW}{dt} = kAc$$

式中　W —— 固体在时间 t 的质量；

A —— 固体的表面积；

c —— 酸的浓度；

k —— 速度常数。

但是，固体的几何形状在固-液反应和固-气反应中对过程的速度起主要作用。如果固体是平板状的，在整个反应中表面积是常数（忽略侧面的影响），则速度将是常数；如果固体近似球状或其他形状，随着反应的进行，表面积不断改变，则反应速度也将改变。假如对这种改变不加考虑，则预计的反应速度与实际相差甚大。

平板状固体溶解时表面积 A 为常数，故反应速度方程式为

$$-\int_{W_0}^{W} dW = kAc\int_0^t dt$$

$$W_0 - W = kAct$$

$W_0 - W$ 与 t 的关系为直线关系，其斜率为 kAc，由此可以计算出 k。

球状固体溶解时，表面积 A 随时间而减小，故反应速度方程式为

$$A = 4\pi r^2$$

$$W = \frac{4}{3}\pi r^3 \cdot \rho$$

$$\therefore \quad r\left(\frac{3}{4\pi} \cdot \frac{W}{\rho}\right)^{1/3}$$

$$A = 4\pi r^2 = 4\pi\left(\frac{3}{4\pi\rho}\right)^{2/3} \cdot W^{2/3}$$

式中　r —— 固体的半径；

ρ —— 固体的密度。

将 r，A 值代入　　　　$-\frac{dW}{dt} = kAc$ 得

$$-\frac{dW}{dt} = k4\pi\left(\frac{3}{4\pi\rho}\right)^{2/3} \cdot W^{2/3} \cdot c = KW^{2/3}$$

将上式积分 $-\int_{W_0}^{W} \frac{dW}{W^{2/3}} = K\int_0^t dt$

得　　　　　　　　　　　　　$3(W_0^{1/3} - W^{1/3}) = Kt$

$W_0^{1/3} - W^{1/3}$ 与 t 的关系或者 $W^{1/3}$ 与 t 的关系是直线关系，这已为实践所证实。

如用已反应分数来表示速度方程式时，对不同几何形状的动力学方程式可推导出不同的形式。固体的已反应分数可表示为 $X = \frac{W_0 - W}{W_0}$，例如对于球体

$$X = \frac{\frac{4}{3}\pi r_0^3 \rho - \frac{4}{3}\pi r^3 \rho}{\frac{4}{3}\pi r_0^3 \rho} = 1 - \frac{r^3}{r_0^3}$$

所以 $\dfrac{r^3}{r_0^3} = 1 - X$，$r = r_0 (1-X)^{1/3}$。

将 $A = 4\pi r^2$，$W = \dfrac{4}{3}\pi r^3 \rho$ 代入 $-\dfrac{dW}{dt} = kAc$ 得：

$$- 4\pi r^2 \rho \frac{dr}{dt} = 4\pi r^2 kc$$

将上式积分：

$$-\int_{r_0}^{r} dr = \frac{kc}{\rho}\int_0^t dt$$

得

$$r_0 - r = \frac{kc}{\rho} \cdot t$$

将 $r = r_0 (1-X)^{1/3}$ 代入得

$$r_0 - r_0(1-X)^{1/3} = \frac{kc}{\rho} \cdot t$$

$$1 - (1-X)^{1/3} = \frac{kc}{r_0 \rho} \cdot t = Kt$$

$1 - (1-X)^{1/3}$ 与 t 成直线关系，这也为实验所证实（见图 1-5）。

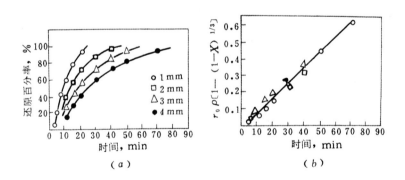

图 1-5　950℃ 时球形磁铁矿粒被 CO 还原的速度方程

(a) 还原百分率与时间的关系；(b) 同 (a)，但考虑了球体表面积的改变

　　由于有扩散层存在，多相反应可以由扩散环节、化学环节或中间环节控制，看最慢的步骤是什么而定。拿简单的固-液反应来分析，固体是平板状，其面积为 A，反应剂的浓度为 c，界面上的反应剂浓度为 c_i，扩散层的厚度为 δ，扩散系数为 D。可能有三种情况：i) 界面上的化学反应速度比反应剂扩散到界面的速度快得多，于是 $c_i = 0$。这种反应是扩散环节控制的，其速度 $= \dfrac{D}{\delta}A(c-c_i) = k_1 A c_0$。ii) 化学反应比扩散过程的速度慢得多，这种反应是化学环节控制的，其速度 $= k_2 A c_i^n$，n 为反应级数。iii) 两种速度快慢相近，这种反应是中间环节控制的。这种情况较普遍，在扩散层中具有浓度差，但 $c_i \neq 0$，其速度 $= k_1 A (c - c_i) =$

$k_2Ac_i^n$，设 $n=1$，则 k_1A $(c-c_i)$ $=k_2Ac_i$，所以 $c_i=\dfrac{k_1}{k_1+k_2}c$，将 c_i 值代入速度公式得：速度 $=\dfrac{k_1k_2}{k_1+k_2}Ac=kAc$。如果 $k_2\ll k_1$，则 $k=k_2$，即化学反应速度常数比扩散系数小得多，扩散进行快，在浓度差较小的条件下能够有足量的反应剂输送到反应区，整个反应速度取决于化学反应速度，过程受化学环节所控制。如果 $k_1\ll k_2$，则 $k=k_1=\dfrac{D}{\delta}$，即化学反应速度常数比扩散系数大得多，扩散进行得慢，整个反应速度取决于反应剂通过扩散层厚度 δ 的扩散速度，过程受扩散环节控制。当过程为扩散环节控制时，化学动力学的结论很难反映化学反应的机理。

化学环节控制的过程强烈地依赖于温度，而扩散环节控制的过程受温度的影响不大，这是因为化学反应速度常数与温度成指数关系：$k=A_0\cdot e^{-E/RT}$；而扩散系数与温度成直线关系：$D=\dfrac{RT}{N}\dfrac{1}{2\pi r\eta}$（斯托克斯方程）。因此，化学环节控制过程的活化能常常大于 41.86kJ/mol，中间环节控制过程的活化能为 20.93～33.488kJ/mol，而扩散环节控制过程的活化能较小，为 4.186～12.558kJ/mol。但在固-固反应中情况又不同，其扩散系数随温度的指数方次而变化：$D=D_0e^{-E/RT}$，所以固相扩散过程均具有高活化能，达 837.2～1674.4kJ/mol。

根据以上的讨论可知：一个反应过程的机理可由低温下的化学环节控制的过程转变为高温下的扩散环节控制的过程。研究温度对反应 $C+1/2O_2\longrightarrow CO$ 的影响，在速度常数与 $1/T$ 的图（图 1-6）中可以看到有两段斜率不同的直线，分别对应于低温下的高活化能和高温下的低活化能。也就是说，低温下的化学反应速度比扩散速度小得多，过程是化学环节控制的；在高温下，化学反应速度比扩散速度大得多，过程变为扩散环节所控制。在 600～800℃时，$E=$ 173.7kJ/mol；在 1100～1300℃时，$E=6.28$kJ/mol。所以，提高温度、增大固体表面（细粒度）、活化反应表面、使用催化剂等均是强化反应的措施。

现在，进一步讨论固体反应产物的特性对反应动力学的影响。在多相反应中，如果固体表面形成反应产物层——表面壳层，则反应动力学受此壳层特性的影响。生成固体反应产物的有固-气反应（如金属的氧化、氧化物被气体还原），

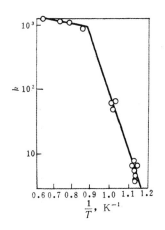

图 1-6　温度对反应
$C+1/2O_2\rightarrow CO$
速度常数的影响

也有固-液反应（如置换沉淀）。反应产物层可以是疏松的，也可以是致密的。如果是疏松层，则反应剂进入反应界面不受阻碍，反应产物层不影响反应速度；如果反应产物层是致密的，反应剂又必须扩散通过此层才能达到反应界面，则反应动力学大为不同。

如果在平面形成疏松的反应产物层，而过程又为扩散层的扩散环节所控制，过程的速度还是遵守方程式：速度 $=\dfrac{D}{\delta}\cdot A\cdot c$。当球形颗粒形成疏松反应产物层时，虽然界面面积随时间而减小，但进行扩散的有效面积是常数，速度方程式仍是：速度 $=\dfrac{D}{\delta}\cdot A\cdot c=\dfrac{D}{\delta}\pi r^2\cdot c$。

如果反应产物层是致密的，则扩散层的阻力和固体反应产物层的阻力相比可以忽略不计，主要需考虑反应产物层的阻力。设反应产物层的厚度为 y，时间 t 时固体反应产物的质量为 W，那末，$y = kW$，k 为常数。经过固体反应产物层的扩散可以用下面的方程式表示：

$$\frac{dW}{dt} = a \cdot \frac{D}{y} \cdot A \cdot c = \frac{a \cdot D \cdot A \cdot c}{k \cdot W}$$

式中　a——计量因数。

当 c 是常数，即反应剂不断补充时，则

$$WdW = \frac{a}{k} D \cdot A \cdot c \cdot dt$$

将上式积分

$$\int WdW = \frac{a}{k} D \cdot A \cdot c \int dt$$

得

$$\frac{W^2}{2} = Kt + 常数$$

W 与 t 的关系是抛物线，而 W 与 $t^{1/2}$ 的关系为直线。上式中的常数，当 $t = 0$，$W = W_0$ 时可以求出。上述方程式又可写成

$$\frac{1}{2}(W_0^2 - W^2) = Kt$$

如果用已反应分数 $X = \dfrac{W_0 - W}{W_0}$，则抛物线方程式可变为

$$X = \frac{W_0 - W}{W_0} = 1 - \frac{W}{W_0}$$

$$\frac{W}{W_0} = 1 - X$$

$$W^2 = W_0^2(1 - X)^2$$

代入 $W_0^2 - W^2 = 2Kt$ 得

$$W_0^2 - W_0^2(1 - X)^2 = 2Kt$$

$$1 - (1 - X)^2 = \frac{2K}{W^2}t = K't$$

如果固体是球状，在反应过程中 A 是不断改变的，则上述的分析不能适用。下面介绍简德尔（W. Jander）[2] 1927 年提出的近似的解法，其他更确切的方程式都是在此基础上改进的。设产物层厚度的增长速度与其厚度成反比

$$\frac{dy}{dt} = \frac{k}{y}$$

$$ydy = kdt$$

式中　y——产物层厚度；

　　　k——比例常数。

将上式积分得　　　　　　　　$y^2 = 2kt$

如果 r_0 为颗粒的原始半径，ρ 是固体的密度，则已反应分数为

22

$$X = \frac{\frac{4}{3}\pi r_0^3 \rho - \frac{4}{3}\pi(r_0 - y)^3 \rho}{\frac{4}{3}\pi r_0^3 \rho} = 1 - \frac{(r_0 - y)^3}{r_0^3} = 1 - \left(1 - \frac{y}{r_0}\right)^3$$

$$1 - X = \left(1 - \frac{y}{r_0}\right)^3$$

$$(1 - X)^{1/3} = 1 - \frac{y}{r_0}$$

$$\therefore \quad y = r_0[1 - (1 - X)^{1/3}]$$

将 y 值代入 $y^2 = 2kt$ 得

$$[1 - (1 - X)^{1/3}]^2 = \frac{2kt}{r_0^2} = Kt$$

$[1-(1-X)^{1/3}]^2$ 与 t 成直线关系。此式一般只适用于过程的开始阶段，因为方程式 $y^2 = 2kt$ 是从平面情况导出的，只有当球体半径比反应产物层的厚度大得很多时，才适用；另外，只有当未反应的内核体积加上反应产物的体积等于原始物料的体积时，方程式 $y = r_0[1 - (1-X)^{1/3}]$ 才适用，只有反应初期的情况接近于此。对镍氧化成氧化镍的动力学的研究证实了这一点。

2) 多相反应的机理　关于用气体还原固体金属氧化物的机理，一种陈旧的观点认为，首先是金属氧化物分解析出氧，然后析出的氧与气相中的还原剂作用形成还原剂氧化物，即所谓"二步还原"理论。实践证明，这一观点并不反映真正的还原过程的机理。另一种"吸附-自动催化"理论，现在已经被越来越多的实验所证实，是比较可靠的。这种理论认为气体还原剂还原金属氧化物分以下几个步骤：第一步是气体还原剂分子（如 H_2，CO），被金属氧化物吸附；第二步是被吸附的还原剂分子与固体氧化物中的氧相互作用并产生新相；第三步是反应的气体产物从固体表面上解吸。

吸附　$MeO_{(固)} + X_{(气)} = MeO_{(固)} \cdot X_{(吸附)}$

反应　$MeO_{(固)} \cdot X_{(吸附)} = Me_{(固)} \cdot XO_{(吸附)}$

解吸　$Me_{(固)} \cdot XO_{(吸附)} = Me_{(固)} + XO_{(气)}$

$MeO_{(固)} + X_{(气)} = Me_{(固)} + XO_{(气)}$

实践证明，在反应速度与时间的关系曲线中具有自动催化的特点，如图 1-7 所示。此关系曲线划分为三个阶段。第一阶段反应速度很慢，很难测出，因为还原仅在固体氧化物表面的某些活化质点上开始进行，新相（金属）形成有很大的困难。这一阶段称为诱导期（图上 a 段），这一阶段和晶格的非完整性很有关系。当新相一旦形成后，由于新旧相的界面上力场不对称，这些地方对气体还原剂的吸附以及晶格重新排列都比较容易，因此，反应就沿着新旧相的界面上逐渐扩展，随着反应面逐渐扩大，反应速度不断增加。这一阶段是为第二阶段，称为反应发展期（图上 b 段）。第三阶段反应沿着以新相晶核为中心而逐渐扩大到相邻反应面，然后反应面随着过程的进行不断减小，引起反应速度的降低。这一阶段称为减速期（图上 c 段）。

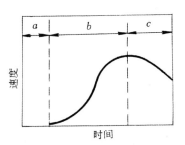

图 1-7　吸附自动催化的反应
速度与时间的关系

通过对多相反应动力学方程和机理的分析，我们可以清楚地看到多相反应是一种复杂过程。就气体还原金属化合物来说，总起来有以下的过程：

i）气体还原剂分子由气流中心扩散到固体化合物外表面，并按吸附机理发生化学还原反应；

ii）气体通过金属扩散到化合物-金属界面上发生还原反应，或者气体通过金属内的孔隙转移到化合物-金属界面上发生还原反应；

iii）化合物的非金属元素通过金属扩散到金属-气体界面可能发生反应，或者化合物本身通过金属内的孔隙转移到金属-气体界面可能发生反应；

iv）气体反应产物通过金属内的孔隙转移至金属外表面，或者气体反应产物可能通过金属扩散至金属外表面；

v）气体反应产物从金属外表面扩散到气流中心而除去。

二、碳还原法

根据图 1-1 的分析，用固体碳可以还原很多种金属氧化物。在粉末冶金中碳还原法可以还原氧化铁制取铁粉，也可以还原氧化锰制取锰粉，以还原氧化铜、氧化镍制取铜粉、镍粉，但因所得铜粉、镍粉被碳玷污，故一般不用碳还原。在某些情况下，对钨粉含碳量要求不甚严格时也可以用碳还原三氧化钨制取钨粉。不过，以工业规模大量采用的还是用碳还原法生产铁粉。下面主要以碳还原铁氧化物为例来讨论碳还原法。

1. 碳还原铁氧化物的基本原理

铁氧化物的还原过程是分阶段进行的，即从高价氧化铁到低价氧化铁，最后转变成金属：$Fe_2O_3 \rightarrow Fe_3O_4 \rightarrow FeO \rightarrow Fe$。固体碳还原金属氧化物的过程通常称为直接还原。当体系内有固体碳存在时，还原过程中将存在下列各反应的平衡（MeO 表示金属氧化物）。

$$MeO + CO = Me + CO_2$$

$$CO_2 + C = 2CO$$

$$MeO + C = Me + CO$$

$$2MeO + C = 2Me + CO_2$$

如果反应在 950～1000℃以上的高温范围内进行，则最后一个反应没有实际意义，因为 CO_2 在此高温下会与固体碳作用而全部变成 CO。我们先讨论 CO 还原铁氧化物的间接还原的规律。

当温度高于 570℃时，分三阶段还原：$Fe_2O_3 \rightarrow Fe_3O_4 \rightarrow$ 浮斯体（$FeO \cdot Fe_3O_4$ 固溶体）$\rightarrow$ Fe

$$3Fe_2O_3 + CO = 2Fe_3O_4 + CO_2 \qquad \Delta H_{298} = -62.999kJ \qquad (a)$$

$$Fe_3O_4 + CO = 3FeO + CO_2 \qquad \Delta H_{298} = 22.395kJ \qquad (b)$$

$$FeO + CO = Fe + CO_2 \qquad \Delta H_{298} = -13.605kJ \qquad (c)$$

当温度低于 570℃时，由于氧化亚铁（FeO）不能稳定存在，因此，Fe_3O_4 直接还原成金属铁

$$Fe_3O_4 + 4CO = 3Fe + 4CO_2$$

$$\Delta H_{298} = -17.163kJ \qquad (d)$$

上述各反应的平衡气相组成，可通过 K_p 求得：

$$K_p = \frac{p_{CO_2}}{p_{CO}}$$

在 $p_{CO} + p_{CO_2} = 1$ atm（$\sim 10^{-1}$ MPa）时，$p_{CO_2} = 1 - p_{CO}$，$K_p = \dfrac{1 - p_{CO}}{p_{CO}}$

$$p_{CO}(1 + K_p) = 1 \quad p_{CO} = \frac{1}{1 + K_p} \quad CO\% = p_{CO} \times 100$$

因而，可根据各反应在给定温度下的相应 K_p 值求出各反应的平衡气相组成。

Fe_2O_3 的还原 即反应 (a)，$\lg K_p = \dfrac{4316}{T} + 4.37 \lg T - 0.478 \times 10^{-3} T - 12.8$。由于 Fe_2O_3 具有很大的离解压，此反应达到平衡时，气相组成中 CO 很低，所以由实验方法研究这一反应虽然温度高到 1500℃，CO 含量仍然小得难以测定。间接计算的 K_p 值和平衡气相中的 CO% 为

温度，℃	500	750	1000	1250	1500
$\lg K_p$	5.365	4.410	3.876	3.493	3.226
K_p	2.32×10^5	2.57×10^4	7.52×10^3	3.11×10^3	1.68×10^3
CO，%	0.00043	0.0039	0.013	0.032	0.059

从所列数据可以看出：Fe_2O_3 被 CO 还原时，平衡气相中 CO 含量极低，CO_2 几乎达 100%。这说明 Fe_2O_3 很容易还原，亦即 CO_2 不易使 Fe_3O_4 氧化。由于它是放热反应，温度升高，K_p 减小，平衡气相中 CO% 增高。

Fe_3O_4 的还原 当温度高于 570℃ 时，发生反应 (b)，$\lg K_p = \dfrac{-1373}{T} - 0.47 \lg T + 0.41 \times 10^{-3} T + 2.69$。

温度，℃		500	700	900	1100	1300
$\lg K_p$		−0.126	0.281	0.559	0.778	1.04
K_p		0.748	1.91	3.623	5.996	10.96
CO，%	计算值	57.2	34.4	21.6	14.3	8.4
	实测值	—	35.2	22.4	14.1	8.5

从所列数据可以看出：Fe_3O_4 被 CO 还原成 FeO 的反应是吸热反应。该反应的 K_p 值随温度升高而增大，平衡气相中的 CO% 随温度升高而减小。这说明升高温度对 Fe_3O_4 还原成 FeO 有利，也就是温度越高，Fe_3O_4 还原成 FeO 所需的 CO 越小。

当温度低于 570℃ 时，由于 FeO 相极不稳定，故 Fe_3O_4 被 CO 直接还原得金属铁。反应 (d) 是放热反应，平衡气相组成中的 CO% 随温度升高而增大。由于此反应系在较低温度下进行，反应不易达到平衡。有人测得 500℃ 时平衡气相组成中含有 CO_2 47%～49%。

FeO 的还原 即反应 (c)，$\lg K_p = \dfrac{324}{T} - 3.62 \lg T + 1.18 \times 10^{-3} T - 0.0667^{-6} T^2 + 9.18$。

温度，℃		500	700	900	1100	1300
$\lg K_p$		0.022	−0.211	−0.381	−0.438	−0.471
K_p		1.052	0.615	0.416	0.365	0.338
CO，%	计算值	48.7	61.9	70.7	73.3	74.7
	实测值	—	60.0	68.5	73.8	77.1

从所列数据可以看出：该反应是放热反应，K_p 随温度升高而减小，而平衡气相组成中

的CO%随温度升高而增大，也就是说，温度越高，还原所需的CO%越大。这说明升高温度对FeO的还原是不利的。不过，温度升高，CO%的变化并不很大，例如，从700℃至1300℃，温度升高600℃，而CO%只增加12.8%，所以提高温度的这种不利影响并不很大。但是，从另一方面，提高温度对Fe_3O_4还原成FeO的过程是有利的。不论哪种反应提高温度都是加快反应速度的。

根据以上对（a）、（b）、（c）、（d）四个反应分析的结果，将其平衡气相组成（以CO%表示）对温度作图，便可得到如图1-8所示的四条曲线（图上a曲线未画出）。

从图1-8可看出：该四条曲线将CO%-T的平面分成四个区域。当实际气相组成相当于C区域内任何一点时，则所有铁的氧化物和金属铁全部转变成FeO相，也就是说在C区域内只有FeO相稳定存在。因为在这个区域内，任何一点都表示CO含量高于相应温度下Fe_3O_4还原反应的平衡气相中CO的含量，故Fe_3O_4被CO还原成FeO，而金属铁则被CO_2氧化成FeO。例如，要防止铁在1100℃被氧化，则平衡气相组成中CO_2%要小于25%。

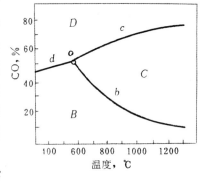

图1-8　Fe-O-C系平衡气相
组成与温度的关系

同样，在D区域内只有金属铁能稳定存在；在B区域内只有Fe_3O_4能稳定存在；在A区域内（在a曲线下面）只有Fe_2O_3能稳定存在。

曲线b和曲线c相交的o点，表示反应（b）和（c）相互平衡，即在该点Fe_3O_4、FeO、Fe和CO、CO_2平衡共存，该点的温度为570℃，相应的平衡气相组成CO为52%。

以上讨论是铁氧化物的间接还原。固体碳直接还原铁氧化物的反应如下：

当温度高于570℃时　　$3Fe_2O_3+C=2Fe_3O_4+CO$　　　　$\Delta H_{298}=108.962kJ$

$Fe_3O_4+C=3FeO+CO$　　　　$\Delta H_{298}=194.366kJ$

$FeO+C=Fe+CO$　　　　$\Delta H_{298}=158.356kJ$

当温度低于570℃时　　$\frac{1}{4}Fe_3O_4+C=\frac{3}{4}Fe+CO$　　　　$\Delta H_{298}=167.670kJ$

虽然，固体碳也能直接还原铁氧化物，但固体与固体的接触面很有限，因而固-固反应速度慢。只要还原反应器内有过剩固体碳存在，则碳的气化反应总是存在的。铁氧化物的直接还原，从热力学观点看，可认为是间接还原反应与碳的气化反应的加和反应，这便是固体碳还原铁氧化物还原过程的实质。例如，反应$FeO+C=Fe+CO$可以看作上述反应（c）与$CO_2+C=2CO$反应（$\Delta H_{298}=171.96kJ/mol$）的加和反应（见图1-9）

$$FeO+CO=Fe+CO_2$$
$$+)\ \ CO_2+C\ \ =2CO$$
$$\overline{FeO+C\ \ =Fe+CO}$$

从图1-9可以看出：曲线c与碳的气化反应线相交于2点（685℃）。显然，在该点两个反应同时参与平衡，它的总反应就是固体碳直接还原FeO的反应，所以685℃也就是固体碳直接还原FeO的开始还原温度。从理论上说，FeO为固体碳还原，还原温度必须高于685℃。同样，曲线b与碳的气化反应相交于1点（650℃）。说明在该点两个反应同时参与平衡，它的总反应就是固体碳直接还原 Fe_3O_4 成 FeO 的反应，所以 650℃ 就是固体碳直接还原 Fe_3O_4 成 FeO 的开始还原温度。从理论上说，只有温度高于 650℃，Fe_3O_4 才能被固体碳还原成 FeO。

当 $p_{CO}=1atm$（～0.1MPa）时，FeO 开始还原温度可由相关反应求得。

$$2C + O_2 = 2CO \qquad\qquad \Delta Z^{\ominus} = -223.532 - 0.1754$$
$$\underline{-)2Fe + O_2 = 2FeO \qquad\qquad \Delta Z^{\ominus} = -519.483 + 0.1252}$$
$$2FeO + 2C = 2Fe + 2CO \qquad\qquad \Delta Z^{\ominus} = 295.951 - 0.3006$$

当 $\Delta Z^{\ominus}=0$ 时，$T_{开始}\approx984K$（≈711℃）。就是说 $p_{CO}=1atm$（～0.1MPa）时，FeO 理论上的开始还原温度约 711℃。图 1-9 中 $p_{CO}+p_{CO_2}=1atm$（～0.1MPa），由于气相组成中有 CO_2 存在，因此，$p_{CO}<1atm$（～0.1MPa），FeO 开始还原温度降到 685℃（图上 T_2）。

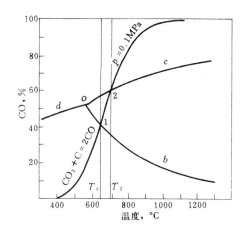

图 1-9　有固体碳存在时铁氧化物的还原

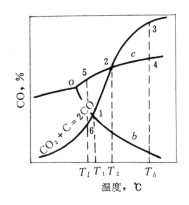

图 1-10　固体碳还原铁氧化物的等压线

由于碳的气化反应的平衡受压力的影响，开始还原温度随压力而变化。压力愈大，开始还原温度愈高；同时，氧化物愈稳定，开始还原温度愈高。碳的气化反应对固体碳还原铁氧化物的关系非常密切。图 1-9 上点 2 是间接反应（c）与碳的气化反应两线的交点，该点的温度与气相组成就是该直接还原体系在 1atm（～0.1MPa）下的平衡状态。当压力不变时，除了点 2 外，其他任何一点该体系都处于非平衡状态。

从图 1-9 可以看出：当温度高于交点温度 T_2 时，由于碳的气化反应的平衡气相组成中 CO% 总是高于 FeO 还原反应平衡气相中的 CO%，因此，反应（c）一直进行到底。或者说，当温度高于 T_2 时，金属铁能稳定存在，而 Fe_3O_4、FeO 都不稳定存在。碳的气化反应平衡气相组成中 CO% 比 FeO 还原反应所需的 CO% 高，该两反应无法同时达到平衡。例如，体系处于图 1-10 所示的 4 点条件下，对曲线 c 来说是处于平衡状态，但对碳的气化反应线来说，则有 CO_2 过剩，碳的气化反应的平衡被破坏；这样，碳的气化反应便向 CO 的方向进行，从而使体系中 CO% 增加。这又破坏了间接反应 c 曲线的平衡，$MeO+CO \longrightarrow Me+CO_2$ 和碳的气化反应同时进行，只要气相组成中 CO% 高于图 1-10 中 4 点所示的组成时，总的结果是 $MeO+C \longrightarrow Me+CO$。这个过程一直进行到 MeO 全部被还原为止。当 MeO 消失时，碳的气化反应将使气相组成向 3 点的方向变化，最后在 3 点达到平衡。

当温度低于交点温度 T_1 时，由于碳的气化反应的平衡气相组成的 CO％总是低于曲线 b 和曲线 c 平衡气相组成中的 CO％，因此，FeO 和 Fe 都将被氧化。也就是说，当温度低于 T_1 时，只有 Fe_3O_4 能稳定存在。因为温度低于 T_1 时，曲线 b 和曲线 c 的平衡气相组成中的 CO％比碳的气化反应的平衡组成中的 CO％为高，碳实际上无法使 Fe_3O_4、FeO 还原。例如，体系处于如图 1-10 所示的 5 点条件下，对曲线 c 来说，虽处于平衡状态，但对碳的气化反应来说，则有 CO 过剩，因此，碳的气化反应应向 CO 分解的方向进行。$Me+CO_2 \longrightarrow MeO+CO$ 和 $2CO \longrightarrow CO_2+C$ 同时进行，只要气相中 CO％低于 5 点所示的组成时，总的结果是 $Me+CO \longrightarrow MeO+C$，即 Me 被氧化（被 CO 分解出的 CO_2 氧化）。CO 分解将使气相组成向 6 点的组成变化，当金属铁全部氧化后，体系在 6 点达到平衡。

同样，当体系温度介于 T_1 和 T_2 之间时，在这个区域内只有 FeO 能稳定存在，因为在 T_1 和 T_2 范围内，碳的气化反应平衡曲线在曲线 b 之上，曲线 c 之下，CO％比曲线 b 的大，而比曲线 c 的小。所以 Fe_3O_4 按曲线 b 还原成 FeO，而 Fe 按曲线 c 被 CO_2 氧化成 FeO；总之，只有 FeO 稳定。

根据以上分析，在有固体碳存在时，只有当体系的实际温度高于 T_2 时，CO 才能还原铁氧化物。不过上面讨论碳的气化反应以及 CO 和固体碳还原铁氧化物时都没有考虑碳在铁中的溶解和形成碳化铁（Fe_3C）的问题。

下面进一步讨论碳还原铁氧化物的动力学问题。

前已指出，铁氧化物的还原是分阶段进行的。部分被气体还原的 Fe_2O_3 颗粒具有多层结构，由内向外各层为 Fe_2O_3（中心）、Fe_3O_4、FeO 及 Fe。实验证明，反应（a）和反应（c）的反应产物层是疏松的，因此，过程为界面上的化学环节所控制。CO 还原铁氧化物的反应速度方程遵循 $-\dfrac{dW}{dt}=KW^{2/3}$；如用已反应分数表示，则反应速度方程遵循 $1-(1-X)^{1/3}=Kt$ 的关系。950℃用 CO 还原球形磁铁矿粒的速度方程见图 1-5。

但是实验证明，850℃时 Fe_3O_4（矿石）+CO（混合气体）$\longrightarrow 3FeO+CO_2$ 反应以及 800～1050℃时 Fe_2O_3（矿石）+转化天然气 $\longrightarrow$ Fe+气体反应的产物层不是疏松的，并且通过产物层的扩散速度和固-固界面上的化学反应速度基本一样。在这种情况下，反应速度方程遵循更复杂的方程式

$$\frac{k}{6}[3-2X-3(1-X)^{2/3}]+\frac{D}{r_0}[1-(1-X)^{1/3}]=\frac{kDP}{r_0^2 d} \cdot t$$

此方程在此不拟推导，不过，可以指出，方程由两部分组成。如果第一项与第二项相比可以忽略时，方程便简化为 $1-(1-X)^{1/3}=\dfrac{kP}{r_0 d} \cdot t=Kt$。这便是一个化学环节控制过程的方程式。如果第二项与第一项相比可以忽略时，方程便简化为：$1-\dfrac{2}{3}X-(1-X)^{2/3}=\dfrac{2DP}{r_0^2 d} \cdot t=Kt$。这便是一个通过致密反应产物的扩散环节控制过程的方程式。此式比前面讨论过的简德尔方程式适应范围更大。

1958 年上海冶金研究所研究了木炭还原铁鳞的还原速率[3]。用铁鳞与木炭按 5：1 比例混合，在 950～1050℃之间进行还原速率的测定，其结果如图 1-11 所示。纵坐标代表还原速率，以每分钟去氧的毫克数表示，横坐标代表还原百分率（％），以 $\dfrac{去氧量}{铁鳞原始含氧量} \times$

100％表示。

图中三曲线都有一极小值 B 点。自 B 点后还原速率急剧增大，到最高点 C 后又降低。这表明了过程的吸附自动催化特性。

极小值 B 点的出现是 Fe_2O_3 和 Fe_3O_4 已全部还原成浮斯体，由于浮斯体与金属铁的比容相差甚大，要在浮斯体表面生成金属铁相，将产生很大的晶格畸变，需要很大的能量，致使新相成核困难。但是，当金属铁晶核一经形成后，由于自动催化作用，金属铁迅速成长，而在粉末颗粒外表全部包上一层金属铁时，还原反应速率达到最大值 C 点。自 C 点后，由于金属铁和浮斯体相界面逐渐减小，还原反应速率逐渐下降。实验证明，到达 C 点所需的时间仅为数分钟，而自 C 点后到达反应终了所需时间为数十分钟，可见浮斯体还原成金属铁这一阶段比较缓慢，因而整个还原反应的速率便受此阶段速率所限制。

木炭还原铁鳞的活化能为 238.6kJ/mol 左右，而反应 (a) 的活化能在 380～450℃ 范围内为 61.325kJ/mol，反应 (c) 的活化能在 980～1165℃ 范围内为 58.185kJ/mol，固体碳和 CO 还原氧化铁时的活化能相差甚大。但是，碳的气化反应的活化能为 167.44～303.76kJ/mol，木炭还原铁鳞的活化能 238.6kJ/mol 与碳的气化反应的活化能相近。这说明固体碳还原铁氧化物的速率受 CO 生成速率的限制。这一点从动力学上说明碳还原铁氧化物时固（碳）-固（氧化铁）反应的意义是很小的。

根据实践经验，在浮斯体还原成金属铁和海绵铁开始渗碳之间存在着一个还原终点。在还原终点，浮斯体消失，反应 (c) 平衡破坏，气相中 CO 含量急剧上升，开始了海绵铁的渗碳。为控制生产过程和铁粉质量，还原终点需要掌握好，即不要还原不透，也不要使海绵铁大量渗碳。生产中检验还原终点的最简单方法就是观察海绵铁块的断面。海绵铁块断面可以有三种典型情况，当海绵铁块中间有一条明显的暗灰带，这就是尚未还原的浮斯体，即所谓夹心。在浮斯体尚未消失时，不可能渗碳，化验时，其铁和碳的含量均低，含碳量有时在 0.03％ 以下。这种夹心在一般退火时很难再还原。当断面全是银灰色，并有熔化亮点，海绵铁块非常坚硬。这表示还原过头已经渗碳，化验时，往往铁和碳的含量均高，碳有时大于 0.4％。这种铁粉质硬，压缩性差，也是不好的。比较正常的是断面为银灰色，其中可以看到一点点夹生似的痕迹，化验时，铁含量高，而碳含量低。这一般是还原结束而尚未渗碳所得的海绵铁。例如，海绵铁的含碳量在 0.2％～0.3％，在退火后可使 $Fe_总$ 达 98％ 以上，C 在 0.1％ 以下，低的可达 0.05％ 左右；当海绵铁的含碳量接近 0.1％，退火后 $Fe_总$ 约为 97％，C 可小于 0.03％，但 O_2 在 1.0％ 以上；当海绵铁的碳含量为 0.3％～0.4％，退火后，$Fe_总$ 约为 98％，O_2 小于 1.0％，但 C 在 0.1％ 以上。总之，要得到碳和氧的含量适当的铁粉，必须掌握好海绵铁块的含碳量。

在工艺条件上如何掌握好还原终点？从热力学和动力学规律知道，气相组成对海绵铁渗碳起着重大的影响。1972 年罗斯托夫泽夫 (C. T. Pостовцев)[4] 研究了不同气相组成（CO_2 ：CO 由 1 到 0.01），气相压力（由 0.1 到 1atm（0.01～0.1MPa））和温度（由 1050～1600K）对铁中含碳量（或碳在 γ-Fe 中的溶解度）的影响，如图 1-12 所示。

从图 1-12 可以得出，在所研究的范围内，在一定温度下，压力恒定，气相中 CO_2 ：CO 减小，或者 CO_2 ：CO 恒定，气相压力增大均引起铁中含碳量增加。例如，1100K 气相压力为 1atm 时，CO_2 ：CO 为 1，铁中含碳量在 0.1％ 以下，而 CO_2 ：CO 为 0.1，铁中含碳量增到 0.6％；CO_2 ：CO 为 0.1，气相压力为 0.5atm（0.5MPa），则铁中含碳量只有 0.2％ 左右。

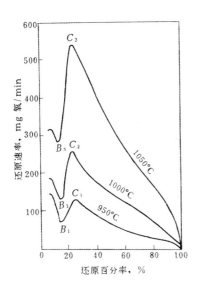

图 1-11 木炭还原铁鳞各还
原阶段的反应速率

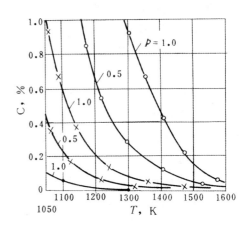

图 1-12 气相组成、气相压力、温
度对铁中含碳量的影响

o—CO_2:CO=0.01；×—CO_2:CO=0.1；

•—CO_2:CO=1.0

在 1300K 气相压力为 1atm（约 0.1MPa）时，CO_2：CO 为 1，铁中含碳量极其微少；而 CO_2：CO 为 0.1，铁中含碳量增到 0.1%，CO_2：CO 为 0.01 时，铁中含碳量增到 0.9% 左右。在气相组成方面，CO_2：CO 为 1 时，气相渗碳的趋势是小的。

温度对铁的渗碳有影响。在 1050~1600K 范围内，当气相压力为 1atm（~0.1MPa），气相中 CO_2：CO 不论是 1 或者是 0.1、0.01，提高温度，铁渗碳的趋势总是降低的。例如，在气相压力 1atm，CO_2：CO 为 0.1 的情况下，1100K 时铁中含碳量为 0.6%，而在 1300K 时铁中含碳量只为 0.1% 左右，到 1500K 以上时，铁中含碳量极其微少。为什么出现这种现象？按一般道理，碳的气化反应的平衡常数随温度升高而增大，温度升高，有利于反应向生成 CO 的方向进行，CO_2：CO 应该减小，与上述结果好像有矛盾。但是，考察温度对铁渗碳的影响是针对一定压力和一定 CO_2：CO 而言的。事实上，温度升高，气相组成中的 CO 增加，CO_2：CO 不会固定不变，如果要维持 CO_2：CO 不变，相对来说，比 CO 增加后的比值高了，所以气相渗碳反而相对降低。

综上所述，对于气相压力为 1atm（~0.1MPa）的情况，1100K 时，CO_2：CO 为 0.1，1300K 时，CO_2：CO 为 0.01，铁中渗碳的趋势较大，这与碳的气化反应在 1atm（~0.1MPa）下的平衡组成相接近。CO_2：CO 为 1 时，渗碳趋势是小的。但是，提高气相中 CO_2 含量会降低其还原能力。为了降低气相中 CO_2 含量以提高其还原能力，往往容易使海绵铁在冷却过程中渗碳。因此，在一定气相组成条件下，掌握好还原温度和还原时间就很重要了。在用气体还原剂还原时，调整气相中的 CO_2：CO，可以得到一定含碳量的海绵铁。

2. 影响还原过程和铁粉质量的因素

研究铁氧化物还原的基本原理就是为了了解其实质和影响还原过程的内外在因素，以便在生产上控制这些因素，来提高还原速度和铁粉的质量。下面讨论这些因素。

（1）原料

1）原料中杂质的影响　原料中杂质特别是 SiO_2 的含量超过一定限度后，不仅还原时间

30

延长，并且使还原不完全，铁粉中含铁量降低。这是因为有一部分氧化铁还原到浮斯体阶段即与SiO_2结合而生成极难还原的硅酸铁（$2FeO + SiO_2 \longrightarrow Fe_2SiO_4$）。从热力学观点看，在1000℃固体碳还原$FeO$的CO浓度平均为72%左右，而在1000℃要还原硅酸铁所需的CO浓度要86%以上。所以对原料成分，特别是对SiO_2有一定的要求。例如，一般要求铁鳞中$Fe_总 > 70\% \sim 73\%$，$SiO_2 < 0.25\% \sim 0.30\%$。为了达到此要求，无论是以铁鳞作原料还是以矿石作原料都要磁选。

2）原料粒度的影响　多相反应与界面有关，原料粒度愈细，界面的面积愈大，因而促进反应的进行。图1-5所示的950℃时用CO还原球形磁铁矿粒的情况说明了粒度有很大的影响。球粒直径1mm，20min还原百分率达90%以上；而球粒直径4mm时，达到同样的还原百分率要70min以上。所以，原料在准备中一般都要粉碎。

（2）固体碳还原剂

1）固体碳还原剂类型的影响　在生产中常用的固体碳还原剂有木炭、焦炭（末）和无烟煤。它们的物理化学性能及其使用效果如表1-4所示。

表1-4　几种固体碳还原剂的物理化学性能

类　型	固定碳，%	挥发分，%	灰分，%	硫，%	气孔率，%	还原工艺条件	
						温度，℃	时间，h
木　炭	$60 \sim 80$	$10 \sim 20$	$0.5 \sim 2.5$	—	$70 \sim 80$	≈950	≈50
焦　炭	$70 \sim 80$	$1 \sim 6$	$8 \sim 14$	$0.5 \sim 1.5$	$30 \sim 50$	≈1000	≈60
无烟煤	$85 \sim 90$	$1 \sim 5$	$5 \sim 8$	$0.5 \sim 1.5$	$2 \sim 4$	$1000 \sim 1050$	≈70

木炭的还原能力最强，其次是焦炭，而无烟煤则较差。这是因为木炭的气孔率最大，活性亦最大。但是，木炭价格较贵，产量有限，因此，常采用焦炭（末）或无烟煤作还原剂。由于焦炭和无烟煤含有较高的硫，会使海绵铁中含硫量增高。为此，使用焦炭和无烟煤时，还要同时加入适量的脱硫剂，如石灰石、石灰以除去其中的硫。

2）固体碳还原剂用量的影响　在一定的还原条件下，固体碳还原剂的消耗量主要根据氧化铁的含氧量而定。如果还原温度变了，气相组成也随之改变，则固体碳的消耗量也会变化。例如，上海冶金研究所[3]取沸腾钢铁鳞和不同的木炭量混合，在1000℃还原，分析还原后海绵铁粉中含铁量和含碳量，研究木炭加入量和铁粉纯度的关系，所得结果如图1-13所示，横坐标为木炭的加入量，以铁鳞中的含氧量全部生成CO所需的木炭作为100%。

研究结果表明：当加入木炭量低于86%时，木炭不足以还原全部氧化铁；当加入木炭量多于90%时，则有木炭过剩，铁粉中含碳量升高。所以，最适宜的木炭加入量为86%～90%，可得含铁98%以上含碳0.5%以下的海绵铁粉。还原过程中的气相组成与温度有关，因而改变还原温度也影响木炭消耗量。还原温度低时，气相中CO_2较高，木炭的消耗量下降。

综上所述，可以根据反应$FeO + C \rightarrow Fe + CO$来算配碳比。如果碳全部生成CO，则碳氧比$K = \dfrac{12}{16} = 0.75$。根据实验，最适宜的木炭加入量为86%～90%，那末，当铁鳞或者铁矿石与木炭分开装罐时，还原温度如定为1000℃，碳氧比一般取0.65；而采用无烟煤作还原剂时，碳氧比稍高一些，一般取0.7。例如，铁鳞的含氧量为25%，以每罐装10kg铁鳞

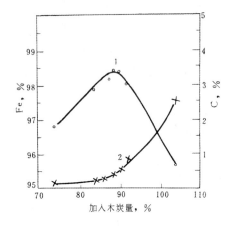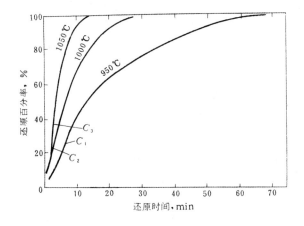

图 1-13 木炭加入量与铁
         粉纯度的关系

1—铁粉中含铁量；2—铁粉中含碳量

图 1-14 木炭还原铁鳞时还原百分率
          与还原温度和还原时间的关系

计，取 $K=0.65$，则应加入碳量为 $2.5 \times 0.65 = 1.625 \text{kg}$。设木炭含固定碳为 65%，则应加入木炭量为 $1.625 \div 0.65 = 2.5 \text{kg}$，这相当于铁鳞和木炭之比为 $10 : 2.5 = 4 : 1$（相当于 $80\% : 20\%$），用木炭还原时配碳比的经验数据就是这样得来的。同理，用无烟煤还原时，铁鳞和无烟煤（包括脱硫剂在内）之比约为 $3 : 1$，例如，可取铁鳞：无烟煤：石灰石 $=10 : 2.7 : 0.7$（相当于 $75\% : 20\% : 5\%$）。为了保证足够的 CO 量，并考虑其他消耗的碳量，特别是用无烟煤还原时，实际所用的还原剂都要比理论计算的略高一些。例如，有的工厂用无烟煤还原时，配碳比取铁鳞：无烟煤：石灰石 $=60\% : 33\% : 7\%$。

（3）还原工艺条件

1）还原温度和还原时间的影响 在还原过程中，如其他条件不变，还原温度和还原时间又互相影响。实践证明，随着还原温度的提高，还原时间可以缩短。上海冶金研究所[3]用木炭与铁鳞混合进行还原的实验得到的还原百分率与还原温度、还原时间的关系如图 1-14 所示。

在一定范围内，温度升高，对碳的气化反应有显著作用。已经知道，温度升高到 1000℃ 以上时，碳的气化反应的气相组成几乎全部为 CO。CO 浓度的增高，无论对还原反应速度，还是对 CO 向氧化铁内层扩散都是有利的。化学反应速度与温度成指数关系，升高温度能加速还原过程。但是，随着温度的升高，温度对氧化铁还原过程不利的一面也在增长。由于温度升高，还原好的海绵铁的高温烧结趋向增大，这将使 CO 难以通过还原产物扩散，又减低还原速度，同时，海绵铁高温烧结使得海绵铁块变硬；另一方面，在更高温度下，CO_2：CO 减小，使海绵铁渗碳的趋势增大，将造成下一步粉碎困难，使铁粉加工硬化更大。

总的说来，在一定范围内提高还原温度是强化还原过程的措施之一。因此，采用高温快速还原工艺，可显著缩短还原时间，提高还原炉的产量。但必须根据具体情况，既要发挥有利的一面，也要注意不利的一面，还原时间不可能减到太短。图 1-15 是生产中的还原温度曲线。

2）料层厚度的影响 在还原温度一定时，料层厚度不同，还原时间也不同。实践证明，

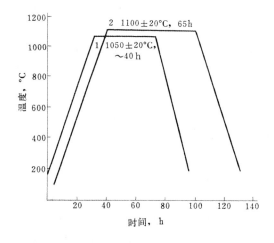

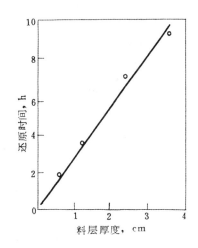

图 1-15　隧道窑还原温度曲线
1—木炭还原铁鳞，窑长 40m；
2—焦炭还原铁鳞，窑长 160m

图 1-16　料层厚度与还原时间的关系

随着料层厚度的增加，还原时间亦随之增长。图 1-16 为还原温度 1050℃时料层厚度与还原时间的关系。

从图 1-16 可以看出，在料层 0.6～3.6cm 范围内，还原时间的增长与料层厚度的增厚成直线关系，这是传热阻力增大的缘故。对于以吸热为主的反应来说，热量传递尤为重要。

由于料层厚度影响还原时间，如何合理装料便是一个重要问题。用固体碳还原铁鳞时，过去曾用装罐层装法，改用装罐环装法后，还原效果有所提高，因为由水平层装改为环装，使得在传热方向（垂直于罐的轴向）上的料层厚度减小了，这有利于热的传递。有的工厂采用装罐柱装法，即每罐装 10～12 柱，还原效果比环装法更好，但操作麻烦。所以装罐方式要根据具体情况选用。

3）还原罐密封程度的影响　在还原过程中，除了选择适当的温度和时间外，还要保证一定的气氛。为了保证气氛中有足够的 CO 浓度，在用装罐法还原时必须密封还原罐。否则，往往还原不透，或者使海绵铁在冷却过程中容易氧化。

（4）添加剂

1）加入一定的固体碳的影响

固体碳还原剂的加入方法，一种是原料铁鳞或铁矿石与固体碳混合压团去还原，一种是原料与还原剂分层相间装入去还原。实验研究证明，前者的还原速度比后者明显提高，但是，必须准确掌握还原剂用量并选用纯（灰分很低）的固体碳。生产上常采用后者，同时再在原料中加入一定的固体碳。实践证明，在用木炭、无烟煤还原时往铁鳞中加 1％～3％的木炭或炭黑，以及在用气-固联合还原法时往铁鳞中加入 9％～10％的炭黑都收到了一定的效果。

加入少量的固体还原剂于原料中，可以同时起疏松剂和辅助还原剂的作用。还原时间一般包括将原料加热到还原温度的时间、还原气体通过料层和原料颗粒扩散的时间以及还原反应所需的时间。由于料层装填比较紧密，还原后引起烧结，使还原气体通过料层的循环变坏，所以，加入的固体碳可以起疏松剂的作用。另一方面，加入的碳与 CO_2 或水蒸气作用（$H_2O+C=CO+H_2$）可促进还原气相组成中 CO 浓度的增加。所以，加入的碳起了辅助还原剂的作用。

2）返回料的影响　往原料中预先加入一定的废铁粉，有时对还原过程有好的影响。在用气-固联合还原法还原铁鳞时，预先加入 9%～10%的废铁粉可使还原生产率提高 18%，其他条件是：铁鳞中混合 10%的炭黑，采用转化天然气，其成分为 CO 22%～23%，H_2 74%～75%，CO_2 1%～2%，H_2O 1%～1.5%，CH_4<0.4%，N_2<1.0%。

从动力学已知，浮斯体还原成金属铁的阶段比较缓慢。加入一定量的废铁粉于原料中，可在一定程度上消除与产生金属相有关的能量上的困难，缩短还原过程的诱导期，从而加速还原过程。

3）引入气体还原剂的影响　生产实践中采用管式炉固体碳还原时，同时向炉内通入发生炉煤气（或焦炉煤气、高炉煤气），或用转化天然气的气-固联合还原均可使还原过程加速，所得海绵铁比较疏松，质量也比较高。这说明固体碳还原时引入气体是有好作用的。

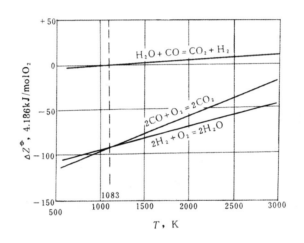

图 1-17　H-O，C-O 及 C-H-O
系中某些反应的 $\Delta Z^{\ominus}$ 与 T 的关系

引入气体还原剂时，气相组成中有 CO、H_2 等会加速还原过程，例如，转化天然气一般含 H_2 74%～75%，CO 22%～23%；发生炉煤气一般含有 H_2 5%～13%。根据热力学，温度在 810℃以下时 CO 比 H_2 对氧化铁的还原活性高（见图 1-17），但从动力学看，H_2 在各种温度下都比 CO 活泼，H_2 比 CO 的吸附能力大，扩散能力也大得多。因此，高温下 H_2 的还原能力比 CO 强。此外，H_2 还原氧化铁后生成的 $H_2O_{(气)}$ 将与 C 和 CO 发生作用，H_2 多次参与反应而加速了还原反应的进行。

在温度低于 800℃时

$$FeO + H_2 = Fe + H_2O - 27.71kJ$$
$$\underline{H_2O + CO = CO_2 + H_2 + 41.32kJ}$$
$$FeO + CO = Fe + CO_2 + 13.31kJ$$

在温度高于 1000℃时

$$FeO + H_2 = Fe + H_2O - 27.71kJ$$

$$H_2O + C = CO + H_2 - 130.65kJ$$
$$FeO + C = Fe + CO - 158.36kJ$$

4）碱金属盐的影响　前苏联研究者在 500℃ 用 CO 还原纯 Fe_2O_3 时添加 3%（为氧化铁重量）的碱金属化合物，其对还原百分率的影响，如图 1-18 和图 1-19 所示。

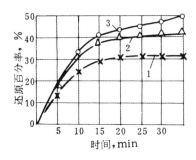

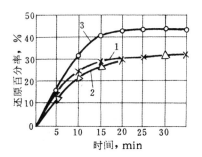

图 1-18　3% 碱金属碳酸盐对氧
化铁还原百分率的影响（500℃）
1—不加；2—加 Na_2CO_3；3—加 K_2CO_3

图 1-19　3% 碱金属卤族盐对氧
化铁还原百分率的影响（500℃）
1—不加；2—加 Na_2Cl；3—加 KCl

从图 1-18 和图 1-19 的结果可以得出：碱金属碳酸盐如 Na_2CO_3、K_2CO_3 能加速 500℃时 Fe_2O_3 的还原，K_2CO_3 的催化效果比 Na_2CO_3 的大。添加 NaCl 对还原速度的影响不明显，而添加 KCl 能强化还原过程。NaI，KI 等也能加速还原过程（图上未标出）。

碱金属盐强化还原过程的原因是当氧化铁与碱金属盐相互作用后，氧化铁内部结构起了变化，当铁阳离子（Fe^{2+}）被碱金属阳离子（Me^+）取代时，或者在铁的结晶点阵的结点上形成空位时，氧化铁点阵中的空穴浓度增加，有利于 CO 的吸附，从而加速了反应的进行。不同的碱金属盐的作用又有不同，这与碱金属离子和铁离子半径比值大小有关。几种碱金属离子和铁离子的半径是：

离子	Fe^{2+}	Fe^{3+}	O^{2-}	Li^+	Na^+	K^+
半径，nm	0.083	0.067	0.132	0.06	0.095	0.15

Li^+ 半径比 Fe^{2+}、Fe^{3+} 半径小，所以锂在与氧化铁作用时，不仅取代铁阳离子，更主要的是填入氧化铁点阵中铁阳离子的空位或间隙于结点之间，氧化铁点阵的空穴浓度反而降低。Na^+ 半径比 Li^+ 半径大，比 Fe^{2+}、Fe^{3+} 半径也大一些，钠一般是取代铁阳离子和填入阳离子空位的，间隙于结点之间的可能性很小，故氧化铁点阵空穴浓度改变不大，因此，Na^+的作用不明显。K^+ 半径比 Fe^{2+}、Fe^{3+} 半径大得多，不可能间隙于结点之间，钾取代铁阳离子和填入阳离子空位的情况比 Na^+ 更复杂，一般钾溶解于氧化铁使氧化铁的空穴浓度增加，故 K^+ 的有效作用便大些。

在还原过程中、碱金属碳酸盐分解成的 Me_2O 与氧化铁生成亚铁酸盐。根据上述原理，碱金属与基体相 Fe^{2+} 换位和提高氧化铁的空穴浓度的能力依 Li、Na、K 的次序而递增，因此，K_2CO_3 的催化效果比 Na_2CO_3 大。

（5）海绵铁的处理　海绵铁块破碎成为铁粉时产生加工硬化，并且，海绵铁有时含氧量较高或严重渗碳。因此，一般海绵铁粉都要还原退火以起到下列作用：(1) 退火软化作用，提高铁粉的塑性，改善铁粉的压缩性；(2) 补充还原作用，把 $Fe_总$ 从 95%～97% 提高到 97%～98% 以上；(3) 脱碳作用，把含碳量从 0.4%～0.2% 降低到 0.25%～0.05% 以下。例如，经较长时间球磨的铁粉的压缩性差，在压制压力 400MPa 时，压坯密度不大于 $5g/cm^3$。将这种铁粉经 650℃ 退火处理后，压坯密度可提高到 $6g/cm^3$ 以上，压坯表面光洁度很好，压模寿命因而大大提高（见图 1-20）。

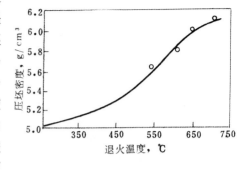

图 1-20 退火温度对铁粉压缩性的影响

为什么不同的退火温度对铁粉压缩性的影响不同？这要从金属加工硬化谈起。所谓加工硬化，简单说来就是金属在被冷加工后，金属的结晶晶格发生畸变，应力集中，致使金属硬化。加工硬化了的金属在加热时，在某一温度范围，结晶晶格弹性畸变的消除过程首先从这些部分开始，这个过程叫做回复。通常，依靠回复不能完全恢复金属的原有性能。如欲完全消除加工硬化，就要加热到某一比回复温度上限还要高的所谓再结晶温度。一般来说，变形金属加热到新的晶核形成和晶粒长大所发生的过程叫做再结晶。当加热到再结晶温度时，冷加工后储存自由能最大的地方就开始形成新晶核，并由这些晶核并吞畸变的邻接部分而长成为新晶粒。一般纯金属再结晶的绝对温度等于 0.4 熔化的绝对温度，即 $T_{再结晶}=0.4T_{熔化}$。

实践证明，冷加工的程度愈大，则再结晶温度愈低。铁的再结晶温度为 450℃ 左右。根据以上分析，铁的理论退火温度是 450～500℃。但是，实践中一般退火温度要略高一些，含碳量小于 0.2% 的铁粉，退火温度通常在 600～700℃ 之间。海绵铁的退火不是纯退火，而是还原退火，因而大都采用 700～800℃。另外，还原退火效果还与所用炉子结构和气氛有关。一般将铁粉装在铁皮罐内，用耐火泥密封，在 700～800℃ 下退火 5～7h，这种方法称为焖火。焖火一般能使铁粉达到如下标准：$Fe_总$>97%，C<0.25%，氢损<1.2%，压缩性 $5.95g/cm^3$ 以上。不过通过焖火提高铁粉含铁量和压缩性是有限度的，降低氧、碳含量主要靠铁粉本身所含碳和氧的相互作用，其主要反应有

图 1-21 隧道窑焦炭还原铁鳞生产铁粉的设备工艺流程

$$4Fe_3C + Fe_3O_4 \longrightarrow 15Fe + 4CO$$
$$Fe_3C + FeO \longrightarrow 4Fe + CO$$
$$FeO + CO \longrightarrow Fe + CO_2$$

$$Fe_3C + CO_2 \longrightarrow 3Fe + 2CO$$

在分解氨、转化天然气或氢气中用管式炉进行还原退火能显著提高铁粉质量，因为氢参与了反应

$$Fe_3O_4 + H_2 \longrightarrow 3FeO + H_2O$$

$$FeO + H_2 \longrightarrow Fe + H_2O$$

$$mFe_3C + \frac{n}{2}H_2 \longrightarrow 3mFe + C_mH_n$$

一般用分解氨、氢等还原退火后的铁粉性能可达到如下标准：$Fe_{总} > 98\%$，$C < 0.1\%$，氢损 $< 0.8\%$，压缩性 $6.05g/cm^3$ 以上。

3. 固体碳还原氧化铁的工艺

在生产铁粉中还原法是应用最广泛的，还原方法也有多种。按还原剂类型分，有固体碳还原法（木炭、焦炭、无烟煤等）、气体还原法（氢气、转化天然气、煤气等），气-固联合还原法；按炉料形态分，有粉状料还原、团状料还原；按物料还原时的状态（动力学要求）分，有固定床还原、流动床（流态化）还原；按所使用的设备分，有圆形倒焰炉、隧道窑、管式炉、输送带式炉、回转炉、竖炉或竖式反应器、流态化反应器等；按还原气体的压力分，有常压还原法、高压还原法。兹将各类还原法综合开列如表1-5所示以资比较。

表 1-5　制取铁粉的还原方法

方　　法	还　原　剂	原　　料	设　　备	还原工艺条件		国外典型例子
				还原温度 ℃	气体 压力	
固体碳还原法						
反应罐固体碳还原法	木炭，焦炭，无烟煤	铁鳞，铁矿石	倒焰炉，隧道窑回	950～1100		瑞典霍格纳斯
回转炉固体碳还原法	木炭、焦炭	铁鳞，铁矿石	转管式炉			(Höganäs)法
气-固联合还原法						
马弗管式炉气-固	碳黑+转化天然气	铁　　鳞	马弗管式炉	≈1100		前苏联转化天然
联合还原法	木炭+煤气					气联合还原法
气体还原法						
输送带式炉气体还原法	氢	铁　　鳞	输送带式炉	≈980		美国帕隆
回转炉气体还原法	分解氨	铁　　鳞	回转管式炉	≈850		(Pyron)法
竖炉气体还原法	水煤气，转化天然气	铁鳞，铁矿石	竖炉	≈950		
流态化还原法	氢	铁矿石	流态化反应器	480～540	2.8～ 3.5 MPa	美国氢-铁法
蚁酸铁还原制超细铁粉	氢	蚁酸铁	管式马弗炉	400～500		

图1-21为隧道窑还原铁鳞的设备工艺流程。整个流程基本上分为还原前原料的准备、还原和海绵铁的处理三大阶段。

4. 复合型铁粉

高密度、高强度、高精度粉末冶金铁基零件需要复合型铁粉。所谓复合型粉末是指用气体或液体雾化法制成的完全预合金粉末、部分扩散预合金粉末以及粘附型复合粉末。前者将在雾化法制粉中介绍，下面介绍瑞典 Höganäs 公司开发的两种有代表性的复合型铁

粉。

(1) Distaloy 部分扩散预合金铁粉　这种粉末是将铁粉与合金元素粉混合均匀后，在还原性气氛中进行加热处理，这样各种合金元素便扩散到铁粉中，铁粉与合金元素粉颗粒间形成部分扩散联结。几种 Distaloy 铁粉的化学成分和工艺性能列于表 1-6 中。SA、SE 系以还原铁粉 SC 100.26 为基体，AB、AE 系以水雾化铁粉 AHC 100.29 为基体。

表 1-6　几种 Distaloy 铁粉的化学成分和工艺性能

牌　　号	化学成分，%（wt）					粒度范围 μm	松装密度 g/cm³	流动性 s/50g	压缩性[①] g/cm³
	Cu	Ni	Mo	C	H₂损				
Distaloy SA	1.50	1.75	0.50	0.02	0.12	20～150	2.75	29	6.73
Distaloy SE	1.50	4.00	0.50	0.01	0.12	20～150	2.75	29	6.70
Distaloy AB	1.50	1.75	0.50	0.01	0.10	20～180	3.00	26	6.84
Distaloy AE	1.50	4.00	0.50	<0.01	0.10	20～180	3.00	26	6.83

①添加 0.8% 硬脂酸锌、压制压力 420MPa。

Distaloy SA 与粉末混合料烧结件的性能比较列于表 1-7 中。

表 1-7　Distaloy SA 与粉末混合料烧结件的性能比较[①]

粉　末　类　别	烧结密度 g/cm³	抗拉强度 MPa	延伸率 %	硬　度 HV10	化合碳 %
Distaloy SA	6.98	574	2.6	173	0.53
SC 100.26 铁粉＋1.5Cu＋1.75Ni＋0.5Mo	6.99	472	2.4	158	0.54

①烧结温度 1120℃，烧结时间 30min。

(2) Starmix 粘附型复合铁粉　这种粉的关键在于用有机粘结剂将各种合金元素粉末颗粒粘附在铁粉颗粒表面以消除预混合粉末搬运或压制成形时的成分偏聚。这种粉末与完全预合金粉相比，优点是保持了预混合粉的高压缩性；与部分扩散预合金粉相比，优点在于可自由选择合金元素。表 1-8 列出了添加与不添加有机粘结剂（0.125%）及加 0.6% Acrawax（润滑剂）和 0.3% 硬脂酸锌的 Fe-2Ni-0.8C 混合粉的压坯和烧结件性能的比较。可以看出，粘附型复合粉的组成变化抗力显著高于一般混合粉，同时，前者的流动性明显高于后者。

表 1-8　Fe-2Ni-0.8C 混合粉制压坯和烧结件的性能

粉　末　类　别	松装密度 g/cm³	流动性 s/50g	压坯密度[①] g/cm³	压坯强度 MPa	组成变化抗力		烧结密度 g/cm³	抗弯强度 MPa
					石墨%	镍%		
粘附型复合粉	3.11	31.0	6.67	99.5	96.00	35.00	6.77	830
一般混合粉	3.04	38.0	6.70	107.5	85.00	31.00	6.78	860

①压制压力 413MPa。

三、气体还原法

前已指出，不仅氢，而且分解氨（H₂＋N₂）、转化天然气（主要成分为 H₂ 和 CO）、各种煤气（主要成分为 CO）等都可作气体还原剂。气体还原法不仅可以制取铁粉、镍粉、钴粉、铜粉、锡粉、钨粉、钼粉等，而且用共还原法还可以制取一些合金粉，如铁-钼合金粉、钨-铼合金粉等。气体还原法制取的铁粉比固体碳还原法制取的铁粉更纯，生产成本较低，故得到了很大的发展。钨粉的生产主要用氢还原法。下面主要就氢还原法制取铁粉和钨粉为例来讨论气体还原法。

1. 氢还原法制取铁粉

(1) 氢还原铁氧化物的基本原理，氢还原铁氧化物时有如下的反应：

当温度高于570℃时，分三阶段还原：

$$3Fe_2O_3 + H_2 = 2Fe_3O_4 + H_2O \qquad \Delta H_{298} = -21.8kJ \qquad (a')$$

$$Fe_3O_4 + H_2 = 3FeO + H_2O \qquad \Delta H_{298} = 63.588kJ \qquad (b')$$

$$FeO + H_2 = Fe + H_2O \qquad \Delta H_{298} = 27.71kJ \qquad (c')$$

当温度低于570℃时，Fe_3O_4直接还原成金属铁。

$$Fe_3O_4 + 4H_2 = 3Fe + 4H_2O \qquad \Delta H_{298} = 147.598kJ \qquad (d')$$

上述各反应的平衡气相组成，可通过K_p求得。$K_p = p_{H_2O}/p_{H_2}$，因而可根据各反应在给定温度下的相应K_p值，求出各反应的平衡气相组成。

Fe_2O_3的还原 反应(a')的平衡气相组成中几乎没有氢存在，也就是说，Fe_3O_4在实际条件下不可能被水蒸气氧化。这一反应的直接测定非常困难，只能用间接法计算。反应(a')是放热反应。

Fe_3O_4的还原 当温度高于570℃时，反应(b')的

$$\lg K_p = -\frac{3070}{T} + 3.25$$

平衡气相组成根据经验方程计算的与实测的较接近。

温度,℃	700	800	900	1000	1100	1200
K_p	1.245	2.448	4.293	6.887	10.33	17.17
$H_2\%$ 计算值	44.54	29.01	18.89	12.68	8.83	5.52
实测值	45.80	28.70	17.70	11.00	7.30	4.80

反应(b')是吸热反应，该反应的K_p值随温度升高而增大，平衡气相组成中的$H_2\%$随温度升高而减小，也就是温度越高，Fe_3O_4还原成FeO所需的$H_2\%$越少。这说明升高温度有利于Fe_3O_4还原成FeO。

当温度低于570℃时，反应(d')为吸热反应。

FeO的还原 反应(c')为吸热反应，与CO还原FeO不同，平衡气相组成中$H_2\%$随温度升高而减少。整理了这一反应从1095~1498℃的实验数据得出

$$\lg K_p = -\frac{977}{T} + 0.64$$

另一资料得出各温度下的K_p值：

温度, K	900	1000	1100	1200	1300
K_p	0.34	0.445	0.504	0.642	0.8125
$H_2\%$计算值	74.6	69	66.4	60.8	55.2

根据以上(a')、(b')、(c')、(d')四个反应分析的结果，将其平衡气相组成（$H_2\%$）对温度作图，可得如图1-22所示的四条曲线（图上a'曲线未画出）。该四条曲线将$H_2\%$-T平面分成四个区域。在c'区内只有FeO相稳定存在，例如，在800℃时，甚至含有近30%的$H_2O_{(气)}$的H_2气氛还可使FeO还原。但是，还原好了的铁，如果冷却到200℃以下，为了防

止铁被再氧化，则平衡气相中的 $H_2O\%$ 要小于 5%。

下面进一步讨论氢还原铁氧化物的动力学问题。

氢还原铁氧化物的反应属于固-气多相反应。实验证明，反应产物层一般是疏松的。$Fe_2O_3+3H_2\longrightarrow 2Fe+3H_2O$ 反应的活化能，在 $400\sim1120℃$ 为 $49.81\sim62.79kg/mol$。但是，在 800℃ 左右 $Fe_{2}O_{3(矿石)}+3H_2\longrightarrow 2Fe+3H_2O$ 的反应产物层不是疏松的，通过产物层的扩散速度和界面上的化学反应速度基本一样，反应速度方程式与 CO 还原铁氧化物时一样，遵循较复杂的方程式。图 1-23 所示为氢还原氧化铁的还原百分率与还原时间的关系。从图 1-5 和图 1-23 可以看出，与固体碳和 CO 还原氧化铁相比，达到同样的还原程度，所需温度可低一些，所需还原时间可短一些。

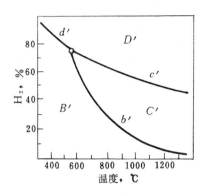

图 1-22 Fe-O-H 系平衡气相组成
与温度的关系

图 1-24 所示为氢还原氧化铁时气体压力对还原动力学的影响。实验所用氧化铁的松装密度为 $3.72g/cm^3$，料的松装孔隙度为 22%。从图可以看出，在温度 600℃ 还原 20min，当气体压力从 1atm（$\sim0.1MPa$）增为 4atm（$\sim0.4MPa$）时还原百分率约提高 20%，达 60%。常压时，温度从 600℃ 升至 800℃，20min 的还原百分率可达 80% 以上。因此，用氢还原氧化铁时，提高压力对还原是有利的，相当于提高温度来提高还原速度。或者说，当采用高压还原时，还原温度可以大大降低。还原温度低，还原所得的铁粉不会粘结成块。

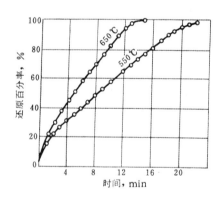

图 1-23 氢还原氧化铁的还原百分率
与还原时间的关系

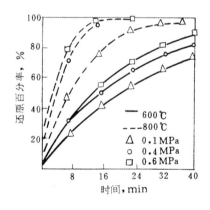

图 1-24 气体压力对还
原动力学的影响

有些含有 Cr、Mn、Si 等元素的合金钢铁鳞或天然铁矿石，根据图 1-1 氧化物的 $\Delta Z^{\ominus}$-T 关系，用 H_2 或 CO 是难以还原的。1978 年布兰诺夫（В. Я. Буланов）的专著[5]总结大量研究结果后指出，在有铁存在时，由于 Cr、Mn、Si 溶于铁中，在 $1100\sim1200℃$ 用 H_2、CO 还原 Cr_2O_3、MnO、SiO_2 成 $[Cr]_{Fe}$、$[Mn]_{Fe}$、$[Si]_{Fe}$ 的反应平衡常数比还原成纯金属 Cr、Mn、Si 时大 $2.5\sim4$ 数量级。实验结果表明，90% 的 Cr、Mn、Si 可以还原，其余以氧化物形式存在于铁粉中。这种铁粉尽管总铁量比一般铁粉低，仍然可以制作合格的粉末冶金零件。这方面的工作是值得重视的，有待从理论上和实践上进一步提高，并扩大到其他合金元素影响的研究。

（2）氢还原法制取铁粉的工艺　气体还原法制取铁粉的方法如表1-5所示，下面简要介绍氢-铁法。50年代末，在美国研究流态化还原制取铁粉。把含铁72%，粒度为0.84～0.04mm的精矿粉，先在回转干燥炉中干燥至480℃，用氮气送入位置高于还原反应器的矿槽中。关闭进料口，引入大于还原反应器7atm（～0.7MPa）左右的高压氢气，打开出料阀，高压氢以浓相输送形式将料送入还原反应器，5t精矿在15min内即可输送完毕。还原反应器是一个直立的金属圆筒，安两个水平栅的床层。从还原反应器的下部引入干燥的约28atm（～2.8MPa）的高压氢，以约0.4m/s的线速度向上流经两个床层，使层内的细矿粉流态化并进行加热和还原，在上床层 Fe_2O_3 还原成 Fe_3O_4，在下床层 Fe_3O_4 还原成金属铁。经还原后粉料排出，上层料转到下一层，在上层加入新料，如此周期地进行。还原后的铁粉借氢的压力从反应器中经卸料闸门送到铁粉接受器内，再从这里用氮气送去钝化处理。因为在低温下所得铁粉有自燃性，为了防止氧化，要在常压下在保护气氛中加热到600～800℃，使铁粉被钝化而失去自燃性。

氢-铁法的特点有：（1）采用较低的还原温度和较高的压力。还原温度（～540℃）远低于还原铁粉的粘结温度，可保证物料流态化，使还原高速进行。增大压力，不仅可以提高还原速度，而且可以使氢气的露点降低。例如，在约28atm（～2.8MPa）时，氢气可用35℃的水冷却到露点为-12.8℃，即水蒸气含量为0.2%，而在1atm（～2.8MPa）时用35℃的水冷却氢气时，其水蒸气含量为5.4%。（2）可利用粉矿。由于采用了浓相输送和流态化技术，可直接利用细磨精选的细矿粉。（3）所得铁粉很纯，很适于生产粉末冶金铁基零件。经钝化处理后的铁粉成分为：$Fe_总$ 98.5%，SiO_2 0.2%，P和S微量，氢损0.5%，松装密度1.6～2.3g/cm³。除用于粉末冶金外，这种铁粉还可用于焊接技术和化学工业。（4）所用的氢是将转化天然气中的CO转化成 CO_2 除去后的转化氢。转化氢是将天然气转化时按下列反应 $2CH_4 + O_2 \longrightarrow 2CO + 4H_2$，$CO + H_2O \longrightarrow H_2 + CO_2$ 得到的。转化天然气中的CO是在生产氢的热交换器内与水蒸气反应转化成 CO_2 而除去的。（5）还原后的气体带出一部分固体颗粒，由还原反应器顶部引入旋风收尘器内，大于325目的颗粒返回还原反应器。除尘后温度约480℃的气体通过热交换器，再进入洗涤器进一步除尘，进入冷却塔冷却，可把湿氢中所有的水分几乎全部冷凝下来。净化的氢在补充新氢并经压缩机加压后，送入热交换器加热至540℃，再进入反应器内进行还原，以尽可能回收氢气。

1978年中国科学院化工冶金研究所在沧州研究流态化还原制取铁粉取得了较好的效果。

2. 氢还原法制取钨粉

（1）氢还原钨氧化物的基本原理

实验研究证明，钨的氧化物中比较稳定的有四种：黄色氧化钨（α相）——WO_3、蓝色氧化钨（β相）——$WO_{2.90}$、紫色氧化钨（γ相）——$WO_{2.72}$、褐色氧化钨（δ相）——WO_2。而 WO_3 又有不同的晶型，第一种晶型从室温到720℃是稳定的，为单斜晶型；第二种晶型在720～1100℃是稳定的，为斜方晶型；还有一种晶型在1100℃以上稳定。

钨有α-W和β-W两种同素异晶体。α-W为体心立方晶格，点阵常数0.316nm；β-W为立方晶格，点阵常数0.5036nm。β-W是在低于630℃时用氢还原三氧化钨而生成的，其特点是化学活性大，易自燃。β-W 转变为 α-W 的转变点为 630℃，但并不发生 α-W→β-W 的逆转变。根据这一点，有的学者认为 β-W 的晶格还是由钨原子组成的，只是因为存在杂质而晶格发生畸变。钨粉颗粒分为一次颗粒和二次颗粒，一次颗粒即单一颗粒，是最初生成的可互相分离而独立存在的颗粒；二次颗粒是两个或两个以上的一次颗粒结合而不易分离的聚集颗粒。超细颗粒的钨粉呈黑色，细颗粒的钨粉呈深灰色，粗颗粒的钨粉则呈浅灰色。

用氢还原三氧化钨过程的总反应为

$$WO_3 + 3H_2 \Longleftrightarrow W + 3H_2O$$

由于钨具有四种比较稳定的氧化物，还原反应实际上按以下顺序进行：

$$WO_3 + 0.1H_2 \Longleftrightarrow WO_{2.90} + 0.1H_2O \qquad (a)$$

$$WO_{2.90} + 0.18H_2 \Longleftrightarrow WO_{2.72} + 0.18H_2O \qquad (b)$$

$$WO_{2.72} + 0.72H_2 \Longleftrightarrow WO_2 + 0.72H_2O \qquad (c)$$

$$WO_2 + 2H_2 \Longleftrightarrow W + 2H_2O \qquad (d)$$

上述反应的平衡常数用水蒸气分压与氢气分压的比值表示：$K_p = p_{H_2O}/p_{H_2}$

平衡常数与温度的等压关系式如下：

$$\lg K_{p(a)} = -\frac{3266.9}{T} + 4.0667$$

$$\lg K_{p(b)} = -\frac{4508.5}{T} + 5.10866$$

$$\lg K_{p(c)} = -\frac{904.83}{T} + 0.90642$$

$$\lg K_{p(d)} = -\frac{3225}{T} + 1.650$$

用氢还原钨氧化物的平衡常数如表 1-9 所示。

表 1-9　氢还原钨的氧化物的平衡常数

$WO_3 \rightarrow WO_{2.90}$		$WO_{2.90} \rightarrow WO_{2.72}$		$WO_{2.72} \rightarrow WO_2$		$WO_2 \rightarrow W$	
T, K	K_p	T, K	K_p	T, K	K_p	T, K	K_p
—	—	873	0.8978	873	0.7465	873	0.0987
903	2.73	903	1.29	903	0.8090	—	—
—	—	918	1.59	—	—	—	—
—	—	961	2.60	—	—	—	—
965	4.73	965	2.78	965	0.9297	965	0.1768
1023	7.73	1023	4.91	1023	1.05	1023	0.2095
—	—	1064	7.64	1064	1.138	1064	0.2946
—	—	—	—	—	—	1116	0.3711
—	—	—	—	—	—	1154	0.4358
—	—	—	—	—	—	1223	0.5617

上述四个反应和总反应都是吸热反应。对于吸热反应，温度升高，平衡常数增加，平衡气相中 $H_2$2% 随温度升高而减少，这说明升高温度，有利于上述反应的进行。

下面就 $WO_2 \rightarrow W$ 的反应讨论水蒸气和氢浓度与温度的关系。

图 1-25 中的曲线代表 WO_2 和 W 共存，即反应达到平衡时水蒸气浓度（$H_2O\%$）随温度的变化。曲线右面是钨粉稳定存在的区域，左面是二氧化钨稳定存在的区域。可以看出，温度升高，气相中水蒸气的平衡浓度增加，表明反应进行得更彻底。例如，在 400℃ 以下还原时，还原剂氢就要非常干燥；而在 900℃ 还原时，气相中水蒸气浓度可接近 40%。那末，在 800℃ 还原时，如果反应空间的水蒸气浓度（包括反应生成的和氢带来的，例如 A 点）超过该温度下的水蒸气的平衡浓度 C 点，则一部分还原好的钨粉将被重新氧化成 WO_2；而只有低于曲线上 C 点的水蒸气浓度（例如 B 点）时，钨粉才不被氧化，而有更多的 WO_2 还原成钨粉。图中所讨论的情况是对封闭系统中的平衡状态说的，即反应物和生成物不与外界发生交换的情况。生产中，还原二氧化钨时实际使用的氢气流量很大，超过理论计算的浓度好几倍，而且要求氢气的含水量极低，反应空间生成的水蒸气不断被废气大量带走。因此，生产条件总是在热力学条件许可的范围内，不断地破坏反应的平衡，促使还原反应在最大的自动过程的趋势下进行。

以上讨论是从热力学分析还原温度、气相组成对三氧化钨还原过程的影响，而氢还原三氧化钨的反应速度，需从动力学方面去研究。用氢还原三氧化钨的过程是固-气型的多相反应，但不可忽视钨氧化物的挥发性。实践证明，WO_3 在 400℃ 开始挥发，在 850℃ 于 H_2 中则显著挥发，每小时损失甚至达 0.4%～0.6%；WO_2 在 700℃ 开始挥发，在 1050℃ 于 H_2 中显著挥发。而且钨氧化物的挥发性与水蒸气有密切关系，当 WO_3 转入气相，或者形成易挥发的化合物 WO_xH_y（如 $WO_3 \cdot H_2O$）时，还原过程便具有均相反应的特征。

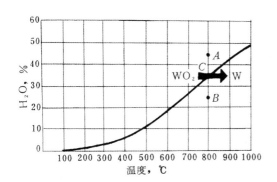

图 1-25 $WO_2 \rightarrow W$ 在 $H_2O \rightarrow H_2$ 系
中的平衡随温度的变化

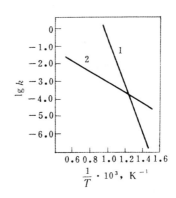

图 1-26 氢还原三氧化钨时速
度常数与温度的关系
1—均相反应；2—多相反应

实验研究证明，反应（b）的反应产物是疏松的，过程为界面上的化学反应环节所控制，反应速度方程遵循 $1-(1-X)^{1/3}=Kt$ 的关系。而反应（c）的反应产物不是疏松的，过程为贯穿反应产物层的扩散环节所控制，反应速度方程遵循 $[1-(1-X)^{1/3}]^2=Kt$ 的关系。在 642～790℃ 范围内，实验测得：反应（d）的活化能为 97.53kJ/mol；反应（c）的活化能为 41.86kJ/mol；氢还原 WO_3 的总反应的均相反应的活化能为 261.63kJ/mol。这说明在多相反应中固相表面起了催化作用。氢还原三氧化钨时温度与速度常数的关系如图1-26所示[6]。可以看出，只有在低温区，多相过程具有一定的优越性，随着温度的升高，反应速度差减小，当温度高于反应特性所规定的一定温度（～800K）时，还原过程进入均相反应，引起整个还原过程加速。因此，研究氢还原三氧化钨的过程，注意力应放在钨氧化物的蒸发和均相还原反应上。

为了确定 WO_3 还原成低价氧化物的温度范围，前苏联学者研究了氢还原三氧化钨时温度与还原程度的关系，其结果如图1-27所示。他们进行了光谱分析和X光相分析。还原程度用每摩尔 WO_3 损失氧的摩尔数表示，图中 (a) 的加热速度是25℃/h；(b) 是在规定温度下保温2h。

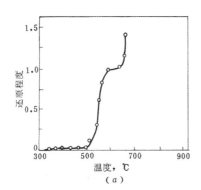 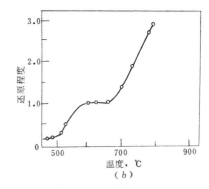

图1-27　氢还原三氧化钨时还原程度与温度的关系

从图1-27所示结果可以看出，氢还原三氧化钨时，约450℃时 WO_3 开始还原成 WO_2，而在640℃左右 WO_2 还原成W。WO_2 存在的温度范围是590～630℃。图中 (b) 情况时，则发现 $WO_{2.96}$、$WO_{2.90}$ 和 WO_2。

氢还原三氧化钨时还原程度与时间的关系如图1-28所示。这些动力学曲线特点是每一曲线相当于一种钨的氧化物，500℃曲线相当于 $WO_{2.96}$ 或 $WO_{2.90}$；550℃曲线相当于 $WO_{2.72}$；600℃曲线相当于 WO_2。600℃时由 WO_3 还原成 WO_2，因为速度比较大，动力学曲线上没有表现出明显的阶段性。

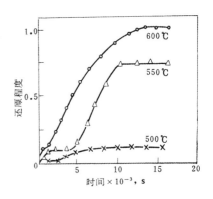

图1-28　氢还原三氧化钨时还原程度与时间的关系

综合以上热力学和动力学的分析，得到 β-W 和 α-W 的情况有以下几种。WO_3 用 H_2 还原，400℃左右开始形成 $WO_{2.90}$。在440～630℃范围内即低于 β-W→α-W 的转变温度，按反应 $WO_{2.90}+2.90H_2 \rightarrow \beta$-W$+2.90H_2O$ 而生成 β-W。在630℃以上，按此反应生成 α-W。按反应 $WO_{2.72}+2.72H_2 \rightarrow W+2.72H_2O$，在低于630℃时得 β-W，而在630℃以上时得 α-W。按反应 (d)，在高于630℃时得 α-W，而在低于630℃时该反应不能进行，故一般不能得 β-W。

还原过程中,粉末粒度通常会长大(见表 1-10)。钨粉颗粒长大的机理,曾被认为是钨粉颗粒在高温下发生聚集再结晶的结果。然而实验证明,在干氢或在真空和惰性气氛中,即使钨粉煅烧到 1200℃,也未发现颗粒长大。这说明聚集再结晶不是钨粉颗粒长大的主要原因。

表 1-10 由三氧化钨还原成钨粉过程中粒度的变化

类别	WO₃			WO₂			W		
	甲醇吸附值 mg/g	松装密度 g/cm³	平均粒度 μm	甲醇吸附值 mg/g	松装密度 g/cm³	平均粒度 μm	甲醇吸附值 mg/g	松装密度 g/cm³	平均粒度 μm
细颗粒	1.743	0.68	0.27	0.408	0.94	0.62	0.224	2.23	0.78
中颗粒	1.224	0.69	0.37	0.204	1.08	1.545	0.107	3.38	1.89
粗颗粒	1.280	0.68	0.37	—	—	—	—	10.28	51.45

目前一般认为:还原过程中钨粉颗粒长大的机理是挥发-沉积引起的。前已指出,钨的氧化物具有挥发性,WO_2 在 700℃ 开始挥发,一般 750～800℃ 开始晶粒长大。在还原过程中,随着温度的升高,三氧化钨的挥发性增大。三氧化钨的蒸气以气相被还原后沉积在已还原的低价氧化钨或金属钨粉的颗粒表面上使颗粒长大。由于 WO_2 的挥发性比 WO_3 的小,如采用分段还原法,第一阶段还原($WO_3 \rightarrow WO_2$)时,颗粒长大严重,应在较低温度下进行;而第二阶段还原($WO_2 \rightarrow W$)时,颗粒长大趋势较第一阶段小,故可在更高的温度下进行。因此,采用两阶段还原可以得到细、中颗粒钨粉;而由三氧化钨直接还原成钨粉,由于温度较高,所得钨粉一定是粗颗粒的。另外,在还原过程中,由于舟皿上下层物料与氢接触的条件不一样,不可避免地会出现物料质量不均,若采用两阶段还原,便可提高其均匀程度。最后三氧化钨还原成二氧化钨后,舟皿中的物料体积大大减小,装舟再去还原,便可充分利用舟皿的容积,因而提高了生产率。

(2)影响钨粉粒度和纯度的因素 根据硬质合金牌号的要求,钨粉粒度有粗、中、细三类之分。粗颗粒钨粉通常采用一阶段直接还原法(1200℃)制取;中、细颗粒钨粉如前所述,一般采用两阶段还原法。虽然钨粉颗粒长大的本质是还原过程中的挥发沉积,但与原料和气体还原剂、工艺条件等都有密切关系。

1)原料

i)三氧化钨粒度的影响 制造钨粉的原料有煅烧钨酸(H_2WO_4)而得到的 WO_3 和煅烧仲钨酸铵〔$5(NH_4)_2O \cdot 12WO_3 \cdot 11H_2O$〕而得到的 WO_3,也有直接将仲钨酸铵还原制钨粉的。由于原料杂质含量及煅烧温度不同,所得 WO_3 粒度亦不相同。由钨酸制得的 WO_3 呈不规则的聚集体,颗粒较细;由仲钨酸铵制得的 WO_3 的颗粒呈针状或棒状,较粗而均匀。技术条件规定中颗粒 WO_3 的松装密度在 $1.0g/cm^3$ 以下,细颗粒 WO_3 的松装密度在 $0.75g/cm^3$ 以下。

WO_3 粒度对钨粉粒度的影响比较复杂[8]。一种情况是,在 600～700℃ 以下煅烧 H_2WO_4 时,煅烧温度低,WO_3 颗粒较细;煅烧温度高,WO_3 变粗;但还原这种 WO_3 时,较细 WO_3 还原的钨粉将变粗,与较粗 WO_3 还原的钨粉趋于一致,见图 1-29(a),实验结果是在 750℃ 用 H_2 还原 WO_3 所得。一种情况是,在高于 600～700℃ 煅烧 H_2WO_4 时,所得 WO_3 颗粒相当粗,但所得钨粉较细,比低温煅烧制得的细 WO_3 还原的钨粉还细,这说明相当粗的 WO_3

在还原过程中产生了碎化，见图 1-29 (b)。一种情况是，在高于 700℃ 的温度中煅烧 H_2WO_4 得极粗的 WO_3，还原所得的钨粉也最粗。

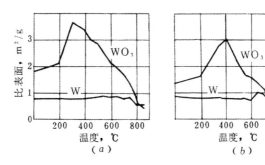

图 1-29　钨粉粒度与钨酸煅烧温度的关系

总的说来，还原过程中有颗粒长大的条件，因而 WO_3 的粒度对制取较粗的钨粉并不起决定作用，应该研究还原过程中中间氧化钨的粒度对钨粉粒度的影响。达尔（M. Dahl）1978年[9]研究不同气氛、不同温度下仲钨酸铵的分解和还原反应后指出：仲钨酸铵以及三氧化钨的粒度不影响钨粉的最终粒度。将仲钨酸铵研磨到 $6\mu m$ 的粒度，与正常粒度 $25\mu m$ 的仲钨酸铵在同样条件下一步还原，钨粉的最终粒度基本一样。在第一阶段还原中，仲钨酸铵是单斜晶型，无论 WO_3、$WO_{2.90}$、$WO_{2.72}$ 或 WO_2 都是单斜晶型；但在 $WO_2 \rightarrow W$ 的第二阶段还原中，晶型转变成立方晶格，过程进行较慢，结果颗粒长大。因而，WO_2 的粒度对钨粉最终粒度是有影响的。

所以，一般所说的由粗颗粒 WO_3 制造不出细颗粒的钨粉，只适于二次颗粒，而不适于一次颗粒。日本研究者采用下列三种不同粒度的原料，在同一条件下还原，测量钨粉粒度。还原温度 900℃，还原时间 40min，H_2 的露点 -20.5℃，流速 25L/min。还原前后粒度变化如表 1-11 所示。

表 1-11　还原前后的粒度变化[10]

测 定 方 法 \ 原 料		细颗粒 WO_3	粗颗粒 WO_3	粗颗粒仲钨酸铵
BET 法，m^2/g		12.5	2.9	0.35
钨粉粒度	费歇尔法，μm	0.55	1.44	2.68
	BET 法，μm	0.15	0.10	0.08
钨粉颜色		黑 ←———————————→ 灰		
钨粉流动性		坏 ←———————————→ 好		

注：费歇尔法反映二次颗粒大小，BET 法反映一次颗粒大小。

由上述实验结果可知，就钨粉二次颗粒比较，粗颗粒 WO_3 还原所得钨粉比细颗粒 WO_3 还原所得钨粉粗；但粗颗粒 WO_3 还原所得钨粉的一次颗粒反而细些。这可作如下解释（见图 1-30）。

WO_3 粒度细，松装容积大；WO_3 粒度粗，松装容积小。从图 1-30 可以看出，粗颗粒 WO_3 的水蒸气易于排出，WO_3 中的氧排除后，颗粒内部留下大量孔隙，还原速度快，一次颗粒

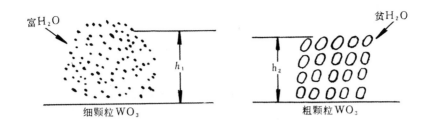

图 1-30 粗、细颗粒 WO_3 还原速度说明图

不致长大。而细颗粒 WO_3 在还原后，水蒸气浓度增高，生成的钨核迅速长大，所以一次颗粒粗。钨粉一次颗粒和二次颗粒的研究非常重要，因为如用钨粉作硬质合金，WC 颗粒大小主要受钨粉一次颗粒大小的支配。

ii）三氧化钨中含水量的影响　如果 H_2WO_4 煅烧不充分，尚有少量的结晶水，或者空气湿度大，WO_3 存放过久会吸附水分过多，甚至严重结块，则还原过程中炉内水蒸气浓度增高，从而使钨粉粒度增大和粒度分布不均匀。正常的 WO_3 粉应为柠檬黄色，用手抓时不能有硬粒存在，一般要求 WO_3 中的水分≯0.5%。

iii）三氧化钨中杂质的影响　由于钨精矿的成分非常复杂，钨酸或三氧化钨中往往存在各种杂质，如 Na、Mg、Ca、Si、Al_2O_3、Fe_2O_3、As、S、P、Mo 等。将钨酸中的杂质降到 0.1%～0.5% 是不难的，进一步降低就不容易了。在实践中，根据对钨粉、碳化钨粉以及硬质合金性能的影响，将 WO_3 中的杂质可归纳为三类：第一类，不论含量多少均产生不利的影响，如 Na、Mg、Ca、Si、Al_2O_3；第二类，当含量较低时，对还原、碳化以及硬质合金性能影响不太大，但含量增高到一定程度会使钨粉、碳化钨粉颗粒长大，如 Fe_2O_3、As、S；第三类，可以抑制钨粉颗粒长大，如 Mo、P 等。

硅　硅在 H_2WO_4 或 WO_3 中以 SiO_2 或 H_2SiO_3 形态存在，使得在还原过程中氢气不易渗到颗粒深处，致使钨粉含氧量增高。如提高还原温度来降低含氧量则钨粉粒度又会显著长大。

钠　当 WO_3 中钠含量超过 0.1% 时，将促使钨粉颗粒长大。例如，采用仲钨酸铵煅烧得到的三氧化钨来生产粗颗粒钨粉时，经 1200℃ 一阶段还原，钨粉的松装密度仅达 $6g/cm^3$ 左右。若在仲钨酸铵结晶过程中加入 1% Na_2CO_3 水溶液，还原后钨粉的松装密度达 9～11g/cm^3。用钨酸煅烧的三氧化钨中含少量的钠离子，也有同样的结果（见表 1-12）。

表 1-12　三氧化钨中钠离子对钨粉粒度的影响[11]

WO_3 来源	WO_3 中 Na^+，%	钨粉甲醇吸附值，mg/g	钨粉松装密度，g/cm^3
煅烧钨酸	0	0.15	—
	0.024	0.06	—
煅烧仲钨酸铵	0	—	5.5～6.5
	0.3	—	9～11

像钠这样的碱金属和碱土金属多以氧化物形式存在于 WO_3 中，Na_2O 遇炉气中的水分氧化成 NaOH。NaOH 熔点低，在还原温度下，可能形成液相，使钨粉颗粒粘结成大的颗粒，

氢气不易渗到颗粒内部，钨粉脱氧不完全。如提高还原温度，将得到多孔性的大颗粒钨粉。

钾、钙、镁　钾、钙、镁也会增大钨粉颗粒，但影响不如钠的大。WO_3 的技术条件规定氯化残渣（800℃时氯化 WO_3 所留下的残渣）不大于 0.1%。

铁　铁是易氧化的有害杂质。表 1-13 所列为不同铁含量的钨酸对钨粉含氧量和松装密度的影响。

表 1-13　钨酸中铁含量对钨粉含氧量和松装密度的影响[11]

钨酸含铁量 (Fe_2O_3)，%	温度，℃		钨粉含氧量 %	钨粉松装密度 g/cm³
	一　次　还　原	二　次　还　原		
0.03	760	940	0.2	1.44
0.05	760	940	0.4	1.48
0.06	760	940	0.45	1.44
0.06	760	960	0.35	1.64
0.09	760	990	0.60	1.76
0.11	780	990	0.70	1.92

WO_3 还原时，同时被还原的极细铁粉分散在钨粉颗粒之间。出炉后，铁粉遇到空气立刻氧化，并产生热量。当铁含量低时，仅影响钨粉的含氧量；铁含量高时，氧化产生的热量会使钨粉氧化，甚至引起钨粉燃烧。当 WO_3 中含铁量超过 0.05% 时，必须提高还原温度以增大铁粉的颗粒，此时，钨粉的颗粒随之增大。所以，WO_3 技术条件要求倍半氧化物（$Fe_2O_3+Al_2O_3$ 等）不大于 0.04%，其中 Fe_2O_3 最好不大于 0.01%～0.02%。

钼　在 WO_3 还原过程中可抑制钨粉颗粒长大，因而使钨粉粒度变细（见表 1-14）。但钼含量过高会使硬质合金变脆。因此，WO_3 的技术条件规定钼含量不大于 0.1%。

表 1-14　钨酸中钼含量对钨粉粒度的影响[11]

钨酸中钼含量%	钨粉甲醇吸附值，mg/g	钨粉比表面，m²/g
—	0.70	0.578
0.47	0.93	0.841
1.56	1.15	0.946

砷、硫、磷　微量的挥发性杂质如 As、S、P 等对钨粉粒度实际上影响不大，而且 As、S、P 等在钨酸净化时比较容易除去。

2）氢气

i）氢气湿度的影响　根据还原过程中钨粉颗粒长大的机理，水蒸气能促进钨的氧化物挥发。氢气含水量对钨粉颗粒长大的影响从表 1-15 所列数据可得到证实。

氢气湿度过大，使还原速度减慢，还原不充分，结果钨粉颗粒变粗，同时，钨粉含氧量也增高。另一方面，氢气湿度过大，增大炉管内的水蒸气浓度，这样可使很细的钨粉重新氧化成 WO_2 或 $WO_2(OH)_2$ 气态物质，当它再被氢还原时便沉积在粗粒的钨粉上，结果使细钨粉不断减少，粗钨粉不断长大，这就是所谓"氧化-还原"长大机制。类似的过程也发生在 WO_3 的第一次还原中，细颗粒 WO_2 容易被氧化挥发而附在 WO_2 粗颗粒上，一般在

750～850℃时 WO_2 已开始长大。因此，再经第二次还原只能得到较粗的钨粉。氢气入炉前应充分干燥脱水以减少炉内水蒸气浓度。

表 1-15　氢气含水量对钨粉颗粒长大的影响[11]

钨粉类别	氢气含水量 g/m³	还原阶段	WO_3		W	
			甲醇吸附值 mg/g	松装密度 g/cm³	甲醇吸附值 mg/g	松装密度 g/cm³
细颗粒	5.42	一次还原	2.018	0.71	0.298	2.07
	7.79	二次还原				
	9.37	一次还原	1.613	0.94	0.190	2.37
	12.75	二次还原				
中颗粒	8.65	一次还原	2.075	0.71	0.131	3.57
	11.99	二次还原				
	11.42	一次还原	1.544	0.84	0.125	3.95
	22.22	二次还原				

ii) 氢气流量的影响　增大氢气流量有利于反应向还原方向进行，有利于排除还原产物水蒸气使 WO_3 在低温充分还原，从而可得细钨粉；氢气流量减小时，还原反应不能充分进行，钨粉含氧量会增高。但氢气流量也不能过大，否则将带出物料，降低金属实收率，并且易堵塞排气管道。通常，氢气流量是理论计算量的三倍以上，一般，应根据钨粉粒度要求，并考虑装舟量和推舟速度来具体确定。

iii) 通氢方向的影响　一般生产中氢气的流向都与物料进行的方向相反，即所谓逆流通氢。前苏联的实验研究[12]证明，如果采用顺流通氢，干燥的氢气首先进入低温还原区（逆流通氢时一定湿度的氢气首先进入高温还原区），不使挥发性的 $WO_2(OH)_2$ 大量产生以减少气相迁移，可得细 WO_2。细 WO_2 进入高温区则可得更细的钨粉，粒度可在 $1\mu m$ 以下。该实验结果如表 1-16 所示。

表 1-16　通氢方向对钨粉粒度的影响

通氢方向	舟中料的位置	钨　粉　性　能			
		氧含量,%	甲醇吸附值 mg/g	松装密度 g/cm³	平均直径 μm
顺流	上层	0.19	0.228	1.16	0.33
	中层	0.16	0.213	1.20	0.47
	下层	0.17	0.202	1.23	0.62
逆流	上层	0.21	0.067	1.84	2.2
	中层	0.15	0.045	2.08	3.3
	下层	0.18	0.032	2.62	4.3

3）还原工艺条件

i) 还原温度的影响　还原温度过低，还原不充分，一般钨粉含氧量较高；还原温度高又引起钨粉颗粒长大，因为钨氧化物的挥发性随温度升高而增大。沿炉管方向温度升高过快会使 WO_3 过快地进入高温区，使钨粉粒度变粗。因此，要得细钨粉时，也要注意减小炉子加热带的温度梯度。

前已指出，还原钨粉一般分两阶段进行。只有制取粗钨粉时，才直接采用一次还原。还原温度的选择，除了考虑钨粉粒度要求以及根据热力学和动力学原则考虑还原程度外，还要考虑装舟量以及炉子结构等。表 1-17 所列还原温度范围可供确定工艺规程时参考。

表 1-17　钨氧化物还原时的温度范围

细颗粒钨粉		中颗粒钨粉		粗颗粒钨粉	
还原阶段	还原温度,℃	还原阶段	还原温度,℃	还原阶段	还原温度,℃
一次还原	620～660	一次还原	720～800	一段还原	950～1200
二次还原	760～800	二次还原	860～900		

ii）推舟速度的影响　其他条件不变时，推舟速度过快，WO_3 在低温区来不及还原便进入高温区，将使钨粉颗粒长大或含氧量增高。

iii）舟中料层厚度的影响　其他条件不变时，如果舟中料层太厚，反应产物水蒸气不易从料中排出，使舟中深处的粉末容易氧化和长大；另外氢气也不能顺利地进入料层内部与物料作用，还原速度减慢，来不及还原的 WO_3 进入高温区导致还原不透，结果钨粉含氧量增高，钨粉颗粒也变粗。因此，要求细钨粉时，如其他条件不变，要适当减小舟中料层的厚度。

4）添加剂　为了得到细钨粉，还可将某些添加剂混入 WO_3 中，还原时添加剂便阻碍钨粉颗粒长大。研究[13,14]证明，以重铬酸铵的水溶液与三氧化钨混合，干燥后用氢还原可得细钨粉。这种细钨粉碳化后，碳化钨粉颗粒只略为长大。铬的加入量以 0.1％～1％为好，多了使 WC 性能变坏，少了不能达到细化钨粉的要求。铬是以氧化铬形式存在下来的。同样的可用偏钒酸的水溶液添加钒，用铼酸或过铼酸铵的水溶液添加铼。铼的加入量为 50～30000ppm 可以得 0.2～0.4μm 的钨粉，过多了便使 WC 性能变坏。

在制取可锻致密钨用的钨粉时，往往加入阻碍钨丝退火再结晶过程的添加剂如 ThO_2，并且也是以硝酸盐形式在 H_2WO_4 之前加入的。加入 0.75％ThO_2 便可得细晶粒结构的钨条。

（3）氢还原三氧化钨的工艺　生产可锻致密金属钨用的钨粉是用氢还原三氧化钨制得的。生产硬质合金用的钨粉，一般也用氢还原法制得，因为氢还原法制得的钨粉纯度较高，且粒度易于控制。

粗颗粒钨粉采用一阶段直接还原法制取，还原在钼丝炉中进行，采用镍舟皿。而中、细颗粒钨粉采用两阶段还原法制取，即先将三氧化钨还原成二氧化钨，再将二氧化钨还原成钨粉，还原在管式电炉中进行，一次还原可用四管电炉，二次还原最好用十三管电炉，也可用四管电炉。为了提高生产率，有人研制一次还原用的回转管式炉，但如何控制回转炉生产以保证粉末质量，需要特别注意。氢还原三氧化钨的两阶段还原法工艺流程如图 1-31 所示。

（4）蓝钨的还原　蓝钨是不掺杂钨粉和掺杂钨粉（用于不下垂钨丝）生产的原料。蓝钨是煅烧仲钨酸铵而制得。蓝钨虽已是一通用的术语，但至今还是一种无确定成分的化合物。依仲钨酸铵分解温度、气氛和时间的不同，它有一广泛的成分范围，包括铵钨与氢钨青铜，此化合物可描述为 $(NH_4)_xH_yWO_3$[7]。

1）蓝钨的还原过程　不掺杂蓝钨和掺杂蓝钨在近工业还原条件（600～900℃）下的还

原途径示于图 1-32 中。

综合起来，不掺杂蓝钨和掺杂蓝钨还原的两个系统有三方面的不同处。

第一，不掺杂蓝钨还原时，首先形成 $WO_{2.9}$；而掺杂蓝钨，依温度不同直接还原成 $WO_{2.72}$ 或 WO_2。

第二，掺杂蓝钨还原时，$WO_{2.72}$ 在较高温度下生成，即 $750\sim900℃$ 温度范围内产生中间的 $WO_{2.72}$；而对不掺杂蓝钨，在 $600\sim750℃$ 温度范围内产生中间的 $WO_{2.72}$。

第三，对掺杂钨粉而言，在 $750℃$ 以上形成中间的 β-W 相，即所谓二次 β-W。继续反应时，β-W 转变为 α-W；对不掺杂钨粉而言，β-W 出现相对早一些，即在 $WO_{2.90}\rightarrow\beta$-W 的还原过程中出现。

2）蓝钨的还原工艺　不掺杂蓝钨的还原在工业实践中分两步进行。

低温阶段（$\sim650℃$），主要反应可表示为

$$WO_{3-x}(蓝钨) \longrightarrow WO_2 + \beta\text{-}W + \alpha\text{-}W$$

高温阶段（$800\sim900℃$），主要反应可表示为

$$WO_2 + \beta\text{-}W + \alpha\text{-}W \longrightarrow \alpha\text{-}W$$

掺杂蓝钨的还原工艺有两种方案。一种是等温还原工艺，曾相应在 $650℃$，$700℃$，$750℃$，$800℃$ 和 $900℃$ 实验；主要是非等温连续增加温度的工艺，即在 $650℃$ 开始，以每分钟增加 0.5，1，2 和 $3℃$ 的速度增温。

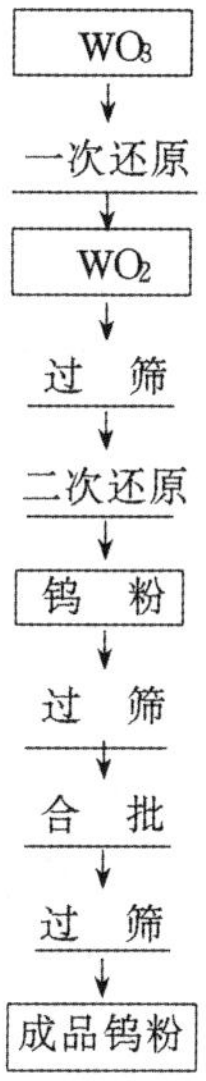

图 1-31　氢还原三氧化钨的两阶段还原工艺流程

WO₃ → 一次还原 → WO₂ → 过筛 → 二次还原 → 钨粉 → 过筛 → 合批 → 过筛 → 成品钨粉

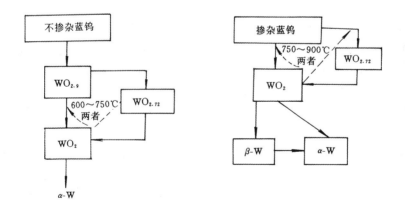

图 1-32　不掺杂蓝钨和掺杂蓝钨在近工业还原条件下的还原途径

所用设备为推舟式还原炉，氢气露点 $-40℃$，流量 $3L/min$。

四、金属热还原法

金属热还原法主要应用于制取稀有金属（Ta、Nb、Ti、Zr、Th、U、Cr 等），特别适于生产无碳金属，也可制取像 Cr-Ni 这样的合金粉末。

金属热还原的反应可用一般化学式来表示

$$MeX + Me' = Me'X + Me + Q$$

式中　MeX —— 被还原的化合物（氧化物、盐类）；

　　　　Me′ —— 金属热还原剂；

　　　　Q —— 反应的热效应。

根据所讨论的还原过程原理，只有形成化合物的等压位大大降低的金属才有可能作为金属热还原剂。值得注意，在研究金属热还原过程中，还应考虑到某些化合物还原为金属时需经过的中间化合物阶段。有时低价化合物的化学稳定性比高价化合物的化学稳定性大得多，如果按照高价氧化物的化学稳定性来选择还原剂就会造成错误。例如，比较 TiO_2 和 MgO 的化学稳定性，似乎可以用 Mg 来还原 TiO_2 而得到金属钛，事实上这是不可能的；因为钛的低价氧化物 TiO 比 MgO 更稳定。

要使金属热还原顺利进行，还原剂一般还应满足下列要求：

（1）还原反应所产生的热效应较大，希望还原反应能依靠反应热自发地进行。在大多数金属热还原过程中还原热效应的热量是足以熔化炉料组分的。单位质量的炉料产生的热叫做单位热效应。一般认为，铝热法还原过程中的单位热效应按每克炉料计算应不少于 2300J。如果炉料发热值低于此标准，则反应不能自发继续进行，必须由外界供给热量。但是，发热值太高的炉料又可能引起爆炸和喷溅，此时，要往原料中添加熔剂，让熔剂吸收一部分过剩的热以控制反应过程；有时添加熔剂还可以得到易熔的炉渣并使生成的金属在高温下不氧化。如果单位热效应不足以使反应进行，一般往原料中加入由活性氧化剂与金属（通常是金属还原剂）组成的加热添加剂，用作氧化剂的有硝酸盐（$NaNO_3$，KNO_3，$Ba(NO_3)_2$ 等）、氯酸盐（$KClO_3$，$Ba(ClO_3)_2$ 等）、过氧化物（Na_2O_2，BaO_2 等）。

（2）形成的渣以及残余的还原剂应该容易用溶剂洗涤、蒸馏或其他方法与所得的金属分离开来。

（3）还原剂与被还原金属不能形成合金或其他化合物。

从各方面考虑，最适宜的金属热还原剂有钙、镁、钠等，有时也采用金属氢化物。钽、铌氧化物的还原最好用钙，也可用镁。钛、锆、钍、铀的氧化物最适宜的还原剂也是钙（见图 1-1）；根据金属对氯和氟的亲和力，钽、铌氯化物的还原用钙、钠、镁均可，镁对氯的亲和力虽低于钠和钙，但价格较低，且使用简便，故较常用；钛、锆氯化物的还原用钙、钠、镁均可，常用的是钠和镁；钽、铌氟化物的还原用钙、钠、镁均可，但是实际应用的只有钠，因为氟化钠能溶于水，用水就能洗出钽、铌粉末中的渣，而氟化钙和氟化镁实际上不溶于水和稀酸。

金属热还原法在工业上比较常用的有：用钙还原 TiO_2、ThO_2、UO_2 等；用镁还原 $TiCl_4$、$ZrCl_4$、$TaCl_5$ 等；用钠还原 $TiCl_4$、$ZrCl_4$、K_2ZrF_6、K_2TaF_7 等；用氢化钙（CaH_2）共还原氧化铬和氧化镍制取镍铬不锈钢粉。

金属热还原时，被还原物料可以是固态的、气态的，也可是熔盐（见表 1-2）。后二者相应地又具有气相还原和液相沉淀的特点。

五、还原-化合法

各种难熔金属的化合物（碳化物、硼化物、硅化物、氮化物 等）有广泛的应用，如用于硬质合金、金属陶瓷、各种难熔化合物涂层以及弥散强化材料。生产难熔金属化合物的方法很多，但常用的有：用碳（或含碳气体）、硼、硅、氮与难熔金属直接化合，或用碳，碳化硼、硅、氮与难熔金属氧化物作用而得碳化物、硼化物、硅化物和氮化物。这两种方法的基本反应如表 1-18 所示。

表 1-18 生产难熔金属化合物的两种基本反应通式

难熔金属化合物	化 合 反 应	还原-化合反应
碳化物	$Me+C \rightarrow MeC$ 或 $Me+_2CO \rightarrow MeC+CO_2$ $Me+C_nH_m \rightarrow MeC+H_2$	$MeO+C \rightarrow MeC+CO$
硼化物	$Me+B \rightarrow MeB$	$MeO+B_4C+C \rightarrow MeB+CO$
硅化物	$Me+Si \rightarrow MeSi$	$MeO+Si \rightarrow MeSi+SiO_2$
氮化物	$Me+N_2 (NH_3) \rightarrow MeN+ (H_2)$	$MeO+N_2 (NH_3) +C \rightarrow MeN+CO+ (H_2O+H_2)$

下面以碳化钨（WC）的制取为例讨论碳化的基本原理，对其他难熔金属化合物只作一般介绍。

1. 还原-化合法制取碳化钨粉

（1）钨粉碳化过程的基本原理　钨与碳系状态图如图 1-33 所示。由图可见，钨与碳形成三种碳化钨：W_2C，α-WC 和 β-WC。β-WC 在 2525～2785℃温度范围内存在，低于 2450℃时，钨碳系只存在两种碳化钨：W_2C 和 α-WC（6.12%C）。研究钨碳相互作用的动力学的大量实验证明，在 H_2 中于 1500～1850℃温度下，钨棒在炭黑中碳化时有两层，外层是细 WC 层，内层是粗 W_2C 层。制取碳化钨粉主要用钨粉与炭黑混合进行碳化，也可以用三氧化钨配炭黑直接碳化，但控制较为困难，因而很少应用。

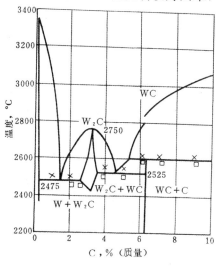

图 1-33　钨-碳系状态图

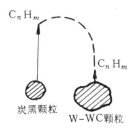

图 1-34　钨粉颗粒通过含碳氢化合物的气相渗碳示意图

钨粉碳化过程的总反应为 $W+C \longrightarrow WC$。

钨粉碳化过程主要通过与含碳气相发生反应，在不通氢的情况下，总反应是下述两反应的加和：

$$CO_2 + C = 2CO$$
$$+) W + 2CO = WC + CO_2$$
$$\overline{W + C = WC}$$

通过钨粉与固体碳直接接触，碳原子也可能向钨粉中扩散。

在通氢的情况下，碳化反应为：

$$nC + \frac{1}{2}mH_2 = C_nH_m$$

$$nW + C_nH_m = nWC + \frac{1}{2}mH_2$$

氢首先与炉料中的炭黑反应形成碳氢化合物，主要是甲烷（CH_4）。炭黑小颗粒上的碳氢化合物的蒸气压比碳化钨颗粒上的碳氢化合物的蒸气压大得多，C_nH_m 在高温下很不稳定，在1400℃时分解为碳和氢气。此时，离解出的活性炭沉积在钨粉颗粒上，并向钨粉内扩散使整个颗粒逐渐碳化，而分解出来的氢又与炉料中的炭黑反应生成碳氢化合物，如此循环往复。氢气实际上只起着碳的载体的作用。钨粉用炭黑碳化的过程的机理也是吸附理论。钨粉颗粒通过含碳氢化合物的气相渗碳示意图如图1-34所示。

（2）影响碳化钨粉成分和粒度的因素

1）影响碳化钨粉成分的因素　可从碳化过程中化合碳和杂质的变化两方面加以分析。

i）配炭黑量的影响　配炭黑量应力求准确，以免所得碳化钨的含碳量不合格。WC的理论含碳量为6.12%。但是，实际配炭黑量低于理论值。根据生产不同牌号的硬质合金的要求，配碳计算时，可按WC粉技术条件取其中间值。同时，考虑到碳化过程中石墨管和舟皿会向炉料渗入少量碳，炭黑配量可不按炭黑所含固定碳计算；根据钨粉含氧量适当增加配炭黑量；在空气湿度大的季节和地区，因炭黑含水量高，可适当增加配炭黑量，反之，亦可适当减少配炭黑量。

ii）碳化温度的影响　钨粉碳化过程中的化合碳含量总是随着温度升高而增加直到饱和为止的。在配炭黑量准确的情况下，如果碳化钨中游离碳过高，则主要是碳化温度过低，或者装舟量过大、推舟速度过快造成的。

碳化温度对碳化钨的化合碳的影响规律，可引用下列实验结果来分析[15]。实验所用钨粉的粒度用费歇尔粒度测定仪（反映二次颗粒大小）测定，平均粒度15μm（粗颗粒20μm，细颗粒5μm以下）。在氢气碳管炉中从1000～1900℃碳化20min。碳化钨粉化合碳与碳化温度的关系如表1-19所示。

表1-19　碳化钨粉化合碳与碳化温度的关系

碳化温度，℃	总碳，%	游离碳，%	化合碳，%
1000	6.21	6.13	0.08
1200	6.04	4.78	1.26
1300	6.22	2.84	3.38
1400	6.24	1.10	5.14
1450	6.29	0.47	5.82
1500	6.24	0.31	5.93
1550	6.25	0.15	6.10
1600	6.25	0.13	6.12
1650	6.26	0.13	6.13
1700	6.33	0.21	6.12

从实验结果可以看出，渗碳大约从1000℃开始，在1400℃以前化合碳量增长很迅速，

从1400℃到1600℃增长速度降低，在1600℃达到理论量。用显微镜研究碳化后粉末颗粒的断面，在1400~1450℃碳化时，观察到有W、W_2C和WC三个相；在1500℃碳化，化合碳达5.93%时，只有W_2C和WC二个相。测定W_2C相、WC相生成层的厚度并换算成各相的体积比，可知在1400℃以前，WC相和W_2C相生成量大致一样；1400℃以后，W相消失，只有WC相增加（见图1-35）。对于某具体原始钨粉，采用什么炉子，装舟量多少，推舟速度快慢，通氢或不通氢，都有一个适当的碳化温度范围。中颗粒WC粉的碳化温度为1400~1500℃。

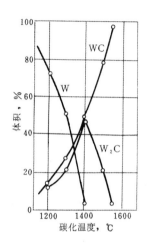

图1-35 W、W_2C和WC体积
百分数与碳化温度的关系[16]

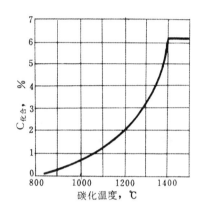

图1-36 高频电炉碳化时WC的化合
碳含量与碳化温度的关系[16]

碳化也可在高频电炉中进行。例如，用钨粉和炭黑在氢中高频电炉碳化，碳化钨中化合碳含量与碳化温度间的关系如图1-36所示。可以看出，碳化时从约850℃便开始渗碳，到1400~1410℃化合碳差不多达到理论值，在6.1%~6.15%以上，游离碳只有0.05%~0.1%。与用碳管炉在氢中碳化相比，WC达到接近理论碳含量的碳化温度要低一些，因为，高频感应碳化时，物料加热比较快，也比较均匀，效果较好。

iii）碳化时间的影响　在碳化温度下，钨粉的碳化过程不要很久，一般是30min左右。高温时间过长，WC颗粒将变粗，甚至部分脱碳。

iv）碳化气氛的影响　有氢保护和无氢保护的碳化反应机理是不同的。氢可以使钨粉中少量的氧被还原。另一方面，碳氢化合物分解出来的碳具有很好的活性，有利于钨粉的碳化。因此，有氢碳化的温度可以比无氢碳化的低一些。也有工厂为了节省氢，操作简便，不用氢而直接在碳管炉中碳化，但炉管寿命较短。

研究钨粉碳化时杂质的变化发现，杂质含量在氢还原三氧化钨时实际上很少变化，而在钨粉碳化过程中，镁、钙、硅的含量均有减少（见表1-20），因为这些杂质氧化物与碳或碳化物作用的产物挥发逸出。例如，SiO_2在碳化高温下被碳还原生成气态SiO，从炉料逸出，遇到炉气中微量水分和氧又被氧化成SiO_2形成的所谓白色烟雾在炉门、炉管上沉积下来。这类氧化物也可能沉积在已碳化好的料块表面上。因此，为了保证碳化钨的质量，卸料时应仔细将白色沉积物刷去。舟皿加盖可减少杂质落入料中。

表 1-20　钨粉碳化时杂质含量的变化[8]

杂　质	杂　质　含　量，%			杂　质	杂　质　含　量，%		
	WO₃ 中	W 中	WC 中		WO₃ 中	W 中	WC 中
Na₂O	0.04	0.045	0.05	SiO₂	0.02	0.02	0.034
	0.233	0.255	0.225		0.173	0.22	0.045
	0.490	0.487	0.335		0.380	0.40	0.256
	0.578	0.661	0.500		0.660	0.42	0.0438
MgO	0.02	0.022	0.0039	Fe₂O₃	0.04	—	0.05
	0.108	0.063	0.0028		0.073	0.12	0.086
	0.185	0.088	0.0112		0.288	0.35	0.386
	0.322	0.218	0.0228		1.12	1.39	0.815
CaO	0.013	0.039	0.0091	Sn	0.02	0.029	0.0322
	0.104	0.146	0.0010		0.06	0.058	0.0854
	0.164	0.189	0.0023		0.12	0.093	0.1002
	0.307	0.274	0.0167		0.393	0.337	0.114

注：钨粉与炭黑在 1480℃ 碳化 90min。

2）碳化钨粒度的控制　碳化钨粉粒度的控制非常重要，因为硬质合金中 WC 的晶粒度受二次颗粒及一次颗粒的支配。影响 WC 粉粒度的主要是钨粉的原始颗粒和碳化温度。在讨论影响 WC 粉粒度的因素的同时，还要分析 WC 颗粒长大的有关规律，以便更好地控制 WC 的粒度。

i）钨粉粒度的影响　无氢碳化过程中钨粉粒度对 WC 粉粒度的影响如表 1-21 所示。一般来说，碳化工艺条件相同时，钨粉颗粒细，所得 WC 颗粒也细，反之亦然。同时，原始颗粒细的钨粉碳化时，WC 粉粒度的增长率大一些。进一步深入研究，WC 粉的粒度是受钨粉一次颗粒大小支配的，这一点下面深入讨论。

表 1-21　钨粉粒度对碳化钨粉粒度的影响[11]

钨粉松装密度，g/cm³		炉料中含碳量 %	100 批 WC 粉平均松装密度 g/cm³	碳化后松装密度增长率 %	100 批 WC 粉平均含碳量，%	
范　围	平均值				总　碳	游离碳
2.5～3.0	2.70	6.10	4.00	48.1	6.06	0.03
3.0～3.5	3.30	6.10	4.20	27.3	6.04	0.04
3.5～4.0	3.80	6.10	4.60	22.2	6.05	0.03
4.0～4.5	4.20	6.10	4.90	16.6	6.05	0.03

ii）碳化温度的影响　碳化温度对 WC 粉粒度的影响如表 1-22 所示。

在碳化温度过高或碳化时间过长的情况下，碳化钨粉颗粒间的烧结或聚集再结晶会导致颗粒的某些长大。在 1350～1550℃ 范围内碳化时，随着温度升高，细颗粒钨粉长大较为显著；中颗粒钨粉长大不显著；粗颗粒钨粉则基本上不长大。所以制细粒 WC，碳化温度要选低一些。

下面讨论钨粉二次颗粒和一次颗粒以及碳化温度对碳化钨粉粒度的影响。日本的粉末冶金工作者作了这方面的工作，选用两种钨粉，E 号钨粉是分散性好的一次颗粒钨粉；F 号钨粉的二次颗粒大，轻轻摩擦可溃散成更小的一次颗粒。其实验结果如表 1-23 所示。

表 1-22　WC 粉粒度与碳化温度的关系[8]

钨粉类别	钨粉粒度组成,%							碳化温度℃	WC 粉粒度组成,%					
	0~1 μm	1~2 μm	2~3 μm	3~4 μm	4~8 μm	8~12 μm	13~20 μm		0~1 μm	1~2 μm	2~3 μm	3~4 μm	4~8 μm	8~12 μm
细颗粒	100	—	—	—	—	—	—	1350	97	3	—	—	—	—
								1450	95	5	—	—	—	—
								1550	87.5	9	3.5	—	—	—
中颗粒	76	16	8	—	—	—	—	1350	72	23	4	1	—	—
								1450	65	34	1	—	—	—
								1550	68	30	2	—	—	—
粗颗粒	40	25	14	12	9	—	—	1350	88	10	2	—	—	—
								1450	88	8	2	2	—	—
								1550	77	19	4	—	—	—

表 1-23　E 号、F 号钨粉和由二者制取的 WC 粉粒度[10]

粒度测定法		BET 法		费歇尔法	聚集率①
		m²/g	μm	μm	
钨粉	(E 号)	2.08	0.15	0.55	3.7
	(F 号)	3.12	0.10	1.44	14.4
碳化温度,℃ 1200	(E 号)	2.00	0.19	0.74	3.9
	(F 号)	2.24	0.17	0.77	4.5
1450	(E 号)	1.26	0.30	1.02	3.4
	(F 号)	1.46	0.26	0.93	3.6

①聚集率$=\dfrac{\text{费歇尔}}{\text{BET}}$（μm），聚集率愈大，组成二次颗粒的一次颗粒的数目就愈多。

由表 1-23 所列结果可以看出，一次颗粒细的 F 号钨粉与 E 号钨粉碳化所生成的 WC 粉，其一次颗粒也都是细的；而二次颗粒细的 E 号钨粉碳化所生成的 WC 粉，其二次颗粒不一定很细；虽然 1200℃碳化时，WC 的二次颗粒比 F 号的细一些（平均粒度 0.74μm 小于 0.77μm）；但 1450℃碳化时，WC 的二次颗粒比 F 号的还粗（平均粒度 1.02μm 大于 0.93μm）。

为了更深入研究，再选用一次颗粒强烈烧结经反复摩擦难以分散开的聚集颗粒 H 号钨粉与分散成一次颗粒的 G 号钨粉作对比，实验结果如表 1-24 所示。

表 1-24　G 号、H 号钨粉和由二者制取的 WC 粒度

粒度测定法		BET 法		费歇尔法	聚集率
		m²/g	μm	μm	
钨粉	(G 号)	3.18	0.09	0.4	4.5
	(H 号)	2.96	0.10	0.8	8.0
碳化温度,℃ 1000	(G 号)	3.10	0.12	0.57	4.75
	(H 号)	2.62	0.15	0.67	4.50
1200	(G 号)	2.07	0.184	0.68	4.90
	(H 号)	1.97	0.19	0.72	3.80
1300	(G 号)	1.57	0.24	0.89	3.70
	(H 号)	1.77	0.21	0.83	4.00
1400	(G 号)	0.90	0.47	1.51	3.20
	(H 号)	1.46	0.26	0.93	3.60

由表 1-24 所列结果可以看出，就二次颗粒而言，H 号钨粉比 G 号钨粉粗一倍（$0.8\mu m$ 比 $0.4\mu m$ 大一倍），就一次颗粒而言，H 号钨粉只比 G 号钨粉粗 10%，H 号钨粉是一次颗粒强烈烧结的。这两种钨粉碳化后，WC 粉粒度无论二次颗粒还是一次颗粒，虽然绝对值不一样，但随着碳化温度升高，都比钨粉粒度粗。进一步分析可以发现，在 1000℃、1200℃碳化，H 号钨粉所生成的 WC 粉的二次颗粒和一次颗粒都比 G 号钨粉所生成的 WC 粉的粗一些；而在 1300℃以上碳化时，H 号钨粉所生成的 WC 粉的二次颗粒和一次颗粒都比 G 号钨粉所生成的 WC 粉的还细一些。另外，无论 W 粉的二次颗粒是溃散的聚集颗粒，还是强烈烧结而难以分散开的聚集颗粒，在一定温度（如以上二例为 1300℃）以上碳化时，所生成的 WC 粉粒度虽然二次颗粒粗，却比一次颗粒分散性好的细钨粉所生成的 WC 粉的二次颗粒都要细一些。这可作如下说明。特别是强烈烧结的聚集颗粒，由于钨粉的二次颗粒结合很牢固，在 1300℃以下温度碳化时，WC 核是在 W 颗粒内，并且只在钨颗粒内长大。因此，F 号 WC 粉比 E 号 WC 粉，H 号 WC 粉比 G 号 WC 粉的粒度粗些，就是说粗钨粉在 1300℃以下温度碳化时，WC 粉也是粗的。但是，当碳化温度高于 1300℃时，即超过钨粉一次颗粒的碳化温度时，WC 核已开始长大到大于钨的一次颗粒，二次颗粒已经溃散而开始了以原钨粉一次颗粒为基础的晶粒长大，长大从晶粒边界开始，粒度可以超过原钨粉的一次颗粒，但二次颗粒又比原钨粉的细。所以说，二次颗粒粗而一次颗粒细的钨粉仍可碳化得细的 WC 粉，其一次颗粒也较细。聚集率为 3.0~4.5 时，粒度近于单一颗粒的形态。同时，也可以知道，二次颗粒虽细而一次颗粒较粗的钨粉，碳化时；WC 粉的二次颗粒不一定细，反而可变成粗 WC 粉。总之，WC 粉的粒度是受钨粉一次颗粒的大小的支配的。

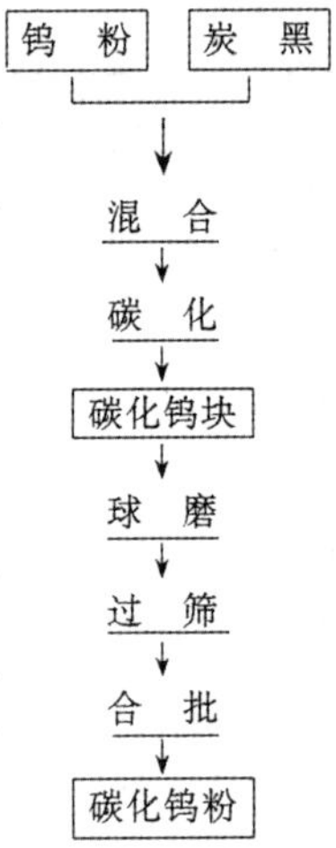

（3）碳化钨的制取工艺　钨粉与炭黑一般在碳管炉中混合进行碳化，也可用高频或中频感应电炉进行碳化，其工艺流程如图 1-37 所示。

人们一直在研究从三氧化钨直接碳化制取碳化钨。最近，日本研究者[1]用回转碳管炉直接碳化三氧化钨制取碳化钨取得了较好的效果。

其他碳化物用还原-化合法制取的工艺条件如表 1-25 所示。

2. 还原-化合法制取硼化物、硅化物、氮化物

（1）还原-化合法制取难熔金属硼化物　金属与硼在固态下直接硼化制取硼化物的基本反应为

$$Me + B \longrightarrow MeB$$

也可在熔融状态下进行，但得不到纯的硼化物。

图 1-37　钨粉碳化工艺流程图

（流程图：钨粉　炭黑 → 混合 → 碳化 → 碳化钨块 → 球磨 → 过筛 → 合批 → 碳化钨粉）

表 1-25　还原-化合法制取难熔金属碳化物工艺条件

碳化物	组　　分	炉内气氛	温度范围，℃
TiC	Ti（TiH₂）+炭黑，TiO₂+炭黑	H₂，CO，C_nH_m	2200~2300
	TiO₂+炭黑	真　空	1600~1800
ZrC	Zr（ZrH₂）+炭墨，ZrO₂+炭黑	H₂，CO，C_nH_m	1800~2300
	ZrO₂+炭黑	真　空	1700~1900

碳化物	组 分	炉内气氛	温度范围,℃
HfC	Hf+炭黑,HfO$_2$+炭黑	H$_2$,CO,C$_n$H$_m$	1900～2300
VC	V+炭黑,V$_2$O$_5$+炭黑	H$_2$,CO,C$_n$H$_m$	1100～1200
NbC	Nb+炭黑	H$_2$,CO,C$_n$H$_m$	1400～1500
		真 空	1200～1300
	Nb$_2$O$_5$+炭黑	H$_2$,CO,C$_n$H$_m$	1900～2000
		真 空	1600～1700
TaC	Ta+炭黑	H$_2$,CO,C$_n$H$_m$	1400～1600
		真 空	1200～1300
	Ta$_2$O$_5$+炭黑	H$_2$,CO,C$_n$H$_m$	2000～2100
		真 空	1600～1700
Cr$_3$C$_2$	Cr+炭黑,Cr$_2$O$_3$+炭黑	H$_2$,CO,C$_n$H$_m$	1400～1600
Mo$_2$C	Mo+炭黑,MoO$_3$+炭黑	—	1200～1400
	Mo+炭黑	H$_2$,CO,C$_n$H$_m$	1100～1300
WC	W+炭黑,WO$_3$+炭黑	—	1400～1600
	W+炭黑	H$_2$,CO,C$_n$H$_m$	1200～1400

还原-化合法制取硼化物的方案有以下几种:

1)碳化硼法 过渡族金属(或氢化物,碳化物)与碳化硼相互作用,其基本反应通式为

$$Me(MeH,MeC) + B_4C + (B_2O_3) \longrightarrow MeB + CO$$

在碳管炉中进行,温度1800～1900℃。可加三氧化二硼或不加三氧化二硼,加三氧化二硼是为了降低产品中的碳化物含量;也可在有碳的情况下使金属氧化物与碳化硼作用,加碳是为了除氧,其基本反应通式为

$$MeO + B_4C + C \longrightarrow MeB + CO$$

这两种方案中后者应用较多。

2)碳还原法 过渡族金属氧化物与三氧化二硼的混合物用碳还原,其基本反应通式为:

$$MeO + B_2O_3 + C \longrightarrow MeB + CO$$

3)金属热还原法 过渡族金属氧化物与三氧化二硼的混合物用金属还原剂如 Al、Mg、Ca、Si 等还原,其基本反应通式为

$$MeO + B_2O_3 + Al(Mg,Ca,Si) \longrightarrow MeB + Al(Mg,Ca,Si)_xO_y$$

总起来说,制取硼化物的还原-化合法中以碳化硼法用得较多。例如,制取硼化钛的碳化硼法分三阶段进行[18]:

$$2TiO_2 + B_4C + 3C = Ti_2O_3 + B_4C + 2C + CO$$

$$Ti_2O_3 + B_4C + 2C = 2TiO + B_4C + C + CO$$

$$2TiO + B_4C + C = 2TiB_2 + 2CO$$

碳化硼中的碳和硼没有参与 TiO$_2$→Ti$_2$O$_3$→TiO 的还原,而只在 TiO 到 TiB$_2$ 的过程中

起了作用。实验证明，在真空度为267Pa时，反应第三阶段从1120℃开始，在1400℃反应1h，可得合格的二硼化钛。一般以工业规模真空制取硼化钛的温度是1650～1750℃。碳化硼法制取几种难熔金属硼化物的工艺条件如表1-26所示。

表1-26　碳化硼法制取难熔金属硼化物的工艺条件

硼化物	组分	炉内气氛	温度范围，℃
TiB$_2$	TiO$_2$+B$_4$C+炭黑	H$_2$	1800～1900
		真空	1650～1750
ZrB$_2$	ZrO$_2$+B$_4$C+炭黑	H$_2$	1800
		真空	1700～1800
CrB$_2$	Cr$_2$O$_3$+B$_4$C+炭黑	H$_2$	1700～1750
		真空	1600～1700

（2）还原-化合法制取难熔金属硅化物　金属与硅直接硅化制取难熔金属硅化物的基本反应为

$$Me + Si \longrightarrow MeSi$$

该反应通常于固态在惰性气氛或氢中进行，也可以熔融状态进行。

还原-化合法制取硅化物的方案有以下几种：

1）硅或碳化硅还原法　过渡族金属氧化物与硅或碳化硅相互作用，其基本反应通式为

$$MeO + Si \longrightarrow MeSi + SiO_2$$

或

$$MeO + SiC \longrightarrow MeSi + CO$$

如果硅还原金属氧化物在真空下进行，则生成可挥发的一氧化硅（MeO+2Si $\longrightarrow$ MeSi+SiO）。

2）碳还原法　过渡族金属氧化物与SiO$_2$和C相互作用，其基本反应通式为

$$MeO + SiO_2 + C \longrightarrow MeSi + CO$$

3）铝热还原法　过渡族金属氧化物与SiO$_2$加S用Al（Mg）还原，加S是为了造成易熔渣，其基本反应通式为

$$MeO + SiO_2 + Al(Mg) + S \longrightarrow MeSi + Al(Mg)S 渣$$

总起来说，工业规模制取硅化物，只是金属与硅直接硅化和硅还原金属氧化物两种方法应用较多。还原-化合法制取难熔金属硅化物的工艺条件如表1-27和表1-28所示。

（3）还原-化合法制取难熔金属氮化物　金属与氮直接氮化制取难熔金属氮化物的基本反应通式为

$$Me + N_2(NH_3) \longrightarrow MeN + (H_2)$$

表1-27　金属与硅直接硅化制取硅化物的工艺条件

硅化物	组分	炉内气氛	温度，℃
TiSi$_2$	Ti+Si	惰性气体（如氩）	1000
ZrSi$_2$	Zr+Si	惰性气体（如氩）	1100
VSi$_2$	V+Si	惰性气体（如氩）	1200
NbSi$_2$	Nb+Si	惰性气体（如氩）	1000

硅 化 物	组 分	炉 内 气 氛	温 度，℃
$TaSi_2$	Ta+Si	惰性气体（如氩）	1100
$MoSi_2$	Mo+Si	惰性气体（或氢）	1000
WSi_2	W+Si	惰性气体（或氢）	1000

表 1-28　硅还原法制取硅化物的工艺条件

硅 化 物	组 分	炉 内 气 氛	温 度，℃
$TiSi_2$	TiO_2+Si	真空	1350
VSi_2	V_2O_5+Si	真空	1550
$NbSi_2$	Nb_2O_5+Si	真空	1400
$TaSi_2$	Ta_2O_5+Si	真空	1600

注：真空硅还原法不适于制取硅化钼和硅化钨，因为钼和钨的氧化物具有挥发性。

还原-化合法制取氮化物是金属氧化物在有碳存在时用氮或氨进行氮化，其基本反应通式为

$$MeO + N_2(NH_3) + C \longrightarrow MeN + CO + (H_2O + H_2)$$

还原-化合法制取难熔金属氮化物的工艺条件如表 1-29 和表 1-30 所示。

表 1-29　金属与氮直接氮化制取氮化物的工艺条件

氮 化 物	基 本 反 应	温 度 范 围，℃
TiN	$2Ti+N_2 \rightarrow 2TiN$ $2TiH_2+N_2 \rightarrow 2TiN+2H_2$	1200
ZrN	$2Zr+N_2 \rightarrow 2ZrN$ $2ZrH_2+N_2 \rightarrow 2ZrN+2H_2$	1200
HfN	$2Hf+N_2 \rightarrow 2HfN$	1200
VN	$2V+N_2 \rightarrow 2VN$	1200
TaN	$2Ta+N_2 \rightarrow 2TaN$	1100～1200
CrN	$2Cr+2NH_3 \rightarrow 2CrN+3H_2$	800～1000

表 1-30　金属氧化物与氮和碳作用的工艺条件

氮 化 物	基 本 反 应	温 度 范 围，℃
TiN	$2TiO_2+N_2+4C \rightarrow 2TiN+4CO$	1250～1400
ZrN	$2ZrO_2+N_2+4C \rightarrow 2ZrN+4CO$	1250～1400
NbN	$2Nb_2O_5+4N_2+10C \rightarrow 4NbN+10CO$	1200

（4）还原-化合法制取难熔非金属化合物　比较有价值的难熔非金属化合物有碳化硼、碳化硅、氮化硼、氮化硅和硅化硼五种。

工业上生产碳化硼是将硼酐（B_2O_3）与炭黑混合，在碳管炉中进行碳化，反应温度 2100～2200℃，其基本反应为

$$2B_2O_3 + 7C \longrightarrow B_4C + 6CO$$

工业上生产碳化硅是将石英砂与碳（石墨、炭黑等）在1300～1500℃按下式进行反应：

$$SiO_2 + 3C \longrightarrow SiC + 2CO$$

该反应分两步进行

$$SiO_2 + 2C \longrightarrow Si + 2CO$$

$$Si + C \longrightarrow SiC$$

或　　　　$$3Si + 2CO \longrightarrow 2SiC + SiO_2$$

生产氮化硼是将硼酐用氨或氯化铵进行氮化，其基本反应为

$$B_2O_3 + 2NH_3 \longrightarrow 2BN + 3H_2O$$

$$B_2O_3 + 2NH_4Cl \longrightarrow 2BN + 2HCl + 3H_2O$$

更完善的方法[19]是在有碳还原剂的情况下将硼酐氮化。第一步将硼酸与炭黑混合进行焙烧，第二步将焙烧后的料在碳管炉中用氮进行氮化，温度1400～1700℃。

也可将硼粉直接氮化制取氮化硼。

制取氮化硅（Si_3N_4）一般是将硅粉在1450～1550℃用氮或氨进行氮化。

第三节　气相沉积法

气相沉积法用在粉末冶金中的有以下几种：（1）金属蒸气冷凝，这种方法主要用于制取具有大蒸气压的金属（如锌、镉等）粉末。这些金属的特点是有较低的熔点和较高的挥发性，如果将这些金属蒸气在冷却面上冷凝下来，便可形成很细的球状粉末。（2）羰基物热离解。（3）气相还原，包括气相氢还原和气相金属热还原。（4）化学气相沉积。对金属蒸气冷凝法不再作详细的讨论。

一、羰基物热离解法

某些金属特别是过渡族金属能与一氧化碳生成金属羰基化合物〔$Me(CO)_n$〕。这些羰基化合物是易挥发的液体或易升华的固体。例如：$Ni(CO)_4$为无色液体，熔点-25℃，沸点43℃；$Fe(CO)_5$为琥珀黄色液体，熔点-21℃，沸点103℃；$Co_2(CO)_8$、$Cr(CO)_6$、$W(CO)_6$、$Mo(CO)_6$均为易升华的晶体。同时，这些羰基化合物很容易分解生成金属粉末和一氧化碳。

羰基物热离解法（简称羰基法）就是离解金属羰基化合物而制取粉末的方法。粉末冶金中已使用羰基镍粉和羰基铁粉，间或也使用羰基钴粉。如果同时离解几种羰基物的混合物，则可制得合金粉末，如Fe-Ni、Fe-Co、Ni-Co等。还可制取包覆粉末，如在Al、Si以及SiC等颗粒上沉积Ni则可得Ni/Al，Ni/SiC等包覆粉末。

羰基粉末较细，一般粒度为$3\mu m$左右；也较纯，例如，羰基铁粉一般不含S、P、Si等杂质，因为这些杂质不生成羰基物。如果不考虑C和O_2，则羰基铁粉在化学成分上是各种铁粉中最纯的，经退火处理后，碳和氧的总含量可降到0.03%以下。但是，羰基粉末的成本是很高的；此外金属羰基化合物挥发时都有不同程度的毒性，特别是羰基镍就有剧烈的毒性，因此生产中要采取防毒措施。

1. 羰基物热离解的基本原理

（1）羰基物的生成过程，羰基物生成的反应一般通式为

$$Me + nCO \longrightarrow Me(CO)_n$$

例如，羰基镍的生成为

$$Ni + 4CO \longrightarrow Ni(CO)_4 \qquad \Delta H_{298} = -163670J$$

羰基镍的生成反应是放热反应，体积减小。增加压力有利于反应从左向右进行，即有助于羰基镍的生成；提高温度可加速生成反应，但超过一定限度，又促进羰基镍分解为原来成分的可逆过程。

羰基镍生成反应在低温下进行得比较彻底，温度提高到150～200℃，$\Delta Z^{\ominus}$值仍为负值，但绝对值已大大减小。为了促进 Ni (CO)₄ 的生成，如温度是 150℃ 就必须采用高压。

羰基镍的生成反应属于固＋气₁→气₂类型的多相反应，该反应在 70～180℃ 范围内的活化能为 103400J/mol。固体是粉末时该反应遵循速度方程式 $1-(1-X)^{1/3}=Kt$ 的关系。

羰基物生成机理可用吸附理论来解释。首先，在固体表面吸附 CO 形成 CO 吸附层（物理吸附过程）

$$〔Ni〕 + 4CO \rightleftharpoons 〔Ni〕\cdot (CO)_{4吸附}$$

然后，在吸附层上逐渐起化学作用，由物理吸附变成化学吸附，生成羰基物吸附在固体金属表面上，最后再脱附而转入气相。

$$〔Ni〕\cdot (CO)_{4吸附} \rightleftharpoons Ni(CO)_{4吸附}$$
$$Ni(CO)_4$$

温度、CO 的浓度、金属表面纯度等都影响羰基物的生成。

提高温度或增加系统的压力，从吸附层转入气相的羰基镍分子便增加。同时，羰基镍分子转入气相，暴露出原固体物料的表面，又为继续合成 Ni (CO)₄ 创造了条件。所以，羰基镍的合成速度随温度升高而增加。但温度超过 225～250℃ 时，在金属镍的催化作用下，CO 强烈地分解为 CO₂ 和碳黑，污染镍的表面，同时，CO 浓度降低使 Ni (CO)₄ 的合成减慢，甚至停止。

CO 的分压愈高，合成进行愈快，同时，愈可阻止羰基镍的分解。

实践证明，在镍表面有氧化膜层会抑制羰基镍合成，整块的表面及经过空气作用过的镍块与 CO 的反应很差。

（2）羰基物的分解过程　羰基物分解的反应一般通式为

$$Me(CO)_n \longrightarrow Me + nCO$$

例如，羰基镍的分解为

$$Ni(CO)_4 \longrightarrow Ni + 4CO$$

羰基镍的分解是吸热反应，进入分解器的羰基镍蒸气愈多，需要供给的热量就愈大。羰基物的分解产物，从热力学上推测不应是金属和一氧化碳，因为金属碳化物和氧化物是较稳定的生成物。例如，纯羰基钨和羰基钼分解时，正常生成物是碳化物，只有在气相中添加适量的湿氢或降低反应的压力，才可能产出纯金属。但是，羰基镍和羰基铁分解时，其碳化物和氧化物生成是很慢的，可忽略不计，所以，它们的分解产物是镍、铁和一氧化碳。

羰基镍的分解是属于气₁——固＋气₂类型的多相反应，分解反应在 230℃ 左右开始。如果在 400～500℃ 分解，则发生 2CO——CO₂＋C 的反应，可能玷污金属粉末。羰基物分解反应的动力学[20]证明，随着温度升高，控制环节从化学环节转到扩散环节。如图 1-38 所示，在低温区，羰基镍和羰基铁的分解速度随温度急剧变化，化学反应控制着分解；在中温区，气相扩散控制着分解；温度更高时，羰基物在气相中分解，其速度有所降低。羰基镍的分解，在 1atm（～0.1MPa）下 150～200℃时很快达到 80%，但以后分解缓慢，甚至 2～3 昼夜还不能完全分解。同时，羰基镍分解的完全程度和速度还与反应区 CO 的排出有关。例如，100℃时，在 CO 气氛中，$Ni(CO)_4$ 的分解率仅 0.5%，而在氢气中则可达 17%。

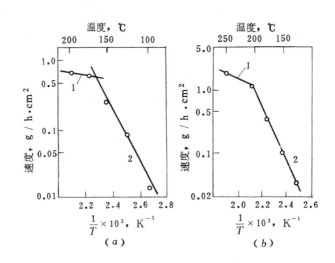

图 1-38　羰基镍（a）和羰基铁（b）分解速度与温度的关系
1—扩散环节控制；2—化学环节控制

　　分解过程除了要求符合热力学和动力学条件外，还需要有一个适当的表面以便于分解产物开始成长，即需要有晶核。气态金属的结晶分为生成晶核和晶核长大两阶段。其特点是：（1）由于熔化热和蒸发热同时放出，在晶体表面上要放出相当大的热量；（2）晶体周围的气氛要具有流动性。镍的饱和蒸气压在 300℃时极小（约 $5\times10^{-10}Pa$），因此，大部分蒸气立即冷凝，从而放出大量的热量。羰基镍的分解反应在最初进行得十分剧烈，因而在分解器的最上部造成了大量生成晶核的条件，而在分解器最下部，实际上只有晶核长大和金属镍粉的形成。影响生成晶核和晶核长大的因素有：

　　金属蒸气浓度的影响　金属蒸气浓度越大，晶核越易生成。在分解器的最上部，晶核十分微小，作不规则布朗运动，其平均速度取决于气流在设备中自上而下的总速度。晶核所走的路程要比气流行程长几十万倍，如此长的行程就为运动中的晶核、金属原子和羰基物的相互碰撞创造了有利条件，促进快速结晶。在分解器的下部，微粒表面逐渐冷却，其晶体长大速度减慢，当粉末颗粒大小达 2～3μm 时开始自由下落。核心开始长大时，周围具有一定的气流速度是必要的。

　　温度的影响　温度要适当，在可分解的范围内，温度过高时，晶核生成数目少，同时羰基物的分解速度提高，所得粉末颗粒较细。例如，羰基铁在 250℃时分解，铁粉颗粒直径 6μm 左右，在 300℃时，则为 2.7μm；400℃时，则小于 1.1μm。粉末颗粒形状主要取决于分解温度，温度低时，粉末颗粒成尖角状；提高温度后，颗粒是接近规则球形的层状组织；温度更高（如 400～500℃时），颗粒成絮状组织。

　　2. 羰基物热离解法制取羰基镍粉工艺

常压羰基法是1889年由蒙德（L. Mond）等人提出的，1902年英国威尔士的克莱达奇（Clydach）工厂（属国际镍公司）开始生产羰基镍粉，原料是加拿大的铜镍高锍。

提高压力和温度可使羰化过程加速。1932年西德巴登苯胺和苏打公司（BASF），以蒙德法原理为基础采用高压羰基法于工业上生产羰基镍粉。原料既用铜镍高锍，也用含镍废料。羰化在18～30MPa和200℃下进行；分解在280～300℃和0.1MPa条件下进行。

国际镍公司[21]于1904年采用中压羰基法生产羰基镍粉和羰基铁粉。原料是氧化镍焙砂，用富氢水煤气还原，经还原的金属镍在气封下转入挥发器，在120℃用2.5MPa的CO处理。除了羰基镍外，原料中少量金属铁生成羰基铁。羰基物在水冷冷凝器中呈液态分离出来。液体羰基镍先加温气化，然后进入分解器，分解器是一个具有夹套的钢筒，其筒壁由通过的热空气保持在315℃左右，当羰基镍蒸气流经钢筒内部时被加热而分解成镍粉和一氧化碳。一般镍粉含Ni99.9%，Fe小于0.01%，C小于0.1%，S小于0.001%。在分解器内有副反应产生，因此镍粉含有一定量的碳和氧，可用N_2或CO_2气氛处理，再在H_2中退火，可除去碳和氧，使C小于0.002%，结果可得极纯的镍粉，这是用其他方法难以达到的。

二、气相还原法

气相还原法包括气相氢还原和气相金属热还原。用Mg还原气态$TiCl_4$、$ZrCl_4$等属于气相金属热还原，在此不做讨论。气相氢还原是指用氢还原气态金属卤化物，主要是还原金属氯化物。气相氢还原法可以制取钨、钼、钽、铌、钒、铬、钴、镍、锡等粉末；如果同时还原几种金属氯化物便可制取合金粉末，如钨-钼合金粉、钽-铌合金粉 钴-钨合金粉等。还可制取包覆粉末，如在UO_2等颗粒上沉积W则可得W/UO_2包覆粉末，也可制取石墨的Co-W涂层等。气相氢还原所制取的粉末一般都是很细的或超细的。

气相氢还原六氯化钨制取超细钨粉的方法包括WCl_6的制取和WCl_6的氢还原两个过程。钨氯化的反应为$W+3Cl_2 \longrightarrow WCl_6$，属于固$+$气$_1 \longrightarrow$气$_2$类型的反应。原料可以是钨的矿石、三氧化钨、钨-铁合金、金属钨或硬质合金废料。不同的原料，氯化后的产物不完全相同。如果有多种氯化物时，需要按产物中各种金属氯化物的不同沸点分级蒸馏而得净化的WCl_6。WCl_6的沸点是346.7℃。

六氯化钨氢还原的反应为　　　$WCl_6+3H_2 \longrightarrow W+6HCl$。

1973年有人曾研究了WCl_6与H_2在不同温度下的反应产物，其结果如表1-31所示。

表 1-31　WCl_6 与 H_2 在不同温度下的反应产物[22]

温　度	反　应　区　内				反　应　区　外				
	W，%		WCl_2 %	$WCl_{2.6}$ %	WCl_4 %	W 粉 %	WCl_2 %	$WCl_{2.6}$ %	WCl_4 %	WCl_5 %
℃	镀膜	粉								
400	痕量	—	19	5	—	—	—	—	25	46
450	18	—	37	—	—	10	13	20		
500	78	—	5	—	—	10	6	—		
550	98	—	—	—	—	痕量	—	—		
600	94	2	—	—	—	4	—	—		
700	45	20	—	—	—	32	—	—		
800	3	45	—	—	—	50	—	—		
900	痕量	45	—	—	—	55	—	—		
1000	—	24	—	—	—	75	—	—		

可以看出，WCl_6 在 400℃开始部分还原成镀膜状金属钨和低价氯化物；550℃时镀膜达到最大值。随着温度的升高，粉末状钨逐渐增多，到 900℃以上时，镀膜状钨消失，得到的全是钨粉。瑞典某厂[23]用 H_2 还原 WCl_6，于 1970 年投入半工业性生产。

WCl_6 用 H_2 还原的工艺有两步还原法和一步还原法。两步还原法第一步以 450～1000℃还原得到钨的低价氯化物，第二步以 800～1300℃还原得到钨粉。两步还原法的缺点是工序长，所得钨粉粒度不均匀。改进反应设备和反应参数便可利用一步还原法，其还原设备如图 1-39 所示[24]。先将 WCl_6 和 H_2 气分别预热到一定温度，在进入反应室之前将二者混合均匀，再预热至开始反应的温度，混合气体以很高的速度喷入反应室。从开始混合到进入反应室的时间极短，因而不致在喷嘴内形成镀膜。气体进入反应室后，流速大大降低，温度可升高到 1000℃。反应产物为均匀的钨粉，靠自重而沉积下来。还原过程中，温度对钨粉粒度的影响最显著，反应温度越高，钨粉粒度愈细；如在混合气体的组成中增加 H_2 的比例，钨粉粒度也变细。调整工艺参数可得 0.05～10μm 的钨粉。

某些金属氯化物氢还原的沉积条件如表 1-32 所示。

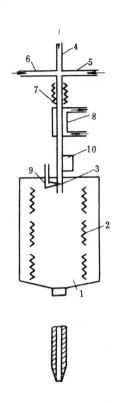

图 1-39　六氯化钨一步还原设备示意图
1—反应室；2—加热元件；3—混合导管；4—WCl_6 蒸气输入管；5—还原气体输入管；6—惰性气体输入管；7—加热元件；8—热交换器；9—热电偶；10—振荡器

表 1-32　某些金属氯化物氢还原的沉积条件

沉　　积　　物		沉　　积　　剂	沉　　积　　条　　件	
			沉积温度，℃	气　　氛
金	Al	$AlCl_3$	800～1000	H_2
	Ti	$TiCl_4$	800～1200	H_2+Ar
	Zr	$ZrCl_4$	800～1000	H_2+Ar
	V	VCl_4	800～1000	H_2+Ar
	Nb	$NbCl_5$	～1800	H_2
	Ta	$TaCl_5$	600～1400	H_2+Ar
属	Mo	$MoCl_5$	500～1100	H_2
	W	WCl_6	～1000	H_2
	B	BCl_3	1200～1500	H_2
合	Ta-Nb	$TaCl_5+NbCl_5$	1300～1700	H_2
金	Mo-W	$MoCl_5+WCl_6$	1100～1500	H_2

三、化学气相沉积法

化学气相沉积法（CVD）是从气态金属卤化物（主要是氯化物）还原化合沉积制取难

熔化合物粉末和各种涂层（包括碳化物、硼化物、硅化物和氮化物等）的方法。碳化物和氮化物涂层在硬质合金中取得了很好的效果。

从气态金属卤化物还原化合沉积各种难熔化合物的反应的通式为

碳化物：金属氯化物$+C_mH_n+H_2 \longrightarrow MeC+HCl+H_2$

式中C_mH_n——除甲烷外，还有丙烷（C_3H_8）、乙炔（C_2H_2）等。

硼化物：金属氯化物$+BCl_3+H_2 \longrightarrow MeB+HCl$

硅化物：金属（或金属氯化物）$+SiCl_4+H_2 \longrightarrow MeSi+HCl$

氮化物：金属氯化物$+N_2+H_2 \longrightarrow MeN+HCl$

例如，化学气相沉积法制取碳化钛的反应为

$$TiCl_4 + CH_4 + H_2 \longrightarrow TiC + 4HCl + H_2 \qquad (a')$$

$$TiCl_4 + C_3H_8 + H_2 \longrightarrow TiC + 4HCl + C_2H_2$$

同理，此法制取B_4C和SiC的反应为

$$4BCl_3 + CH_4 + 4H_2 \longrightarrow B_4C + 12HCl$$

$$SiCl_4 + CH_4 + H_2 \longrightarrow SiC + 4HCl + H_2$$

氢既是还原剂又是载体气体。碳由碳氢化合物供给。如果金属氯化物能被氢还原，则形成碳化物的反应是这样的：在金属氯化物还原成金属的同时，碳氢化合物热解析出碳，碳与金属立即形成碳化物。如果金属氯化物在沉积温度下不能单独被氢还原，则反应的机理较复杂，下面我们通过热力学分析来弄清反应（a'）的实质。

有关反应有

$$TiCl_4 + 2H_2 \longrightarrow Ti + 4HCl \qquad (b')$$

$$TiCl_4 + 2H_2 + C \longrightarrow TiC + 4HCl \qquad (c')$$

根据文献〔25〕的热力学数据，可计算出反应（b'）的$\Delta Z_T^{\ominus} = 362.173 + 0.03\lg T - 0.25T$。此反应在几个温度下的$\Delta Z^{\ominus}$计算如下

温度，K	1000	1800	2000	2300
$\Delta Z^{\ominus}$，kJ	201.85	87.87	60	-5.65

根据文献〔26〕，反应（c'）的$\Delta Z_T^{\ominus} = 184.2 - 0.14$。此反应在几个温度下的$\Delta Z^{\ominus}$计算如下。

温度，K	1200	1400	1600	1800
$\Delta Z^{\ominus}$，kJ	15.2	-11.8	-40	-68

从计算的等压位数据可知，反应（b'）在2000K时还不可能进行。叶留金（B. П. Елютин）等的研究[27]得出在反应表面温度低于1765℃时气态$TiCl_4$不可能用H_2还原成Ti。对于反应（b'）理论分析和实践是相符的。另外，根据热力学分析，反应（c'）在1100～1200℃便能进行。由此得出，在1700℃以下，$TiCl_4$只有在碳存在条件下才有可能用H_2还原，也就是说由碳氢化合物热解出碳是TiC沉积的第一步，在热解碳参与下，还原出来的金属再与热解碳形成碳化物。TiC沉积的这种过程叫做交替反应机理。

控制碳氢化合物气体的浓度或流速是制取质量好的碳化物及其涂层的关键。文献〔28〕研究了常压下在$TiCl_4$、CH_4（或$C_6H_5CH_3$）、H_2的系统中沉积TiC的动力学和涂层质量。实验时以H_2作为载体，H_2通过液态$TiCl_4$产生H_2-$TiCl_4$气流，将$TiCl_4$蒸气和CH_4（或$C_6H_5CH_3$）气体引入反应室内。在温度1050℃和饱和$TiCl_4$的H_2的流速500cm³/min情况下，TiC涂层厚度与总混合气体中CH_4流速成直线关系（见图1-40）。同时，也可看出，

常压下 TiC 在 CH₄ 气流中的沉积是比较慢的。TiC 涂层的硬度如表 1-33 所示。涂层显微硬度在一定范围内随总混合气体中 CH₄ 流速的增大而增高。

表 1-33　WC＋6％Co 硬质合金 TiC 涂层的硬度

材　　料	HV，MPa（负荷 50g）	CH₄ 的流速 cm³/min
WC＋6％Co	15500～17000	—
涂层 1	25500	140
涂层 2	23500	105
涂层 3	22500	68
涂层 4	21500	28

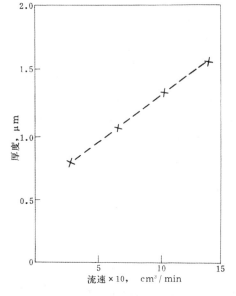

图 1-40　TiC 沉积时 TiC 厚度与 CH₄ 流速的关系　　图 1-41　等离子弧法装置示意图

　　在实行沉积工艺时，可以氢为载体将碳氢化合物和金属氯化物蒸气同时引入反应室内；也可先将被涂层物件加热到 1000℃ 以上，通入净化的干氢以还原物件表面的氧化物，然后通入碳氢化合物气体和金属氯化物蒸气。

　　在沉积法中还有等离子弧法。等离子弧法已用来制取微细碳化物，如 TiC、TaC、NbC、TaN 及 W 等[29]，其基本过程就是使 H₂ 通过一等离子体发生器（如气弧加热器）将 H₂ 加热到平均 3000℃ 的高温，再将金属氯化物蒸气和碳氢化合物气体（如甲烷）喷入炽热的 H₂ 气流（火焰）中，则金属氯化物随即还原碳化，在反射墙上骤冷而得极细的碳化物，粒度 0.01～0.1μm；如果以 N₂ 代替碳氢化合物气体，则可生成氮化物；炽热 H₂ 气流还原金属氯化物则可还原成金属粉。此法所采用的等离子体发生器是一个水冷钨阴极和一个水冷铜阳极之间燃烧的直流电弧，此法的装置示意图如图 1-41 所示。如果用等离子枪发生等离子体，则叫等离子枪法。

　　某些碳化物、硼化物、硅化物、氮化物的沉积条件如表 1-34 所示。

表 1-34 某些碳化物、硼化物、硅化物、氮化物的沉积条件

	沉 积 物	沉 积 剂	沉 积 温 度, ℃	气 氛
碳化物	TiC	$TiCl_4 + CH_4$ 或 $C_6H_5CH_3$	1100~1200	H_2
	B_4C	$BCl_3 + CH_4$	1100~1700	H_2
	SiC	$SiCl_4 + CH_4$	1300~1500	H_2
	NbC	$NbCl_5 + CH_4$	~1000	H_2
	WC	$WCl_6 + C_6H_5CH_3$ 或 CH_4	1000~1500	H_2
硼化物	TiB_2	$TiCl_4 + BBr_3$ 或 BCl_3	1100~1300	H_2
	ZrB_2	$ZrCl_4 + BBr_3$ 或 BCl_3	1700~2500	H_2
	VB_2	$VCl_4 + BBr_3$ 或 BCl_3	900~1300	H_2
	TaB	$TaCl_5 + BBr_3$ 或 BCl_3	1300~1700	H_2
	WB	$WCl_6 + BBr_3$ 或 BCl_3	800~1200	H_2
硅化物	$MoSi_2$	$MoCl_5 + SiCl_4$ 或 $Mo + SiCl_4$	1100~1800	H_2
氮化物	TiN	$TiCl_4$	1100~1200	$N_2 + H_2$
	BN	BCl_3	1200~1500	$N_2 + H_2$
	TaN	$TaCl_5$	~1200	$N_2 + H_2$

第四节 液相沉淀法

液相沉淀法在粉末冶金中的应用有以下几种:(1)金属置换法;(2)溶液气体还原法,主要是溶液氢还原法;(3)从熔盐中沉淀法;(4)辅助金属浴法。

从熔盐中沉淀,例如将 $ZrCl_4$ 盐与 KCl 混合,再加 Mg,当混合料加热到 750℃ 时即还原出 Zr 粉,产物冷却后经破碎,再用水和 HCl 处理便可。这种 Zr 粉一般含少量的 Mg。从熔盐中沉淀即是从熔盐中的金属热还原,不再作详细的讨论。辅助金属浴法是一个古老的方法,可以制取优质的难熔化合物。用作熔体金属的有 Fe、Cu、Ag、Co、Ni、Al、Pb、Sn 等,从辅助金属浴中可析出碳化物、硼化物、硅化物、氮化物和碳氮化物;还可制取几种难熔化合物的固溶体,如 TiC-WC 固溶体等。合金钢中的 Ti、Zr、V、Nb、Ta、Mo、W 等元素是以碳化物形式存在于钢中,这些碳化物对酸比较稳定,如果把铁溶解,则可析出碳化物,这就是辅助金属浴法的基本原理。同时,液体金属还是固相反应的促进剂。将熔体金属在石墨坩埚中熔化,把过渡族金属和过量的石墨加入,在 2000℃ 约 2 小时后反应即完成,将熔体冷却后溶于酸(如盐酸)中,则可得难熔金属碳化物。此法近年又有新的发展[30,31],例如,将 TiO_2 和炭黑混合料在熔融铁中以接近 3000℃ 的温度在氢或氩气保护下进行反应,随后处理除去铁可得优质的 TiC,它比一般的固相碳化法制得的 TiC 质量高。如果是真空金属浴法,所得 TiC 质量更高,含化合碳 19.8%,氧含量小于 0.01%。制取碳化物的熔体金属有 Fe、Co、Ni 及其合金;制取硼化物的熔体金属主要是 Cu,也试验过 Pb、Sn 等,如制取 HfB_2,反应温度 1100~1200℃;制取硅化物的熔体金属主要是 Cu,也试验过 Ag、Sn 等,如制取钨、钼的硅化物,反应温度 1100~1300℃。用此法制取氮化物即是

用 N_2 气从金属熔体中制取氮化物，因氮化物有分解的趋势，一般要用高压（如 3MPa），熔体主要是 Cu，也试验过 Cu-Ni 合金，反应温度 1200℃。下面主要讨论金属置换法和溶液氢还原法。

一、金属置换法

金属置换法可用来制取铜粉、铅粉、锡粉、银粉和金粉等。用一种金属从水溶液中取代出另一种金属的过程叫做置换。从热力学上讲，只能用负电位较大的金属去置换溶液中正电位较大的金属。反应的通式为

$$Me_1^{2+} + Me_2 = Me_1 + Me_2^{2+}$$

例如：

$$Cu^{2+} + Zn = Cu + Zn^{2+}$$

置换的次序取决于水溶液中金属的电化序（见表 1-35），置换趋势的大小决定于它们的电位差。

表 1-35　25℃时在水中的标准电极电位 $E^{\ominus}$

电　　极		电　极　反　应	$E^{\ominus}$, V
Li^+	Li	$Li^+ + e \Longrightarrow Li$	-3.045
K^+	K	$K^+ + e \Longrightarrow K$	-2.925
Na^+	Na	$Na^+ + e \Longrightarrow Na$	-2.713
Mg^{2+}	Mg	$Mg^{2+} + 2e \Longrightarrow Mg$	-2.37
Al^{3+}	Al	$Al^{3+} + 3e \Longrightarrow Al$	-1.66
Mn^{2+}	Mn	$Mn^{2+} + 2e \Longrightarrow Mn$	-1.19
Zn^{2+}	Zn	$Zn^{2+} + 2e \Longrightarrow Zn$	-0.763
Fe^{2+}	Fe	$Fe^{2+} + 2e \Longrightarrow Fe$	-0.44
Cd^{2+}	Cd	$Cd^{2+} + 2e \Longrightarrow Cd$	-0.402
Co^{2+}	Co	$Co^{2+} + 2e \Longrightarrow Co$	-0.277
Ni^{2+}	Ni	$Ni^{2+} + 2e \Longrightarrow Ni$	-0.25
Sn^{2+}	Sn	$Sn^{2+} + 2e \Longrightarrow Sn$	-0.14
Pb^{2+}	Pb	$Pb^{2+} + 2e \Longrightarrow Pb$	-0.126
H^+	H	$H^+ + e \Longrightarrow \frac{1}{2}H_2$	0.000
Cu^{2+}	Cu	$Cu^{2+} + 2e \Longrightarrow Cu$	$+0.337$
Ag^+	Ag	$Ag^+ + e \Longrightarrow Ag$	$+0.799$
Au^{3+}	Au	$Au^{3+} + 3e \Longrightarrow Au$	$+1.50$

电极电位与溶液中离子浓度之间的关系式可表示为

$$E = E^{\ominus} + \frac{RT}{nF}\ln c$$

25℃时的电极电位，用 $R = 8.316$V.C/K.mol，$F = 96500$C，并以常用对数代自然对数，则可得

$$\varepsilon = \varepsilon^{\ominus} + \frac{0.0591}{n}\lg c$$

因此，用上式可作定量计算，如锌置换铜的反应的电位差为

$$\Delta\varepsilon = \varepsilon Cu^{2+}/Cu - \varepsilon Zn^{2+}/Zn = \varepsilon^{\ominus} Cu^{2+}/Cu - \varepsilon^{\ominus} Zn^{2+}/Zn + \frac{0.0591}{2}\lg\frac{a_{Cu^{2+}}}{a_{Zn^{2+}}}$$

正电位较大的金属离子浓度的变化速度取决于下列方程式

$$-\frac{dc}{dt} = k\frac{A}{V}c$$

式中　k——速度常数；

　　　A——金属与溶液的接触面；

　　　V——反应溶液的体积；

　　　c——正电性金属离子的浓度。

将上式积分可得：

$$k = -\frac{V}{A}\cdot\frac{1}{t}\ln\frac{c_2}{c_1}$$

式中　c_1——正电性金属反应之前的浓度；

　　　c_2——正电性金属经反应 t 时间后的浓度。

置换过程可以是化学反应控制的，也可以是扩散过程控制的。对 $Me_1^{2+}+Me_2\rightarrow Me_1+Me_2^{2+}$ 反应来说，置换反应速度 $=k\cdot A\cdot[Me_1^{2+}]_i$，$[Me_1^{2+}]_i$ 是在溶液与金属 Me_2 分界面上的 Me_1^{2+} 金属离子浓度（见图 1-42）。

当反应状态稳定时，扩散速度等于分界面上的化学反应速度，那末，可得

$$\frac{D}{\delta}A\{[Me_1^{2+}]-[Me_1^{2+}]_i\} = k\cdot A\cdot[Me_1^{2+}]_i$$

式中　D——扩散系数；

　　　δ——扩散层厚度。

整理后得　　　　　　$$\frac{D}{\delta}[Me_1^{2+}] = [Me_1^{2+}]_i\left(k+\frac{D}{\delta}\right)$$

$$[Me_1^{2+}]_i = \frac{D/\delta}{k+D/\delta}[Me_1^{2+}]$$

也就是　　　　　置换反应速度 $= \dfrac{k\cdot\dfrac{D}{\delta}}{k+\dfrac{D}{\delta}}A[Me_1^{2+}]$

当 $k\ll\frac{D}{\delta}$ 时，速度 $=k\cdot A\cdot[Me_1^{2+}]$，即过程为化学反应所控制；当 $k\gg\frac{D}{\delta}$ 时，速度 $=\frac{D}{\delta}\cdot A\cdot[Me_1^{2+}]$，即过程为扩散所控制。例如，铁从氯化铜溶液中置换铜（$Cu^{2+}+Fe\longrightarrow Cu+Fe^{2+}$），活化能是 12.56kJ/mol[32]，是扩散控制的过程；铁从氯化铅溶液中置换铅（$Pb^{2+}+Fe\longrightarrow Pb+Fe^{2+}$），活化能为 50.2kJ/mol，是化学反应控制的过程。

影响置换过程和粉末质量的因素有：

金属沉淀剂的影响　除了温度外，金属沉淀剂影响置换速度，例如，从氯化铅溶液中用锌置换铅比用铁置换铅快[33]（见图 1-43），因为锌与铅的电位差比铁与铅的电位差大。近来，置换法中采用沸腾技术，即沉淀剂处于沸腾层内，使置换反应彻底进行，例如铁置换铜时，含铜溶液从装置底部供入，铁粉从上部加到一锥体内，可使铁粉悬浮于溶液。

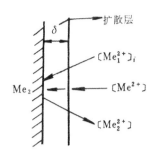

图 1-42　置换过程示意图

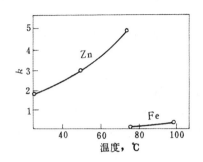

图 1-43　从氯化铅溶液中用铁或锌置换铅

被沉淀金属的影响　被沉淀金属的性质是控制置换动力学的重要因素。置换速度很大时往往形成粘着膜，而且粉末颗粒很细。当形成膜时，金属离子通过膜扩散到沉淀剂金属的表面，过程为扩散所控制。当过程为化学反应控制时，搅拌不影响置换速度；随着温度升高，置换速度增加，过程为扩散所控制，搅拌对置换速度便起很大的影响，因为搅拌可缩小扩散层的厚度。

另外，被沉淀金属离子浓度影响粉末的粒度。研究[34]指出，用铁从硫酸铜溶液置换铜时，铜离子（Cu^{2+}）浓度高时，由于成核率高于晶核长大率，可得较细的铜粉（见表 1-36）。

表 1-36　铜离子浓度对铁置换出的铜粉粒度的影响

粒　度　分　级 mm	在不同铜离子浓度（g/L）时的各级重量，%		
	3.7	15.0	27.0
+0.15	7.7	4.1	1.6
−0.15+0.105	11.6	9.2	6.0
−0.105+0.074	15.7	11.3	11.3
−0.074+0.053	14.0	10.8	12.2
−0.053+0.044	5.4	5.1	6.5
−0.044	45.6	59.5	62.4

置换时溶液酸度要控制适当。如从硫酸铜中用铁屑置换铜时，溶液的 pH 值采用 2，酸度更高是不好的，因为铁屑会白白消耗于氢的析出（$2H^+ + Fe \longrightarrow Fe^{2+} + H_2$）；酸度过低时，铁的碱式盐和氢氧化物会共同沉淀以致降低铜粉的品位。

金属置换法可应用于：

（1）从溶液中净化杂质或分离两种可溶性的金属。例如，从硫酸锌溶液中除去杂质镉，从钴-铜溶液中添加钴而分出铜等。

（2）置换出金属粉末，特别是以实验规模可制取多种粉末。例如，用铁从电解法生产铜粉的洗涤溶液置换回收铜

$$CuSO_4 + Fe \longrightarrow Cu\downarrow + FeSO_4$$

72

用锌从氯化铅溶液置换制取铅粉

$$PbCl_2 + Zn \longrightarrow Pb\downarrow + ZnCl_2$$

用锌从氯化锡溶液中置换制取锡粉

$$SnCl_2 + Zn \longrightarrow Sn\downarrow + ZnCl_2$$

用铜或铁从硝酸银溶液中置换制取银粉

$$2AgNO_3 + Cu \longrightarrow 2Ag\downarrow + Cu(NO_3)_2$$

$$2AgNO_3 + Fe \longrightarrow 2Ag\downarrow + Fe(NO_3)_2$$

制取金粉：第一步制取氯金酸

$$AuCl_3 + H_2O \longrightarrow H_2[AuCl_3O]$$

$$H_2[AuCl_3O] + HCl \longrightarrow H[AuCl_4] + H_2O$$

第二步用锌或铜置换

$$2H[AuCl_4] + 3Zn \longrightarrow 2Au\downarrow + 3ZnCl_2 + 2HCl$$

$$2H[AuCl_4] + 3Cu \longrightarrow 2Au\downarrow + 3CuCl_2 + 2HCl$$

二、溶液氢还原法

用气体从溶液中还原可以用 CO、SO_2、H_2S、H_2。但是，用氢较为广泛。溶液氢还原法可以制取铜粉、镍粉、钴粉，也可以制取合金粉（如镍-钴合金粉）和各种包覆粉（如 Ni/Al、Ni/石墨、Ni/金刚石、Ni/Al_2O_3、Ni/ThO_2、Co/WC、$Ni-Co/B_4C$ 等）。镍包铝、镍包氧化铝用于高温涂层；钴包碳化钨、镍包金刚石用于喷涂硬质合金刀具表面[35]；钴包碳化钨用于试制硬质合金；镍包氧化铝、镍包氧化钍等用于生产弥散强化材料。

1. 溶液氢还原的基本原理

用氢从溶液中还原析出金属的总反应通式可表示为

$$Me^{n+} + \frac{1}{2}nH_2 = Me + nH^+$$

上述反应由下面两个反应所组成：

$$Me^{n+} + ne = Me \tag{1-3}$$

$$H^+ + e = \frac{1}{2}H_2 \tag{1-4}$$

对反应（1-3），金属电极电位与金属离子浓度的关系为

$$\varepsilon_{Me^{n+}/Me} = \varepsilon^{\ominus}_{Me^{n+}/Me} + \frac{0.0591}{n}\lg a_{Me^{n+}} \tag{1-5}$$

对反应（1-4），氢电极电位与氢离子浓度、气相中氢的压力和温度的关系为

$$\varepsilon_{H^+/H_2} = \varepsilon^{\ominus}_{H^+/H_2} + \frac{RT}{F}\left(\ln a_{H^+} - \frac{1}{2}\ln p_{H_2}\right)$$

25℃时又可写为

$$\varepsilon_{H^+/H_2} = -0.0591pH - 0.0295\lg p_{H_2} \tag{1-6}$$

溶液氢还原总反应进行的必要条件是金属的还原电位比氢的还原电位更正。将式（1-5）和式（1-6）的

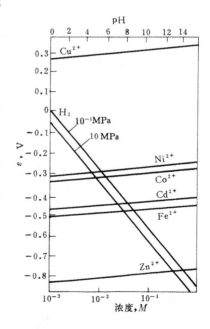

图 1-44　$\varepsilon_{Me^{n+}/Me}$ 与 Me^{n+} 浓度的关系和 ε_{H^+/H_2} 与 pH 值的关系

关系绘成图（图1-44）可以分析氢还原过程的热力学条件。

显然，只有当金属线高于氢线时，还原过程在热力学上才是可能的。从图1-44可以看出，增大溶液氢还原总反应的还原程度有两个途径：第一个途径是增加氢的分压和提高溶液的pH值来降低氢电位，而pH值是改变氢电位的最有效因素，增大p_{H_2}一百倍对电位移动的效果只相当pH增加一个单位的效果；第二个途径是增加溶液中金属离子浓度来提高金属电位。

随着还原反应的进行，金属离子浓度降低，同时，金属电位下降，而氢离子浓度则增高，氢电位升高。当达到平衡时

$$\varepsilon_{H^+/H_2} = \varepsilon_{Me^{n+}/Me}$$

25℃时

$$-0.0591pH - 0.0295\lg p_{H_2} = \varepsilon_{Me^{n+}/Me}^{\ominus} + \frac{0.0591}{n}\lg a_{Me^{n+}}$$

从而得

$$\lg a_{Me^{n+}} = -npH - \frac{n}{2}\lg p_{H_2} - \frac{n}{0.0591}\varepsilon_{Me^{n+}/Me}^{\ominus} \tag{1-7}$$

根据式（1-7）可以绘制氢还原进行程度图（见图1-45）（对镍列举了$p_{H_2}=1,10,100atm$的情况）。

从图1-45可以知道，某些正电性金属如铜、银等的还原，无论溶液的酸度如何实际上都可进行；而某些负电性金属如镍、钴、镉等的还原，则必须提高溶液的pH值。考虑到接近工业条件，取溶液中金属离子浓度为10^{-2}，$p_{H_2}=1atm$（～0.1MPa），代入式（1-7），可得

$$pH = \frac{2}{n} - \frac{\varepsilon_{Me^{n+}/Me}^{\ominus}}{0.0591} \tag{1-8}$$

根据式（1-8）可求出各金属还原的平衡pH值（见表1-37）。

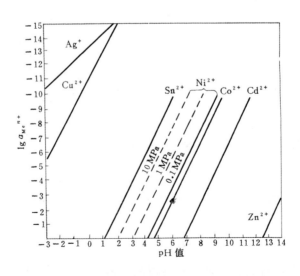

图1-45　25℃及$p_{H_2}=1atm$（～0.1MPa）条件下氢还原金属的可能程度

表 1-37　$Me^{n+} = 10^{-2}$ 时的平衡 pH 值

离　　　子	Zn^{2+}	Fe^{2+}	Cd^{2+}	Co^{2+}	Ni^{2+}	Cu^{2+}	Ag^+
$\varepsilon^{\ominus}$	−0.763	−0.44	−0.402	−0.277	−0.25	+0.377	+0.799
pH	13.9	8.5	7.8	5.7	5.2	−5.4	−12.5

从表列数据可以看出,若将 Me^{2+} 由 $1M$ 还原到 $10^{-2}M$,那么就应该考虑由于产生了 H^+ 而使 pH 值降低到平衡 pH 值以下的问题。对于正电性金属关系不大,而对负电性金属,就须加入中和剂以使溶液 pH 值高于该平衡 pH 值。例如,对 Zn^{2+} 的还原要求 pH 值调到 13.9,对 Fe^{2+} 的还原要求 pH 值调到 8.5,而实际上 Zn^{2+} 和 Fe^{2+} 当 pH 值大于 6~7 时已经水解了。所以用氢使 Zn^{2+} 和 Fe^{2+} 还原是不可能的。同时,实际上从酸性溶液中还原镍、钴也是不会很奏效的,一般通过配氨来调整 pH 值。溶液中的氨能与铜、镍、钴形成一系列的氨络合物,从氨溶液中还原这些金属的反应如下:

$$[Me(NH_3)_n]^{2+} \longrightarrow nNH_3 + Me^{2+}$$

$$Me^{2+} + H_2 \longrightarrow Me + 2H^+$$

$$H^+ + NH_3 \longrightarrow NH_4^+$$

式中　n——氨络合物的配位数,等于 1~6[36]。

增加氨浓度有两个相反的效应,一方面由于中和了析出的酸而有利于沉淀;另一方面由于形成络合物,降低了 Me^{2+} 浓度又会使还原过程减慢。因此,必须保持一个恰当的 〔NH_3〕:〔Me^{2+}〕体积摩尔比。根据溶液中添加 NH_3 后的氨络合物浓度而计算的电位以及实践证明,〔NH_3〕:〔Me^{2+}〕体积摩尔比为 2.0~2.5。NH_3 浓度的影响下面还要讨论。

对硫酸盐体系来说,镍的还原反应为

$$Ni(NH_3)_nSO_4 + H_2 \longrightarrow Ni + (NH_4)_2SO_4 + (n-2)NH_3$$

钴的还原反应为

$$Co(NH_3)_nSO_4 + H_2 \longrightarrow Co + (NH_4)_2SO_4 + (n-2)NH_3$$

铜的还原反应为

当 $n>2$ 时,　　　　$Cu(NH_3)_nSO_4 + H_2 \longrightarrow Cu + (NH_4)_2SO_4 + (n-2)NH_3$

当 $n<2$ 时,　　　　$Cu(NH_3)_nSO_4 + H_2 \longrightarrow Cu + \frac{1}{2}(NH_4)_2SO_4 + \frac{2-n}{2}H_2SO_4$

铜的这个还原体系比镍、钴更复杂。送去还原的原料有 $Cu(NH_3)_3SO_4$ 水溶液还原的碱式硫酸铜(其通式为 $CuSO_4 \cdot mCu(OH)_2$,m 在 2~3 之间)。还原时,在金属铜出现之前,碱式硫酸亚铜、氧化铜和氧化亚铜等都可能出现。蓝色的铜氨络合物则先还原成无色亚铜氨络合物,后者再分解成金属铜和铜氨络合物:〔$Cu_2(NH_3)_n^{2+} \longrightarrow Cu + Cu(NH_3)_n^{2+}$〕。

前面主要讨论了从溶液中氢还原金属的热力学,图 1-44 和图 1-45 说明了溶液氢还原的可能性,但未说明溶液氢还原反应的机理。从动力学因素考虑,溶液氢还原涉及到析出金属的新相生成问题。高压氢从溶液中还原金属有两个途径进行:(1)均相沉淀,即不存在固体表面。均相沉淀时,沉淀速度取决于开始的金属离子浓度;(2)多相沉淀,即在固体表面上沉淀,这种固体表面起催化剂作用以诱导还原反应开始。多相沉淀时,沉淀速度不取决于金属离子浓度而取决于固相催化剂表面的大小。如果对多相过程不加催化剂,则沉淀容器（一般为高压釜）的内表面便起催化剂的作用，金属沉淀在高压釜壁或搅拌器上。无论均相沉淀还是多相沉淀，增加温度和氢的压力，反应速度总是增大的。

2. 影响还原过程和粉末性能的因素

（1）氨浓度的影响　氨不仅是为了调整溶液的 pH 值，也影响沉淀速度。韦伯（R. T. Wimber）[37]研究证实：从硫酸钴和醋酸铵溶液中以氢还原钴，在温度 200℃，$p_{H_2}=$ 30atm（～3MPa），催化剂（H_2PtCl_6）浓度 $5.8×10^{-5}$mol/L 情况下，〔NH_3〕：〔Co^{2+}〕体积摩尔比等于 2 时，沉淀速度最大，见图 1-46。库达（W. Kunda）[38]研究得出，在温度 177℃，$p_{H_2}=$21atm（～2.1MPa）催化剂（钴粉）浓度 30g/L 的情况下从铵溶液中沉淀钴，溶液中加入（NH_4）$_2SO_4$，最适宜的〔NH_3〕：〔Co^{2+}〕体积摩尔比为 2.4 左右，如图 1-47 所示。

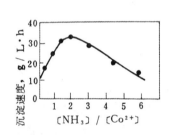

图 1-46　〔NH_3〕／〔Co^{2+}〕体积
摩尔比对钴沉淀速度的影响

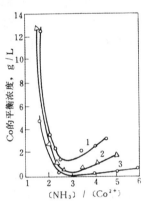

图 1-47　〔NH_3〕／〔Co^{2+}〕体积
摩尔比对钴沉淀的影响

1—500g/L（NH_4）$_2SO_4$；

2—300g/L（NH_4）$_2SO_4$；3—100g/L（NH_4）$_2SO_4$

在温度 200℃，p_{H_2} 约 30atm（～3MPa），催化剂（镍粉）浓度 100g/L 的情况下，采用铵溶液 $NiSO_4$-（NH_4）$_2SO_4$，含 Ni 70g/L 沉淀镍时，〔NH_3〕：〔Ni^{2+}〕体积摩尔比值试验过 1、2、3、4。最适宜的是 2[36]（见图 1-48）。氨低于所需要的浓度，反应会中途停止，氨大大超过所需要的浓度时，镍还原不完全。

（2）硫酸铵的影响　添加硫酸铵对不同溶液有不同的效果。库达等的研究指出，从氨溶液中沉淀镍，加入硫酸铵可能使镍沉淀减慢，其结果如图 1-49 所示。溶液组成是：Ni 45g/L，NH_3 26g/L（〔NH_3〕：〔Ni^{2+}〕体积摩尔比为 2），$FeSO_4$ 1g/L 作催化剂。温度 150℃，$p_{H_2}=28$atm（～2.8MPa）。试验了不同的（NH_4）$_2SO_4$ 量，曲线上的数字表示〔（NH_4）$_2SO_4$〕：〔$NiSO_4$〕。可以看出，当开始的〔（NH_4）$_2SO_4$〕：〔$NiSO_4$〕比值为 2 左右时，沉淀速度很慢很慢。但是，从氨溶液中沉淀铜时加入硫酸铵可起加速作用，有一研究结果[39]如图 1-50 所示。

（3）氢气压力的影响　前已指出，从动力学因素考虑，增加氢气压力，沉淀速度是增加的。库达的研究得出，溶液组成是 54g/L Ni，35g/L NH_3 和 360g/L（NH_4）$_2SO_4$，催化剂（镍粉，松装密度 0.6g/cm³）50g/L，温度 177℃时所得氢气压力与沉淀速度几乎成线性关系，如图 1-51 所示。

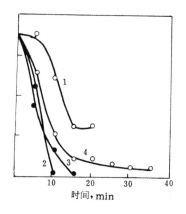

图 1-48　在〔NH₃〕∶〔Ni²⁺〕体积摩尔比为
1、2、3、4 时从 NiSO₄ 溶液中沉淀镍

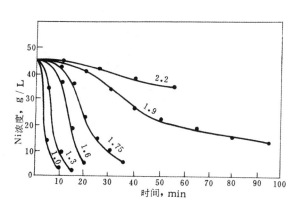

图 1-49　(NH₄)₂SO₄ 对镍
沉淀速度的影响

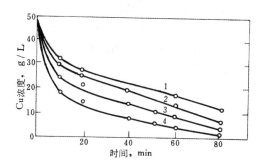

图 1-50　(NH₄)₂SO₄ 对铜沉淀速度的影响
　　　　1—不加 (NH₄)₂SO₄
　　　　2—150g/L (NH₄)₂SO₄
　　　　3—300g/L (NH₄)₂SO₄
　　　　4—450 g/L (NH₄)₂SO₄

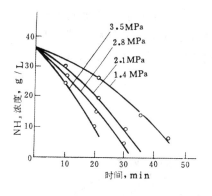

图 1-51　在不同氢气压力下从 NiSO₄
溶液中沉淀镍的速度

（4）温度的影响　随着温度升高，沉淀速度也是增大的。例如，在前述试验中，将氢气压力保持为 24atm（～2.4MPa），试验不同温度的影响，所得结果如图 1-52 所示。同时得出在温度 150～175℃ 范围内，从氨溶液中沉淀镍的活化能为 57.35kJ/mol；在温度 175～200℃ 范围内，为 23.86kJ/mol。因此，低温时还原过程为化学反应所控制，而在高温时，还原过程为扩散所控制。沉淀钴时，温度的影响也类似[37]。

（5）催化剂的影响　前已指出，多相沉淀的速度取决于固体催化剂表面的大小。例如，在试验氢气压力和温度对镍沉淀速度的影响的同时，也试验了催化剂（松装密度为 0.6g/cm³ 的镍粉）的影响[36]，其结果如图 1-53 所示，可以看出，随着镍粉数量的增加，镍沉淀速度是增加的。

如果在氢还原的镍或钴溶液中，加入其他的固体粉末作为晶体核心，在一定条件下，有些具有一定特性的颗粒表面将被完全包覆上一层镍或钴而成为镍或钴（或镍-钴）包覆粉。必须指出，具有这种镍催化氢还原性能的粉末是不多的，例如，许多粉末不能被包覆成镍包

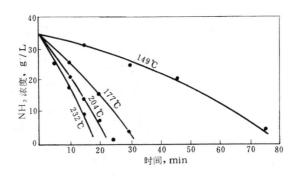

图 1-52 在不同温度下从 NiSO₄ 溶液中沉淀镍的速度

覆粉，或只能极不均匀地包上一些斑点。为了包覆这些粉末必须进行表面活化处理，并加入适当的催化剂。在镍包覆时，氯化钯是最有效的一种催化剂，惰性粉末经氯化钯处理后，在还原时，吸附在表面的微量钯离子很快被氢还原成金属钯，由于钯具有极强烈的催化氢的还原性能，镍离子便迅速地在核心粉末的表面被氢还原而成包覆粉。但是，氯化钯昂贵，需寻找其他催化剂来代替，蒽醌及其衍生物是应用最普遍的一种催化剂。总之，由于各种核心粉末的表面特性、晶体结构等各不相同，必须使用相应的催化剂，才能制得多样的包覆粉。

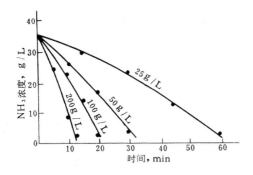

图 1-53 镍催化剂量对镍沉淀速度的影响

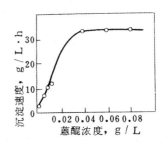

图 1-54 蒽醌对镍沉淀速度的影响

（6）添加剂的影响　向溶液中添加某种物质将大大影响沉出金属粉末的物理性能，常用的添加剂有聚丙烯酸铵、胶（树胶和动物胶）、脂肪酸（如甘油三油脂酸）、葡萄糖等。添加剂有两个作用：（1）可防止结团，调整粉末的粒度。上述添加剂在从氨溶液中沉淀金属时，在粉末颗粒表面形成薄膜，因而可防止粉末颗粒间的结团。（2）使沉淀均匀。例如，镍沉淀时，加入蒽醌可形成表面光滑的球形镍颗粒，否则镍颗粒是粗糙不规则的。同时，加入蒽醌也能加速沉淀。图 1-54[40]是在 175℃，$p_{H_2}=20atm$（～2MPa），〔Ni²⁺〕＝30g/L，催化剂镍粉 100g/L 情况下，蒽醌对镍沉淀速度的影响的实验结果。添加蒽醌 0.04g/L 时，沉淀速度是增加的，但超过了这个限度后，就没有效果了。应该指出，当采用有机添加剂时，镍粉中的含碳量会增加，一般需要进行专门的热处理，使碳含量降到 0.01%。

3. 溶液氢还原法生产铜、镍、钴粉工艺

（1）生产铜粉　高压氢还原法生产铜粉一般用铜屑或置换泥铜作原料。可以将原料在氨-碳酸铵溶液中 60℃ 常压浸出，也可以在稀硫酸（130g/L）-硫酸铵（125g/L）溶液中浸出。过滤除去不溶物后，加少量抗结团的添加剂，随后在不锈钢高压釜中，在 200℃，p_{H_2} ＝61atm（约 6.1MPa）下氢还原。滤出的铜粉经洗涤、干燥、细磨可得纯度达 99.95% 的铜粉。

（2）生产镍粉和钴粉　从酸性溶液中可以均相沉出镍、钴，但考虑到有利于还原平衡条件和减少设备腐蚀，工业实践中多采用氨溶液的多相沉淀过程。处理含镍、钴的精矿都是同时回收和分离镍和钴。加拿大[34]处理镍钴硫化精矿提取镍、钴粉的工艺流程如图 1-55 所示。

氨浸镍钴硫化精矿所得的净化液含 Ni 45g/L，Co 1g/L，$(NH_4)_2SO_4$ 350g/L，〔NH_3〕：〔Ni^{2+}〕＋〔Co^{2+}〕为 2。该净化液在 200℃，p_{H_2}＝34atm（～3.4MPa）下氢还原，镍能选择性沉出直到浓度降到 1g/L，而钴则留在溶液中，过滤分出镍粉，含 Ni 99.7%～99.85%，Co 0.1%～0.2%，Cu 0.01%，Fe 0.02%。在还原中加入催化剂，第一阶段加入 $FeSO_4$（Fe 1g/L），以后阶段靠镍粉本身，近来，$FeSO_4$ 被有机物代替，使镍粉中含铁由 0.02% 降到 0.009%。过滤后母液（含 Ni 1g/L，Co 1g/L）在 80℃ 用 H_2S 处理，用氨作中和剂，将镍、钴硫化物沉出、过滤，$(NH_4)_2SO_4$ 回收。镍钴硫化物在 120℃ 6.8atm（约 0.68MPa）用 H_2SO_4 进行高压空气浸出，除铁过滤后，将钴进行氧化，使 Co^{2+} 在 70℃ 6.8atm（约 0.68MPa）过剩氨条件下氧化成 Co^{3+}（$2CoSO_4$＋$(NH_4)_2SO_4$＋$8NH_3$＋$1/2O_2 \longrightarrow$〔$Co(NH_3)_5$〕$_2(SO_4)_3$＋H_2O），将溶液酸化到 pH＝2.6，镍铵硫酸盐（$NiSO_4 \cdot (NH_4)_2SO_4 \cdot 6H_2O$），含 Ni 14.5%，Co 2%，被沉出回收镍。滤液中 Co^{3+} 在 65℃，〔NH_3〕：〔Co^{2+}〕＝2.6 时用钴粉还原成 Co^{2+}，还原成 Co^{2+} 是必经阶段，否则加热时析出黑色的 Co$(OH)_3$。还原后的钴液在 175℃，p_{H_2}＝34atm（约 3.4MPa）下用钴粉，（25g/L）作催化剂以沉出钴粉，钴粉含 Co 95.7%～99.6%，Ni 0.1%～0.5%，Cu 0.02%，S 0.02%～0.05%，废液经蒸发结晶出 $(NH_4)_2SO_4$。

（3）生产镍包覆粉　在高压氢还原时，如果在溶液中加入其他固体粉末作为晶种核心，在一定条件下，一些具有一定特性的颗粒表面包覆一层镍而成镍包覆粉。根据不同对象，可在下列基本条件下选择。Ni 10～60g/L，$(NH_4)_2SO_4$ 50～400g/L，〔NH_3〕：〔Ni^{2+}〕＝2～2.5，p_{H_2}＝20～30atm（2～3MPa），温度 120～200℃，反应时间 20～30min，催化剂用得较为普遍的是蒽醌及其衍生物。

三、共沉淀法制取复合粉

共沉淀法是一种制取复合粉的液相沉淀法，一般包括两种方案：（1）一种是使基体金属和弥散相金属的盐或氢氧化物在某种溶液中同时均匀析出，然后经过干燥、分解、还原以得到基体金属和弥散相的复合粉；（2）另一种是将弥散相制成最终粒度，然后悬浮在含基体金属的水溶液中作为沉淀结晶核心，待基体金属以某种化合物沉淀后，经过干燥和还原就可得到以弥散相为核心，基体金属包覆在外的包覆粉。

例如制取弥散强化无氧铜用的 Cu-Al_2O_3 复合粉的共沉淀法属于第一种方案[41]。将纯硝酸铜和硝酸铝水溶液相混，使最终溶液含铜 145g/L，含铝 0.61g/L。将这种混合液与 5mol 浓度的氢氧化铵溶液作用，使 pH 值保持在 5.5～6 之间进行共沉淀。经过滤、洗涤后

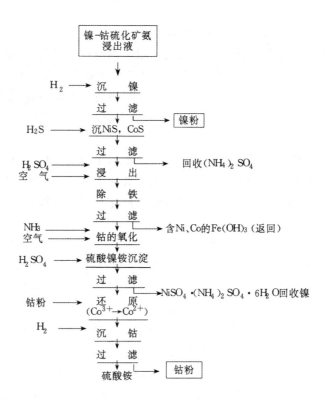

图 1-55　高压氢还原回收和分离镍和钴的流程

的沉淀物在 100℃干燥，再在空气中分步加热（200℃，500℃，800℃）以除去水和残余盐分，使沉淀物分解成氧化铜和氧化铝的混合物。在氢中进行选择还原，在 800℃保持 10min 左右，铜的还原实际上 250℃可完成，高温是为了除去非弥散相的氧。

例如，在日本制取 TD-Ni 用的 Ni-ThO₂ 包覆粉的共沉淀法属于第二种方案[42,43]。将最终粒度的 ThO₂ 混入硝酸镍〔Ni（NO₃）₂·6H₂O〕水溶液中成为溶胶，加入碳酸铵或氢氧化铵保持 pH 值 7.2～7.5，镍以碳酸镍或氢氧化镍形态沉淀下来。沉淀时，悬浮的 ThO₂ 微粒起晶核作用，使碳酸镍或氢氧化镍优先沉淀到 ThO₂ 颗粒上，经干燥、加热（300℃），再在氢中还原（600～750℃），还原后，即可得到一种以 ThO₂ 为核心镍包覆在外的包覆粉。

第五节　电　解　法

电解法在粉末生产中占有重要的地位，其生产规模在物理化学法中仅次于还原法。不过，电解法耗电较多，一般来说成本比还原粉、雾化粉高。因此，在粉末总产量中，电解粉所占的比重是较小的。电解制粉又可分为：水溶液电解、有机电解质电解、熔盐电解和液体金属阴极电解，其中用得较多的还是水溶液电解和熔盐电解，而熔盐电解主要用于制取一些稀有难熔金属粉末。下面主要讨论水溶液电解法，也简单介绍熔盐电解法。

一、水溶液电解法

水溶液电解法可生产铜、镍、铁、银、锡、铅、铬、锰等金属粉末，在一定条件下可使几种元素同时沉积而制得 Fe-Ni、Fe-Cr 等合金粉末。

从所得粉末特性来看，电解法有一个提纯过程，因而所得粉末较纯；同时，由于电解结晶粉末形状一般为树枝状，压制性（包括压缩性和成形性）较好；电解还可以控制粉末粒度，因而可以生产超细粉末。

1. 水溶液电解的基本原理

(1) 电化学原理

1) 电极反应 当电解质溶液中通入直流电后，产生正负离子的迁移，正离子移向阴极，负离子移向阳极，在阳极上发生氧化反应，在阴极上发生还原反应，从而在电极上析出氧化产物和还原产物。这两个过程是电解的基本过程。因此，电解是一种借电流作用而实现化学反应的过程，也是由电能变为化学能的过程。现以水溶液电解铜粉为例来分析电极反应。

电解铜粉时电解槽内的电化学体系为

$$(-)Cu(粉)/CuSO_4, H_2SO_4, H_2O/Cu(纯)(+)$$

电解质在溶液中电离或部分电离成离子状态

$$CuSO_4 = Cu^{2+} + SO_4^{2-}$$
$$H_2SO_4 = 2H^+ + SO_4^{2-}$$
$$H_2O = H^+ + OH^-$$

当施加外直流电压后，溶液中的离子担负起传导电流的作用，在电极上发生电化学反应，把电能转变为化学能。加入酸是为了降低溶液的电阻。

在阳极：主要是铜失去电子变成离子而进入溶液

$$Cu \longrightarrow Cu^{2+} + 2e$$

$$2OH^- - 2e \longrightarrow H_2O + \frac{1}{2}O_2 \uparrow$$

在阴极：主要是铜离子放电而析出金属

$$Cu^{2+} + 2e \longrightarrow Cu$$

$$2H^+ + 2e \longrightarrow 2H \longrightarrow H_2 \uparrow$$

铜电解时杂质金属的行为取决于它们自身的电位与电解液的组成。阳极铜的杂质可分为：i) 标准电位比铜更负的金属杂质，如 Fe、Ni 等；ii) 标准电位比铜更正的金属杂质，如 Ag、Au 等；iii) 标准电位与铜接近的金属杂质，如 Bi。

标准电位比铜更负的金属杂质 在阳极，这类杂质优先转入溶液。在阴极，这类杂质留在溶液中不还原或比铜后还原。铁离子的存在会增大电解液电阻，降低溶液的导电能力，同时，溶液中的二价铁离子可能被溶于溶液中的氧所氧化（$2Fe^{2+} + 2H^+ + 1/2O_2 = 2Fe^{3+} + H_2O$），所生成的三价铁离子在阴极上将铜溶解下来（$2Fe^{3+} + Cu = 2Fe^{2+} + Cu^{2+}$），或者在阴极上得到电子而被还原（$Fe^{3+} + e = Fe^{2+}$）。这样，铁在溶液中反复进行氧化-还原，结果使电流效率降低。

镍离子的存在也降低溶液的导电能力，还可能在阳极表面生成一层不溶性化合物薄膜（如氧化镍）而使阳极溶解不均匀，甚至引起阳极钝化。

标准电位比铜更正的金属杂质 在阳极，这类杂质不氧化或后氧化。在阴极，这类杂质先还原。例如，银在阳极不溶解，而从阳极表面脱落进入阳极泥。如果少量的银以 Ag_2SO_4 形态转入溶液中，则在阴极会优先析出，造成银的损失。在电解含银的铜阳极时，需往溶液中加入 HCl，使生成 AgCl 沉淀而进入阳极泥以便回收。

标准电位与铜接近的金属杂质 这类杂质在阳极与铜一道转入溶液中。当电流密度较高，阴极区铜离子浓度降低时，它们便会在阴极上析出而使阴极产物中含有这类杂质。

2）分解电压和极化

理论分解电压 电解过程是原电池的逆过程。在逆过程中，电解的热力学特性函数仍应符合。为了进行电解过程应当在两个电极上加上一个电位差，此电位差不得小于由电解反应的逆反应所生成的原电池的电动势。这样的外加最低电位就是理论分解电压，它能够使电解质在两极继续不断地进行分解。显然，理论分解电压是阳极平衡电位 $\varepsilon_{阳}$ 与阴极平衡电位 $\varepsilon_{阴}$ 之差，即 $E_{理论}＝\varepsilon_{阳}－\varepsilon_{阴}$。不同物质的理论电位不同，因而理论分解电压也不同。

分解电位 实际电解时分解电压比理论分解电压要大得多。分解电压比理论分解电压超出的那一部分电位叫超电压。故 $E_{分解}＝E_{理论}＋E_{超}$。

极化 如上所述，在实际电解过程中，分解电压比理论分解电压大，而且电流密度愈高，超越的数值就愈大，就每一个电极来说其偏离平衡电位值也愈多，这种偏离平衡电位的现象称为极化。根据极化产生的原因，极化有浓差极化、电阻极化和电化学极化之分，相应的超电压称为浓差超电压、电阻超电压和电化学超电压。极化的详细内容可参阅物理化学有关章节，在此不再讨论。三种极化现象中，浓差极化和电阻极化可设法减弱，甚至尽量消除。只有增加外电压以克服电极过程的迟缓现象，才能使电解显著进行，故有时只把电化学极化所需增加的外电压叫做超电压。但是电解制粉一般是在高电流密度条件下的，浓差极化和电阻极化不能忽视，在本节中所指的超电压包括三种极化现象，即 $E_{超}＝E_{浓}＋E_{阻}＋E_{电化}$。

3）电解的定量定律 在电解过程中所通过的电量与所析出的物质量之间有定量的关系。电解时，在任一电极反应中，发生变化的物质量与通过的电量成正比，即与电流强度和通过电流的时间成正比，此即法拉第第一定律。在各种不同的电解质溶液中通过等量的电流时，发生变化的每种物质量与它们的电化当量成正比，并且需要通过 $F＝96500C$ 或 $96500A \cdot s$ 的电量，才能析出一克当量（克原子量/原子价）的任何物质，此即法拉第第二定律。此 $96500C（A \cdot s）$ 称为法拉第常数，如果以 $A \cdot h$ 为单位来表示，则等于 $26.8A \cdot h$。

所以电化当量

$$q = \frac{W}{n \cdot 96500C} = \frac{W}{n \cdot 26.8A \cdot h}$$

式中 W ——物质的原子量；

n ——原子价。

电解产量等于电化当量与电量的乘积，用公式表示为

$$m = q \cdot I \cdot t$$

式中 I ——电流强度，A；

t ——电解时间，h。

一些金属的电化当量如表 1-38 所示。

表 1-38　一些金属的电化当量

元　　素	原子量	原子价	克当量	电化当量，g/A·h
氢	1.008	1	1.008	0.0376
氧	16.0	2	8	0.2985
银	107.9	1	107.9	4.026
铜	63.54	2	31.8	1.186
铁	55.85	2	27.93	1.0420
镍	58.71	2	29.36	1.0953

4）成粉条件　如上所述，铜、镍、铁、银等均可通过水溶液电解析出，但是要求阴极沉积物呈粉末状态，所以还需掌握电解时成粉的规律。电解实验[44]证实：（1）在阴极开始析出的是致密金属层，一直要到阴极附近的阳离子浓度由原来的 c 降低到一定值 c_0 时才开始析出松散的粉末。在低电流密度电解时，c_0 值通常是达不到的，因为离子的浓度减少会不断靠扩散而得到补充；只有采用高电流密度时，阴极附近的阳离子浓度急剧下降，经过很短时间就达到 c_0 值。这一点说明，要形成粉末，电流密度和金属离子浓度起着关键作用。（2）当通电时，只是在距阴极表面距离 h 以内的阳离子于阴极析出。金属离子浓度与至阴极的距离的关系如图 1-56 所示。

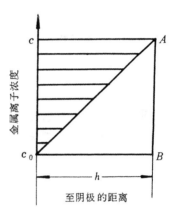

图 1-56　金属离子浓度与至
阴极的距离之关系

c—代表溶液中阳离子的最初浓度；
c_0—代表析出粉末的阳离子浓度

当金属以粉末状在阴极析出之前，从靠近阴极面积 A 的体积 Ah 内析出的阳离子数为

$$\frac{c-c_0}{2} \cdot A \cdot h \qquad （c \text{ 的单位为 mol/L}）$$

根据法拉第定律应有下面的等式

$$\frac{c-c_0}{2} \cdot A \cdot h = \frac{Q}{n \cdot F} \tag{1-9}$$

式中　Q——通过面积 A 的电量（C）；

　　　n——离子价数；

　　　F——法拉第常数，即 96500C。

同时，浓度梯度与电流密度 i 的关系为

$$\frac{\mathrm{d}c}{\mathrm{d}h} = ki$$

式中　k——比例常数。

将此式积分，

$$\int_{c_0}^{c} \mathrm{d}c = ki \int_{0}^{h} \mathrm{d}h$$

得 $\qquad c-c_0=kih \qquad \therefore h=\dfrac{c-c_0}{ki}$

将 h 值代入式 (1-9)，则得

$$\frac{(c-c_0)^2 \cdot A}{2ki}=\frac{Q}{n \cdot F} \qquad (1-10)$$

以 $Q=I$（A）$\cdot t$（s）$=i \cdot A \cdot t$ 代入式 (1-10)，得

$$(c-c_0)^2=\frac{2ki^2}{n \cdot F} \cdot t$$

如果 $c_0 \ll c$ 可得一简单关系式

$$c=a \cdot i \cdot t^{0.5} \qquad (1-11)$$

式中 $\quad a=\sqrt{\dfrac{2k}{n \cdot F}}$。

在电流密度可保证析出的条件下，假定 1 秒钟后开始析出粉末，式 (1-11) 成为

$$c=ai$$

则 $\qquad i=\dfrac{1}{a} \cdot c=Kc$

多次实验表明，无论怎样的电流密度，开始析出粉末的最长时间是有一定限度的。如果在 $20 \sim 25s$ 内还未析出粉末，则在此种电流密度下便不能再析出粉末。以 $t=25s$ 代入式 (1-11)

$$c=25^{0.5} \cdot a \cdot i$$

则 $\qquad i=\dfrac{1}{5a} \cdot c=0.2Kc$

一些常用盐类的 a 值和 K 值如表 1-39 所示。K 值在 $0.5 \sim 0.9$ 之间，硫酸盐的 K 值都一样。

表 1-39 一些常用盐类的 a 值和 K 值

盐 类	a	K	盐 类	a	K
Ag_2SO_4	1.87	0.53	$CuCl_2$	1.11	0.90
$AgNO_3$	1.73	0.58	$Cu(NO_3)_2$	1.24	0.80
$CuSO_4$	1.87	0.53	$ZnSO_4$	1.87	0.53

因此，电解时要得松散粉末，则选择 $i \geqslant Kc$；要得致密沉积物，则选择 $i \leqslant 0.2Kc$。以横坐标表示浓度 c，以纵坐标表示电流密度 i，则得出一个 $i\text{-}c$ 关系图（见图 1-57）。图中 $i_1=Kc$ 和 $i_2=0.2Kc$ 两根直线把整个图面分成三个区域：Ⅰ——粉末区域；Ⅱ——过渡区域；Ⅲ——致密沉积物区。

例如，用 $50g/L$ $CuSO_4 \cdot 5H_2O$ 浓度的电解液电解制取铜粉时，选择多大的电流密度，从图 1-57 便可查出。$50g/L$ $CuSO_4 \cdot 5H_2O$ 相当于 $0.2mol/L$，要得到粉末，则电流密度 i 要大于 $0.1A/cm^2$（相当于 $10A/dm^2$）。这就是说，采用〔Cu^{2+}〕$13g/L$ 的电解液时，要得到粉末，则电流密度至少在 $10A/dm^2$ 以上。如果电流密度低于 $10A/dm^2$，则得到粉末和致密沉积物的混合物或致密沉积物。

（2）电极过程动力学 电极上发生的反应是多相反应，与其他多相反应有相似处也有

不同处。不同的是有电流流过固-液界面，金属沉积的速度与电流成正比；而相似的是在电极界面上也有附面层（扩散层）。由于有附面层，扩散过程便叠加于电极过程中，因而电极过程也和其他多相反应一样，可能是扩散过程控制的，也可能是化学过程或中间过程控制的。

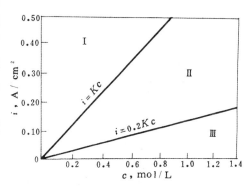

图 1-57　$i\text{-}c$ 关系图

上面已经指出，根据法拉第定律，电解产量等于电化当量与电量的乘积

$$m = q \cdot I \cdot t = \frac{W}{n \cdot 96500} \cdot I \cdot t$$

将此式改写一下，并以 mol/s 表示金属沉积速度，则

$$沉积速度 = \frac{m/W}{t} = \frac{I}{n \cdot 96500} = \frac{I}{n \cdot F}$$

所以根据法拉第定律，金属沉积的速度仅与通过的电流有关，而与温度、浓度无关。

由于阴极放电的结果，界面上金属离子浓度降低，这种消耗被从溶液中扩散来的金属离子所补偿，可得

$$扩散速度 = \frac{DA}{\delta}(c - c_0)$$

式中　D——扩散系数；

　　　A——阴极放入溶液中的面积；

　　　δ——扩散层厚度。

在平衡时两种速度相等

$$\frac{I}{n \cdot F} = \frac{DA}{\delta}(c - c_0)$$

$$\frac{I}{A} = \frac{n \cdot F \cdot D}{\delta}(c - c_0)$$

这说明，随着电流密度 (I/A) 增大，$c-c_0$ 值将增大，因为界面上的金属离子迅速贫化。同时也可看出，在恒定的电流密度下，搅拌电解液使扩散层厚度 δ 减小，$c-c_0$ 值也应减小，即 c_0 增大。这与美国的实验结果[20]（图 1-58 和图 1-59）是一致的。

从图 1-58 可以看出，镍电解在电流密度 $4A/dm^2$ 时，镍浓度降低 $c-c_0$ 为 0.8 克当量/L，在电流密度 $1A/dm^2$ 时，$c-c_0$ 仅为 0.3 克当量/L。从图 1-59 可以看出，在同样电解条件下电解铜，用静止阴极，c_0 为 43.5g/L；用旋转阴极，c_0 为 47g/L。

金属沉积物常为结晶形态，故电解沉积时发生成核和晶体长大两个过程。晶体尺寸取决于这两个过程的速度比。如果成核速度远远大于晶体长大速度，形成的晶核数愈多，产物粉末愈细；反之，如果晶体长大速度远远大于成核速度，产物将为粗晶粒。

从动力学角度看，当界面上金属离子浓度 c_0 趋近于零，即电极过程为扩散过程控制时，则成核速度远远大于晶体长大速度，因而有利于沉积出粉末；当电极过程处于化学过程控制时便沉积出粗晶粒。

（3）电流效率和电能效率　电流效率和电能效率是电解中两项重要技术经济指标。在

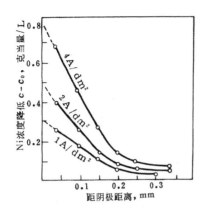
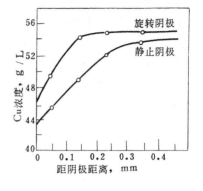

图 1-58　在不同电流密度下阴极扩散层中镍的浓度　　　　图 1-59　搅拌对阴极界面上铜浓度的影响

讨论此两项问题之前，对电解中的槽电压问题分析如下：

1) 槽电压　前面讨论了电解时的外加电压即分解电压。在电解过程中，除了极化现象所引起的超电压外，还有电解质溶液的电阻所引起的电压降，电解槽各接点和导体的电阻所引起的电压损失。因此，电解池的槽电压为这些值的总和，即

$$E_{槽} = E_{分解} + E_{液} + E_{接}$$

式中　$E_{分解}$——分解电压，即 $E_{分解} = E_{理论} + E_{超}$，而 $E_{超} = E_{浓} + E_{阻} + E_{电化}$；

　　　$E_{液}$——电解液电阻引起的电压降；

　　　$E_{接}$——电解槽各接点和导体上的电压损失。

电解时使用高的槽电压，电能消耗增加，因此，必须设法降低它。$E_{分解}$包括 $E_{理论}$ 和 $E_{超}$。理论分解电压是由电解质性质决定的。超电压 $E_{超}$ 包括 $E_{浓}$、$E_{阻}$ 和 $E_{电化}$，铜电解时 $E_{电化}$ 很小，$E_{阻}$ 一般也不大，通电后极化主要为 $E_{浓}$。对于 $E_{浓}$，可通过搅拌和电解液循环来减少浓度差，也可通过提高电解液温度使扩散速度增加，来减少浓度差，都可减小 $E_{浓}$。但温度升高，对粉末粒度有影响，促进得粗粒沉积物。对于 $E_{阻}$，经常刷去金属粉末或及时除去气体以减少电阻极化，即可减小 $E_{阻}$。分解电压在整个槽电压所占的比例并不大，一般只占 2%～4%。影响槽电压大小的主要是 $E_{液}$ 和 $E_{接}$，$E_{液}$ 在槽电压中一般占 70%～80%。往电解液中加入酸就是为了降低其电阻，在电解中升高电解液温度，增加溶液的电导，在可能的范围内减小极间距离都可减小 $E_{液}$。$E_{接}$ 一般在槽电压中占 15%～20%，改善各接点的接触，采用导电性较好的导体都可减小 $E_{接}$。

2) 电流效率　电流效率说明了电解时电量的利用情况。法拉第定律是最严格的科学定律之一，它不受温度、压力、电解质溶液的浓度、电极和电解槽的材料与形状等因素的影响。但是，在实际电解生产中，析出的物质量往往与按法拉第定律计算的不一致，这是因为在电解过程中出现了副反应和电解槽漏电等的缘故，因而有一个电流有效利用的问题，即电流效率问题。

电流效率就是一定电量电解出的产物的实际质量与通过同样电量理论上应电解出的产物质量之比，用公式表示为：

$$\eta_i = \frac{M}{q \cdot I \cdot t} \times 100\%$$

式中 M ——电解出的产物的实际质量，g；

q ——电化当量，g/A·h；

I ——电流强度，A；

t ——电解时间，h。

由于副反应多消耗了一部分电量，电流效率一般为90％，工作好的情况下可达95％～97％。为了提高电流效率要减少副反应的发生，防止设备漏电等，关于影响电流效率的各种因素下面还要详细讨论。

3）电能效率 电能效率说明电能的利用情况，它是技术和经济两方面的综合指标。

电能效率就是在电解过程中生产一定质量的物质在理论上所需的电能量与实际消耗的电能量之比，即

$$\eta_e = \frac{\text{析出一定质量物质在理论上所需的电能 } W_0}{\text{析出同样质量物质实际消耗的电能 } W_e} \times 100\%$$

式中 W_0＝沉积物所需的电量（$I_0 t$）×理论分解电压（$E_{理论}$）

W_e＝通过电解槽的全部电量（It）×槽电压（$E_{槽}$）

$$\therefore \quad \eta_e = \frac{I_0 \cdot E_{理论} \cdot t}{I \cdot E_{槽} \cdot t} \times 100\% = \frac{I_0 \cdot E_{理论}}{I \cdot E_{槽}} \times 100\%$$

式中 $\dfrac{I_0}{I}$ ——相当于电流效率；

$\dfrac{E_{理论}}{E_{槽}}$ ——电压效率（η_v）。

因此，电能效率为电流效率和电压效率的乘积，即

$$\eta_e = \eta_i \times \eta_v$$

所以，为了提高电能效率，除提高电流效率外，还应该提高电压效率。降低槽电压是降低电能消耗，提高电能效率的主要措施。在实际工作中，电能效率有时用生产单位质量（1kg，1t 等）的金属所消耗的电能——kW·h 来计算，例如，每吨铜粉的电能消耗为 2700～3500kW·h。

2. 影响粉末粒度和电流效率的因素

通过对电解过程的分析，已知粉末形成是电极和电解液组成（如金属离子浓度、酸度等）发生内在变化的结果，而电流密度、电解液温度等工艺条件影响电解过程的进步；另一方面，电流密度、电解液温度、金属离子浓度、酸度等都对电解粉末的粒度和电流效率有重大影响。

（1）电解液组成

1）金属离子浓度的影响 电解制粉时电流密度较高，其金属离子浓度比电解精炼致密金属时低得多。前苏联的关于铜离子浓度与粉末粒度关系的某实验结果[45]如表 1-40 所示。

表 1-40 电解铜粉时铜离子浓度与粉末粒度的关系

铜离子浓度〔Cu^{2+}〕，g/L	8	10	12	16	20
平均粒度，μm	94	110	124	160	205

注：其他条件：H_2SO_4 130g/L，电流密度 18A/dm²，温度 56±1℃，电解时间 20min。

可以看出，在能析出粉末的金属离子浓度范围内，〔Cu^{2+}〕愈低，粉末颗粒愈细。因为，在其他条件不变时，〔Cu^{2+}〕愈低，扩散速度慢，过程为扩散所控制，也就是说向阴极扩散的金属离子量愈少，成核速度远远大于晶体长大速度，故粉末愈细；如果提高 Cu^{2+} 浓度，则相应地扩大了致密沉积物的区域（见图 1-57），使粉末变粗。

图 1-60 所示为上述实验（电流密度 14A/dm²，H_2SO_4 140g/L，温度 50℃）中 Cu^{2+} 浓度对电流效率的影响。随着 Cu^{2+} 浓度增加，电流效率是增大的，因为 Cu^{2+} 浓度增加，有利于提高阴极的扩散电流，从而有利于铜的沉积，可提高电流效率。但是，综合考虑电流密度和金属离子浓度对粉末粒度和电流效率的影响，可以看出：要得到细粉末，则电流效率降低；如果要提高电流效率，则粉末变粗。因此，应当根据要求综合考虑，适当控制有关条件。

2）酸度（或 H^+ 浓度）的影响　一般认为，如果在阴极上氢与金属同时析出，则有利于得到松散粉末。从这个观点出发，凡是能降低氢的超电压的杂质，也可促使粉末形成。但是，有的实验[46]证明，形成粉末时并不都有氢析出，或者，析出氢时并不是粉末。例如在电解锌盐溶液时，在较低电流密度下，析出粉末而并不析出氢；在电解氰络盐溶液时，析出银时有氢析出，但得到的是致密沉积物。因此，H^+ 浓度的影响是很复杂的，要针对不同电解液和不同电解条件加以分析。

H^+ 浓度对电流效率的影响，一般认为，提高酸度有利于氢的析出，电流效率是降低的。根据电解硫酸铜溶液制铜粉的实验结果[45]，随着 H^+ 浓度的增大，析出致密沉积物区扩大了。采用〔Cu^{2+}〕10g/L，电流密度 14A/dm²，温度 50℃时，随 H_2SO_4 浓度的增加，电流效率有所降低，如图 1-61 所示。

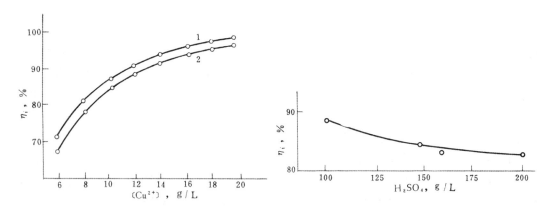

图 1-60　铜离子浓度对电流效率的影响　　　　图 1-61　H_2SO_4 浓度对电流效率的影响
1—经过 30min 取粉；2—经过 20min 取粉

但是，另一电解硫酸铜溶液制铜粉的实验[47]，却得到了相反的结果。采用〔Cu^{2+}〕31.8g/L，电流密度 8.1A/dm² 时，随着 H_2SO_4 浓度的增加，粉末松装密度降低，粉末变细，并且松装密度不随电流密度而改变。电流效率随 H_2SO_4 浓度增加而提高，H_2SO_4 80g/L 时电流效率 90%；而 H_2SO_4 160g/L 时电流效率可达 95%。这种电流效率随 H_2SO_4 浓度增加而提高的具体条件是电流密度较低，金属离子浓度较高。电流密度低，金属离子浓度高都是有利于提高电流效率的。

3）添加剂的影响　电解过程中往往使用外加的添加剂，一般说，添加剂可分为电解质添加剂和非电解质添加剂两类。

电解质添加剂的作用，主要是提高电解质的导电性或控制 pH 值在一定范围。例如，电解制镍粉时若溶液导电性不良，可以加入 $10\sim12g/L$ NH_4Cl。在电解制镍粉和铁粉时，如果 pH 值接近于 7，常常由于析出镍和铁的氢氧化物使电极与电解液隔离而使溶液电阻增加。因此，电解镍时 pH 值一般控制在 $5.5\sim6.5$ 范围内。加入 NH_4Cl 也有调整 pH 值以减少氢氧化物析出的作用，但加入 NH_4Cl 过多也不好，因为随着 NH_4Cl 的分解电流效率会降低。同样，电解镍时加入 NaCl 也可降低溶液的电阻率，例如，有一电解液组成：$NiSO_4\cdot7H_2O$ 50g/L，NH_4Cl 40g/L，pH6.5，温度 20℃，改变 NaCl 的量，电阻率也随着变化[48]（见表 1-41）。所以对这种电解液组成一般加 NaCl $50\sim80g/L$。

表 1-41　NaCl 与溶液电阻率的关系

NaCl，g/L	0	20	40	60	80	100
电阻率，$\Omega\cdot cm$	16.0	13.2	11.0	9.5	8.5	7.5

非电解质添加剂也有两类：一类为胶体（动物胶、树胶等），另一类为尿素、葡萄糖等表面活性物质。一般来说，加入的非电解质添加剂可吸附在晶粒表面上阻止其长大，金属离子被迫又建立新核，促使得细粉末。例如，电解银粉时，加入尿素就有这个作用。但是，由于有机物质的结构不同，因而其作用机能也各有不同。同时，不同的电解质，不同的电解条件也有不同的影响。例如，用低电流密度电解 $CuSO_4$ 溶液时，加胶可得光滑的阴极铜。因此，有机添加剂的作用不能一概而论，在电解制粉时不常使用非电解质添加剂。

（2）电解条件

1）电流密度的影响　金属离子浓度一定时，能不能析出粉末，电流密度是关键。电解制粉时的电流密度比电解精炼致密金属时的电流密度高得多，主要规律在成粉条件中已详细讨论。前苏联的关于电流密度对铜粉粒度组成影响的实验结果[49]如图 1-62 所示。

实践证明，在能够析出粉末的电流密度范围内，电流密度越高，粉末愈细。因为在其他条件不变时，电流密度低则离子放电慢，过程由化学过程控制，晶粒长大速度远远大于成核速度，故粉末粗；相反，电流密度愈高，在阴极上单位时间内放电的离子数目愈多，金属离子的沉积速度远远大于晶粒长大的速度，从而形成的晶核数也愈多，故粉末愈细。

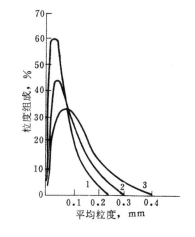

图 1-62　电流密度对铜粉粒度组成的影响

$1-i=18.2A/dm^2$；$2-i=15.3A/dm^2$；
$3-i=10.5A/dm^2$

电解制铜粉时电流密度对电流效率的影响的实验结果[45]如图 1-63 所示。随着电流密度增加，电流效率降低。因为电流密度增加，槽电压升高，副反应增多使电流效率降低。

2）电解液温度的影响　提高电解液温度后，扩散速度增大，晶粒长大速度也增大，所

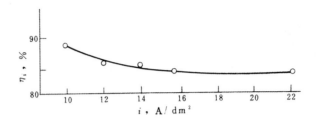

图 1-63　电解制铜粉时电流密度对电流效率的影响

以粉末变粗。

电解液温度对电流效率影响如图 1-64 所示，其条件为：$[Cu^{2+}]$ 10g/L，H_2SO_4 140g/L，电流密度 14A/dm^2，随着电解液温度的提高，电流效率稍微增加。

升高电解液温度可以提高电解液的导电能力，降低槽电压，减少副反应，从而提高电流效率；同时，提高温度可降低浓差极化，有利于 Cu^{2+} 的析出，这就相当于增加 Cu^{2+} 浓度，也对提高电流效率有利。升高温度还可使阳极较均匀地溶解，减少残极率。

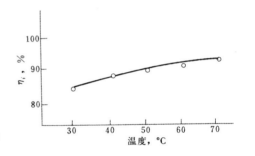

图 1-64　电解制铜粉时电解液温度对电流效率的影响

显然，提高电解液的温度是有限度的。如电解铜时，温度升高会增大一价铜的电化学平衡浓度，有利于一价铜的化学反应，结果将降低阴极的电流效率。此外，温度太高，电解液的蒸发量加大，劳动条件恶化。

3）电解时搅拌的影响　电解过程中搅拌速度对粉末粒度也有影响。实验结果[50]如表 1-42 所示。

可以看出，搅拌速度高，粒度组成中粗颗粒的含量增加。因为加快搅拌，扩散层的厚度减小，使得扩散速度增大，故粉末变粗。同时，加快搅拌，或者电解液循环，不仅可使扩散层厚度减薄而减少浓差极化，还可以促进电解液的均匀度，有利于阳极的均匀溶解和阴极的均匀析出。因此，在采用高电流密度时，还要注意电解液的循环。

4）刷粉周期的影响　刷粉周期短有利于生成细粉，因为长时间不刷粉，阳极表面增大，相对降低了电流密度。必须确定适当的刷粉时间。

5）关于放置不溶性阳极和采用水内冷阴极问题　除了电解铬粉以外，电解铜、银、镍、铁等粉末都是使用可溶性阳极。电解进行一段时间后，通常金属离子都不断增加。金属离子浓度升高的主要原因是：阴极沉积粉末的再溶解、电解过程中溶液的蒸发和断电时阳极的化学溶解等。例如，电解制铜粉时，Cu^{2+} 浓度的升高，除了上述原因外，还有一个主要原因就是阳极铜一部分是以一价铜离子（Cu^+）溶解的，Cu^+ 被溶液的氧再氧化成 Cu^{2+} $\left(Cu_2SO_4+H_2SO_4+\dfrac{1}{2}O_2\longrightarrow 2CuSO_4+H_2O\right)$。为了调整电解液的组成，如降低 $[Cu^{2+}]$，把经过电解的含 Cu^{2+} 高的电解液，采用不溶性阳极铅板进行电解沉积，使多余的 Cu^{2+} 在阴极上析出。不溶性阳极，除了铅外，还可用石墨。根据上述道理，在电解过程中，用可溶性阳极的同时，还用不溶性阳极。例如，在电解制镍粉时，加用不溶性石墨阳极，其作用一方面降低 Ni^{2+} 浓度，另一方面降低阳极电流密度，从而减少可溶性阳极单位面积上的溶解速度，达到控制粉末粒度使其变细。

表 1-42　搅拌速度对铜粉粒度的影响

搅拌速度，r/min	百　分　组　成，%			
	160~140μm	112~140μm	80~112μm	<80μm
300	9.7	12.2	35.6	40.5
600	21.6	16.2	27.4	41.5
900	23.3	18.8	31.5	24.5
1500	46.6	15.2	14.5	16.6
2200	43.0	18.9	20.6	14.8

在电解制镍粉时就要对中空的不锈钢阴极进行水冷。一般电解时，温度升高，粉末变粗；温度太低，溶液电阻大。为了既不增加溶液的电阻，也不降低粉末产量，又能保证粉末有较细的粒度，可以采用水内冷阴极，而不降低电解液的温度。但是，因为结构复杂，水内冷阴极并不常用。只有像电解镍粉时，由于电解过程参数难以控制才使用水内冷阴极。

3. 水溶液电解法制铜粉的工艺

电解法制取铜粉的工艺条件大体有高电流密度和低电流密度两种方案，前者电能消耗大，但生产率较高。两种方案可根据具体条件选用。两种方案的工艺条件和电解精炼致密铜的工艺条件如表 1-43 所示。电解法制取铜粉的工艺流程如图 1-65 所示。

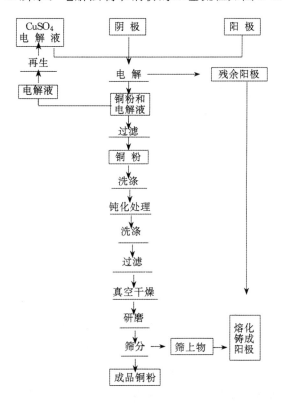

图 1-65　电解法制取铜粉工艺流程

表 1-43　电解铜的工艺条件

方案 ＼ 工艺条件	铜离子浓度 g/L	H₂SO₄ g/L	电流密度 A/dm²	电解液温度 ℃	槽电压 V
电解铜粉方案一	12～14	120～150	25	50	1.5～1.8
电解铜粉方案二	10	140～175	8～10	30	1.3～1.5
电解精炼致密铜	40～45	180～210	1.8～2.2	55～65	0.2～0.4

其他一些电解粉末所采用的工艺条件如表 1-44 所示。

表 1-44　几种电解制粉所采用的工艺条件

名称	国家	金属离子浓度 g/L	酸度 g/L	添加剂 g/L	电流密度 A/dm²	电解液温度 ℃	槽电压 V	电极
电解铜粉	中国〔51〕	Cu²⁺12～15 (CuSO₄·5H₂O 47～59)	H₂SO₄ 120～150		15	50～65	1.2～1.6	阳极：电解铜板 阴极：紫铜板
	美国〔52〕	Cu²⁺ 10	H₂SO₄ 140～175		8～10	30	1.3～1.5	
	日本〔53〕	CuSO₄·5H₂O 5～50	H₂SO₄ 50～150		5～50	20～60	1～3	
	前苏联〔49〕	Cu²⁺12～14	H₂SO₄ 120～150		25	50	1.5～1.8	
		CuSO₄ 100	H₂SO₄ 114		12～15	60～65	1.5～1.8	
电解镍粉	中国〔51〕	Ni²⁺6.2～6.8 (NiCl₂)	pH 5.5～6 (HCl)	NH₄Cl 10～12	35	50～55	8～12	可溶性镍阳极 不溶性石墨阳极 水冷不锈钢阴极
	日本〔53〕	NiSO₄·7H₂O 100～140	pH 2～4	NH₄Cl 4～10 (NH₄)₂SO₄ 30～60	20～40	50～60	8～12	
	前苏联〔48〕	Ni²⁺15～25 (NiSO₄·7H₂O)	pH 6.5～7.2	NH₄Cl 40 NaCl 50～80	10～50	20～30	7～12	
电解银粉	中国〔51〕	Ag⁺10～13 (AgNO₃ 15～20)	HNO₃ 6 pH 1～2	NaNO₃ 10 尿素<1	10～13		4～6	阳极：电解银板 阴极：不锈钢板
	日本〔53〕	AgNO₃ 10～30	HNO₃ 3～10	NaNO₃ 50～100	8～20	20～40	1～5	
	前苏联〔54〕	AgNO₃ 20	HNO₃ 3	NaNO₃ 10	20			
电解铁粉（铁片）	中国〔51〕	Fe²⁺60～80 (FeCl₂)	pH 3～3.2	NH₄Cl 120～160	2.7～2.9	25	1.05～1.1	阳极：低碳钢 阴极：不锈钢
	日本〔53〕	FeSO₄·7H₂O 45～55	pH 2～3	(NH₄)₂SO₄ 45～55	20～30	30～40	6～10	
		FeSO₄·7H₂O 120～140	H₂SO₄ 0.2～0.28	NaCl 40～50	4～5	48～54	1.5～1.7	
	前苏联〔49〕〔55〕	FeSO₄ 27～41	pH 2.75～3	(NH₄)₂SO₄ 25～40 K₂SO₄ 40	4～10	20～35		

二、熔盐电解法

熔盐电解法可以制取 Ti、Zr、Ta、Nb、Th、U、Be 等纯金属粉末，也可以制取如 Ta-Nb 等合金粉末以及各种难熔化合物（如碳化物、硼化物和硅化物等）粉末。

熔盐电解与水溶液电解没有什么原则区别。上述难熔金属由于与氧的亲和力大，因而在大多数情况下不能从水溶液中析出，必须使用熔盐作电解质，并且在低于金属的熔点下电解。所以，熔盐电解比水溶液电解困难大得多。首先是温度较高，故操作困难，产物与熔盐的挥发损失增加，而且还会产生副反应和二次反应。其次是把产物与熔盐分开有很多困难，要采取多种办法。熔盐电解制取大多数金属粉末的电解质是氯化物，有些金属的电解质是氟化物。例如，熔盐电解法制取钽粉是用 Ta_2O_5 在 $K_2TaF_7+KCl+KF$ 的熔盐作电解质的。熔盐电解在量上亦服从法拉第定律。由于熔盐电解过程中伴随有二次反应和副反应，因此电流效率较低。

影响熔盐电解过程和电流效率的主要因素有电解质成分、电解质温度、电流密度、极间距离等。

电解质成分　电流效率与理论值产生偏差的基本原因之一是金属溶解于电解质中，接着被阳极气体氧化，即产生所谓二次反应。因此，最好是加入添加剂降低金属在电解质中的溶解度，也降低熔盐的熔点。添加剂一般是碱金属和碱土金属的氯化物和氟化物，这些盐类比析出的金属具有更负电性的阳离子，它们能显著降低金属在熔盐中的溶解度，从而提高电流效率。

电解质温度　随着电解质温度的升高，金属在熔盐中的溶解度增大，金属与熔盐的化学作用如氧化、氯化增强。有些反应生成的产物（低价金属化合物）的蒸气压高，随着温度升高，金属的挥发损失增加。要在尽可能低的电解质温度下进行电解，但温度降得太低，电解质粘度增大，会引起金属的机械损失。保持电解质的物理化学性质不变时，使副反应和二次反应尽可能少发生的温度是最适宜的温度。加入添加剂也是为了降低电解质的熔点。

电流密度　电流效率随电流密度增加而增加，当其他条件相同时，金属损失相同，电流密度增加使沉积速度增加，因而电流效率增加。但电流密度太高并不提高电流效率，反而增加槽电压，使电能消耗增大。最适宜的电流密度应有最高的电流效率。

极间距离　熔盐电解时，极间距离增加，电流效率也增加。因为金属的损失有金属的溶解，金属由阴极转移到阳极而氧化等。当极间距离增加时，增加了转移的距离，也降低浓度梯度因而金属损失减少。当然，极间距离有一定限度，距离过大，槽电压增加使电能消耗增大。

例如，熔盐电解法制取钽粉时适宜的电解质[49]为：Ta_2O_5 8.5％，K_2TaF_7 8.5％，KCl 60％，KF 23％。这种成分的电解质在 750℃时流动性最好。用厚壁石墨坩埚作阳极，装入坩埚炉中，电流由镍接触环导入坩埚，用钼棒作阴极，在约 14A/dm² 电流密度下电解。阴极析出的钽颗粒机械地粘着一层电解质并形成所谓梨状物。不时把阴极和梨状物一起取出，换上新的钼棒。梨状物冷却后，经球磨、空气分离、精选、清洗和干燥，所得电解钽粉比钠热还原钽粉的纯度高（99.8％～99.9％Ta），颗粒较粗。

第六节　雾　化　法

雾化法属于机械制粉法，是直接击碎液体金属或合金而制得粉末的方法，应用较广泛，生产规模仅次于还原法。雾化法又称喷雾法，可以制取铅、锡、铝、锌、铜、镍、铁等金属粉末，也可制取黄铜、青铜、合金钢、高速钢、不锈钢等预合金粉末。制造过滤器用的青铜、不锈钢、镍的球形粉末目前几乎全是采用雾化法生产。液体金属的击碎包括制粒法和雾化法两类。

制粒法是一种类似制造铅弹的简单方法，即让熔化金属通过小孔或筛网自动地注入空气或水中，冷却凝固后得到金属粉末，粒度较粗，一般为 0.5～1mm。为了得到更细的粉末，有时将熔化金属从盛液桶中流入斜槽，再由斜槽流到运动着的运输带上，液流被运输带击碎成液滴而落入水中。制粒法适于制取低熔点金属如铅、锡、铝、锌等粉末。

雾化法包括：（1）二流雾化法，分气体雾化和水雾化；（2）离心雾化法，分旋转圆盘雾化、旋转电极雾化、旋转坩埚雾化等；（3）其他雾化法，如转辊雾化、真空雾化、油雾化等。下面主要讨论气体雾化和水雾化，并简要介绍离心雾化法。

一、二流雾化法

1. 雾化过程原理

二流雾化法是用高速气流或高压水击碎金属液流的，而机械粉碎法是借机械作用破坏固体金属原子间的结合，所以雾化法只要克服液体金属原子间的键合力就能使之分散成粉末，因而雾化过程所需消耗的外力比机械粉碎法小得多。从能量消耗这一点来说，雾化法是一种简便的经济的粉末生产方法。

根据雾化介质（气体、水）对金属液流作用的方式不同，雾化具有多种形式：

（1）平行喷射　气流与金属液流平行，如图 1-66 所示。

（2）垂直喷射　气流或水流与金属液流互呈垂直方向，如图 1-67 所示。这样喷制的粉末较粗，常用来喷制锌、铝粉。

（3）互成角度的喷射　气流或水流与金属液流呈一定角度，这种呈角度的喷射又有以下几种形式：

1）V 型喷射　是在垂直喷射的基础上改进而成的，如图 1-68 所示。瑞典霍格纳斯公司最早用此法以水喷制不锈钢粉[56]。

2）锥形喷射　采用如图 1-69 所示的环孔喷嘴，气体或水以极高速度从若干均匀分布在圆周上的小孔喷出构成一个未封闭的气锥，交汇于锥顶点，将流经该处的金属液流击碎。

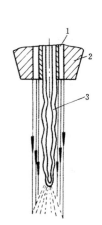

图1-66　平行喷射示意图
1—气流；2—喷嘴；
3—金属液流

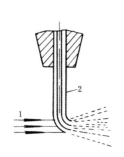

图 1-67　垂直喷射示意图
1—气流；2—金属液流

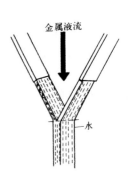

图 1-68　V 型喷射示意图

3）旋涡环形喷射　采用如图 1-70 所示的环缝喷嘴，压缩气体从切向进入喷嘴内腔，然后以高速喷出造成一旋涡封闭的气锥，金属液流在锥底被击碎。

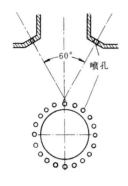

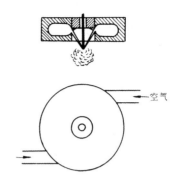

图 1-69 锥形喷射示意图   图 1-70 旋涡环形喷射示意图

上述三类喷射形式中最有意义的是互成角度的喷射，下面以这种喷射形式来讨论雾化机理。雾化过程是一复杂过程，按雾化介质与金属液流的相互作用的实质，既有物理-机械作用，又有物理-化学变化。高速气流或水，既是使金属液流击碎的动力源，又是一种冷却剂，就是说在雾化介质同金属液流之间既有能量交换（雾化介质的动能变为金属液滴的表面能），又有热量交换（金属液滴将一部分热量转给雾化介质）。不论是能量交换，还是热量交换，都是一种物理-机械过程；另一方面，液体金属的粘度和表面张力在雾化过程和冷却过程中不断发生变化，这种变化反过来又影响雾化过程。此外，在很多情况下，雾化过程中液体金属与雾化介质发生化学作用使金属液体改变成分（氧化、脱碳），因此，雾化过程也就具有物理-化学过程的特点。

在液体金属不断被击碎成细小液滴时，高速流体的动能变为金属液滴增大总表面积的表面能。这种能量交换过程的效率极低，据估计，不超过 1%，因而雾化过程的效率极低。目前从定量方面研究金属液流雾化机构还很不够，现以气体雾化为例说明其一般规律。如图 1-71 所示[57]，金属液自漏包底小孔顺着环形喷嘴中心孔轴线自由落下，压缩气体由环形喷口高速喷出形成一定的喷射顶角，而环形气流构成一封闭的倒置圆锥，于顶点（称雾化交点）交汇，然后又散开。

金属液流在气流作用下分为四个区域：(1) 负压紊流区（图中 I）：由于高速气流的抽气作用，在喷嘴中心孔下方形成负压紊流层，金属液流受到气流波的振动，以不稳定的波浪状向下流，分散成许多细纤维束，并在表面张力作用下有自动收缩成液滴的趋势。形成纤维束的地方离出口的距离取决于金属液流的速度，金属液流速度愈大，离形成纤维束的距离就愈短。(2) 原始液滴形成区（图中 II）：在气流的冲刷下，从金属液流柱或纤维束的表面不断分裂出许多液滴。(3) 有效雾化区（图中 III）：由于气流能量集中于焦点，对原始液滴产生强烈击碎作用，使其分散成细的液滴颗粒。(4) 冷却凝固区（图中 IV）：形成的液滴颗粒分散开，并最终凝结成粉末颗粒。

雾化过程是复杂的，影响因素很多，要综合考虑。显然，气流和金属液流的动力交互作用愈显著，雾化过程愈强烈。金属液流的破碎程度取决于气流的动能，特别是气流对金属液滴的相对速度以及金属液流的表面张力和运动粘度。一般来说，金属液流的表面张力、运动粘度值是很小的，所以气流对金属液滴的相对速度是主要的。当气流对金属液滴的相对速度达第一临界速度 $v'_{临界}$ 时,破碎过程开始;当气流对金属液滴的相对速度达第二临界速度 $v''_{临界}$ 时,液滴很快形成细小颗粒。

基于流体力学原理,保证金属液流破碎的速度范围决定于液滴破碎准数 D[58,59]。

$$D = \frac{\rho . v^2 . d}{\gamma}$$

式中 ρ ——气体密度,$g \cdot s^2/cm^4$;

v ——气流对液滴的相对速度,m/s;

d ——金属液滴大小,μm;

γ ——金属表面张力,$10^{-5}N/cm$。

根据文献〔59〕,当 $D=10$,$v=v'_{临界}$,当 $D=14$,$v=v''_{临界}$。用压缩空气喷制铜粉时液滴破碎过程的条件从准数 D 可得:

$$v'_{临界} = \sqrt{\frac{10.\gamma}{\rho.d}} \tag{1-12}$$

$$v''_{临界} = \sqrt{\frac{14.\gamma}{\rho.d}} \tag{1-13}$$

气体流动特性又取决于雷诺数 Re,所以要达到多大的气流速度,除了气流压力外,还需要考虑喷嘴喷管的形状。

$$Re = \frac{v.d_{当量}}{\nu_{气}}$$

式中 v ——气流对液滴的相对速度,m/s;

$d_{当量}$ ——喷嘴环缝的当量直径,m;

$\nu_{气}$ ——气体的动粘度系数,m^2/s。

喷管的形状有直线型、收缩型和先收缩后扩张型(拉瓦尔型)(见图 1-72)。根据流体力学原理,对直线型喷管,气体进口速度 v_1 和气体出口速度 v_2 是相等的,气流速度虽随进气压力升高而增大,但提高是有限度的;对收缩型喷管,在所谓临界断面上的气流速度是以该条件下的音速为限度;但是,拉瓦尔型喷管,是先收缩后扩张,在临界断面($A_{临界}$)处,气流临界速度达音速,压缩气体经临界断面后继续向大气中作绝热膨胀过程,然后气流出口速度(v_2)可超过音速。

根据以上分析,我们来讨论为了得到一定粒度的粉末,应该如何考虑工艺条件,如何选择喷嘴结构。以喷制铜粉为例,$\gamma_{Cu}=0.0112N/cm$,$\rho_{空气}=0.0013g.s^2/cm^4$,将这些数值代入式(1-12)和式(1-13),可以得到为制得不同粒度的铜粉而需要采用的 $v'_{临界}$ 和 $v''_{临界}$ 的关系,如图 1-73[60]所示。

从图中可以看出,要得到粒度约 $300\mu m$ 的铜粉,要求气流第二临界速度达 $200m/s$,要得到粒度约 $200\mu m$ 的铜粉,要求气流第二临界速度达 $245m/s$。根据实验[61]数据,在喷嘴喷口缝隙 $0.8mm$,气流压力 $0.25MPa$,金属液流直径为 $6mm$ 的条件下,可以达到 $250m/s$ 左右的气流速度。为了得到小于 $100\mu m$ 的铜粉,气流第二临界速度必须大于音速($332m/s$),为此,必须使用拉瓦尔型喷管的喷嘴。

从图 1-73 中可看出,随着气流温度增加,液滴破碎到同一粒度的颗粒需要的气流临界速度也提高了,这是因为气体密度随气流温度升高而减小了。同时,也可看出,随着气流

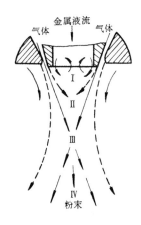

图 1-71　金属液流雾化过程图

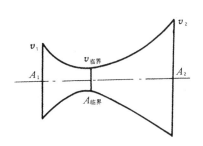

图 1-72　拉瓦尔型喷管

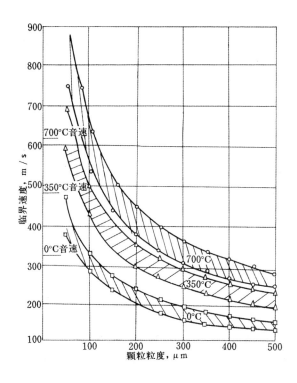

图 1-73　铜液滴破碎的临界速度与颗粒粒度的关系

温度增高，第一和第二临界速度之间的范围扩大，这有利于更准确控制雾化过程。提高进气温度，虽有利于雾化过程，但对喷嘴材料的耐高温和耐腐蚀要求高，工艺设备和操作在大规模生产时难以实现，故一般仍采用常温气体。

　　关于水雾化的机构，直到 1973 年还没有人提出来。目前认为气体雾化时金属液流破碎的机理应用于水雾化也是有效的。粉末颗粒平均直径与水流速度之间存在一个简单的函数关系[62]。

$$d_{平} = \frac{C}{v_{水} \cdot \sin\alpha}$$

式中 $d_{平}$——粉末颗粒平均直径；

　　C ——常数；

　　$v_{水}$ ——水流速度；

　　α ——金属液流轴与水流轴之间的夹角。

2. 喷嘴结构

喷嘴是雾化装置中使雾化介质获得高能量、高速度的部件，也是对雾化效率和雾化过程稳定性起重要作用的关键性部件。好的喷嘴设计要满足以下要求：（1）能使雾化介质获得尽可能大的出口速度和所需要的能量；（2）能保证雾化介质与金属液流之间形成最合理的喷射角度；（3）使金属液流产生最大的紊流；（4）工作稳定性要好，喷嘴不易堵塞；（5）加工制造简单。

喷嘴结构基本上可分为两类[63]：

（1）自由降落式喷嘴　如图1-74所示，金属液流在从容器（漏包）出口到与雾化介质相遇点之间无约束地自由降落。所有水雾化的喷嘴和多数气体雾化的喷嘴都采用这种形式。

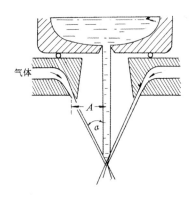

图 1-74　自由降落式喷嘴示意图

α—气流与金属液流间的交角；

A—喷口与金属液流轴线间的距离

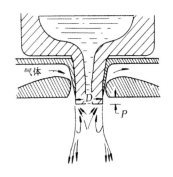

图 1-75　限制式喷嘴示意图

P—漏嘴突出喷嘴部分；D—喷射宽度

（2）限制式喷嘴　如图1-75所示，金属液流在喷嘴出口处即被破碎。这种形式的喷嘴传递气体到金属的能量最大，主要用于铝、锌等低熔点金属的雾化。

用于液流直下式的气体雾化法的喷嘴有环孔喷嘴和环缝喷嘴（见图1-69和图1-70）

环孔喷嘴在通过金属液流的中心孔边圆周上，等距离分布互成一定角度，数目不等（12～24个）的小圆孔，气体喷嘴的小孔常做成拉瓦尔型喷口以获得最大的气流出口速度。例如，有一种环孔喷嘴，设20个小孔，其最小截面处直径1.8mm，气流形成的交角为55°～60°。这种喷嘴可用来喷制生铁、低碳或高碳铁合金以及铜合金粉末。

由于环孔喷嘴的孔型加工困难，喷口大小不便调节，因此又研制了环缝喷嘴。环缝一般做成拉瓦尔型，可使气流出口速度超过音速，从而有效地将液滴破碎成细小颗粒。从切向进风的环缝喷嘴喷口出来的超音速气流会在风口处造成负压区（见图1-76）。形成的旋涡气流使金属液滴溅到喷口或喷嘴中心通道壁，可能堵塞喷口以致破坏雾化工作的正常进行。

为了减少和防止堵塞现象，设计喷嘴时，可考虑采取以下措施：

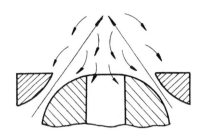

图 1-76　环缝喷嘴喷口旋涡流

1) 减小喷射顶角或气流与金属液流间的交角。因减小气流与金属液流间的交角可使雾化焦点下移，减低了液滴溅到喷口的可能性。研究[57]指出，在气流压力为 0.4MPa 以上时，对于环孔喷嘴，喷射顶角 60° 是适宜的；对环缝喷嘴，喷射顶角可降到 20°。但是，喷射顶角太小，会降低雾化效率，故一般采用 45° 左右。

2) 增加喷口与金属液流轴线间的距离。同理，增加喷口与金属液流轴线间的距离可提高雾化过程的稳定性。

3) 环缝宽度不能过小。小于 0.5mm 往往粘附严重，因此要求环缝宽度适当，环缝间隙均匀。

4) 金属液流漏嘴伸长超出喷口水平面外。此时，粉末会粗一些。

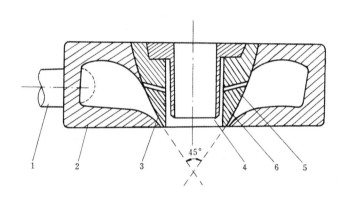

图 1-77　带辅助风孔的环缝喷嘴结构[64]
1—进风管；2—喷嘴体；3—内环；4—导向套；5—辅助风孔；6—二次风环

5) 增加辅助风孔和二次风。采用辅助风孔和二次风的环缝喷嘴结构如图 1-77 所示。四个或八个辅助风孔将一部分气流引向顺着中心的孔壁向下形成二次风，这样可维持喷口附近气压平衡，从而尽可能不使金属液滴返回风口。

早期英国曾采用环形喷嘴，以高压水来喷制铁合金及合金钢粉，水压可达到 14～21MPa，从喷口出来的水速高达 90～150m/s[65]。由于金属液流容易堵塞喷口，往往不能正常作业。以后研制了高压水 V 型喷射[56]，以两股交叉的 4.5MPa 水压的水柱，使其交点处的金属液流破碎，每分钟水量达 230L，所得粉末过 100 目的实收率很高。由于水柱相交的面积很小，金属液流容易偏离雾化焦点，因此，现在又研制了两向板状流 V 型喷射[66]，如图 1-78 所示，其效率甚高，能喷制大多数超合金与合金钢。用水雾化时能喷制铁、合金钢和不锈钢粉末，用气体雾化时能喷制镍基和钴基超合金。

为了使雾化介质的能量集中，必须防止金属液流从 V 型板状流的两侧敞开面溅出，又

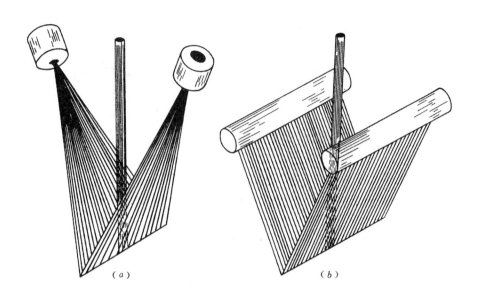

图 1-78　两向板状流 V 型喷射

（a）两向塞式喷射；（b）两向帘式喷射

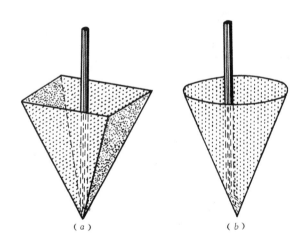

图 1-79　封闭式板状流 V 型喷射

（a）四向塞式喷射；（b）环形喷射

研制了所谓封闭式串联的板状流 V 型喷射，如图 1-79 所示。采用两对互成 90°的板状流组成的一个四面锥，称为四向塞式喷射。增加板状流的数目并组成圆锥，就成为所谓环形喷射。环形喷射很少用于水雾化，多用于气体雾化，是喷制球形粉末常用的。

3. 影响雾化粉末性能的因素

在讨论雾化机构的基础上，下面分析影响粉末性能（化学成分、粒度、颗粒形状、内部结构等）的因素。

（1）雾化介质

1）雾化介质类别的影响 雾化介质分为气体和液体两类。气体可用空气和惰性气体——氮、氩等，液体主要用水。不同的雾化介质对雾化粉末的化学成分、颗粒形状、结构有很大的影响。

在雾化过程中氧化不严重或雾化后经还原处理可脱氧的金属（如铜、铁和碳钢等）一般可选择空气作雾化介质。

采用惰性气体雾化可以减少金属液的氧化和气体溶解。防止粉末氧化对于喷制铬粉以及含 Cr、Mn、Si、V、Ti、Zr 等活性元素的合金钢粉或镍基、钴基超合金是十分重要的。使用氮气可以喷制不锈钢和合金钢粉。如果合金中含有 Ti、Zr 等元素或对于镍基、钴基超合金，则要使用氩气喷制。

用水作雾化介质，与气体比较有以下的特点：（1）由于水的热容比气体大得多，对金属液滴的冷却能力强。因此，用水作雾化介质时，粉末多为不规则形状，同时，随着雾化压力的提高，不规则形状的颗粒愈多，颗粒的晶粒结构愈细。相反，气体雾化易得球形粉末。（2）由于金属液滴冷却速度快，粉末表面氧化大大减少。所以，铁、低碳钢、合金钢多用水雾化制粉。虽然在水中添加某些防腐剂可以减少粉末的氧化，但目前水雾化法还不适于活性很大的金属与合金、超合金等。

2）气体或水的压力的影响 实践证明，气体压力愈高，所得粉末愈细。1965 年中南矿冶学院徐润泽[68]研究雾化铁粉所得粉末粒度组成与压缩空气压力之间的关系如表 1-45 所示。

表 1-45　空气压力对雾化铁粉粒度组成的影响

压力 MPa	粒　度　组　成，%							
	+40 目	−40+60 目	−60+80 目	−80+100 目	−100+120 目	−120+140 目	−140+160 目	−160 目
0.52	41.20	11.65	9.05	11.95	4.45	6.85	0.20	13.47
0.64	3.50	5.60	8.00	8.40	16.10	14.10	1.50	41.90

注：液体金属温度 1300℃，漏嘴直径 6mm，喷嘴环缝宽 1.3mm。

表 1-46　水压对雾化青铜粉粒度组成的影响

水　压 MPa	粒　度　组　成，%				
	−100+145 目	−145+200 目	−200+250 目	−250+325 目	−325 目
4.9	24.7	23.8	15.4	17.9	18.2
5.4	22.3	22.1	15.7	19.1	20.8
5.9	18.6	19.3	15.9	19.5	26.8

注：液体金属温度 1050℃。

1972 年古门逊（P. Gummeson）[66]用水雾化青铜时，所得水压与粉末粒度组成的关系如表 1-46 所示。

雾化介质流体的动能愈大，金属液流破碎的效果就愈好。而流体的动能与运动的机械能一样，可用其速度和质量（对流体来说应是流量）两个参数来描述，即 $N=\dfrac{Mv^2}{2}$。因此，要增大气体动能 N 可以增大流量也可提高流速，但因为 $N\propto v^2$，故提高流速的效果更为显著。用水作雾化介质时，由于水不可压缩，只有应用高压水（3.5～21MPa）才能获得高的流速。对于可压缩的气体，气流速度不仅取决于进气压力，还与喷管形状和气体温度有密切关系。

根据气体动力学原理[69]，喷嘴出口处的气体速度可用下面公式计算。

$$v=\sqrt{\frac{2gK}{K-1}RT_2\Big[1-\Big(\frac{P_1}{P_2}\Big)^{\frac{K-1}{K}}\Big]}$$

式中　g——重力加速度；

　　　R——气体常数；

　　　K——$\dfrac{C_p}{C_v}$（压容比），对空气而言，$K=1.4$；

　　　T_2——压缩气体进喷嘴前温度，K；

　　　P_1——气流所流往处的介质（如大气）的压力；

　　　P_2——使气体流出的压力。

雾化过程中，如果 T_2 不变化，将 $P_1=1atm$（～0.1MPa），$K=1.4$ 代入上式，并与 g 和 R 等常数合成一个比例系数 k，则上式变为 $v^2=k\ (1-P_2^{-0.29})$。随着 P_2 值的增加，v 也随着增加，但到一定限度后即成为常数。

气体的速度还与喷管形状有关。前已指出，应用收缩型喷管时，在气流临界压力时，气流出口的速度最大，约等于音速。空气的临界压力 $P_临=0.527P_2$。因而在用收缩型喷管时，如果不提高气流的温度，气流出口的速度是不能超音速的。而用拉瓦尔型喷管，则可使气流出口速度超过音速。

前已指出，提高进气温度也可以增大气流出口速度。但大规模生产时难以实现，故一般仍采用常温气体。

气体压力不但直接影响粉末粒度组成，同时还间接影响粉末的成分。例如，纳赛尔（G. Naeser）[71]用高碳生铁制雾化铁粉时，随着空气压力增加，雾化铁粉半产品中的氧含量由于氧化而提高，碳含量由于燃烧而下降，但降低不多（见图1-80）。

斯莫尔（S. Small）用惰性气体雾化 Haynes Stellite-31 合金时，随着气体压力的增加，粉末氧含量也是增加的。但是用水雾化时，随着雾化压力的增加，粉末氧含量是降低的，因为在同样条件下，水雾化比气体雾化冷却得快些。其具体实验数据[70]如表1-47所示。

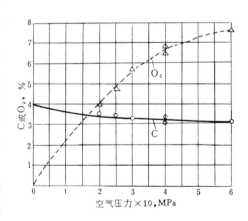

图1-80　雾化铁粉时空气压力对粉末半产品成分的影响

表 1-47　雾化压力对 Haynes Stellite-31 合金粉氧含量的影响

元　　　素	元　素　含　量，$10^{-4}\%$			
	用氩喷射		用水喷射	
	2.1MPa	4.2MPa	5.6MPa	9.8MPa
O	160	280	7450	5740
N	70	60	590	500
H	11	5	28	24

（2）金属液流

1）金属液的表面张力和粘度的影响　在其他条件不变时，金属液的表面张力愈大，粉末成球形的愈多，粉末粒度也较粗；相反，金属液的表面张力小时，液滴易变形，所得粉末多呈不规则形状，粒度也减小。

金属液流形成流股或液滴，显然受表面张力大小的制约。有人作过试验，采用同一喷嘴，在相同的气流和液流条件下，观察不同液体流的破碎情况：表面张力为 2.3×10^{-4}N/cm 的乙醇，能生成明显的液滴，表面张力为 7.3×10^{-4}N/cm 的水只能生成粗的液滴，而表面张力为 1.87×10^{-3}N/cm 的熔融钠，则根本不出现液滴。一般液体金属的表面张力要比水大 5～10 倍，因此，雾化金属需要消耗较大的能量。液流破碎程度不仅取决于气流的速度，也与阻碍破碎的内力即液流的表面张力和粘度有关。所以在液流能破碎的范围内，表面张力愈小，粘度愈低，所得粉末颗粒愈细。从热力学观点看，液滴成球形是最容易的，因为表面自由能最小，故表面张力愈小，颗粒形状偏离球形的可能性愈大。

液体金属的表面张力受加热温度和化学成分的影响：（1）所有金属，除铜、镉外，其表面张力都是随温度升高而降低的；（2）氧、氮、碳、硫、磷等活性元素大大降低液体金属的表面张力。例如，熔融铁中氧的浓度达 0.06% 时，则纯铁的表面张力降低三分之一[57]。同时在液滴表面形成氧化膜，大大提高金属液的粘度而阻碍形成球状颗粒。不过，氮、碳、磷虽降低铁的表面张力，但不影响颗粒成球形，这与氧的作用不同。因为碳、磷是活性还原剂，能降低液体铁中的氧含量，因而减小金属的粘度，促进液滴球化。氮可以保护金属不受强烈氧化，因而也促进液滴球化。

同样，液体金属粘度也受温度和化学成分的影响：（1）金属液流的粘度随温度升高而减小；（2）金属液强烈氧化时，粘度大大提高；（3）金属中含有硅、铝等元素也使粘度增加；（4）合金熔体的粘度随成分变化的规律是：固态或液态下都互溶的二元合金，其粘度介于两种金属之间；液态合金在有稳定化合物存在的成分下粘度最大；共晶成分的液态合金的粘度最小。

2）金属液过热温度的影响　在雾化压力和喷嘴相同时，金属液过热温度愈高，细粉末产出率愈高，愈容易得球形粉末。金属液的不同过热温度对铁粉粒度组成的影响如图 1-81 所示[57]。

金属熔体的粘度和表面张力，随着温度的降低总是增加的，因而影响粉末粒度和形状。粘度愈低，愈容易雾化得到细的粉末。温度高的液滴冷凝过程长，表面张力收缩液滴表面的作用时间也长，故容易得到球形粉末。特别是水雾化时，增加过热温度，总是增加球状粉末的。生产上按金属与合金的熔点选择过热温度，低熔点金属（如锡、铅、锌等）为50

～100℃，铜合金为 100～150℃，铁及合金钢为 150～250℃。

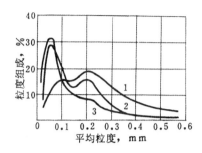
图 1-81　金属液的不同过热温度
对铁粉粒度组成的影响
1—金属液温度 1570℃；2—金属液温度 1650℃；
3—金属液温度 1720℃

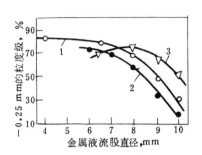
图 1-82　金属液流股直径对
细粉产出率的影响
1—生铁；2—铁；3—铁铝合金

在用铁碳合金喷制铁粉时，生铁液的温度对粉末半产品的氧和碳的含量有很大的影响。生铁液温度愈高，含氧量也愈高，徐润泽的实验结果[68]如表 1-48 所示。因此，在喷制铁粉时，为了控制粉末半产品的一定氧碳比，也要注意选择适当的生铁液温度。

表 1-48　生铁液温度对铁粉氧碳比的影响

生铁液温度,℃	O_2,%	C,%	O：C
1370	5.04	3.24	1.56
1320～1300	4.37	3.67	1.18
1280	3.31	3.96	0.84

3）金属液流股直径的影响　当雾化压力与其他工艺参数不变时，金属液流股直径愈细，所得细粉末也愈多。金属液流股直径对细粉产出率的影响[57]如图 1-82 所示。

当其他条件相同时，金属液流股直径愈小，单位时间内进入雾化区域的熔体量愈小。所以，对大多数金属和合金来说，减小金属液流股直径，会增加细粉产出率。但是，对某些合金，例如铁铝合金，金属液流股有一适当直径，过小时，细粉产出率反而降低，因为在雾化的氧化介质中，液滴表面形成了高熔点的氧化铝，而且氧化铝的量随流股直径减小而增多，液流粘度增高，因而粗粉增多。生产上除根据压缩空气的压力和流量选择金属液流股直径外，还要考虑金属熔点的高低。金属熔点低于 1000℃，金属液流股直径 5～6mm；金属熔点低于 1300℃，金属液流股直径 6～8mm；金属熔点高于 1300℃，金属液流股直径 8～10mm。

金属液流股直径太小还会引起：（1）降低雾化粉末生产率；（2）容易堵塞漏嘴；（3）使金属液流过冷，反而不易得到细粉末，或者难以得到球形粉末。

（3）其他工艺因素　为了控制粉末的粒度和形状，除了上述主要参数外，还要考虑下列其他工艺因素：

1）喷射参数的影响　金属液流长度（金属液流从出口到雾化焦点的距离）短、喷射长度（气流从喷口到雾化焦点的距离）短、喷射顶角适当都能更充分地利用气流的动能，从而有利于雾化得到细颗粒粉末。当然要以雾化过程顺利进行而不堵塞喷嘴为前提。对不同的体系，适当的喷射顶角一般都通过试验确定。水雾化[66]时，较大的喷射顶角（60°）可以允许采用低限的水压（3.5MPa）；而较小的喷射顶角（40°），需要较高的水压（如7MPa）。

2）聚粉装置参数的影响　液滴飞行路程（从雾化焦点到冷却水面的距离）较长，有利于形成球形颗粒，粉末也较粗。这是因为在缓慢冷却过程中，表面张力充分作用于液滴使之聚成球形；同时，由于冷却慢，在途中颗粒互相粘结，因而粗粉多。因此，冷却介质的选择不仅影响粉末性能，也涉及雾化工艺的是否合理。用水作冷却介质对喷制熔点高的铁粉、钢粉等是必要的，不然，粉末容易粘在聚粉桶壁上；同时，可以通过调节冷却水面的高低，适当控制粉末的粒度和形状。而熔点不高的铜、铜合金与低熔点金属锡、铅、锌、铝等，常在空气中冷却或采用水冷夹套的聚粉装置。这种干式集粉方式所得的粉末不必干燥，并可进行空气分级，简化了操作。

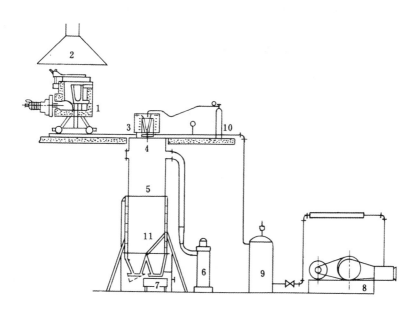

图 1-83　气体雾化制取铜合金粉的设备示意图

1—移动式可倾燃油坩埚熔化炉；2—排气罩；3—保温漏包；4—喷嘴；5—集粉器；
6—集细粉器；7—取粉车；8—空气压缩机；9—压缩空气容器；10—氮气瓶；11—分配阀

4. 气体和水雾化的工艺

（1）气体雾化法制取铜和铜合金粉工艺　气体雾化法制取铜合金粉的设备示意如图 1-83 所示[73]。

金属液一般过热 100～150℃后注入预先烘烤到 600℃左右的漏包中。金属液流股直径 4～6mm，空气压力 0.5～0.7MPa。喷嘴可用环孔或环缝喷嘴，环缝喷嘴用于喷制青铜时，在相同工艺条件下，过 100 目的粉末产出率一般比环孔喷嘴高 30%。雾化粉末喷入干式集粉器，下部有水冷套，粗粉末直接从集粉器下方出口落到振动筛上过筛，中、细粉末从器内抽出，经集细粉器沉降。更细的粉末进入风选器，抽风机的出口处装有布袋收尘器。

空气雾化铜或铜合金粉末，表面均有少量氧化，通常在 $300\sim600℃$ 范围内进行还原。为了制得球形铜合金粉，通常在熔化时加入 $0.05\sim0.1\%$ 磷含量的磷铜，可降低粘度而增加流动性，这样，成球率大大增加。

（2）气体雾化法制取铁粉工艺　气体雾化法制取铁粉，通常不使用纯铁直接熔化，因为工业纯铁熔点高，加上过热铁水温度将高达 $1650\sim1700℃$，设备和操作都有困难；同时，纯铁易氧化，若采用氮气雾化便很不经济。德国纳赛尔[71]提出用高碳生铁水进行空气雾化，将所得的一定程度氧化的高碳铁粉进行脱碳还原而得所要求的铁粉，这就是所谓 R-Z 法，德国曼勒斯曼公司首先用这种方法生产铁粉。以后美国、法国用气体雾化法生产铁粉，称为曼勒斯曼法。气体雾化法生产铁粉的流程图的一个实例如图 1-84 所示。

熔制人造低硅生铁有几种方案：1）高炉铁水用转炉吹炼并通过碳塔增碳；2）电炉熔化并同时增碳；3）化铁炉熔化废钢并增碳。图 1-84 所示是第三种方案，此种方案适应性广，中、小厂都可采用。铁水温度维持在 $1300\sim1350℃$，含碳控制在 $3.2\%\sim3.6\%$。金属液流股直径 $6\sim8mm$，空气压力 $0.6\sim0.7MPa$，一般用环缝喷嘴。

脱碳还原是雾化法制取铁粉工艺中很重要的一个阶段。雾化铁粉半成品是靠自身所含碳、氧的相互作用脱碳还原的。可能的反应为：

$$4Fe_3C + Fe_3O_4 = 15Fe + 4CO - 619kJ$$
$$O:C \approx 1.33:1$$
$$2Fe_3C + Fe_3O_4 = 9Fe + 2CO_2 - 300kJ$$
$$O:C \approx 2.97:1$$

在 $950℃$ 时，

$$10Fe_3C + 3Fe_3O_4 = 39Fe + 8CO + 2CO_2 - 1600kJ$$
$$O:C \approx 1.6:1$$

上述反应在 $1000℃$，$20min$ 可以完成；在 $900℃$，$80min$ 可以完成。如果氧含量或碳含量不够时，则采取配氧化铁或碳的办法使其达到所要求的氧碳比。一般选择脱碳还原时的温度为 $950\sim1100℃$。如果还原时还通入氢或分解氨，则效果更好，此时，氧碳比可选为 1.7 或更大一些。

（3）水雾化法制取铁粉和合金钢粉的工艺　由于水比气体的粘度大且冷却能力强，水雾化法特别适于熔点较高的金属与合金以及制造压缩性好的不规则形状粉末。目前，水雾化法用来喷制铁、低碳钢及合金钢粉是有效的。水雾化法制取铁粉和合金钢粉的工艺流程如图 1-85 所示。

熔化用电炉可以是感应电炉，也可以是电弧炉。水雾化所使用的水压通常为 $3.5\sim10MPa$，喷嘴以前用环形喷嘴，现在发展到使用板状流 V 型喷射的喷嘴。

水雾化时，控制好以下条件可以得细粉末：水的压力高，水的流速、流量大，金属液流股直径小，过热温度高，金属的表面张力和粘度小，金属液流长度短，喷射长度短，喷射顶角适当等。控制好以下条件可以得球形粉末：金属表面张力要大，过热温度高，水的流速低，喷射顶角大，液滴飞行路程长等。

水雾化时，金属液过热温度低，水压高，水的流速大，以及液滴飞行路程短可以得到显微组织较细并具有致密颗粒结构的粉末。

二、离心雾化法

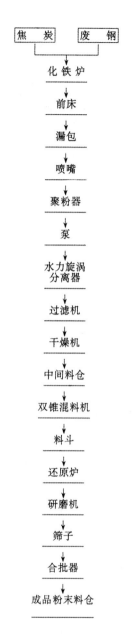

图 1-84　气体雾化法生产铁粉
的工艺流程图

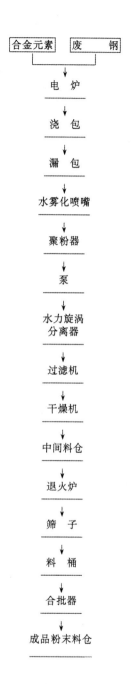

图 1-85　水雾化法生产铁粉和合
金钢粉的工艺流程图

离心雾化利用机械旋转的离心力将金属液流击碎成细的液滴,然后冷却凝结成粉末。最早是旋转圆盘雾化,即所谓 D. P. G 法。后来有旋转水流雾化、旋转电极雾化、旋转坩埚雾化等,下面分别加以简介。

1. 旋转水流雾化

水雾化所用的高压水一般由高压水泵获得,但也可以通过高速旋转加速而得到。旋转水流雾化就是利用此原理而设计的。最早由美国钒合金钢公司用来制造不锈钢粉，并取名为罗伯特（Robert）粉碎机[72]，其示意图如图 1-86 所示。

合金在容量为 450kg 的感应电炉坩埚内熔化后，倒进衬有锆硅酸盐耐火材料的电加热的中间漏包，金属液流从直径为 4.8～5.6mm 的 ZrO_2 漏嘴流入雾化室，被从带有 16 个孔的转动的环形喷射器喷出的水流击碎。喷射器的转动速度是 6000r/min，能保证很好雾化，细粉产出率较高。从雾化室底部出来的粉末含有 10%～15% 的水分，经过旋转过滤器后含水率降到 3%～5%，再经干燥后送去退火或还原。

2. 旋转电极雾化

旋转电极雾化法不仅可以雾化低熔点的金属和合金，而且可以制取难熔金属粉末。旋转电极雾化装置如图 1-87 所示[67]。

把要雾化的金属和合金作为旋转自耗电极，通过固定的钨电极发生电弧使金属和合金熔化。当自耗电极快速旋转时，离心力使熔化了的金属或合金碎成细滴状飞出。电极装于粉末收集室内，收集室先抽成真空，然后在喷制之前，充入氩或氦等惰性

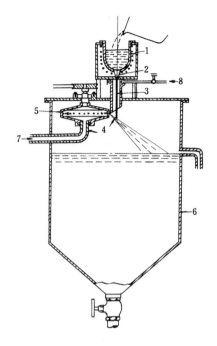

图 1-86　旋转水流雾化装置示意图
1—漏包；2—漏嘴；3—金属液流；4—水流；
5—环形喷射器；6—雾化室；7—进水管；
8—进气管

气体，熔滴在尚未碰到粉末收集室的器壁以前，就凝固于惰性气氛之中，凝固后的粉末落于器底。

旋转电极转速为 10000～25000r/min，电流强度为 400～800A。一般生产的粉末介于 30～500μm 之间，大量生产过 325 目的粉末尚有困难。由于旋转电极雾化不受熔化坩埚及其他的污染，生产的粉末很纯，粉末形状一般为球形。此法已用于雾化无氧铜、难熔金属、铝合金、钛合金、不锈钢以及超合金等。

3. 旋转坩埚雾化

这是一种新的离心雾化形式，其装置如图 1-88 所示。

旋转坩埚雾化用一根固定电极和一个旋转的水冷坩埚，电极和坩埚内的金属之间产生电弧而使金属熔化，坩埚旋转速度 3000～4000r/min，在离心力作用下，金属熔体在坩埚出口处破碎成粉排出。整个熔化、雾化、凝固均在惰性气氛（氩、氦）的密封容器中完成。用于雾化钛合金、超合金等，粉末粒度 150～1000μm，多呈球形。

三、快速冷凝技术

快速冷凝技术（RST）是雾化技术的发展。快速冷凝技术的主要特点为：（1）急冷可大幅度地减小合金成分的偏析；（2）急冷可增加合金的固溶能力；（3）急冷可消除相偏聚和形成非平衡相；（4）某些有害相可能由于急冷而受到抑制甚至消除；（5）由于晶粒细化达微晶程度，在适当应变速度下可能出现超塑性等。快速冷凝技术可制得非晶、准晶和微晶粉末，因此得到了飞速的发展。除了非晶软磁材料、微晶永磁材料外，在粉末冶金领域研

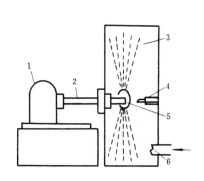

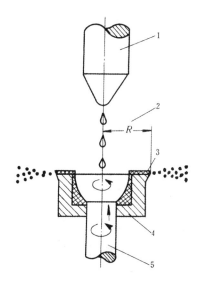

图1-87　旋转电极雾化示意图

1—电动机；2—送料器；3—粉末收集室；4—固定钨电

极；5—旋转自耗电极；6—惰性气体入口

图1-88　旋转坩埚雾化装置示意图

1—电极；2—雾化半径；3—雾化缘；

4—旋转坩埚；5—电极

制试用的有碳钢、不锈钢、高速钢、镍基高温合金、铝、钛及其合金等粉末。

从液态金属制取快速冷凝粉末（RSP）有传导传热和对流传热两种机制。

1. 传导传热机制

基于传导传热机制的方法，其冷却速度在$10^6\sim10^8℃/s$。有熔体喷纺法和熔体沾出法。

（1）熔体喷纺法

熔体喷纺法过程如图1-89所示。熔融金属通过一圆孔被压出，当熔体流碰撞在转动的水冷固体表面的外缘，熔体便凝固成连续带。这种带一般宽数毫米，厚$25\sim50\mu m$。熔体喷纺法早在1980年得到了发展，开始用来生产高速钢非晶带，每分钟达1500m，后来又生产了镍基高温合金非晶带。将非晶带破碎成非晶粉末，再用热挤压或热等静压可固结成整体材料。

（2）熔体沾出法

熔体沾出法如图1-90所示。转动的水冷圆盘边缘与熔融金属接触，在很短的时间内粘附，熔体在圆盘边缘上凝固后脱离圆盘而成为一定长度的纤维。用此法生产了钢和不锈钢的纤维可用作增强剂。

2. 对流传热机制

基于对流传热机制的方法，其冷却速度在$10^4\sim10^6℃/s$。主要方法有：超声气体雾化法、离心雾化法（如旋转盘雾化法、旋转杯雾化法）。此外，还有单辊淬冷法、双辊淬冷法、活塞砧座法、锤砧法、喷枪法等。

（1）超声气体雾化法

超声气体雾化法是在一般气体雾化法基础上发展起来的。高速气流靠频率为60到120kHz，速度可超过2马赫数（Ma）的激波管加速，高速气流波切击金属液流而使金属液

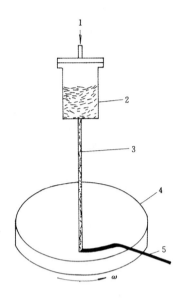

图 1-89　熔体喷纺法过程示意图

1—气体压力；2—熔体；3—熔体

流股；4—急冷表面；5—带

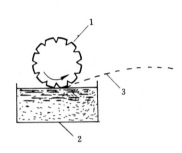

图 1-90　熔体沾出法过程示意图

1—水冷带切口圆盘；

2—熔融金属；3—纤维

流碎化成细滴，通常可小于 $30\mu m$，其冷却速度大约 $10^5℃/s$。

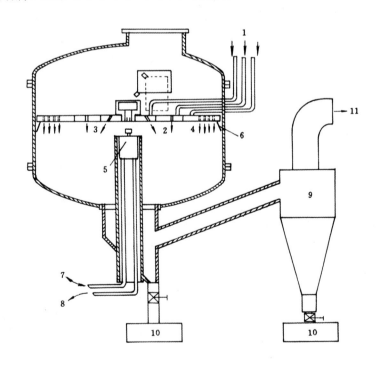

图 1-91　旋转盘雾化装置结构示意图

1—输入氮；2—第一喷嘴；3—第二喷嘴；4—第三喷嘴；5—涡轮（24000r/min）；

6—挡板；7—空气和冷却剂；8—放空空气；9—旋风分离器；10—聚集器；11—抽空

超声气体雾化法已经用来生产低熔点铝合金粉。对于像不锈钢、镍基和钴基高温合金等熔点高些的合金粉只是在实验室规模和试制规模生产。超声气体雾化法已发展用于含铁、钴、钼的新的弥散强化铝合金粉。

（2）离心雾化法

离心雾化法中有旋转盘雾化法、旋转杯雾化法等。旋转杯雾化的装置原理与本节前述的旋转坩埚雾化装置相同，只是水冷旋转杯的转速高一些，每分钟达 24000 转，因此粉末粒度可小于 $100\mu m$，此种装置的冷却速度大约 $10^5℃/s$。下面主要介绍旋转盘雾化法。

旋转盘雾化装置结构如图 1-91 所示。

金属熔体与旋转盘棱接触机械地被击碎并离旋转盘而去，在冷却气流中凝固。冷却速度大约 $10^5℃/s$，冷却气体一般用氩。粉末粒度 $100\mu m$ 左右。

第一代快速冷凝的旋转盘装置金属容量是 23 到 46kg。第二代装置金属容量增加了两倍，氩气密闭并循环。第三代保留了第二代的特点，金属容量增加到 900kg。旋转盘雾化已用来生产铝合金、镍基高温合金粉用于航空、航天。

（3）气体雾化与旋转盘雾化相结合的雾化法

此法综合了气体雾化与旋转盘雾化的特点，在此不详述。

第七节　机械粉碎法

固态金属的机械粉碎既是一种独立的制粉方法，又常作为某些制粉方法不可缺少的补充工序。例如，研磨电解制得的硬脆阴极沉积物，研磨还原制得的海绵状金属块等。因此，机械粉碎法在粉末生产中占有重要的地位。

机械粉碎是靠压碎、击碎和磨削等作用，将块状金属或合金机械地粉碎成粉末的。根据物料粉碎的最终程度，基本上可以分为粗碎和细碎两类；根据粉碎的作用机构，以压碎作用为主的有碾碎、辊轧以及颚式破碎等；以击碎作用为主的有锤磨等；属于击碎和磨削等多方面作用的有球磨、棒磨等。相应的设备中，碾碎机、双辊滚碎机、颚式破碎机等属粗碎设备；锤磨机、棒磨机、球磨机、振动球磨机、搅动球磨机等属细碎或研磨设备。

虽然所有的金属和合金都可以被机械地粉碎，但实践证明，机械研磨比较适用于脆性材料。研磨塑性金属和合金制取粉末的有旋涡研磨、冷气流粉碎等。

一、机械研磨法

机械研磨主要用来：（1）粉碎脆性金属和合金，如锑、锰、铬、高碳铁、铁合金等以及研磨还原海绵状金属块或电解阴极沉积物；（2）可以研磨经特殊处理后具有脆性的金属和合金，例如，研磨冷却处理后的铅以及加热处理后的锡；又如钛经氢化处理后，进行研磨，最后脱氢可以制取细粒度的高纯钛粉。下面主要以球磨为例讨论机械研磨的规律。

1. 球磨的基本规律

几种研磨机中用得较多的还是球磨机，而滚动球磨机又是最基本的。研究球磨规律对了解研磨机构和正确使用球磨机是十分重要的。

球磨粉碎物料的作用（压碎、击碎、磨削）主要取决于球和物料的运动状态，而球和物料的运动又取决于球磨筒的转速。球和物料的运动有三种基本情况，如图 1-92 所示。

（1）球磨机转速慢时，球和物料沿筒体上升至自然坡度角，然后滚下，称为泻落。这时物料的粉碎主要靠球的摩擦作用，如图 1-92（a）所示。

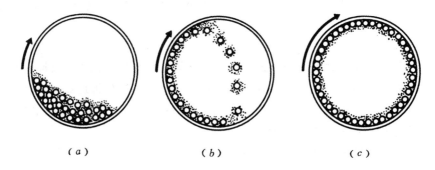

图 1-92 球和物料随球磨筒转速不同的三种状态

(a) 低转速；(b) 适宜转速；(c) 临界转速

(2) 球磨机转速较高时，球在离心力的作用下，随着筒体上升至比第一种情况更高的高度，然后在重力作用下掉下来，称为抛落。这时物料不仅靠球与球之间的摩擦作用，而主要靠球落下时的冲击作用而被粉碎，其效果最好，如图 1-92 (b) 所示。

(3) 继续增加球磨机的转速，当离心力超过球体的重力时，紧靠衬板的球不脱离筒壁而与筒体一起回转，此时物料的粉碎作用将停止。这种转速称为临界转速，如图 1-92 (c) 所示。

下面讨论临界转速问题。为了简化起见，先作如下的假设：(1) 筒体内只有一个球；(2) 球的直径比筒体小得多，可用筒体半径表示球的回转半径；(3) 球与筒壁之间不产生相对滑动，也不考虑摩擦力的影响。在这些假定条件下，当筒体回转时，作用在球体上的力就只有离心力 P 和重力 G（见图 1-93）。

球随筒体一起回转并上升到一定高度，当上升到 A 点时，则球就会离开筒壁而落下，球运动轨迹上的 A 点称为脱离点。球在 A 点平衡，此时，

$$P = G\cos\alpha$$

$$\frac{Gv^2}{gR} = G\cos\alpha, \therefore \cos\alpha = \frac{v^2}{gR} \tag{1-14}$$

$$v = \frac{2\pi Rn}{60} = \frac{\pi Rn}{30}$$

将 v 代入式 (1-14)，

$$\cos\alpha = \frac{\pi^2 Rn^2}{g \cdot 30^2} \tag{1-15}$$

以 $g = 9.8 \text{m/s}^2$ 代入式 (1-15)，则得

$$\cos\alpha \approx \frac{n^2 R}{900} \tag{1-16}$$

从式 (1-16) 可以看出，球上升的高度取决于筒体的转速和球的回转半径，而与球的重量无关。如果增大转速，使离心力 $P > G$ 时，则球被提升到最大高度 (A_1)，球和筒体一起回转而不离开筒壁。球在临界转速时的 α 角等于零，代入式 (1-16)，则得

$$\frac{n^2 R}{900} \approx \cos\alpha \approx 1$$

$$\therefore \ n_{临界} = \frac{30}{\sqrt{R}} = \frac{42.4}{\sqrt{D}} \quad \text{r/min}$$

式中　D——球磨筒的直径，m。

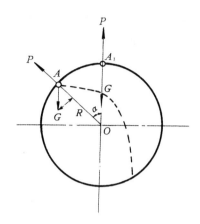

图 1-93　加到球体上的力的相互作用

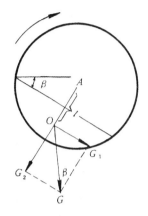

图 1-94　球体倾斜时重力及其分力的方向

上述推导中由于作了一些假定，因而不是完全精确的。总之，要粉碎物料，球磨转速即通常所说的工作转速必须小于临界转速。根据上面所指出的，球在筒体内呈抛落状态时效果最好。如果取 α 角等于 $54°40'$ 时，代入式 (1-16)，可得抛落状态的工作转速的经验式。

$$n_{工} = \frac{32}{\sqrt{D}} \quad \text{r/min}$$

$$\frac{n_{工}}{n_{临界}} = \frac{32/\sqrt{D}}{42.4/\sqrt{D}} \approx 0.75$$

转速慢时，球体（研磨体）作滑动还是滚动，不仅取决于筒体的转速，而且与装球量有关。据前苏联硬质合金研究所[8,75]的研究，筒体转动时，球体表面发生倾斜，在一定转速和装球量的情况下倾角 β 也一定，如图 1-94 所示。

转速低，装球量小，则 β 角小；反之，β 角便加大。假定 β 角不太大，转速不太快，β 角取决于两个力矩的大小，摩擦力矩 M_1 是带动球体往上转的，重力矩 M_2 是阻止球体随筒壁上升的。

$$M_1 = \mu \cdot G_2 \cdot R = \mu \cdot R \cdot G\cos\beta$$
$$M_2 = G_1 \cdot l$$

式中　μ——摩擦系数，摩擦力＝摩擦系数$\times G_2$；

　　　R——筒体半径。

$l = OA$，又可用球磨筒半径和 α 角来表示（见图 1-95）。图中 O 为重心，$DE \parallel BC$，$\angle DAF = \angle EAF = \alpha$

$$l = R \cdot \cos\alpha$$

$$\therefore \ M_2 = G_1 \cdot l = G \cdot \sin\beta \cdot R \cdot \cos\alpha$$

倾斜面稳定即 β 不再增加时，表示 M_1 和 M_2 两力矩平衡，故

$$\mu \cdot R \cdot G \cdot \cos\beta = G \cdot R \cdot \cos\alpha \cdot \sin\beta$$

化简得

$$\text{tg}\beta = \frac{\mu}{\cos\alpha}$$

可见在一定转速下，球体倾角 β 只取决于摩擦系数与 α 角；而 α 角又取决于相对装球量，装球量大，α 角也大。所以由公式可得出 β 角是随装球量的增加而增大的。

当 $\beta<$ 自然坡度角时，球体在筒内只滑动；当 $\beta>$ 自然坡度角时，球体在筒内就滚动。自然坡度角亦可称为 $\beta_{临界}$，故可由上公式得

$$\text{tg}\beta = \frac{\mu}{\cos\alpha} < \text{tg}\beta_{临界} \ \text{时，球作滑动}$$

$$\text{tg}\beta = \frac{\mu}{\cos\alpha} > \text{tg}\beta_{临界} \ \text{时，球作滚动}$$

2. 影响球磨的因素

（1）球磨筒的转速 前已指出，球体的运动状态是随筒体转速而变的。实践证明，$n_工=0.70\sim0.75n_{临界}$ 时，球体发生抛落；$n_工=0.60n_{临界}$ 时，球体滚动；$n_工<0.60n_{临界}$ 时，球以滑动为主。球的不同运动状态对物料的粉碎作用是不同的。因而，在实践中采用 $n_工=0.60n_{临界}$ 使球产生滚动来研磨较细的物料；如果物料较粗、性脆，需要冲击时，可选用 $n_工=0.70\sim0.75n_{临界}$ 的转速。

由于推导临界转速时作了一些假设，公式是不很精确的。有的磨矿机是在超临界转速下工作的，球磨效率仍然很高。影响球磨的因素是复杂的，在选择实际球磨转速时，还要综合考虑其他因素，具体分析才能确定。

（2）装球量 在一定范围内增加装球量能提高研磨效率。在转速固定时，装球量过少，球在倾斜面上主要是滑动，使研磨效率降低；但是，装球量过多，球层之间干扰大，破坏球的正常循环，研磨效率也降低。

装球量的多少是随球磨筒的容积而变化的。装球体积与球磨筒体积之比，叫做装填系数。一般球磨机的装填系数以 $0.4\sim0.5$ 为宜，随着转速的增大，可略有增加。

装填系数可通过理论计算来判断。根据上面讨论的，在规定的转速下应该使装球量足以将球体表面倾角 β 达到 $\beta_{临界}$ 而使球体能产生滚动。由图 1-95 可知

$$\text{弧形 } DFE \text{ 面积} = \text{扇形 } DAE \text{ 面积} - \text{三角形 } ADE \text{ 面积}$$

$$= \frac{2\alpha}{360}(\pi R^2) - \left(\frac{2R \cdot \cos\alpha \cdot R \cdot \sin\alpha}{2}\right)$$

$$= R^2 \left(\frac{2\pi\alpha}{360} - \cos\alpha \cdot \sin\alpha\right)$$

知道 R 与 α 便不难求出弧形 DFE 的面积，但按此式由弧形面积 DFE 求 α 时则比较复杂。为了运算方便，可用图解法。

令 $\varphi = \frac{2\pi\alpha}{360} - \cos\alpha \cdot \sin\alpha$，则 DFE 面积 $= \varphi R^2$。以 $\varphi = f(\alpha)$ 的关系作成一图（见图1-96），用此图由 φ 可很方便地求出 α。

$$B(\text{装填系数}) = \frac{\text{装球体积}}{\text{球磨筒体积}} = \frac{\text{弧形 } BFC \text{ 面积}}{\text{圆面积}} = \frac{2 \times DFE \text{ 面积}}{\pi R^2}$$

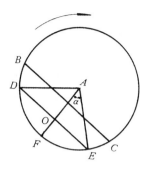

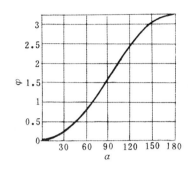

图 1-95　α 角与相对装球量的关系　　　　　　图 1-96　φ 与 α 的关系图

$$= \frac{2\varphi R^2}{\pi R^2}$$

$$\therefore \quad B = \frac{2\varphi}{\pi} \text{ 或 } \varphi = \frac{\pi B}{2}$$

现在讨论一下求装球量的步骤。要求得出装球量，必须知道临界装填系数 $B_{临界}$。而要求出 $B_{临界}$，首先必须用实验方法测定球体与球磨筒壁间的摩擦系数 μ 和球体在料中的自然坡度角 $\beta_{临界}$。

1) 实验法求摩擦系数　装一定量的球于球磨机中，使装填系数 B 为已知。在一定的转速下，可由实验求出倾角 β。又由 $\varphi = \frac{\pi B}{2}$ 求出 φ，再由 φ 用图解法求得 α。当 β、α 均为已知时，则可按 $\text{tg}\beta = \mu/\cos\alpha$ 求出摩擦系数 μ。

2) 实验求出球体的自然坡度角，当 $\beta_{临界}$ 已知时，再按 $\cos\alpha_{临界} = \mu/\text{tg}\beta_{临界}$，可求得 $\alpha_{临界}$。以 $\alpha_{临界}$ 用图解法求出 $\varphi_{临界}$，再按 $B_{临界} = 2\varphi_{临界}/\pi$，便可求出 $B_{临界}$。由 $B_{临界}$ 可估算出装球量。

(3) 球料比　在研磨中还要注意球与料的比例。料太少，则球与球间碰撞加多，磨损太大；料过多，则磨削面积不够，不能很好磨细粉末，需要延长研磨时间，能量消耗增大。

同时，料与球装得过满，使磨筒上部空间太小，球的运动发生阻碍后球磨效率反而降低。一般在球体的装填系数为 0.4～0.5 时，装料量应该以填满球间的空隙稍掩盖住球体表面为原则。也有建议装料量为磨筒容积的 20% 的。总之，球与料不能装得过满。

(4) 球的大小　球的大小对物料的粉碎有很大影响。如果球的直径小，球的质量轻，则对物料的冲击力弱；但球的直径太大，则装球的个数太少，因而撞击次数减少，磨削面积减小，也使球磨效率降低。

一般是大小不同的球配合使用，球的直径 d 一般按一定的范围选择：

$$d \leqslant \left(\frac{1}{18} \sim \frac{1}{24} \right) D$$

式中　D——球磨筒直径。

另外，物料的原始粒度愈大，材料愈硬，则选用的球也应愈大。实践中，球磨铁粉一般选用 10～20mm 大小的钢球；球磨硬质合金混合料，则选用 5～10mm 大小的硬质合金球。

（5）研磨介质 物料除了在空气介质中干磨外，还可在液体介质中进行湿磨，后者在硬质合金、金属陶瓷及特殊材料的研磨工艺中常被采用。根据物料的性质，液体介质可以采用水、酒精、汽油、丙酮等。水能使粉末氧化，故一般不用。在湿磨中有时加入一些表面活性物质，可使颗粒表面为活性分子层所包围，从而防止细粉末的焊接聚合；活性物质还可渗入到粉末颗粒的显微裂纹里，产生一种附加应力，促进裂纹的扩张，对粉碎过程是有利的。总之，湿磨的优点主要有：1）可减少金属的氧化；2）可防止金属颗粒的再聚集和长大，因为颗粒间的介电常数增大了，原子间的引力减小了；3）可减少物料的成分偏析并有利于成形剂的均匀分散；4）加入表面活性物质时可促进粉碎作用；5）可减少粉尘飞扬，改善劳动环境。

当然，湿磨增加了辅助工序（如过滤、干燥等），因此应根据物料的要求来选择干磨或湿磨。必须指出，不是所有研磨介质都是为了加强粉碎作用的，有时可把研磨介质作为保护介质，如有的活性易氧化的金属的研磨就在惰性介质中进行。

（6）被研磨物料的性质 物料是脆性的还是塑性的对研磨过程有很大的影响。前苏联于1963年在这方面的研究指出物料的粉碎遵循着如下规律[76]：

$$\ln \frac{S_m - S_0}{S_m - S} = kt$$

式中 k ——分散速度常数；

　　　t ——研磨时间；

　　　S_m ——物料极限研磨后的比表面；

　　　S_0 ——物料研磨前的比表面；

　　　S ——物料研磨后的比表面。

实验证明，很多金属与化合物在研磨时很好地遵循上述公式的关系（见图1-97）。由图可以看出，脆性物料虽然硬度大，但可很快粉碎；而较塑性的物料虽然硬度小，但却较难粉碎。显然这是由于脆性和塑性物料粉碎的机理不同。因此，被碎物料的人工脆性化便具有重大的意义。已知吸氢的电解阴极沉积物是很脆的，因此稀有金属如钛、锆等，常先在氢中加热脆化，然后再研磨脆性氢化物，最后再在真空中加热脱氢便得纯金属粉末。此外，还有合金的晶间脆化、电化学处理脆化等，只要不损害粉末的性能都可应用以利研磨。

其次，要求物料的最终粒度愈细时，则所需研磨时间愈长，这从图1-97中也可看出。当然，这并不意味着无限制延长研磨时间，粉末就可无限地被粉碎，存在着极限研磨的颗粒大小，不可能更小。在实际研磨过程中，研磨时间一般是几小时到几十小时，很少超过100小时，还远远达不到极限研磨状态。

在研磨过程中，由于颗粒表面被磨平，氧化层剥落，内孔隙减少等都促使粉末松装密度增大，因此，球磨常用来调节粉末的松装密度。

3. 研磨的强化

球磨粉碎物料是一个很慢的过程，特别是粉碎得很细时，研磨时间很长。如何强化研磨提高研磨效率是重要的课题。强化研磨的方法很多，下面简单介绍振动球磨和搅动球磨。

（1）振动球磨 振动球磨机的结构示意图如图1-98所示。

振动球磨主要是惯性式，由偏心轴旋转的惯性使筒体发生振动。球体的运动方向和主轴的旋转方向相反，除整体的运动外，每个球还有自转运动，而且振动的频率愈高，自转

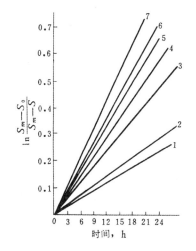

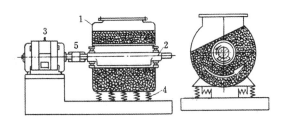

图 1-97 $\ln\dfrac{S_m-S_0}{S_m-S}$ 与研磨时间的关系

1—Ti；2—Ni；3—NbC；4—ZrO$_2$；

5—SiC；6—ZrC；7—Al$_2$O$_3$

图 1-98 振动球磨机结构示意图

1—筒体；2—偏心轴；3—马达；

4—弹簧；5—弹性联轴节

愈激烈。随着频率增高，各球层间的相对运动增加，外层运动速度大于内层运动速度，频率越高，球层空隙越大，使球如处于悬浮状态。球体在内部也会脱离磨筒发生抛射，因而对物料产生冲击力。

为了计算在单位时间内传给球体的总冲击次数，可采用如下的经验公式[77]：

$$m = V \cdot K \cdot B \cdot n \cdot Z \cdot E \quad 次/min$$

式中 m ——单位时间内研磨体造成的总冲击次数；

V ——振动球磨筒的体积；

K ——每立方分米中可容纳研磨体的数量；

B ——研磨体的装填系数；

n ——振动器轴每分钟转数；

Z ——轴每转一周由磨筒传给研磨体的冲击数；

E ——轴每转一周由邻近的研磨体传给每个研磨体的补充冲击数。

如果假设 $K=1250$ 个/dm^3（平均直径为 10mm），$B=0.8$，$n=1500$r/min，$Z=1$，$E=1$ 即不计由邻近研磨体传给每个研磨体的补充冲击数，那末，容积为 200dm^3 的振动磨内传给研磨体的总冲击次数为

$$m = 200 \times 1250 \times 0.8 \times 1500 \times 1 \times 1 = 3 \times 10^8 \quad 次/min$$

由此看来，振动球磨每分钟作用于物料的冲击数是很大的，因而研磨效率大大提高。如果研磨效率以单位时间物料比表面增加量 R 来表示，则 R 为下列因素的函数：

$$R = f(\omega, e, d, d_m, \rho, \sigma, B, \tau)$$

式中 ω ——振动频率；

e ——振幅；

d —— 球的直径；

d_m —— 物料粒度；

ρ —— 球体密度；

σ —— 物料的强度；

B —— 球体的装填系数；

τ —— 物料的装填系数。

由实验得知，$R = \dfrac{\rho \cdot \omega^5 \cdot e \cdot d \cdot d_m}{\sigma^2}$，可见振动频率对 R 的影响是极大的，因此，提高频率是提高研磨效率的有效方法。不过，频率高时，振幅应小，可用来研磨极细的粉末，有时达 $1 \sim 3 \mu m$；频率低时，振幅应大，适于作稍粗的研磨。同时，振动球磨的装填系数比普通球磨的可高一些，可达 0.8。

振动球磨虽然效率高，但也有缺点：弹簧在高频振动下易于疲劳；振幅小，进料粒度不能很大。

（2）搅动球磨　一种内壁不带齿的搅动球磨机的结构如图 1-99 所示[24]。另外，也有内壁带齿的搅动球磨机。

搅动球磨与滚动球磨的区别在于使球产生运动的驱动力不同，搅动球磨机的磨筒是用水冷却的固定筒，内装硬质合金球或镍球，球由模具钢制的转子搅动，转子表面镶有硬质合金或钴基合金，转子搅动球使产生相当大的加速度传给物料，因而对物料有较强烈的研磨作用。同时，球的旋转运动在转子中心轴的周围产生旋涡作用，对物料产生强烈的环流，使粉末研磨得很均匀。此外，搅动球磨的氧含量比一般滚动球磨或振动球磨的要低，杂质如铁的增量也要低。

搅动球磨除了用于物料粉碎和硬质合金混合料的研磨外，也用于机械合金化生产弥散强化粉末以及金属陶瓷等。例如，70 年代初，国际镍公司用搅动球磨将镍、镍铬铝钛母合金和氧化钍混合料机械合金化制取弥散强化超合金取得了较好的效果[78]，现在，机械合金化得到了广泛的应用。

二、其他机械粉碎法

1. 旋涡研磨

一般机械研磨只适于粉碎脆性金属和合金，旋涡研磨就是为了有效地研磨软的塑性金属而发展起来的方法，最先用来生产磁性材料的纯铁粉。旋涡研磨机又称汉米塔克研磨机[79]。旋涡研磨机的结构如图 1-100 所示。

旋涡研磨机的工作室中不放任何研磨体，主要是靠被研磨物料颗粒间自相撞击和物料颗粒与磨壁、螺旋桨间的撞击来进行研磨的。螺旋桨以每分钟约 3000 转的转速旋转，形成两股相对的气流，气流带起粉末颗粒，使其相互撞击而被磨碎。

由于旋涡研磨所得的粉末较细，为了防止细粉末被氧化，可以通入惰性气体、还原性气体作为保护气氛。旋涡研磨所得粉末在多数情况下颗粒表面形成特别的凹形，通常称为碟状粉末。旋涡研磨进料可以是细金属丝、切屑及其他废屑，能广泛利用边角余料来生产金属粉、合金粉。

2. 冷气流粉碎

冷气流粉碎的基本工艺[80]是：利用高速高压的气流带着较粗的颗粒通过喷嘴轰击于击

118

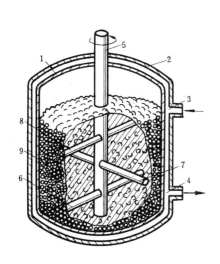

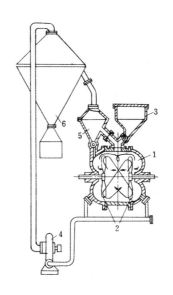

图 1-99　搅动球磨机结构示意图	图 1-100　旋涡研磨机结构示意图
1—圆筒；2—冷却套；3—冷却剂入口；4—冷却剂出口；	1—研磨室；2—螺旋桨；3—料斗；
5—轴；6、7、8—水平搅拌转子；9—研磨体	4—泵；5—集粉箱；6—空气分离器

碎室中的靶子上，压力立刻从高压（高达 7MPa）降到 0.1MPa，发生绝热膨胀，使金属靶和击碎室的温度降到室温以下甚至零度以下，冷却了的颗粒就被粉碎。这样可以保证金属靶不损坏并防止粉末发热氧化。整个操作是连续的，粉末都用空气动力输送。所用的原料要求破碎到一定细度以适于运送，现有设备能使用过 8 目的颗粒，有时可用过 4 目的颗粒。

　　气流压力愈大，制得的粉末的粒度愈细。用冷气流粉碎法制取的钴基超合金的粉末粒度、氧含量与气流压力的关系如表 1-49 所示。

表 1-49　冷气流粉碎钴基超合金粉末粒度、氧含量与气流压力的关系

气流压力，MPa	粉末平均粒度，μm	粉末氧含量，10^{-4}%
0.7	60	215
1.4	46	200
2.1	25	200
2.8	17.5	335
5.6	8.2	1820

　　冷气流粉碎法生产的粉末颗粒细而均匀，形状不规则，几乎无氧化。此法粉碎塑性金属和合金，如不锈钢、合金钢、超合金等效果都很好。

第八节　超细金属粉末及其制取

一、超细金属粉末

　　近年来，将粒径小于 0.1μm 而必须用电子显微镜才能看见的颗粒定为超细颗粒。超细金属粉末是指许多单个超细金属颗粒的聚合体。纳米科技出现后，纳米材料科学包括纳米微粒和纳米固体两个层次。纳米科技的研究尺度为 0.1～100nm。

当大块材料采用物理、化学、生物等方法细分成纳米微粒时，它的性质与大块材料便显著不同了，它具有许多特异性能：如（1）能完全吸收光而成为近于理想的黑体，能充分吸收电磁波和红外线，例如，金、银细分为纳米微粒后呈黑色，成为对可见光几乎全部吸收的黑体；（2）熔点比大块金属低得多，例如，超细镍粉在 200℃ 开始部分熔化；（3）在极低温度下几乎无热阻，导热性能好；（4）导电性能好，显示出超导性；（5）超细铁系合金粉末呈单磁畴结构，例如 2～10nm 的氧化铁具有极强的磁性和导光性能。因此，超细金属粉末具有广阔的应用前景，广泛应用于电子、原子能、航天、化学以及生物工程等领域用作波能吸收材料、信息贮存材料、磁流体、薄膜集成电路的导电材料、催化剂和助燃剂、微孔过滤器及敏感元件等。

二、超细金属粉末制取方法简介

超细金属粉末的制取方法很广，分物理法、化学法和物理化学法三大类。

物理法有：物理气相沉积法（PVD）、流动油面上真空蒸发法（VEROS）、低压气中蒸发法（包括等离子射流蒸发法，电子束法等）。

化学法有：金属羰基物热分解法、等离子化学气相沉积法（PCVD）、溶胶—凝胶法（SOL-GeL）、气体还原法。

物理化学法有：活化氢熔融金属反应法、真空电弧等离子射流蒸发反应法。

上述这些方法有些已在前面有关章节中提到过。下面仅就气体还原法和真空电弧等离子射流蒸发反应法加以简单介绍。

气体还原法 例如氢还原法可用来制取高密度、高质量磁记录用针状铁磁金属超细微粒。

制取针状金属超细微粒时，制得针状 α-FeOOH 微粒是关键步骤之一。按 $Al/Fe^{2+}=1.67\%$ 及 $P/Fe^{2+}=1.46\%$ 的摩尔比分别称取所需的 $Al_2(SO_4)_3 \cdot 18H_2O$ 及 $Na_3PO_4 \cdot 12H_2O$，并称取适量的 $FeSO_4 \cdot 7H_2O$ 和 NaOH。在 N_2 保护下将 NaOH、Na_3PO_4、$FeSO_4$ 和 $Al_2(SO_4)_3$ 混合使其发生共沉淀反应。将反应液用蒸馏水洗至中性，洗后结块烘干并研碎，即制得橙黄色的 α-FeOOH 微粒。

将所制得的 α-FeOOH 微粒脱水，在 400℃ 用 H_2 还原，再空气钝化或甲苯钝化，即制得较稳定的针状铁磁金属超细微粒。

真空电弧等离子射流蒸发反应法是真空电弧等离子蒸发法与等离子化学气相沉积法结合起来的一种方法，就是利用热转换率较高的转移弧加热蒸发块体材料，同时将反应气体导入等离子射流与蒸气直接反应，通过弧与周围气氛陡降的温度场形成超细微粒。该法的过程如图 1-101 所示。

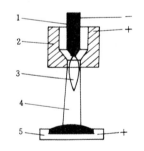

图 1-101　电弧等离子射流蒸发
反应法过程示意图

1—阴极；2—阳极；3—非转移弧；
4—转移弧；5—坩埚

思 考 题

1. 碳还原法制取铁粉的过程机理是什么？影响铁粉还原过程和铁粉质量的因素有哪些？

2. 制取铁粉的主要还原方法有哪些？比较其优缺点。

3. 发展复合型铁粉的意义何在？

4. 还原法制取钨粉的过程机理是什么？影响钨粉粒度的因素有哪些？

5. 作为还原钨粉的原料，蓝钨比三氧化钨有什么优越性，其主要工艺特点是什么？

6. 试举出还原-化合法的应用范围。

7. 试举出气相沉积法的应用范围。

8. 试举出液相沉淀法的应用范围。

9. 水溶液电解法的成粉条件是什么？与电解精炼有什么异同？

10. 影响电解铜粉粒度的因素有哪些？

11. 电解法可生产哪些金属粉末？为什么？

12. 金属液气体雾化过程的机理是什么？影响雾化粉末粒度、成分的因素有哪些？

13. 离心雾化法有什么特点？

14. 快速冷凝技术的特点是什么？快速冷凝技术的主要方法有哪些？

15. 雾化法可生产哪些金属粉末？为什么？

16. 有哪些方法可生产铁粉？比较各方法的优缺点。

17. 从技术上、经济上比较生产金属粉末的三大类方法：还原法，雾化法和电解法。

18. 试论述超细粉末的前景及应用。

第二章　粉末性能及其测定

第一节　粉末及粉末性能

一、粉末体

粉末冶金制品或材料，同制成它们的粉末一样属于固态物质，而且化学成分和基本的物理性质（材料的熔点、密度和显微硬度）也相近，但是就分散性和内部颗粒的联结性质而言，是不一样的。通常把固态物质按分散程度不同分成致密体、粉末体和胶体三类[1]，即大小在 1mm 以上的称为致密体或常说的固体，$0.1\mu m$ 以下的称为胶体微粒，而介于二者的称为粉末体。

粉末冶金用的原料粉末基本上在粉末体的范围内，但在特殊情况下，也用毫米级以上的粗颗粒，称为颗粒冶金；同时，$0.1\mu m$ 以下的超细粉末的应用也日渐增加。

粉末体，简称粉末，是由大量的粉末颗粒组成的一种分散体系，其中的颗粒彼此可以分离，或者说，粉末是由大量的颗粒及颗粒之间的空隙所构成的集合体；而普通的固体或致密体则是一种晶粒的集合体。致密固体内，晶粒之间没有宏观的孔隙，靠原子间的键力联结；而粉末体内，颗粒之间有许多的小孔隙，而且联结面很小，面上的原子间不能形成强的键力。因此，粉末不像致密体那样具有固定的形状，而表现为与液体相似的流动性；然而由于颗粒间相对移动时存在摩擦，粉末的流动性又是有限的。至于气溶胶体或液溶胶体中的微粒，彼此间的距离更大，仅存在类似分子布朗运动引起的粒子间不规则的碰撞，因而联结力是极微弱的。

二、粉末颗粒

1. 颗粒聚集状态

粉末中能分开并独立存在的最小实体称为单颗粒。多数场合下，颗粒与邻近的颗粒粘附，并且有时形成链状或更复杂的形状。颗粒间的粘附力，据拉提（Latty）和克拉克（Clark）[2]计算，比范德华引力大得多，而接近电荷的库仑引力。

单颗粒如果以某种方式聚集，就构成所谓的二次颗粒，其中的原始颗粒就称为一次颗粒。有的单颗粒，虽然也可以按其中的晶粒划分为更小的单位，但与上述意义的二次颗粒不同。

图 2-1[3]描绘了由若干一次颗粒聚集成二次颗粒的情形。一次颗粒之间形成一定的粘结面，在二次颗粒内存在一些微细的空隙。一次颗粒或单颗粒可能是单晶颗粒，而更普遍情况下是多晶颗粒，但晶粒间不存在空隙。

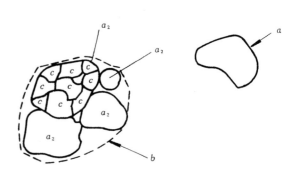

图 2-1　聚集颗粒示意图

a—单颗粒；b—二次颗粒；a_2——次颗粒；c—晶粒

二次颗粒，可以由化合物的单晶体或多晶体经分解、焙解、还原、置换或化合等物理化学反应并通过相变或晶型转变而形成；也可以由极细的单颗粒通过高温处理（如煅烧、退火）烧结而形成。例如：由仲钨酸铵盐单晶体煅烧后得到三氧化钨的颗粒团，还原时由于烧结作用，其中的单颗粒逐渐成长，彼此结合成为多晶体，从而使整个颗粒团收缩，形成牢固的钨的二次颗粒；超细钨粉通过高温碳化，由数个或数十个钨的单颗粒在转变成碳化钨晶体的同时烧结成一个较大的碳化钨二次颗粒。用液相沉淀或气相沉积方法制造粉末时，可以由离子或原子通过结晶直接转变为二次颗粒。

通过聚集方式得到的二次颗粒被称为聚合体或聚集颗粒。实际上，颗粒的聚集还有两种形式，即所谓团粒和絮凝体[4]。前者是由单颗粒或二次颗粒靠范德华引力粘结而成的，其结合强度不大，用研磨、擦碎等方法或在液体介质中就容易被分散成更小的团粒或单颗粒，例如低温干燥得到的氧化物粉末或由金属盐类经低温煅烧得到的氧化物粉末，均属于这种聚集颗粒。絮凝体则是在粉末悬浊液中，由单颗粒或二次颗粒结合成的更松软的聚集颗粒。

颗粒的聚集状态与聚集程度不同，粒度的含义和测定方法也就不同。因为，用一般的方法所测定的粒度均是反映单颗粒或二次颗粒的大小的，即在分散不良的情况下，只能反映聚集颗粒的粒度。但是二次颗粒中的一次颗粒的大小才对烧结体显微组织内晶粒的结构与大小起决定作用，因而也需要测定一次颗粒的大小。另外，有些粒度测定方法的误差以及不同测定方法结果的对比或换算的难易，均与颗粒的聚集状态与聚集的程度有直接关系。

颗粒的聚集程度对粉末的工艺性能影响很大。从粉末的流动性和松装密度看，聚集颗粒相当于一个大的单颗粒，流动性和松装密度均较细的单颗粒高，而且压缩性也较好。但是，一次颗粒在压制过程中同样经受变形，也能影响压缩性和成形性；而烧结过程中，一次颗粒所起的作用比二次颗粒显得更重要。

2. 颗粒结晶构造

金属及多数非金属颗粒都是结晶体，但颗粒的外形却不总与其特定的晶型相一致。因为除少数的粉末生产方法，如气相沉积和液相结晶能提供粉末晶体充分成长的条件之外，通常是在晶体生长不充分的情况下得到粉末的；而且原始粉末在经过破碎、研磨等加工后，晶体的外形已遭到破坏。

制粉工艺对颗粒的晶粒结构起着主要的作用。一般说，颗粒具有多晶结构，而晶粒大小取决于工艺特点和条件。对于极细的粉末，可能出现单晶颗粒。但正如图 2-1 中所示，即使由这样的单晶一次颗粒组成的二次颗粒，也仍然是多晶颗粒。

将粉末制成金相样品进行观察，会发现颗粒的晶粒内可能存在亚晶结构（即嵌镶块组织）。进一步由金相磨片制成碳复膜在放大倍数更高的电镜下观察，就更容易识别和测定颗粒内的亚结构。图 2-2 和图 2-3[5]分别显示了颗粒内的晶粒和亚晶粒结构。

粉末颗粒实际结构的复杂性还表现为晶体的严重不完整性，即存在许多结晶缺陷，如空隙、畸变、夹杂等；从更微观的角度看，粉末晶体由于严重的点阵畸变，有较高的空位浓度和位错密度。因此，粉末总是贮存了较高的晶格畸变能，具有较高的活性。

3. 表面状态

粉末颗粒细，有发达的外表面；同时粉末颗粒的缺陷多，内表面也相当大。外表面包括颗粒表面所有宏观的凸起和凹进的部分以及宽度大于深度的裂隙；而内表面包括深度超过宽度的裂隙、微缝以及与颗粒外表面连通的孔隙、空腔等的壁面，但不包括封闭在颗粒

 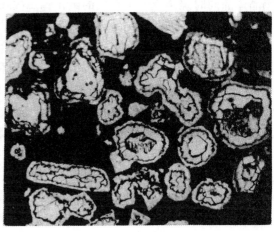

图 2-2　中偏粗钨粉的断面结构（放大 1000 倍）　　　图 2-3　粗碳化钨粉的断面结构（放大 200 倍）

内的潜孔。多孔性颗粒的内表面常常比外表面大几个数量级，特别是二次颗粒和粉末的压坯，已有相当大的一部分外表面变成了内表面。

粉末发达的表面积贮藏着高的表面能，对于气体、液体或微粒表现出极强的吸附能力。因而，超细粉末容易自发地聚集成二次颗粒，并且在空气中极易氧化或自燃。

金属粉末长时间暴露在大气中，与氧或水蒸气作用，表面形成氧化膜，加上吸附的水分和气体（N_2、CO_2），使颗粒表面覆盖层可达到几百个原子的厚度。超细铝粉（粒度为 20～60nm）的比表面高达 $70m^2/g$[3]，其氧化膜层可占质量的 16%～18%。

粉末冶金工业用的铁、铜、钨等金属粉末，在技术标准中都规定了氧含量，其中包括表面吸附和氧化膜中的氧。

三、粉末性能

粉末是颗粒与颗粒间的空隙所组成的分散体系，因此研究粉末体时，应分别研究属于单颗粒、粉末体以及粉末体的孔隙等的一切性质[3]。

（1）单颗粒的性质

1）由粉末材料所决定的性质：点阵构造、固体密度、熔点、塑性、弹性、电磁性质、化学成分。

2）由粉末生产方法所决定的性质：粒度、颗粒形状、有效密度、表面状态、晶粒结构、点阵缺陷、颗粒内气体含量、表面吸附的气体与氧化物、活性。

（2）粉末体的性质　除了单颗粒的性质以外，还包括：平均粒度、粒度组成、比表面、松装密度、摇实密度、流动性、颗粒间的摩擦状态。

（3）粉末的孔隙性质　它包括：总孔隙体积 P、颗粒间的孔隙体积 P_1、颗粒内孔隙的

体积 $P_2 = P - P_1$、颗粒间的孔隙数量 n、平均孔隙大小 P_1/n、孔隙大小的分布、孔隙形状。

粉末性能的上述分类，使我们对粉末性能有一全面的认识。但在实际工作中不可能对它们逐一进行测定，通常按粉末的化学成分、物理性能和工艺性能进行划分和测定。

1. 化学成分

粉末的化学成分应包括主要金属的含量和杂质的含量。杂质主要指：（1）与主要金属结合，形成固溶体或化合物的金属或非金属成分，如还原铁粉中的 Si、Mn、C、S、P、O 等；（2）从原料和从粉末生产过程中带进的机械夹杂，如 SiO_2、Al_2O_3、硅酸盐、难熔金属或碳化物等酸不溶物；（3）粉末表面吸附的氧、水汽和其它气体（N_2、CO_2）。制粉工艺带进的杂质有：水溶液电解粉末中的氢，气体还原粉末中溶解的碳、氮或氢，羰基粉末中溶解的碳等。

金属粉末的化学分析与常规的金属分析方法相同，即首先测定主要成分的含量，然后测定其它成分（包括杂质）的含量。

金属粉末的氧含量，除采用库仑分析仪测定全氧量之外，还采用一种简便的氢损法[6]，即测定可被氢还原的金属氧化物中的那部分氧含量，适用于工业铁、铜、钨、钼、镍、钴等粉末（表 2-1）。金属粉末的试样在纯氢气流中煅烧足够长时间（铁粉为 150℃，1h；铜粉为 875℃，0.5h），粉末中的氧被还原生成水蒸气，某些元素（C、S）与氢生成挥发性化合物，与挥发性金属（Zn、Cd、Pb）一同排出，测得试样粉末的相对质量损失，称为氢损，氢损值按下面公式计算：

$$氢损值 = \frac{A - B}{A - C} \times 100\%$$

式中　A —— 粉末试样（5g）加烧舟的质量；

　　　B —— 氢中煅烧后残留物加烧舟的质量；

　　　C —— 烧舟质量。

氢损法被认为是对金属粉末中可被氢还原的氧化物的氧含量的估计，但如果粉末中有在分析条件下不被氢所还原的氧化物（SiO_2、CaO、Al_2O_3），测得的值将低于实际的氧含量；如果在分析条件下粉末有脱碳、脱硫反应及金属挥发时，测得的值将高于实际氧含量。氢损法测量氧含量范围：Cu、Fe 粉为 0.05%～3.0%，W 粉为 0.01%～0.5%。

表 2-1　氢损试验温度与时间参数

粉末种类	煅烧温度，℃	煅烧时间，min	烧舟材料
铁	1150±20	60	刚　玉
合金钢	1150±20	60	刚　玉
铜	875±20	30	石　英
镍	1050±20	60	刚　玉
钴	1050±20	60	刚　玉
锡	550±10	30	刚　玉
铜-锡合金	775±15	30	石　英
铅	550±10	30	刚　玉
铅-锡合金	550±15	30	刚　玉
钨	1150±20	60	刚　玉
钼	1100±20	60	刚　玉

金属粉末的杂质测定还采用所谓酸不溶物法。国内外对测定铜粉和铁粉中不高于1%的矿物酸不溶性杂质含量的方法均有标准[6]。该方法的原理是：粉末试样用某种无机酸（铜用硝酸，铁用盐酸）溶解，将不溶物沉淀和过滤出来，在980℃下煅烧1h后称重，再按下列公式计算酸不溶物含量：

$$铁粉盐酸不溶物 = \frac{A}{B} \times 100\%$$

式中　A——盐酸不溶物的克数；

　　　B——粉末试样的克数。

$$铜粉硝酸不溶物 = \frac{A-B}{C} \times 100\%$$

式中　A——硝酸不溶物的克数；

　　　B——相当于锡氧化物的克数；

　　　C——粉末试样的克数。

锡氧化物含量B的测定是在硝酸不溶物中加NH_4I，于坩埚内加热至425～475℃，经15min后冷却，再加2～3mLHNO$_3$使其溶解，再称残留物重量，前后的质量差就是B值。

显然，在煅烧时能挥发的酸不溶物将不包括在测定结果中。因此铜粉的硝酸不溶物包括SiO_2、硅酸盐、Al_2O_3、CaO、粘土及难熔金属，也可能包括硫酸铅；铁粉的盐酸不溶物除以上杂质外，还包括碳化物。

先进的仪器分析方法已被用于金属与合金粉末的化学分析上，这包括发射光谱法、色谱法、X荧光法及中子激活分析等。电子或离子束微区分析可以测定粉末颗粒内化学元素的分布。颗粒表面化学分析也日益受到重视，主要方法有俄歇电子谱仪、X光或电子谱仪、质谱仪以及离子散射谱仪等，用来测定超微粉、活性粉、高温合金粉颗粒表面的化学组成及变化。

2. 物理性能

粉末的物理性能包括：颗粒形状与结构，颗粒大小和粒度组成，比表面积，颗粒的密度、显微硬度，光学和电学性质，熔点、比热容、蒸气压等热学性质，由颗粒内部结构决定的X射线、电子射线的反射和衍射性质，磁学与半导体性质等。

实际上，粉末的熔点、蒸气压、比热容与同成分致密材料的差别很小，而光学、X射线、磁学等性质与粉末冶金的关系不大，因此，这里仅介绍颗粒形状、粒度及粒度组成、比表面、颗粒密度、粉末体密度及其测定方法。粒度及粒度组成、比表面将在第二节单独论述，下面先讨论颗粒形状、颗粒密度与显微硬度。

（1）颗粒形状　将粉末试样均匀分散在玻璃片上，用放大镜或各种显微镜观察，可发现粉末的单颗粒具有类似的几何形状。颗粒形状主要由粉末的生产方法决定，同时也与物质的分子或原子排列的结晶几何学因素有关。

颗粒形状，可以笼统地划分为规则形状和不规则形状两大类，前者是指颗粒的外形或结构可用某种几何形状的名称近似地描述，一般有图2-4所示的几种典型形状，它们与生产粉末的方法的关系如表2-2[3]所示。

颗粒形状直接影响粉末的流动性、松装密度、气体透过性，另外对压制性与烧结体强度也有显著影响。

观察和研究颗粒的形状和表面结构，可以采用光学显微镜、透射电镜与扫描电镜；特别粗的粉末也可用肉眼或放大镜观察。但肉眼的分辨率约 0.1mm，所以对更细的粉末，一定要用各种显微镜放大观察（见表 2-3[8]）。

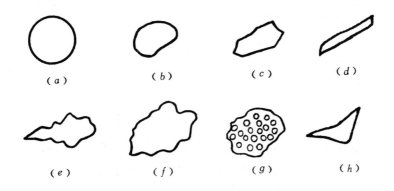

图 2-4　粉末颗粒的形状

(a) 球形；(b) 近球形；(c) 多角形；(d) 片状；(e) 树枝状；(f) 不规则形；
(g) 多孔海绵状；(h) 碟状

表 2-2　颗粒形状与粉末生产方法的关系

颗粒形状	粉末生产方法	颗粒形状	粉末生产方法
球　　形	气相沉积，液相沉淀	树　枝　状	水溶液电解
近 球 形	气体雾化，置换（溶液）	多孔海绵状	金属氧化物还原
片　　状	塑性金属机械研磨	碟　　状	金属旋涡研磨
多 角 形	机械粉碎	不 规 则 形	水雾化，机械粉碎，化学沉淀

显微镜的分辨率

$$\delta = \frac{0.61\lambda}{n\sin\theta}$$

式中　λ ——光波波长；

　　　n ——镜头与试样间介质的折射率；

　　　θ ——透镜的界角。

表 2-3　各种显微镜的分辨能力与有效放大倍率

显微镜种类	分辨能力 δ，nm	有效倍率 M[①]
光学显微镜	$\delta_{最高}=200$	$M=1500$
	$\delta_{一般}=400$	$M=750$
透射电镜	$\delta_{最高}=0.15$	$M=2\times10^6$
	$\delta_{一般}=0.5$	$M=4\times10^5$
扫描电镜	$\delta_{最高}=3$	$M=1\times10^5$
	$\delta_{一般}=30$	$M=1\times10^4$

① 有效倍率 $M=\delta_{眼}/\delta=0.3mm/\delta$

由此可见：波长 λ 愈小，$n\sin\theta$ 愈大，则分辨率愈小，即分辨能力愈高。一般讲，θ 不超过 70°，n 随介质而变化。选用油镜头时 $n\sin\theta=1.4$，因此当可见光波长为 420nm 时，则

按上式计算 $\delta = 0.18\mu m$；用干式镜头时，$n\sin\theta < 1$，则 $\delta = 0.4\mu m$。

电镜使用比可见光波长短得多的电子射线，大大提高了分辨能力。例如当电子加速电压为 100kV 时，电子射线波长 $\lambda = 0.004nm$，为可见光波长十万分之一，因此电镜的分辨率 δ 可达到光学显微镜的 $1/1000 \sim 1/3000$，即 $0.5 \sim 0.2nm$，但实际上最便于应用的分辨能力为 $5 \sim 10nm$。使用透射电镜观测时，粉末颗粒只需适当加以分散，无需制作透明复膜；但作颗粒表面结构研究时，制备复膜是必不可少的。

扫描电镜也已用于颗粒的观测。电子束扫描粉末试样后，产生二次电子射线，在 Braun 管上显像。其分辨能力一般为 $50 \sim 100nm$，虽不及透射电镜，但可显示颗粒的三维形貌和表面结构。

粉末颗粒形状影响粉末的流动性和压制性能，它主要由粉末粒度和粉末生产方法所决定。在测定和表示粉末粒度时，常常采用所谓形状因子或形状系数作为定量描述颗粒形状的参数。如果颗粒都有相同的简单几何形状，如球体、圆柱体或立方体，粒度就可用颗粒的直径（对球体）、直径和高度（对圆柱体）或边长（对立方体）以及类似的量表示。可是，实际的颗粒几乎总是很不规则的，仅用长、宽、高来表示是不准确的，但为了简化测量工作，仍以这三维尺寸为基础，用某种形状因子将它们联系起来。目前主要采用下面几种[9]：

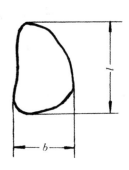

图 2-5　颗粒最大投影面

1）延伸度　对于任意形状的颗粒，取其最大尺寸作为长度 l（图 2-5），从垂直于最稳定平面的方向观察到颗粒的最大投影面上两切线间的最短距离作为宽度 b，而与最稳定平面垂直的尺寸作为厚度 t，则延伸度定义为 $n = l/b$。

延伸度愈大，说明颗粒愈细长，如针状、纤维状粉末；而对称性愈高的粉末，延伸度愈小。延伸度显然不能小于 1。

2）扁平度　片状粉末用延伸度显然不能描述颗粒厚度方向的不对称性，因而又定义扁平度 $m = b/t$。此值愈大，说明颗粒愈扁。

3）齐格(Zigg)指数　定义为延伸度/扁平度 $= \dfrac{l}{b} / \dfrac{b}{t} = \dfrac{lt}{b^2}$，其值偏离 1 愈大，表示颗粒形状对称性愈小。

4）球形度　与颗粒相同体积的相当球体的表面积对颗粒的实际表面积之比称为球形度。它不仅表征了颗粒的对称性，而且与颗粒的表面粗糙程度有关。一般情况下，球形度均远小于 1。

5）圆形度　与颗粒具有相等投影面积的圆的周长对颗粒投影像的实际周长之比称为圆形度。

6）粗糙度（皱度系数）　球形度的倒数称粗糙度。颗粒表面有凹陷、缝隙和台阶等缺陷均使颗粒的实际表面积增大，这时皱度系数值也将增大。确定粗糙度最精密的办法是用吸附法准确测定颗粒的比表面。

以上形状因子大多数是应用显微镜方法时提出的。在应用其它粒度测定方法时，例如沉降法、吸附法和透过法等，常常使用名义直径或当量直径，这时的形状因子是表示实际

128

粉末偏离球形的程度的，包括表面形状因子、体积形状因子及两者的比值——比形状因子[4]。

直径为 d 的均匀球体，其表面积和体积分别是：$S=\pi d^2$ 和 $V=\frac{\pi}{6}d^3$，其中的系数 π 和 $\pi/6$ 就称为球的表面形状因子和体积形状因子。对于任意形状的颗粒，其表面积和体积总可以认为与某一相当球体直径的平方和立方成正比，而比例系数则与选择的直径有关。如果用投影面直径 d_a，则表面积和体积可由 $S=fd_a^2$ 和 $V=Kd_a^3$ 二式表示，式中的 f、K 也叫做表面形状因子和体积形状因子，二者的比值 f/K 称为比形状因子。对于规则球形颗粒，$f=\pi$，$K=\pi/6$，比形状因子 $f/K=6$；同样可算得规则正方体颗粒的比形状因子也等于 6。其它任何形状的颗粒，f/K 值均大于 6；而且形状愈复杂，颗粒的表面积愈发达，则比形状因子就愈大（表 2-4）。

表 2-4　某些金属粉末的形状因子[4]

粉末名称	颗粒形状	f	K	f/K
	球　形	π (3.14)	$\pi/6$ (0.524)	6.0
雾化锡粉	近球形	2.90	0.4	7.3
不锈钢粉	多角形	2.65	0.36	7.4
钨　粉	不规则角形	3.37	0.45	7.5
铝　粉	长球形	2.75	0.32	8.6
铝-镁合金粉	多角形	2.67	0.25	10.7
电解铜粉	树枝状	2.32	0.18	12.9
电解铁粉	细长不规则形	2.73	0.15	18.2
铝　箔	薄片状	1.60	0.02	80.0

测定体积形状因子时，先用严格分级方法取出粒度范围很窄的已知粒度的粉末试样，再由颗粒数 n、平均粒度 $d_平$、粉末质量 m 和颗粒的比重瓶密度 $d_比$ 计算一个颗粒的体积 $V=\frac{m}{nd_比}$，如果平均粒度是由投影面直径计算的体积平均径，则由前面的公式 $V=Kd_平^3=\frac{m}{nd_比}$ 可以算得 $K=\frac{m}{nd_比 d_平^3}$。然而表面形状因子很难由小颗粒的外表面积直接求得，但可以根据几何相似原理由粗颗粒经测量和计算得到。

贝多（Beddow）、埃里希（Ehrlich）和麦洛（Meloy）在细颗粒的形貌分析上有创造性的贡献[10]。他们把颗粒形状定义为"颗粒表面上全部点的图像"，在颗粒轮廓外表上取一系列点用极坐标 (R, θ) 对应表示在平面图形上，称为数字化处理，然后利用富里哀级数变换成下面的方程式：

$$(R, \theta) = A_0 + \sum_{n=2}^{\infty} A_n\cos(n\theta - \alpha_n)$$

式中　A_0——颗粒的名义直径；

　　　A_n——富里哀系数；

　　　α_n——相角；

　　　n——级数的项数。

项数 n 取得愈多，也就是点取得愈多，则所描述的颗粒外形愈精确。富里哀系数 A_n 代表了颗粒不同的几何特征。如 A_2 表示形态比，即颗粒的投影面积径与颗粒厚度之比（$\sqrt{f}/t$）；A_3 表示三角形数。运用这种方法对颗粒的外形作解析性或全貌性的表示十分有用而可靠，如对电解铜粉颗粒进行数字化处理后由富里哀系数再现颗粒的外形，则与原来的颗粒形状非常接近。

（2）颗粒密度　粉末材料的理论密度，通常不能代表粉末颗粒的实际密度，因为颗粒几乎总是有孔的。有的孔与颗粒外表面相通，叫做开孔或半开口（一端相通）；颗粒内不与外表面相通的潜孔叫做闭孔。所以计算颗粒密度时，看颗粒的体积是否计入这些孔隙的体积而有不同的值，一般讲，有两种颗粒密度[11]必须加以区别，即：

1）真密度　颗粒质量用除去开孔和闭孔的颗粒体积除得的商值。真密度实际上就是粉末的固体密度；

2）有效密度　颗粒质量用包括闭孔在内的颗粒体积去除得到的。用比重瓶法测定的密度接近这种密度值，故又称为比重瓶密度（GB5161—85）。

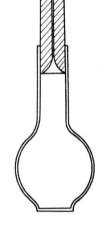

测定颗粒有效密度的比重瓶如图 2-6 所示，它是一个带细颈的磨口玻璃小瓶，瓶塞中心开有 0.5mm 的毛细管以排出瓶内多余的液体。当液面平齐塞子毛细管出口时，瓶内液体具有确定的容积，一般有 5、10、15 以至 25、30mL 等不同的规格。

粉末试样预先干燥后再装入比重瓶，约占瓶内容积的 1/3～1/2，连同瓶一道称重后再装满液体，塞紧瓶塞，将溢出的液体拭干后又称一次重量，然后按下式[12]计算密度：

$$\rho_{比} = \frac{F_1 - F_2}{V - \dfrac{F_3 - F_2}{\rho_{液}}}$$

图 2-6　比重瓶

式中　F_1——比重瓶质量；

　　　F_2——比重瓶加粉末的质量；

　　　F_3——比重瓶加粉末和充满液体后的质量；

　　　$\rho_{液}$——液体的密度；

　　　V——比重瓶的规定容积。

液体要选择粘度和表面张力小，密度稳定，对粉末润湿性好，与粉末不起化学反应的有机介质，如乙醇、甲苯、二甲苯等。

如果先将装好粉末试样的比重瓶置于密封容器内抽真空，再充入介质，就能保证液体渗透到颗粒内的连通小孔隙和微缝，使测得的结果更准确，更接近颗粒的有效密度。

（3）显微硬度　粉末颗粒的显微硬度，亦是采用普通的显微硬度计测量金刚石角锥压头的压痕对角线长，经计算得到的。先将粉末试样与电木粉或有机树脂粉混匀，在 100～200MPa 下制成小压坯，然后加热至 140℃固化。压坯按制备粉末金相样品的办法磨制并抛光后，在 20～30g 负荷下测量显微硬度。颗粒的显微硬度值，在很大程度上取决于粉末中各种杂质与合金组元的含量以及晶格缺陷的多少，因此代表了粉末的塑性。

用不同方法生产同一种金属的粉末，显微硬度是不同的。粉末纯度愈高，则硬度愈低

（参看表 2-5 中电解铁粉和用转化天然气还原的铁粉的数据[12]）。粉末退火后消除加工硬化或减少氧、碳等杂质含量后，硬度也会降低。

3. 工艺性能

粉末的工艺性能包括松装密度、振实密度、流动性、压缩性与成形性。工艺性能也主要取决于粉末的生产方法和粉末的处理工艺（球磨、退火、加润滑剂、制粒等）。在粉末的标准中，除化学成分外，也对粒度组成和工艺性能作了明确的规定。

表 2-5　各种铁粉的显微硬度值

粉　末	显微硬度，MPa	粉　末	显微硬度，MPa
转化天然气还原铁粉	1180～1440	退火旋涡铁粉	1240～1480
固体碳还原铁粉	1200～1620	退火电解铁粉	1220～1480

（1）松装密度与振实密度　在粉末压制操作中，常采取容量装粉法，即用充满一定容积的型腔的粉末量来控制压件的密度和单重，这就要求每次装满模腔的粉末应有严格不变的质量。但是，不同粉末装满一定容积的质量是不同的，因此规定用松装密度或振实密度来描述粉末的这种容积性质。

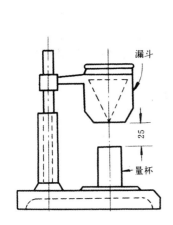

图 2-7　松装密度测定装置之一

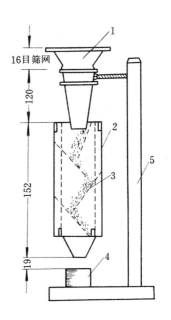

图 2-8　松装密度测定装置之二
1—漏斗；2—阻尼箱；3—阻尼隔板；4—量杯；5—支架

松装密度是粉末在规定条件下自然充填容器时，单位体积内的粉末质量，单位为 g/cm³。测定松装密度的标准装置如图 2-7 和图 2-8，分别对应国标 GB1478—84 和 GB5060—85。振实密度系将粉末装于振动容器中，在规定条件下，经过振动后测得的粉末密度（GB5162—85）。

松装密度是粉末自然堆积的密度，它取决于颗粒间的粘附力、相对滑动的阻力以及粉末体孔隙被小颗粒填充的程度。虽然敲击或振动会使粉末颗粒堆积得更紧密（如振实密度），但粉末体内仍存在大量的孔隙，其所占的体积称为孔隙体积。孔隙体积与粉末体的表观体积之比称为孔隙度 θ。显然，松装粉末的孔隙度比振实粉末的孔隙度高。粉末体的孔隙度包括了颗粒之间空隙的体积和颗粒内更小的孔隙体积在内。如果以 ρ 代表粉末体的密度（松装密度或振实密度），以 $\rho_{理}$ 代表粉末材料的理论密度或颗粒的真密度，那么它们与粉末体孔隙度 θ 的关系将是 $\theta=1-\rho/\rho_{理}$，而 $\rho/\rho_{理}$ 称为粉末体的相对密度，用 d 代表，其倒数，即 $\beta=1/d$ 称为相对体积。因此孔隙度与相对密度和相对体积的关系应为 $\theta=1-d$ 和 $\theta=1-1/\beta$。

粉末体的孔隙度或密度是与颗粒形状、颗粒的密度和表面状态、粉末的粒度和粒度组成有关的一种综合性质。由大小相同的规则球形颗粒组成的粉末的孔隙度，可用几何学方法计算[13]：最松散的堆积，$\theta=0.476$；最密集的堆积，$\theta=0.259$。但实际上，由于颗粒间的粘附，产生搭桥，会使孔隙度提高。如果颗粒的大小不等，较小的颗粒填充到大颗粒的间隙中，孔隙度将降低；如果形状也不规则，那么，从理论上计算孔隙度就不可能。实验研究证明，实际粉末的孔隙度一般均大于理想值 0.259，例如球形粉末的松装密度最高，孔隙度最低，约为 50%；片状粉末的孔隙度可达 90%；而介于这两种形状之间的还原粉或电解粉，孔隙度则为 65%～75%。表 2-6 为粒度和粒度组成大致相同的三种铜粉，由于形状不同，密度和松装时孔隙度相差很大[3]。

表 2-6　三种颗粒形状不同的铜粉的密度

颗粒形状	松装密度，g/cm³	振实密度，g/cm³	松装时孔隙度，%
片　状	0.4	0.7	95.5
不规则形状	2.3	3.14	74.2
球　形	4.5	5.3	49.4

粉末的平均粒度对松装密度的影响如表 2-7 所示。细粉末易"搭桥"和互相粘附，妨碍颗粒相互移动，故松装密度减小。

表 2-7　钨粉平均粒度对松装密度的影响

费歇尔平均粒度，μm	松装密度，g/cm³	费歇尔平均粒度，μm	松装密度，g/cm³
1.20	2.16	6.85	4.40
2.47	2.52	26.00	10.20
3.88	3.67		

粒度组成的影响是：粒度范围窄的粗细粉末，松装密度都较低；当粗细粉末按一定比例混匀后，可获得最大的松装密度（表 2-8）。此时粗颗粒间的大孔隙可被一部分细颗粒所填充。

表 2-8　粒度不同的不锈钢粉混合后的松装密度

粒度（目数）	质量百分数，%					
-100+150	100	80	60	40	20	—
-325	—	20	40	60	80	100
松装密度，g/cm³	4.5	4.9	5.2	4.8	4.6	4.3

（2）流动性　粉末流动性是 50g 粉末从标准的流速漏斗流出所需的时间，单位为 s/50g，俗称为流速。

流动性采用前述测松装密度的漏斗来测定。标准漏斗（又称流速计）是用 150 目金刚砂粉末，在 40s 内流完 50g 来标定和校准的。美国标准还规定用孔径 1/5in 的标准漏斗测定流动性差的粉末。另外，还可采用粉末自然堆积角（又称安息角）试验测定流动性[14]。让粉末通过一粗筛网自然流下并堆积在直径为 1in 的圆板上。当粉末堆满圆板后，以粉末锥的高度衡量流动性，粉末锥的底角称为安息角，也可作为流动性的量度。锥愈高或安息角愈大，则表示粉末的流动性愈差；反之则流动性愈好。

流动性同松装密度一样，与粉末体和颗粒的性质有关。一般讲，等轴状（对称性好）粉末、粗颗粒粉末的流动性好；粒度组成中，极细粉末占的比例愈大，流动性愈差。但是，粒度组成向偏粗的方向增大时，流动性变化不明显。

流动性还与颗粒密度和粉末松装密度有关[14]。如果粉末的相对密度不变，颗粒密度愈高，则流动性愈好；如果颗粒密度不变，相对密度的增大会使流动性提高。例如球形铝粉，尽管相对密度较大，但由于颗粒密度小，流动性仍较差。

另外，流动性也同松装密度一样，受颗粒间粘附作用的影响，因此，颗粒表面如果吸附水分、气体或加入成形剂会减低粉末的流动性。

粉末流动性直接影响压制操作的自动装粉和压件密度的均匀性，因此是实现自动压制工艺中必须考虑的重要工艺性能。

（3）压缩性与成形性　粉末的化学成分和物理性能，最终反映在工艺性能、特别是压制性和烧结性能上。

所谓压制性是压缩性和成形性的总称。压缩性代表粉末在压制过程中被压紧的能力，在规定的模具和润滑条件下加以测定，用在一定的单位压制压力（500MPa）下粉末所达到的压坯密度表示。通常也可以用压坯密度随压制压力变化的曲线图表示。成形性是指粉末压制后，压坯保持既定形状的能力，用粉末得以成形的最小单位压制压力表示，或者用压坯的强度来衡量。

影响压缩性的因素有颗粒的塑性或显微硬度。当压坯密度较高时，可明显看到塑性金属粉末比硬、脆材料粉末的压缩性好；球磨的金属粉末，退火后塑性改善，压缩性提高。金属粉末内含有合金元素或非金属夹杂时，会降低粉末的压缩性，因此，工业用粉末中碳、氧和酸不溶物含量的增加必然使压缩性变差。颗粒形状和结构也明显影响压缩性，例如雾化粉比还原粉的松装密度高，压缩性也就好。凡是影响粉末密度的一切因素都对压缩性有影响。

成形性受颗粒形状和结构的影响最为明显。颗粒松软、形状不规则的粉末，压紧后颗粒的联结增强，成形性就好。例如还原铁粉的压坯强度就比雾化铁粉高。

在评价粉末的压制性时，必须综合比较压缩性与成形性。一般说来，成形性好的粉末，往往压缩性差；相反，压缩性好的粉末，成形性差。例如松装密度高的粉末，压缩性虽好，但成形性差；细粉末的成形性好，而压缩性却较差。

第二节　粉末粒度及其测定

一、粒度和粒度组成

以 mm 或 μm 表示的颗粒的大小称为颗粒直径，简称粒径或粒度。由于组成粉末的无数颗粒一般粒径不同，故又用具有不同粒径的颗粒占全部粉末的百分含量表示粉末的粒度组成，又称粒度分布。因此严格讲，粒度仅指单颗粒而言，而粒度组成则指整个粉末体，但是通常说的粉末粒度包含有粉末平均粒度的意义，也就是粉末的某种统计性平均粒径。

粉末冶金用金属粉末的粒度范围很广，大致为 $500\mu m$ 至 $0.1\mu m$，可以按平均粒度划分为若干级别（见表 2-9）。生产机械零件的粉末，大都在 150 目（$104\mu m$）以下，并有 50% 比 325 目（$43\mu m$）还细；硬质合金用钨粉则更细得多，靠近粒级的下限，所以钨粉或碳化钨粉的粒级划分要比表中的级别窄得多，一般为 $20\sim0.5\mu m$；但是生产过滤器的青铜粉就偏向用粗粒级的粉末。随着技术的发展，今后所谓超细或超微粉末的应用将日益扩大。

表 2-9　粉末粒度级别的划分[12]

级　别	平均粒径范围，μm	级　别	平均粒径范围，μm
粗粉	$150\sim500$	极细粉	$0.5\sim10$
中粉	$40\sim150$	超细粉	<0.1
细粉	$10\sim40$		

粉末的粒度和粒度组成主要与粉末的制取方法和工艺条件有关。机械粉碎粉一般较粗，气相沉积粉极细，而还原粉和电解粉则可通过调节还原温度或电流密度，在较宽的范围内改变粒度组成。

粉末的粒度和粒度组成直接影响其工艺性能，从而对粉末的压制与烧结过程以及最终产品的性能产生很大影响。

1. 粒径基准

用直径表示的颗粒大小称粒径。规则球形颗粒用球的直径或投影圆的直径表示是一样的，也是最简单和最精确的一种情况。对于近球形、等轴状颗粒，用最大长度方向的尺寸代表粒径，其误差也不大。但是，多数粉末的颗粒，由于形状不对称，仅用一维几何尺寸不能精确地表示颗粒真实的大小，所以最好用长、宽、高三维尺寸的某种平均值来度量，称为几何学粒径。由于测量颗粒的几何尺寸非常麻烦，计算几何学平均径也较繁琐，因此又有通过测定粉末的沉降速度、比表面积、光波衍射或散射等性质，而用当量或名义直径表示粒度的方法。可以采用下面四种粒径基准[16]。

图 2-9　各种形体的投影像〔4〕

（1）几何学粒径 d_g　用显微镜按投影几何学原理测得的粒径称投影径。球的投影像是圆，故投影径与球直径一致；但是正四面体和正六面体的投影像则因投影的方向而异（图 2-9），这时由投影像决定投影径就不那么容易。一般要根据与颗粒最稳定平面垂直的方向投影所得到的投影像来测量，然后取各种几何学平均径（见图 2-9）：

1）二轴平均径　$\frac{1}{2}(l+b)$；

2）三轴平均径　$\frac{1}{3}(l+b+t)$；

3）加和（调和）平均径 $\dfrac{3}{(1/l)+(1/b)+(1/t)}$；

4）几何平均径　$(2lb+2bt+2tl)^{1/2}/6$；

5）体积平均径　$3lbt/(lb+bt+tl)$。

还可根据与颗粒最大投影面积（f）或颗粒体积（V）相同的矩形、正方体或圆、球的边长或直径来确定颗粒的平均粒径，称名义粒径：

1）外接矩形名义径　$(lb)^{1/2}$；

2）圆名义径　$(4f/\pi)^{1/2}$；

3）正方形名义径　$f^{1/2}$；

4）圆柱体名义径　$(ft)^{1/3}$；

5）立方体名义径　$V^{1/3}$；

6）球体名义径　$(\dfrac{6V}{\pi})^{1/3}$。

（2）当量粒径 d_e　利用沉降法、离心法或水力学方法（风筛法、水簸法）测得的粉末粒度，称为当量粒径。当量粒径中有一种斯托克斯径，其物理意义是与被测粉末具有相同沉降速度且服从斯托克斯定律的同质球形粒子的直径。由于粉末的实际沉降速度还受颗粒形状和表面状态的影响，故形状复杂、表面粗糙的粉末，其斯托克斯径总是比按体积计算的几何学名义径小。

（3）比表面粒径 d_{sp}　利用吸附法、透过法和润湿热法测定粉末的比表面，再换算成具有相同比表面值的均匀球形颗粒的直径，称为比表面积径。

因为球的表面积 $S=\pi d^2$，体积 $V=(\pi/6)d^3$，故体积比表面 $S_v=S/V=6/d$。因此，由具有相同比表面的大小相等的均匀小球的直径可以求得粉末的比表面积径 $d_{sp}=6/S_v$ 或 $d_{sp}=6/S_w\rho$，S_w 为克比表面，ρ 为颗粒密度（一般可取比重瓶密度）。

（4）衍射粒径 d_{sc}　对于粒度接近电磁波波长的粉末，基于光与电磁波（如 X 光等）的衍射现象所测得的粒径称为衍射粒径。X 光小角度衍射法测定极细粉末的粒度就属于这一类。

2. 粒度分布基准

粉末粒度组成是指不同粒径的颗粒在粉末总量中所占的百分数，可以用某种统计分布曲线或统计分布函数描述。粒度的统计分布可以选择四种不同的基准[16]：

（1）个数基准分布　以每一粒径间隔内的颗粒数占全部颗粒总数 Σn 中的个数表示，又称频度分布；

（2）长度基准分布　以每一粒径间隔内的颗粒总长度占全部颗粒的长度总和 ΣnD 中的多少表示；

（3）面积基准分布　以每一粒径间隔内的颗粒总表面积占全部颗粒的表面积总和 ΣnD^2 中的多少表示；

（4）质量基准分布　以每一粒径间隔内的颗粒总质量占全部颗粒的质量总和 ΣnD^3 中的多少表示。

四种基准之间虽存在一定的换算关系，但实际应用的是频度分布和质量分布。下面以频度分布为例讨论粒度分布曲线的具体作法，而粒径和颗粒数是用显微镜方法测量和统计的。

先根据所测粉末试样的粒径分布的最大范围和显微镜的测量精度，将粒径范围划分成若干个区间，统计各粒径区间的颗粒数量，再以各区间的颗粒数占所统计的颗粒总数的百分率（称颗粒频度）作纵坐标，以粒径（μm）为横坐标作成频度分布曲线。粒径划分愈细，统计的颗粒总数愈多，则作出的分布曲线愈光滑、连续，但计算和绘制曲线所花费的时间也愈长。实际上，一般取粒径区间 10～20 个，颗粒总数为 500～1000 就足够了。

参看表 2-10，以 1μm 为粒径间隔，将粉末分为 10 个粒级，统计各级的颗粒数为 n_i（i=1、2、3……10），颗粒总数 N=1000。各粒级粉末的个数百分率 f_i=（n_i/N）×100％称为频度。图 2-10 是按颗粒数与颗粒频度对平均粒径所作的粒度分布曲线，称频度分布曲线。曲线峰值所对应的数径称多数径。

如果用各粒级的间隔 $\Delta\mu$（表 2-10 中为 1μm）去除该粒级的频度 f_i％，则得到所谓相对频度 f_i％/$\Delta\mu$，单位是％/μm。以相对频度对平均粒径作图又可得到相对频度分布曲线（图略）。在本例中，因粒级间隔取为 1μm，故相对频度在数值上与频度相等，两种分布曲线重合，但是纵坐标的单位与意义仍是不同的。

如果将颗粒数换成粉末质量进行统计，也能绘得质量基准的频度分布或相对频度分布曲线。

表 2-10　频度分布统计计算表[4]

级　　别	粒级间隔 μm	平均粒径 d_i μm	颗粒数 n_i	个数百分数 （频度）f_i，％	累积百分数 ％
1	1.0～2.0	1.5	39	3.9	3.9
2	2.0～3.0	2.5	71	7.1	11.0
3	3.0～4.0	3.5	88	8.8	19.8
4	4.0～5.0	4.5	142	14.2	34.0
5	5.0～6.0	5.5	173	17.3	51.3
6	6.0～7.0	6.5	218	21.8	73.1
7	7.0～8.0	7.5	151	15.1	88.2
8	8.0～9.0	8.5	78	7.8	96.0
9	9.0～10.0	9.5	32	3.2	99.2
10	10.0～11.0	10.5	8	0.8	100
总计			N=1000		

使用相对频度分布曲线比较直观和方便，可采用面积比较方法求得任意粒径范围的颗粒数百分含量。因为相对频度的含义是在任一粒级内，粒径值每变化一个单位（微米）时，百分含量的平均变化率。如果粒级取得足够多，则光滑曲线上每一点的纵坐标值就代表该粒径下百分含量的瞬时变化率，即曲线函数对粒径变量的微分，所以相对频度分布曲线又称微分分布曲线。该曲线与粒径坐标之间所围成的面积就是微分曲线对整个粒度范围的积分，应等于 1，也就是全部颗粒的总百分含量 100％。

粒度分布曲线的另一种形式是直方分布图[4]，如图 2-11 所示。它由以各粒级间隔的横坐标长为底边，相应的频度％或相对频度％/$\Delta\mu$ 为高的小矩形群所组成的图形。显然，以相对频度作成的直方图的总面积也应等于 1。

严格讲，无论是按平均粒度作成的相对频度分布曲线或是按粒级间隔作成的直方分布图，均不是真正的微分分布曲线，只有当粒级取得无限多、间隔无限小和颗粒总数极大时，才接近理想的微分分布曲线。这时，可严格地用面积法求任意粒径范围的百分含量，即以曲线、横轴和任意两个粒径下横坐标的垂直线之间所围成的面积代表该粒径区间的粉末百分含量。如果要知道在某一粒径以上或以下的那部分粉末所占的百分含量，同样可按上述面积法求出。但是，为更明显起见，可从表 2-10 最后一栏数据直接绘制所谓累积分布曲线，这是粒度分布的另一种表达形式，应用也很普遍。

表中累积百分数代表包括某一级在内的小于该级的颗粒数占全部粉末数 N（1000）中的百分含量，以它对平均粒径作图就得到图 2-12 中实线所代表的"负"累积分布曲线；如果按大于某粒级（包括该粒级）的颗粒数百分含量进行累积和作图，则得到与之对称的另一条曲线（未画出），称为"正"累积分布曲线。

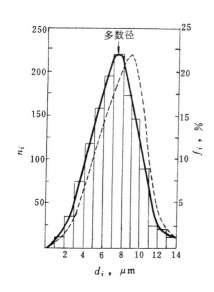

图 2-10　频度分布曲线

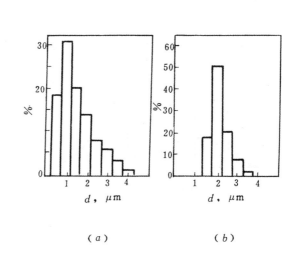

图 2-11　直方分布图

(a) 电镜 $d_平 = 1.45\mu m$；(b) 光学显微镜 $d_平 = 2.13\mu m$

累积分布曲线在数学意义上是相对于微分分布曲线的积分曲线。因为在累积曲线上各点的斜率，即累积曲线函数对粒径变量的微分正好是微分曲线上对应点的纵坐标值。而且，微分分布曲线上的多数径正对应积分分布曲线拐点的粒径，表示在该粒径附近，粒径变化一个单位（μm）时，颗粒数百分含量的变化率最大。积分曲线上对应 50% 的粒径称中位径。

3. 粒度分布函数

粒度分布曲线若用数学式表达，就称为分布函数。黑赤-乔特（Hatch-Choate）由正态几率分布函数导出计算粉末中具有粒径 d 的颗粒频度 n 的公式[4]：

$$f(d) = n = \Sigma n/\sigma_a \ \sqrt{2\pi} \cdot \exp[1 - \frac{1}{2}(d - d_a/\sigma_a)^2] \tag{2-1}$$

式中 d_a——算术平均粒径；

σ_a——标准偏差。

设 d_i 为各粒径的测量值，n_i 为对应 d_i 的颗粒数，则 d_i-d_a 就是粒径偏差，则算术平均偏差 $m=\Sigma n_i (d_i-d_a) /\Sigma n_i$。均方根偏差即标准偏差

$$\sigma_a = [\Sigma n_i(d_i - d_a)^2/\Sigma n_i]^{1/2} = \frac{1}{N}[\Sigma n_i d_i^2 - d_a^2]^{1/2}$$

按正态分布函数（2-1）式作出的频度分布曲线是以算术平均径为均值的，这时，算术平均径与多数径和累积分布曲线上的中位径是一致的，这是一种最理想的分布曲线。

用各种粉末实测的粒度分布曲线常常比正态分布曲线复杂得多。如图 2-13[3]所示，其中（a）就是标准的正态分布，只有一个峰值，而其它几种型式的曲线很难用数学函数描述。

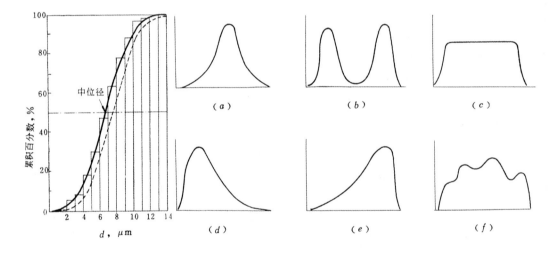

图 2-12　累积分布曲线　　　　　　图 2-13　粒度分布曲线的几种类型

4. 平均粒度

粉末粒度组成的表示比较麻烦，应用也不太方便，许多情况下只需要知道粉末的平均粒度就行了。由符合统计规律的粒度组成计算的平均粒径称为统计平均粒径，是表征整个粉末体的一种粒度参数。

计算平均粒径的公式，如表 2-11 所示。公式中的粒径可以按前述四种基准中的任一种统计。

表 2-11　粉末统计平均粒径的计算公式[3,4]

算术平均径	$d_a=\Sigma nd/\Sigma n$	n—粉末中具有某种粒径的颗粒数
长度平均径	$d_l=\Sigma nd^2/\Sigma nd$	d—个数为 n 的颗粒径
体积平均径	$d_v=\sqrt[3]{\Sigma nd^3/\Sigma n}$	ρ—颗粒密度
面积平均径	$d_s=\sqrt{\Sigma nd^2/\Sigma n}$	S_w—粉末克比表面

体面积平均径	$d_{vs}=\Sigma nd^3/\Sigma nd^2$	K—粉末颗粒的比形状因子
重量平均径	$d_w=\Sigma nd^4/\Sigma nd^3$	
比表面平均径	$d_{sp}=K/\rho S_w$	

不同的粒度测定方法,均有相应的最简便的计算平均粒径的公式。例如,用显微镜法测得颗粒数百分含量,按算术平均径计算时:

$$d_a = \Sigma n_i d_i/\Sigma n_i = \frac{n_1}{N}d_1 + \frac{n_2}{N}d_2 + \cdots\cdots + \frac{n_i}{N}d_i$$

也就是

$$d_a = f_1 d_1 + f_2 d_2 + \cdots\cdots + f_i d_i = \Sigma f_i d_i$$

f_i 和 d_i 分别为表 2-10 中的个数百分数和平均粒径。以体积或质量百分数表示粒度组成,如筛分析、沉降分析等,实际上是按质量平均径计算平均粒度。

比表面平均径是吸附法和透过法用以表示粒度的形式,它实质上就是表 2-11 中的体面积平均径。因为克比表面 $S_w = \frac{K}{\rho}\Sigma nd^2/\Sigma nd^3$,而 $\Sigma nd^2/\Sigma nd^3 = 1/d_{vs}$,且 $d_{sp}=K/\rho S_w$,所以 $d_{sp}=d_{vs}$。

各种平均粒径之间遵循不等式:

$$d_a < d_s < d_v < d_e < d_{vs} < d_w$$

最大值与最小值可相差三倍以上。因此,究竟采用哪种平均粒径,要根据粉末的性质、用途以及粒度测试方法具体决定。

二、粒度测定原理

粉末粒度的测定是粉末冶金生产中检验粉末质量以及调节和控制工艺过程的重要依据。

粉末颗粒形状的复杂性和粒度范围的扩大,特别是超细粉末的应用使得准确而方便地测定粒度变得很困难,目前测定方法已多达几十种,其中多数是为了测定亚筛级($<40\mu m$)粉末而在最近二十年内发展起来的。随着技术的进步,粒度测定装置越来越精密、可靠,并利用微机控制,能做到快速测定、自动记录和直接显示。

1.粒度测定方法分类

根据粉末粒径的四种基准,可将粒度测定方法分成四大类,如表 2-12 所示。其中并未列出所有的方法或每一种方法由于测试装置不同而出现的不同名称。

这些方法中,除筛分析和显微镜法之外,都是间接测定法,即通过测定与粒度有关的颗粒的物理与力学性质参数,然后换算成平均粒度或粒度组成。

表 2-12　粒度测定主要方法一览表[4,17]

粒径基准	方法名称	测量范围, μm	粒度分布基准
几何学粒径	筛分析	>40	质量分布
	光学显微镜	$500\sim0.2$	个数分布
	电子显微镜	$10\sim0.01$	同上
	电阻(库尔特计数器)	$500\sim0.5$	同上

粒径基准	方法名称	测量范围，μm	粒度分布基准
当量粒径	重力沉降	50~1.0	质量分布
	离心沉降	10~0.05	同上
	比浊沉降	50~0.05	同上
	气体沉降	50~1.0	同上
	风筛	40~15	同上
	水簸	40~5	同上
	扩散	0.5~0.001	同上
比表面粒径	吸附（气体）	20~0.001	比表面积平均径
	透过（气体）	50~0.2	同上
	润湿热	10~0.001	同上
光衍射粒径	光衍射	10~0.001	体积分布
	X光衍射	0.05~0.0001	体积分布

2. 筛分析法

筛分析的原理、装置和操作都很简单，应用也很广泛。筛分析适于 40μm 以上的中等和粗粉末的分级和粒度测定。

（1）操作　称取一定质量（通常为 50g 或 100g）的粉末，使粉末依次通过一组筛孔尺寸由大至小的筛网，按粒度分成若干级别，用相应筛网的孔径代表各级粉末的粒度。只要称量各级粉末的质量，就可计算用质量百分数表示的粉末的粒度组成。

筛分析常用的标准筛是由 5~6 个筛孔尺寸不同的筛盘加上盖和底盘所组成。将干燥好的粉末称重后，用手摇或在专用的振筛机上作筛分析试验。振筛机以约 290 次/min 的频率作水平旋转运动，同时以约 150 次/min 的频率敲击筛盘，这样筛网在回转的同时，以约 3cm 的振幅作上下振动。经 15min 过筛完毕，将留在各级筛网和底盘上的粉末逐一称重，准确到 0.1~0.2g，各级粉末的总和不得少于原粉末试样重量的 99%。这样重复试验 2~3 次，取平均值，即可计算粒度组成，少于 0.5% 的算作痕迹量。

粉末试样的取量，一般由粉末的松装密度来确定：1.5g/cm³ 以上的取 100g，1.5g/cm³ 以下的取 50g[14]。

（2）筛网标准　筛盘由金属丝编织的筛网加边框制成，直径 200mm，高 50mm。各国制定的筛网标准不同，网丝直径和筛孔大小也不一样。目前，国际标准采用泰勒（Taylor）筛制，而许多国家（包括我国，但不包括德国）的标准也同泰勒筛制大同小异。下面介绍泰勒筛的分度原理和表示方法。

习惯上以网目数（简称目）表示筛网的孔径和粉末的粒度。所谓目数是筛网 1 英寸长度上的网孔数，因目数都已注明在筛框上，故有时称筛号。目数愈大，网孔愈细。由于网孔是网面上丝间的开孔，每 1 英寸上的网孔数与丝的根数应相等，所以网孔的实际尺寸还与丝的直径有关。如果以 m 代表目数，a 代表网孔尺寸，d 代表丝径，则有下列关系式：

$$m = \frac{25.4}{a+d}$$

因为式中 25.4 是 1in 的毫米数，故 a 与 d 应以 mm 为单位。

制定筛网标准时，应先规定丝径和网孔径，再按上式算出目数，列成表格就得到标准筛系列，或简称筛制。泰勒筛制的分度是以 200 目的筛孔尺寸 0.074mm 为基准，乘以主模数 $\sqrt{2}=1.414$ 得到 150 目筛孔尺寸 0.104mm。所以，比 200 目粗的 150、100、65、48、35 等目数的筛孔尺寸可由 0.074mm 乘 $(\sqrt{2})^n$（$n=1$、2、3……等整数）而分别算出；如果 0.074mm 被 $(\sqrt{2})^n$ 除，则得到比 200 目更细的 270、400 目的筛孔尺寸。泰勒筛制还采用副模数 $\sqrt[4]{2}=1.1892$，用它去乘或除 0.074mm，就得到分度更细的一系列目数的筛孔尺寸。显然，其中必有一半同以主模数计算的重复。表 2-13 为泰勒标准筛制的目数与筛孔尺寸、丝径的对照表。显而易见，各相邻目数的筛孔尺寸之比均等于副模数 $\sqrt[4]{2}$，而相隔一个目数的筛孔尺寸之比均等于主模数 $\sqrt{2}$。

表 2-13　泰勒标准筛制[14]

目数 m	筛孔尺寸 a mm	网丝直径 d mm	目数 m	筛孔尺寸 a mm	网丝直径 d mm
32	0.495	0.300	115	0.124	0.097
35	0.417	0.310	150	0.104	0.066
42	0.351	0.254	170	0.089	0.061
48	0.295	0.234	200	0.074	0.053
60	0.246	0.178	250	0.061	0.041
65	0.208	0.183	270	0.053	0.041
80	0.175	0.142	325	0.043	0.036
100	0.147	0.107	400	0.038	0.025

标准筛中最细的为 400 目，因此，筛分析的粒度适用范围的下限为 38μm，而非标准微米筛，也只能细到几 μm。

（3）筛分析粒度组成　当用筛分析法测定粒度组成时，通常以表格形式记录和表示，并不绘制粒度分布曲线。工业粉末的筛分析常选用 80 目、100 目、150 目、200 目、250 目、325 目等筛组成一套标准筛。各级粉末的粒度间隔是以相邻两筛网的目数或筛孔尺寸表示，例如 -100 目 +150 目表示通过 100 目和留在 150 目筛网上的那一粒度级的粉末，例如表 2-14[14] 表示。

表 2-14　某还原铁粉的筛分析粒度组成的实例

标　准　筛		质量, g	百分率,%
目数	mm		
+80	+0.175	0.5	0.5
-80+100	-0.175+0.147	5.0	5.0
-100+150	-0.147+0.104	17.5	17.5
-150+200	-0.104+0.074	19.0	19.0
-200+250	-0.074+0.061	8.0	8.0
-250+325	-0.061+0.043	20.0	20.0
-325	-0.043	30.0	30.0

3. 显微镜法

显微镜除用于观察颗粒形状、表面状态和内部结构外，还广泛用于粉末粒度的测定。显微镜法具有直观、测量范围宽的特点。利用单色光可提高显微镜的分辨能力，如紫外光显微镜可将测量范围扩大到 $1\sim0.1\mu m$。普通光学显微镜的分辨能力，在低倍下是 $1000\sim100\mu m$，高倍下是 $100\sim0.2\mu m$ [19]，但一般讲，主要用于 $40\mu m$ 以下的粉末，而最佳测量范围是 $20\sim0.5\mu m$。显微镜法还用来校准或比较其它粒度测定方法。光学（生物、金相）显微镜、透射电镜和扫描电镜均可采用，它们的放大倍率和分辨能力可参看表 2-3。

光学显微镜借助带测微尺的目镜能在放大 $200\sim1500$ 倍的状态下直接观测视场内颗粒的投影像尺寸，或在投影装置的荧光屏上测量；金相显微镜和电镜也可在显微照片上观测。对总数量不少于 500 的颗粒逐一测量后，按粒径间隔计数，再以个数基准计算粒度组成和绘制粒度分布曲线。对粒度范围特别宽的粉末，可预先分级再分别测定，以减少误差。

粉末取样和制样要求较高。因粉样一般不超过 1mg，故对较粗的粉末可直接用酒精、二甲苯等分散剂在玻璃片上制样；而小于 $5\mu m$ 的粉末，则需用较多的粉样先用分散剂调成悬浊液，必要时还要用超声波进行分散，然后将均匀的悬浊液滴在玻璃片上并烘干。此外，还可用树脂与粉末捏合的方法分散并制片。金相显微镜需要采用特殊的粉末制样方法，即用环氧树脂或虫胶使粉末粘合并固化后磨制抛光，或用粉末压坯浸铜试样制备金相样品，但后者只适于难熔金属钨或碳化钨等粉末。

使用光学显微镜时，由于细微粉末的光散射效应，使分辨能力降低；而电镜分辨率高，而且透视深度大，可以区别单颗粒和聚集颗粒，所以 $1\mu m$ 以下粉末特别适于采用电镜。

显微镜测定的是一种几何学统计粒径，至于采用哪一种几何学粒径和如何统计视场的颗粒数，尚无统一规定，目前习惯上选用两种统计粒径[4]：

（1）定向径（d_G）　以任一方向的二平行线或相当于目镜测微尺的两刻度线，将视场内全部颗粒的图像外切所得线间距离，定为统计粒径（图 2-14）。

（2）定向等分径（d_M）　以某一固定方向（如图 2-15 中横轴）的直线，将视场内颗粒投影像的面积二等分，割线段长就定为统计粒径。

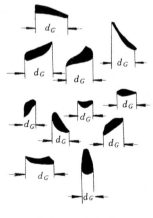

图 2-14　定向径

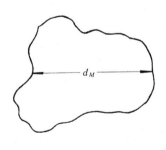

图 2-15　定向定分径

还有一种统计粒径的简便方法，如图 2-16 所示：在一个视场内的颗粒，凡落在 0—0 轴线上的，逐一进行测量和统计，当移动载物台改变视场，就可沿同一轴线，即测微尺上的中心线统计足够数量的颗粒。显然，用此法测定的粒径类似于定向径，只是不需转动目镜去改变测微尺刻度的方向，使用起来更方便。当一个视场内颗粒数较多时，常用这种方法。

视场下颗粒总是处在具有最大投影面的最稳定方位，所以，显微镜法表示粒度可以采用前述属于几何学粒径中的圆名义径。如测出颗粒的长径和短径为 l 和 b，则可按公式 $d_圆 = (4f/\pi)^{1/2} = (4lb/\pi)^{1/2}$ 计算圆名义径。再根据前面讲的可绘制成按个数基准统计的粒度分布曲线，通过换算，亦可作成按体积或质量基准表示的粒度分布曲线。

显微镜法的取样和计数对分布曲线上粗粒度一侧的影响十分明显，特别是按质量基准统计时更如此。因为计数时，粗颗粒虽不多，但所占质量百分率大，只要统计粗颗粒时有少量错误，都会给结果带来很大误差。因此，可以采用分步（多至三步）操作法[20]，即先用低倍统计粗颗粒，再增大倍数统计细颗粒。这样，不仅可提高统计精确度，而且减少了每次统计颗粒的总数量。

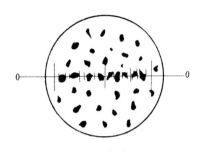

图 2-16　定向定轴径

显微镜法的最大缺点是操作繁琐和费力，一个熟练人员，每小时仅可计数 500～1000，而对于粒度范围特别宽的粉末，要求统计的颗粒总数量常在一万以上，粒度窄的一般也有一千左右[17]。采用光电计数器自动读数，可以大大缩短测试时间，例如 Reichert 显微镜就附有这种自动计数装置[21]。

60 年代出现了光扫描自动粒度分布测定装置，如图像分析计数仪和 Quantimet 粒度计[19]。它们是用点光束或窄光带对粉末的试样或显微像片扫描，当光被颗粒遮断后，光强改变，其效应由电子计数器自动记录下来；测量颗粒大小则需要更复杂的电路，要重复扫描，并利用记忆装置跟踪光束被连续遮断的动作。

70 年代又将电子计算技术、电视监控系统与光学显微镜配合使用，作成显微图像自动测定仪[22]。这种仪器是将投射到电视摄像管上的显微图像转换成视频信号，以监控仪进行图像显示，而把联结摄像机的探测器所输出的信息通过电脑运算，这样能在两分钟内迅速而自动地把结果以粒度分布曲线形式打印出来。图像分析仪配合扫描电镜可作粒度定量分析用。

较简单的半自动计数装置是应用数字显示的测微目镜。只要将一只精密的绕线式电位器与普通测微目镜共轴联结，使目镜测微刻度的机械位移量（μm）转换为相应的电阻值，以改变输出电压，这样在数字电压表上显示的电压读数直接与颗粒的 μm 值一一对应起来。当然，当进一步把电压读数直接换算成 μm 值显示出来，就可以将目镜刻度的位移量运用电子外围设备显示而大大提高测试的自动化程度和缩短测试的时间。

4. 沉降分析

沉降分析方法有很多，可分为液体沉降（图 2-17）和气体沉降两大类。属于前者的有吸液管法（Anderson 沉降瓶）、压力法、比重计法、沉降天平法、离心沉降法、比浊沉降（浊度）法；属于后者的有氮气沉降分析仪（Sharples 显微记谱仪）、气流沉降法等。

除离心沉降和气流沉降法之外，其它都属静态沉降。粉末颗粒在静止的气体或液体介质中，依靠重力克服介质的阻力和浮力而自然沉降，由此引起悬浊液的浓度、压力、相对密度、透光能力或沉降质量的变化，测定这些参数随时间的变化规律，就能反映出粉末的粒度组成。重力沉降法测量的粒度范围是 $50\sim1\mu m$；对于小于 $1\mu m$ 的粉末，宜采用离心沉降或超离心沉降法（可到 $0.01\mu m$）。

沉降法的优点是粉末取样较多，代表性好，使结果的统计性和再现性提高，并由于可选择不同的装置，能适应较宽的粒度范围（$50\sim0.01\mu m$）；加上应用电子和计算机技术，沉降装置更可具备直接读数、自动记录和快速测定等优点。例如光扫描沉降装置能在几分钟内给出粒度分布的结果。当然，沉降法的测量精度与结果重现性与粉末在介质中分散的好坏和颗粒的再聚集或絮凝作用有密切关系。

（1）沉降规律——斯托克斯公式　在具有一定粘度的粉末悬浊液内，大小不等的颗粒自由沉降时，其速度是不同的，粗颗粒沉降快。如果大小不同的颗粒从同一起点高度同时沉降，经过一定距离（或时间）后，就能将粉末按粒度的差别分开，这就是最简单的沉降分级的原理。

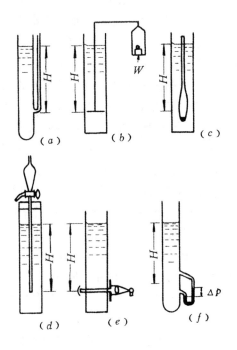

图 2-17　液体沉降分析法分类〔4〕
（a）压力法；（b）天平法；（c）比重计法；
（d）吸液管法；（e）浊度法；（f）压差法

颗粒等速降落过程同时受三种力作用：颗粒重力 $\frac{4}{3}\pi r^3\rho g$；介质（一般只用液体）的浮力 $\frac{4}{3}\pi r^3\rho_0 g$；悬浊液介质对运动的阻力 $6\pi r\eta v$。r 为颗粒半径，ρ 与 ρ_0 为颗粒与介质的密度，η 为介质的粘度，g 为重力加速度。

在颗粒开始降落的瞬间，因速度小，阻力也小，重力克服阻力和浮力后使颗粒作加速度运动；一旦速度增大到重力正好等于阻力加浮力时，颗粒开始匀速降落。假定颗粒的质量为 m，则可用下面运动方程描述匀速降落（速度为 v）过程：

$$m\frac{\mathrm{d}v}{\mathrm{d}t}=\frac{4}{3}\pi r^3(\rho-\rho_0)g-6\pi r\eta v \tag{2-2}$$

解微分方程（2-2）得：$v=\dfrac{t_0\,(\rho-\rho_0)\,g}{\rho}\,(1-\mathrm{e}^{-t/t0})$ 　(2-3)

由（2-3）式可知：v 随 t 而增大，并很快趋近一稳定值。经计算，只要 $t/t_0\geqslant10$，则 $\mathrm{e}^{-t/t0}\leqslant0.0001$，根据（2-3）式

$$v\approx t_0(\rho-\rho_0)g/\rho=\text{常数} \tag{2-4}$$

（2-4）式说明：开始沉降后经过短暂时间，颗粒就以匀速沉降。在实际测定的条件下，小于 $200\mu m$ 的粉末几乎都是如此。

由（2-3）式 $t_0=m/6\pi r\eta=2r^2\rho/9\eta$ 和（2-4）式 $v=t_0(\rho-\rho_0)g/\rho$ 得到 $v=(2r^2\rho/9\eta)\cdot$

$(\rho-\rho_0)$ $g/\rho=2r^2$ $(\rho-\rho_0)$ $g/9\eta=d^2$ $(\rho-\rho_0)$ $g/18\eta$。如令 h 为沉降起始高度，那末 $v=h/t=d^2$ $(\rho-\rho_0)$ $g/18\eta$，所以颗粒直径：

$$d=[18\eta/(\rho-\rho_0)g]^{1/2}(h/t)^{1/2} \tag{2-5}$$

这就是理想球形颗粒的斯托克斯沉降方程的基本形式。如果（2-5）式中各参数的单位除 d 和 t 外均用厘米·克·秒制，即 d（μm）与 t（min）则可写成：

$$d=175[\eta/(\rho-\rho_0)]^{1/2}\cdot(h/t)^{1/2} \tag{2-6}$$

对于非球形颗粒，（2-6）式中的沉降系数不等于175，但可用等体积名义径（显微镜法测定）代入该式计算沉降系数。例如正方形颗粒的名义边长 $a=(\pi/6)^{1/3}d\approx0.806d$，$d$ 为等体积当量球径。代入（2-6）式则得到以正方形边长表示的沉降公式：

$$d=141[\eta/(\rho-\rho_0)]^{1/2}\cdot(h/t)^{1/2} \tag{2-7}$$

其它复杂形状的粉末不能用简单的几何关系换算出沉降系数，必需实际测定。这时沉降公式的通式为

$$d=c[\eta/(\rho-\rho_0)]^{1/2}(h/t)^{1/2} \tag{2-8}$$

测定沉降系数 c 要先用显微镜或其它方法测量经过严格分级的粉末的名义粒径或当量粒径，然后在已知条件（介质、浓度）下测定颗粒降落 h 距离所经的时间 t，最后代入（2-8）式计算沉降系数

$$c=d_{名}/[\eta h/(\rho-\rho_0)t]^{1/2}$$

采用不同的粒度基准作名义径 $d_{名}$，所得到的 c 值也不同。表 2-15[23] 所示为几种粉末按体积名义径 $d_{体}$ 和投影面名义径 $d_{投}$ 所测定的沉降系数值。可以看出：$e=d_{体}/d_{投}$ 值的变化依赖于颗粒的形状和结构。致密的球形颗粒，e 值接近1，即用两种名义径测得的沉降系数很接近；多角形的疏松粉末，e 值为 0.5 左右，即两种粒径相差一倍，沉降系数也约差一倍。因为根据球形颗粒导出的沉降公式，对于沉降阻力大的不规则粉末来说，误差很大，因沉降速度受颗粒形状的显著影响。因此，对非球形粉，斯托克斯径是一种当量粒径。

表 2-15　几种粉末沉降系数的实测值

粉末名称	结构特点	取样方式	体积名义径 $d_{体}$ μm	投影面名义径 $d_{投}$ μm	沉降系数 $c_{体}$	沉降系数 $c_{投}$	沉降介质	雷诺数 Re	$e=d_{体}/d_{投}$
球磨 TiC	多角形	筛分级 40～50μm	43	47.4	164～175	183～195	酒精	3.16×10^{-1}	0.897
α-Al$_2$O$_3$	多角形碎片状	水力分级 9～12μm	11.95	19.53	126.7	202～203	酒精	$3.1\sim3.9\times10^{-4}$	0.612
α-Al$_2$O$_3$	多角形碎片状	水力分级 9～12μm	11.95	19.53	126.7	225	丙酮	$3.14\sim3.23\times10^{-4}$	0.612
α-Al$_2$O$_3$	多角形碎片状	水力分级 9～12μm	11.95	19.53	126.7	223	水	1.13×10^{-2}	0.612
α-Al$_2$O$_3$	多角形碎片状	水力分级 9～12μm	11.59	19.53	126.7	202	乙二醇	56.2×10^{-6}	0.612
原生 B$_4$C	针杆状	筛分级 40～50μm	19.85	25.1	65.2	100	酒精	17.6×10^{-2}	0.617～0.701

粉末名称	结构特点	取样方式	体积名义径 $d_体$ μm	投影面名义径 $d_投$ μm	沉降系数 $c_体$	沉降系数 $c_投$	沉降介质	雷诺数 Re	$e=d_体/d_投$
原生 B_4C	针杆状	筛分级 40~50μm	19.85	25.1	161	186	乙二醇	1.8×10^{-6}	0.617~0.701
原生 B_4C	针杆状	筛分级 40~50μm	19.85	25.1	72	110	丙酮	2.6×10^{-1}	0.617~0.701
还原 Mo	多角形疏松状	筛分级 70~90μm	38.4	73.3	180	332	酒精	—	0.542
制粒 Sn	球形致密状	筛分级 40~50μm	38.1	39.5	159	161	乙二醇	3.4×10^{-3}	0.96

沉降公式是在满足层流的条件下推导的，当雷诺数 $Re=\frac{dv\rho_0}{\eta}<0.2$ 时，才能应用，显然，这就要求 d、v 小而 η 大。如 Re 值过大，颗粒沉降速度也增大，这时由于紊流所造成的水力学阻力就增大，使得沉降微分方程（2-2）式的阻力项 $F=6\pi r\eta v$ 的关系不能成立，必需改用式 $F=6\pi r\eta v K_0$。K_0 为动形状因子，是对颗粒形状所引起的误差进行修正的。显然，理想球形粉的 $K_0=1$；形状复杂，K_0 增大，通常为 1~2。

表 2-16[20] 所示为几种粉末适用于沉降公式的临界粒径。可见，密度愈大的金属，适用沉降公式的粒度上限愈小。

（2）沉降天平法原理 沉降天平的型式很多，其工作原理如图 2-17（b）所示。天平一端的金属盘吊在玻璃沉降管中粉末悬浮液内一定的深度 H，粉末从不同的高度以不同的速度逐渐降落在盘上，通过自动机构使天平杠杆随时恢复平衡。测量并记录沉降盘上粉末的累积质量随时间的变化，就可计算粉末的粒度组成。自动天平的平衡装置有电磁式和光电式两种，并且均有自动记录机构，能直接绘出沉降曲线。如果让同一粒径的粉末从距离沉降盘为 H 的液面自由降落，经过 t_1 时间后，所有颗粒将同时达到盘上。把 H、t 代入沉降公式就很容易算出粒径。这时，沉降曲线具有图 2-18（a）的形式，称为一齐沉降法[4]，测定沉降系数就是应用此法。如果粉末具有三种粒径，则沉降相同高度 H 所需的时间将分别

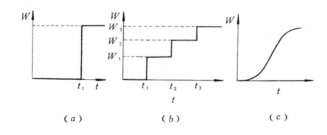

图 2-18 一齐沉降法

为 t_1、t_2、t_3，对应三个时刻的沉降质量将分别为 W_1、W_2、W_3，沉降曲线就是图 2-18（b）的形式。当粉末具有连续分布的粒径，则得到图 2-18（c）的光滑曲线。用一齐沉降法测定粒度组成，存在许多操作上的困难，所以通常应用分散沉降法。这就是，先将粉末制成均匀的悬浊液，倒进沉降管，静止后就开始记录沉降曲线。下面介绍分散沉降法由沉降曲线计算粒度组成的原理。

1）单分散系　由相同粒度的颗粒组成的悬浊液称单分散系。由沉降公式知道，单分散系内所有颗粒的沉降速度应相等。均匀分散在系统中的颗粒，将从离盘不同的高度先后落到盘上，沉降质量从 $t=0$ 开始连续均匀地增加，即 W 与 t 成正比（图 2-19（a）中直线段 OA）。到某时刻 t_c，当离盘最远（H 高）处的颗粒也落到盘上时，沉降过程结束，悬浊液中应不再有粉末，OA 从 t_c 开始变成水平线。

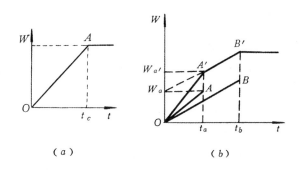

图 2-19　分散沉降法

（a）单分散系；（b）双分散系

表 2-16　斯托克斯临界粒径（μm），$Re=0.2$

金　属	密度，g/cm^3	在 15℃水中	在 15℃空气中
Mg	1.7	87	41
Al	2.7	65	35
Zn	7.1		
Sn	7.3	42	25
Fe	7.8		
Cu	8.9	39	24
Pb	11.4	35	22
W	19.3	30	18

2）双分散系　由两种粒度的颗粒组成的悬浊液称双分散系。图 2-19（b）中线段 $\overline{OA}$ 和 $\overline{OB}$ 代表粗颗粒和细颗粒的单独沉降，$\overline{OA}$ 斜率大于 $\overline{OB}$，表示粗颗粒沉降速度快，单位时间内 W 的增量大。当它们同时沉降时，总的沉降曲线是 $\overline{OA}$ 和 $\overline{OB}$ 的叠加，即折线 $OA'B'$。折点 A' 对应于粗颗粒全部沉降的时刻 t_a，折点后的 $\overline{A'B'}$ 代表悬浊液中剩余那部分细颗粒继续

沉降所引起的重量增加，所以 $\overline{A'B'} // \overline{OB}$。对应 B' 点（t_b 时刻），离盘面 H 的液面上的细颗粒也沉降完毕，整个沉降过程结束。

将 $\overline{B'A'}$ 延长与纵轴相交于 W_a 点，$\overline{OW_a}$ 代表至 t_a 时刻已沉降的粗颗粒的累积量。与此同时落在盘上的细颗粒（由于它们距离盘面较近）的重量则为 $\overline{W_aW_{a'}}$（或 $\overline{AA'}$），所以 $\overline{OW_{a'}}$ 就是总沉降曲线上对应 t_a 时刻已沉降的粉末总重量，它由两部分组成：① $\overline{OW_a}$ 代表粗颗粒；② $\overline{AA'} = \overline{Ot_a} \cdot \mathrm{tg} \angle A'W_aA$，代表经过 t_a 时间沉降的细颗粒。式中的正切值就是沉降曲线 $OA'B'$ 在 A' 点的斜率，代表 t_a 时刻沉降量 W 增加的速率 $\mathrm{d}W/\mathrm{d}t$。用数学式表示 t_a 时刻沉降量为

$$\overline{OW_{a'}} = \overline{OW_a} + (\mathrm{d}W/\mathrm{d}t)t_a \tag{2-9}$$

3）连续分散系　由前面的分析知道，当悬浊液内粉末的粒级逐渐增加，粒度组成变为连续分布时，沉降曲线上的折线段将无限增多，最后成为一连续的曲线（图 2-20）。在曲线上的每一点，都对应于某时刻 t 某个粒度颗粒的沉降完毕。用沉降公式可算出该时刻的粒度 d，它表示经过 t 时间后，悬浊液内原处于最高位置（液面）上等于或大于 d 的一切颗粒均沉降完毕，液内不再存在 $\geqslant d$ 的颗粒了。但是液内 $< d$ 的一部分颗粒，由于离盘面较近，在 t 时间内也能降落到盘上，因此，对应 t 时刻的沉降总量 W 中，减去这一部分细颗粒才是原悬浊液内 $\geqslant d$ 的全部颗粒的净重 q。根据（2-

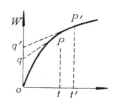

图 2-20　实际的沉降曲线

9）式：$q = W - \mathrm{d}W/\mathrm{d}t \cdot t$，$q$ 等于曲线上过 P 点作切线与纵轴相交的坐标值，$\mathrm{d}W/\mathrm{d}t$ 为 t 时刻的沉降速率，即曲线在 P 点的切线的斜率。

又在曲线上取一邻近点 P'，由其对应的时刻 t' 算出粒度 d'，再作 P' 点的切线与纵轴交 q' 点，则 q' 值代表原悬浊液内 $\geqslant d'$ 的颗粒的净重。因为 $t' > t$，显然 $d' < d$。那么，粒度在 $d' \sim d$ 之间的粉末净重为 $q' - q$。从沉降完成（t_∞ 时刻）起，曲线成为水平，对应的 q_∞ 应代表液内原粉末的总重量，以 q_∞ 除 $q' - q$ 则得该粒级内粉末的相对百分含量。

按上述方法，在沉降曲线上取若干点（沉降初期沉降量增加快，取点可密些），分别作曲线的切线，量出切线的纵截距值，再由各点对应的沉降时间按沉降公式计算粒径，最后计算所取若干粒级内粉末的百分含量，就可作成粒度分布曲线。

（3）光度沉降原理　光度沉降法又称比浊法或浊度计法，其原理是：当可见光或 X 光的光束透过粉末悬浊液时，由于颗粒对光的吸收、散射等效应，使光强减弱，其减弱程度与颗粒大小有关，故透过光强度的变化能反映悬浊液内粉末的粒度组成。应用光电效应可把光强的变化转换为电参数的改变，根据这一原理可以设计成各种形式的光度沉降分析仪。

美国最早在 1933 年应用 Wagner 浊度计测定陶瓷粉末的粒度，现已被列为测定难熔金属粉末粒度组成的国家标准[6]。英国罗西（Rose）教授于 1951～1953 年发表了光度沉降分析的理论，并研制成功光沉降仪。

将光扫描技术与计算机相结合，可制成快速沉降装置，如日本 PSA 光扫描装置，能在 7s 内直接得到粒度分析的读数[24]。英国的宽角扫描光沉降仪也是较先进的[19]。

为了扩大测量的粒度范围，又出现了所谓离心式光沉降装置。

光度测降分析的原理是建立在斯托克斯和兰伯特-比尔（Lambert-Beer）定律的基础

上[4]。该定律应用于单分散系时，透过光的强度与悬浊液浓度（实际上是与沉降时间）的关系为

$$\lg(I_0/I) = ACl \tag{2-10}$$

式中　I_0、I —— 入射光和透过光的强度；

$\quad\quad A$ —— 光束路程中 1g 颗粒的平均投影面积，cm^2；

$\quad\quad C$ —— 粉末颗粒的浓度，g/cm^3；

$\quad\quad l$ —— 光束透过悬浊液的厚度，cm。

球形颗粒的投影面积与表面积之比为 1/4，故粉末的克比表面 S_w 与 A 的关系为 $A = S_w/4$，代入（2-10）式，则

$$\lg(I_0/I) = S_w Cl/4 \tag{2-11}$$

对于多分散系悬浊液，当粉末具有一定的粒度分布时，罗西提出下面修正公式：

$$\lg(I_0/I) = KCl\sum_0^d K_x n_x d_x^2 \tag{2-12}$$

式中　K_x —— 罗西吸光系数，与粒径（或颗粒投影面积）的大小有关；

$\quad\quad n_x$ —— 1g 粉末中具有粒径 d_x 的颗粒数；

$\quad\quad d_x$ —— 悬浊液中的最大粒径；

$\quad\quad K$ —— 颗粒形状的修正系数，球形时为 1/4。

粒径在 $d_1 \sim d_2$ 之间的颗粒所遮断的光量，应等于粒径 $< d_2$ 的颗粒和粒径 $< d_1$ 的颗粒所遮断的光量之差，即

$$KCl\sum_{d_1}^{d_2} K_x n_x d_x^2 = KCl\sum_0^{d_2} K_x n_x d_x^2 - KCl\sum_0^{d_1} K_x n_x d_x^2$$

以（2-12）式代入上式，得：

$$KCl\sum_{d_1}^{d_2} K_x n_x d_x^2 = \lg(I_0/I_2) - \lg(I_0/I_1)$$

即

$$KCl\sum_{d_1}^{d_2} K_x n_x d_x^2 = \lg I_1 - \lg I_2 \tag{2-13}$$

如果 d_1 与 d_2 的粒径间隔取得充分小的话，上式中的 K_x 可看作常量，与 Σ 前的 K 合为一新的系数 $1/K_m$。将（2-11）与（2-12）式代入（2-13）式，得到：

$$K_m S_w Cl/4 = \lg I_1 - \lg I_2 \tag{2-14}$$

K_m 为罗西吸光系数的平均值（$d_1 \sim d_2$ 粒径范围）。而 $S_w Cl/4$ 是与该粒径范围所有颗粒的全部表面积成比例的量，因此由（2-14）式得到：

$$S_m = 1/K_m C'(\lg I_1 - \lg I_2) \tag{2-15}$$

式中　S_m —— 粒径 $d_1 \sim d_2$ 所有颗粒的总表面积；

$\quad\quad C'$ —— 比例系数（$= 4/Cl$）。

而 S_m 与质量 W_m 的关系为

$$W_m = K' d_m S_m \tag{2-16}$$

式中　K' —— 与颗粒形状有关的因子；

$\quad\quad d_m$ —— 平均粒径。

由（2-15）与（2-16）两式得

$$W_m = Cd_m/K_m(\lg I_1 - \lg I_2) \tag{2-17}$$

式中的 C 为新的常数（$=K'/C'$）。因此用质量分率表示的粒度组成为

$$W_w = \frac{\dfrac{d_m}{K_m}(\lg I_1 - \lg I_2)}{\Sigma \dfrac{d_m}{K_m}(\lg I_1 - \lg I_2)} \tag{2-18}$$

如果不太严格，可假定吸光系数 K_m 与粒径无关，则上式简化为

$$W_m = \frac{d_m(\lg I_1 - \lg I_2)}{\Sigma d_m(\lg I_1 - \lg I_2)} \tag{2-19}$$

在测定操作中，沉降管内均匀分散的颗粒以不同速度下沉，假定由液面降落同样高度 h 所需的时间为 t_1，对应的粒径为 d_1，时间 t_2 对应 d_2，而 d_1 和 d_2 皆可用沉降公式算出，如果 $t_1 > t_2$，则 $d_1 < d_2$。另外，在时刻 t_1 与 t_2 的透过光强度 I_1 与 I_2 由光电管所反映的电流读数测出。那么由 (2-17) 式知道

$$W_{m12} = Cd_{m12}(\lg I_1 - \lg I_2)$$

式中　W_{m12}——悬浊液内颗粒为 $d_1 \sim d_2$ 的颗粒质量；

$\quad I_1$　——比 d_1 大的颗粒全部降至光束下所对应时刻 t_1 的透光强度；

$\quad I_2$　——比 d_2 大的颗粒全部降至光束下所对应 t_2 时刻的透光强度；

$\quad C$　——系数。

显然 $I_2 > I_1$，因此该粒径间隔内的颗粒质量分率为

$$W_{m12} = \frac{d_{m12}(\lg I_1 - \lg I_2)}{\Sigma d_{mij}(\lg I_j - \lg I_i)} \tag{2-20}$$

式中　d_{mij}——粒径 $d_j \sim d_i$ 范围内颗粒的平均粒度；

$\quad I_i$、I_j——分别为比粒径 d_i、d_j 大的颗粒降至光束下所对应时刻的透光强度。

光度沉降装置的示意图如图 2-21 所示。

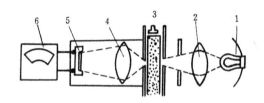

图 2-21　光度沉降装置原理图[24]

1—光源；2—聚光系统；3—沉降管；
4—透镜；5—光电管；6—光电指示计

5. 光散射法[30]

光散射（Light Scattering）法是基于光衍射原理而设计的。由于粉末颗粒的尺寸大于光波长，当粉末的悬浮液流被一束单色光（如激光）直射时，相干光的散射角大小将随颗粒直径成反比变化，而散射光的强度则与颗粒直径的方根值有关。因此，用微机采集和分析散射光的强度—角度扫描数据就可以提供粉末粒度组成的信息。测量仪器主要由样品管、光源、光探测器及电子系统等组成。该法具有方便、迅速、结果重现性好的特点，适合测量 $1 \sim 200 \mu m$ 范围的粒度及粒度组成。

6. 光遮法[30]

光遮（Light Blocking）法的原理是流动的粉末悬浮液中的颗粒，遮挡住一束射向光电管的光束，光量与颗粒的横截面积成正比。由光电管记录下光强度的变化反映了悬浮液内粉末的粒度组成。该法测量的粒度下限是 $2 \mu m$。

7. 电阻法[31]

由一种导电液制备的粉末悬浮液连续通过玻璃管电极的小孔，使电解液的电阻改变，输

出一电压脉冲。电阻改变是与通过小孔颗粒的体积成正比的，因而记录下的电脉冲反映了粒度大小。英国的库尔特计数器（Coulter Counter）就是该法的一种仪器，它是由计数人体红血球的仪器演变而来的。该法的粒度测量范围是$1\sim100\mu m$，与颗粒密度有关。密度愈大，可测的最大粒度极限值愈小。

8. 淘析法

颗粒在流动介质（气体或液体）中发生非自然沉降而分级称为重力淘析或简称淘析，气体淘析就是风选，液体淘析也称为水力分级。淘析法用于对极细和超细粉末的分级，具有设备和操作简单、效率高的特点。

淘析法的原理是：流体逆着粉末向上运动，粉末按颗粒沉降速度大于或小于流体线速度而彼此分开，改变流速，就可按不同的临界粒径分级。对分级后的各部分粉末，用其它辅助方法（如显微镜法、透过法等）分别测定平均粒度，就可计算粒度组成。临界粒径与分级容器的尺寸、流体流量与流速等参数有一定关系，但计算分级粒度的方法尚未得到应用。

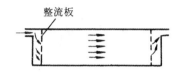

图 2-22　水平液流分级

气体淘析（风筛法）的装置有 Roll 分级器与霍尔旦分级器，此外还有离心式空气分级器，主要用于工业烟尘的净化和极细粉尘的回收。

液体淘析的典型方式[4]如下：

（1）水平液流式　粉末悬浮液以一定速度v_n沿水平方向流动，颗粒同时发生重力沉降（服从斯托克斯方程），这样，颗粒将在v_n和沉降速度v的合成速度与方向沿曲线路径降落。粗颗粒由于v大，较早落下，细颗粒将被液流带至较远处才落下，这样在沿水平方向的不同距离内收集的粉末，将是按粒度自然分级的。图 2-22 为水平液流分级工业装置的示意图。图 2-23 为另一种型式的水平液流分级器。

（2）上升液流式　在一竖直圆柱容器内，当悬浊液以临界粒径的沉降速度连续向上流动时，液内具有大于临界粒径的颗粒将降落到底部，而小于临界粒径的从上方溢流中排出，从而达到分级的目的。改变液流上升速度，就能使分级粒径变化。由于靠近管轴的流速较管壁大，带走一部分粗粉末，因此这种分级方法并不精确。所谓 Schöne 装置、Crook 装置以及 Andrens 淘析器均属于这种分级形式[25]。

（3）离心淘析式　悬浮液如以一定的切线速度绕一中心轴旋转流动，由此产生的离心力将强化粉末的重力沉降过程，从而加快细粉末的分级速度。

图 2-24 为两种形式的旋流器。（a）图粉末悬浮液在恒定速度下从切向进入旋流筒，并作高速旋转流动，粗粉末在相等流速下离心力大，被甩向靠近筒壁，当碰着筒壁失去动能后就自然沉向筒底，随沉流排出；细粉绝大部分保留在液流中心线附近，沿着螺线从上方溢流中排走，这样，以临界粒径为界限，把粉末分成粗细两部分；（b）图是倒置的旋流器，液流和细粉的方向相反，优点是粗粉在液流中可经过多次分选。旋流分离的精度并不高，在一种流速条件下，不可能按某一固定不变的粒度将粉末截然分开，因此，常将几个旋流器按一定方式组合使用，以期按要求粒度精密分级。

有两种串联方式——沉流串联和溢流串联（图 2-25）。沉流串联能从前一级的沉流中进一步分离出较细的粉末；溢流串联则可从前一级的溢流中进一步回收一部分较粗粉末。前

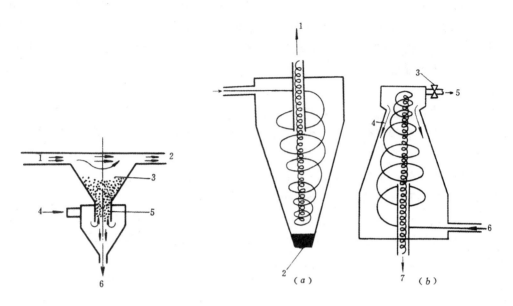

图 2-23 水力分级器原理

1—原液；2—溢流（细粉）；3—沉降区；

4—水；5—分级区；6—沉流（粗粉）

图 2-24 水力旋流器工作原理[26]

1、7—细粉；2、4—粗粉；3—阀门；

5—出口；6—进口

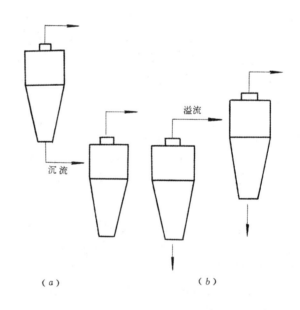

图 2-25 旋流器串联方式

（a）沉流串联；（b）溢流串联

者使最终分离出来的粗粉末的粒度更精确；后者使最终分离出来的细粉末的粒度更精确，因此可视不同情况分别采用沉流串联或溢流串联。

第三节　粉末的比表面及其测定

比表面属于粉末体的一种综合性质，是由单颗粒性质和粉末体性质共同决定的。同时，比表面还是代表粉末体粒度的一个单值参数，同平均粒度一样，能给人以直观、明确的概念。所以用比表面法测粉末的平均粒度称为单值法，以区别于上述分布法。比表面与粉末的许多物理、化学性质，如吸附、溶解速度、烧结活性等直接有关。

粉末克比表面 S_w 定义为 1g 质量的粉末所具有的总表面积，用 m^2/g 或 cm^2/g 表示；致密体的比表面，也用 m^2/cm^3 单位，称体积比表面 S_v。粉末比表面是粉末的平均粒度、颗粒形状和颗粒密度的函数[8]。测定粉末比表面通常采用吸附法和透过法。1969 年比表面测定国际会议推荐的方法共有：气体容量吸附法、气体质量吸附法、气体或液体透过法、液体或液相吸附法、润湿热法及尺寸效应法等[19]。

所谓尺寸效应法[11]是根据粉末粒度组成和形状因子计算比表面的一种方法。假若将粉末按粒径间隔 δx 和平均粒径 x_1、x_2……分成若干级别，各粒级颗粒数为 δN_1、δN_2……，那末，总表面积为 $f\Sigma x^2 dN$，总质量为 $\rho_e K\Sigma x^3 dN$。如以 f 为表面形状因子，K 为体积形状因子，ρ_e 为颗粒有效密度，则计算的比表面等于

$$S_{计} = (f/\rho_e K)\Sigma x^2 dN/\Sigma x^3 dN$$

即
$$S_{计} = (f/\rho_e K)\ 10^4/d_{VS} \tag{2-21}$$

式中　d_{VS}——体面积平均径，μm。

因此，按上式由均匀球形颗粒比表面计算的统计粒径就是表 2-11 中的体面积平均径。但如果是用透过法或氮气吸附法测定比表面，再按（2-21）式计算平均粒径 d_{VS}，则由于透过法比表面包括颗粒的全部外比表面，而氮气吸附法测得的更接近全比表面（即包括内比表面），所以，两者均比 $S_{计}$ 大。或者说，透过法平均粒径和吸附法平均粒径比计算平均粒径要小，特别是吸附法平均粒径更小。

由吸附法或透过法比表面计算平均粒径并不反映颗粒的实际大小，因为计算中假定颗粒为均匀球形，有相同的平均直径。由（2-21）式和 $f/K=6$ 可以直接得到下面两个计算式（以 μm 为单位）：

透过比表面平均径　　　$d_{透} = (6/\rho_e)\ 10^4/S_{透}$；

吸附比表面平均径　　　$d_{吸} = (6/\rho_e)\ 10^4/S_{吸}$。

一、气体吸附法

1. 基本原理

利用气体在固体表面的物理吸附测定物质比表面的原理是：测量吸附在固体表面上气体单分子层的质量或体积，再由气体分子的横截面积计算 1g 物质的总表面积，即得克比表面。

气体被吸附是由于固体表面存在有剩余力场，根据这种力的性质和大小不同，分为物理吸附和化学吸附。前者是范德华力的作用，气体以分子状态被吸附；后者是化学键力起作用，相当于化学反应，气体以原子状态被吸附。物理吸附常常在低温下发生，而且吸附量受气体压力的影响较显著。建立在多分子层吸附理论上的 BET 法是低温氮气吸附，属于物理吸附。这种方法已广泛用于比表面测定。

描述吸附量与气体压力关系的有所谓"等温吸附线"（图 2-26），横坐标 p_0 为吸附气体

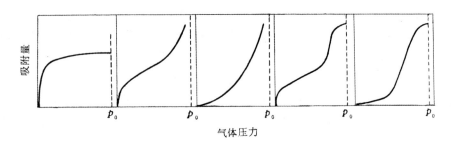

图 2-26　等温吸附线的几种类型[4]

的饱和蒸气压力。图左起第一类适用于朗格谬尔（Lamgmuir）等温式，描述了化学吸附或单分子层物理吸附；其余四类描述了多分子层吸附，也就是适用于 BET 法的一般物理吸附。

朗格谬尔吸附等温式 $V = V_m b p / (1 + bp)$ 可写成如下形式：

$$p/V = 1/V_m b + p/V_m \tag{2-22}$$

式中　V ——当压力为 p 时被吸附气体的容积；

　　　V_m ——全部表面被单分子层覆盖时的气体容积，称饱和吸附量；

　　　b ——常数。

（2-22）式表明 p/V 与 p 成直线关系。由实验先求得 $V-p$ 的对应数据，作出该直线，根据直线的斜率和纵截距求得（2-22）式中的 V_m，再由气体分子的截面积计算被吸附的总表面积和克比表面值。

一般情况下，气体不是单分子层吸附，而是多分子层吸附，这时（2-22）式就不能应用。这时应该用多分子层吸附 BET 公式

$$V = \frac{V_m C p}{(p_0 - p)\left[1 + (C-1)\dfrac{p}{p_0}\right]}$$

或改写成为 BET 二常数式

$$\frac{p}{V(p_0 - p)} = \frac{1}{V_m C} + \frac{(C-1)}{V_m C} \cdot \frac{p}{p_0} \tag{2-23}$$

式中　p ——吸附平衡时的气体压力；

　　　p_0 ——吸附气体的饱和蒸气压；

　　　V ——被吸附气体的体积；

　　　V_m ——固体表面被单分子层气体覆盖所需气体的体积；

　　　C ——常数。

即在一定的 p/p_0 值范围内，用实验测得不同 p 值下的 V，并换算成标准状态下的体积。以 $p/V(p_0 - p)$ 对 p/p_0 作图得到的应为一条直线，$1/V_m C$ 为直线的纵截距值，$(C-1)/V_m C$ 为直线的斜率，于是 $V_m = 1/(斜率+截距)$。因为 1mol 气体的体积为 22400mL，分子数为阿佛加德罗常数 N_A，故 $V_m/22400W$ 为 1g 粉末试样（取样重 Wg）所吸附的单分子层气体的 mol 数，$V_m N_A/22400W$ 就是 1g 粉末吸附的单分子层气体的分子数。因为低温吸附是在气体液化温度下进行，被吸附的气体分子类似液体分子，以球形最密集方式排列，那么，用

154

一个气体分子的横截面积 A_m 去乘 $V_m N_A / 22400W$ 就得到粉末的克比表面

$$S = V_m N_A A_m / 22400W \qquad (2\text{-}24)$$

表 2-17 为常用吸附气体的分子截面积。

由直线的斜率和截距还可求得（2-23）式中的常数：

$$C = （斜率／截距）＋1$$

其物理意义为 $C = \exp (E_1 - E_L / RT)$

式中 E_1 —— 第一层分子的摩尔吸附热；

       E_L —— 第二层分子的吸附热，等于气体的液化热。

表 2-17   吸附气体分子的截面积

气体名称	液化气体密度，g/cm³	液化温度，℃	分子截面积，0.01nm²
N_2	0.808	−195.8	16.2
O_2	1.14	−183	14.1
Ar	1.374	−183	14.4
CO	0.763	−183	16.8
CO_2	1.179	−56.6	17.0
CH_4	0.3916	−140	18.1
NH_3	0.688	−36	12.9
NO	1.269	−150	12.5
NO_2	1.199	−80	16.8

如果 $E_1 > E_L$，即第一层分子的吸附热大于气体的液化热，则为图 2-26 中第二类吸附等温线；如果 $E_1 < E_L$，则是第三类正常的吸附等温线。在上述两种情况下，BET 氮吸附的直线关系仅在 p/p_0 值为 0.05～0.35 的范围内成立。在更低压力或 p/p_0 值下，实验值比按公式计算的偏高，而在较高压力下则偏低。在第四、五类情况下，除存在多分子层吸附外，还出现毛细管凝结现象，这时 BET 公式要经过修正后才能运用。

2. 测试方法

气体吸附法测定比表面灵敏度和精确度最高。它分为静态法和动态法两大类，前者又包括容量法、质量法、单点吸附法。下面分别作简要的介绍。

(1) 容量法   根据吸附平衡前后吸附气体容积的变化来确定吸附量，实际上就是测定在已知容积内，气体压力的变化。BET 比表面装置就是采用容量法测定的。图 2-27 为 BET 装置原理图。连续测定吸附气体的压力 p 和被吸附气体的容积 V 并记下实验温度下气体的蒸气压 p_0，再按 BET 方程（2-23）式计算，以 $p/v(p_0-p)$ 对 p/p_0 作等温吸附线。

(2) 单点吸附法   BET 法至少要测量三组 p-V 数据才能得到准确的直线，故称多点吸附法。

由 BET 二常数式 $\dfrac{p}{V(p_0-p)} = \dfrac{1}{V_m C} + \dfrac{(C-1)p}{V_m C p_0}$ 所作直线的斜率 $S = (C-1)/V_m C$ 和截距 $I = 1/V_m C$ 可以求得 $V_m = 1/(S+I)$ 和 $C = S/I+1$。用氮吸附时，一般 C 值很大，I 值很小，即二常数式中的 $1/V_m C$ 项可忽略不计，而第二项中 $C-1 \approx C$。最后，BET 公式可简化成

$$p/V(p_0-p) = 1/V_m \cdot p/p_0 \qquad (2\text{-}25)$$

该式说明：如以 $p/V(p_0-p)$ 对 p/p_0 作图，直线将通过坐标原点，其斜率的倒数就代表

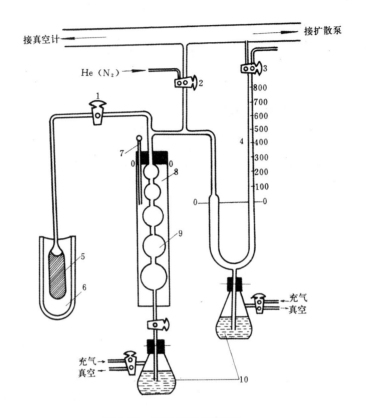

图 2-27 BET 装置原理[14]

1、2、3—玻璃阀；4—水银压力计；5—试样管；6—低温瓶（液氮）；

7—温度计；8—恒温水套；9—量气球；10—汞瓶

所要测定的 V_m。因此，一般就利用（2-25）式，在 $p/p_0 \approx 0.3$ 附近测一点，将它与 p/V (p_0-p)－p/p_0 坐标图中的原点联结，就得到图 2-28 的直线 2。单点法与多点法比较，当比表面在 $10^{-2} \sim 10^2 \text{m}^2/\text{g}$ 范围时，误差为 $\pm 5\%$[28]。

根据（2-24）式，将 $A_m = 1.62\text{nm}$，$N_A = 6.023 \times 10^{23}$ 代入可得到单点吸附法的比表面计算式

$$S = 4.36 V_m/W \qquad (2-26)$$

式中 W——粉末试样的质量，g。

实验证明：单点吸附法的系统重复性较好，但在不同的 p/p_0 值下测量的结果会有偏差，如 p/p_0 偏大，所得比表面值偏高，故应控制 p/p_0 值约为 0.1 最好。

（3）质量法 质量法[4,13]是用吸附秤直接精确称量粉末试样在吸附前后质量的变化来确定比表面的方法，它能避免容量法测系统"死空间"的麻烦和消除由此带来的测量误差，因此更为简便更为实用。

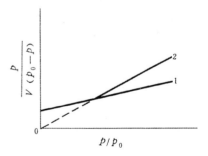

图 2-28 单点吸附与多点吸附

1—多点法；2—单点法

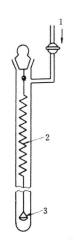

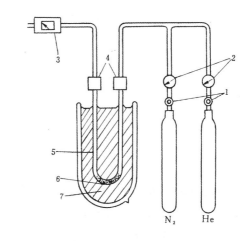

图 2-29 吸附秤原理

1—气体入口；2—石英弹簧；

3—试样杯

图 2-30 流动法吸附测定装置

1—流量控制阀；2—压力表；3—流量计；4—热导率测定元件；

5—样品管；6—粉末试样；7—液氮

如图 2-29 所示，装好粉末的试样杯悬挂在一根灵敏度极高的石英弹簧的下端，系统抽真空后用显微镜测距仪测量吸附前样杯的高度，然后引入吸附气体，等吸附达到平衡后再测量样杯的高度，而两次测量高度之差即为被吸附气体的质量。弹簧的伸长与悬挂质量在一定范围内成比例，可先用标准质量校准刻度，实验时可直接由弹簧的伸长度（高度差）来确定吸附量。

真空微量天平的发展使测量精度提高到 $10^{-6} \sim 10^{-8}$ g，因而扩大了质量吸附法的应用范围[19]。氮气吸附质量法必需校正气体浮力和除试样粉末外的其它部分（挂钩、样杯）吸附气体所带来的误差，特别是后者，当粉末比表面值较小时，对结果的影响很大。

（4）流动法 容量法和质量法都属于静态吸附法，要等吸附过程达到平衡后才测量吸附量，所以较费时间。流动法能克服上述缺点。

流动法[4,19,26]是运用气体微量分析技术测定吸附或解吸前后气体的浓度变化，从而确定吸附量的方法。它不需要抽真空，操作简单而迅速，所以被用于现场分析。如图 2-30 所示，含有氮（吸附剂）和氦（载体）的混合气流通过粉末试样玻璃管。液氮温度下氦不被粉末吸附，氮发生物理吸附。测定在不同分压下被吸附氮的量以计算比表面值。

当试样管浸入液氮时，吸附发生；当从液氮中取出时发生解吸附。吸附和解吸附使氮与氦的比例改变，采用专门设计的热导率检测器测得图 2-31 近似高斯分布的信号，曲线的峰值高度与吸附和解吸附的速率成正比，而曲线的积分面积与被吸附气体量成正比。由于测定气体热导率灵敏度高，使得流动法能推广到低比表面值范围内应用。

二、透过法

透过法根据所用介质的不同，分为气体透过法和液体透过法。后者只适用于粗粉末或孔隙较大的多孔性固体（如金属过滤器），在粉末测试中用得很少，故不介绍。

气体透过法是测定气体透过粉末层（床）的透过率来计算粉末比表面或平均粒径的，其

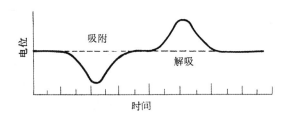

图 2-31　流动吸附法记录曲线

原理是由卡门（Carman）在 1938 年奠定的。他推导了关于常压气体通过粉末床的流速、压力降与粉末床的孔隙率、几何尺寸及粉末的表面积等参数之间的关系式，以后经过修正又推广到低压气体。气体透过法已成为当前测定粉末及多孔固体的比表面，特别是测定亚筛级粉末平均粒度的重要工业方法。

透过法测定的粒度是一种当量粒径，即比表面平均径。这里主要介绍常压气体透过法和低压气体扩散法的原理和费氏仪装置。

1. 透过法原理

流体通过粉末床的透过率或所受的阻力与粉末的粗细或比表面的大小有关。粉末愈细，比表面愈大，对流体的阻力也愈大，因而单位时间内透过单位面积的流体量就愈小。换句话说，当粉末床的孔隙度不变时，流体通过粗粉末比通过细粉末的流速大。因为透过率或流速是容易测定的，所以只要找出它们与粉末比表面的定量关系，就可以知道粉末的比表面。

最早，达尔西（Dárcy）测定了水流过粗砂层的线速度，考虑水的粘度后总结出下面流速公式：

$$\frac{Q_0}{A} = \frac{K_p \Delta p}{L \eta} \tag{2-27}$$

式中　Q_0——水的流量，g/s；

A——砂层的断面积，cm^2；

Δp——在厚度 L（cm）的砂层两端水的压力降，g/cm^2；

η——水的粘度，分帕秒（$dPa \cdot s$）；

K_p——与砂层的孔隙率、粒度大小与形状等有关的系数，称比透过率。

因此，（2-27）式表明：流速（单位时间内流过单位面积砂床的水量（Q_0/A））是与压力梯度（$\Delta p/L$）成正比，与粘度（η）成反比的。比例系数 K_p 就代表了透过性，称比透过率。

泊肃叶（Poiseuille）导出液体在层流条件下，通过圆形直毛细管束的流量公式：

$$Q_0 = \frac{\pi g \Delta p r^4}{8 L_c \eta} \tag{2-28}$$

式中　Q_0——流量，g/s；

g——重力加速度，$980cm/s^2$；

L_c——毛细管长度，cm；

r ——毛细管半径，cm。

流体线速度：

$$u_c = \frac{Q_0}{\pi r^2} = \frac{g\Delta p r^2}{8L_c\eta} \tag{2-29}$$

（2-28）与（2-29）两式合称为泊肃叶方程。

柯青（Kozeng）假定：粉末床由球形颗粒组成，颗粒间有许多由截面不等的并联圆柱形毛细管束形成的通道，流体沿着这些毛细孔流过粉末床。毛细孔的平均半径 r_m 将与颗粒间的孔隙体积对孔壁的总表面积之比成正比，即 $r_m = K_s$（粉末床孔隙体积/孔壁总面积）。K_s 与毛细孔截面的形状有关，圆形时，$K_s = 2$。另外孔壁可看作是粉末的外表面积，这样，流速与粉末的比表面或粒度之间就存在一定的数学关系。

设粉末床的松装体积为 V，孔隙度为 θ，则孔隙体积为 θV，粉末床被颗粒占据的有效体积为 $(1-\theta)V$。颗粒密度为 ρ，则粉末床的质量就是 $(1-\theta)V\rho$。假定颗粒间均为点接触，那末粉末的外表面积，即毛细孔壁的面积是 $(1-\theta)V\rho S_w$（S_w 为粉末克比表面）。因此

$$r_m = \frac{K_s\theta V}{(1-\theta)V\rho S_w} = \frac{K_s\theta}{(1-\theta)S_0} \tag{2-30}$$

式中 S_0——体积比表面，$S_0 = \rho S_w$。

1937 年，卡门用实验证实了柯青方程的正确性并作了修正。他认为：流体通过粉末床的实际路程 L_c（毛细孔的有效长度）比粉末床的厚度 L 要长，即毛细孔是弯曲的，因而通过它的实际流速 u_c 大于 u，即 $u_c = u \cdot L_c/L$。另外，由于毛细孔束的总截面积是粉末床截面积的 θ 倍，为了维持流量相等，通过毛细孔的实际流速 u_c 还必须是 u 的 $1/\theta$ 倍，因此 $u_c/u = (L_c/L)(1/\theta)$，即

$$u = u_c \cdot \frac{\theta L}{L_c} \tag{2-31}$$

将（2-29）式代入（2-31）式得

$$u = \frac{\theta L g\Delta p r^2}{8L_c^2\eta} \tag{2-32}$$

假定 $r = r_m$，则将（2-30）式代入（2-32）式得

$$u = \frac{\theta L g\Delta p}{8L_c^2\eta}\left[\frac{K_s\theta}{(1-\theta)S_0}\right]^2 = \frac{K_s^2(L/L_c)^2}{8} \cdot \frac{g\theta^3}{(1-\theta)^2 S_0^2} \cdot \frac{\Delta p}{L\eta} \tag{2-33}$$

令

$$K_c = (8/K_s^2)(L_c/L)^2 \tag{2-34}$$

K_c 称为柯青常数，与颗粒形状有关，L_c/L 代表毛细孔的弯曲程度。可见 K_c 应由颗粒形状因子和毛细孔的弯曲系数决定。因此由（2-33）（2-34）两式得到

$$\frac{Q_0}{A} = u = \frac{g}{K_c}\frac{\theta^3}{(1-\theta)^2 S_0^2}\frac{\Delta p}{L\eta} \tag{2-35}$$

将（2-35）式与达尔西流速公式（2-27）式比较可求得比透过率

$$K_p = \frac{\theta^3}{(1-\theta)^2} \cdot \frac{g}{K_c S_0^2} \tag{2-36}$$

又将（2-36）式代回（2-27）式得

$$\frac{Q_0}{A} = \frac{\theta^3}{(1-\theta)^2} \cdot \frac{g}{K_c S_0^2}\frac{\Delta p}{L\eta}$$

和
$$S_0 = \sqrt{\dfrac{\Delta \rho g A \theta^3}{K_c Q_0 L \eta \ (1-\theta)^2}} \tag{2-37}$$

该式称为柯青-卡门方程,是透过法测比表面的基本公式。如将比表面积平均径的计算式 d_m = $6/S_0$ 代入 (2-37) 式并以 μm 表示,则平均粒度的计算公式为:

$$d_m = 6 \times 10^4 \times \sqrt{\dfrac{K_c Q_0 L \eta (1-\theta)^2}{\Delta \rho g A \theta^3}} \tag{2-38}$$

2. 空气透过法

柯青-卡门方程是由泊肃叶粘性流动理论导出的,适用于常压液体或气体透过粗颗粒粉末床。目前测定粉末比表面的主要工业方法——空气透过法就建立在该方程的基础上。

常压空气透过法分两种基本形式[32]:

1)稳流式 在空气流速和压力不变的条件下,测定比表面和平均粒度,如费歇尔微粉粒度分析仪和 Permaran 空气透过仪。

2)变流式 在空气流速和压力随时间变化的条件下,测定比表面或平均粒度,如 Blaine 粒度仪和 Rigden 仪。

(1)费歇尔微粉粒度分析仪 费氏仪全名是 Fisher Sub-Sive Sizer,简写成 F. S. S. S. ,已被许多国家列入标准[6]。其计算粒度的原理是根据古登(Gooden)和史密斯[33]变换柯青-卡门方程后建立的公式。他们对 (2-38) 式作了如下变换:

1)用粉末床几何尺寸表示孔隙度:

$$\theta = 1 - \dfrac{W}{\rho_e A L}$$

2)取粉末床的质量在数值上等于粉末材料的密度,$W = \rho_e$,故上式变成

$$\theta = 1 - \dfrac{1}{AL} \qquad (规定 \ A = 1.267 \mathrm{cm}^2) \tag{2-39}$$

3)Q_0 和 η 作常数处理;

4)对大多数粉末,柯青常数 K_c 取为 5;

5)Δp 用 $p - p'$(通过粉末床前后的压力差)表示。

根据 (2-39) 式去变换 (2-38) 式中包含孔隙度 θ 的项:

$$\dfrac{(1-\theta)^2}{\theta^3} = \dfrac{\left(\dfrac{1}{AL}\right)^2}{\left(\dfrac{AL-1}{AL}\right)^3} = \dfrac{AL}{(AL-1)^3}$$

$$\sqrt{\dfrac{K_c}{g}} = \sqrt{\dfrac{5}{980}} = \dfrac{1}{14}$$

最后整理 (2-38) 式得

$$d_m = \dfrac{6 \times 10^4 L}{14(AL-1)^{3/2}} \sqrt{\dfrac{Q_0 \eta}{\Delta p}} \tag{2-40}$$

设上式中 $Q_0 = kp'$(k 为流量系数),再用 $p'/(p-p')$ 代替 $p'/\Delta p$,当 η 和 k 为常数可提到根号外与其它常数合并为一新系数 $C = 6 \times 10^4/14 \ (k\eta)^{1/2}$,则 (2-40) 式简化成:

$$d_m = \dfrac{CL}{(AL-1)^{3/2}} \sqrt{\dfrac{p'}{p-p'}} \tag{2-41}$$

式中　p——流过粉末床之前的空气压力；

　　　p'——通过粉末床之后的空气压力。

该式中 A 和 p 在实验中均可维持不变，可变参数只剩下 L 和 p'。根据（2-39）式，L 由粉末床孔隙度 θ 决定，因此当 θ 固定不变时，仅有 p' 或空气通过粉末床的压力降 $p-p'$ 才是唯一需要由实验测量的参数。基于以上原理设计的费氏空气透过仪如图 2-32 所示。

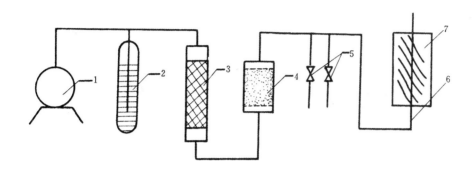

图 2-32　费氏仪原理

1—微型空气泵；2—压力调节管；3—干燥管；4—粉末试样管；5—针形阀；

6—U 形管压力计；7—粒度曲线板

从微型空气泵 1 打出的空气通过压力调节管 2 获得稳定的压力，经过 $CaSO_4$ 干燥管 3 除去水分。粉末试样管 4 中粉末的质量在数值上等于粉末材料的理论密度，借助专门的手动机构将它压紧至所需要的孔隙度 θ。空气流速反映为 U 形管压力计 6 的液面差，因而由粒度曲线板 7 与管 6 中液面重合的曲线上可读出粉末的平均粒度。

粒度曲线板是根据（2-41）式，用已知粒度的标准粉末计算并刻绘出来的。每次实验前，只要用标准试样管代替试样管 4 校准仪器后，就可利用粒度读数板直接得到结果，不再需要计算。操作简便、迅速，这是费氏仪的最大优点。

粒度曲线板的绘制方法是：应用（2-41）式，在各种已知粒径 d_m 下，以 U 形管压力计液面差高度的 1/2，即 $p'/2$ 作为曲线的纵坐标，以各种孔隙度 θ 为横坐标作图，得到一系列曲线，包括从 0.2 至 50μm 的整个粒度范围。公式（2-41）式中常数 C 是由仪器本身决定，当取 A 为 1.267cm²、取 p 为 50cm 水柱（4900Pa）时，可算得 $C=3.8$[34]。图 2-33 所表示的几根实线，代表了三种不同平均粒度的读数曲线，而虚线是用来控制粉末床厚度 L 或孔隙度 θ 的标准高度线。因为由（2-41）式，平均粒度 d_m 除取决于压力计两臂的液面高差的一半（$p'/2$）外，还与粉末床的 θ 或 L 有关。在不同的 L 或 θ 下测量，液面的位置是不同的，但都应反映同一 d_m 值（对同一粉末试样），因此，曲线板上代表不同粒径的各条曲线的走向均是随着 θ 增大而向上。θ 一般控制在 0.4～0.8，超出这个范围，测量误差增大。

透过法测定粒度由于取样较多，有代表性，使结果的重现性好。对较规则的粉末，同显微镜测定的结果相符合。空气透过法所反映的是粉末的外比表面，代表单颗粒或二次颗粒的粒度，如果与 BET 法（反映全比表面和一次颗粒的大小）联合使用，就能判断粉末的聚集程度和决定二次颗粒中一次颗粒的数量。

（2）布莱因（Blaine）法　与费氏法不同，布莱因法是在变流条件下测定空气透过粉末

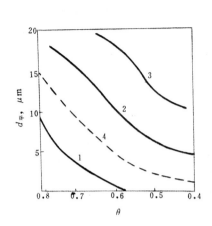

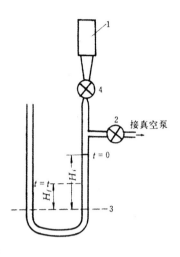

图 2-33 粒度曲线板

1—d_m=5μm；2—d_m=10μm；3—d_m
=20μm；4—粉末床高度线

图 2-34 变流式 U 形管透过仪

1—样品管；2—阀；3—平衡
位置线；4—阀

床时，平均压力或流量达到某规定值所需的时间，同样是用柯青-卡门公式计算平均粒度。

布莱因微粉测试仪[32]的原理如图 2-34 所示。变流透过法计算比表面的近似公式是凯斯 (Keyes)[35] 提出的：

$$S_0^2 = \frac{\theta^3}{(1-\theta)^2} \cdot \frac{2Ag\rho_f}{\ln(\frac{H_i}{H_f})K_c\eta A_m} \cdot \frac{t}{L} \tag{2-42}$$

令

$$K_B^2 = \frac{K_c A_m \eta}{2Ag\rho_f}$$

式中 A —— 样品管断面积；

ρ_f —— U 形管内液体的密度；

A_m—— U 形管断面积；

η —— 空气粘度；

K_c—— 柯青常数；

g —— 重力加速度。

则 (2-42) 式变为

$$K_B^2 S_0^2 = \frac{1}{\ln(\frac{H_i}{H_f})} \cdot \frac{\theta^3}{(1-\theta)^2} \cdot \frac{t}{L} \tag{2-43}$$

K_B 是由仪器结构所决定的系数，而其余参数均由实验测定。实验步骤如图 2-34 所示，样品管 1 通过阀 4 与 U 形压力计严密联结。样品管中粉末床的上端通大气，下端经阀 2 接至真空泵。打开 2、4 阀后，空气经粉末床进入 U 形管，使管内液面由打开阀前的 H_i 逐渐降低，记录液面降至平衡位置 H_f 所经过的时间 t。粉末床的 θ 和 L 可预先定好，这样应用 (2-

43）式就可计算比表面 S_0。因为在测量时间 t 内，透过粉末床的空气压力降和流量均是变化的，所以叫做变流空气透过法。

为了避免测定所有的参数（θ、L、t、H_i、H_f）和每次计算的麻烦，目前国外标准中规定与比表面值已知的标准粉末进行比较测定，即先固定 H_i、H_f、L 等参数，将粉末试样与标准粉末比较，这时计算比表面的公式为：

$$S_0 = S_{0S} \sqrt{\frac{t}{t_s}} \cdot \sqrt{\frac{\dfrac{\theta^3}{(1-\theta)^2}}{\dfrac{\theta_S^3}{(1-\theta_S)^2}}} \tag{2-44}$$

上式中带脚标"S"的所有参数是用标准粉末测定的。这样，每次只要测定粉末试样的 θ 和压力计内液面由开始的 H_i 降至 H_f 所需的时间 t，代入（2-44）式计算就得到体积比表面值 S_0。

如果对同一种粉末，进一步把 θ 也固定的话，计算将变得更简单：$S_0 = K_{B1}\sqrt{t}$，K_{B1} 是用标准粉末确定的仪器常数，这样，实验所要测定的唯一参数就是时间 t。

与布莱因法属于同一类的还有雷金（Rigden）法[36]，该法与费氏法比较，有下列优点[32]：

1）设备简单、操作容易；
2）粉末床厚度 L 规定为 10cm，不受粉末材料密度的影响；
3）使用玻璃试样管，便于操作者观察；
4）不用计算粒度曲线板，直接计算较简单；
5）常用于 BET 比表面的预测；
6）对于比表面大于 6m²/cm³ 的粉末，测量精确度高。

3. 低压气体扩散法

常压空气透过法是建立在柯青-卡门方程的基础上的。业已证明：粒度小于 $2\mu m$ 的粉末，费氏比表面值低于 BET 比表面；而粒度小于 $0.5\mu m$ 时，差别将更大，此时费氏法已完全不适用了[37]。因为空气的流动，除粘性流外还存在所谓分子流或叫做克努曾（Knudsen）扩散流，两种流动阻力的大小和本质是不同的，计算公式也不同。可以根据分子流理论对柯青-卡门方程进行修正，从而使常压空气透过法也适用于超细粉末。

由粘性流（又称泊肃叶流）理论导出的泊肃叶方程，当应用于气体时必须假定气体分子在毛细管壁处的速度为零，管壁对气体流动不造成阻力，流速仅取决于层流中各层之间气体分子的摩擦阻力，这也就是粘度 η 的物理含义。如果粉末床的毛细管半径由于粉末粒度减小而变细或者气体压力降低，使得气体分子的平均自由程与毛细管尺寸相当或更大时，粘性流赖以存在的条件消失。这时气体分子间的碰撞机会已少于其与管壁的碰撞，因此粘滞阻力大大减小，而分子与管壁的碰撞所引起的流动阻力增大，成为决定流速的主要因素。这时，如果仍以粘性流方程计算流速将远远小于实际的，因为该方程根本不能反映分子与管壁碰撞的阻力。流速反常增大的这种现象称为滑动[32]。滑动效应给泊肃叶方程带来的计算误差将随气体分子平均自由程的相对增大（即毛细管半径相对减小或气压相对降低）而显著增加，这就是常压空气透过法不适用于超细粉末的基本原因。

分子流模型是建立在气体分子平均自由程比毛细管半径至少大十倍的条件下，因而不考虑气体分子间的碰撞和气体粘度的影响[38]。分子流阻力是按气体分子与毛细管壁作非弹性碰撞的理论计算的。标准状态下，空气分子的平均自由程为 $0.11\mu m$[39]，所以对 $0.1\mu m$ 以下的粉末，空气透过时已处于分子流的范围，不能应用柯青-卡门方程。但在许多情况下，粘性流与分子流可能同时出现，即处于层流和滑动并存的过渡流域。这时，必须考虑分子流或滑动，对柯青-卡门方程进行修正，即在粘性流方程中增加分子流的项。

雷金和阿耐尔（Arnell）在其著作中详细讨论了这种修正式，而克劳司（Kraus）和罗斯（Ross）[40]综合了他们的工作，将修正后的柯青-卡门方程表达为

$$Q_0 = \frac{1}{\Delta p} \cdot \frac{dn}{dt} \cdot \frac{L}{A}$$

$$= \frac{\theta^3}{K(1-\theta)^2 S_0 \eta RT} \cdot \bar{p} + Z \cdot \frac{\theta^2 \pi}{(1-\theta) S_0 \sqrt{2\pi MRT}} \tag{2-45}$$

式中　Q_0——在单位压力梯度（$\Delta p/L$）下透过面积为 A 的粉末床的摩尔（n）气体流量，又称比流速；

　　　$\bar{p}$——粉末床内气体的平均压力；

　　　M——气体克分子量；

　　　K——决定于粉末床几何形状的常数，卡门取为 5；

　　　Z——常数。

该式中第一项代表泊肃叶粘性流，称泊肃叶项；第二项代表分子流，称克努曾项。在选定气体和孔隙度 θ 的条件下，用实验测定比流速 Q_0 随平均压力 $\bar{p}$ 的变化并作图，将得到一直线。它对 $\bar{p}$ 坐标的斜率就代表（2-45）式右边第一项 $\bar{p}$ 前的数值，由此可求出泊肃叶项的比表面值 S_0；再由直线的纵截距（第二项）可求出克努曾项的比表面值 S_0。由两种流动的阻力所测定的比表面之和就代表粉末的全比表面。

在分子流条件下（低压气体或超细粉末），泊肃叶项的比表面很小，如果忽略不计，就变成完全按克努曾项计算比表面，这就是气体扩散法的理论出发点。

吉良金（Дерягин）[41]根据分子流的现代理论，推导出分子流状态下的流速方程：

$$Q = \frac{24}{13} \sqrt{\frac{2}{\pi}} \cdot \frac{\theta^2}{S_0 \sqrt{MRT}} \cdot \frac{\Delta p}{L} \tag{2-46}$$

可以证明，上式与（2-45）式的第二项完全相等，仅流速单位不同；而且对照得到（2-45）式中的常数 $Z = 48/13\pi$，代表毛细管壁同气体分子碰撞的摩擦因素，与粉末的形状、毛细管的弯曲程度有关。

思　考　题

1. 粉末颗粒有哪几种聚集形式？它们之间的区别在哪里？

2. 氢损法测定金属粉末的氧含量的原理是什么？该方法适用于怎样的金属？为什么说它测定的一般不是全部氧含量？

3. 什么叫当量球直径？今假定有一边长为 $1\mu m$ 的立方体颗粒，试计算它的当量球体积直径和当量球表面直径各是多少？

4. 假定某一不规则形状颗粒的投影面积为 A，表面积为 S，体积为 V，请分别导出与该颗粒具有相等 A、S 和 V 的当量球投影面直径 D_A，当量球表面直径 D_S 和当量球体积直

径 D_v 的具体表达式。

5. 请解释为什么粉末的振实密度对松装密度的比值愈大时，粉末的流动性愈好？

6. 将铁粉过筛分成—100＋200 目和—325 目两种粒度级别，测得粗粉末的松装密度为 2.6g/cm³。再将 20％的细粉与粗粉合批后测得松装密度为 2.8g/cm³，这是什么原因？请说明。

7. 沉降分析的计算粒度公式（2-5）中的密度 ρ 应该用什么颗粒密度表示？为什么说悬浊液中粉末分散不好是造成分析误差的最大原因？

8. 单点吸附法是怎样将 BET 吸附二常数式简化成通过坐标原点的直线方程？吸附法测定的粉末粒度是用一种什么当量球直径表示？为什么它比透过法测定的粒度偏小？原则上它应该反映聚集颗粒的什么颗粒的大小？

9. 气体通过粉末床的阻力同粉末粒度有什么关系？为什么费氏仪（常压空气透法）测定的粉末比表面值不是全比表面值？

10. 用沉降分析方法测得铝粉（密度为 2.7g/cm³）的粒度组成如下：

粒度范围，μm	质量，g
0～1	0.0
1～2	0.4
2～4	5.5
4～8	23.4
8～12	19.0
12～20	17.6
20～32	5.9
32～44	1.1
44～88	0.3
＞88	0.0

（1）绘制粒度分布图，以表示累积质量百分数与粒度的 log 值的变化关系；

（2）以质量基准表示的平均粒度值是多少？

（3）估计以个数基准表示的平均粒度值是多少？

（4）说明哪几种粒度测定方法适合于这种粉末？

第三章 成 形

成形是粉末冶金工艺过程的第二道基本工序，是使金属粉末密实成具有一定形状、尺寸、孔隙度和强度坯块的工艺过程。

成形分普通模压成形和特殊成形两大类。前者是将金属粉末或混合料装在钢制压模内通过模冲对粉末加压，卸压后，压坯从阴模内压出。在这过程中，粉末与粉末、粉末与模冲和模壁之间由于存在着摩擦，使压制过程中力的传递和分布发生改变，由于压力分布不均匀，就造成了压坯各个部分密度和强度分布的不均匀，从而，在压制过程中产生一系列复杂的现象。为了正确地制订成形工艺规范，合理地设计压模结构，计算压模参数等，就需要对这些现象进行详细的研究。

第一节 成形前的原料预处理

粉末原料由于产品最终性能的需要或者成形过程的要求，在成形之前都要经过一些预处理。预处理包括：粉末退火、筛分、混合、制粒、加润滑剂等。

一、退火

粉末的预先退火可使氧化物还原，降低碳和其它杂质的含量，提高粉末的纯度；同时，还能消除粉末的加工硬化、稳定粉末的晶体结构。用还原法、机械研磨法、电解法、喷雾法以及羰基离解法所制得的粉末通常都要退火处理。此外，在某些特殊情况下，例如，为了防止某些超细金属粉末的自燃，需要将其表面钝化，这时也要退火处理。

退火温度根据金属粉末的种类而不同，通常为该金属熔点的 $0.5\sim0.6T_m$。有时为了进一步提高粉末的化学纯度，退火温度也可超过此值。一般来说，电解铜粉的退火温度约为 300℃，电解铁粉或电解镍粉约为 700℃，不能超过 900℃。

退火一般用还原性气氛，有时也可用惰性气氛或真空。在要求清除杂质和氧化物，即进一步提高粉末化学纯度时，要采用还原性气氛（氢、分解氨、转化天然气或煤气等）或真空退火；为了消除粉末的加工硬化或者使细粉末粗化防止自燃时，就可以采用惰性气体作为退火气氛。退火气氛对粉末压制性能的影响如表 3-1 所示。

表 3-1 退火气氛对粉末压制性能的影响[1]

压力，MPa	压块的孔隙度，%		
	H_2	HCl	真空，Pa
200	34.4	32.0	4.0
400	23.8	21.0	2.5
600	16.9	14.7	1.7
800	12.6	11.3	1.2
1000	11.3	8.0	0.9

注：电解铁粉，750℃，2h。

二、混合

混合一般是指将两种或两种以上不同成分的粉末混合均匀的过程。有时候，为了需要也将成分相同而粒度不同的粉末进行混合，这种过程称为合批。

混合有机械法和化学法两种。其中用得最广泛的是机械法，即用各种混合机如球磨机、V 型混合器、锥形混合器、酒桶式混合器和螺旋混合器等将粉末或混合料机械地掺和均匀而不发生化学反应。机械法混料又可分为干混和湿混，干混在铁基制品生产和钨粉、碳化钨粉末的生产中广泛采用，湿混在制备硬质合金混合料时经常采用。湿混时使用的液体介质常为酒精、汽油、丙酮、水等。为了保证湿混过程能顺利进行，对湿混介质的要求是：不与物料发生化学反应，沸点低易挥发，无毒性，来源广泛成本低廉等。湿磨介质的加入量必须适当，过多时料浆的体积增加，球与球之间的粉末相对减少，从而使研磨和混合效率降低；相反，介质过少时，料浆粘度增加，球的运动困难，球磨效率也因而降低。

化学法混料是将金属或化合物粉末与添加金属的盐溶液均匀混合，或者是各组元全部以某种盐的溶液形式混合，然后经沉淀、干燥、还原等处理而得到均匀分布的混合物。与机械法相比较，化学法能使物料中的各组元分布得更加均匀，从而更有利于烧结的均匀化。而且，由于化学混料的结果，基体组元的每一颗粉末表面都包覆上了一层金属添加剂，这有利于烧结过程中的合金化。因此，所得的最终产品组织结构较理想，综合性能优良。在现代粉末冶金生产中，为了获得高质量的产品，已广泛采用了化学法。如制造 W-Cu-Ni 高密度合金、Fe-Ni 磁性材料、Ag-CdO 触头合金等。化学混合法的缺点是操作较麻烦，劳动条件较差。

机械混合的均匀程度取决于下列因素：混合组元的颗粒大小和形状、组元的比重、混合时所用介质的特性、混合设备的种类和混合工艺（装料量、球料比、时间和转速等）。在生产实践中，混合工艺参数大都是用实验方法来选定的。

在球磨机或振动球磨机中混料时，可以把混合和研磨工序合并进行。在这些设备中，粉末可以得到比较强烈的混合，同时，粉末颗粒也会进一步粉碎，因此，在硬质合金、结构材料和其它材料的生产中得到了广泛地应用。此时，软金属（如铜、钴、镍等）会把较硬的组元颗粒覆盖起来，使物料均匀分布。

在粉末冶金中，不仅要生产金属粉末的混合物，而且还常常要生产含有非金属组元（例如石墨、氧化物、硅等）的混合物。如在生产铁-石墨或铜-石墨减摩材料和铁-硅磁性材料时，为了避免颗粒的加工硬化，混料时不需要研磨体。

下面简单介绍检验粉末混合料均匀程度的方法。

物料的混合结果可以根据物料的工艺性能来检验，即检验粉末的粒度组成、松装密度、流动性、压制性、烧结性；测定烧结体的物理机械性能；或者用化学分析和微量化学分析等方法进行检验。对所有工艺性能进行综合鉴定的方法虽然可以反映出混合料最全面的质量概念，但是，这种方法较繁杂，并且所需时间较长。对混合料进行化学分析，由于只能局部取样，所以也只能得出混合质量的粗略估计。实践中通常只是检验混合料的部分工艺性能，并且进行化学分析。至今还没有评价粉末料混合质量的可靠、方便而又快速的检验方法。用仪器检测混合料的混合质量情况还处于研究阶段，尚未广泛使用。

三、筛分

筛分的目的在于把颗粒大小不同的原始粉末进行分级。

通常用标准筛网制成的筛子或振动筛来筛分，而对于钨钼等难熔金属的细粉或超细粉末则使用空气分级的方法。

在硬质合金生产中，筛分（擦筛）也可以用来制粒。

四、制粒

制粒是将小颗粒的粉末制成大颗粒或团粒的工序，常用来改善粉末的流动性。在硬质合金生产中，为了便于自动成形，使粉末能顺利充填模腔必须先制粒。

能承担制粒任务的设备有圆筒制粒机、圆盘制粒机和擦筛机等，有时，也用振动筛来制粒。

目前，较先进的工艺是喷雾干燥制粒。它是将液态物料雾化成细小的液滴，与加热介质（N_2 或空气）直接接触后液体快速蒸发而干燥。

硬质合金生产中由于需要进行湿式研磨与混合，故已较广泛的采用了喷雾干燥制粒，该套装置如图 3-1 所示。

喷雾干燥制粒全过程是在密封系统中完成，共分为四个阶段：（1）料浆的雾化；（2）液滴群与加热介质相接触；（3）液滴群干燥；（4）料粒与加热介质分离。这种工艺所制得的料粒形状规则，粒度均匀，流动性好，可减少压制废品的出现。

此外，松装密度低的粉末可经过一次成形（压团）处理，将团块粉碎后再使用。但是，这时由于粉末的加工硬化而往往需要重新退火。

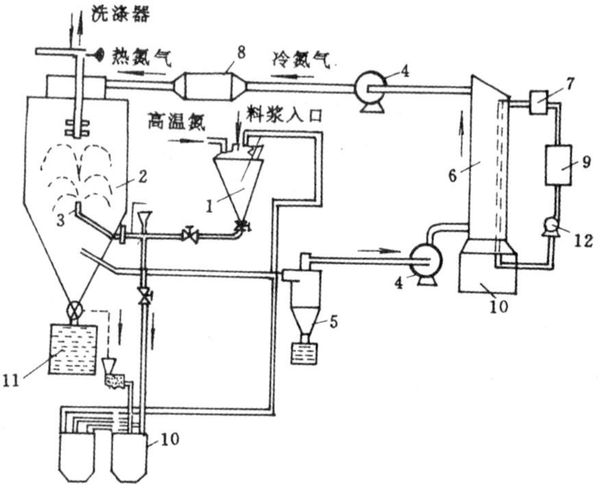

五、加成形剂、润滑剂

在压形前，粉末混合料中常常要添加一些改善压制过程的物质——成形剂或者添加在烧结中能造成一定孔隙的物质——造孔剂。

另外，为了降低压形时粉末颗粒与模壁和模冲间摩擦、改善压坯的密度分布、减少压模磨损和有利于脱模，常加入一种添加物——润滑剂，如石墨粉、硫磺粉和下述的成形剂物质。

图 3-1 喷雾干燥制粒装置示意图
1—搅拌槽；2—雾化塔；3—喷嘴；4—鼓风机；5—旋风收集器；
6—洗涤冷凝器；7—冷凝器；8—加热器；9—水槽；10—贮槽；
11—料桶；12—泵

成形剂是为了提高压坯强度或为了防止粉末混合料离析而添加的物质，在烧结前或烧结时该物质被除掉，有时也叫粘结剂，如硬脂酸锌、合成橡胶、石蜡等。

选择成形剂、润滑剂的基本条件是：

（1）有较好的粘结性和润滑性能，在混合粉末中容易均匀分散，且不发生化学变化。

（2）软化点较高，混合时不易因温度升高而熔化。

（3）混合粉末中不致于因添加这些物质而使其松装密度和流动性明显变差，对烧结体特性也不能产生不利影响。

（4）加热时，从压坯中容易呈气态排出，并且这种气体不影响发热元件、耐火材料的寿命。

粉末冶金铁、铜基零件中常加入硬脂酸锌作成形剂、润滑剂，对其技术要求是：

金属锌	游离脂肪酸	水	粒度
10.2%～11.2%	＜0.5%	＜0.5%	—200目

对石墨粉的技术要求是：

灰分	硫	挥发物	夹杂	溶于盐酸的铁	粒度
＜5%	＜0.2%	＜1%	＜0.8%	＜1.0%	—200目

硬质合金制造工艺中常用石蜡、合成橡胶作成形剂，此外，还有聚乙烯醇、乙二醇等。

成形剂通常在混料过程中以干粉末的形式加入，与主要成分的金属粉末一起混合，在某些场合（如硬质合金生产）也以溶液状态加入，此时，先将石蜡或合成橡胶溶于汽油或酒精中，再将它掺入料浆或干的混合料中。压制前，需将其中的汽油或酒精挥发。

第二节　金属粉末压制过程

一、金属粉末压制现象

粉末料在压模内的压制如图 3-2 所示。

压力经上模冲传向粉末时,粉末在某种程度上表现有与液体相似的性质——力图向各个方向流动,于是引起了垂直于压模壁的压力——侧压力。

粉末在压模内所受压力的分布是不均匀的,这与液体的各向均匀受压情况有所不同。因为粉末颗粒之间彼此摩擦、相互楔住,使得压力沿横向（垂直于压模壁）的传递比垂直方向要困难得多。并且粉末与模壁在压制过程中也产生摩擦力,此力随压制压力而增减。因此,压坯在高度上出现显著的压力降,接近上模冲端面的压力比远离它的部分要大得多,同时中心部位与边缘部位也存在着压力差,结果,压坯各部分的致密化程度也就有所不同。

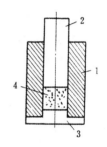

图 3-2　压制示意图[2]
1—阴模；2—上模冲；
3—下模冲；4—粉末

在压制过程中,粉末由于受力而发生弹性变形和塑性变形,压坯内存在着很大的内应力,当外力停止作用后,压坯便出现膨胀现象——弹性后效。

二、金属粉末压制时的位移与变形

众所周知,粉末在压模内经受压力后就变得较密实且具有一定的形状和强度,这是由于在压制过程中,粉末之间的孔隙度大大降低,彼此的接触显著增加。也就是说,粉末在压制过程中出现了位移和变形。

1. 粉末的位移

粉末在松装堆集时,由于表面不规则,彼此之间有摩擦,颗粒相互搭架而形成拱桥孔洞的现象,叫做搭桥。

粉末体具有很高的孔隙度,如还原铁粉的松装密度一般为 $2～3g/cm^3$,而致密铁的密度是 $7.8g/cm^3$；工业用中颗粒钨粉的松装密度是 $3～4g/cm^3$,而致密钨的密度是 $19.3g/cm^3$。当施加压力时,粉末体内的拱桥效应遭到破坏,粉末颗粒便彼此填充孔隙,重新排列位置,增加接触。现用两颗粉末来近似地说明粉末的位移情况,如图 3-3 所示。

然而,粉末体在受压状态时所发生的位移情况要复杂得多,可能同时发生几种位移,而且,位移总是伴随着变形而发生的。

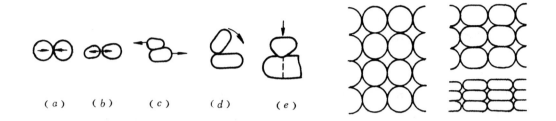

图 3-3　粉末位移的形式[3]　　　　　　　　　图 3-4　压制时粉末的变形[4]

（a）粉末颗粒的接近；（b）粉末颗粒的分离；（c）粉末颗粒的
滑动；（d）粉末颗粒的转动；（e）粉末颗粒因粉碎而产生的移动

2. 粉末的变形

如前所述，粉末体在受压后体积大大减少，这是因为粉末在压制时不但发生了位移，而且发生了变形，粉末变形可能有三种情况：

（1）弹性变形　外力卸除后粉末形状可以恢复原形。

（2）塑性变形　压力超过粉末的弹性极限，变形不能恢复原形。压缩铜粉的实验指出，发生塑性变形所需要的单位压制压力大约是该材质弹性极限的 2.8~3 倍。金属的塑性越大，塑性变形也就越大。

（3）脆性断裂　单位压制压力超过强度极限后，粉末颗粒就发生粉碎性的破坏。当压制难熔金属如 W、Mo 或其化合物如 WC、Mo_2C 等脆性粉末时，除有少量塑性变形外，主要是脆性断裂。

粉末的变形如图 3-4 所示。

由图可知，压力增大时，颗粒发生变形，由最初的点接触逐渐变成面接触；接触面积随之增大，粉末颗粒由球形变成扁平状，当压力继续增大时，粉末就可能碎裂。

三、金属粉末的压坯强度

在粉末体成形过程中，随着成形压力的增加，孔隙减少，压坯逐渐致密化，由于粉末颗粒之间联结力作用的结果，压坯的强度也逐渐增大。

实验指出，粉末颗粒之间的联结力大致可分为两种：（1）粉末颗粒之间的机械啮合力。如前所述，粉末的外表面呈凹凸不平的不规则形状，通过压制，粉末颗粒之间由于位移和变形可以互相楔住和钩连，从而形成粉末颗粒之间的机械啮合，这是使压坯具有强度的主要原因之一。粉末颗粒形状越复杂，表面越粗糙，则粉末颗粒之间彼此啮合得越紧密，压坯的强度越高。（2）粉末颗粒表面原子之间的引力。在金属晶格结构中，金属原子之间因引力和斥力相等而处于平衡状态，当原子间距小于平衡时的常数值时，原子之间产生斥力；反之，便产生引力。能够产生这种引力的区间称为引力范围。在金属粉末处于压制后期时，粉末颗粒受强大外力作用而发生位移和变形，粉末颗粒表面上的原子就彼此接近，当进入引力范围之内时，粉末颗粒便由于引力作用而联结起来，于是，压坯便具有一定的强度，粉末的接触区域越大其压坯强度越高。

应当注意，上述两种力在压坯中所起的作用并不是相同的，还与粉末压制过程有关。对于任何金属粉末来说，压制时粉末颗粒之间的机械啮合力是使压坯具有强度的主要联结力。

需要指出，金属粉末在压形前往往必须添加成形剂，才能使压坯具有足够的强度。

下面介绍压坯强度的测定。

压坯强度是指压坯反抗外力作用保持其几何形状和尺寸不变的能力，是反映粉末质量优劣的重要标志之一。压坯强度的测定方法目前主要有：压坯抗弯强度试验法和测定压坯边角稳定性的转鼓试验法，此外还有圆柱状或轴套形压坯沿其直径方向加压测试破坏强度（压溃强度）的方法。

抗弯强度试验用压坯试样 ASTM 标准是：宽 12.7mm，厚 6.35mm，长 31.75mm（中国标准 GB5319—85：12×6×30mm）。在标准测定装置上测出破断负荷，根据下列公式计算：

$$\sigma_{bb压坯} = \frac{3PL}{2\,bh^2} \tag{3-1}$$

式中　$\sigma_{bb压坯}$——压坯抗弯强度，MPa；

　　　P——破断负荷，N；

　　　L——试样支点间距离，ASTM：25.4mm（中国：25mm）；

　　　b——试样宽度，mm；

　　　h——试样厚度，mm。

压溃强度的测试方法如图 3-5 所示。这种压溃强度是粉末冶金轴套类零件的特有的强度性能表示方法。

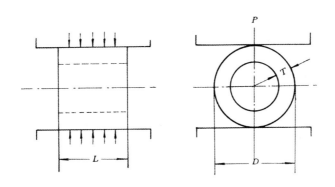

图 3-5　压溃强度测定示意图

测定时，将轴套试样放在两个平板之间，逐渐增加负荷直到试样出现裂纹而负荷值不再上升为止。此时，所指的压力即为压溃负荷，按下列公式计算得的 K 值即为径向压溃强度：

$$K = \frac{P(D - T)}{LT^2}$$

式中　K——压坯径向压溃强度，MPa；

　　　P——压溃负荷，N；

　　　T——试样厚度，等于 $\frac{1}{2}$（外径－内径），mm；

D —— 试样外径，mm；

L —— 试样长度，mm。

电解铜粉和还原铁粉压坯的抗弯强度与成形压力的关系如图 3-6 和图 3-7 所示。

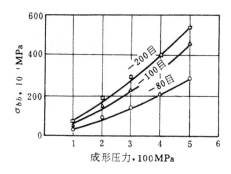

图 3-6　电解铜粉压坯的抗弯
强度与成形压力的关系[5]

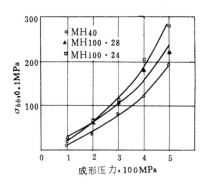

图 3-7　还原铁粉压坯的抗弯强度
和成形压力的关系[5]

测定边角稳定性的转鼓试验是将直径 12.7mm 厚 6.35mm 的圆柱状压坯装入 14 目的金属网制鼓筒中，以 87r/min 的转速转动 1000 转后，测定压坯的质量损失率来表征压坯强度的[27]。

$$S = \frac{A - B}{A} \times 100 \qquad (3-2)$$

式中　S —— 质量减少率，%；

A —— 试样的原始质量，g；

B —— 试样的最终质量，g。

在转鼓试验中，质量减少率越小，压坯的强度越好。电解铜粉与还原铁粉的转鼓试验结果如图 3-8 和图 3-9 所示。

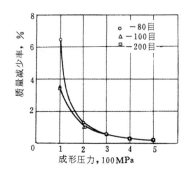

图 3-8　电解铜粉的转鼓试验压坯强度[5]

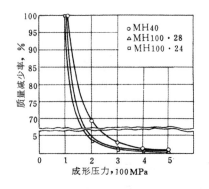

图 3-9　还原铁粉的转鼓试验压坯强度[5]

第三节　压制压力与压坯密度的关系

一、金属粉末压制时压坯密度的变化规律

粉末体受压后发生位移和变形，在压制过程中随着压力的增加，压坯的相对密度出现有规律的变化，通常将这种变化假设为如图 3-10 所示的三个阶段。

第Ⅰ阶段：在这阶段内，由于粉末颗粒发生位移，填充孔隙，因此当压力稍有增加时，压坯的密度增加很快，所以，此阶段又称为滑动阶段。

第Ⅱ阶段：压力继第Ⅰ阶段施压后继续增加时，压坯的密度几乎不变。这是由于压坯经第Ⅰ阶段压缩后其密度已达到一定值，粉末体出现了一定的压缩阻力，在此阶段内，虽然加大压力，但孔隙度不能减少，因此密度也就变化不大。

第Ⅲ阶段：当压力继续增大超过某一定值后，随着压力的升高，压坯的相对密度又继续增加，因为当成形压力超过粉末的临界应力后，粉末颗粒开始变形，由于位移和变形都起作用，因此，压坯密度又随之增加。

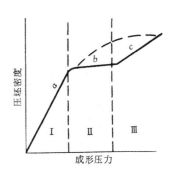

图 3-10　压坯密度与成形
压力的关系[6]

应当指出，上述三个阶段是为了讨论问题而假设的理想状态，实际情况是复杂的。在第Ⅰ阶段，粉末体的致密化虽然以粉末体的位移为主，但同时也必然会有少量的变形；同样，在第Ⅲ阶段，致密化是以粉末颗粒的变形为主，而同时伴随着少量的位移。

其次，第Ⅱ阶段的存在情况也是根据粉末种类的不同而有差异的。硬而脆的粉末，其第Ⅱ阶段较明显，曲线较平坦；而塑性较好的粉末其第Ⅱ阶段则不明显。如压制铜、锡、铅等塑性很好的金属粉末时，第Ⅱ阶段基本消失，如图 3-11 所示。

二、压制压力与压坯密度关系的解析

在粉末冶金过程中，成形是仅次于烧结的一个主要工序，随着粉末冶金技术的不断发展，对成形工艺的研究也引起了人们的高度重视，尽管如此，有关粉末冶金成形的理论至今仍然众说纷纭并无定论。

1923 年汪克尔（Walker）根据实验首次提出了粉末体的相对体积与压制压力的对数呈线性关系的经验公式。几十年来，许多科学家对压形问题进行了一系列的研究，并提出了许多压制的理论公式或经验公式，其中尤以巴尔申（Бальшин）、川北、艾西（Athy）和黄培云方程式最为重要。这些理论公式和经验公式如表 3-2 所示[8,9,10,11,12,13,14,15]。

由表 3-2 所列压制理论的公式数量不少，但没有一个公式在实践检验中是完全正确无误的。多数理论都把粉末体作为弹性体处理，并且未考虑到粉末在压制过程中的加工硬化，有的作者未考虑到粉末之间的摩擦，而且多数理论全都忽略了压制时间的影响。不言而喻，这些问题都必将影响到压制理论的正确性和使用范围。进一步探索和研究出符合实践并能起指导作用的压制理论是今后粉末冶金工作者急待解决的重要任务之一。

现将几个有代表性的压制理论介绍如下：

1. 巴尔申压制理论简介[3,8]

由虎克定律可知，对于致密金属，应力无限小的增量正比于变形无限小的增量，即

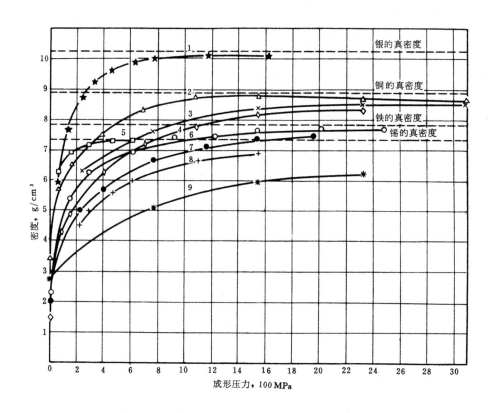

图 3-11 各种粉末的成形压力和压坯密度的关系[7]

1—结晶银粉－100目；2—粗电解铜粉－100目；3—析出细铜粉；4—电解细铜粉；5—喷雾锡粉－325目；
6—软纯电解铁粉；7—氢还原铁粉－100目；8—纯铁粉；9—退火粉碎钢粉－100目

$$d\sigma = \frac{dP}{A} = \pm Kdh \tag{3-3}$$

式中　P ——压力；

　　　A ——横断面积；

表 3-2　关于粉末压形的理论公式及经验公式

序号	提出日期	著者名称	公　式	注　解
1	1923	汪克尔	$\beta = k_1 - k_2 \lg P$	k_1, k_2 —系数 P —压制压力 β —相对体积
2	1930	艾西	$\theta = \theta_0 e^{-\beta P}$	θ —压力 P 时的孔隙度 θ_0 —无压时的孔隙度 β —压缩系数

序号	提出日期	著者名称	公 式	注 解
3	1938	巴尔申	$\dfrac{\mathrm{d}P}{\mathrm{d}\beta}=-lP$ $\lg P_{\max}-\lg P=L\ (\beta-1)$ $\lg P_{\max}-\lg P=m\lg\beta$	$P_{\max}$—相应于压至最紧密状态（$\beta=1$）时的单位压力 L—压制因素 m—系数 β—相对体积
4	1944	沙皮罗 (I. Shapiro)	$\dfrac{1-D}{1-D_0}=\mathrm{e}^{-kP}$	D—压坯相对密度 D_0—压坯原始相对密度 k—系数
5	1948 1948	柯诺皮斯基 (K. Konopicky) 托勒 (C. Torre) 浮西 (E. Voce)	$\dfrac{\mathrm{d}D}{\mathrm{d}P}=k\ (1-D)$ $P=k\ln\dfrac{\theta_0}{\theta_P}$ $\dfrac{1-D}{1-D_0}=\mathrm{e}^{-kP}$	θ_0—$P=0$ 时的孔隙体积的外推值 θ_P—压力为 P 时的孔隙体积
6		特尔查赫 (Terzaghi)	$\theta=a\lg\ (P+P_c)$ $\quad-\beta\ (P+P_c)\ +\gamma$	θ—孔隙度系数 P—外压 a、β、γ—系数
7	1948	史密斯	$\rho_{压}=\rho_{松}+k\ \sqrt[3]{P}$	$\rho_{压}$—压坯密度 $\rho_{松}$—粉末松装密度
8	1949	卢特柯夫斯基 (Rutkowski)	$\rho_{压}=a\lg P-\lg b$	a、b—系数
9	1951	巴尔豪逊 (C. Ballhausen)	$P=\dfrac{kx}{1-x}$	x—模冲行程 k—系数
10	1951	艾特 (C. Agte) 帕特尔德里克 (M. Petrdlik)	$\rho_{压}=kP^{\frac{1}{n}}+\rho_{松}$ $\rho_{压}=kP^{\frac{1}{n-1}}+\rho_{摇}$	$\rho_{摇}$—粉末摇实密度 n—系数，粉末粒度为 $5\mu m$ 时，$n=4$；$200\sim300\mu m$ 时；$n=3$；$300\sim1000\mu m$ 时，$n=2$
11	1954	那托科娃 (Т. Н. Знатокова) 里赫特曼 (В. И. Л. ихтман)	$\ln\theta'=kP+\ln\theta'_0$	θ'—压坯孔隙度 θ'_0—粉末松装时的孔隙度 k—系数，对铜-石墨粉料，$k=1.34\times10^{-2}$
12	1956	川北公夫	$C=\dfrac{abP}{1+bP}$	C—粉末体积减少率 a、b—系数
13	1960	巴宾 (В. И. Бабин) 波尔特诺依 (К. И. Портнои) 萨姆索诺夫 (Г. В. Самсонов)	$\ln P=-m\lg\beta+C$	m—系数，对于 TiB_2、CrB_2（$TiCr$）B_2，$m=10.5\sim11.3$，$C=3.02\sim3.24$

序号	提出日期	著者名称	公　式	注　解
14	1961	黑克尔 (R. W. Heckel)	$\ln\dfrac{1}{1-D}=kP+A$	A、k—系数
15	1962	尼古拉耶夫 (A. H. Николаев)	$P=\sigma_s CD\ln\dfrac{D}{1-D}$	σ_s—金属粉末的屈服极限 C—系数
16	1962	米尔逊 (Г. А. Меерсон)	$\lg\ (P+k)\approx-n\lg\beta+\lg P_k$	P_k—金属最大压密时的临界压力 k、n—系数
17	1963	库宁 (Н. Ф. Кчнин) 尤尔钦科 (Б. Д. Юрченко)	$\rho=\rho_{\max}-\dfrac{k_0}{\alpha}e^{-\alpha P}$	$\rho_{\max}$—压力无限大时的极限密度 α、k_0—系数
18		奴挺 (Nutting)	$\varepsilon=\phi^{-1}P^{\beta'}t^k$	ε—体积应变 P—压缩应力 t—时间 ϕ、β'、k—系数
19	1963	平井西夫	$\dfrac{d\varepsilon}{dt}=(\dfrac{\beta}{\phi}t^k f^{\beta-1})\dfrac{df}{dt}$ $+(\dfrac{K}{\phi}t^{k-1}f^{\beta'-1})f$	f—外力 ε—应变 ϕ、β'、k—系数
20	1964~1980	黄培云	$\lg\ln\dfrac{(\rho_m-\rho_0)}{(\rho_m-\rho)}\dfrac{\rho}{\rho_0}=n\lg P-\lg M$ $m\lg\ln\dfrac{(\rho_m-\rho_0)}{(\rho_m-\rho)}\dfrac{\rho}{\rho_0}=\lg P-\lg M$	ρ_m—致密金属密度 ρ_0—压坯原始密度 ρ—压坯密度 P—压制压强 M—相当于压制模数 n—相当于硬化指数的倒数 m—相当于硬化指数
21	1973	巴尔申 查哈良 (Н. В. Захарян) 马奴卡 (Н. В. Манукян)	$P=3^\alpha P_0 d^2\dfrac{\Delta d}{\theta_0}$	P_0—初始接触应力 d—相对密度 θ_0—$(1-d)$ $\alpha=\dfrac{d^2\ (d-d_0)}{\theta_0}$

σ——应力$=\dfrac{P}{A}$；

dh——物体高度变形无限小的增量；

K——比例常数。

当物体的加工硬化忽略不计时，上述公式也可应用于塑性变形。

对粉末冶金压制过程应用虎克定律即可得出有关压制理论方程。如图 3-12 所示，将粉末装在圆柱形压模中，在压制压力 P 作用下，高度为 h_0。如增加压力 dP，高度减少 dh，压坯的接触横断面为 A'_H，则有

$$d\sigma=\dfrac{dP}{A'_H}=-kdh \qquad (3\text{-}4)$$

式中　k——常数。

在（3-3）、（3-4）两式中比例常数 K 及 k 与初始高度 h_0 有关，即

$$d\sigma = \frac{dP}{A'_H} = - k' \frac{dh}{h_0} \tag{3-5}$$

式中　k'——比例系数，与加工硬化程度无关，在一定程度上相当于弹性模数。

h_0 是装粉高度，但它在经受压力之后变为最终产品高度 h_K（此时压坯孔隙度为零），于是可得出更接近实际的公式

$$\frac{dP}{A'_H} = - k'' \frac{dh}{h_K} \tag{3-6}$$

式中　k''——压缩模数。

当压坯横截面积一定时，即　　　$S = S_K$

所以　　　　　　　　　$\beta = \frac{V}{V_K} = \frac{hS}{h_K S_K} = \frac{h}{h_K}$

式中　β——相对体积，即压坯体积 V 与致密金属体积 V_K 之比，$\beta > 1$。

$$d\beta = \frac{dh}{h_K} \tag{3-7}$$

将（3-7）代入（3-6）可得：

$$\frac{dP}{A'_H} = - k'' \frac{dh}{h_K} = - k'' d\beta \tag{3-8}$$

因为　　　　　　　　　$A'_H = \frac{P}{\sigma}$

所以　　　　　　　　　$\frac{dP}{\dfrac{P}{\sigma}} = - k'' dB$

$$\frac{dP}{P} = \frac{- k''}{\sigma} d\beta = - l d\beta \tag{3-9}$$

式中　l——压制因素。

压制过程中压坯体积的缩小仅仅是孔隙的缩小，特别是在开始压制阶段是如此，于是

$$\frac{dP}{P} = - l d\varepsilon = - l d(\beta - 1) \tag{3-10}$$

式中　ε——孔隙度系数，$\varepsilon = \beta - 1$。

如前所述，孔隙度 $\theta = 1 - d$（相对密度）$= 1 - \dfrac{1}{\beta}$

而　$d = \dfrac{\rho_{压}}{\rho_m}$，$\beta = \dfrac{V_{压}}{V_m} = \dfrac{\rho_m}{\rho_{压}}$

式中　$\rho_{压}$，ρ_m——分别是压坯和致密金属的密度。

所以　　　　　　　　　$\beta = \dfrac{1}{1 - \theta}$

$$\varepsilon = \beta - 1 = \frac{1}{1 - \theta} - 1 = \frac{\theta}{1 - \theta}$$

即孔隙度系数 ε 为孔隙体积与粉末颗粒的体积之比

对（3-10）式积分

$$\int \frac{dP}{P} = - l \int d(\beta - 1)$$

$$\ln P = -l(\beta - 1) + C$$

当 $\beta=1$ 时，C 即相当于最大压紧程度时的最大压力的对数 $\ln P_{max}$

所以
$$\ln P = \ln P_{max} - l(\beta - 1) \tag{3-11}$$

利用 $\ln x = \dfrac{\lg x}{\lg e}$ 的关系，换成常用对数，得

$$\lg P = \lg P_{max} - L(\beta - 1) \tag{3-12}$$

$$L = \lg e \cdot l = 0.434l \tag{3-13}$$

根据方程式（3-12），可以作成如图 3-13 所示的理想压制图。

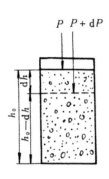

图 3-12　压制过程示意图

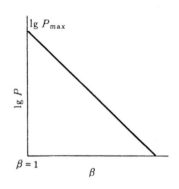

图 3-13　理想压制图

米尔逊为了简化推导，假设粉末塑性变形时既无加工硬化，又无接触区域的应力（σ）变化。在压制过程中，压坯总断面上的接触断面的增值 $A'_H/S_{压坯}$ 与相对密度 $d=\dfrac{1}{\beta}$ 有关，随着粉末的逐步压紧，当 $h \to h_K$ 时，β 与 $d \to 1$，即

$$\frac{h}{h_K} = \beta = \frac{1}{d}$$

由于 $A'_H/S_{压坯}$ 增加比 β 的降低（或相对密度的增加）要快得多，所以

$$\frac{A'_H}{S_{压坯}} = d^m = \frac{1}{\beta^m} \tag{3-14}$$

式中　m——压缩因素。

而
$$\frac{P}{A'_H} = \sigma_K = 常数$$

代入（3-14）得
$$\frac{P}{\sigma_K} = \frac{1}{\beta^m}$$

两边取对数，得
$$\lg P - \lg \sigma_K = -m\lg\beta$$

所以
$$\lg P = \lg P_{max} - m\lg\beta \tag{3-15}$$

式中　$P_{max} = \sigma_K = HM \approx HB \approx HV$

HM ——麦氏硬度；

HB ——布氏硬度；

HV ——维氏硬度。

巴尔申的压制方程已经过很多学者的实验检验，表明此方程仅在一定场合中是正确的，

178

压制因素 L 与 m 都取决于粉末粒度和粒度组成。实际的压制曲线不等于直线，巴尔申本人也指出，当用松装密度 1.42g/cm³ 的电解铜粉作成直径 9.25mm，高度 2mm 的试样进行试验时，得出的图形如图 3-14 所示。

与此图形相对应的数据如表 3-3 所示。

表 3-3　临界应力 σ_K 与压缩程度之间的关系

粉末压缩程度特性			压制因素 L	σ_K, 10MPa
单位压制压力 MPa	压坯相对体积	孔隙度，%		
34	2.5	60	0.68	36
107	1.82	45	0.88	56
69	1.089	8	1.39	88

由图和表可知，随着压制压力的增加，压制因素不是不变，而是随之增加，σ_K 也发生了变化。

巴尔申方程曲线之所以与实际情况不大一致是由于：（1）他将粉末体当作理想弹性体看待，运用虎克定律于压制过程。但是实际上，粉末体在压制过程中并不适用虎克定律。在压制初期，较小的压力就可使粉末体发生很大的塑性变形；压制终了时，这种塑性变形可高达 70% 以上。因此，目前有不少人提出应把粉末体当作弹塑性体看待。（2）假定粉末变形时无加工硬化现象，事实上，粉末体在压制过程中必然产生加工硬化

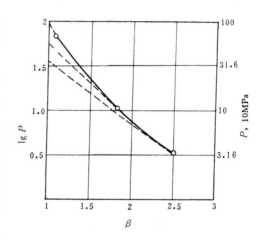

图 3-14　典型实际压制图

现象；并且粉末愈软，压制压力越高，则加工硬化现象愈严重。（3）未考虑摩擦力的影响，在压制中，粉末之间或粉末与模壁之间存在着摩擦，从而必然出现压力损失。（4）未考虑到压制时间的影响。（5）只考虑了粉末的弹性性质，而未考虑或忽略了粉末的流动性质。（6）在公式推导过程中，未能将"变形"与"应变"严格区分开来。综上所述，巴尔申在推导其压制理论过程中所作的一些假设条件与实际情况有较大出入，因此，该压制理论仅在某些情况下才能应用，没有普遍意义。

2. 川北公夫压制理论简介[13,14]

日本的川北公夫于 1956 年发表了关于各种粉末（大部分是金属氧化物）在压制过程中的行为的研究报导。他在研究时采用的钢压模受压面积为 2cm²，粉末粒度 200 目左右，粉末装入压模后在油压机上逐步加压，最高压力达 10136kgf（～0.1MN），然后测定粉末体的体积变化，作出了各种粉末压力-体积曲线，并得出了一个经验公式。

川北在研究压制过程中作了下述假设：

（1）粉末层内所有各点的单位压力相等。

（2）粉末层内各点的压力是外力和粉末内固有的内压力之和，这种内压力的原因虽然

暂时还不清楚，但可以根据粉末的聚集力或吸附力来考虑，它和粉末的屈服值有密切关系。

（3）粉末层各断面上的外压力与该断面上粉末的实际断面积受的压力总和保持平衡。外压如增加，粉末体便压缩，断面上粉末颗粒的实际接触断面积增加，于是又处于新的平衡状态。

（4）每个粉末颗粒仅能承受它所固有的屈服极限的能力。

（5）粉末压缩时的各个颗粒位移的几率 ω 和它邻接的孔隙大小成比例。如果没有孔隙即使外压再大也不能产生压缩，因此，粉末层能承受极大的负荷，并且它所承受的负荷和 ω 成反比。

川北在此五个假设的基础上考察了压制过程。设无压时和受外部单位压力 P 时的粉末体的体积为 V_0 和 V，粉末固有的内部单位压力为 P_0，则粉末体各部分所受的力是 $P+P_0$，如粉末体的断面积为 S_0，则各层所受的全部负荷是 $(P+P_0)S_0$。

各层的粉末颗粒数为 n，各个颗粒的平均断面积是 s_0，颗粒固有的屈服极限是 π，粉末体完全充填时的颗粒数为 n_∞，

$$n_\infty = S_0/s_0 \tag{3-16}$$

一个颗粒所邻接的孔隙几率 $\omega = \dfrac{n_\infty - n}{n_\infty}$，粉末体层各部分承受的负荷根据假设条件（3）、（4）、（5）项为 $\pi s_0 n / \omega$，在平衡状态时应等于 $(P+P_0)S_0$

$$\therefore \quad (P+P_0)S_0 = \pi s_0 n n_\infty / (n_\infty - n) \tag{3-17}$$

全部颗粒的实际体积以 V_∞ 表示，从几何学知道

$$\frac{ns_0}{S_0} = \frac{V_\infty}{V} \tag{3-18}$$

由（3-16）、（3-17）、（3-18）式可得

$$(P+P_0)(V-V_\infty) = \pi V_\infty = 常数 \tag{3-19}$$

$$P = 0 \text{ 时}, V = V_0$$

由（3-19）式可得粉末固有的内压力 P_0 和粉末颗粒的屈服值 π 有如下关系：

$$P_0 = \pi V_\infty / (V_0 - V_\infty) \tag{3-20}$$

将（3-19）式代入（3-20）式得

$$(V_0 - V)/V_0 = \frac{V_0 - V_\infty}{V_0} \times \frac{\dfrac{P}{P_0}}{1 + \dfrac{P}{P_0}} \tag{3-21}$$

设

$$a = \frac{V_0 - V_\infty}{V_0} \tag{3-22}$$

$$b = \frac{1}{P_0} = \frac{V_0 - V_\infty}{\pi V_\infty} \tag{3-23}$$

由（3-22）、（3-23）两式可得

$$\pi = \frac{a}{b(1-a)} \tag{3-24}$$

$$\therefore C = \frac{V_0 - V}{V_0} = \frac{abP}{1 + bP} \tag{3-25}$$

式中　C —— 粉末体积减少率；

180

P —— 荷重；

V_0 —— 无压时的粉末容积；

V —— 压力为 P 时的粉末容积。

（3-24）式中 π 与粉末性质有什么直接关系至今还不太清楚，需进一步研究。

表 3-4 所示为几种粉末的 a、b 和 π 值。

表 3-4 各种粉末的 a、b 和 π 值

名　　　称	a	b	π
Ni 粉	0.3571	0.164	——
Fe 粉	0.5263	0.079	——
粗 Cu 粉	0.5882	0.171	——
Sn 粉	0.6135	0.096	——
细 Cu 粉	0.6536	0.153	——
锌白粉	0.5559	0.124	10.1
MgO	0.7307	0.228	11.9
SiO$_2$	0.7937	0.252	15.3

川北对十种粉末进行压制得到的粉末体积减少率与压力的关系如图 3-15 所示。

3. 艾西-沙皮罗-柯诺皮斯基压制理论简介[8,11,13,14]

1930 年艾西研究了关于沉积岩和粘土的孔隙率和压力的关系，得出了如下的规律：

$$\theta = \theta_0 e^{-BP} \tag{3-26}$$

式中　θ_0 —— 无压时的孔隙率；

　　　θ —— 压力 P 时的孔隙率。

$$\because \theta_0 = \frac{V_0 - V_\infty}{V_0} \qquad \theta = \frac{V - V_\infty}{V} \tag{3-27}$$

将（3-26）式展开近似到第二项，并代入（3-27）式则

$$\frac{V - V_\infty}{V} = \frac{V_0 - V_\infty}{V_0}(1 - \beta P) \tag{3-28}$$

所以粉末体积减少率为

$$C = \frac{V_0 - V}{V_0} = \frac{(\frac{V_0 - V_\infty}{V_\infty})\beta P}{1 + (\frac{V_0 - V_\infty}{V_\infty})\beta P} \tag{3-29}$$

（3-29）式即（3-25）式中 $a \to 1$ 时的情况，即 $V_0 \gg V_\infty$ 的情况：

$$b = (\frac{V_0 - V_\infty}{V_\infty})\beta \approx \frac{V_0}{V_\infty}\beta \tag{3-30}$$

也就是说，b 和 β 成比例。

现在，假定粉末压缩过程中成立下列状态方程式

$$(P + P_0)(V - v_0) = K \tag{3-31}$$

式中　P —— 外压；

V ——外压力 P 时粉末的体积；

P_0——自然状态下的粉末有效内部力，如聚集力等；

v_0 ——粉末的真体积，等于 $P \to \infty$ 时的体积 V_∞；

K ——常数。

（3-31）式可改写成

$$P = \frac{K}{V - v_0} - P_0 \tag{3-32}$$

由 $C_\infty = \dfrac{V_0 - V_\infty}{V_0} = a$ 式得

$$V_\infty = v_0 = V_0(1 - a) \tag{3-33}$$

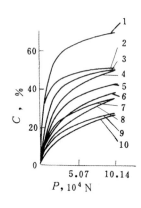

图 3-15　粉末体积减少率和压力之间的关系

1—氧化镁；2—滑石粉；3—硅酸铝；4—氧化锌；5—皂土；6—氯化钾；7—硅酸镁；8—糖；9—碳酸钙；10—糊精

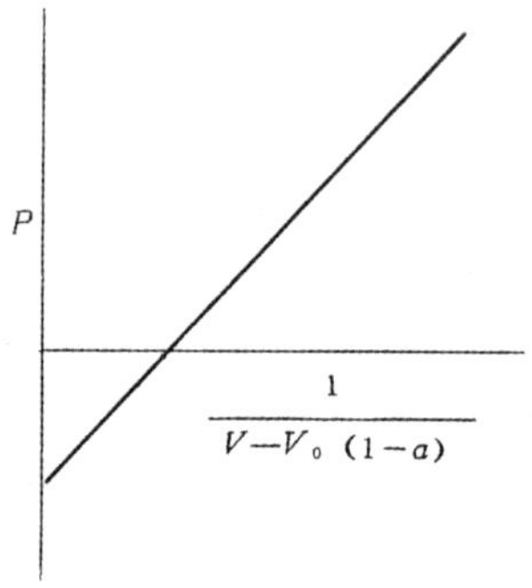

图 3-16　P 与 $1/[V - V_0(1-a)]$ 的关系

将（3-33）式代入（3-32）式则得

$$P = \frac{K}{V - V_0(1 - a)} - P_0 \tag{3-34}$$

P 和 $1/[V - V_0(1-a)]$ 的关系，如图 3-16 所示，呈直线关系。
（3-34）式和（3-31）式很好地表明了粉末的特性。

由（3-31）式

$$V = \frac{K}{P_0 + P} + v_0 \tag{3-35}$$

再者，当外压 P 为零时

$$V_0 = \frac{K}{P_0} + v_0 \tag{3-36}$$

粉末体积减少率 C 为

$$C = \frac{V_0 - V}{V_0} = \frac{V_0 - v_0}{V_0} \cdot \frac{\dfrac{1}{P_0}P}{1 + \dfrac{1}{P_0}P} \tag{3-37}$$

（3-37）式和（3-25）式完全相同，所以（3-25）式中的系数

$$a = \frac{V_0 - v_0}{V_0} \qquad b = \frac{1}{P_0}$$

4. 黄培云压制理论简介[8]

1964年我国黄培云教授对粉末压形问题进行研究之后，考虑了粉末体的非线性弹滞体的特征与压形时应变大幅度变化这些事实，根据理论推导和实验验证，提出了一种新的压制理论，其内容大致如下。

对于一个理想弹性体，根据虎克定律应有如下关系：

$$\sigma = M\varepsilon \tag{3-38}$$

式中　σ——应力；

　　　ε——应变；

　　　M——弹性模量。

上式对时间求导数，得

$$\frac{\mathrm{d}\sigma}{\mathrm{d}t} = M\frac{\mathrm{d}\varepsilon}{\mathrm{d}t} \tag{3-39}$$

对一个同时具有弹性和粘滞性的固体，马克斯威尔（Maxwell）曾指出有如下关系：

$$\frac{\mathrm{d}\sigma}{\mathrm{d}t} = M\frac{\mathrm{d}\varepsilon}{\mathrm{d}t} - \frac{\sigma}{\tau_1} \tag{3-40}$$

在恒应变情况下，$\mathrm{d}\varepsilon/\mathrm{d}t = 0$，则

$$\frac{\mathrm{d}\sigma}{\mathrm{d}t} = -\frac{\sigma}{\tau_1}$$

$$\frac{\mathrm{d}\sigma}{\sigma} = -\frac{1}{\tau_1}\mathrm{d}t$$

积分后得

$$\sigma = \sigma_0^{-\frac{t}{\tau_1}} \tag{3-41}$$

式中　σ_0——$t=0$ 时的应力；

　　　τ_1——应力弛豫时间。

随后凯尔文（Kelvin）等人应用应变弛豫的概念，得出描述同时具有弹性与应变弛豫性质的固体（称为凯尔文固体）的方程为

$$\sigma = M\varepsilon + \eta\frac{\mathrm{d}\varepsilon}{\mathrm{d}t} = M\left(\varepsilon + \tau_2\frac{\mathrm{d}\varepsilon}{\mathrm{d}t}\right) \tag{3-42}$$

式中　η——粘滞系数，$\eta = M\tau_2$。

　　　τ_2——应变弛豫时间。

后来，阿夫雷（Alfrey）与多特（Doty）等人同时考虑了应力弛豫与应变弛豫的关系，引进标准线性固体的概念，并指出它服从以下关系：

$$\left(\sigma + \tau_1\frac{\mathrm{d}\sigma}{\mathrm{d}t}\right) = M\left(\varepsilon + \tau_2\frac{\mathrm{d}\varepsilon}{\mathrm{d}t}\right) \tag{3-43}$$

标准线性固体的概念尽管已广泛地应用于金属内耗的研究中，但不适用于粉末体的压形研究，因为：（1）在应力与应变都已充分弛豫或接近充分弛豫的情况下，标准线性固体的应力与应变呈线性关系，而粉末体则不然。（2）粉末体在压形时的变形程度比金属内耗

或蠕变时要大得无可比拟。此时，必然有粉末体的加工硬化，所以粉末在压制时的应力应变关系不可能维持线性关系，而应有某种非线性弹滞体的特征。据此，粉末体的压制应该用下述关系：

$$(\sigma + \tau_1 \frac{\mathrm{d}\sigma}{\mathrm{d}t})^n = M(\varepsilon + \tau_2 \frac{\mathrm{d}\varepsilon}{\mathrm{d}t}) \tag{3-44}$$

式中　n——系数，一般 $n < 1$。

在压力为恒应力 σ_0 的情况下，$\frac{\mathrm{d}\sigma}{\mathrm{d}t} = 0$，（3-44）式可简化为

$$\sigma_0^n = M(\varepsilon + \tau_2 \frac{\mathrm{d}\varepsilon}{\mathrm{d}t})$$

$$\frac{\mathrm{d}t}{\tau_2} = -\frac{\mathrm{d}[(\frac{\sigma_0^n}{M}) - \varepsilon]}{[(\frac{\sigma_0^n}{M}) - \varepsilon]}$$

积分后得

$$\varepsilon = \varepsilon_0 e^{-t/\tau_2} + (\frac{\sigma_0^n}{M})[1 - e^{-t/\tau_2}] \tag{3-45}$$

当粉末压制过程充分弛豫（即 $t \gg \tau_2$）时，$e^{-t/\tau_2} \rightarrow 0$，（3-45）式可简化为：

$$\varepsilon = \frac{\sigma_0^n}{M} \tag{3-46}$$

$$\lg\varepsilon = n\lg\sigma_0 - \lg M \tag{3-47}$$

设粉末体在压制前的体积为 V_0，压坯体积为 V，相当于致密金属所占的体积为 V_m，压制前粉末体中孔隙体积为 V_0'，压坯中孔隙体积为 V'，实际上粉末体在压制时的体积变化可用 $V_0' - V'$（$V_0' = V_0 - V_m$，$V' = V - V_m$）来表征，致密金属所占的实际体积 V_m 没有变化或变化很小，所以只有孔隙体积发生了改变，可视为粉末体在压制过程中所发生的应变。

应用自然应变的概念，可得到

$$\varepsilon = \ln \frac{V_0'}{V'} = \ln \frac{V_0 - V_m}{V - V_m} = \ln \frac{\frac{V_0}{V_m} - 1}{\frac{V}{V_m} - 1} = \ln \frac{\frac{\rho_m}{\rho_0} - 1}{\frac{\rho_m}{\rho} - 1}$$

$$= \ln \frac{\frac{\rho_m - \rho_0}{\rho_0}}{\frac{\rho_m - \rho}{\rho}} = \ln \frac{(\rho_m - \rho_0)\rho}{(\rho_m - \rho)\rho_0} \tag{3-48}$$

将（3-48）式代入（3-47）式，并用单位压制压力 p 代替恒应力 σ_0，可得：

$$\lg\ln \frac{(\rho_m - \rho_0)\rho}{(\rho_m - \rho)\rho_0} = n\lg p - \lg M \tag{3-49}$$

式中　ρ——压坯密度，g/cm^3；

　　　ρ_0——压坯原始密度（粉末充填密度），g/cm^3；

　　　ρ_m——致密金属密度，g/cm^3；

　　　p——单位压制压力，Pa；

　　　n——硬化指数的倒数，$n = 1$ 时，无硬化出现；

M——压制模量。

1980 年，黄培云对双对数压制理论又做了如下发展：

（1）对（3-49）式的数学模型进行了量纲分析。指出 M 的量纲与 p^n 相同，由于不同粉末的 n 值与 M 值各不相同，因而不同粉末的 M 量纲也不相同，很难进行比较。如果改用数学模型：

$$(P + \tau_1 \frac{\mathrm{d}P}{\mathrm{d}t}) = M(\varepsilon + \tau_2 \frac{\mathrm{d}\varepsilon}{\mathrm{d}t})^m \tag{3-50}$$

在维持恒压力 $(\frac{\mathrm{d}P}{\mathrm{d}t}=0)$ 情况下，解以上方程，可得：

$$\varepsilon = \varepsilon_0 e^{-t/\tau_2} + (\frac{P}{M})^{1/m}[1 - e^{-t/\tau_2}] \tag{3-51}$$

在充分弛豫情况下，$e^{-t/\tau_2} \to 0$，这时

$$\varepsilon = (\frac{P}{M})^{1/m} \tag{3-52}$$

对方程两边取对数，并应用自然应变概念后，可得：

$$m \lg \ln \frac{(\rho_m - \rho_0)\rho}{(\rho_m - \rho)\rho_0} = \lg P - \lg M \tag{3-53}$$

由于
$$\varepsilon = \ln \frac{(\rho_m - \rho_0)}{(\rho_m - \rho)} \frac{\rho}{\rho_0}$$

$$\therefore \quad \frac{(\rho_m - \rho_0)}{(\rho_m - \rho)} \frac{\rho}{\rho_0} = e^\varepsilon$$

$$\rho = \frac{\rho_0 \rho_m e^\varepsilon}{[\rho_m + (e^\varepsilon - 1)\rho_0]}$$

这样，$\lg \ln \frac{(\rho_m - \rho_0)}{(\rho_m - \rho)} \frac{\rho}{\rho_0}$ 仍然应该与 $\lg P$ 值呈直线关系，如以前者为横坐标，后者为纵坐标，则所得直线的斜率为 m 值，直线与纵轴的截距为 $\lg M$ 值。如图 3-17 所示。

M 的量纲与 P 相同，M 值的大小表征粉末体压制的难易。M 值越大，表示粉末体越难压制。m 代表粉末体压制过程的非线性指数，m 值的大小表征粉末体压制过程硬化趋势的大小，m 值愈大表示粉末体硬化趋势愈强。$m=1$ 时，表示粉末体压制过程呈线性变化，全无硬化趋势。一般情况下，$m>1$。

用压坯高度变化表示应变，由于样重 w、压坯密度 ρ、压坯体积 V、压坯高度 h、压模横断面积 A 存在着简单关系：

$$w = \rho V, V = hA, h = \frac{w}{\rho A}$$

$$(V_0 = h_0 A, \ h_0 = \frac{w}{\rho_0 A}; \ V_m = h_m A, \ h_m = \frac{w}{\rho_m A})$$

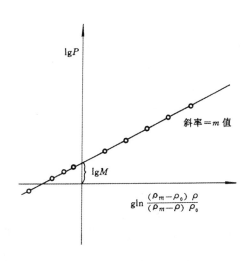

图 3-17　$\lg P$ 与 $\lg \ln \frac{(\rho_m - \rho_0)}{(\rho_m - \rho)} \frac{\rho}{\rho_0}$ 的关系

$$\therefore \varepsilon \equiv \ln \frac{V_0 - V_m}{V - V_m} \equiv \ln \frac{Ah_0 - Ah_m}{Ah - Ah_m} \equiv \ln \frac{h_0 - h_m}{h - h_m}$$

$$e^\varepsilon = \frac{h_0 - h_m}{h - h_m}; \quad e^{-\varepsilon} = \frac{h - h_m}{h_0 - h_m}$$

其中　　$h_0 - h_m =$（模冲）最大可能压下量

$h - h_m =$ 剩余可能压下量

设 $s = h_0 - h =$（模冲）压下量

$$h = e^{-\varepsilon} h_0 - e^{-\varepsilon} h_m + h_m = e^{-\varepsilon} h_0 + h_m (1 - e^{-\varepsilon})$$

$$s = h_0 - h = h_0 - e^{-\varepsilon} h_0 - h_m (1 - e^{-\varepsilon})$$

$$= h_0 (1 - e^{-\varepsilon}) - h_m (1 - e^{-\varepsilon}) = (h_0 - h_m)(1 - e^{-\varepsilon})$$

$$h_0 - h_m = \frac{w}{A} \left(\frac{\rho_m - \rho_0}{\rho_m \rho_0} \right)$$

$$h = hm + e^{-\varepsilon}(h_0 - h_m) = \frac{w}{A} \left[\frac{1}{\rho_m} + e^{-\varepsilon} \left(\frac{\rho_m - \rho_0}{\rho_0} \right) \right]$$

$(1 - e^{-\varepsilon}) = \dfrac{h_0 - h}{h_0 - h_m} \left(= \dfrac{实际压下量}{最大可能压下量} \right)$，可定名为压下比例。

$e^{-\varepsilon} = \dfrac{h - h_m}{h_0 - h_m} \left(= \dfrac{剩余可能压下量}{最大可能压下量} \right)$，可定名为剩余（可能）压下比例。

e^ε 可定名为剩余压下比例的倒数。

（2）对模壁摩擦进行了理论研究。设 $P_摩$ 为由于粉末与模壁摩擦作用而损失的压强，则实际作用于粉末坯块的压强 $P_实$ 小于压制压强 P，即

$$P_实 = P - P_摩 \tag{3-54}$$

$P_摩$ 的数值与粉末对模壁的摩擦系数 μ，模壁的高度 h，压模内径 r 有关。

琼斯（W. D. Jones）曾指出：

$$\frac{P_1}{P_2} = e^{-2\mu k h / r} \tag{3-55}$$

式中　P_1——任意截面上的压力；

P_2——压制压力；

k——常数。

当 μ、h、r、k 是固定值时，则 P_1 / P_2 值为常数，因此，可以认为：

$$\frac{P_摩}{P} = K'$$

即　　　　　　　　　　　　　$P_摩 = K' P$

$$P_实 = P - P_摩 = P - K' P = P(1 - K') = KP \tag{3-56}$$

式中　K' 与 K 都是常数。

因此，当摩擦存在时，真正作用于压坯上的实际压强 $P_实$ 小于压制压强 P，故有

$$m \lg \ln \frac{(\rho_m - \rho_0) \rho}{(\rho_m - \rho) \rho_0} = \lg P_实 - \lg M = \lg KP - \lg M$$

$$= \lg K + \lg P - \lg M = \lg P - \lg \frac{M}{K} \tag{3-57}$$

由此可见，不论有无摩擦损失，压制压强（不论是 $P_实$ 或 P）的对数值都将维持与 lgln

$\dfrac{(\rho_m-\rho_0)}{(\rho_m-\rho)}\dfrac{\rho}{\rho_0}$ 值呈直线关系。

如果有模壁摩擦损失，而用 P 代替 $P_{实}$ 代入双对数方程式时，M 值内将包含忽略摩擦所引进的误差，使得 M 值偏大，直线平行上移。

用等静压法对各种软硬粉末如 Sn、Zn、Cu、黄铜、Fe、Ni、Co、Mo、Cr、W、WC、TiC 等在 $0\sim6t/cm^2$ 范围内进行的压形试验以及用普通模压法对各种粉末如 Mo、Cu、Fe、W 等进行的压制实验都证实了上述规律的正确性。

这说明，双对数压制方程不仅适用于等静压制，也适用于一般单向压制。

（3）黄培云教授关于动压成形的研究。压制过程中的加压速度不仅影响到粉末颗粒间的摩擦状态和加工硬化程度，而且影响到空气从粉末颗粒间孔隙中的逸出情况，如果加压速度过快，空气逸出就困难。因此，通常的压制过程均是以静压（确切的讲是缓慢加压）状态进行的。

加压速度很快的压制如冲击成形，属于动压范畴。动压成形的研究已有半个多世纪的历史，压制速度已由每秒几米增加到每秒 200 米以上。目前，已经出现了粉末冶金用的冲击压力机，其加压速度相当于锻造速度，为 $6.1\sim18.3m/s$，能压制单重为 $0.5kg$ 的铁基零件，密度可达 $6.5g/cm^3$，相对密度为 85% 以上。有人指出，铁粉冲击成形的相对密度可达 97%，铜粉可达 98%，混合粉可达 93%～96%。实践已指出，高速冲击成形所得的压块密度分布比用缓慢加压所得的更加均匀。这是为什么呢？

当压制压力由静压变成动压时，粉末体不仅受到静压力 P 的作用，还将受到动量 mv 的作用，速度 v 越大，动量 mv 也越大，一般静压的速度是每秒钟零点几米，而落锤冲击的速度是 $6.1\sim18.3m/s$。冲击成形的时间很短，只需百分之几到千分之几秒。因此，冲击力 $F=mv/t$ 便是一个很大的数值，比静压作用在粉末体上的力要大，所以冲击成形的效率远比静压成形高。

在 60 年代中期，黄培云教授对粉末体在动压状态下的成形问题进行了研究，并在世界上首次将拉格朗日（Lagrange）方程成功的应用在粉末的动压成形上。他的研究结果如下：

根据拉格朗日方程：

$$\frac{d\left(\dfrac{\partial L}{\partial \dot{q}}\right)}{dt}-\frac{dL}{dq}=0,\quad L=\underset{\text{动能}}{T}-\underset{\text{位能}}{V}$$

若忽略位能变化，则

$$\frac{d\left(\dfrac{\partial T}{\partial \dot{q}}\right)}{dt}-\frac{dT}{dq}\doteq0\left[\text{附注：}\frac{\partial T}{\partial \dot{q}}=\text{动量},\left|\frac{\partial\frac{1}{2}mv^2}{\partial v}\right|=mv\right]$$

$$T=\text{总动能}$$

设落锤质量为 W_H，接触上模冲时速度为 v_H；设上模冲质量为 W_P，锤接触模冲后与上模冲成为整体，则

$$\text{总质量}\,W_{总}=W_H+W_P$$

并共同以 $v_{总}$ 速度开始运动。由动量不变原理可知

$$W_H\times v_H=(W_H+W_P)\times v_{总}$$

所以
$$v_{总} = \frac{W_H}{W_H + W_P} \times v_H$$

其总动能 $= \dfrac{1}{2}(W_H + W_P)(\dfrac{W_H}{W_H + W_P} \times v_H)^2$

$$= \frac{(W_H v_H)^2}{2(W_H + W_P)}$$

其总动量 $= W_{总} \times v_{总} = (W_H + W_P)(\dfrac{W_H}{W_H + W_P} \times v_H)$

$$= W_H \times v_H$$

下面就 $\dfrac{\mathrm{d}T}{\mathrm{d}q}$ 值与 $\dfrac{\mathrm{d}\frac{\partial T}{\partial \dot{q}}}{\mathrm{d}t}$ 值进行计算对比。

根据拉格朗日方程,动能随距离而变化,相当于动量随时间而变化,都将产生作用力。

计算动能随距离而变化:

$$总作用力 = \frac{\mathrm{d}T}{\mathrm{d}q} = \frac{动能变化}{距离} = \frac{\left[\frac{(W_H \times v_H)^2}{2(W_H + W_P)}\right] - 0}{\Delta s}$$

$$(其中 \Delta s = h_0 - h = [1 - \mathrm{e}^{-\varepsilon}](h_0 - h_m))$$

开始时总动能为 $\dfrac{(W_H v_H)^2}{2(W_H + W_P)}$,经 Δs 后动能为 0,

所以
$$\frac{\mathrm{d}T}{\mathrm{d}q} = \frac{(W_H \times v_H)^2}{2(W_H + W_P)(1 - \mathrm{e}^{-\varepsilon})(h_0 - h_m)}$$

计算动量随时间而变化:

$$\frac{\mathrm{d}(\frac{\partial T}{\partial \dot{q}})}{\mathrm{d}t} = \frac{\mathrm{d}(\frac{\partial(\frac{1}{2}mv^2)}{\partial v})}{\mathrm{d}t} = \frac{\mathrm{d}(mv)}{\mathrm{d}t} = \frac{\Delta\,动量}{\Delta\,时间}$$

开始时总动量 $= W_H \times v_H$,Δt 时间后,动量为 0。

先进行作用时间 Δt 的计算(即总动量 $W_H \times v_H$ 在 s 距离内减小到 0 的所用时间)。它与减速度(负加速度 a)有关,$s = h_0 - h = (1 - \mathrm{e}^{-\varepsilon})(h_0 - h_m)$,

由 $v_{总} = \sqrt{2as}$ 可知,

$$a = \frac{v_{总}^2}{2s} = \frac{(W_H \times v_H)^2}{2(W_H + W_P)^2(1 - \mathrm{e}^{-\varepsilon})(h_0 - h_m)}$$

由 $v = at$ 可知,

$$t = \frac{v_{总}}{a} = \frac{\dfrac{W_H \times v_H}{(W_H + W_P)}}{\dfrac{(W_H \times v_H)^2}{2(W_H + W_P)^2(1 - \mathrm{e}^{-\varepsilon})(h_0 - h_m)}}$$

$$= \frac{2(W_H + W_P)(1 - \mathrm{e}^{-\varepsilon})(h_0 - h_m)}{W_H \times v_H}$$

$$\frac{\mathrm{d}(\frac{\partial T}{\partial \dot{q}})}{\mathrm{d}t} = \frac{动量变化}{时间\ t} = \frac{W_H \times v_H}{\dfrac{2(W_P + W_H)(1 - \mathrm{e}^{-\varepsilon})(h_0 - h_m)}{(W_H \times v_H)}}$$

$$= \frac{(W_H \times v_H)^2}{2(W_H + W_P)(1 - e^{-\varepsilon})(h_0 - h_m)}$$

可见，正如拉格朗日方程所示，

$$作用力 = \frac{\mathrm{d}(\frac{\partial T}{\partial \dot{q}})}{\mathrm{d}t} = \frac{\mathrm{d}T}{\mathrm{d}\dot{q}} = \frac{(W_H \times v_H)^2}{2(W_H + W_P)(1 - e^{-\varepsilon})(h_0 - h_m)}$$

现在，通过解方程

$$\varepsilon^n(1 - e^{-\varepsilon}) = \frac{\rho_m \rho_0 (W_H \times v_H)^2}{2MW(\rho_m - \rho_0)(W_H + W_P)} \quad 求 \varepsilon：$$

由于 $\quad h_0 = \dfrac{W}{A\rho_0}, \ h_m = \dfrac{W}{A\rho m}$

$$(h_0 - h_m) = \frac{W}{A}(\frac{\rho_m - \rho_0}{\rho_0 \rho_m})$$

$$作用力 = \frac{\mathrm{d}(\frac{\partial T}{\partial \dot{q}})}{\mathrm{d}t} = \frac{\mathrm{d}T}{\mathrm{d}q} = \frac{A(W_H \times v_H)^2 \times \rho_0 \times \rho_m}{2W(W_H + W_P)(1 - e^{-\varepsilon})(\rho_m - \rho_0)}$$

此作用力将作用于粉末体，使粉末压坯密度按 $P = M\varepsilon^n$ 规律由 ρ_0 压至 ρ（应变则由 0 至 ε）

令 P 代表压强（则 M 也必须使用同样相同单位）即

$$P = \frac{作用力}{面积 \ A}$$

因为 $\quad P = M\varepsilon^n = \dfrac{A(W_H \times v_H)^2 \rho_0 \rho_m}{2W(W_H + W_P)(1 - e^{-\varepsilon})(\rho_m - \rho_0)}/A$

消掉 A 并移项

所以 $\qquad \varepsilon^n(1 - e^{-\varepsilon}) = \dfrac{\rho_m \times \rho_0 \times (W_H \times v_H)^2}{2MW(\rho_m - \rho_0)(W_H + W_P)} = K$

式中 K 为常数（因为 ρ_m、ρ_0、W_H、v_H、M、W、W_P 均为已知）

由于上述方程中的 n 也是已知，故可求出未知的 ε。

ε 值的求法有下列四种：

（1）图解法：由于不同的 n 值需作出不同的图形，并且此法不太准确，一般可精确到小数点后一位数。

（2）查表法：预先作好常用 ε 值的对应 ε^n $(1 - e^{-\varepsilon})$ 值表，由上式等号右边计算所得 K 值，按此表查出 ε 值。此方法的预备工作量很大，不同的 n 值需要作出不同的表格。

（3）反复调试法（Trial and Error）：将等号右边 K 值固定，试估计 ε 值，调算等号左边的 ε^n $(1 - e^{-\varepsilon})$ 值，反复调试 ε 值，使等号左边与右边相等。

（4）计算机法：将 "DROPHMφ8·HPY" 程序与 "DROPHMφ9·HPY" 程序[1] 输入 ρ_m、ρ_0、M、n、W、A、W_H、W_P、v_H 等已知数据后，通过计算机在瞬时间内可自动计算出每次冲压所达到的 ε 值与 ρ 值，其精确程度可达到小数后第 6、7 位。

计算机法还能计算出落锤加模冲的运动总速度与总动能，同时，还可计算出总动能在 $\Delta s = h_0 - h$ 距离内变化为 0 时所产生的作用力以及模冲的负加速度和模冲由 h_0 降到 h 所经

❶ "DROPHMφ8·HPY" 与 "DROPHMφ9·HPY" 程序系作者本人自己编制的专门程序，限于篇幅，书中省略。

历的时间等。

动压对粉末成形时的效果非常明显。作者们（黄培云、吕海波、陈振华等教授）曾对各种粉末（如较软粉末 Al、Sn，中等软硬粉末 Cu、Fe、Ni，较硬粉末 Al_2O_3、W、Mo 等）进行过试验，效果都非常显著。举例如表 3-5、表 3-6 所示。

表 3-5　铜粉冲击压形实验数据（吕海波[①]，1965.3.25）

（阴模 ϕ8mm；截面积 0.503cm²；落锤质量 5.0kg；落差 1m）

样品质量（g）	冲击次数	压坯高度（cm）	体积（cm³）	密度（g/cm³）
2.95	1	0.998	0.50165	5.88
2.97	2	0.846	0.42595	6.98
3.03	3	0.782	0.39308	7.71
3.07	4	0.796	0.40011	7.67
3.08	5	0.720	0.36192	8.51
3.09	6	0.712	0.35789	8.63
┆	┆	┆	┆	┆
2.77	10	0.630	0.31668	8.75

① 此表是幸存数据，其中缺 ρ_0，估计约为 1.3。

表 3-6　铁粉动压实验数据（吕海波[①]，1965.3.25）

（阴模截面积 0.503cm²；落锤质量 5.0kg；落差 1m）

样品质量（g）	冲击次数	压坯高度（cm）	体积（cm³）	密度（g/cm³）
3.42	1	1.220	0.62	5.49
3.32	2	1.025	0.523	6.35
3.28	3	0.955	0.49	6.74
3.47	4	0.98	0.50	6.94
3.50	5	0.971	0.495	7.07
3.63	6	1.005	0.513	7.08

① 此表是幸存数据，其中缺 ρ_0，估计约为 1.6。

另外，根据材料力学关于静动载荷的理论可知，在弹性变形范围内当一个质量为 Q 的物体自由下落时，动静载荷之间的关系如下：

$$P_{动} = K_{动} P_{静}$$

式中　$P_{动}$——动载荷；

　　　$P_{静}$——静载荷（数值上等于 Q）；

　　　$K_{动}$——动荷系数。

而

$$K_{动} = 1 + \sqrt{1 + \frac{2H}{\delta_C}}$$

式中　H——运动的距离；

δ_C —— 静负荷的变形值。

如以 $\dfrac{v^2}{2g}=H$ 代入上式，则得

$$K_{动} = 1 + \sqrt{1 + \frac{v^2}{g\delta_C}}$$

式中　v —— 冲击开始时的速度；

　　　g —— 重力加速度。

当 $v \ll 1$ 时，$\dfrac{v^2}{g\delta_C} \approx 0$，代入则得 $K_{动}=2$

$$所以 \quad P_{动} = 2P_{静}$$

即当物体突然受到外力作用时，其动载荷至少为静载荷的 2 倍。

当 $v \gg 1$ 时，则 $K_{动} \approx \sqrt{\dfrac{c^2}{g\delta_C}}$

$$所以 \quad P_{动} \approx P_{静}\sqrt{\frac{v^2}{g\delta_C}}$$

例如，自由落锤的质量为 5kg，开始冲击时的速度为 10m/s，若压模中的粉末体受到 5kg 静载荷时，压下量为 1mm，代入，则得

$$P_{动} = 5\sqrt{\frac{10^2}{9.8 \times 1 \times 10^{-3}}} \approx 500(\text{kgf})$$

即所受到的冲击力比静载荷 5kg 大 100 倍，实际上粉末的变形量是相当小的，假设其值为 0.01mm，则此时粉末体所受到的动载荷是 5000kg，即比静载荷大 1000 倍。

有人曾作过这样的试验，用同样的粉末和压模，称取相同质量的粉末，分别在液压机上加 5000kg 的静压力或者用质量 2kg 的落锤以 4m/s 的速度冲击两次，结果发现两种情况下的压块密度几乎一样。这就是说，用 5000kg 静压的效果与 2kg 落锤的动压效果基本相同。即冲击成形的效果比静压几乎提高了 2500 倍！

但是形状复杂的制品如加压速度太快，由于最上层粉末瞬时飞散，也可造成密度分布的不均匀。

综上所述，如能将动压成形理论应用于实践中，对粉末的压制将产生重大的变革甚至革命。由于动压的作用时间很短，仅为若干毫秒，在阴模模壁上所受到的侧压力非常小，这就为压制用阴模材料的强度和厚度带来了十分有利的影响，特别是对于大型压坯压制时，可以采用小吨位压机和不同于静压时所用压模的材料和尺寸。在今后实践中，还可以采用如下的一些压制方式：高速高能一次成形；低吨位多次累积成形等。

5. 某些压制理论的初步比较

黄培云教授对某些压制理论的评价如下。

国际上关于粉末压形规律的研究都选用压制压强的某种函数与压坯密度的某种函数间的直线关系，例如：

巴尔申：　　　　　　　　　　　　　$\lg P$ 与 $(\beta - 1)$ 　　　　　　　　（Ⅰ）

艾西-沙皮罗-柯诺皮斯基：　　　　　$\ln \dfrac{1-D}{1-D_0}$ 与 P 　　　　　　　（Ⅱ）

川北公夫：
$$\frac{1}{C}与\frac{1}{P} \qquad (\text{III})$$

黄培云：
$$\lg\ln\frac{(\rho_m-\rho_0)}{(\rho_m-\rho)}\frac{\rho}{\rho_0}与\lg P \qquad (\text{IV})$$

过去各学说对于这种直线关系只有定性描述而缺乏定量校验。黄培云用最小二乘法对每组压形实验 n 对数据（x_i，y_i；$i=1$，$2\cdots\cdots n$）进行处理所得最佳回归直线，其斜率为 m，y 轴截距为 b。

$$m=\frac{\Sigma x_i y_i - \dfrac{\Sigma x_i \Sigma y_i}{N}}{\Sigma x_i^2 - \dfrac{(\Sigma x_i)^2}{N}}, b=\frac{\Sigma y_i - m\Sigma x_i}{N}$$

该回归直线与该组数据的相关系数 $R=m\dfrac{\sigma_x}{\sigma_y}$ （3-58）

其中
$$\sigma_x=x\ \text{集合的标准差}\equiv\left[\frac{\Sigma x_i^2 - \dfrac{(\Sigma x_i)^2}{N}}{N-1}\right]^{1/2}$$

$$\sigma_y=y\ \text{集合的标准差}\equiv\left[\frac{\Sigma y_i^2 - \dfrac{(\Sigma y_i)^2}{N}}{N-1}\right]^{1/2}$$

表 3-7　用不同压制方程对雅尔顿（D. Yarnton）和戴维斯 T. J（Davies）
铜粉模压数据[8,16]进行验算的结果

$\rho_0=2.27$　　　　$\rho_m=8.96$

P，15.44 MPa	ρ	$\lg P$	$(\beta-1)$	$\ln\dfrac{1-D}{1-D_0}$	$\dfrac{1}{P}$	$\dfrac{1}{C}$	$\lg\ln\dfrac{(\rho_m-\rho_0)}{(\rho_m-\rho)}\dfrac{\rho}{\rho_m}$
0.00	2.27						
4.50	4.72	0.653213	0.898305	−0.456051	0.222222	1.92653	0.0748455
9.00	5.59	0.954243	0.602862	−0.685701	0.111111	1.68373	0.200550
15.75	6.49	1.19728	0.380586	−0.996396	0.0634921	1.53791	0.311092
22.50	7.08	1.35218	0.265537	−1.26934	0.0444444	1.47193	0.381447
30.40	7.55	1.48287	0.186755	−1.55702	0.0328947	1.42992	0.440719
38.3	7.90	1.58320	0.134177	−1.84234	0.0261097	1.40320	0.489878
47.3	8.18	1.67486	0.0953545	−2.14908	0.0211416	1.38409	0.535419
54.1	8.30	1.73320	0.0795181	−2.31613	0.0184843	1.37645	0.557820

$R(\text{I})=-0.989188$；	$b(\text{I})=1.33911$；	$m(\text{I})=-0.759079$	
$R(\text{II})=-0.996551$；	$b(\text{II})=-0.368562$；	$m(\text{II})=-0.0375189$	
$R(\text{III})=0.993804$；	$b(\text{III})=1.34258$；	$m(\text{III})=2.72859$	
$R(\text{IV})=0.999720$；	$b(\text{IV})=-0.226231$；	$m(\text{IV})=0.451660$	

注：表中 P 的数据原文系英制单位，可按 1 吨/英寸^2＝15.44MPa 换算。

　　如果所有实验点全部落在回归直线上，则相关系数应该为 ±1.000000，否则相关系数将在 ＋1.000000 与 −1.000000 之间，计算所得相关系数偏离程度愈大，表示这组数据愈不符合直线关系。这样用相关系数 R 值是否偏离 ±1 值可以做为校验直线关系的准确可靠方

192

法。

对同一种压形数据，用不同压制方程计算相关系数 R 值校验其适用程度结果如表 3-7 ~ 表 3-12 所示。

表 3-8　用不同压制方程对艾特和瓦西克（J. Vacek）作的细钨粉模压数据[8,17] 进行验算结果

$\rho_m = 19.3$　　　　$\rho_0 = 2.07$

$\frac{P}{100MPa}$	ρ	$\lg P$	$(\beta-1)$	$\ln\frac{1-D}{1-D_0}$	$\frac{1}{P}$	$\frac{1}{C}$	$\lg\ln\frac{(\rho_m-\rho_0)}{(\rho_m-\rho)}\frac{\rho}{\rho_0}$
1.25	8.9	0.0969100	1.16854	−0.504846	0.800000	1.30307	0.292997
1.70	9.5	0.230449	1.03158	−0.564270	0.588235	1.27860	0.319733
2.00	9.9	0.301030	0.949495	−0.605942	0.500000	1.26437	0.336646
2.84	10.9	0.453318	0.770642	−0.718420	0.352114	1.23443	0.376510
3.79	11.5	0.578639	0.678261	−0.792528	0.263852	1.21951	0.399211
4.35	11.8	0.638489	0.635593	−0.831749	0.229885	1.21274	0.410322

$R(I) = -0.996618$；　　$b(I) = 1.25659$；　　$m(I) = -1.00286$

$R(II) = -0.991439$；　　$b(II) = -0.387827$；　　$m(II) = -0.106139$

$R(III) = 0.993328$；　　$b(III) = 1.17783$；　　$m(III) = 0.163043$

$R(IV) = 0.998298$；　　$b(IV) = 0.270838$；　　$m(IV) = 0.222019$

表 3-9　用不同压制方程对曾德麟作的铜粉等静压数据[8]进行验算的结果

$\rho_m = 8.96$　　　　$\rho_0 = 1.22$

$\frac{P}{100MPa}$	ρ	$\lg P$	$(\beta-1)$	$\ln\frac{1-D}{1-D_0}$	$\frac{1}{P}$	$\frac{1}{C}$	$\lg\ln\frac{(\rho_m-\rho_0)}{(\rho_m-\rho)}\frac{\rho}{\rho_0}$
0.50	4.92	−0.301021	0.821138	−0.650157	2.00000	1.32973	0.310611
0.70	5.36	−0.154902	0.671642	−0.765468	1.42857	1.29463	0.351329
1.00	5.87	0.000000	0.526405	−0.918231	1.00000	1.26237	0.396066
1.50	6.47	0.176091	0.384853	−1.13412	0.666667	1.23238	0.447537
2.00	6.85	0.301030	0.308029	−1.29971	0.500000	1.21670	0.480741
2.50	7.23	0.397940	0.239281	−1.49828	0.400000	1.20300	0.515565
3.00	7.47	0.477121	0.199465	−1.64763	0.333333	1.1952	0.539035
3.50	7.65	0.544068	0.171242	−1.77637	0.285714	1.18974	0.557775
4.00	7.83	0.602060	0.144317	−1.92418	0.250000	1.18457	0.577870
5.00	8.08	0.698970	0.108911	−2.17424	0.200000	1.17784	0.609037
6.00	8.20	0.778151	0.0926829	−2.32084	0.166667	1.17479	0.625942

$R(I) = -0.985164$；　　$b(I) = 0.550121$；　　$m(I) = -0.677188$

$R(II) = -0.987138$；　　$b(II) = -0.629927$；　　$m(II) = -0.309092$

$R(III) = 0.992176$；　　$b(III) = 1.16688$；　　$m(III) = 0.0864770$

$R(IV) = 0.999660$；　　$b(IV) = 0.396981$；　　$m(IV) = 0.296837$

表 3-10　用不同压制方程对曾德麟作的锡粉等静压数据[8]进行验算的结果

$\rho_m=7.28 \qquad \rho_0=3.65$

$\dfrac{P}{100\text{MPa}}$	ρ	$\lg P$	$(\beta-1)$	$\ln\dfrac{1-D}{1-D_0}$	$\dfrac{1}{P}$	$\dfrac{1}{C}$	$\lg\ln\dfrac{(\rho_m-\rho_0)}{(\rho_m-\rho)}\dfrac{\rho}{\rho_0}$
0.15	5.38	−0.823909	0.353160	−0.647379	6.66667	3.10983	0.0159830
0.20	5.82	−0.698970	0.250859	−0.910796	5.00000	2.68203	0.139050
0.30	6.21	−0.522880	0.172303	−1.22157	3.33333	2.42578	0.243784
0.50	6.70	−0.301030	0.0865672	−1.83396	2.00000	2.19672	0.387628
0.70	6.92	−0.154902	0.0520231	−2.31088	1.42857	2.11621	0.469906
1.00	7.10	0.000000	0.0253521	−3.00403	1.00000	2.05797	0.564595
1.20	7.16	0.0791812	0.0167598	−3.40950	0.833333	2.03989	0.611009
1.50	7.21	0.176091	0.0097087	−3.94849	0.666667	2.02528	0.665509
2.00	7.23	0.301030	0.0069156	−4.28496	0.500000	2.01955	0.696223
2.50	7.25	0.397940	0.0041379	−4.79579	0.400000	2.01389	0.738944
3.00	7.26	0.477121	0.0027548	−5.20126	0.333333	2.01108	0.770035

$R(\text{I})=-0.924501$; 　　$b(\text{I})=0.0650250$; 　　$m(\text{I})=-0.247837$

$R(\text{II})=-0.965582$; 　　$b(\text{II})=-0.978154$; 　　$m(\text{II})=-1.59455$

$R(\text{III})=0.991750$; 　　$b(\text{III})=1.90751$; 　　$m(\text{III})=0.167658$

$R(\text{IV})=0.993586$; 　　$b(\text{IV})=0.537727$; 　　$m(\text{IV})=0.572942$

表 3-11　用不同压制方程对曾德麟作的碳化钨粉（加有 1%石蜡）等静压数据[8]进行验算的结果

$\rho_m=15.45 \qquad \rho_0=3.10$

$\dfrac{P}{100\text{MPa}}$	ρ	$\lg P$	$(\beta-1)$	$\ln\dfrac{1-D}{1-D_0}$	$\dfrac{1}{P}$	$\dfrac{1}{C}$	$\lg\ln\dfrac{(\rho_m-\rho_0)}{(\rho_m-\rho)}\dfrac{\rho}{\rho_0}$
0.50	1.27	−0.301030	1.12517	−0.411964	2.00000	1.74341	0.101856
0.70	7.56	−0.154902	1.04365	−0.448060	1.42857	1.69507	0.126952
1.00	7.91	0.000000	0.953224	−0.493434	1.00000	1.64449	0.155384
1.5	8.31	0.176091	0.859206	−0.547943	0.666667	1.59501	0.185826
2.0	8.64	0.301030	0.788194	−0.595264	0.500000	1.55957	0.209586
2.5	8.90	0.397940	0.735955	−0.634191	0.400000	1.53448	0.227589
3.0	9.06	0.477121	0.705298	−0.658922	0.333333	1.52013	0.238395
4.0	9.41	0.602060	0.641870	−0.715252	0.250000	1.49128	0.261411
5.0	9.68	0.698970	0.596074	−0.760984	0.200000	1.47112	0.278672
6.0	9.91	0.778151	0.559031	−0.801662	0.166667	1.45521	0.293098

$R(\text{I})=-0.999110$; 　　$b(\text{I})=0.957074$; 　　$m(\text{I})=-0.525324$

$R(\text{II})=-0.973956$; 　　$b(\text{II})=-0.427131$; 　　$m(\text{II})=-0.0685635$

$R(\text{III})=0.971570$; 　　$b(\text{III})=1.46297$; 　　$m(\text{III})=0.155514$

$R(\text{IV})=0.999896$; 　　$b(\text{IV})=0.155144$; 　　$m(\text{IV})=0.177227$

表 3-12　用不同压制方程对吕海波作的钼粉模压数据[8]进行验算的结果

$$\rho_m = 10.22 \qquad \rho_0 = 1.2$$

$\frac{P}{100\text{MPa}}$	ρ	$\lg P$	$(\beta-1)$	$\ln\dfrac{1-D}{1-D_0}$	$\dfrac{1}{P}$	$\dfrac{1}{C}$	$\lg\ln\dfrac{(\rho_m-\rho_0)}{(\rho_m-\rho)}\dfrac{\rho}{\rho_0}$
1	4.64	0.000000	1.20259	−0.480256	1.00000	1.34884	0.263079
2	5.37	0.30103	0.903166	−0.620466	0.500000	1.28777	0.326125
3	5.95	0.477121	0.717647	−0.747831	0.333333	1.25263	0.370865
4	6.39	0.60206	0.599374	−0.85658	0.250000	1.23121	0.402948
5	6.67	0.69897	0.532234	−0.932497	0.200000	1.21933	0.422884
6	6.94	0.778151	0.472622	−1.0116	0.166667	1.20906	0.441943
7	7.20	0.845098	0.419445	−1.09419	0.142857	1.20000	0.460288
8	7.33	0.90309	0.39427	−1.13819	0.125000	1.19576	0.469504

R（Ⅰ）$=-0.996405$;		b（Ⅰ）$=1.17683$;	m（Ⅰ）$=-0.906155$
R（Ⅱ）$=-0.988384$;		b（Ⅱ）$=-0.440128$;	m（Ⅱ）$=-0.0933495$
R（Ⅲ）$=0.982023$;		b（Ⅲ）$=1.18356$;	m（Ⅲ）$=0.175203$
R（Ⅳ）$=0.999399$;		b（Ⅳ）$=0.260417$;	m（Ⅳ）$=0.233264$

通过以上分析可以看出，在多数情况下，黄培云的双对数方程式不论对软粉末或硬粉末适用效果都比较好。巴尔申方程用于硬粉末比软粉末效果好。艾西-沙皮罗-柯诺皮斯基方程适用于一般粉末。川北公夫方程在压制压力不太大时优越性显著。

第四节　压制过程中力的分析

粉末体在压模内是如何受到外力作用而成形的呢？我们前面所说的压制压力都是指的平均压力，实际上作用在压块断面上的力并非都是相等的，同一断面内中间部位和靠近模壁的部位，压坯的上、中、下部位所受的力都不是一致的，除了轴向应力之外，还有侧压力、摩擦力、弹性内应力、脱模压力等，这些力对压坯都将起到不同的作用。

一、应力和应力分布

压制压力作用在粉末体上之后分为两部分，一部分是用来使粉末产生位移、变形和克服粉末的内摩擦，这部分力称为净压力，通常以 P_1 表示；另一部分，是用来克服粉末颗粒与模壁之间外摩擦的力，这部分力称为压力损失，通常以 P_2 表示。因此，压制时所用的总压力为净压力与压力损失之和，即

$$P = P_1 + P_2$$

压模内模冲、模壁和底部的应力分布如图 3-18 所示。

由图可知：压模内各部分的应力是不相等的。由于存在着压力损失，上部应力比底部应力大；在接近模冲的上部同一断面，边缘的应力比中心部位大；而在远离模冲的底部，中心部位的应力比边缘应力大。

二、侧压力和模壁摩擦力

粉末体在压模内受压时，压坯会向周围膨胀，模壁就会给压坯一个大小相等方向相反

195

的反作用力，压制过程中由垂直压力所引起的模壁施加于压坯的侧面压力称为侧压力。由于粉末颗粒之间的内摩擦和粉末颗粒与模壁之间的外摩擦等因素的影响，压力不能均匀地全部传递，传到模壁的压力将始终小于压制压力，也就是说，侧压力始终小于压制压力。

为了分析受力的情况，我们取一个简单立方体压坯来进行研究，如图 3-19 所示。

当压坯受到正压力 P（z 轴方向）作用时，它力图使压块在 y 轴方向产生膨胀。从力学可知，此膨胀值 Δl_{y1} 与材料的泊松比 ν 和正压力 P 成正比，与弹性模量 E 成反比，即

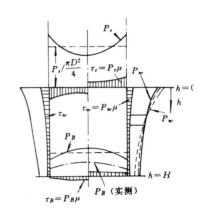

$$\Delta l_{y1} = \nu \frac{P}{E} \qquad (3\text{-}59)$$

在 x 轴方向的侧压力也力图使压坯在 y 轴方向膨胀 Δl_{y2}，即

$$\Delta l_{y2} = \nu \frac{P_{侧}}{E} \qquad (3\text{-}60)$$

图 3-18　压模内模冲、模壁和底部的应力分布

P_s—模冲压力；P_w—模壁压力；P_B—底部压力；
τ_s—模冲的剪切应力；τ_w—模壁的剪切应力；
τ_B—底部的剪切应力；h—两断面间距离；
H—最大距离；μ—摩擦系数

然而，y 轴方向的侧压力对压坯的作用是使其压缩 Δl_{y3}，即

$$\Delta l_{y3} = \frac{P_{侧}}{E} \qquad (3\text{-}61)$$

压坯在压模内由于不能侧向膨胀，因此在 y 轴方向的膨胀值之和（$\Delta l_{y1} + \Delta l_{y2}$）应等于其压缩值 Δl_{y3}，即

$$\Delta l_{y1} + \Delta l_{y2} = \Delta l_{y3}$$

$$\nu \frac{P}{E} + \nu \frac{P_{侧}}{E} = \frac{P_{侧}}{E}$$

$$\nu \frac{P}{E} = \nu \frac{P_{侧}}{E}(1 - \upsilon) \qquad (3\text{-}62)$$

$$\frac{P_{侧}}{P} = \xi = \frac{\nu}{1 - \nu} \qquad (3\text{-}63)$$

$$P_{侧} = \xi P = \frac{\nu}{1 - \nu} P \qquad (3\text{-}64)$$

在此式中单位侧压力与单位压制压力的比值 ξ 称为侧压系数。P 为垂直压制压力或轴向压力。

同理，也可以沿 x 轴方向推导出类似的公式。

侧压力的大小受粉末体各种性能及压制工艺的影响，在上述公式的推导中，只是假定在弹性变形范围内有横向变形，既没有考虑粉体的塑性变形，也没有考虑到粉末特性及模壁变形的影响。这样把仅适用于固体物体的虎克定律应用到粉末压坯上来与实际情况是不尽相符的，因此，按照公式（3-64）计算出来的侧压力只能是一个估计数值。

还应指出，上述侧压力是一种平均值。由于外摩擦力的影响，侧压力在压坯的不同高

度上是不一致的，即随着高度的降低而逐渐下降。侧压力的降低大致具有线性的特性，且直线倾斜角随压制压力的增加而增大。有资料[1]介绍，高度为7cm的铁粉压坯试样，在单向压制时，试样下层的侧压力要比顶层的侧压力小40％～50％。

目前还需要继续进行关于侧压力理论的和实验的研究。研究这个问题的重要性是：如果没有侧压力的数值就不可能确定平均压制压力，而这种平均压制压力是确定压坯密度变化规律时所必不可少的；此外，在压模设计计算时，也需要知道侧压力的数据。

侧压系数的研究也吸引了不少学者[1,3,4,18,19]，有人建议[3]把侧压系数如同泊松比一样来看待，其值取决于压坯孔隙度的大小。某些试验表明，泊松比随铁粉压坯孔隙度的增加而减少。即粉末体的侧压系数与密度有如下关系：

$$\xi = \frac{P_{侧}}{P_{压}} = \xi_{最大} \times d \tag{3-65}$$

式中　$\xi_{最大}$——达到理论密度的侧压系数；

　　　d——压坯相对密度。

有资料[1]指出，与实验数据最相符的侧压系数公式是：

$$\xi = \text{tg}^2\left(45° - \frac{P_i}{2}\right) \tag{3-66}$$

式中　P_i——摩擦角。

据报导[1]，对铁粉所作的实验结果：当压力在160～400MPa范围时，侧压力与压制压力之间具有线性关系，$P_{侧}=0.38～0.41P$。用转化天然气还原氧化物所得的铁粉进行试验的结果如表3-13所示[20]

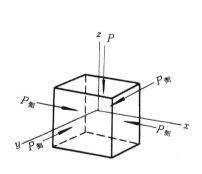

图 3-19　压坯受力示意图[2]

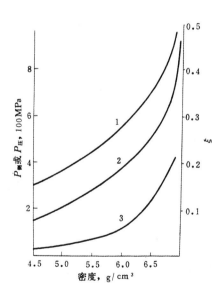

图 3-20　压制压力、侧压力、侧压系数与压坯
密度的关系
1—压制压力；2—侧压系数；3—侧压力

由表可知，侧压系数 ξ 随侧压力的增加而增加，也就是说，当侧压力沿着压坯高度逐渐

减小时，侧压系数也随之减小。它们三者的关系如图 3-20 所示。

表 3-13　侧压系数与压力及密度的关系

压块密度，g/cm³	压力，MPa	侧压力，MPa	侧压系数 ξ
4.52	148.83	22.32	0.150
4.92	205.65	37.01	0.180
5.17	259.78	50.91	0.196
5.51	316.66	75.21	0.247
5.76	375.23	106.94	0.285
6.00	434.70	143.45	0.330
6.17	476.26	165.26	0.347
6.40	549.32	212.03	0.386
6.51	608.86	243.54	0.400
6.61	666.55	278.61	0.418
6.73	734.91	316.01	0.430
6.88	780.48	359.02	0.460
6.94	895.45	463.05	0.495

由上述分析讨论可知，侧压力在压制过程中的变化是很复杂的。它对压坯的质量有直接的影响，而要直接准确地测定又颇感困难。国内外粉末冶金工作者在设计压模时，一般采用侧压系数为 $\xi=0.25$ 左右。

资料 [1] 指出，消耗在粉末与模壁摩擦上的外摩擦力可以用测量模底压力的方法来测定，用于测定压力分布的压模如图 3-21 所示。根据小球在铁底座 3 和铜垫圈 5 上的压痕大小，借助校准曲线可以判断出所受的压力，即判断压制时应力的分布。此时，摩擦力与小球在垫圈 5 上的压痕大小成比例。

有资料 [20] 指出，当其它条件一定时，粉末体与模壁间的摩擦系数 μ 值有如下关系：在小于 100MPa 的低压区，μ 值随压制压力而增加；在高压区，对于塑性金属粉末，压力在 100～200MPa 以上时，μ 值便不随压制压力而变；对于较硬的金属粉末，当压力达 200～300MPa 以上时，μ 值也不随压制压力而变。并且实验证明，在某一很宽的压力范围内，ξ 与 μ 有如下关系：

$$\xi \times \mu = 常数$$

这种关系对可塑性金属粉末的误差是 $\pm 5\%$，对较硬的金属粉末误差是 $\pm 3\%$。

粉末体与模壁之摩擦力的大小 $P_{摩}$ 与摩擦系数 μ 有如下关系：

$$P_{摩} = \mu P_{侧}$$

而

$$P_{侧} = \xi P_{压}$$

$$\therefore P_{摩} = \mu \xi P_{压}$$

图 3-22 是压制不锈钢粉时，下模冲的压力与总压制压力的关系。

由图可知，在无润滑剂情况下进行压制时，外摩擦的压力损失为 88%；当使用硬脂酸四氯化碳溶液润滑模壁时，由于摩擦的减小，外摩擦的压力损失将会降低至 42%。在用

198

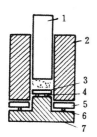

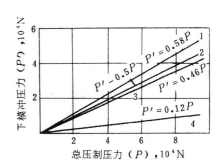

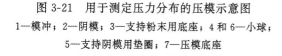

图 3-21　用于测定压力分布的压模示意图

1—模冲；2—阴模；3—支持粉末用底座；4 和 6—小球；

5—支持阴模用垫圈；7—压模底座

图 3-22　下模冲的压力 P' 与总压制压力

P 的关系[1]

1—用硬脂酸润滑模壁；2、3—用二硫化钼润滑模壁；

4—无润滑剂

300～600MPa 的压力压制铁粉和铜粉时，也得出了 $P'=RP$ 的类似关系。因此，可以得出结论，外摩擦的压力损失是很大的，在没有润滑剂的情况下，损失可达 60%～90%，这就是引起压块密度沿高度分布不均匀的根本原因。

在一般情况下，外摩擦的压力损失应当取决于：压坯、原料与压模材料之间的摩擦系数，压坯与压模材料间粘结的倾向，模壁加工的质量，润滑剂的情况，粉末压坯高度，压模的直径等。

外摩擦的压力损失可用下面的公式表示：

$$\Delta P = \mu P_{侧}$$

式中　ΔP ——摩擦的压力损失；

　　　$P_{侧}$ ——总侧压力；

　　　μ ——摩擦系数。

外摩擦的压力损失 ΔP 与正压力 P 之比为

$$\frac{\Delta P}{P} = \frac{\mu P_{侧}}{P} = \frac{\mu \xi \pi DHP}{\frac{\pi D^2}{4} P} = \mu \xi \frac{4H}{D}$$

即

$$\frac{\mathrm{d}P}{P} = \mu \xi \frac{4}{D} \mathrm{d}H$$

积分整理后，可得

$$P' = Pe^{-4\frac{H}{D}\xi\mu} \tag{3-67}$$

式中　P' ——模底受到的力；

　　　P ——上模冲的作用力即压制压力；

　　　H ——压坯高度；

　　　D ——压坯直径。

若干实验指出，如果考虑到消耗在弹性变形上的压力，则

$$P_1 = Pe^{-8\frac{H}{D}\mu\xi} \tag{3-68}$$

此时，P_1 即为考虑弹性形变后的 P'，并且由于压力沿高度有急剧的变化，所以式中的指数增加了一倍。

上述的经验公式，已为许多实验所证实，这就是说，沿高度的压力降与高度和直径成指数关系。

实验指出，对不同的压坯，虽然其组成元素相同，而所用的压制压力或单位压制压力也不应用同一数值，否则压坯会出现分层、裂纹等缺陷，如表 3-14 所示。

表 3-14　压坯尺寸与单位压制压力的关系[20]

试样编号	压坯尺寸 mm	计算压力		实用压力 10^4N	实用单位压力 MPa	烧结块尺寸 mm	收缩率，%	
		单位压力 MPa	总压力 10^4N				外径	内径
1	$\phi_{外}$ 47×$\phi_{内}$ 28	200	22.37	9～10	82～90	$\phi_{外}$ 36×$\phi_{内}$ 22	23.4	21.4
2	$\phi_{外}$ 81×$\phi_{内}$ 48	200	44.31	18～20	54～60	$\phi_{外}$ 62×$\phi_{内}$ 35	23.5	20.5

注：1. 压坯高度均为外径的一半左右，成形剂是硬脂酸酒精溶液。1、2 号产品烧结后各项物理机械性能基本一致。

　　2. 计算压力指用 ϕ10 的试样在研究时采用的单位压力和总压力。

由表可知，为了获得密度大致相同的压坯，2 号产品所用的单位压力比 1 号产品几乎小了三分之一，而 1 号产品所需的单位压力又较研究时的值小了一倍多。即随着压坯尺寸的增加，所需的单位压制压力相应地减少。

下面我们用模拟方式来讨论这个问题。

假设压坯是一个理想的正方体，而粉末颗粒也是一些小立方体，如图 3-23 所示[20]。

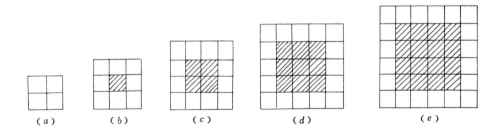

图 3-23　粉末压坯与模壁接触的断面示意图

图 (a) 表示压坯边长为 2 个单位，若每一颗粉末的边长恰为一个单位长度，那么，在图 (a) 中的全部 8 颗粉末都与模壁接触，受到外摩擦力的影响。在图 (b) 中，压坯边长增加一个单位，这时每层便有一个颗粒不与模壁接触，即有 1/9 的粉末不受外摩擦力的影响。在图 (c) 中，当压坯边长增加到 4 时，便有 1/4 的粉末不受外摩擦力的影响，图中 (d) 和 (e) 便分别有 9/25 和 16/36 的颗粒不与模壁接触，以此类推。这就是说，当压坯的截面积与高度之比一定时，尺寸越大，则与模壁不发生接触的粉末颗粒数越多，即不受外摩擦力影响的粉末颗粒的百分数越大。所以，压坯尺寸越大，消耗于克服外摩擦所损失的压力越小。由于压制压力是消耗于粉末内摩擦的净压力和压力损失之和，所以，大压坯的压力损失相对减少，所需的总压制压力和单位压力也就会相应减少。

从压坯的比表面积概念也可以说明这个规律。如表 3-15 所示。

表 3-15　压坯尺寸与压坯比表面积的关系

压坯边长, cm	总表面积, cm²	体积, cm³	比表面积, cm⁻¹
1	6	1	6
2	24	8	3
3	54	27	2
4	96	64	1.5
5	150	125	1.2
⋮	⋮	⋮	⋮

由表可知，随着压坯尺寸的增加，压坯的比表面积相对减小，即压坯与模壁的相对接触面积减小，因而消耗于外摩擦的压力损失便相应减少，所以对于尺寸大的压坯所加的单位压制压力比小压坯所需的要相应减少。

如上所述，外摩擦力造成了压力损失，使得压坯的密度分布不均匀，甚至还会产生因粉末不能顺利充填某些棱角部位而出现废品。

为了减少因摩擦出现的压力损失，可以采取如下措施：（1）添加润滑剂；（2）提高模具光洁度和硬度；（3）改进成形方式如采用双面压制等。

摩擦力对于压形虽然有不利的方面，但也可加以利用来改进压坯密度的均匀性，如带摩擦芯杆或浮动压模的压制。

三、脱模压力

使压坯由模中脱出所需的压力称为脱模压力。它与压制压力、粉末性能、压坯密度和尺寸、压模和润滑剂等有关。

脱模压力与压制压力的比例，取决于摩擦系数和泊松比。除去压制压力之后，如果压坯不发生任何变化，则脱模压力都应当等于粉末与模壁的摩擦力损失。然而，压坯在压制压力消除之后要发生弹性膨胀，压坯沿高度伸长，侧压力减小。有资料报导，铁粉压坯卸除压力之后，侧压力降低 35%。塑性金属粉末，因其弹性膨胀不大，所以脱模压力与摩擦力损失相近。

铁粉的脱模压力与压制压力 P 的关系如下：

$$P_{脱} \approx 0.13P$$

硬质合金物料在大多数情况下

$$P_{脱} \approx 0.3P$$

如用图形来表示，则如图 3-24 所示。

由图可知，脱模压力与压制压力呈线性关系。但是，也有人指出，压制旋涡铁粉，当压力从 50 增加到 300MPa，脱模压力呈非线性增加。近来，有人对 Fe、Co、Ni 与 ZrC、NbC、Mo_2C 等二元系压坯进行研究，发现脱模压力与压制压力的关系也是非线性的，且随碳化物含量的增加而降低。

脱模压力随着压坯高度而增加，在中小压制压力（小于 300~400MPa）的情况下，脱模压力一般不超过 0.3P。当使用润滑剂且模具质量良好时，脱模压力便会降低。

在使用硬脂酸锌作为润滑剂来压制铁粉时，可以将脱模压力降低到 0.03~0.05P。

四、弹性后效

在压制过程中，当除去压制压力并把压坯压出压模之后，由于内应力的作用，压坯发生弹性膨胀，这种现象称为弹性后效。

弹性后效通常以压块胀大的百分数表示

$$\delta = \frac{\Delta l}{l_0} \times 100\% = \frac{l - l_0}{l_0} \times 100\% \qquad (3\text{-}69)$$

式中 δ ——沿压坯高度或直径的弹性后效；

l_0 ——压坯卸压前的高度或直径；

l ——压坯卸压后的高度或直径。

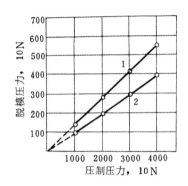

图 3-24 脱模压力与压制压力的关系[13]

1—铁粉；2—添加 2％石墨的铁粉

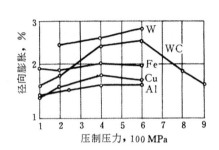

图 3-25 径向弹性后效与压制压力的关系

弹性膨胀现象的原因是：粉末体在压制过程中受到压力作用后，粉末颗粒发生弹塑性变形，从而在压坯内部聚集很大的内应力——弹性内应力，其方向与颗粒所受的外力方向相反，力图阻止颗粒变形。当压制压力消除后，弹性内应力便要松弛，改变颗粒的外形和颗粒间的接触状态，这就使粉末压坯发生了膨胀。如前所述，压坯的各个方向受力大小不一样，因此，弹性内应力也不相同，所以，压坯的弹性后效就有各向异性的特点。由于轴向压力比侧压力大，因此，沿压坯高度的弹性后效比横向的要大一些。压坯在压制方向的尺寸变化可达 5％～6％，而垂直于压制方向上的变化为 1％～3％，不同方向上的弹性后效与压制压力的关系如图 3-25 和图 3-26 所示[1]。

有人指出，$\Delta H/H - f(P)$ 曲线可分成三个阶段：第一阶段，压力 P 小于 300～400MPa，弹性后效随压制压力的增加而增加，在某些情况下，这一阶段的 $\Delta H/H$ 值与压力 P 无关；第二阶段，压力小于 800MPa 时，$\Delta H/H$ 值与压力 P 无关；第三阶段，压力 P 大于 800MPa 时，压坯接触区域的强度很高，弹性后效就降低。

影响弹性后效大小的因素很多，如粉末种类及其粉末特性——粉末粒度及粒度组成，粉末颗粒形状、硬度等；压制压力大小及加压速度；压坯孔隙度；压模材质或结构；成形剂等等。

各种不同粉末的弹性后效如图 3-27 所示[7]。

由图可知，各种铁粉因其颗粒的表面形状、内部结构或纯度不同等对可塑性的影响不同，因而应力的消除或弹性应变的回复就不同，弹性后效也就不同。电解铁粉、还原铁粉、

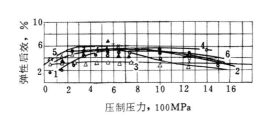

图 3-26　各种粉末的轴向弹性后效与压制压力的关系

1—雾化铅粉；2—机械研磨法铬粉；3—旋涡铁粉；4—电解铁粉（1.4%FeO）；5—电解铜粉；6—电解铁粉（25.8%FeO）

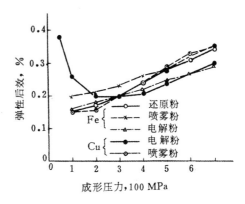

图 3-27　各种粉末的弹性后效

喷雾铁粉由于压制性能依次降低，所需压制压力依次加大，因而弹性后效依次加大。喷雾铜粉的弹性后效随着成形压力的升高而增大。电解铜粉的弹性后效曲线上则出现拐点。电解铜粉由于是树枝状结构，加压时容易崩坏，粉末之间有松弛现象。因此，在弹性后效曲线转折点的前段（左侧）出现压坯膨胀，如果压力增加，随着粉末颗粒的崩坏和松弛，弹性后效达到极小点；在曲线转折点的后面阶段，由于弹性应变的回复而出现膨胀。此转折点可以看成是粉末集合体与压坯的转变点。

此外，弹性后效还受粉末粒度的影响，如果还原铁粉粒度小，则弹性后效大。电解铜粉在成形压力 100～300MPa 时，则与此相反，轴套状和片状压坯的弹性后效也是不同的。

我们在利用烧结碳化法制取硬质合金的研究工作中，对 W＋C＋Co 压坯的弹性后效进行了测定，发现比常规 WC＋Co 压坯弹性后效要大得多，高达 30% 左右。

其次，压模的材质和结构对弹性后效有影响，如表 3-16 所示。

表 3-16　压模对弹性后效的影响[7]

压块形状	模 具				粉末种类	成形压力 MPa	弹性后效 %
	尺寸，mm	模具构造	热压配合				
			温度	过盈量			
圆柱	φ25.4×l25.4	简单型淬火钢	—	—	Cu	340	0.10
						780	0.35
					Fe	780	0.30
						1180	0.55
正方形板	□50.8×12.7	简单型淬火钢	—	—	Cu	390	0.15
						780	0.35
					Fe	310	0.10
						620	0.25
						1080	0.50

| 压块形状 | 模 具 | | | | | 粉末种类 | 成形压力 MPa | 弹性后效 % |
| | 尺寸，mm | 模具构造 | 热压配合 | | | | | |
			温度	过盈量				
长方形板	57.1×47.6×12.7	阴模外套软钢 $\phi_内$ 152.4 阴模淬火钢	370℃	0.51mm	Cu		390	0.03
							780	0.10
							1160	0.20
					Fe		390	0.04
							780	0.12
							1160	0.20
长方形板	47.6×41.3×12.7	阴模外套软钢 $\phi_内$ 152.4 阴模淬火钢	540℃	0.89mm	Fe		390	0
							780	0.02
							1160	0.10
							1550	0.30

压坯及压模的弹性应变是产生压坯裂纹的主要原因之一，由于压坯内部弹性后效不均匀，所以脱模时在薄弱部分或应力集中部分就出现了裂纹。

第五节 压坯密度的分布

一、压坯中密度分布的不均匀性

压坯的密度分布，在高度方向和横断面上，是不均匀的。

有人研究过铁粉等压坯中密度和硬度的分布，压制后把压坯分成体积为 1cm³ 的小立方体，然后测量密度和硬度，实验表明，密度和硬度的变化是相类似的，如图 3-28 所示[7]。

由图可知，在与模冲相接触的压坯上层，密度和硬度都是从中心向边缘逐步增大的，顶部的边缘部分密度和硬度最大；在压坯的纵向层中，密度和硬度沿着压坯高度从上而下降低。但是，在靠近模壁的层中，由于外摩擦的作用，轴向压力的降低比压坯中心大得多，以致在压坯底部的边缘密度比中心的密度低。因此，压坯下层的密度和硬度之分布状况和上层相反。

镍粉各部分的密度分布如图 3-29 所示[4]。

图中所示的数据表明，靠近上模冲的边缘部分压坯密度最大，而靠近模底的边缘部分压坯密度最小，其变化规律和图 3-28 相类似。

二、影响压坯密度分布的因素

第四节已经谈到，压制时所用的总压力为净压力与压力损失之和，而这种压力损失就是普通钢模压制过程中造成压坯密度分布不均匀的主要原因。

实践证明，增加压坯的高度会使压坯各部分的密度差增加；而加大直径则会使密度的分布更加均匀。即高径比越大，密度差别越大。为了减少密度差别，降低压坯的高径比是适宜的。因为高度减少之后压力沿高度的差异相对减少了，使密度分布得更加均匀。

实验表明，采用模壁光洁度很高的压模并在模壁上涂润滑油，能够减少外摩擦系数，改善压坯的密度分布。

压坯中密度分布的不均匀性，在很大程度上可以用双向压制法来改善。在双向压制时，

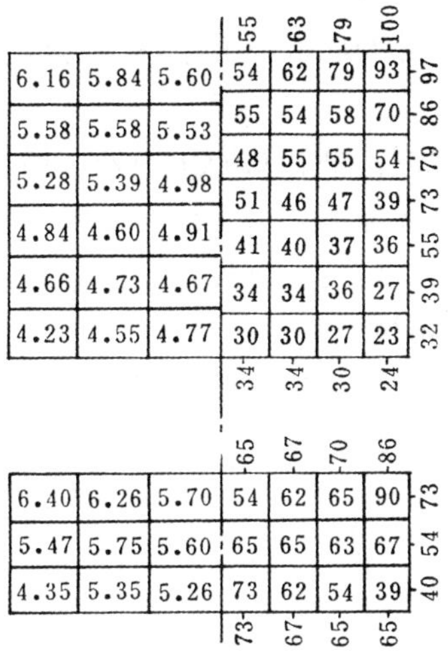

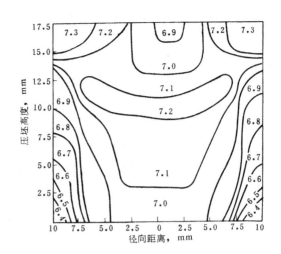

图 3-28 中密度表（上图 3kg）：

6.16	5.84	5.60		54	62	79	93	97
5.58	5.58	5.53		55	54	58	70	86
5.28	5.39	4.98		48	55	55	54	79
4.84	4.60	4.91		51	46	47	39	73
4.66	4.73	4.67		41	40	37	36	55
4.23	4.55	4.77		34	34	36	27	39
				30	30	27	23	32

（顶部标注 55 63 79 100；底部标注 34 34 30 24）

图 3-28 下图（1kg）：

6.40	6.26	5.70		54	62	65	90	73
5.47	5.75	5.60		65	65	63	67	54
4.35	5.35	5.26		73	62	54	39	40

（顶部标注 65 67 70 86；底部标注 73 67 65 65）

图 3-28　还原铁粉压坯中密度和
硬度的分布状况

压模直径 $\phi 72\text{mm}$；压制压力
$550\sim680\text{MPa}$；粉末质量上图 3kg；
下图 1kg，图左为密度（g/cm^3），
图右为硬度 HB（kg/mm^2）

图 3-29　镍粉压坯的密度分布
压力 $P=700\text{MPa}$；阴模直径 $D=20\text{mm}$；
高径比 $H/D=0.87$

与模冲接触的两端密度较高，而中间部分的密度较低，如图 3-30 所示[6]。电解铜粉压坯的密度分布情况如图 3-31 所示[21]。

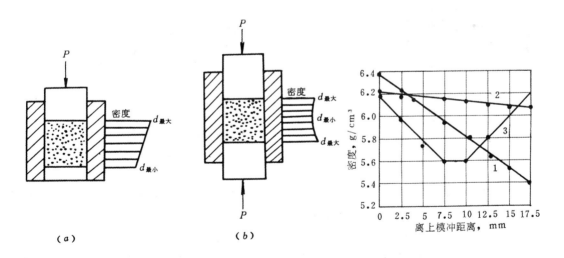

图 3-30　单向压制与双向压制压坯密度沿高度方向的分布
（a）单向压制；（b）双向压制

图 3-31　电解铜粉压坯的密度沿
高度的变化

1—单向压制，无润滑剂；2—单向
压制，添加 4% 石墨粉；3—双向
压制，无润滑剂

由图可知，单向压制时，压坯各截面平均密度沿高度直线下降（直线1）；在双向压制时，尽管压坯的中间部分有一密度较低的区域，但密度的分布状况已有了明显的改善（折线3）。

实践中，为了使压坯密度分布得更加均匀，除了采用润滑剂和双向压制外，还采用利用摩擦力的压制方法。虽然外摩擦是密度分布不均匀的主要原因，但在许多情况下却可以利用粉末与压模零件之间的摩擦来减小这种密度分布的不均匀性。例如，套筒类零件如汽车钢板销衬套、含油轴套、汽门导管等，就是在带有浮动阴模或摩擦芯杆的压模中压制的。因为阴模或芯杆与压坯表面的相对位移可以引起与模壁或芯杆相接触的粉末层的移动，从而使得压坯密度沿高度分布得均匀一些，如图3-32和图3-33所示。

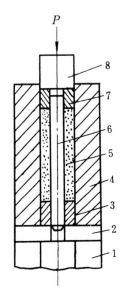

图 3-32　带摩擦芯杆的压模[6]

1—底座；2—垫板；3—下压环；4—阴模；
5—压坯；6—芯杆；7—上压环；8—限制器

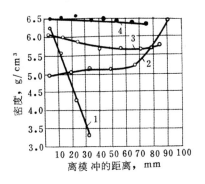

图 3-33　套管压坯密度沿高度的变化[1]

1—只润滑芯杆；2—只润滑阴模；3—不润滑；
4—同时润滑芯杆和阴模

用带摩擦芯杆的压模进行压制时，如只润滑可动芯杆，则出现密度沿高度方向急剧降低的现象（图3-33直线1）。这时，粉末由于与阴模壁的摩擦会引起压坯密度沿高度的降低，而经润滑后的芯杆因摩擦力极小不会引起粉末层的移动。

只润滑模壁时，情况相反（图3-33线2），没有润滑的芯杆运动时会带动粉末颗粒向下移动，使得压坯密度随着与模冲端面的远离而增加。

不采用润滑剂（曲线3）时，密度分布得比较均匀；而当对芯杆和阴模都进行润滑时，密度沿高度的变化只有 $0.2g/cm^3$（曲线4），这是内外层粉末颗粒自由移动所致。

三、复杂形状压坯的压制

在压制横截面不同的复杂形状压坯时，必须保证整个压坯内的密度相同，否则在脱模过程中，密度不同的连接处就会由于应力的重新分布而产生断裂或分层。压坯密度的不均匀也将使烧结后的制品因收缩不一急剧变形而出现开裂或歪扭。

为了使具有复杂形状的横截面不同的压坯密度均匀，必须设计出不同动作的多模冲压模，并且应使它们的压缩比相等，如图 3-34 所示。

对于具有曲面形状的压坯，压模结构也必须作相应的调整，以便使压坯密度尽可能均匀，如图 3-35 所示。

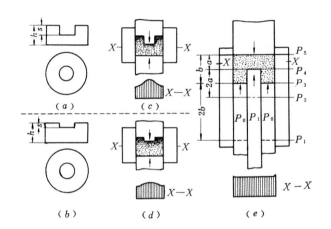

图 3-34　异形压坯的压制[21]

(a)(b) 单向压制；(c)(d) 密度分布；(e) 多模冲压制

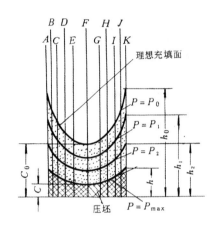

图 3-35　曲面压坯的压缩方法[21]

由图可知，当压坯截面上各部分的压缩比相同时，其密度也就可以保证均匀了。即 $P=P_0$ 面为理想充填面，压缩比是 4∶1；P_1 和 P_2 的压缩比为 3∶1 和 2∶1 是中间的理想压缩面，$h_0=4h$，$h_1=3h$，$h_2=2h$。然而，这种理想的加压方法在实际上是不大可能的。

为了使压坯密度分布尽可能均匀，生产上可以采取下列行之有效的措施：(1) 压制前对粉末进行还原退火等预处理，消除粉末的加工硬化，减少杂质含量，提高粉末体的压制性能。(2) 加入适当的润滑剂或成形剂，如铁基零件的混合料中加硬脂酸锌、机油、硫等，硬质合金混合料中加橡胶(石蜡)汽油溶液或聚乙烯醇等塑料溶液等。(3) 改进加压方式，根据压坯高度 (H) 和直径 (D) 或厚度 (δ) 的比值而设计不同类型的压模，当 $\frac{H}{D}\leqslant 1$ 而 $\frac{H}{\delta}$ $\leqslant 3$ 时，可采用单向压制；当 $\frac{H}{D}>1$ 而 $\frac{H}{\delta}>3$ 时，则需采用双向压制；当 $\frac{H}{D}>4\sim 10$ 时，需要采用带摩擦芯杆的压模或双向浮动压模、引下式压模等。当对压坯密度的均匀性要求很高时，则需采用等静压制，对于很长的制品，则可以采用挤压或等静挤压成形。(4) 改进模具构造或者适当变更压坯形状，使不同横截面的连接部位不出现急剧的转折；模具的硬度一般需要达到 HRC58～63；在粉末运动部位，模具的表面粗燥度应达到 9 级以上，以便降低粉末与模壁的摩擦系数，减少压力损失，提高压坯的密度均匀性。

第六节　影响压制过程的因素

影响压制过程的因素很多，如粉末性能、润滑剂和成形剂、压制方式等。

一、粉末性能对压制过程的影响

1. 粉末物理性能的影响

（1）金属粉末本身的硬度和可塑性　金属粉末的硬度和可塑性对压制过程的影响很大，软金属粉末比硬金属粉末易于压制，也就是说，为了得到某一密度的压坯，软金属粉末比硬金属粉末所需的压制压力要小得多，如表 3-17 所示。

软金属粉末在压缩时变形大，粉末之间的接触面积增加，压坯密度易于提高。塑性差的硬金属粉末在压制时则必需利用成形剂，否则很容易产生裂纹等压制缺陷。

（2）金属粉末的摩擦性能　金属粉末的摩擦性能对压模的磨损影响很大，一般说来，压制硬金属粉末时压模的寿命短。例如，压制银-氧化铜粉末混合料比压制铁制品零件对压模的磨损要小得多。而压制硬质合金粉末又比压制铁制品消耗更多的压模，这是由于硬质合金粉末比铁粉更难于压制。为了保证得到合格压坯和降低压模损耗，在压制时通常要添加润滑剂或成形剂。

表 3-17　金属粉末的硬度与压制压力的关系[22]

金属粉末	松装密度，g/cm³	硬　度		不同相对密度下的压制压力			
				80%		90%	
		HB	标称单位	P，MPa	标称单位	P，MPa	标称单位
铅	3.98	35	1	0.25	1	0.631	1
锡	3.50	50	1.5	0.525	2.1	1.05	1.65
铜	3.51	490	14.5	2.25	9.0	3.80	6.0
铁	2.70	700	20.5	2.87	11.5	5.0	7.9

2. 粉末纯度（化学成分）的影响

粉末的纯度（化学成分）对压制过程有一定的影响，粉末纯度越高越容易压制。制造高密度零件时，粉末的化学成分对其成形性能影响非常大，因为杂质多以氧化物形态存在，而金属氧化物粉末多是硬而脆的，且存在于金属粉末表面，压制时使得粉末的压制阻力增加，压制性能变坏，并且使压坯的弹性后效增加，如果不使用润滑剂或成形剂来改善其压制性，结果必然降低压坯密度和强度。

金属粉末中的氧含量是以化合状态或表面吸附状态存在的，有时也以不能还原的杂质形态存在。当粉末还原不完全或还原后放置时间太长时，含氧量都会增加，压制性能变坏。如铁粉的含氧量超过 1%，压坯就会出现裂纹等缺陷，压坯的孔隙度也很大，如表 3-18 所示。

表 3-18　还原程度不同时铁粉的孔隙度（压制压力 400MPa）[20]

还原条件		还原程度	松装密度	孔隙度，%	
温度，℃	时间，min	%	g/cm³	实际的	计算的
600	30	51.7	0.22	48.2	65.5
700	30	58.9	0.21	39.6	57.4
700	60	100	0.18	32.3	32.3
800	10	76.1	0.23	36.8	48.5

因此，为了保证获得合格的压坯，一般要求粉末的含氧量在规定范围内。例如在压形前预先将粉末进行还原退火处理，进行真空退火也可得到很好的效果。

粉末的化学成分对压模的磨损程度影响很明显，例如，只要有少量的氧化铝或氧化硅，压模的磨损就会显著增加。

3. 粉末粒度及粒度组成的影响

粉末的粒度及粒度组成不同时，在压制过程中的行为是不一致的。一般来说，粉末越细，流动性越差，在充填狭窄而深长的模腔时越困难，越容易形成搭桥。由于粉末细，其松装密度就低，在压模中的充填容积大，此时必须有较大的模腔尺寸。这样在压制过程中模冲的运动距离和粉末之间的内摩擦力都会增加，压力损失随之加大，影响压坯密度的均匀分布。

与形状相同的粗粉末相比较，细粉末的压缩性较差，而成形性较好，这是由于细粉末颗粒间的接触点较多，接触面积增加之故。

对于球形粉末，在中等或大压力范围内，粉末颗粒大小对密度几乎没有什么影响。

生产实践表明，非单一粒度组成的粉末压制性较好，因为这时小颗粒容易填充到大颗粒之间的孔隙中去，因此，在压制非单一粒度组成的粉末时，压坯密度和强度增加，弹性后效减少，易于得到高密度的合格压坯。

4. 粉末形状的影响

粉末形状对压制过程及压坯质量都有一定的影响，具体反映在装填性能、压制性等方面。

粉末形状对装填模腔的影响最大，表面平滑规则的接近球形的粉末流动性好，易于充填模腔，使压坯的密度分布均匀；而形状复杂的粉末充填困难，容易产生搭桥现象，使得压坯由于装粉不均匀而出现密度不均匀。这对于自动压制尤其重要，生产中所使用的粉末多是不规则形状的，为了改善粉末混合料的流动性，往往需要进行制粒处理。

粉末的形状对压制性能也有影响，不规则形状的粉末在压制过程中其接触面积比规则形状粉末大，压坯强度高，所以成形性好，例如，电解法粉末的成形性能比还原法、喷雾法粉末的成形性能优越。

粉末形状对模具的磨损没有特别的影响关系。

5. 粉末松装密度的影响

粉末的松装密度是设计模具尺寸时所必须考虑的重要因素。

松装密度小时，模具的高度及模冲的长度必须大，在压制高密度压坯时，如果压坯尺寸长、密度分布容易不均匀。但是，当松装密度小时，压制过程中粉末接触面积增大，压坯的强度高却是其优点。

松装密度大时,模具的高度及模冲的长度可以缩短,在压模的制作上较方便,亦可节省原材料,并且,对于制造高密度压坯或长而大的制品有利。在实践中究竟使用多大的松装密度为宜,需视具体情况来定。

二、润滑剂和成形剂对压制过程的影响

金属粉末在压制时由于模壁和粉末之间,粉末和粉末之间产生摩擦出现压力损失,造成压力和密度分布不均匀,为了得到所需要的压坯密度,必然要使用更大的压力。因此,无论是从压坯的质量或是从设备的经济性来看,都希望尽量减少这种摩擦。

压制过程中减少摩擦的方法大致有两种:一种是采用高光洁度的模具或用硬质合金模代替钢模;另一种就是使用成形剂或润滑剂。成形剂是为了改善粉末成形性能而添加的物质,可以增加压坯的强度。润滑剂是降低粉末颗粒与模壁和模冲间摩擦、改善密度分布、减少压模磨损和有利于脱模的一种添加物。

1. 润滑剂和成形剂的种类及选择原则

不同的金属粉末必须选用不同的物质作润滑剂或成形剂。铁基粉末制品经常使用的润滑剂有硬脂酸、硬脂酸锌、硬脂酸钡、硬脂酸锂、硬脂酸钙、硬脂酸铝、硫磺、二硫化钼、石墨粉和机油等。硬质合金经常使用的成形剂有合成橡胶、石蜡、聚乙烯醇、乙二脂、松香等。其它粉末材料在压形中还使用淀粉、甘油、凡士林、樟脑、油酸等作成形剂。这些润滑剂或成形剂有的可直接以粉末状态与金属粉末一同混合;有的则需要先溶于水、酒精、汽油、丙酮、苯、四氯化碳等液体中,再将溶液加入到粉末中去,液体介质在混合料干燥时挥发掉。

粉末冶金用的润滑剂或成形剂一般应满足下列要求:

(1) 具有适当的粘性和良好的润滑性且易于和粉末料均匀混合。

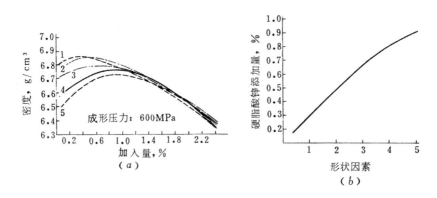

图 3-36 形状因素对润滑剂加入量的影响[7]

形状因素:1—0.5;2—1.0;3—2.0;4—2.4;5—8.0

(2) 与粉末物料不发生化学反应,预烧或烧结时易于排除且不残留有害杂质,所放出的气体对操作人员、炉子的发热元件和筑炉材料等没有损害作用。

(3) 对混合后的粉末松装密度和流动性影响不大,除特殊情况(如挤压等)外,其软化点应当高,以防止由于混料过程中温度升高而熔化。

（4）烧结后对产品性能和外观等没有不良影响。

2. 润滑剂和成形剂的用量及效果

润滑剂和成形剂的加入量与粉末种类及粒度大小、压制压力和摩擦表面值有关，也与它们本身的材质有关。一般说来，细粉末所需的添加量比粗粉末的要多一些。例如，粒度为 $20\sim50\mu m$ 的粉末，每克混合料中加入 $3\sim5mg$ 表面活性润滑剂，方能使每个颗粒表面形成一层单分子层薄膜；而粒度为 $0.1\sim0.2mm$ 的粗粉末则加入 $1mg$ 就足够了。生产实际表明，压制铁粉零件时，硬脂酸锌的最佳含量为 $0.5\%\sim1.5\%$（重量）；压制硬质合金时，橡胶或石蜡的添加量一般为 $1\%\sim2\%$（重量）；如使用聚乙烯塑料作成形剂，其用量仅需 0.1% 左右。

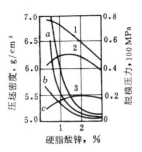

图 3-37 硬脂酸锌含量对
旋涡研磨铁粉压坯密度和
脱模压力的影响[1]
1—压制压力 $P=840MPa$；
2—$P=420MPa$；3—$P=210$
MPa；a、b、c—与上述压力
相对应的脱模压力

润滑剂的加入量还随压坯形状因素而变（形状因素为摩擦表面积与横断面积之比），如图 3-36 所示。

由图可知，润滑剂的加入量大约与形状因素成正比，即当横截面一定时，压坯的高度越高所需的用量越多。如在压制较长的汽车用钢板销铁基轴套或汽门导管时，需加入 1% 的硬脂酸锌；而压制较短的含油轴套时，加入 $0.3\%\sim0.5\%$ 就足够了。

润滑剂的添加还影响压坯的密度和脱模压力，如图 3-37 所示。

添加不同粒度的润滑剂对粉末流动性、松装密度、脱模压力及烧结坯的强度的影响如图 3-38、图 3-39、图 3-40 及图 3-41 所示。

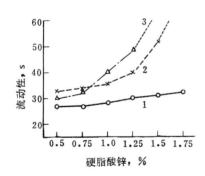

图 3-38 润滑剂对流动性的影响[7]
1—4.5μm；2—1.9μm；3—1μm

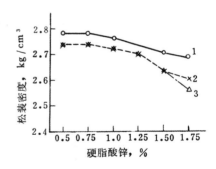

图 3-39 润滑剂对松装密度的影响[7]
1—4.5μm；2—1.9μm；3—1μm

由图可知，添加润滑剂对压坯质量和烧结性能都有影响，所以如何正确地选择和使用润滑剂应从多方面来综合考虑。

上述添加剂都是直接加入粉末混合料的，而且大都起着润滑剂的作用，这种润滑粉末的润滑剂虽然广泛地使用，但也有下列不足之处：

（1）降低了粉末本身的流动性（如图 3-38 所示）。

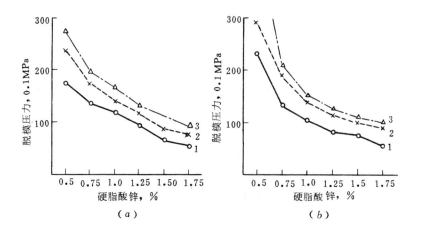

图 3-40 润滑剂对脱模压力的影响[7]

(a) 硬质合金模；(b) 钢模

1—4.5μm；2—1.9μm；3—1μm

（2）润滑剂本身需占据一定的体积，实际上使得压坯密度减少，不利于制取高密度制品。

（3）压制过程中金属粉末互相之间的接触程度因润滑剂的阻隔而降低，从而降低某些粉末压坯的强度。

（4）润滑剂或成形剂必须在烧结前或烧结中除去，因而可能损伤烧结体的外观。此时排除出的气体可能影响炉子的寿命，有时甚至污染空气。

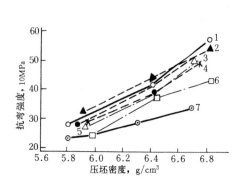

图 3-41 润滑剂对烧结体抗弯强度的影响[7]
〔预烧：650℃，烧结：1120℃，40min，放热性气氛〕
1—无润滑剂；2—硬脂酸铜（1.25%）；3—硬脂酸钡
（0.75%）；4—硬脂酸锌（1.25%）；5—硬脂酸（1.0%）；
6—硬脂酸锂（1.0%）；7—硬脂酸钙（1.25%）

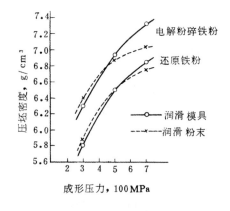

图 3-42 不同润滑方式对压坯密度的影响[7]

（5）某些润滑剂容易和金属粉末起作用，降低产品的物理机械性能。

根据这种情况，因此也有人试验过采用润滑压模方法。作为此种润滑剂的有硬脂酸或硬脂酸盐类、丙酮、苯、甘油、油酸、三氯乙烷等。

试验结果如图 3-42 所示。

由图可知，当成形压力比较低时，润滑粉末比润滑压模得到的压坯密度要高。然而，在高压时情形相反。

润滑压模时的脱模压力比润滑粉末时的要小一些。

应当指出，同时润滑粉末和模壁的压形效果并不好，它同仅润滑粉末或模壁比较，压坯的密度无显著提高，脱模压力也没降低。

有时润滑剂或成形剂往往还另起专门作用，如多孔材料（含油轴承、过滤器等）制造中使用的硬脂酸锌，不但是润滑剂，而且也是造孔剂，起着不可忽视的作用。

三、压制方式对压制过程的影响

随着粉末产品应用的不断扩大，材质和形状不断增加，因而成形技术也不断地发展。在压制过程中加压方式的不同，对压坯质量的影响是不同的。下面仅就普通模压中的若干问题进行讨论，而有关特殊成形方法中的问题将在第四章中阐述。

1. 加压方式的影响

如前所述，在压制过程中由于有压力损失，压坯密度出现不均匀现象，为了减少这种现象，可以采用双向压制及多向压制（等静压制）或者改变压模结构等，特别是当压坯的高径比比较大的情况下，采用单向压制是不能保证产品的密度要求的。此时，上下密度差往往达到 $0.1\sim0.5\text{g/cm}^3$ 甚至更大，使产品出现严重的锥度。高而薄的圆筒压坯在成形时尤其要注意压坯的密度均匀问题。

对于形状比较复杂的（带有台阶的）零件，压形时为了使各处的密度分布均匀，可采用组合模冲。

生产实践中广泛采用的浮动阴模压制实际上就是利用双向压制来改善密度分布均匀的方式之一。

某些难熔金属化合物（如 B_4C）的压制操作，有时为了保证密度要求，还采用换向压制的办法。

2. 加压保持时间的影响

粉末在压制过程中，如果在某一特定的压力下保持一定时间，往往可得到非常好的效果，这对于形状较复杂或体积较大的制品来说尤其重要。有资料报导，在压制一个节圆直径25mm、内径12mm、齿数8的油泵齿轮时，由于保压时间不同，压坯密度的差别如图 3-43 所示。

又如，用 600MPa 压力压制铁粉时，不保压所得之压坯密度为 5.65g/cm^3，经 0.5min保压后为 5.75g/cm^3，而经 3min 保压后却达到 6.14g/cm^3，压坯密度提高了 8.7％。

在压制 2kg 以上的硬质合金顶锤等大型制品时，为了使孔隙中的空气尽量逸出，保证压坯不出现裂纹等缺陷，保压时间有时长达 2min 以上。

需要保压的理由是：（1）使压力传递得充分，有利于压坯中各部分的密度分布。（2）使粉末体孔隙中的空气有足够的时间通过模壁和模冲或者模冲和芯棒之间的缝隙逸出。(3)给粉末之间的机械啮合和变形以时间，有利于应变弛豫的进行。

是否要保压,要保压多久,应根据具体情况确定。形状较简单、体积小的制品无必要保压。

3. 振动压制的影响

压制时从外界对压坯施以一定的振动对致密化有良好的作用。振动压制是近 40 年来广泛引起人们兴趣的新工艺[7,9,23,24]。

实验指出,YT30 硬质合金混合料,如要得到 5.8g/cm³ 的压坯密度,静压需 120MPa,而振动压制仅需 0.6MPa,压力降低了 200 倍。对 YT15 的硬质合金混合料,振动压制压力为 0.3MPa,即可得到静压力 120MPa 的压坯密度,从压制压力比较,动压效果较静压提高了 400 倍。

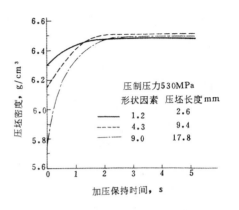

图 3-43　加压保持时间的影响[7]

振动可以是机械的、电磁的、气动的或超声振动等,振动频率以采用低频为宜(1000～14000 次/分),振幅可采用 0.03mm。我国曾有人[20]用偏心机械振动和电磁振动方式作振动压制的研究,振动频率 1000～6000 次/分,所得结果如表 3-19 所示。还有人用频率 4200 次/分的气动振动器与上下模冲连结,在 0.6MPa 的压力下研究了 Al_2O_3 粉末及 30％Cr-70％ Al_2O_3 粉末以及 85％TiC-15％Ni 粉末的成形,成功地制得孔隙度为 20％～30％ 的压坯。

表 3-19　振动压制与静压效果的比较[20]

粉末名称	强性模量 10^4MPa	振动压制		静压		压力降低倍数
		压力 MPa	压块密度 g/cm³	压力 MPa	压块密度 g/cm³	
Cu	10.0	1.17	4.13	16.4	4.17	13
Co	20.4	1.99	2.63	31.8	2.06	15
Fe	22.3	1.87	4.05	79.5	3.95	42
Mo	33.37	1.17	6.05	13.9	5.90	118
W	36.38	1.17	11.29	159	11.21	135
TiC	46.0	1.17	3.13	477.1	3.12	408
WC	71.0	1.17	8.89	3021	8.87	258
Al_2O_3	—	1.17	1.66	117	1.64	100
WC+20％Co	—	1.57	7.06	60	7.05	40

实验表明,振动压制对于 Cu、Al、Co、Fe 等一类软粉末的效果远不如 TiC、WC 等硬而脆的粉末。这些硬而脆的粉末当采用振动压制时,可以在很低的压力(0.3～0.6MPa)下获得在常规静压或等静压制下所无法达到的压坯密度。例如,高径比等于 5 的产品,用一般钢模静压时,压坯的密度差将是很大的;而采用振动压制时,即使用 1～5μm 较细的粉末,压坯密度差也只有 5％ 左右。并且,粉末粒度较粗时振动压制的效果要比粒度较细时显著,这是粗粉末颗粒易于相对位移的结果。振动压制的机理还需要进一步研究。

振动压制的效果还与其作用时间及振幅等有关。

综上所述，振动压制具有一系列优点，其应用范围将日益扩大。

然而，振动压制也有其缺点：噪音很大，对操作者的身体有害；由于设备经常处在高速振动状态，所以对设备的设计和材质等要求较高。

4. 磁场压制的影响

在制造磁性材料的工艺中，为了提高材料的磁性，目前已广泛采用了磁场压制[25]。

磁场压制是在普通模压的基础上加上一个外磁场，利用粉末的磁各向异性，使能够自由旋转的颗粒的易磁化方向旋转到与外加磁场一致，这就在材料中产生一种与单晶体磁状态几乎相同的组织，相当于使每一个易磁化轴平行于磁场方向。磁场压制所用的压模结构与普通压模不同，如图3-44所示。

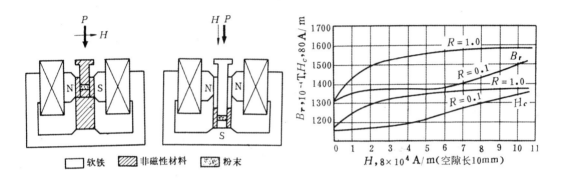

图 3-44　磁场压制压模结构图[25]

图 3-45　磁场成形的工艺条件和制品性能的关系[25]

粉末经 900℃1h 烧成后再破碎 $R = \dfrac{水质量}{粉末质量}$

由图可知，加压方向 P 和磁场方向 H 有互相平行的方式及互相垂直的方式两种，后者不但成形较困难，而且产品的收缩也可能不均匀。

在生产钡铁氧体等磁性材料时，磁场压制前粉末必须满足下列要求：（1）粉末必须具有磁性；（2）粉末的每一颗粒必须是单晶体；而且是单磁畴结构。为了满足第一个要求，制造各向异性的钡铁氧体材料必须是已经烧结好的各向同性钡铁氧体。为了满足第二个要求，必须将已经烧结好的各向同性钡铁氧体打碎并磨细，使每个颗粒的直径小于临界直径 $1\mu m$ 左右，然后方可将这种颗粒放在磁场中进行定向压制处理。

在沿磁场排列的压制过程中，为了使这些颗粒能够很好地克服邻近颗粒的阻碍作用，粉末不能充填得太紧，使每颗粉末都保持有一定的活动余地。

为了使粉末易于旋转，必须把粉末和水调成泥浆倒入模中。为了使压制成的压坯具有较高的密度和一定的机械强度，压制过程中又必须使泥浆中的水分逐步排出。因此，料浆与模冲之间要有一多孔隔板，上下模冲一般均开有小孔，使水分可以流出，必要时还可用机械泵抽水。

在磁场中进行的湿法压制性能较好，适用于制造大型零件，产品磁性好，如图3-45所示。

也有资料报导[26]，磁场压制锰铋磁体时，磁场强度为几万 A/m，压力约为 20MPa，并且要在温度为300℃的氦气中进行。

这种磁场压制的工艺目前是制取各向异性钡铁氧体材料的主要方法。

磁场压制过程中如何控制磁场强度是一个重要的问题。如果磁场强度太弱，作用力矩将太弱，不能克服粉末转动时的摩擦力；因此粉末的整齐排列程度很差，磁性能与各向同性材料相差不大。但磁场太强也无必要，反而在模具制造上带来很大的困难，实验结果如表3-20所示。

表3-20　磁场强度对各向异性钡铁氧体磁性的影响[24]

$H_{初始}$，80A/m	$H_{结束}$，80A/m	Br，10^{-4}T	H_C，80A/m	$(BH)_{最大}$，7.96kJ/m³
300	650	2400	1600	1.20
550	1300	3200	2350	2.20
900	2200	3350	2250	2.50
1500	3800	3400	2200	2.65
2000	5000	3450	2200	2.90
2700	6500	3550	2200	2.90
2700	8300	3600	2100	2.90
3700	8300	3550	2200	2.90

注：$H_{初始}$表示未压紧前的磁场强度；$H_{结束}$表示压紧后的磁场强度。

由于压紧后，粉末之间的距离减小，因此，在同样励磁电流作用下，磁场强度必然增大，因此，看来$H_{初始}$为2×10^5A/m即可，$H_{结束}$约需6.4×10^5A/m，但$H_{结束}$对磁性能影响较小。

思　考　题

1. 压制前粉末料需进行哪些预处理？其作用如何？
2. 选择成形剂的原则是什么？成形剂的加入方式有几种？
3. 喷雾干燥制粒的工艺过程如何？有何优缺点？
4. 粉末压制过程的特点怎样？以示意图表示。
5. 压制压力、净压力、摩擦压力、侧压力之间的关系怎样？
6. 压制时压力的分布状况怎样？产生压力降的原因是什么？压坯中产生压力分布不均匀的原因有哪些？
7. 压坯中密度分布不均匀的状况及其产生原因是什么？
8. 试述巴尔申压制理论的简况。
9. 试述艾西-柯罗皮斯基压制理论的简况。
10. 试述川北公夫压制理论的简况。
11. 试述黄培云压制理论的简况及其新发展。
12. 试述各种压制理论的比较。
13. 影响压制过程的因素数有哪些？
14. 压坯废品的种类及其产生原因有哪些？

第四章　特殊成形

粉末的制取、成形和烧结是粉末冶金过程中三个基本环节。在某种意义上说，成形过程对粉末冶金技术的发展影响更大。直到本世纪50年代初，金属粉末的成形通常是将需要成形的粉末装入钢模内，在压力机上通过冲头单向或双向施压而使其致密和成形。显然，压机能力和压模的设计就成为限制压件尺寸及形状的重要因素。所以，传统的粉末冶金零件尺寸较小，单重较轻，形状也较简单。

随着粉末冶金制品对各工业部门和科学技术发展的影响日益增加，对粉末冶金材料性能以及制品尺寸和形状提出了更高的要求。所以，人们除了不断地改进钢模压制法外，还广泛地研究了各种非钢模成形法。这些成形法按其工作原理和特点分为等静压成形、连续成形、无压成形、注射成形、高能成形等，统称特殊成形。

上述每一种成形方法都应该从坯件的性能、形状和尺寸三方面适应制品的特殊需要。等静压制法能满足大件致密和形状复杂零件的制造要求，例如用等静压机可压出体积达 2m³ 的工件和锥形薄壁的再入飞行器[1,2]。粉末轧制法能顺利地制取厚 1.3～1.5mm、宽 270mm、重达 100kg 的多孔纯铁带材和工具钢薄板[3,4]。挤压法能生产长度原则上不受限制，具有简单或异形截面的棒材和管材。注射成形能制成形状很复杂的零件[8,9]。金属粉末的粉浆浇注法不仅可生产实心、空心和扁平部件，还可以生产空心瓶状和球状部件，甚至单层多孔构件或复层不同成分的构件。这些方法扩大了粉末冶金技术的应用范围。

第一节　等静压成形

一、等静压制的基本原理

等静压制是伴随现代粉末冶金技术兴起而发展起来的一种新的成形方法。通常，等静压成形按其特性分成冷等静压和热等静压。前者常用水或油作压力介质，故有液静压、水静压或油水静压之称；后者常用气体（如氩气）作压力介质，故有气体热等静压之称。

等静压制法比一般的钢模压制法有下列优点：(1)能够压制具有凹形、空心等复杂形状的压件。(2)压制时，粉末体与弹性模具的相对移动很小，所以摩擦损耗也很小。单位压制压力较钢模压制法低。(3)能够压制各种金属粉末及非金属粉末。压制坯件密度分布均匀，对难熔金属粉末及其化合物尤为有效。(4)压坯强度较高，便于加工和运输。(5)模具材料是橡胶和塑料，成本较低廉。(6)能在较低的温度下制得接近完全致密的材料。

应当指出，等静压制法也具有缺点：(1)对压坯尺寸精度的控制和压坯表面的光洁度都比钢模压制法低。(2)尽管采用干袋式或集体湿袋式的等静压制，生产效率有所提高，但一般地说，生产率仍低于自动钢模压制法。(3)所用橡胶或塑料模具的使用寿命比金属模具要短得多。

等静压制过程可由几个工序构成：借助于高压泵的作用把流体介质（气体或液体）压入耐高压的钢质密封容器内（如图4-1所示），高压流体的静压力直接作用在弹性模套内的粉末上；粉末体在同一时间内在各个方向上均衡地受压而获得密度分布均匀和强度较高的压坯。按照上述次序，我们分别讨论压力与密度分布及密度的关系。

1. 压力分布和摩擦力对压坯密度分布的影响

根据流体力学的原理，压力泵压入钢筒密闭容器内的流体介质，其压强大小不变并均匀地向各个方向传递。无疑，在该密闭容器内放置的物体同样经受输入流体介质的压缩，其力的大小在各方向是一致的。

众所周知，摩擦力是在相互接触的物体间作相对运动或有相对运动的趋向时产生的。摩擦力的方向总是沿着接触面的切线方向而跟物体相对运动的方向相反，阻碍物体间的相对运动。在一定的外力作用下，相互接触的物体之间呈现相对运动的趋势，但又保持相对的静止状态，此时物体接触面上产生的摩擦力称静摩擦力。当外力超过了静摩擦力时，物体间的相对静止状态被打破，发生了相对运动，力图抗衡这种运动的阻力称为滑动摩擦力。

粉末体在压制时，粉末颗粒之间、粉末与压模模壁之间发生了相对运动，结果产生滑动摩擦力。一般把粉末颗粒之间的滑动摩擦力称为内摩擦力，粉末对模壁或压模装置的滑动摩擦力称为外摩擦力。内、外摩擦力都受下列三方面因素的影响：

（1）粉末颗粒的特征。粉末种类、颗粒直径的大小、粒度分布、颗粉形状及颗粒表面状态；

（2）压制装备的特征。压制的方法、压模的材料、模具的表面粗糙度、压制气氛、压型的温度；

（3）润滑剂的特征。润滑剂的种类和添加量、润滑的方法（润滑粉末还是润滑模壁）。

在钢模压制过程中，无论是单向压制还是双向压制都会出现压块密度分布不均匀的现象。图 4-2 是单向和双向压制的压坯密度分布示意图。产生压坯密度不均匀现象的主要原因

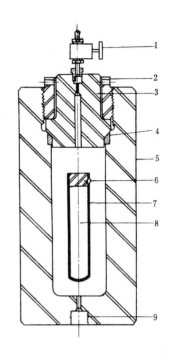

图 4-1　等静压制原理图

1—排气阀；2—压紧螺母；3—盖顶；
4—密封圈；5—高压容器；6—橡皮塞；
7—模套；8—压制料；9—压力介质入口

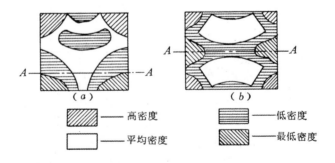

图 4-2　单、双向压制的压坯密度分布图

（a）单向压制；（b）双向压制

是粉末颗粒与钢模壁之间摩擦引起压制压力沿压制方向的下降（即压力损失）。可是在等静

压制过程中则恰好相反，流体介质传递压力是各向相等的，弹性模套本身受压缩的变形与粉末颗粒受的压缩大体上是一致的。自然，弹性模套与接触粉末之间不会产生明显的相对运动，实际上它们之间的摩擦力是很小的。压制时，由于各方压力相等，静摩擦力在压件的纵断面上任一点都应相等。毫无疑问，压坯的密度分布沿纵断面是均匀的。但是沿压坯同一横向断面上，由于粉末颗粒间的内摩擦的影响，压坯的密度从外往内逐渐降低。据报导，等静压制的直径 80mm 的圆钼棒，其表层密度和心部直径 20mm 处的密度变化值为 1.5%[3]。图 4-3 列示铜粉与铁粉在不同的等静压力下压制的圆盘压坯直径与横截面密度的变化关系。可以看出，横截面的密度分布从圆心向外是逐渐增加的，但变化不大[11]。

2. 压制压力与压块密度的关系

通常，粉末体在钢模压制时常用图 4-4 所示曲线定性地描述压制压力与压坯密度的关系。许多学者[12,13,14]也推导了各种形式的压制方程论述压制压力与粉末体致密过程的规律。

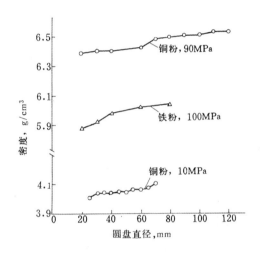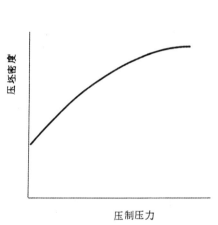

图 4-3　在等静压下不同直径压坯的密度分布　　图 4-4　压制压力与密度关系

粉末体在等静压力压制时压制压力与压坯密度的变化关系可用黄培云的压制双对数方程来描述（详见第三章）。例如用铜，钨、锡等金属粉末在实验型冷等静压机上进行压制，实验结果同理论推导的压制双对数方程的计算相吻合。这表明黄培云的压制双对数方程对软硬金属粉末都具有较大的适应性。图 4-5 和图 4-6 所示为等静压力压制铜粉和钨粉的理论计算值与实验验证数据。

二、冷等静压制

1. 冷等静压力机的结构及类型

冷等静压力机主要由高压容器和流体加压泵组成。辅助设备有流体储罐、压力表、输送流体的高压管道和高压阀门等。

图 4-7 所示为流体等静压力机的工作系统[15]。物料装入弹性模套被放置入高压容器内。压力泵将过滤后的流体注入压力容器内使弹性模模套受压。施加压力达到了所要求的数值之后，启开回流阀使流体返回储罐内备用。

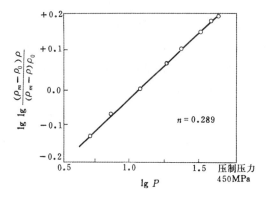 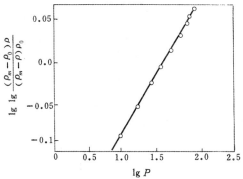

图 4-5　铜粉水静压制数据的双对数方程图　　图 4-6　细钨粉水静压制数据的双对数方程图

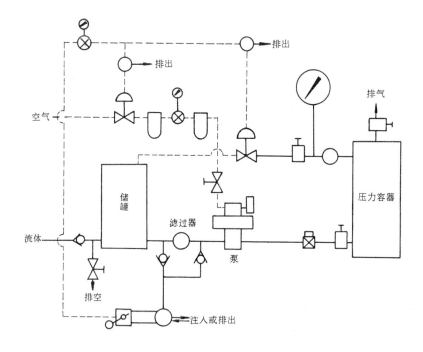

图 4-7　等静压机工作系统示意图

　　压力容器是压制粉末的工作室，其大小由所需要压制工件的最大尺寸按一定的压缩率放大计算。工作室承受压力的大小应由粉末特性及压坯性能和压坯尺寸来确定。根据不同的要求，高压容器可被设计成单层筒体、双层筒体或缠绕式筒体。等静压力机按照工作室尺寸、压力及轴向受力状态可分成三种基本类型，即拉杆式、螺纹式及框架式。

　　（1）拉杆式结构　　拉杆式等静压力机的结构如图 4-8 所示[10]。压力容器 8 是一整体钢筒，外箍 9 用热套法箍套在压力容器 8 上结合成双层结构。容器上端开口以便于装卸料。容器经受的径向压力由筒体壁承受。工作室的纵向压力传递给密封塞 5、6 上被可移动盖板 4

顶住。上横板2和下横板10由四个螺母连接于两根拉杆7共同承受轴向压力。

应当指出，拉杆式压力容器不能承受很高的单位压力。

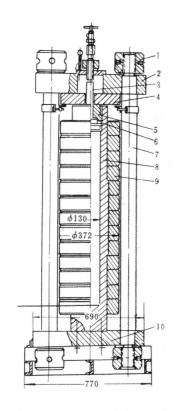

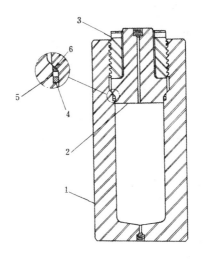

图 4-8　拉杆式压力容器结构

1—螺母；2—上横板；3—介质输入管；4—盖板；

5、6—密封塞；7—拉杆；8—压力容器；9—外箍；

10—下横板

图 4-9　螺纹式压力容器结构图

1—筒体容器；2—密封塞；3—压紧螺母；

4—密封垫圈；5—圆环；6—支承环

（2）螺纹式结构　螺纹式压力容器结构如图4-9所示。压力容器装卸料口是靠压紧螺母3压紧密封塞2和密封垫圈来密封紧固的。工作室经受的轴向压力由压紧螺母3和筒体通过螺纹联接来承受，工作室经受的径向压力由筒体承受。

螺纹式结构压力容器承受流体压力的大小，很大程度上取决于密封接口。图4-10（a）所示为一种最简单的螺纹接口，靠橡皮垫圈密封，容器承压力700MPa。如将橡皮垫圈和皮革垫圈结合一起改进密封接口，如图4-10（b）所示，则容器承受压力能力可达1400MPa[16]。

螺纹式等静压机的优点是结构比较简单，容器能够承受较高的流体压力，投资较小。它的缺点是螺纹在使用过程中磨损严重，操作劳动强度较大，使用寿命短。近年来国内所设计的工作室直径为100、180、400mm的等静压机大都采用螺纹式结构。

（3）框架式结构[17]框架式压力容器如图4-11所示。容器是一钢质空心圆柱体，外层缠绕高强度钢丝。框架是由两个半圆形钢环和一个牌坊状钢架联接构成。框架也用钢丝缠绕。压力容器和框架上的钢丝是在专门设计的绕丝机上缠绕的，它能使压力容器和框架获得预应力。

螺纹式容器在纵向受压时不均匀的螺纹负荷是造成压力容器破坏的主要因素，所以压

221

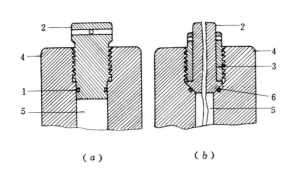

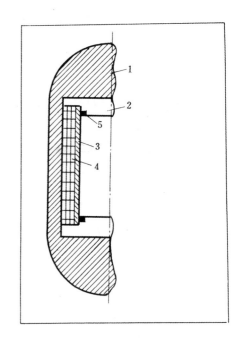

图 4-10　不同形式的螺纹密封接口

1—橡皮垫圈；2—密封塞；3—压紧
螺母；4—筒体；5—压力缸；6—皮革垫圈

图 4-11　框架结构高压容器示意图

1—框架；2—活动盖；3—衬壁；
4—绕钢丝；5—密封圈

力容器的两端应采用无螺纹密封。无螺纹密封盖像普通液体压力机的活塞一样与容器无螺纹联接，故又称活塞式结构。密封盖所受的轴向压力由框架承受，容器不受轴向压力。应对压力容器及框架施加较高的应力，以便压制最大工件时容器和框架钢元件从压缩应力降低到无应力。整个容器组件的轴向、切线向、径向都没有承受张力。

缠绕钢丝的压力容器和框架、非螺纹封盖都起安全罩的作用，可保障操作过程中工作人员的安全。即使万一压力过高使容器破裂，缠绕线的多层丝也不可能在同一时间同一层内或在同一面爆破。

上述三种结构类型的等静压力机各具有不同的特点。表 4-1 比较了它们的特点、缺点和适用范围。

表 4-1　三种类型等静压力机的比较[10]

类型 项　目	等　静　压　力　机		
	拉　杆　式	螺　纹　式	框　架　式
特　点	1. 轴向压力由数根拉杆承受； 2. 手工操作； 3. 压力较低	1. 轴向压力由压紧螺母与筒体联接承受； 2. 手工操作； 3. 压力比较高	1. 轴向压力由框架承受； 2. 机械化程度高； 3. 压力很高，安全系数大
缺　点	拉杆受力不均使螺纹应力集中	螺纹强度受限制，使用磨损大	框架焊接较困难，辅助设备较多
应用范围	适于压制中、小型压件	适于压制中、小型压件	适于压制中、大型压件

冷静压制按粉料装模及其受压形式可分为湿袋模具和干袋模具压制。

（1）湿袋模具压制 这一过程的压制装置如图4-12所示[16]。把无须外力支持也能保持一定形状的薄壁软模6装入粉末料8，用橡皮塞5塞紧密封袋口，然后套装入穿孔金属套7一起放入高压容器9中，使模袋泡浸在液体压力介质中经受高压泵注入的高压液体压制。

湿袋模具压制的优点：能在同一压力容器内同时压制各种形状的压件；模具寿命长、成本低。湿袋模具压制的主要缺点是，装袋脱模过程中消耗时间较多，需要实现装袋脱模过程自动化。

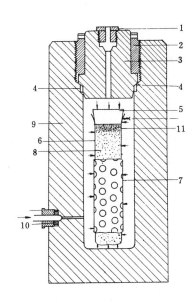

图 4-12 湿袋模具压制

1—排气塞；2—压紧螺帽；3—压力塞；4—金属密封圈；5—橡皮塞；6—软模；7—穿孔金属套；8—粉末料；9—高压容器；10—高压液体；11—棉花

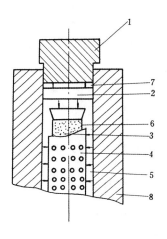

图 4-13 液压钢模湿袋模具压制

1—压盖；2—活塞；3—粉末；4—穿孔金属套；5—液压介质；6—模袋；7—密封圈；8—高压容器

除了如图4-12所示的湿袋模具压制装置外，还有一种液压钢模等静压装置（图4-13）也能进行湿袋模压[14]。把高压容器8放置在大吨位压力机的工作台面上，压力机的上冲头将压力施到高压容器的盖板，通过密封圈7与活塞2传递给容器内的液体5，借以产生较大的静压力压缩模袋6，从而把压力均匀地传递给模袋6中的粉末料3使其成形。活塞与容器之间的密封靠压盖与活塞之间的弹性密封垫圈（塑料或软金属）受压膨胀而将容器密封。

液压钢模湿袋压制装置结构简单，没有庞杂的高压泵、高压阀门及管道等辅助装置，操作简便、效率高。它的缺点是高压容器的内径受到限制。因此，一般只用来压制小件制品和用于实验研究中压制小件的样品。

（2）干袋式模具压制[15,18] 干袋式模具压制的压制方式如图4-14所示。干袋8固定在筒体3内，模具外层衬以穿孔金属护套板7，粉末装入模袋内靠上层封盖密封。高压泵将液体介质输入容器内产生压力使软模内粉末均匀受压。压力除去后即从模袋取出压块，模袋仍然留在容器内供下次装料用。

干袋式模具压制的特点是生产率高，易于实现自动化，模具寿命较长，据报导[6,7]自动干袋模具压制生产率已达10～15个/min。直径较大的制品如直径为ϕ150mm的压制件的生产率达 300 件/h。

软模压制是一种在液压机上进行的干袋模具压制。根据等静压制原理，采用一种像流体一样的软质材料作模具。压形时，将粉末 5 装入弹性模具 4 内，然后将它装入钢模筒 2（图 4-15）内，就按一般钢模压制那样在普通压力机上进行压制。压制压力是由压力机冲头施加给钢模上冲压缩装袋软模传递给粉末的。由于软模具材料具有流体般的特性，能使模内粉末均匀受压缩成形。受压完毕，卸去压力即可从钢模中的软模袋内取出压块。

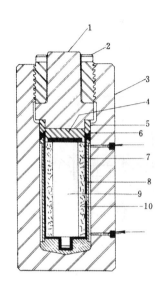

图 4-14　干袋式模具压制图

1—上顶盖；2—螺栓；3—筒体；4—上垫；
5—密封垫；6—密封圈；7—套板；8—干袋；
9—模芯；10—粉末

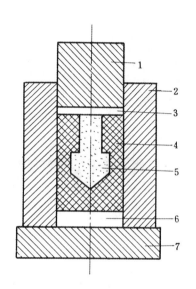

图 4-15　软模成形

1—钢模冲头；2—钢模筒；3—塑料垫片；4—塑料软模；5—粉料；6—下塑料垫片；7—钢模下垫

软模成形工艺过程的原理实质上与干袋模具等静压制过程的原理一样。所不同的是软模起了模具和液体介质传压的作用。压坯的形状和尺寸的准确性取决于软模的结构和质量。通常采用聚氯乙烯塑料作软模材料。

2．冷等静压制工艺

冷等静压压制主要工艺过程有：模具材料的选择及模具的制作；粉末料的准备以及将粉料装入模袋；密封、压制和脱模。

（1）模具材料的选择及模具的制作　不同的粉末体在等静压制成形时需要不同的压力。金属粉末的等静压制成形压力范围为 219～438MPa，陶瓷及碳化物的成形压力范围为 70.4～219MPa。显然，压制金属粉末需要的模具材料应比压制陶瓷粉末需要的模具材料要求更高。因此，等静压制模具材料必须满足下列要求：1）应有一定的强度和弹性，装粉时能保持原来的几何形状；2）应具有较高的抗磨耗性能，且易于加工；3）不与压力介质发生物理化学作用；4）材料不易粘附在压坯上，使用寿命长，价格便宜。

上述要求中最主要的要求是材料的强度和弹性，因为模具在压制时经受拉伸和压缩。干袋式模具由于装料口固定在压力容器上，压制时模具受压缩而相对于固定接联部位又受到一个拉应力，所以，要求材料应有较高的抗张强度。其次是材料的抗磨性能，因为模具与

224

粉末接触部位易被磨耗，会使模具表面变粗糙而影响压坯的表面质量，此外还会使模具寿命缩短。一般说，材料的硬度愈高，抗磨耗性愈好，模具表面不易磨耗，寿命愈长。通常要求模具材料的硬度范围为69～95肖氏硬度。

加工模具所采用的弹性物有天然橡胶或合成橡胶（如氯丁橡胶、硅氯丁橡胶、聚氯乙烯、聚丙烯、聚氨基甲酸脂等）。这些材料中，天然橡胶和氯丁橡胶被广泛用于加工成湿袋压制模具，而聚氨甲酸脂、聚氯乙烯适于加工成干袋压制模具。某些弹性材料的性质如表4-2所示。

表 4-2　某些弹性体的性质

名　称	硬度范围，肖氏	室温拉伸强度，MPa	室温下延伸率，%
天 然 橡 胶	20～100	7～28	100～700
硅 橡 胶	20～95	3.4～8.2	50～800
聚 丁 二 烯	30～100	7～21	100～700
聚 异 戊 二 烯	20～100	7～28	100～750
聚 氯 丁 烯	20～90	7～28	100～700
聚 异 丁 烯	30～100	7～22	100～700
聚 氨 基 甲 酸 脂	62～95	7～57	100～700
聚 氯 乙 烯	65～72	12～18	270

应当指出：用橡胶制作模具工艺繁长，特别是制作形状比较复杂的模具困难更大，且成本较高；此外，橡胶与矿物油类接触后会变形，使压块表面产生皱皮。因此，近年来渐为塑料所取代。热塑性软性树脂是目前制作模具的主要材料。对模具软硬程度的要求可通过调节增塑剂的成分及其含量来确定。国内目前通用的一个典型配方是：聚氯乙烯树脂100份（重量）；苯二甲酸二辛脂（或苯二甲酸二丁脂）100份；三盐基硫酸铅3～5份；硬脂酸0.3份。

软模制作的工艺程序如下：先将三盐基硫酸铅、硬脂酸、聚氯乙烯树脂等粉末混合均匀，然后将混合料倒入苯二甲酸二辛脂（或苯二甲酸二丁脂）的溶液中搅拌成料浆，再将金属阴模或阳模置于电烘箱中预热至140～170℃。根据阴模（或阳模）的尺寸来确定预热时间，一般小型模具的预热恒温时间为3～5min，大件的预热恒温时间可扩大到20～30min。然后，把料浆倒入阴模芯中或把阳模浸入料浆中进行搪塑或浸渍至所需的厚度。若塑料层太薄，可把金属模再放入电烘箱中热至160℃，进行第二次浸渍。随后，将粘附了料浆的金属模芯放入电烘箱内在160～180℃温度下保温1～1.5h进行塑化处理，塑化完成后取出放入冷水中冷却，冷后随即从水中取出，将塑料模从金属模上剥下来供使用。

应当指出，制作软模成形用的硬质合金整体异形刀具的模具时，要考虑压制松散粉末料的收缩和烧结后的收缩，选用模芯的尺寸必须比产品大，放大系数取决于硬质合金的牌号和产品的形状。通常，YG8类合金的放大系数为1.5，YT15合金的为1.6。软模成形带有内孔的刀具，制品的内径只有烧结收缩而无压制收缩，内径放大系数比外径放大系数小，通常，YG8料取1.21，对YT15料取1.24。

（2）粉末料的准备　粉末料的工艺性能如流动性、松装密度、摇实密度、粒度分布等都直接影响压制过程和压坯的质量，其中以粉末料的流动性影响最大，因为流动性好的粉末料装填入模袋内能均匀地填充，在压力的作用下粉末被均匀压缩，压制品的尺寸形状易控制，密度均匀。

多角形或不规则形的粉末容易压得强度较高的压块。粉末料的适当湿度有助于压块有较高的密度；但湿度过大（超过 4%）又使压制过程中难以从模袋内排除空气，容易造成压块分层和在烧结时开裂。

（3）装料和密封抽气　湿袋式装料过程示于图 4-16。料袋内粉末装入的均匀程度直接影响压块的质量。因此，模袋应放置在电磁振动台上装料，通过振动器的振动使粉末摇实均匀的均布。通常，第一次装满料后，振动 30s 以后就可边振边装，直至装满为止。

模袋一般用橡胶塞塞紧袋口，再用金属丝扎紧密封，以防止液体渗入粉料。装粉时伴随粉料带入的空气，在压制过程中一般很难从模袋内逸跑出来，只能随粉料一起被压缩，阻碍粉末被压紧。如气体集中在某一局部又容易使压坯生成大的气孔或使压坯表面出现凹形缺陷。所以，压制密度高的压坯时，通常要先排除粉料的中空气。密封在模袋内料末料中的空气，可采用注射器针插入橡皮塞内用真空泵抽出[18]。为了防止针头孔眼被粉末堵塞，装粉袋的上部即橡皮塞与粉末接界面处，可放置一层棉花或其他过滤物，这些东西在脱模后除去。

（4）压制和脱模　密封（抽空）装料模袋要套上多孔金属管，放置在等静压机的高压容器内；把容气上端的活塞和压紧螺帽装好，旋松放气孔的螺钉，旋紧回油阀门（卸压阀），开动压力泵把液体介质压入容器直至充满并从放气孔冒出为止；随即旋紧放气孔的螺钉，开动高压泵使压力直升到所需要的成形压力为止。

升压的速度要掌握适当，升压太快，压坯易出现软心。保压只对某些粉末料才有作用。卸压也不宜太快，否则残留在压坯中受压缩的气体，由于外压降低，会迅速膨胀，容易造成压坯开裂。特别是大型制件降压时更要缓慢，通常卸压速度以 5MPa/min 为宜。

三、热等静压制

1. 热等静压制原理及应用

把粉末压坯或把装入特制容器内的粉末体（称粉末包套）置入热等静压机高压容器中，如图 4-17 所示施以高温和高压，使这些粉末体被压制和烧结成致密的零件或材料的过程称为粉末热等静压制。粉末体（粉末压坯或包套内的粉末）在等静压高压容器内同一时间经受高温和高压的联合作用，强化了压制与烧结过程，降低了制品的烧结温度，改善了制品的晶粒结构，消除了材料内部颗粒间的缺陷和孔隙，提高了材料的致密度和强度。

热等静压法是消除制品内部残存微量孔隙和提高制品相对密度的有效方法[19]。目前已有许多金属粉末或非金属粉末采用热等静压法压得接近理论密度值的制品和材料，如表 4-

226

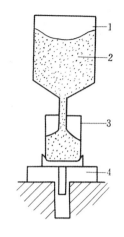

图 4-16　湿袋式装料机构
1—料桶；2—粉料；
3—模袋；4—振动台

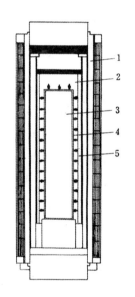

图 4-17　热等静压制原理
1—压力容器；2—气体
压力介质；3—压坯；
4—包套；5—加热炉

3 所示。

表 4-3　热等静压制某些材料的密度值

名　　　称	压制温度，℃	压制压力，MPa	相对密度，%
铍（Be）	760~780	70~105	99.80
钼（Mo）	1350	100	99.90
工具钢	1100~1150	100	99.99~100
硬质合金（YG10）	1245~1360	100~150	99.99~99.999
Al_2O_3	1350	100	99.99
ZrC	1350	100	99.95
SiN	1700~1800	100	99.99

表 4-4 所示为热等静压制法与热压法压制某些材料的密度值的比较。从表中可看出，热等静压法制取的制品密度比热压法要高些，尤其在压制难熔金属如钼时，差别更为明显。同一材料的热等静压制温度比热压法低，例如难熔金属及其化合物的热等静压制温度通常为其熔点的一半，而热压法为其熔点 70%。考虑到低的压制温度有利于获得细晶粒的合金材料（如粉末高速钢），有利于制取一般方法难于制取的熔点相差悬殊的层叠复合材料，所以，热等静压材料性能普遍高于热压法制取的材料性能。

表 4-4　热等静压法与热压法压制制品密度比较[20]

材　　　料	压制温度，℃		压制压力，MPa		相对密度，%	
	热等静压法	热压法	热等静压法	热压法	热等静压法	热压法
铁	1000	1100	99.4	10	99.90	99.40
钼	1350	1700	99.4	28	99.80	90.00
钨	1485~1590	2100~2200	70~140	28	99.00	96~98.00
钨-钴硬质合金	1350	1410	99.4	28	99.999	99.00
氧化锆	1350	1700	149	28	99.90	98.00
石墨	1595~2315	3000	70~105	30	93.50~98.00	89.00~93.00

从 50 年代以来，国外已采用热等静压技术制取了核燃料棒、钨喷嘴、陶瓷及金属的复合材料。至今，它在制取金属陶瓷硬质合金、难熔金属制品及其化合物、粉末金属制品、有毒物质及放射性废料的处理等方面都得到了广泛应用。热等静压技术已成为提高粉末冶金制品性能及压制大型复杂形状零件的先进技术。

（1）硬质合金与金属陶瓷　硬质合金是一种新型工具材料，广泛应用于钻机的钻头、轧机的轧辊、拉拔模头、人造金刚石用压机顶锤、超高压泵的泵体和柱塞、挤压模的模嘴和各种切削工具等。这些制品的生产过去多用冷压烧结法制造，制品孔隙度通常在 0.2%~0.6% 范围内。制品不仅机械强度低，而且使用寿命也低。同时，大型形状复杂的制品，也受到压机能力的限制难以生产。采用热等静压制技术制造硬质合金，就可提高物理机械性能和使用寿命。例如用热等静压法生产的合成金刚石压机上的顶锤，其使用寿命较冷压烧结法高 5~6 倍；用热等静压法生产的硬质合金轧辊，其孔隙度为 0~0.0001%（体积），废品率为 5%（冷压烧结法为 90%）；热等静压法生产的硬质合金的抗弯强度比普通热压法高40%。

热等静压法能够生产高密度的金属陶瓷氧化物、氮化物、硅化物以及复合特殊材料。这些材料是制取耐高温喷管和火箭鼻锥、涡轮盘零件等的主要材料。据报导[21]，用热等静压法生产的致密氮化硅汽车涡轮零件已在生产上获得实际应用。其优点是无需添加任何粘结剂便能获得致密的氮化硅，材料（或零件）的各向同性均匀。零件的表面光洁度很大程度上取决于氮化硅粉末的粒度，控制适宜的粉末粒度能够直接生产出密封公差配合的工件。

近年来还研制成功用热等静压法制取具有特殊用途的金属氧化物和金属组成的致密复合层材料，如一含 $Al_2O_3$75% 加 Nb25% 的复合材料。

（2）金属粉末制品　自 1971 年出现用热等静压法制造粉末高速钢以来，热等静压技术在金属粉末制品的应用范围不断扩大，例如生产特种钢、高温合金（即涡轮盘合金）、不锈钢、钛和铍的合金等。

随着热等静压机尺寸的扩大和设备性能的完善，热等静压制的粉末高速钢锭的质量每件已达 3000kg。

值得指出：近年来人们十分重视采用热等静压技术生产飞机涡轮盘，因为这样能制出高性能的整体涡轮盘件，其性能和经济效果是一般方法无法相比的。

（3）放射性有毒物料的加工及其废料的处理　原子能技术和工业的发展需要用大量的核燃料和有毒物料，例如金属铀和铍等。安全地加工处理这些物料并将用后的废料妥善收储，以防止污染环境，消除对人类和自然界的危害具有重大意义。

早在本世纪 50 年代，国外就用热等静压技术生产大型致密（相对密度达 99.8%）的铍件。近年来，人们又致力于研究用热等静压技术处理原子能反应堆排出的核废料。处理的过程是将核废料煅烧成氧化物并与性能稳定的金属陶瓷料混合，然后用热等静压机将混合废料压制成致密体。这种致密体的化学性能最稳定，是一种不发生裂变的晶体结构，其强度和硬度都超过地球上任何一种岩石，深埋在地下能经受地下水的浸蚀[6]。

2. 热等静压制设备

热等静压制设备通常是由装备有加热炉体的压力容器和高压介质输送装置及电气设备组成。近年来，为了提高热等静压机的工作效率，除上述设备外还配备了冷等静压机和加热冷压工件的预热炉。配套的冷等静压机的作用是提高压制工件的密度和单重。预热炉的作用是将冷压制工件加热到预定的热等静压制温度，以便及时转入压力容器压制。这样可以缩短热等静压机压力容器内加热炉的升温时间，缩短压制周期。

热等静压制技术发展中一个值得重视的动向是用预热炉作为热等静压机体外加热工件炉，省去压力容器内的加热炉体，这将会提高压机容器的有效容积，消除了由于容器内炉体装接电极柱造成密封的困难，成倍地提高热等静压机的工作效率。

压力容器是用高强度钢制成的空心圆筒体，直径 150～1500mm，高 500～3500mm，工件的体积在 0.028m^3～2m^3 之间[1]。通常压力范围 7～200MPa。同冷等静压机的压力容器一样，热等静压机的压力容器也有两种密封形式，即螺纹式及框架式。

螺纹式密封的示意图如图 4-18 所示。从图可以看出，筒体上下端采用螺纹弹性密封。热等静压机压力容器的螺纹密封与冷等静压机压力容器的螺纹密封的特点相同，所以，螺纹式密封的热等静压机的压力容器容积都比较小，只适于在实验室内压制小型制品。

框架式密封的压力容器同框架式冷等静压力的压力容器基本相同。这种形式密封的特点是压力容器容积大，运转速度快操作方便，安全可靠。由瑞典艾斯亚公司制造的框架式热等静压机的数据如下：高压容器内径 1270mm，内高 3500mm；工作压力为 138MPa；工作温度为 1200～1400℃。

除压力容器外，容器内的加热炉是热等静压机的重要部件，主要由加热元件、热电偶与隔热屏组成。加热元件的材料按设计的温度范围选定。当炉子设计温度为 1000～1200℃时，可选择 Fe-Cr-Al-Co 耐热合金丝作发热元件，它可在 1230℃长期使用。当设计温度在 1700℃以上时，可选择钼丝、石墨、钨丝等作发热元件，但这些材料需要在保护气氛或惰性气氛中工作。

炉内加热体的热传递方式有三种形式：多带辐射、单级自然对流、单级强迫对流，如图 4-19 所示。

多带辐射是靠电热元件发热直接辐射到工件上的。这种结构的炉子采用 Al-Cr-Co-Fe 丝作电热体时能在氧化气氛中加热到 1230℃，能够间断地加热。因此，当工件在另一炉子内预热时，能

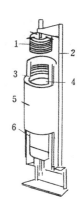

图 4-18 螺纹式密封热
等静压力容器
1—弹性压盖；2—压盖
提升器；3—密封圈；
4—炉子；5—筒体；
6—炉体脚架

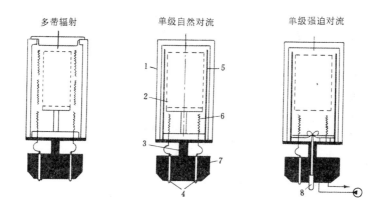

图 4-19 几种热传递形式的炉子
1—辐射屏；2—工件；3—支架；4—电极；5—衬套；6—加热元件；7—容器盖；8—风扇

够缩短压机的工作周期。

单级自然对流是一种新型的热等静压炉子。电热元件安装在工件的下面，热交换是通过自然对流方式进行的。这种结构的炉子经实践证明是成功的。

单级强迫对流是借助电风扇的搅动强迫气流循环的。电热元件也安装在工件的下面，这样可以提高热交换效率。因此，能提高工件在热等静压炉子内的加热与冷却速度。

热等静压制时常选用惰性气体如氦及氩作压力介质。由于氩气的热导率比氦低（氩的热导率为 0.158kW/m·K；氦的热导率为 1.38kW/m·K），用氩气作压力介质时能够使工作区炉温很快地达到所要求温度并能保持温度分布均匀。此外，氩气的成本比氦低。

压力温度参数在热等静压制系统中必须精确可靠地控制。适当的自动化能降低成本和

保证安全,两者对于有效的组织生产都是十分重要的。典型的热等静压制过程如图4-20中所示。升压和降压速度一般不需任何控制,温度的控制需要特别注意。炉内温度分布均匀度很大程度取于炉子的设计和电热体的配置。目前,工业上使用炉体恒温时温度均匀度可控制在±5℃到±14℃之间,连续冷却速度可大于30℃/min。

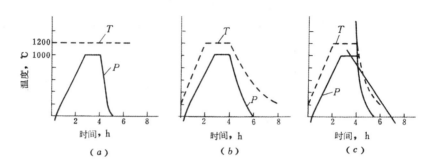

图4-20　三种加热炉升温施压过程图

(a) 多带辐射加热热等静压炉;(b) 单级自然对流加热热等静压炉;(c) 单级强迫对流加热热等静压炉

3. 烧结-热等静压法

烧结-热等静压制过程是把经模压或冷等静压制的坯块放入热等静压机高压容器内,分别进行脱蜡、烧结和热等静压制,使工件的相对密度接近100%。这是继常规热等静压制技术的一种先进工艺。图4-21为这一工艺过程的示意[51,54]。

脱蜡(或其他成形剂)和烧结可在真空状态下或在工艺确定的气体(如氢、氮氢混合气)、甲烷保护下进行。按照传统的烧结概念,液相和固相烧结都会促进烧结坯块内部孔隙减少,并产生收缩和致密化。在这一过程中,烧结温度和时间是要准确地控制的参数。热等静压制是使烧结坯块密度进一步提高,以接近理论密度值。

压块在同一炉体(压力空器)内进行烧结和热等静压制,压块在烧结后期直接施加高压,这就避免了降温冷却升温加热的附加操作,也避免了压块移动时可能受到损坏,并保持烧结与热等静压制时温度稳定。

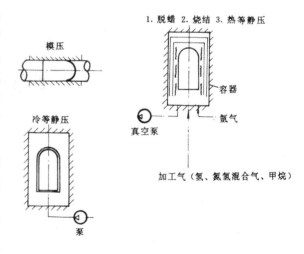

图4-21　烧结-热等静压制工艺过程示意图

烧结-热等静压过程中的热等静压制阶段使产品均匀收缩与致密化,温度、压力、时间三工艺参数相互关系示于图4-22。粉末体的致密化是由材料的塑性、高温下蠕变和原子扩散速度所确定。试验结果表明,液相烧结材料在低压下短时热处理可以完全致密化。固相烧结材料要完全致密化则需要更高压力和更长时间。

烧结-热等静压工艺方法的目标是使产品的相对密度接近100%。要达到此目标必须确

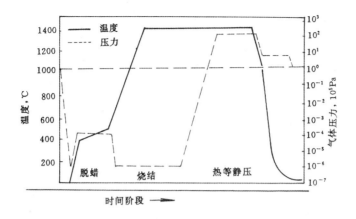

图 4-22　脱蜡-烧结-热等静压时温度、压力及时间的关系[51]

定下列参数：

（1）确定合理的烧结压力、温度及时间参数。

（2）确定热等静压最大压力、温度及时间参数。

4．准等静压工艺

它采用一种高温下具有流体特性的石墨颗粒作为传递压力的介质以代替热等静压制所用惰性气体，这种石墨颗粒受到外力作用时，它的流体特性将作用力均匀传递给粉末压块而使之成为相对密度接近100％的零件。这一过程习惯称之为准等静压制。准等静压制工艺过程如图4-23所示[52,53]。

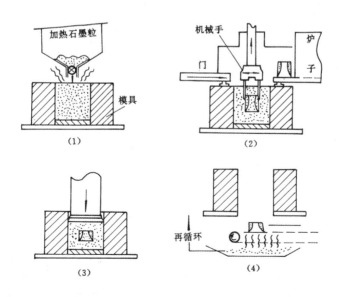

图 4-23　准等静压制工艺过程

（1）热石墨粒装模；（2）用机械手把热的预成形坯插入石墨粒中；（3）用水压机冲头加压

（使预成形坯相对密度接近100％）；（4）清理模具，石墨粒返回再循环使用，取出压坯

231

第二节 粉末连续成形

工业和技术的发展，需要用粉末冶金方法生产各种板、带、条材或管、棒状及其他形状型材，为此近 30 年来，发展了粉末轧制法、喷射成形法和粉末挤压法等。这些方法统称连续成形法。这些方法的特点是：粉末体在压力的作用下，由松散状态经历连续变化成为具有一定密度和强度以及所需要尺寸形态的压块，同钢模压制比较，所需的成形设备较少。

一、金属粉末轧制

1. 粉末轧制发展简述

将金属粉末通过一个特制的漏斗喂入转动的轧辊缝中，即可压轧出具有一定厚度和连续长度且有适当强度的板带坯料。这些坯料经过烧结炉的预烧结和烧结处理，再经过轧制加工、热处理等工序即可制成有一定孔隙度的或致密的粉末冶金板带材。粉末轧制的发展历史应从 1902 年德国西门子和哈尔斯克公司的专利算起[22,23]。第二次世界大战期间，德国人采用铁粉制造弹带时曾试用过粉末轧制法。据报导[23]，用喷雾铁粉为原料轧制获得的铁基带材，其物理机械性能并不比熔炼法低。1950 年，纳赛尔和齐姆（F. Zirm）发表了粉末轧制法的论文，引起人们的重视。以后，各国比较广泛地开展了粉末轧制理论的研究和工艺过程实践。弗兰森（H. Frannsen）从工业化角度开展用粉末轧制法制取铜及铜合金带材的实验。依万斯（P. E. Evans）等人用电解铜粉作反复试验制得了机械性能良好的带材。鲁德（J. A. Lund）等人用纯镍粉进行实验，制取了高纯致密性能良好的镍带。60 年代，粉末轧制理论研究和工艺实践都得到迅速发展[24,25,26]，已能用海绵铁粉轧制大型钢板。60 年代后期，工业上已经采用粉末轧制法生产不锈钢、镍、钴等合金粉末带材[22,27]。

我国在 60 年代初期就广泛开展了粉末轧制的理论研究和试生产，用粉末轧制法生产了多孔过滤镍带、铁带材，并成功地轧制出双层粉末金属制品，其性能都超过熔炼法生产的性能[28]。近些年来，我国有关单位[3,29,30]用粉末轧制法制取了 W-Ag、W-Cu 假合金带材，用作电火花切割机上的电极；轧制高纯铁粉制取致密纯铁带作为电工材料，用于配制三相异步电动机；轧制铌粉生产铌带作为制造 Nb_3Sn 超导金属材料，简化了垂熔、电子轰击、电弧熔炼、铸锭扒皮、多次轧制退火等繁长工序，提高了成品率，降低了成本。

2. 粉末轧制法的特点和分类

与熔铸轧制法比较，粉末轧制法的优点是：

（1）能够生产一般轧制法难于或无法生产的板带材，如各种双金属或多层金属带材、难熔金属及其化合物的板带材、磁性材料、减摩材料、多孔过滤材料、电触头材料、粉末超导材料等的带材。

（2）能够轧制出成分比较精确的带材，如粉末轧制的 Ag-W70、Ag-W60 合金，并且成分易于控制，组分均匀。而熔铸轧制法难免存在成分偏差和组分偏析。

（3）粉末轧制的板带材料具有各方向同性。对于许多应用领域来说，这一特性是很重要的。

（4）工艺过程短，节约能源。如图 4-24 所示，不锈钢的粉末轧制法比熔铸轧制法少了七道工序。无疑，这将节约大量热能，降低生产成本。

（5）粉末轧制法成材率比熔铸轧制法高。粉末轧制法成材率一般可达 80%～90%，而熔铸轧制法仅为 60%，对于难变形的金属及其合金只有 30% 左右。

（6）不需大型设备，减少了大量投资。据估计，一个年产 15 000 吨粉末轧制铜带材厂与同样生产能力的普通轧制工厂相比，建设投资仅为后者的四分之一。

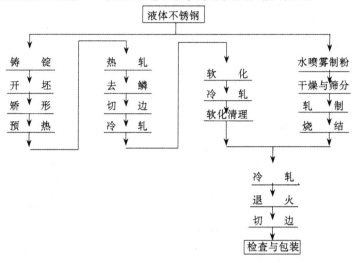

图 4-24　不锈钢熔炼轧制与粉末轧制比较图

粉末轧制作为一种成形方法与模压法比较也具有许多优点：制品的长度原则上不受限制，这是一般模压法无法实现的；粉末轧制制品密度比较均匀，而模压成形制品的密度均匀性较差；对压制和轧制同一材料来说，粉末轧机的电动机功率比压力机的要小。

应当指出，粉末轧制法生产的带材厚度受轧辊直径限制（一般不超过 10mm），宽度也受到轧辊宽度的限制；其次，粉末轧制法只能制取形状较简单的板、带材及直径与厚度比值很大的衬套等。

按照轧制过程的特点，粉末轧制可分为冷轧法和热轧法。

（1）金属粉末冷轧法

1）粉末直接轧制法　此法是在室温下，将金属粉末通过喂料装置直接喂入转动的轧辊间，被轧辊连续地压轧成坯带。这些坯带经过烧结和加工处理变成具有足够强度和符合所要求的其他物理机械性能的带材。这种方法在工业生产中已得到了广泛应用，它的设备和操作都较为简单，能轧制多种金属和合金粉末，容易实现从轧制、烧结到加工处理的自动化。

2）粉末粘结轧制法　轧制也在室温下进行，与直接轧制法不同的是将金属粉同一定数量的粘合剂混合制成薄膜状物，然后在轧机上轧制成所需要厚度的带坯。这些带坯经过预烧结、烧结和加工处理等工序制成带材。粘结轧制法的优点是获得的带材密度比较均匀，允许较高的轧制速度，缺点是需要较细的粉末和粘结剂。

（2）金属粉末热轧法　粉末在加热达到一定的温度后，直接喂入转动的轧辊缝间进行轧制。例如在 600℃下直接轧制含有 Ni1%、Fe0.3% 的铝粉，制成热轧铝带材。被轧制的粉末由于提高了温度得到一系列有益的效果：增加了粉末间的摩擦系数，有利于粉末喂入轧辊缝内；降低了粉末体中的气体密度从而减少了成形区逸出气体对轧入粉末的反向阻力；改善了粉末的塑性、降低了轧制压力。在轧制参数相同的条件下与粉末冷轧法比较，粉末热轧法可以减小轧辊的直径而获得同样厚度的带材，结果有利于提高轧制速度，增加坯带的密度和强度。粉末冷轧制速度通常为 $0.05 \sim 0.1 \mathrm{m/s}$，而粉末热轧可达 $5 \mathrm{m/s}$。

据报导[26]，热轧铜粉带材的相对密度可达 100%。所以，热轧法轧制的坯带，一般都不需要再进行烧结处理。

3. 粉末轧制原理

粉末轧制的实质是将具有一定轧制性能的金属粉末装入到一个特制的漏斗中，并保持给定的料柱高度，当轧辊转动时由于粉末与轧辊之间的外摩擦力以及粉末体内摩擦力的作用，使粉末连续不断地被咬入到变形区内受轧辊的轧压。结果相对密度为 $20\% \sim 30\%$ 的松散粉末体被轧压成相对密度达 $50\% \sim 90\%$ 并具有一定抗张、抗压强度的带坯。文献〔27〕认为，轧制时粉末的运动过程可分成三个区域。如图 4-25 所示，Ⅰ区——粉末在重力作用下流动自由区；Ⅱ区——喂料区，该区域内的粉末受轧辊的摩擦被咬入辊缝内；Ⅲ——压轧

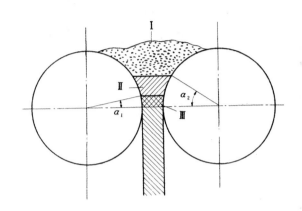

图 4-25　粉末轧制过程示意图

Ⅰ—粉末自由区；　Ⅱ—喂料区；

Ⅲ—压轧区

区，粉末在轧辊的压力作用下，由松散状态转变成具有一定密度和强度的带坯。由此可见，金属粉末的轧制过程可以看成是粉末连续成形过程。它开始于粉末被咬入的截面，结束于两轧辊中心联线的带坯轧出的断面。

粉末轧制也与致密金属轧制一样，要使粉末被咬入轧辊缝内，必须使摩擦系数 μ 与侧压系数 ξ 之和大于咬入角的正切值，即

$$\mathrm{tg}\alpha < \mu + \xi \tag{4-1}$$

式中　μ——粉末体与轧辊之间的摩擦系数；

ξ——金属粉末在轧制时产生的侧压力与垂直压力之比。

(4-1) 式中 μ 值的变化，主要取决于粉末的表面状态、轧辊表面粗糙度和轧辊的转速。ξ 值与粉末的塑性、化学成份、颗粒形态和比表面大小、轧制气氛、轧制温度等因素有关。显然，要全面考虑这些因素并推导出计算 ξ 值的方程式是十分困难的，直接测量也不容易。巴尔申曾导出一个计算 ξ 值的简化公式

$$\xi = \mathrm{tg}^2 \left(45 - \frac{\varphi}{2} \right) \tag{4-2}$$

式中　φ——粉末的自然堆积角。

若以 ξ' 为致密金属被压缩时的侧压系数，d 为粉末体的相对密度，则粉末体的侧压系数 ξ 为 ξ' 与 d 之积

$$\xi = \xi' \cdot d$$

按照巴尔申的意见，普通金属粉末体松散状态时的相对密度 d 值一般为 $10\% \sim 20\%$，致密金属的 ξ' 值为 0.54，粉末侧压系数 ξ 值仅为 $0.05 \sim 0.1$ 左右，远远小于摩擦系数 μ 的值。因此，粉末被咬入的条件主要是靠粉末与轧辊表面之间的摩擦作用，靠粉末体颗粒间的内摩擦将粉末连续咬入。

粉末能够被咬入轧辊缝中是轧制过程的必要条件。如众所周知，粉末轧制成形的目的主要是获得具有一定强度、密度和尺寸（宽与厚）的带坯。因此，还必须进一步研究粉末被咬入变形区的情况。图4-26所示为粉末轧制时咬入区与变形区的状况。粉末体在H_a截面开始被压紧并发生变形，密度有显著的增加。横截面H_a称为咬入宽度（或称为咬入厚度），从该截面开始至两轧辊中心水平线上的交角α称为咬入角。相应的轧辊弧长为咬入区。

若轧制带坯的厚度为δ_R，轧辊直径$D=2R$，从图4-26可得知

$$H_a - \delta_R = 2R(1 - \cos\alpha)$$
$$H_a = D(1 - \cos\alpha) + \delta_R \tag{4-3}$$

应当指出，粉末轧制同致密金属轧制不一样。致密金属轧制前后的金属体积和密度保持不变。而粉末轧制时，尽管金属颗粒的体积和密度没有变化，但粉末体占据的体积却发生变化，结果孔隙度显著地减小，相对密度明显提高。

设轧制前粉末松装密度为$\rho_{松}$，粉末料柱宽度为B，轧制时进料速为$v_{进}$，轧制得到的带坯密度为$\rho_{压}$，厚度δ_R宽度为b，带坯的轧出速度为$v_{轧}$，则由轧制前和轧制后质量不变的原理可得：

$$\rho_{松} \cdot H_a \cdot v_{进} \cdot B = \rho_{压} \cdot \delta_R \cdot v_{轧} \cdot b \tag{4-4}$$

实际上粉末轧制时带坯宽展很小，因此$B \approx b$

由此 $\rho_{松} \cdot H_a \cdot v_{进} = \rho_{压} \cdot \delta_R \cdot v_{轧}$

$$\rho_{压} = \frac{v_{进} \cdot H_a \cdot \rho_{松}}{\delta_R \cdot v_{轧}}$$

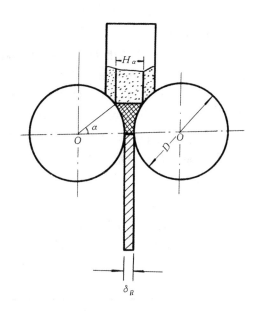

图4-26　粉末轧制时咬入区与变形区

令$\dfrac{v_{轧}}{v_{进}} = \eta$，即$v_{轧} = \eta \cdot v_{进}$。$\eta$称延伸系数

故

$$\rho_{压} = \frac{H_a \cdot \rho_{松}}{\eta \cdot \delta_R} \tag{4-5}$$

$$\delta_R = \frac{H_a \cdot \rho_{松}}{\eta \cdot \rho_{压}} \tag{4-6}$$

以（4-3）式代入（4-5）、（4-6）式得

$$\rho_{压} = \frac{\rho_{松}}{\eta}\left[1 + \frac{D(1 - \cos\alpha)}{\delta_R}\right] \tag{4-7}$$

$$\delta_R = \frac{D(1 - \cos\alpha)}{\eta z - 1} \tag{4-8}$$

式中　z——粉末压紧系数，$z = \dfrac{\rho_{压}}{\rho_{松}}$。

粉末轧制的延伸系数η与致密金属轧制的μ相似，可用轧制时的前滑值s和后滑值s'表示，则η值由下式确定

$$\eta = \frac{v_{轧}}{v_{进}} = \frac{1 + s}{1 - s'} \tag{4-9}$$

粉末轧制时延伸系数 η 的准确值很难测定，根据经验常取 $\eta = 1.00 \sim 1.02$。

从公式（4-7）看出，带坯的密度 $\rho_{压}$ 与粉末松装密度 $\rho_{松}$ 成正比，与延伸系数 η 成反比。公式（4-8）表明，带坯的厚度 δ_R 与轧辊直径 D 成正比。

按照公式（4-7）、（4-8），可以控制一定的轧制参数来计算轧制的带坯的密度和厚度[25]。但为确保粉末被咬入，粉末颗粒不应大于咬入厚度 H_a[31]，即

$$d_{\max} \leqslant D(1 - \cos\alpha) + \delta_R \tag{4-10}$$

$$d_{平均} = \frac{D(1 - \cos\alpha) + \delta_R}{n} \tag{4-11}$$

式中　$d_{\max}$——粉末颗粒最大尺寸；

　　　$d_{平均}$——粉末颗粒平均尺寸；

　　　n——咬入宽度 H_a 断面上的颗粒数目。

4. 影响轧制过程的主要参数

（1）粉末性能的影响　如同模压过程一样，粉末的性能对轧制过程的影响是十分明显的。粉末轧制性能不佳将会引起各种不同类型的轧制废品，甚至根本无法轧制成带坯。因此，研究粉末性能对轧制过程的影响，改善粉末性能，掌握轧制主要参数，对制取合乎要求的粉末带材是十分重要的。

粉末的轧制性能应包括粉末的可塑性、成形性和流动性。

1）粉末流动性对带坯性能的影响　粉末流动性直接影响带坯的密度及其均匀性，影响轧制时的咬入角。采用不同流动性能的铁粉，在辊径为 70mm 的闭式轧机上以 375r/min 的速度和轧缝为 0.54mm 粉末料柱高为 40mm 的轧制条件下轧制成的带坯性能如表 4-5 所示。从表中可以看出，带坯的厚度和平均密度随粉末流动性的变差而降低。

表 4-5　铁粉流动性对带坯性能的影响[28]

粉末流动性能，g/s	带　坯　性　能		
	厚　度，mm	密　度，g/cm³	宏　观　特　性
0.378	0.570	5.239	带坯完好
0.266	0.548	5.118	带坯中间碎裂
0.153	0.497	5.020	带坯中间碎裂严重

研究报告[24]指出，不同方法制取的粉末，尽管有相同的粒度分布，但仍有不同的咬入角。表 4-6 所示为用各种方法制得相同粒度分布的铜粉的咬入角。从表中看出，电解铜粉的咬入角 α 比喷雾铜粉大。显然，这是由于颗粒形状及其表面的光滑程度不同所致。电解铜粉颗粒的表面粗糙，一般为树枝状，粉末颗粒之间的接触面积较大。喷雾铜粉（包括空气及水喷）的颗粒表面光滑，多为球形。由公式（4-8）、（4-9）可知，咬入角 α 的改变直接影响带坯的密度和厚度。

表 4-6　不同的制粉方法对咬入角的影响

粉　末　的　制　造　方　法	轧　制　时　的　咬　入　角
电解铜粉	6°±0.5°
水雾化铜粉	3.5°±0.5°
空气雾化铜粉	1.5°±0.5°

2) 粉末的氧含量对带坯性能的影响　金属粉末体的可塑性主要取决于金属本身的特性。但是，粉末的表面氧化物和其他夹杂会严重地损害金属粉末的可塑性能。表面氧化或还原不透的金属粉末，其可塑性和成形性都变得很差，结果使轧制带坯性能变坏。这是由于含氧的粉末颗粒间以氧化物相接触而造成的机械啮合联结强度下降的结果。含氧量高的金属粉末轧制带坯的常见缺陷是裂纹和重皮。表 4-7 所示为不同含氧量铁粉轧制时的带坯外表宏观特征。从表看出，当铁粉含氧量超过 1% 时，轧制的带坯都出现重皮。

表 4-7　粉末含氧量对带坯性能的影响[28]

还原次数	氧含量,%	带坯的宏观特征
1	1.93	裂纹，重皮
2	0.53	表面光滑，不重皮
1	2.39	裂纹，重皮
2	1.08	偶有重皮
1	1.20	重皮不裂
2	0.81	不重皮

3) 粉末松装密度对带坯性能的影响　粉末松装密度通常是粉末颗粒形状及粒度大小的一种宏观标记。松装密度小，说明粉末形状比较复杂，比表面大，颗粒直径小，一般地说，粉末的轧制性能好，能够轧成强度较高的带坯。粉末的松装密度对轧制带坯的性能产生明显的影响，如表 4-8 和图 4-27 所示。从表 4-8 可以清楚看出，随着粉末松装密度的增大，所获得的带坯的密度和厚度也随之增加。由公式（4-5）、（4-6）可知，轧制带坯的密度和厚度与粉末的松装密度的一次方成正比。因为在咬入厚度相同的情况下，松装密度大的粉末在轧制时咬入的粉量按正比增大，自然会使带坯的厚度和密度同时增大。基于上述分析，轧制带坯的密度和厚度应当随粉末松装密度成直线增加（如图 4-27 中虚线所示）。但实际上，当粉末的松装密度超过一定值后，曲线下垂了。这可解释为，粉末松装密度愈大，其比表面愈小，颗粒形状愈简单，结果使颗粒间的摩擦系数相应地降低。又由（4-1）式可知，尽管粉末的侧压系数 ξ 因粉末的自然堆积角 φ 之减小而有所增加（见公式（4-2）），但咬入角 α 主要是由外摩擦系数 μ 值来确定的。咬入角 α 仍然随 μ 值的降低而减小。所以，轧制带坯的密度和厚度自然不可能伴随粉末的松装密度成直线增加。

表 4-8　铁粉松装密度对带坯性能的影响[28]

粉末松装密度, g/cm³	计算的咬入角，度	轧制带坯		
		厚度, g/cm³	密度, g/cm³	可弯性，度
0.90	11°21′	0.359	5.41	37°
1.17	11°43′	0.409	5.75	—
1.48	11°30′	0.435	6.21	32
1.56	11°35′	0.442	6.32	31°31′
1.68	11°45′	0.450	6.33	20°30′

实验结果表明，增大粉末的松装密度会降低轧制带坯的可弯曲性。这是因为粉末颗粒

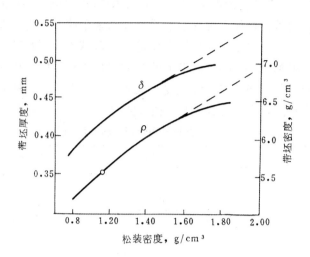

图 4-27　铁粉松装比对带坯性能的影响

尺寸增大和形状变平滑而降低了颗粒间的机械啮合强度。

（2）轧辊直径的影响　许多研究者[24,31,32]就轧辊直径对带坯的密度和厚度的影响作过不少实验和理论上的分析。在其他条件不变的情况下，采用不同的轧辊直径对带坯密度和厚度的影响可从图 4-28 所示的关系中推导出来。若以两对轧辊直径分别为 D_a 及 D_b 的轧机轧制同一组的原料，设压紧系数 z 值相同，给定咬入角为 α，轧制带坯密度为 $\rho_压$，则可得到 $\dfrac{\delta_0}{\delta_R} = \dfrac{H_0}{H_R}$。因为大辊轧机的粉末咬入截面 H_0 大于小辊轧机的咬入截面 δ_0，故大辊轧机轧出的带坯厚度 H_R 将大于小辊轧机轧出的带坯厚度 δ_R。所以，对给定密度的带坯，其厚度将随轧辊直径的增大而增加。

文献〔31〕认为，喂料区及压轧区的尺寸取决于轧辊直径 D，图 4-29 所示为两个不同的轧辊直径对压轧区的影响。设轧制时咬入角 α 随轧辊直径的变化极微，对直径为 D_1、D_2 的轧辊（$D_2 > D_1$），在同一轧缝 δ_A 中，粉末装填截面宽度分别为 δ_1 及 δ_2，从图 4-29 可以看出，δ_2 大于 δ_1。显然，大辊咬入区的粉末量比小辊咬入区的粉末量多。同理，大辊压轧区粉末量也比小辊压轧区粉末量多。因而，大辊轧制的带坯密度要比小辊轧制的带坯密度大。有关轧辊直径与带坯厚度及密度、咬入角之间的相互关系可用下列方程表达。当咬入角 α 趋于零时有：

$$\theta_{min} = 1 - \frac{\rho_松 [D(1 - \cos\alpha) + \delta_A]}{\rho_压 \cdot \delta_A} \tag{4-12}$$

式中　D——轧辊直径；

δ_A——轧制带坯的厚度；

$\rho_松$——粉末的松装密度；

$\rho_压$——带坯的密度；

θ_{min}——带坯的最小孔隙度。

当 $\alpha = 0$ 时，因为 θ_{min} 不可为负值，唯有 $\theta_{min} = 0$，故有

$$\rho_松 [D(1 - \cos\alpha) + \delta_A] \leqslant \rho_压 \cdot \delta_A \tag{4-13}$$

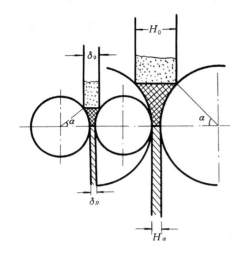

图 4-28 压缩比 $\dfrac{\delta_0}{\delta_R}=\dfrac{H_0}{H_R}$ 和咬入角不变的条件下，轧辊直径与带坯厚度关系

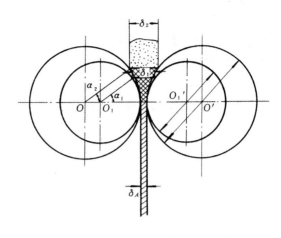

图 4-29 轧辊直径对压轧区的影响

或

$$\delta_A \geqslant \frac{D\,(1-\cos\alpha)}{\dfrac{\rho_{压}}{\rho_{松}}-1}$$

又因

$$\alpha^2 \cdot R = D\,(1-\cos\alpha)$$

故

$$\delta_A \geqslant \frac{\alpha^2 R}{\dfrac{\rho_{压}}{\rho_{松}}-1} \tag{4-14}$$

从公式（4-14）看出，当其他条件不变时，轧制带坯的厚度 δ_A 与咬入角 α 的平方及轧辊的半径 R 成正比；需要获得厚度大的带坯就必须加大咬入角和轧辊直径。图4-30所示为用铁粉、镍粉及不锈钢粉轧制得出轧辊直径与轧制带坯厚度的关系图。

（3）给料方式的影响　粉末轧制时，按给料的方向可分为垂直给料和水平给料。按给料方式又可分为强迫给料和自然流入给料。无论哪一个方向或哪一种方式，一般地说，其他轧制条件不变，仅改变给料量都将影响轧制带坯的厚度或密度。若带坯厚度不变而减少给料量必然降低轧制带坯

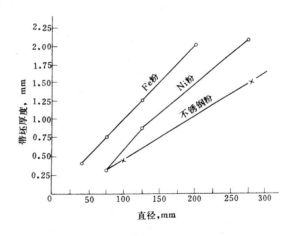

图 4-30 轧辊直径与轧制带坯厚度的关系

的密度；反之亦然。在同一轧制制度和辊缝的条件下，用松装密度为 $1.52\mathrm{g/cm^3}$ 的铁粉在轧辊直径为70mm的轧机上进行了不同料柱的自由给料轧制及不同压力下的强制给料轧制试验，结果如图4-31图4-32所示。从图看出，当其他条件不变时，随着料柱高度和强制压力的增大，带坯的厚度和密度有显著提高。这可用公式（4-6）来解释：在轧制变形区前

的粉末,因承受料柱或强制给料的压力的作用而预先被压缩,结果粉末的松装密度增大。在变形区的粉末体被预先压缩使其相对密度 d 增大,而导致侧压系数 ξ 值增大,结果使咬入角 α 也伴之增大;在变形区的粉末体受到压力的作用,使延伸系数 η 值下降,结果也使轧制带坯的相对密度增加。实验结果表明,适当地增大料柱高度或强迫给料,能够提高轧带坯的密度和厚度。当强迫给料压力为 0.0335MPa 时,用轧辊直径 70mm 的轧机轧制铁粉,可获得厚度为 1.34mm 的带坯。应当指出,强迫给料设备比较复杂且难于保证连续均匀的给料致使带坯密度的均匀程度难于控制。

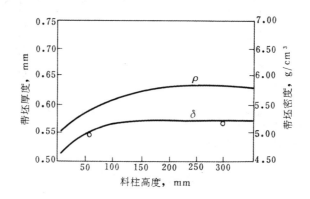

图 4-31　自由给料条件下,料柱高度对带坯密度和厚度的关系[28]

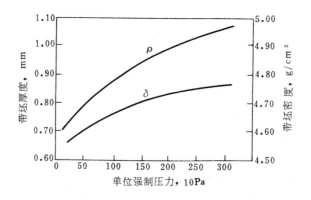

图 4-32　强制给料压力对带坯密度和厚度的关系[28]

　　(4) 轧制速度的影响　　轧制时轧制速度由零开始逐步提高到某一临界值 v_k 时,带坯的密度和厚度并未发生变化。若继续提高到 v_m,则带坯的密度和厚度便会逐渐下降。随后,带坯的密度会变得不均匀,甚至轧不成带。

　　实验结果证明,在固定喂料速度和辊缝的条件下,增加轧制速度会使轧制带坯的密度和厚度减小。图 4-33 是轧制铜粉时轧制速度对带坯密度和厚度的关系图[24]。从图可看出,当高速喂料(比低速喂料高四倍)时,轧制带坯的密度和厚度同样随轧制速度的增加而减小,但其厚度和密度值仍然比低喂料速度时都大。

　　威诺格拉托夫(T. A. Виноградов)等[25]研究了在一个轧制速度范围内,轧制速度对带坯密度和厚度的影响，结果如表 4-9 所示。从表可看出，增加轧制速度，带坯厚度和相对密度随之下降。轧制速度影响带坯厚度和密度的原因，许多研究者持不同解释。威诺格拉托夫等人认为：增加轧制速度会使在变形区内（图 4-25 的 II 区）的粉末体迅速被压缩，粉末颗粒间的空气被压挤向后逸散，结果阻碍自由区（图 4-25 中 I 区）的粉末流入；轧制速度愈快，逸出的空气量愈多，空气的流速就愈快，粉末流量就愈少，结果带坯的密度和厚度下降愈显著，这一作用在低速轧制时的影响并不明显。刘清平等人[28]认为：即使在低速（0.012～1.5m/min）范围内，轧制仍对带坯的厚度和密度产生影响，其原因是，轧制速度直接影响摩擦系数 μ 值。当速度增大

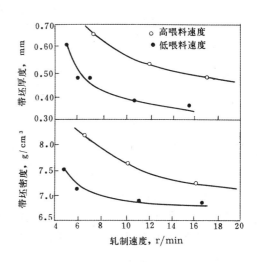

图 4-33　轧制速度对轧制带坯厚度及密度的影响

时，μ 值减小。表 4-10 所列实验数据可以验证上述论点。粉末在真空气氛中轧制，摩擦系数 μ 值变化不大，故带坯密度和厚度值变化也不大；而在空气中轧制摩擦系数 μ 值变化显著，结果使密度和厚度值变化较大。

表 4-9　镍带坯性能与它的厚度及轧制速度的关系（带宽 36mm）[25]

带坯厚度，mm	轧制速度，m/min	带坯的相对密度，%	轧制带坯的特征
0.310	0.70	98.2	带坯纵横向裂纹，边缘松散
0.321	0.70	96.2	无裂纹，弯曲时高脆性，边松软
0.340	0.70	92.2	无裂纹、弯曲性好，边松软
0.328	1.37	89.7	同　　上
0.323	1.69	88.9	同　　上
0.260	3.38	84.8	同　　上
0.226	5.18	84.3	同　　上
0.150	6.75	72.9	强度低，沿长宽方向密度低，边缘较致密

表 4-10　在不同轧制气氛中轧制速度对带坯密度厚度的影响

轧　制　气　氛	轧制速度范围 m/min	带坯厚度，mm		带坯密度，g/cm³	
		变化范围	厚差	变化范围	密度差
真空中（10⁻³～1Pa）	0.534～21.3	0.467～0.407	0.06	5.31～5.05	0.26
空　气	0.534～21.3	0.427～0.253	0.174	5.18～4.33	0.85

　　同致密金属轧制一样，粉末轧制也存在前滑和后滑现象。刘清平等人实测 ϕ250 轧机轧制铁粉的前滑值如表 4-11。测量结果表明，粉末的前滑值较致密金属的为小。

表 4-11　在 φ250 轧机轧制铁粉带坯时的前滑值[28]

轧制速度，m/min	带坯厚度，mm	带坯密度，g/cm³	实测印痕长度，mm	轧辊周长，mm	前滑值，%
0.48	1.89	5.72	786.50	778.72	1
0.138	1.90	5.80	787.00	778.72	1.06

值得指出，与致密金属一样，随粉末轧制速度的增大，前滑值减小。后滑值与前滑值正好相反，随轧制速度增加而增大。由公式（4-9）$\eta=\dfrac{1+s}{1-s'}$ 看出，当轧制速度增大时，延伸系数 η 值增大。自然，带坯的密度厚度会减小。

（5）轧制气氛的影响　实验已证实，气相的粘度是影响粉末轧制带坯密度和厚度的重要因素之一。采用粘度较小的气体（例如氢气）作为轧制气氛有利于提高带坯的密度和厚度。当其他条件不变时，在氢气中轧制较在空气中轧制得到的带坯密度和厚度可增加到70％左右。各种气体对粉末轧制带坯厚度的影响如表 4-12 所示。

表 4-12　气体粘度对镍带坯厚度的影响

气　体　名　称	气体粘度，10^{-7}Pa·s	带坯厚度，mm
氢　　　气	87	0.59
氮　　　气	175	0.40
空　　　气	187	0.38
二　氧　化　碳	148	0.46
氩　　　气	222	0.29

十分有趣的是，气相粘度还可以影响带坯的其他性能。当轧制羰基镍粉时，料桶中分别用氢或氮气充填，其压力为20Pa，轧制获得的带坯强度和密度有明显差别。结果列于表4-13中。从表所列数据看出，用氢作为轧制的保护气氛，明显地提高了轧机的生产能力和带坯的断裂强度，这是增加了轧制带坯的厚度和密度的结果。

表 4-13　氢和氮气对带坯性能及轧机生产率的影响

气　体　名　称	带坯的尺寸及性能				轧机生产率 kg/h
	厚度，mm	密度，g/cm³	断裂强度，MPa	弯曲角，度	
氢	0.75	6.70	24	65°	111
氮	0.50	6.25	7.8	65°	66

研究证实，用降低空气压力的办法或采用低粘度的气体充填粉末进行轧制，特别对细颗粒粉末能够获得密度均匀的带坯。从表 4-10 所示常压空气与真空对轧制带坯的厚度和密度的关系看出，当轧制速度相差达 40 倍时，真空气氛轧制的带坯密度和厚度变化差值不大。由此可见，要获得一定厚度和密度的带坯，可以采取降低轧制气氛的压力，允许有较高的轧制速度。无疑，这意味着提高了轧机的生产能力。

（6）辊缝的大小的影响　调节辊缝能直接影响轧制压力，结果明显影响轧制带坯的密度和厚度。图 4-34 是辊缝与轧制压力的变化关系。增大辊缝会减小轧辊对粉末体的压力。当辊缝大到一定值时，粉末体就不受轧制了。图 4-35 是轧缝变化与钛粉带坯的厚度、抗弯强度和密度的关系[33]。

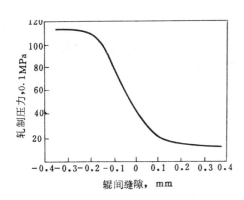

图 4-34 辊缝与轧制压力的关系[32]

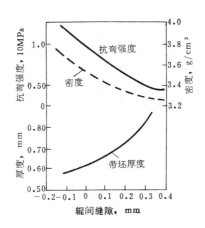

图 4-35 辊缝与钛粉带坯厚度和密度
及抗弯强度的关系

（7）轧辊表面加工程度的影响 轧辊辊面的表面粗糙度影响轧带的厚度。表 4-14 是三种加工粗糙度的轧辊表面对轧出带坯厚度的影响。从表中看出，喷砂处理的轧辊所轧制的带坯要比高度磨光的轧辊轧出带坯厚度增加一倍。这可用粉末体与轧辊表面的摩擦系数的增加以及咬入角的扩大来解释。

表 4-14 轧辊表面粗糙度对带坯厚度的影响[24]

表 面 粗 糙 程 度	带 坯 厚 度，mm
高 度 磨 光	0.35
平 滑	0.55
喷 砂 处 理	0.70

5. 金属粉末轧制工艺

金属粉末带材的生产过程大体上可分为粉末喂料、轧制成形、轧制带坯的烧结等工序。下面就各工序分别加以叙述。

（1）粉末喂料 喂料工序对保证获得高质量的带材起着重要作用。因此，一般多采用专门的喂料装置，它的作用是将粉末连续而均匀地输入辊缝内。喂料的任何不连续性或不均匀性都会导致轧制中断或使带坯质量下降。输粉不足会造成带坯缺陷。

根据被轧制粉末的特性和轧制带坯的要求，轧制可在垂直的或水平的、倾斜的方向进行。

1）水平方向轧制的喂料。图 4-36（a）是一种自然流入喂料；图 4-36（b）是一种用螺旋送料器强迫喂料。

2）沿垂直方向轧制喂料。这种喂料方法也有用自然流入和强迫输入两种形式。由于强迫输入的设备较为复杂，垂直方向强迫喂料很少采用。图 4-37（a）是单一粉末自然流入喂料轧制的示意图，这一方式在生产上应用广泛。图 4-37（b）是双层粉末喂料轧制。图 4-37（c）是多层喂料轧制，这种方式对多层复合料的轧带是一种简便而理想的喂料形式，它引起人们的巨大兴趣。一种多层的 Al-Pb-Al 合金轧材已经得到应用[34]。

243

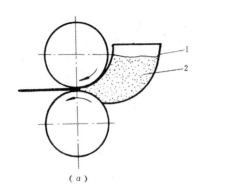

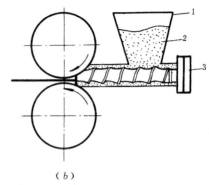

（a）　　　　　　　　　　　　（b）

图 4-36　水平轧制喂料方式

（a）自然流入喂料；（b）强迫喂料

1—料斗；2—粉末；3—螺旋送料器

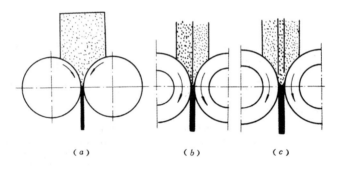

（a）　　　　　　（b）　　　　　　（c）

图 4-37　沿垂直方向轧制喂料方式

一种用 X 射线或 γ 射线控制的垂直轧制自然流入喂料装置如图 4-38 所示。轧制时带坯的厚度和密度的均匀性完全由 X 射线或 γ 射线吸收器和高速测微计监示控制，并通过电子仪器自动调整辊缝和喂料挡板角度。

（2）轧制成形　与一般致密金属的轧制不同，金属粉末在轧制过程中具有下列特点：粉末体的体积显著减小；粉末颗粒发生弹塑性变形，粉末体的成形靠粉末颗粒间的机械啮合或添加有机粘结剂粘结；冷轧未经烧结的带坯强度很低，要提高带坯的强度，必须把粉末加热轧制成形。

1）金属粉末的冷轧工艺　金属粉末在室温下被轧制压实成带坯。同致密金属带材轧制法相

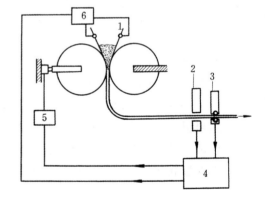

图 4-38　自动控制喂料轧制装置

1—挡板；2—X 射线或 γ 射线吸收器；3—高速测微器；4—控制电子仪器；5—轧辊控制器；6—喂料挡板控制器

比，粉末冷轧最明显的特点是轧制速度很低。铁粉的轧制速度一般为 $0.6 \sim 30 m/min$，其上限速度取决于粉末体内所含的空气。因为粉末体在被轧制压实的过程中，空气企图从辊缝间排出，结果使粉末成涡流状不能均匀流入而影响带坯的质量。

在控制轧制带坯性能不发生变化的条件下，提高轧制速度将会提高轧机的生产率。提高轧制速度的途径有：在压力下喂料，据报导采用某种强迫性喂料方法可将轧制速度提高到 180m/min，而带坯质量没有降低；在粘度较小的气体如氢气或真空中进行轧制；湿润粉末（如在铁粉中添加少量蒸馏水湿润）将会提高粉末体对轧辊的摩擦系数及增大咬入角；制造一种由水同粉末以及粘合剂组成的悬浮物，放置在载体的带子上，干燥后从载体带上剥离出粘附带再予以轧制。

轧辊直径直接影响带坯的厚度和密度，通常轧辊直径与带坯厚度的比值为 $100 \sim 300$ 比 1。粉末的松装密度、流动性、颗粒形状等因素都明显影响轧制带坯的质量。因此，轧制时这些因素都要严格控制。

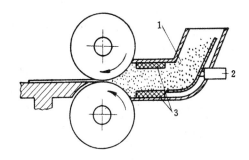

图 4-39 粉末直接加热轧制

1—装料漏斗；2—振动器；3—低频加热器

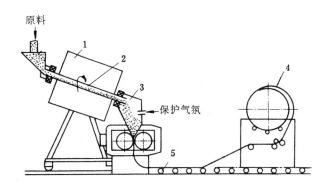

图 4-41 粉末间接加热轧制

1—电加热炉；2—回转炉管；

3—中间容器；4—卷圈机筒；5—辊道

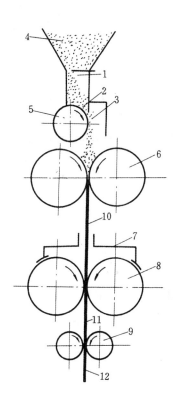

图 4-40 电阻烧结法热轧

1、2、3—闸口；4—粉末；5—滚筒；
6—轧制轧辊；7—导电接线；8—石墨
轧辊；9—热轧轧辊；10—轧制坯；
11—烧结带坯；12—热轧带材

2）金属粉末的热轧工艺 热轧能够得到压缩量小的无孔带材，并且能够减少设备的数量。一般情况下，这种轧制必须采取防氧化措施，因为大多数粉末都具有较高的氧化趋向。所以热轧的粉末都是在包套（抽真空）或保护气氛中进行的。

图 4-39 是一种自热式轧制方法的简图，振动器将漏斗内的粉末振动摇实，粉末靠低频加热器加热。这种方法的设备比较复杂。图 4-40 是一种用电阻烧结法直接热轧金属粉末的示意图。闸口 1，2，3 控制粉末的喂料速度，滚筒 5 以匀速转动将粉末均衡喂入轧辊 6 轧

245

出厚度为 0.5～1.0mm 的带坯。带坯 10 又通过一对石墨导电辊 8，在保持电流密度 2～4A/mm² 及电压 5～10V 的条件下被加热烧结。烧结的带坯 11 随即喂入轧辊 9 热轧成高密度的带材。图 4-41 是一种在保护气氛下用电炉间接加热粉末轧制焊接钢带的方法示意图[35]。

（3）轧制带坯的烧结　粉末冷轧带坯需要进行烧结处理，以获得一定的物理机械性能，如抗张强度和延伸率等。对于需要致密度很高的材料还要经过冷轧加工及中间退火等工序。至于多孔带材、减摩材料用的带材，大部分都不必再补充致密化。粉末带坯的烧结工艺原理及设备与其他粉末制品的大体上是一致的，但其所需要的烧结时间比一般制品要短得多，因为带坯厚度较薄，在高温下受热很快达到均匀。如众所知，烧结过程是金属原子的扩散、流动和物理化学反应综合作用的过程，因此，带坯的烧结质量同烧结温度、烧结时间有密切的关系。铁基带坯的烧结温度一般在 1000～1300℃ 之间，烧结时间视钢的质量不同而异，可由几分钟到几小时。一般情况下带坯在保护气氛或惰性气氛中进行烧结，也有在真空中进行烧结的。表 4-15 所示为粉末金属及合金轧带坯的烧结工艺。

粉轧带坯的烧结方法有以下几种形式：成卷烧结，即轧制带坯卷起来，成捆后取出送入烧结炉烧结；直接烧结，即由轧机轧出的粉末带坯直接送入烧结炉内烧结，然后热轧。图 4-42 是粉末冷轧、带坯烧结和热轧联合轧制图，粉末通过漏斗均匀地流入冷轧机辊缝间，轧出带坯连续不断地进入有保护气氛或真空的烧结炉内烧结并随之热轧。

表 4-15　某些粉末金属及合金轧带坯的烧结工艺

带　坯　材　料	烧　结　气　氛	烧　结　温　度 ℃	保　温　时　间 min
钛	真空，Ar，He	1100～1300	5～66
不锈钢	真空，高纯氢气	1100～1400	4
铁	H₂ 气	1100～1200	120
Ag-W50	H₂ 气	1000～1050	120～180
Cu-W60	H₂ 气	1000～1050	120～180
Ni-Fe-Mo 合金	H₂ 气	1200～1300	数小时
钴	H₂ 气	800～900	

二、挤压成形

1. 概述

压挤工艺是金属压力加工业中采用已久的一项加工技术。这项技术在现代电器陶瓷、塑料、橡胶工业中也获得广泛应用。压挤工艺在粉末冶金中的应用已有 50 多年历史，硬质合金管材最早就是用此法生产的[14,37]。应用在粉末冶金中的压挤技术通常称为挤压成形。

粉末挤压成形是指粉末体或者粉末压坯在压力的作用下，通过规定的压模嘴挤成坯块或制品的一种成形方法。按照挤压条件的不同，可分成冷挤法和热挤法。粉末冷挤压是把金属粉末与一定量的有机粘结剂混合在较低的温度下（40～200℃）挤压成坯块。所以，通常又将粉末冷挤法称为增塑粉末挤压成形。挤压坯块经过干燥、预烧和烧结便制成粉末冶金制品。粉末热挤是指金属粉末压坯或粉末装入包套内加热在较高温度下压挤。热挤法能够制取形状复杂、性能优良的制品和材料。近 20 余年来，人们[38,39,40,41]特别重视高温合金、弥散强化材料等的热挤压成形。

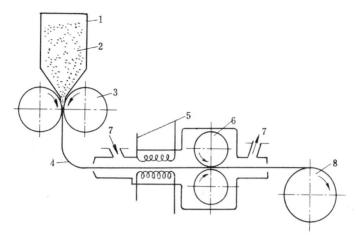

图 4-42　粉末冷热轧制工艺流程

1—漏斗；2—粉料；3—冷轧机；4—冷轧带坯；5—电热体；6—热轧机；7—保护气体；8—卷绕带机

粉末挤压法的特点如下：能挤压出壁很薄直径很小的微形小管（如厚度仅 0.01mm 直径 1mm 的粉末冶金制品）；能挤压形状复杂、物理机械性能优良的致密粉末材料（如烧结铝合金及高温合金）；在挤压过程中压坯横断面不变，因此在一定的挤压速度下制品纵向密度均匀，在合理的控制挤压比时制品的横向密度也是较均匀的；挤压制品的长度几乎不受挤压设备的限制，生产过程具有高度的连续性；挤压不同形状的异形制品有较大的灵活性，在挤压比不变的情况下可以更换挤压嘴；增塑粉末混合料的挤压返料可以继续使用。

2. 增塑金属粉末的挤压

（1）挤压过程力的分析　挤压增塑粉末混合料同挤压致密金属的过程大体相似。挤压增塑粉末混合料的受力状态如图 4-43 所示。压力 P 通过冲头挤压混合料，结果产生挤压侧压力，其值由下式确定：

$$P_{侧} = \xi \cdot P_{挤压} \tag{4-15}$$

式中　ξ——混合料的侧压系数；

$\quad\quad P_{挤压}$——单位面积压力。

挤压时混合料与模壁间的相对位移产生的摩擦力，其方向与挤压压力方向相反，其值等于侧压力 $P_{侧}$ 与混合料同模壁间的摩擦系数 μ 的乘积

$$P_{摩} = \mu \cdot P_{侧} \tag{4-16}$$
$$P_{摩} = \mu \cdot \xi \cdot P_{挤压}$$

从上式可看出挤压的摩擦力与挤压压力及侧压力的相互关系。由此可见挤压时混合料在模筒内的受力状态是挤压方向受压，四周膨胀，向下方挤压。物料被挤压出的必要条件是，挤压压力大于挤压混合料对挤压圆筒模壁和挤压嘴模壁产生的摩擦阻力。摩擦力的方向始终与挤压料运动的方向相反。结果在挤压时混合料在筒内的流动形成三个区域。如图 4-44 所示的 V_3 区内的挤压料受到一个拉力向模嘴流出。而 V_2 区内挤压料则受摩擦力的作用向上回流，在挤压应力的作用下又流入 V_3 区内。V_1 区内的挤压混合料由于冲头的摩擦阻

力在挤压初期及中期不产生流动，只当挤压后期冲头靠近模嘴时才流入 V_3 区。这三个区域的大小及形状受挤压料的塑性、模具结构、挤压料受热温度的影响。随着挤压高度下降变化，V_3 区不断扩大，V_1 随之渐渐缩小。

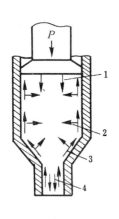

图 4-43　挤压时混合料的受力状态

1—轴向压力；2—径向压力；

3—模壁摩擦力；4—拉力

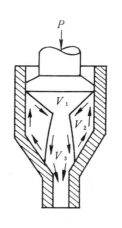

图 4-44　挤压混合料的流动状态

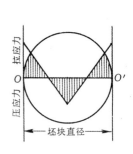

图 4-45　坯块中的轴向附加应力

挤压过程中由于挤压料与模壁之间有摩擦，挤压压力沿高度下降且分布不均匀。靠近冲头的挤压料受力最大，随着远离冲头而逐渐减小。在挤压筒的径向上，愈靠近模壁受阻力愈大，愈接近中心受阻力愈小。结果中心部位的挤压物料的流动速度比外层挤压物料的流动速度快。这种现象称为超前现象。

随着挤压断面的减小，挤压物料中心部位的流动速度随之增快。当物料进入挤压嘴时，由于物料流动断面的突然减小超前现象更为严重。中心部位的挤压物料流动快（相对于靠近模壁），靠嘴壁层的挤压物料流动慢，结果在挤出制品中出现一个剪切拉力，如图 4-45 所示。这个力称为附加内应力。提高挤压模嘴的光洁度，改善挤压物料与模壁的摩擦系数，设计合理的挤压模嘴角度都有助于降低附加内应力。

（2）挤压工艺过程　增塑粉末挤压成形的过程是将具有一定粘结力和良好塑性的有机物与金属粉末组成的混合料在挤压模内经受压力的作用，迫使物料通过规定几何形状的模嘴挤出的管棒材。

1）增塑成形剂的选择　增塑成形剂的物理化学性质对挤压过程以及最终制品的性能影响是十分明显的。增塑剂应具有较佳的可塑性质，具有较强的粘结能力，不与金属粉末料起化学作用，在制品的烧结温度下能全部挥发除去。

表 4-16 所示是各种增塑剂在空气中灼烧后的残渣。从表可看出，石蜡汽油及石蜡在空气中灼烧后全部挥发除去。所以，生产上常优先选用石蜡作增塑剂。为了改善挤压粉末与增塑剂之间的接触，提高颗粒之间的粘结能力，常常加入少量表面活性剂（如硬脂酸）和粘结剂（如聚乙烯醇）组成混合增塑成形剂。

表 4-16　各种增塑成形剂的灼烧状况

种　类	在空气中灼烧温度 ℃	残渣的含量 %	碳含量 %	与溶剂的比例
淀粉	450	2.45	6.7～6.8	4：1
树脂	450	0.58	1.1～1.2	4：1
橡胶汽油溶液	200	0.94	1.5～1.6	10：1
石蜡汽油	260	0	0	2：1
石蜡	400	0	0	—
酚醛树脂汽油溶液	430	—	5.0～5.2	10：1

2）硬质合金与多孔材料的挤压工艺　碳化钨-钴硬质合金料及镍、蒙乃尔合金、不锈钢粉末等多孔材料的挤压工艺如图 4-46 所示[37,42]。

一般碳化钨-钴类合金，常采用石蜡作增塑剂，其用量同合金料的牌号及挤压嘴的孔径大小有关，一般为 6.0%～8.5%。增塑剂同粉料的掺合作用在于使它们混合均匀，以获得具有良好塑性的混合料。WC-Co 料同石蜡掺合的操作程序是把石蜡溶于汽油中并过 300 目滤网，然后倾入已预热 40～50℃ 的 WC-Co 粉料内，反复拌和，直至混合料不呈现颗粒物为止；也可以把石蜡加热熔化或将石蜡切碎成粉片状投入预热的粉末料进行反复拌和。掺合均匀的混合料应呈油黑色。

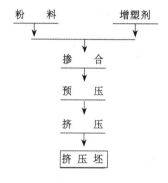

图4-46　增塑混合料挤压工艺流程

混合料预压的作用是使增塑剂与颗粒表面充分接触，消除其中夹杂的气体，使混合料密度均匀。预压的操作程序是将掺合料装入圆筒压模内在压力机上以一定压力压实混合料；或把掺合料直接装入挤压筒内，密封挤压嘴，施以一定压力把混合料挤压密实。

增塑粉末料的挤压可在油压机或专用挤压机上进行。图 4-47 是一种高效能真空挤压机工作示意图。物料进入料仓 1 后，真空系统 6 将料内气体抽除。蜗杆 2（水平向）将物料传送到挤压套筒 3，蜗杆 2（垂直）将物料挤压入模筒内，通过挤压嘴 5 获得所需的制品。蜗杆、压套及挤压模可通过电子控制的加热元件加热或冷却（可交替加热达 95℃ 或 200℃）。

混合料的挤压温度一般控制在 40～50℃ 之间。为使挤压过程中混合料保持一定的温度，可在模筒外壁装上加热器。

挤压速度可在较大的范围内选择，以实际挤压坯不出现缺陷为限。

挤压法生产镍、蒙乃尔合金、不锈钢多孔过滤器的工艺过程：以石蜡作增塑剂，用量为 4%～11%（重量）。首先将石蜡加热熔化，而后拌加入粉末、经掺合均匀；掺合料放入已预热 35～45℃ 的挤压模筒内以 30～35MPa 的压力预压，使挤压筒内物料充填密实；然后进行挤压，挤压压力通常在 300MPa 以下。

（3）影响挤压过程的主要因素

1）石蜡的加入量　石蜡的加入量明显地影响挤压压力和颗粒间的结合力。石蜡加入量过多可降低挤压压力（如图 4-48 所示），但粉末颗粒之间的结合力减弱，致使压坯强度下降。同时也使后继处理如预烧和烧结发生困难。石蜡加量过少，粉末颗粒表面包覆一层薄的石蜡膜，甚至一些粉末颗粒还处于直接接触状态，挤压时颗粒间产生相对运动，表面膜被破坏，粉末颗粒间的接触面扩大，粉末与模壁直接接触，结果产生较大的摩擦阻力，从而增大挤压压力。随着挤压压力的增加，附加内应力也增加，结果使压坯产生横向裂纹和分层。

应当指出，石蜡的用量与粉末粒度有关。一般说，粉末粒度愈细，需要石蜡量愈多。此外，石蜡用量还同挤压制品的形状、截面大小有关。压坯形状愈复杂，壁愈薄，石蜡用量愈多。

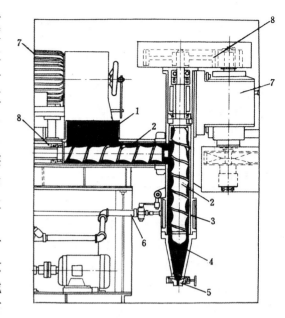

图 4-47　真空挤压机工作示意图

1—料仓；2—蜗杆；3—挤压套筒；4—模筒；
5—挤压嘴；6—真空系统；7—马达；8—传动齿轮

2）预压压力　预压的作用在于尽可能除去挤压前的混合料中的气体，扩大粉末表面与增塑料的接触，使混合料组分分布均匀，使物料初步致密化。预压压力与挤压压力有关。图 4-49 为含石蜡量为 8％的 WC-Co 混合料，在挤压温度为 42℃，挤压速度为 750mm/min 时，预压压力与挤压压力的关系。

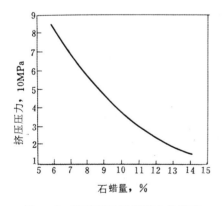

图 4-48　石蜡量对挤压压力的影响

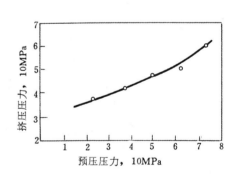

图 4-49　预压压力与挤压压力关系图

3）挤压温度　挤压物料的塑性受温度的影响。一般说，挤压物料温度升高，塑性变好。如图 4-50 所示，石蜡在 35～45℃时，塑性最佳，但其强度显著降低。因此，挤压温度不宜过高，否则石蜡的强度和粘结能力大幅度下降，导致挤压压力急骤下降，压坯软化，难于保持挤压坯的形状。挤压温度低，物料塑性差，结果需要增加挤压压力，又导致压坯分层和横向裂纹。

4）挤压速度　挤压速度系指单位时间内挤出坯料的长度，一般用 mm/min 表示。挤压速度过快，压坯易发生断裂，其原因有两种解释：一种认为中心部位的混合料与外层混合料由于流速差过大而引起料层间剧烈的摩擦，由摩擦产生的热造成局部石蜡熔化，减弱颗粒间的粘结而造成断裂；另一种则认为，由于挤压速度过快，中心部位混合料流动的超前现象变得更严重，造成较大的剪切应力而使压坯断裂。

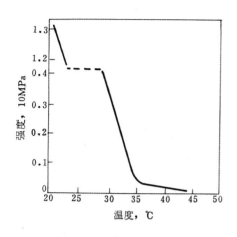 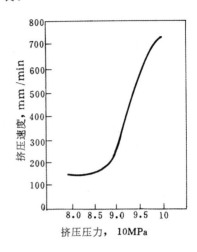

图 4-50　温度对石蜡强度的影响　　　　　图 4-51　挤压压力与挤压速度关系

挤压速度受挤压压力的影响。当含蜡量及物料挤压温度不变的情况下，挤压压力与挤压速度有如图 4-51 所示关系[46]。由图看出，当压力增加到一定值时，才能挤出压坯，随着压力的增加，挤压速度相应增加。当挤压速度达到某一值以后，继续增加很小的压力，挤出速度却急剧增加。这种现象可以解释为：挤压初期，挤压压力大部分用于克服物料间的相互位移阻力；当挤压压力达到某定值后，除了消耗于克服物料本身的内摩擦及变形阻力和挤压嘴之间的摩擦力外，尚有部分压力推动物料向外挤出；当挤压压力增大到某一临界值后，继续增加的压力几乎全部用于推动物料向外挤压，故挤压速度急剧增加。

3. 热挤

随着温度的升高，金属或合金的变形阻力降低，塑性提高。利用此特性，将金属粉末或压坯加热通过模具进行挤压成形的过程称为粉末热挤。挤出的坯件尺寸及形状完全由模具嘴的尺寸或型腔来控制。按挤压金属特性和挤压零件形状，热挤法可分成非包套热挤和包套热挤两种形式，其工艺流程如图 4-52 所示。

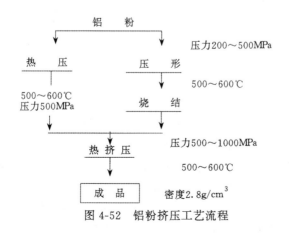

图 4-52　铝粉挤压工艺流程

251

粉末热挤把成形与烧结、热加工处理结合在一起，从而直接获得物理机械性能较佳的制品。热挤法能够准确地控制制品的成分和合金的内部组织，例如热挤压粉末高速钢可获得很细的碳化物（1μm 以下），且分布均匀。热挤压粉末高速钢与熔炼高速钢相比，前者的高温硬度、耐磨性能都有明显的提高，切削寿命可提高 4～5 倍。填充坯料挤压能够生产厚度为 0.76mm 的复杂形状的型材。

粉末热挤的早期研究是从纯金属粉末如铝、镁、铍和弥散强化材料开始的。图 4-52 是热挤压制取 S.A.P 烧结铝粉制品的工艺流程示意图。

热挤压烧结铝粉材料具有很高的高温极限强度和蠕变性能。因为在挤压加工过程中，铝粉颗粒表面的氧化薄膜在热机械力的作用下被撕裂成超微（0.1～0.01μm）的氧化铝粒子，这些细的粒子阻碍了位错的滑移，有效阻碍高温下再结晶过程的发生和载荷下的变形。

用粉末直接加热或用压坯加热挤压粉末高速钢或高温合金挤压件时，为防止挤压料的氧化，粉末或压坯都要装入包套内，经过抽气密封然后再进行热挤压。包套材料应具有如下特点：有较好的热塑性，与挤压材料相适应；不与挤压材料形成合金或低熔相；挤压之后易于用物理或化学方法剥离；来源方便，成本低廉。挤压高温合金及粉末高速钢常用低碳钢板或不锈钢板作包套材料；挤压有色金属选用黄铜作包套材料。近年来有研究表明，用陶瓷作包套在技术和经济上都有明显的特点。

近年来，研制出一种填充坯料挤压工艺[38]。这是制取复杂断面或凹形的高温合金材料的一种重要方法，其工艺过程如图 4-53 所示。

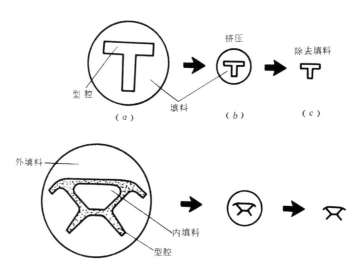

图 4-53 填充坯料挤压工艺流程
(a) 坯块；(b) 挤压；(c) 型材

（1）包套空腔的准备　包套空腔（或型腔）用软低碳钢或不锈钢加工而成。空腔的尺寸按需要的最终制品尺寸加上放大挤压系数来确定。

（2）装套　将已确定好的包套空腔放入碳钢盒内，把粉末装入空腔中并经振动摇实（球形粉末摇实密度可达理论密度的 60%～62%）。

（3）包套的抽空、排气和密封　装入包套内经振动密实的粉末在加热挤压前，必须经过室温下除气。除气装置如图 4-54 所示。真空泵接上排气管抽气，为了完全抽尽空腔内的气体，须经真空检测后才能将包套加热随后切断抽气管焊接密封尾端。

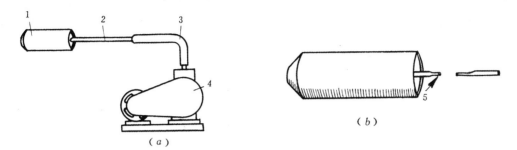

图 4-54　抽气密封

(a) 抽气；(b) 加热焊接密封

1—坯料；2—抽气管；3—真空软管；4—真空泵；5—切断并密封

（4）挤压　把密封包套的坯料放入炉内加热，然后按一定的挤压比装入模内进行分段挤压。例如热挤 Inconel 718 及 Rane41 高温合金，挤压温度为 1149℃，挤压比为 12：1。挤压包套的厚薄以及挤压方式都会影响挤压制品的质量。图 4-55 是挤压方式不适宜所造成的包套弯曲皱叠现象。为了避免套壁弯曲、皱叠而造成压坯质量下降，可提高包套壁厚同套长的比值或用如图 4-56 所示的穿透技术。

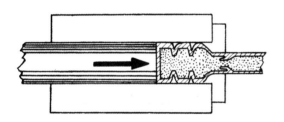

图 4-55　金属包套与松散装填粉末皱叠

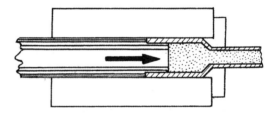

图 4-56　用穿透技术避免包套皱叠

（5）剥套处理　挤压出的坯料如图 4-57 所示剥去包套，即可获得致密的型材。

三、喷射成形

1. 概述

喷射成形是将喷射沉积与成形技术结合一起进行加工金属或合金成半成品或成品的新工艺。它是将雾化液态微粒先沉积为预成形实体，然后进行各种形式冷热加工成板、带、棒、管材。喷射沉积技术是英国人 A. R. E. Singer（辛格）于 1969 年发明，1972 年取得英国专利[55,56,57]。随后 Osprey 公司进行中间性试验和工业生产。

2. 喷射沉积成形工艺的原理及特点

喷射沉积成形工艺过程如图 4-58 所示[58]，由漏包流出的熔融金属被高压惰性气流粉碎成雾化液态微粒并沉积在转动的衬底上，多余的雾化液态微粒经旋流器回收。

图 4-57　剥套

(a) 剥套；(b) 型材

雾化微粒在气流压力或离心力的作用下，形成一股高速雾化液态微粒流直接喷射在低温的衬底表面上。这些液态微粒流立即被撞扁成薄片状物，经积集、聚结、凝固成沉淀物，如图4-59所示。喷射成形是借助气体介质压力或离心力将雾状液态微粒流连续均匀地充填入特殊设计加工的衬底模腔内，冷凝沉积后形成所要求的预成形坯块，沉积物是具有细晶或准晶结构和各向同性的材料。控制沉积物的冷却速度还可以制得非晶态物质。

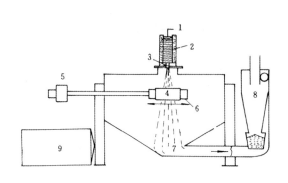

图4-58 喷射沉积成形工艺过程图

1—熔融金属；2—熔埚（坩埚）；3—Osprey 气体喷嘴；

4—沉积物；5—转动轴；6—转动轴套；7—多余的雾化微粒；

8—旋流器；9—动力柜

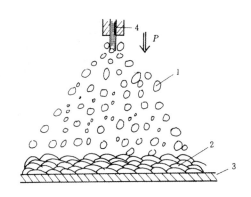

图4-59 喷射沉积成形原理示意图

1—雾化液微粒流；2—沉积物；

3—衬底；4—金属液流

喷射成形的工艺特点：（1）能够制成各种板、带、管、筒等异形半成品或成品，能很容易使沉积层的冷却速度达到10^4K/s以上，再进行热轧或温轧可使制品具有细晶粒、结构均匀、致密、无偏析、氧量低和无原始颗粒边界等特性；（2）调节喷射成形工艺参数可以制成准晶或非晶态物质制品；（3）能够制造多层单元金属或合金的复合材料及制品，如层状铝-铜-铝复合材料；还能制造层状金属或合金与颗粒复合材料，如〔Al+Si+Cu〕基体金属及SiC颗粒的复合摩擦材料[58]，其摩擦系数远远大于铁基、石棉及铜基摩擦材料，如图4-60所示；（4）能够制备出一般方法难于制造的合金钢和高温合金钢锻件。据报导[60]Osprey公司

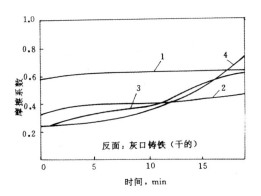

图4-60 喷射金属与颗粒复合材料的摩擦系数

1—（Al+4％Si+1％Cu）+SiC颗粒的复合材料；2—石棉基摩擦材料；3—铁基（烧结）摩擦材料；4—铜基（烧结）摩擦材料

用喷射成形法已制出多种合金和高温合金工件。这些工件具有细晶结构和各向同性，并具有优良的热加工性能和机械性能。

3. 喷射成形工艺

喷射沉积成形技术根据不同的加工方式可分为喷射轧制、喷射锻造、离心喷射沉积及喷射涂层四种。

（1）喷射轧制成形的工艺过程如图4-61所示。喷射沉积物随移动台架（或轧辊）构成连续的板带半成品[59]，再经热轧成板或带材。

254

（2）喷射锻造是喷射成形领域中较早期发展工艺之一，其工艺过程如图 4-62 所示。被雾化的金属液态微粒直接喷入一定形状和尺寸的模腔中制成预成形坯，通过操纵器可使预成形坯的孔隙度达 1% 的高喷射密度，随后将预成形坯在空气中进行冷或热锻造，即可得到全致密的制品。

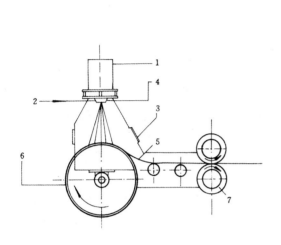

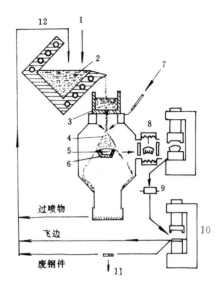

图 4-61　喷射轧制工艺示意图

1—保温炉；2—氮气；3—观察孔；4—喷嘴；
5—沉积带材；6—转动衬板；7—轧辊

图 4-62　喷射锻造工艺过程示意图

1—废料及铸件；2—感应炉；3—漏包；
4—喷雾；5—预成形坯；6—模腔；7—氮气；
8—调温炉；9—锻造；10—剪切；11—产品；
12—返回料

（3）离心喷射沉积的工艺过程如图 4-63 所示。熔融金属或合金注入离心雾化机内，产生的雾化液态微粒流以高速射到冷的衬底上，碰扁成薄片积聚冷却凝固成沉积物，再将其从衬底上脱出即可获所需的板、带、片等材料。

（4）喷射涂层工艺过程如图 4-64 所示。熔融金属通过喷嘴将金属液流喷射成雾状液态微粒涂积在基底上，相互结合一起形成一层薄的涂层。其实也可以进行多次喷涂获得多层涂层。

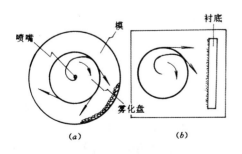

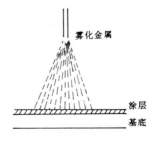

图 4-63　离心喷射沉积示意图

图 4-64　喷射涂层示意图

第三节　粉浆浇注成形

一、概述

粉浆浇注是陶瓷工业中采用了 200 多年的成形技术。1936 年史敏斯（Siemens）等人首先报导了对金属粉末及碳化物、氮化物和硼化物采用粉浆浇注工艺成形的方法。随后从 1940 年至 1954 年先后有用粉浆浇注成形硬质合金、钨钼坩埚和 TiC、TiN、ZrN 等硬脆材料的报导。1956 年出现用粉浆浇注法成形不锈钢的报导[43]，这一方法已被公认为制取复杂形状大件粉末冶金制品的有效方法。我国在 60 年代中期曾用粉浆浇注法生产了大型含油铁基机床导轨，重达 745kg 的钨喷管衬套也是粉浆浇注法生产的[44]。

随着热等静压制技术的发展，可以结合粉浆浇注法制取某些新型特殊性能的材料。例如涡轮喷气发动机上用的高温合金，就可用钨合金纤维做骨架，然后浇注镍基高温合金粉浆经热等静压制，制成高密度的（相对密度 99%）钨合金纤维镍基高温合金复合材料。

用粉浆浇注法生产羰基铁粉制品，经过适当的烧结处理，其机械性能接近锻造材料的性能[45]。

应当指出，虽然粉浆浇注法具有上述的许多特点，而且生产过程所用设备简单，不用压力机，只用石膏模具，生产费用低，但生产周期长，生产率低。所以，粉浆浇注技术的发展不是代替普通的粉末压制技术，实际上是扩大粉末冶金成形技术。

二、粉浆浇注工艺过程

粉浆浇注工艺原理如图 4-65 所示[46]，其基本过程是将粉末与水（或其他液体如甘油、酒精）制成一定浓度的悬浮粉浆，注入具有所需形状的石膏模中。多孔的石膏模吸收粉浆中的水分（或液体）从而使粉浆物料在模内得以致密并形成与模具形面相应的成形注件。待石膏模将粉浆中液体吸干后，拆开模具便可取出注件。

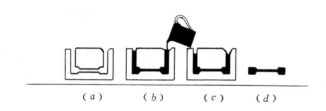

图 4-65　粉浆浇注工艺原理图

（a）组合石膏模；（b）粉浆浇注入模；（c）吸收粉浆水份；（d）成形注件

粉浆浇注的工艺流程如图 4-66 所示[42]。

（1）粉浆的制取　粉浆是由金属粉末（或金属纤维）与母液构成的。母液通常是加入各种添加剂的水。添加剂有粘结剂、分散剂、悬浮剂（或称稳定剂）、除气剂和滴定剂等。粘结剂的作用是把粉末体在固化干燥时粘结起来。生产上常用的粘结剂有藻朊酸钠、聚乙烯醇等。分散剂与悬浮剂的作用在于防止颗粒聚集，制成稳定的悬浮液，改善粉末与母液的润湿条件并且控制粉末的沉降速度。水是一种极佳的分散剂，但易使金属粉末氧化而难于获得稳定的悬浮液，故常需再加入一定数量的某些悬浮剂。常用悬浮剂有氢氧化铵、盐酸、氯化铁、硅酸钠等。藻肌酸钠也是一种优良的分散悬浮剂。除气剂的作用是促使粘附在粉末表面上的气体排除，常用的除气剂有正辛醇。滴定剂的作用是控制粉浆的酸碱度，调节粉浆的粘度。常用的滴定剂有苛性钠、氨水、盐酸等。

粉浆的制取是将金属粉末与母液同时倒入容器内不断搅拌，直至获得均匀无聚集颗粒的悬浮液为止。悬浮粉浆需要除去吸附粉末表面上的气体。

（2）石膏模具的制造　一般可按通常的石膏模制造工艺来制造，但应当重视石膏粉的粒度及其组成。石膏粉的粒度与制成的模具的吸水率有如图 4-67 所示的关系。从图可以看出，提高石膏粉末的分散度有助于提高模具的吸水能力。

石膏模的制造程序是，先将石膏粉与水按 1.5：1 的比例混合并加入 1% 尿素拌合均匀浇入型箱中，待石膏稍干即可取出型芯，再将石膏模在 40～50℃ 干燥。干燥好了的石膏模轻轻敲击时可发出清脆的声音。

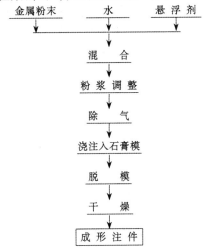

图4-66　粉浆浇注工艺流程图

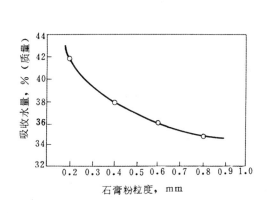

图 4-67　石膏粉粒度对模具吸水能力的关系

（3）浇注　为了防止浇注物粘结在石膏模上，浇注前应将涂料喷涂到石膏模壁上，这种涂料通常称为离型剂。常用的离型剂有硅油。此外，还可以在石膏模壁上涂一薄层肥皂水以防止粉末与模壁直接接触。同时，肥皂膜还可以控制石膏模的吸收水分的速度，防止注件因收缩过快而产生裂纹。

（4）干燥　粉浆注入石膏模后，静置一段时间，石膏模即可吸去粉浆中的液体。实心注件在浇注 1～2h 后即可拆模。空心注件则视粉浆的沉降速度和所需要厚度确定静置时间。注件取出后小心去掉多余料，将注件在室温下自然干燥或在可调节干燥速度的装置中进行干燥，其时间长短视零件的大小而定。

三、影响粉浆浇注成形的因素

粉浆浇注过程的粉末沉降速度、石膏模吸水速度、粉浆的粘度及稳定性等都是直接影响浇注件质量的重要参数。上述参数的变化取决于粉末原料的粒度、粉末量与母液之比值、粉浆的 pH 值、添加的分散剂、粉末吸附气体量的消除等因素。

（1）粉末粒度　粉末在悬浮液中的沉降速度可按斯托克斯公式确定。

257

$$v = KR^2 \left(\frac{\rho_P - \rho_W}{\eta} \right) g \qquad (4\text{-}17)$$

式中　v ——沉降速度；

K——系数；

R——粉末颗粒半径；

η ——液体的粘度；

ρ_P ——粉末密度；

ρ_W ——悬浮液的密度；

g ——重力加速度。

公式（4-17）表明，粉末在液体中的沉降速度 v 与粉末颗粒半径 R 的平方成正比。因此，用细粉末浇注是有利的。

（2）液固比　液固比是指液体与金属粉末的质量比。液固比对浇注的影响主要是粉浆粘度对粉末沉降速度的影响。液固比愈小，粉浆粘度愈大。如其他条件相同，液固比由 0.30 增到 0.40 时，粘度由 20Pa·s 降至 7.7Pa·s。粉浆粘度愈大，粉末沉降速度愈小。

当 pH 值为 10 并加入 0.5％藻朊酸钠及 3％聚乙烯醇时，最佳液固比值受粉末粒度影响，表 4-17 列示不同粒度的不锈钢粉末的最佳液固比。

表 4-17　不同粒级的不锈钢粉末的最佳液固比

粒　度，μm	＜45	43～63	63～75	75～100	100～150
液　固　比	0.50	0.40	0.35	0.30	0.25

最佳的液固比还与分散剂的类型及其含量有关。例如 75～100μm 的不锈钢粉末在 pH 为 10 并加入 0.5％藻朊酸钠及 3％聚乙烯醇时，最佳液固比为 0.30；当加入 1％藻朊酸钠和 5％聚乙烯醇时，液固比值为 0.50～0.55。

（3）粉浆 pH 值的影响　粉浆 pH 值的改变直接影响其粘度值和粉末颗粒下沉速度。在一定的 pH 值下，粉浆流动性好，能防止粉末颗粒聚集结团，且颗粒下沉速度较小。粉浆这些性能对于制取形状复杂，断面积小的零件是非常重要的。例如，以水作为分散剂加入 0.5％藻朊酸钠、0.5％正辛醇、3％聚乙烯醇配制成母液同不锈钢粉末（小于 43μm）按液固比为 0.50 混合调配成粉浆，用氢氧化钠和硝酸作滴定剂来调整这一粉浆 pH 值，获得粉浆粘度与 pH 值的关系如图 4-68 所示。从图可以看出，当 pH 值为 10 时粉浆粘度最低，流动性最佳，浇注条件最好。

（4）分散剂及粘结剂的影响　以藻朊酸钠作分散剂时，其含量明显地影响粉浆中粉末颗粒的沉降速度。图 4-69 所示是它们的变化关系。从图可以看出，随着藻朊酸钠用量的增加，粉末沉降速度不断减低，但当藻朊酸钠量超过 1％后影响不明显了，这主要是由于粉浆粘度增加的结果。尽管用藻朊酸钠作分散剂时所获浇注坯强度比较低，但若添加入适量的聚乙烯醇作粘结剂即可提高浇注坯的强度，同时也影响粉浆中粉末颗粒的沉降速度。表 4-18 所示是粉浆液固比为 0.50，pH 值为 10～11 时，藻朊酸钠与聚乙烯醇综合加入量对不锈钢粉末（小于 43μm）沉降速度的影响。从表可以看出，用 0.5％藻朊酸钠及 3％的聚乙烯醇配比时，粉末的沉降速度最小。

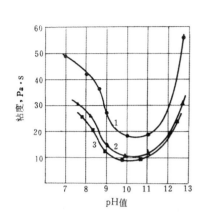

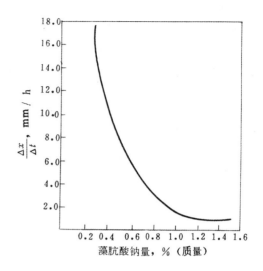

图 4-68　粉浆的 pH 值与其粘度的关系

1—粉浆相对密度 3.87±0.01，液/固＝0.18；
2—粉浆相对密度 3.79±0.01，液/固＝0.19；
3—粉浆相对密度 3.72±0.01，液/固＝0.196

图 4-69　藻朊酸钠量对粉末沉降速度影响关系

表 4-18　藻朊酸钠与聚乙烯醇配比对不锈钢粉末沉降速度的影响

藻　朊　酸　钠，%	0.50	0.50	1	5
聚　乙　烯　醇，%	0.50	3	1	0
粉末沉降速度 $\Delta x/\Delta t$，mm/h	8.4	0	1.8	3.3

（5）气体的影响　配制粉浆时由于粉末颗粒表面吸附一层气体而阻碍母液对粉末表面的润湿，浇注时可能造成气泡及颗粒分布不均匀等现象，导致烧注坯质量降低。因此，粉浆除气是浇注过程的一个重要工序。

通常，除气办法有静置除气、化学法除气以及真空除气三种。静置除气是将经搅拌的粉浆静置一定时间使空气由于密度差而不断逸出；化学除气法是在母液中添加除气剂促进吸附粉末表面上的气体排除，如在母液中添加 0.5％正辛醇除气；真空除气法是将粉浆置入真空系统内，使粉浆中气体逸出，这种方法除气效果最好。

第四节　粉末注射成形

粉末注射成形是粉末冶金技术同塑料注射成形技术相结合的一项新工艺[61,62,63,64]其过程是将粉末与热塑性材料（如聚苯乙烯）均匀混合使成为具有良好流动性能（在一定温度条件下）的流态物质，而后把这种流态物在注射成形机上经一定的温度和压力，注入模具内成形。这种工艺能够制出形状复杂的坯块。所得到的坯块经溶剂处理或专门脱除粘结剂的热分解炉后，再进行烧结。通常粉末注射成形零件经一次烧结后，制品的相对密度可达

95％以上，线收缩率达 15％～25％，而后根据需要对烧结制品进行精压、少量加工及表面强化处理等工序，最后得到产品。

粉末注射成形的流程如图 4-70 所示[66]。注射成形常用的粉末颗粒一般在 1～20μm 以下，粉末形状多为球形（如羰基镍、羰基铁粉等[62,65]）。在工业生产中也有采用 30～100μm 的合金粉末。据报导，用 200μm 以下的 316 不锈钢粉末也能制出很好的制品。选择粉末的粗细同零件的复杂程度及表面粗糙度有关。一般说，细粉末能制造出几何形状复杂、薄壁、尖棱和表面光滑的零件，除金属粉末外，陶瓷粉末（如氧化铝、氧化锆、碳化物、硅化物、硼化物等）都可以用注射成形方法制造耐高温、耐腐蚀、耐磨性好的零件和工具[67]。

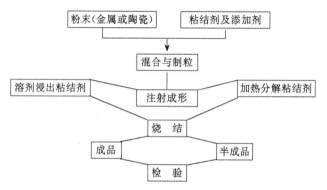

图 4-70　粉末注射成形工艺流程图

粉末注射成形机一般由注射成形喂料器、模具、油压系统及电子和继电器控制四部分组成，其外貌如图 4-71 所示[64]。注射成形机的模具和喂料机构如图 4-72 所示。

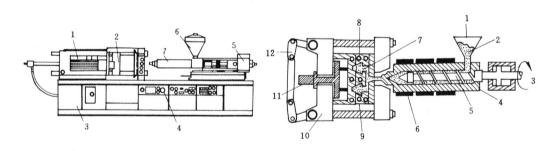

图 4-71　粉末注射成形机
1—电器开关；2—模具；3—液压系统；
4—控制器；5—马达；6—装料斗；7—输料管

图 4-72　注射成形机的模具和喂料机构
1—装料斗；2—注射混合料；3—转轴；4—圆筒；
5—螺旋器；6—加热器；7—压块；8—冷却套；9—模具；
10—夹具；11—喷射器；12—弓形卡

粉末与热塑性粘结剂在混合器内混合均匀并制成粒状。粘结剂所占体积百分数可在 40％～60％以上，粘结剂有聚丙烯，聚苯乙烯等热塑料[62,63,66]，有时也和石蜡混合。将粒状料装入注射成形机的料斗中加热至 220℃以下，在 69～270MPa 的压力下注入到模具内使之成形。

目前，粉末冶金注射成形零件截面尺寸为 25～50mm，长度可达 150mm[64]，单重在 0.10g 到 150g 之间，实际上最经济是在 1～25g。研究的结果表明，对于外形尺寸 0.4×2.5

×1.3mm 的小产品，在经济上是合算的。所以，粉末冶金注射成形适宜于生产批量大、外形复杂、尺寸小的零件。

注射成形的坯块需要除去粘结剂后才能进行烧结。脱去粘结剂的方法有溶解浸出法与加热分解法两种。溶解浸出法脱除粘结剂的过程是把注射成形坯块放入溶剂（常用三氯乙烷）抽取装置中，除去部分粘结剂使生坯孔隙敞开。加热分解法又称为蒸发法，它是把注射成形坯块置入一加热设备上，在加热的条件下使粘结剂逐步分解。这个过程需要几个小时甚至数十个小时[64,68]。加热分解法脱粘结剂的过程可同烧结联系在一起进行。文献[68]对溶剂法及加热分解法的脱粘结剂时间、烧结产品密度、硬度、强度作了深入研究，认为溶剂法效果较好。

注射成形坯块的烧结是在气氛控制烧结炉内或真空烧结炉内进行。带脱粘结剂的烧结炉一般多为间歇式烧结炉，也可采用连续式烧结炉或真空炉。文献报导[64]，注射成形坯块烧结后产品尺寸公差一般能保持在 0±0.3% 范围以内，如果生产过程控制得好可保持在 ±0.1% 以内。与一般粉末冶金材料相同，粉末注射成形烧结材料的力学性能随密度的增高而增加，注射成形坯块受压过程是均匀等静压制过程，所以材料的力学性能是各向同性的[67,68]。

第五节　爆　炸　成　形

一、概述

炸药爆炸后，在极短时间内（几微秒）产生的冲击压力可达 10^6MPa（相当于 1 千万个大气压力），这比通常在压力机上压制粉末的单位压力要大几百倍以至上千倍。这样一种巨大的压力可以直接用于压制超硬粉末料和生产一般压力机无法压制的大型预成形件。爆炸成形能够压出相对密度极高的压坯[47,48]。例如用炸药爆炸压制电解铁粉，其压坯密度接近纯铁的理论密度值，压坯强度极佳，压坯经过烧结后获得更高的强度和良好的延伸性能。爆炸成形还能压制形状复杂的零件，这些零件轮廓清晰，尺寸公差比较稳定，生产成本较低。

爆炸成形的最初试验始于 1952 年。当时美国凯那金属公司研制金属陶瓷喷气发动机叶片，将 TiC、TaC 和 Ni 粉混合密封在金属袋中，置于 355mm 口径的大炮尾部，用炸药在炮膛内爆炸，产生的冲击波使粉末受压成形。1960 年，英国人对爆炸成形原理进行了研究试验[14]，他们将铝粉装在薄壁铝管内并放入水下 15cm 深处，从管的上方进行爆炸，爆炸的冲击波通过水传递压力将粉末压制成形。后来又对铁、铜、不锈钢、钨、钛等金属和合金粉末进行了爆炸成形试验，压制出直径 115mm，长 500mm 的金属棒。

近年来，随着火箭、超音速飞机的发展，对难加工的各种金属陶瓷和高温金属材料的成形就成为急迫问题。据报导[23]，用炸药爆炸压制钛粉，其相对密度达 97% 以上，可用作真空电弧熔炼的钛电极。

二、爆炸成形装置

爆炸成形装置按照爆炸时产生的压力作用于粉末体的方式可分为：直接加压式和间接加压式两种。

图 4-73 是直接式爆炸成形装置示意图。粉末 1 装入圆薄钢管 2 内。钢管两端用钢垫 3 塞封，上端钢垫用木塞（或粘土塞）垫隔。炸药 4 做成层状包扎管外。最外层用硬纸壳 5 包扎实。当爆炸器引爆时炸药起爆，瞬时产生巨大的压力和冲击波压缩钢管内的粉末体，使

其致密成形。

间接式爆炸装置示于图 4-74。粉末 1 装于橡皮胶袋中并沉浸入高压容器内的液体 2 中，液体面上放置传压钢冲头 3。炸药 4 放置在冲头上端。当点火装置引爆后炸药的爆炸产生的冲击能以极高速度推动钢冲头对容器内的液体施加压力（类似等静压），液体将冲击波的能量传递给橡皮胶袋内的粉末，结果使粉末体被压紧。

直接爆炸压制钛粉的过程简述如下：钛粉 1 装入长为 20.3cm、内径为 4.76cm、厚度为 0.16cm 的无缝冷拔钢管 2 内，如图 4-75 所示。管的一端安放在一块尺寸为 7.6×7.6×1.27cm 的钢板上，另一端用钢塞 4 旋紧密封；用爆炸速度为 7200m/s 的炸药做成层状包套体 5（装填量为 0.31g/cm³）包住圆钢管 2，在钢塞 4 上层放置粘土制成的圆锥 9；在粘土圆锥的顶上包以装填量为 0.62g/cm³ 的炸药 6 和普通雷管 7 系以导线 8 作引爆器。

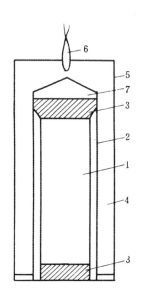 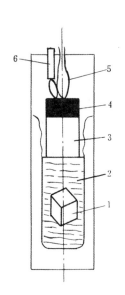 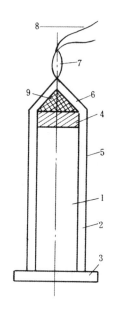

图 4-73　直接式爆炸成形装置　　　图 4-74　间接式爆炸成　　　图 4-75　直接爆炸压制

1—粉末；2—钢管；3—钢垫；4—炸　　　　　形装置　　　　　　　　钛棒装置

药；5—硬纸壳；6—爆炸器；7—木塞　　1—粉末；2—液体；3—冲头；　　1—钛粉；2—钢管；3—底座；

　　　　　　　　　　　　　　4—炸药；5—点火装置；　　　4—钢塞；5—炸药；6—炸药；

　　　　　　　　　　　　　　6—缓冲装置　　　　　　　7—雷管；8—导线；9—粘土锥

这一爆炸装置浸入水中进行爆炸。爆炸之后获得的钛棒强度较高，外观如同致密金属棒一样。棒的密度达 4.36g/cm³，为理论密度的 97%。

三、爆炸成形机理

金属粉末或非金属粉末在极短的时间内经受巨大的压力作用，将改变粉末体通常所固有的特性，如粉末体一般压制时所呈现的弹塑性。所以，粉末体在爆炸冲击压力作用下致密化成形是一个复杂的过程。与一般的压制法或等静压制法相比较，爆炸成形的特点是爆炸时产生的压力极高，施于粉末体上的压力速度极快。显然，用一般压形理论来解释压坯密度与压力间的关系是有困难的。

实验已经表明[47]，爆炸冲击速度对铁粉压坯密度的影响是很显著的。爆炸压制电解铁

262

粉时，当以冲击速度为 76.2m/s，冲击能量为 88J 时，压坯相对密度为 87%；当冲击速度为 134m/s，冲击能量为 278J 时，压坯相对密度为 98%；继续提高冲击速度可使压坯密度接近纯铁体的理论密度。

伦诺（C. R. A. Lennon）等人[49]用直接式爆炸成形装置压制铁、镍、铜、铝金属粉末，研究了不同的冲击能量（压力）与压坯密度的变化关系，比较了铁粉的爆炸压制与等静压制时的行为，确定了爆炸能量与压坯密度的关系式为

$$D_c = D_T - \Delta D \exp(-\beta E^\gamma) \qquad (4\text{-}18)$$

式中　β, γ ——粉末特性常数；

　　　E ——单位体积粉末的压制能；

　　　D_T ——粉末材料的理论密度；

　　　D_c ——压坯的密度；

　　　$\Delta D = D_T - D_I$；

　　　D_I ——原始粉末的松装密度。

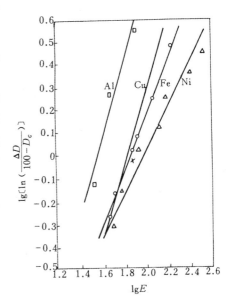

图 4-76　能量与致密化关系的对数图

将 (4-18) 式整理得双对数方程

$$\lg\left[\ln\left(\frac{\Delta D}{D_T - D_c}\right)\right] = \lg\beta - \gamma\lg E \qquad (4\text{-}19)$$

将公式 (4-19) 中的 $\lg\left[\ln\left(\dfrac{\Delta D}{D_T - D_c}\right)\right]$ 与 $\lg E$ 作图、如图 4-76 所示。从图求出镍粉、铁粉、铜粉及铝粉的 β 与 γ 值，如表 4-19 所列。

表 4-19　各种金属的 β 及 γ 值

粉　末		β	γ
镍	粉	0.016	0.9
铁	粉	0.0043	1.27
铜	粉	0.0027	1.43
铝	粉	0.0025	1.66

为了比较铁粉在爆炸成形和等静压制时的压制行为，把粉末装入橡皮袋内并在等静压机上压到 1000MPa 进行一系列试验，作出密度与压力的关系图。从图中对密度/压力曲线下的面积求积分，得出单位体积粉末的能量，所得能量与密度的关系如图 4-77 所示。从图中曲线的变化可以清楚看出，压制能量低于 50MJ/m³ 时（低速范围压制），等静压制的能量与密度变化曲线在爆炸成形之上，即在同一压制能量的条件下，等静压制制品的密度高于爆炸成形的制品密度。但当压制能量超过 50MJ/m³ 以上时（高速范围压制），爆炸成形的能量与密度变化曲线在等静压法之上，即在同一压制能量的情况下，爆炸成制品密度高于等静压制制品的密度。

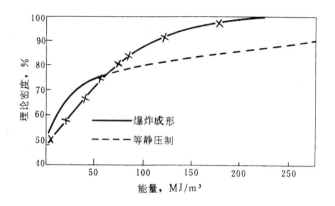

图 4-77　铁粉爆炸成形与等静压成形能量吸收和压坯密度的变化

思　考　题

1. 粉末冶金技术中的特殊成形包括哪些内容？与一般钢模压制法相比较有什么特点？

2. 假设某企业需要一批 $\phi40\times1000mm$、$\phi60\times1000mm$ 的 YG 类硬质合金轧辊，要求材质的孔隙度接近 0%，请你提出一套成形工艺。

3. 与一般的冷压烧结后再进行热等静压制法比较，烧结-热等静压制工艺有什么特色？

4. 热等静压制技术最适宜于加工什么样的材料？同热压法比较，它的特点是什么？它适用于大批生产小型粉末冶金零件吗？为什么？

5. 喷射成形的特点是什么？它有哪几种方法？

6. 综述挤压成形法的特点，它适用于什么材料？

7. 市场上十分需要一种铝-铜-铝的复合板材，其尺寸要求为厚 3.0mm，宽 200mm，长为 500mm，请问能用粉末冶金方法成形生产吗？请选择一种最优的制造方法。

8. 某机床厂生产一种专用机床，需要一批 $1000\times300\times50mm$ 的导板，要求为含油率在 13%～16% 的粉末铁基制品。请问用什么办法制造？请设计一套制造成形工艺。

9. 注射成形技术适用于生产什么形状的产品？在经济上技术上该方法有什么优缺点？

10. 爆炸成形法有什么特点？同等静压制法比较，它们有什么差异？

第五章 烧 结

第一节 概 述

一、烧结在粉末冶金生产过程中的重要性[1]

烧结是粉末冶金生产过程中最基本的工序之一。粉末冶金从根本上说，是由粉末成形和粉末毛坯热处理（烧结）这两道基本工序组成的，在特殊情况下（如粉末松装烧结），成形工序并不需要，但是烧结工序，或相当于烧结的高温工序（如热压或热锻）却是不可缺少的。

烧结也是粉末冶金生产过程的最后一道主要工序，对最终产品的性能起着决定性作用，因为由烧结造成的废品是无法通过以后的工序挽救的，烧结实际上对产品质量起着"把关"的作用。

从另一方面看，烧结是高温操作，而且一般要经过较长的时间，还需要有适当的保护气氛。因此，从经济角度考虑，烧结工序的消耗是构成产品成本的重要部分，改进操作与烧结设备，减少物质与能量消耗，如降低烧结温度，缩短烧结时间等，在经济上的意义是很大的。

二、烧结的概念与分类

烧结是粉末或粉末压坯，在适当的温度和气氛条件下加热所发生的现象或过程。烧结的结果是颗粒之间发生粘结，烧结体的强度增加，而且多数情况下，密度也提高。如果烧结条件控制得当，烧结体的密度和其它物理、机械性能可以接近或达到相同成分的致密材料。从工艺上看，烧结常被看作是一种热处理，即把粉末或粉末毛坯加热到低于其中主要组分熔点的温度下保温，然后冷却到室温。在这过程中，发生一系列物理和化学的变化，粉末颗粒的聚集体变成为晶粒的聚结体，从而获得具有所需物理、机械性能的制品或材料。

由粉末烧结可以制得各种纯金属、合金、化合物及复合材料。烧结体系按粉末原料的组成可以分成：由纯金属、化合物或固溶体组成的单相系，由金属-金属、金属-非金属、金属-化合物组成的多相系。但是，为了反映烧结的主要过程和机构的特点，通常按烧结过程有无明显的液相出现和烧结系统的组成进行分类[3]：

（1）单元系烧结　纯金属（如难熔金属和纯铁软磁材料）或化合物（Al_2O_3、B_4C、BeO、$MoSi_2$ 等），在其熔点以下的温度进行的固相烧结过程。

（2）多元系固相烧结　由两种或两种以上的组分构成的烧结体系，在其中低熔组分的熔点温度以下所进行的固相烧结过程。粉末烧结合金有许多属于这一类。根据系统的组元之间在烧结温度下有无固相溶解存在，又分为：

1）无限固溶系　在合金状态图中有无限固溶区的系统，如 Cu-Ni、Fe-Ni、Cu-Au、Ag-Au、W-Mo 等；

2）有限固溶系　在合金状态图中有有限固溶区的系统，如 Fe-C、Fe-Cu、W-Ni 等；

3）完全不互溶系　组元之间既不互相溶解又不形成化合物或其他中间相的系统，如 Ag-W、Cu-W、Cu-C 等所谓"假合金"。

（3）多元系液相烧结　以超过系统中低熔组分熔点的温度进行的烧结过程。由于低熔组分同难熔固相之间互相溶解或形成合金的性质不同,液相可能消失或始终存在于全过程,故又分为:

1）稳定液相烧结系统　如 WC-Co、TiC-Ni、W-Cu-Ni、W-Cu、Fe-Cu（Cu＞10％）等;

2）瞬时液相烧结系统　如 Cu-Sn、Cu-Pb、Fe-Ni-Al、Fe-Cu（Cu＜10％）、Re-Co 合金等。

熔浸是液相烧结的特例,这时,多孔骨架的固相烧结和低熔金属浸透骨架后的液相烧结同时存在。

对烧结过程的分类,目前并不统一。盖彻尔（Goetzel）[2]是把金属粉的烧结分为:（1）单相粉末（纯金属、固溶体或金属化合物）烧结;（2）多相粉末（金属-金属或金属-非金属）固相烧结;（3）多相粉末液相烧结;（4）熔浸。他把固溶体和金属化合物这类合金粉末的烧结看为单相烧结,认为在烧结时组分之间无再溶解,故不同于组元间有溶解反应的一般多元系固相烧结。

三、烧结理论的发展

烧结的应用比近代粉末冶金的诞生年代早得多。由于当时对粉末烧结的本质和规律认识不多,在很长一个时期,烧结工艺几乎全凭经验。工业和技术的进步推动了烧结理论的建立和发展。最早的烧结理论仅研究氧化物陶瓷的烧结现象,以后才涉及到金属和化合物粉末的固相烧结。

在粉末冶金学科内,烧结理论大致在 20 年代初产生,即近代粉末冶金诞生之后,而且同陶瓷烧结的理论研究紧密联系在一起,这反映在当时的许多研究成果总是发表在陶瓷学科的刊物上,而直到今天也不例外。

粉末冶金烧结理论研究的先驱是绍尔瓦德（Sauerwald）,他从 1922 年起,发表了一系列研究报告或论文,并在 1943 年对烧结理论作了总结性的评述[2]。同时代的许提（Hüttig）也发表了许多十分有价值的研究报告。他们两人是在 20 年代至 40 年代烧结理论研究方面最有成就的代表。稍后,巴尔申、达维尔（Dawill）[2]和赫德瓦尔（Hedvall）也陆续发表了许多理论述评和专著。这个时期烧结理论的发展,已由琼斯[4]、施瓦茨柯勃（Schwarzkopt）、基费尔—霍托普（Kiffer-Hotop）、斯考彼（Skaupy）[5]、巴尔申、盖彻尔等人系统地总结在他们的许多著作中。

概言之,在 1945 年以前,烧结理论偏重于对烧结现象本质的解释[5],主要研究粉末的性能、成形和烧结工艺参数对烧结体性能的影响,也涉及到烧结过程中起重要作用的原子迁移问题。这个时期烧结理论处于萌芽状态,但对烧结工艺和技术发展的贡献是重大的,并为建立后来的系统烧结学说积累了丰富的感性知识和大量的实验资料。

1945 年费仑克尔（Френкель）发表粘性流动烧结理论的著名论文,这标志着烧结理论进入一个新的发展时期。他与库钦斯基（Kuczynski）创立的烧结的模型研究方法,开辟了定量研究的新道路,对于烧结机构的各种学说的建立起着推动作用。从 50 年代开始,库钦斯基在烧结理论研究的领域内,长期占据重要地位。这个时期,无论就实验研究的范围,还是理论探索的深度,均是全盛的时代。但是,对于建立在单元系烧结基础上的烧结机构（粘性或塑性流动,蒸发与凝聚,表面或体积扩散）的研究,尽管获得了许多可喜的成就,仍难以应用于实际粉末的烧结。

到 60 年代，开始了大量地研究复杂的烧结过程和机构，如关于粉末压坯烧结的收缩动力学，多种烧结机构的联合或综合作用的烧结动力学等；对烧结过程中晶界的行为，压力下的固相与液相烧结，热压，活化烧结，多元系的固相和液相烧结，电火花烧结等方面都开展了大量的实验和理论的研究。而且，烧结锻造、热等静压制、冲击烧结等新工艺和新技术的研究和应用，也给烧结理论提供了许多新的研究课题，从而推动了烧结理论向更深的方向发展。

回顾烧结理论的发展过程，可以看到烧结的研究总是围绕着两个最基本的问题[6]：一是烧结为什么会发生？也就是所谓烧结的驱动力或热力学问题；二是烧结是怎样进行的？即烧结的机构和动力学问题。

在烧结理论发展的早期，对烧结的热力学原理就已形成比较明确和统一的看法，但是定量的研究结果仍不多；而对于烧结机构问题，尽管研究的人和发表的论文很多，但是观点分歧，争论很激烈，而且延续了很长的时间。因为，烧结过程无论就材料或影响的因素来说，都是千变万化的，而且烧结过程的阶段性强，机构也复杂多变，因此，各派观点往往都不能以某一种机构或动力学方程式去说明烧结的全过程或考虑到所有的材料或工艺方面的因素。可以认为，目前的烧结理论的发展同粉末冶金技术本身的进步相比，仍然是落后的、欠成熟的。

第二节　烧结过程的热力学基础

粉末有自动粘结或成团的倾向，特别是极细的粉末，即使在室温下，经过相当长的时间也会逐渐聚结。在高温下，结块更是十分明显。粉末受热，颗粒之间发生粘结，就是我们常说的烧结现象。

一、烧结的基本过程

粉末烧结后，烧结体的强度增加，首先是颗粒间的联结强度增大，即联结面上原子间的引力增大。在粉末或粉末压坯内，颗粒间接触面上能达到原子引力作用范围的原子数目有限。但是在高温下，由于原子振动的振幅加大，发生扩散，接触面上才有更多的原子进入原子作用力的范围，形成粘结面，并且随着粘结面的扩大，烧结体的强度也增加。粘结面扩大进而形成烧结颈，使原来的颗粒界面形成晶粒界面，而且随着烧结的继续进行，晶界可以向颗粒内部移动，导致晶粒长大。

烧结体的强度增大还反映在孔隙体积和孔隙总数的减少以及孔隙的形状变化上，图 5-1 用球形颗粒的模型[6]表示孔隙形状的变化。由于烧结颈长大，颗粒间原来相互连通的孔隙逐渐收缩成闭孔，然后逐渐变圆。在孔隙性质和形状发生变化的同时，孔隙的大小和数量也在改变，即孔隙个数减少，而平均孔隙尺寸增大，此时小孔隙比大孔隙更容易缩小和消失。

颗粒粘结面的形成，通常不会导致烧结体的收缩，因而致密化并不标志烧结过程的开始，而只有烧结体的强度增大才是烧结发生的明显标志。随着烧结颈长大，总孔隙体积减少，颗粒间距离缩短，烧结体的致密化过程才真正开始。因此，粉末的等温烧结过程，按时间大致可以划分为三个界限不十分明显的阶段[7]：

（1）粘结阶段——烧结初期，颗粒间的原始接触点或面转变成晶体结合，即通过成核、结晶长大等原子过程形成烧结颈。在这一阶段中，颗粒内的晶粒不发生变化，颗粒外形也

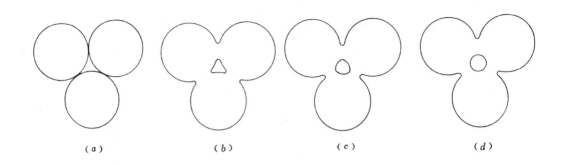

图 5-1　球形颗粒的烧结模型

(a) 烧结前颗粒的原始接触；(b) 烧结早期的烧结颈长大；(c)、(d) 烧结后期的孔隙球化

基本未变，整个烧结体不发生收缩，密度增加也极微，但是烧结体的强度和导电性由于颗粒结合面增大而有明显增加；

（2）烧结颈长大阶段——原子向颗粒结合面的大量迁移使烧结颈扩大，颗粒间距离缩小，形成连续的孔隙网络；同时由于晶粒长大，晶界越过孔隙移动，而被晶界扫过的地方，孔隙大量消失。烧结体收缩，密度和强度增加是这个阶段的主要特征；

（3）闭孔隙球化和缩小阶段——当烧结体密度达到90％以后，多数孔隙被完全分隔，闭孔数量大为增加，孔隙形状趋近球形并不断缩小。在这个阶段，整个烧结体仍可缓慢收缩，但主要是靠小孔的消失和孔隙数量的减少来实现。这一阶段可以延续很长时间，但是仍残留少量的隔离小孔隙不能消除。

等温烧结三个阶段的相对长短主要由烧结温度决定：温度低，可能仅出现第一阶段；在生产条件下，至少应保证第二阶段接近完成；温度愈高，出现第二甚至第三阶段就愈早。在连续烧结时，第一阶段可能在升温过程中就完成。

将烧结过程划分为上述三个阶段，并未包括烧结中所有可能出现的现象，例如粉末表面气体或水分的挥发、氧化物的还原和离解、颗粒内应力的消除、金属的回复和再结晶以及聚晶长大等。

二、烧结的热力学问题

前已提到，烧结过程有自发的趋势。从热力学的观点看，粉末烧结是系统自由能减小的过程，即烧结体相对于粉末体在一定条件下处于能量较低的状态。

不论单元系或多元系烧结，也不论固相或液相烧结，同凝聚相发生的所有化学反应一样，都遵循普遍的热力学定律[8]。单元系烧结可看作是固态下的简单反应，物质不发生改变，仅由烧结前后体系的能量状态所决定；而多元系烧结过程还取决于合金化的热力学。但是，两种烧结过程总伴随有系统自由能的降低。

烧结系统自由能的降低，是烧结过程的驱动力，包括下述几个方面[7]：

（1）由于颗粒结合面（烧结颈）的增大和颗粒表面的平直化，粉末体的总比表面积和总表面自由能减小；

（2）烧结体内孔隙的总体积和总表面积减小；

（3）粉末颗粒内晶格畸变的消除。

总之，烧结前存在于粉末或粉末坯块内的过剩自由能包括表面能和晶格畸变能，前者指同气氛接触的颗粒和孔隙的表面自由能,后者指颗粒内由于存在过剩空位、位错及内应力所造成的能量增高。表面能比晶格畸变能小,如极细粉末的表面能为几百 J/mol,而晶格畸变能高达几千 J/mol,但是,对烧结过程,特别是早期阶段,作用较大的主要是表面能。因为从理论上讲,烧结后的低能位状态至多是对应单晶体的平衡缺陷浓度,而实际上烧结体总是具有更多热平衡缺陷的多晶体,因此,烧结过程中晶格畸变能减少的绝对值,相对于表面能的降低仍然是次要的,烧结体内总保留一定数量的热平衡空位、空位团和位错网。

在烧结温度(T)时,烧结体的自由能、焓和熵的变化如分别用 ΔZ、ΔH 和 ΔS 表示,那么根据热力学公式[8]:

$$\Delta Z = \Delta H - T\Delta S$$

如果烧结反应前后物质不发生相变,比热变化忽略不计(单元系烧结时不发生物质变化),ΔS 就趋于零,因此 $\Delta Z \approx \Delta H$($\approx \Delta U$),$\Delta U$ 为系统内能的变化。因此,根据烧结前后焓或内能的变化可以估计烧结的驱动力。用电化学方法测定电动势或测定比表面均可计算自由能的变化。例如粒度为 $1\mu m$ 和 $0.1\mu m$ 的金粉的表面能(即比致密金高出的自由能)分别为 155J/mol 和 1550J/mol,即粉末愈细,表面能愈高。

烧结后颗粒的界面转变为晶界面,由于晶界能更低,故总的能量仍是降低的。随着烧结的进行,烧结颈处的晶界可以向两边的颗粒内移动,而且颗粒内原来的晶界也可能通过再结晶或聚晶长大发生移动并减少。因此晶界能进一步降低就成为烧结颈形成与长大后烧结继续进行的主要动力,这时烧结颗粒的联结强度进一步增加,烧结体密度等性能进一步提高。

烧结过程中不管是否使总孔隙度减低,但孔隙的总表面积总是减小的。隔离孔隙形成后,在孔隙体积不变的情况下,表面积减小主要靠孔隙的球化,而球形孔隙继续收缩和消失也能使总表面积进一步减小,因此,不论在烧结的第二或第三阶段,孔隙表面自由能的降低,始终是烧结过程的驱动力。

三、烧结驱动力的计算

上面定性地说明了烧结驱动力。由于烧结系统和烧结条件的复杂性,欲从热力学计算它的具体数值几乎是不可能的。下面将应用库钦斯基[9]的简化烧结模型,推导烧结驱动力的计算公式。

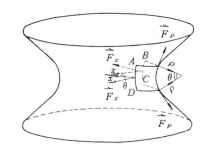

图 5-2 烧结颈模型

根据理想的两球模型,将烧结颈放大如图 5-2 所示。从颈表面取单元曲面 $ABCD$,使得两个曲率半径 ρ 和 x 形成相同的张角 θ(处于两个互相垂直的平面内)。设指向球体内的曲率半径 x 为正号,则曲率半径 ρ 为负号。表面张力所产生的力 $\vec{F_x}$ 和 $\vec{F_\rho}$ 系作用在单元曲面上并与曲面相切,故由表面张力的定义不难计算

$$\begin{cases} \vec{F_x} = \gamma\,\overline{AD} = \gamma\,\overline{BC} \\ \vec{F_\rho} = \gamma\,\overline{AB} = \gamma\,\overline{DC} \end{cases} \qquad (\gamma\ \text{为表面张力})$$

而

$$\begin{cases} \overline{AD} = \rho\sin\theta \\ \overline{AB} = x\sin\theta \end{cases}$$

但由于 θ 很小,$\sin\theta \approx \theta$,故可得

$$\begin{cases} F_x = \gamma\rho\theta \\ F_\rho = -\gamma x\theta \end{cases}$$

所以垂直作用于 $ABCD$ 曲面上的合力为

$$\vec{F} = 2(\vec{F}_x + \vec{F}_\rho) = 2(F_x\sin\theta/2 + F_\rho\sin\theta/2) = \gamma\theta^2(\rho - x)$$

而作用在面积 $ABCD = x\rho\theta^2$ 上的应力为

$$\sigma = \frac{F}{x\rho\theta^2} = \frac{\gamma\theta^2(\rho - x)}{x\rho\theta^2}$$

所以

$$\sigma = \gamma\left(\frac{1}{x} - \frac{1}{\rho}\right) \tag{5-1}$$

由于烧结颈半径 x 比曲率半径 ρ 大得多，$x \gg \rho$，故

$$\sigma = -\frac{\gamma}{\rho} \tag{5-2}$$

负号表示作用在曲颈面上的应力 σ 是张力，方向朝颈外（图 5-3），其效果是使烧结颈扩大。随着烧结颈（$2x$）的扩大，负曲率半径（$-\rho$）的绝对值亦增大，说明烧结的动力 σ 也减小。

为估计表面应力 σ 的大小[10]，假定颗粒半径 $a = 2\mu m$，颈半径 $x \approx 0.2\mu m$，则 ρ 将不超过 $10^{-8} \sim 10^{-9}$m；已知表面张力 γ 的数量级为 J/m^2（对表面张力不大的非金属的估计值），那么烧结动力 σ 的数量级约为 10MPa，是很可观的。

（5-1）或（5-2）式表示的烧结动力是表面张力造成的一种机械力，它垂直地作用于烧结颈曲面上，使颈向外扩大，而最终形成孔隙网。这时孔隙中的气体会阻止孔隙收缩和烧结颈进一步长大，因此孔隙中气体的压力 p_v 与表面张应力之差才是孔隙网生成后对烧结起推动作用的有效力[6]

$$p_s = p_v - \frac{\gamma}{\rho}$$

显然 p_s 仅是表面张应力（$-\gamma/\rho$）中的一部分，因为气体压力 p_v 与表面张应力的符号相反。当孔隙与颗粒表面连通即开孔时，p_v 可取为 1atm（~ 0.1MPa），这样，只有当烧结颈 ρ 增大，表面张应力减小到与 p_v 平衡时，烧结的收缩过程才停止。

对于形成隔离孔隙的情况，烧结收缩的动力可用下述方程描述：

$$p_s = p_v - \frac{2\gamma}{r}$$

式中　r——孔隙的半径。

$-2\gamma/r$ 代表作用在孔隙表面使孔隙缩小的张应力。如果张应力大于气体压力 p_v，孔隙就能继续收下去。当孔隙收缩时，气体如果来不及扩散出去，p_v 大到超过表面张应力，隔离孔隙就停止收缩。所以在烧结第三阶段烧结体内总会残留少部分隔离的闭孔，仅靠延长烧结时间是不能加以消除的。

在以后讨论烧结机构时将会知道，除表面张力引起烧结颈处的物质向孔隙发生宏观流动外，晶体粉末烧结时，还存在靠原子扩散的物质迁移。按照近代的晶体缺陷理论，物质扩散是由空位浓度梯度造成化学位的差别所引起的。下面讨论用理想球体的模型，计算烧结体系内引起扩散的空位浓度差。

由（5-2）式计算的张应力 $-\gamma/\rho$ 作用在图 5-4 所示的烧结颈曲面上，局部地改变了烧结球内原来的空位浓度分布，因为应力使空位的生成能改变。

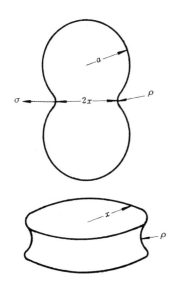

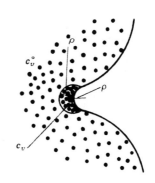

图 5-3　两球模型　　　　　　　　图 5-4　烧结颈曲面下的空位浓度分布

按统计热力学计算，晶体内的空位热平衡浓度[11]

$$c_v = \exp(S_f/k) \cdot \exp(- E'_f/kT) \tag{5-3}$$

式中　S_f——生成一个空位引起周围原子振动改变的熵值（振动熵）增大；

　　　　E'_f——应力作用下，晶体内生成一个空位所需的能量（空位生成能）。

由（5-2）式，张应力 σ 对生成一个空位所需能量的改变应等于该应力对空位体积所作的功，即 $\sigma\Omega = - \gamma\Omega/\rho$（$\Omega$ 为一个空位的体积），负号表示张应力使空位生成能减小。因此，晶体内凡受张应力的区域，空位浓度将高于无应力作用的区域；相反，凡受压应力的区域，空位浓度将低于无应力的区域。因此，在应力区域形成一个空位实际所需的能量应是

$$E_f' = E_f \pm \sigma\Omega \tag{5-4}$$

E_f 为理想完整晶体（无应力）中的空位生成能，将（5-4）式代入（5-3）式得到受张应力 σ 区域的空位浓度为

$$c_v = \exp(S_f/k) \cdot \exp[-(E_f - \sigma\Omega)/kT]$$
$$= \exp(S_f/k) \cdot \exp(- E_f/kT) \cdot \exp(\sigma\Omega/kT)$$

因为无应力区域的平衡空位浓度 $c_v° = \exp(S_f/k) \cdot \exp(-E_f/kT)$，所以

$$c_v = c_v°\exp(\sigma\Omega/kT)$$

同样可得到受压应力 σ 区域的空位浓度

$$c_v' = c_v°\exp(- \sigma\Omega/kT)$$

因为 $\sigma\Omega/kT \ll 1$，$\exp(\pm\sigma\Omega/kT) \approx 1 \pm \sigma\Omega/kT$，因此上两式可写成

$$\left. \begin{array}{c} c_v = c_v°(1 + \sigma\Omega/kT) \\ c_v' = c_v°(1 - \sigma\Omega/kT) \end{array} \right\} \tag{5-5}$$

参看图 5-4，在无应力作用的球体积内的平衡空位浓度为 $c_v°$，如果烧结颈的应力仅由表面张力产生，则按（5-5）式可以计算两处的平衡空位的浓度差——过剩空位浓度

271

$$\Delta c_v = c_v - c_v^\circ = c_v^\circ \cdot \sigma\Omega/kT$$

以（5-2）式代入，则得

$$\Delta c_v = c_v^\circ \cdot \gamma\Omega/kT\rho \tag{5-6}$$

假定具有过剩空位浓度的区域仅在烧结颈表面下以 ρ 为半径的圆内，故当发生空位扩散时，过剩空位浓度的梯度就是

$$\Delta c_v/\rho = c_v^\circ \cdot \gamma\Omega/kT\rho^2 \tag{5-7}$$

（5-7）式表明：过剩空位浓度梯度将引起烧结颈表面下微小区域内的空位向球体内扩散，从而造成原子朝相反方向迁移，使颈得以长大。因此（5-7）式就是烧结动力的热力学表达式，是研究烧结机构所需应用的基本公式。

烧结过程中还可能发生物质由颗粒表面向空间蒸发的现象，同样对烧结的致密化和孔隙的变化产生直接的影响。因此，烧结动力也可以从物质蒸发的角度来研究，即用饱和蒸气压的差表示烧结动力[11]。曲面的饱和蒸气压与平面的饱和蒸气压之差，可用吉布斯-凯尔文（Gibbs-Kelvin）方程计算

$$\Delta p = p_0\gamma\Omega/kTr \tag{5-8}$$

式中　r —— 曲面的曲率半径；

p_0 —— 平面的饱和蒸气压。

根据图 5-2 烧结模型，颈曲面的曲率半径 r 按下式计算：

$$\frac{1}{r} = \frac{1}{x} - \frac{1}{\rho} \tag{5-9}$$

因为 $\rho \ll x$，故 $1/r \approx -1/\rho$，代入（5-8）式得

$$\Delta p_颈 = - p_0 \cdot \gamma\Omega/kT\rho \tag{5-10}$$

同样，对于球表面，曲率 $1/r = 2/a$，（a 为球半径），代入（5-8）式得

$$\Delta p_球 = p_0 \cdot 2\gamma\Omega/kTa \tag{5-11}$$

从（5-10）与（5-11）两式可知：烧结颈表面（凹面）的蒸气压应低于平面的饱和蒸气压 p_0，其差由（5-10）式计算；颗粒表面（凸面）与烧结颈表面之间将存在更大的蒸气压力差〔用（5-11）式减去（5-10）式计算〕，将导致物质向烧结颈迁移。因此，烧结体系内，各处的蒸气压力差就成为烧结通过物质蒸发转移的驱动力。

第三节　烧 结 机 构

烧结过程中，颗粒粘结面上发生的量与质的变化以及烧结体内孔隙的球化与缩小等过程都是以物质的迁移为前提的。烧结机构就是研究烧结过程中各种可能的物质迁移方式及速率的。

烧结时物质迁移的各种可能的过程如表 5-1[7]所示。

烧结初期颗粒间的粘结具有范德华力的性质，不需要原子作明显的位移，只涉及颗粒接触面上部分原子排列的改变或位置的调整，过程所需的激活能是很低的。因而，即使在温度较低、时间较短的条件下，粘结也能发生，这是烧结早期的主要特征，此时烧结体的收缩不明显。

其它的物质迁移形式，如扩散、蒸发与凝聚、流动等，因原子移动的距离较长，过程的激活能较大，只有在足够高的温度或外力的作用下才能发生。它们将引起烧结体的收缩，

使性能发生明显的变化，这是烧结主要过程的基本特征。

表 5-1　物质迁移的过程

I	不 发 生 物 质 迁 移		粘 结
II	发生物质迁移，并且原子移动较长的距离	表面扩散 晶格扩散（空位机制） 晶格扩散（间隙机制） 晶界扩散 蒸发与凝聚	组成晶体的空位或原子的移动
		塑性流动 晶界滑移	小块晶体的移动
III	发生物质迁移，但原子移动较短的距离		回复或再结晶

值得指出，烧结体内虽然可能存在回复和再结晶，但只有在晶格畸变严重的粉末烧结时才容易发生。这时，随着致密化出现晶粒长大。回复和再结晶首先使压坯中颗粒接触面上的应力得以消除，因而促进烧结颈的形成。由于粉末中的杂质和孔隙阻止再结晶过程，所以粉末烧结时的再结晶晶粒长大现象不象致密金属那样明显。

在运用模型方法以后，烧结的物质迁移机构才有可能作定量的计算[11]。这时，选择各种材料做成均匀的小球、细丝，与相同材料的平板、小球或圆棒组成简单的烧结系统，然后在严格的烧结条件下观测烧结颈尺寸随时间的变化。根据一定的几何模型，并假定某一物质迁移机构，用数学解析方法推导烧结颈长大的速度方程，再由模拟烧结实验去验算，最后判定何种材料，在什么烧结条件（温度、时间）以哪种机构发生物质迁移。到目前为止，模型研究及实验主要用简单的单元系，而且推导的动力学方程主要适用于烧结的早期阶段。

由理论上推导烧结速度方程，可采用如图 5-5 所示两种基本几何模型：假定两个同质的均匀小球半径为 a，烧结颈半径为 x，颈曲面的曲率半径为 ρ，图

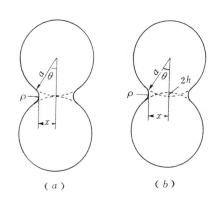

图 5-5　两球几何模型
(a) $\rho \approx x^2/2a$；(b) $\rho \approx x^2/4a$

(a) 为两球相切，球中心距不变，代表烧结时不发生收缩；图 (b) 是两球相贯穿，球中心距减小 $2h$，表示烧结时有收缩出现。由图示几何关系不难证明，在烧结的任一时刻，颈曲率半径与颈半径的关系是：(a) $\rho = x^2/2a$；(b) $\rho = x^2/4a$。下面分别按各种可能的物质迁移机构，找出烧结过程的特征速度方程式，并最后对综合作用烧结理论作简单的介绍。

一、粘性流动

1945 年，弗仑克尔最早提出一种称为粘性流动的烧结模型（图 5-6），并模拟了两个晶体粉末颗粒烧结早期的粘结过程。他把烧结过程分为两个阶段：第一阶段相邻颗粒间的接触表面增大，直到孔隙封闭；到第二阶段，这些残留闭孔逐渐缩小。

第一个阶段，类似两个液滴从开始的点接触，发展到互相"聚合"，形成一个半径为 x

的圆面接触。为简单起见，假定液滴仍保持球形，其半径为 a。晶体粉末烧结早期的粘结，即烧结颈长大，可看作在表面张力 γ 作用下，颗粒发生类似粘性液体的流动，结果使系统的总表面积减小，表面张力所做的功转换成粘性流动对外散失的能量。弗仑克尔由此导出烧结颈半径 x 匀速长大的速度方程

$$x^2/a = (3/2) \cdot \gamma/\eta \cdot t \tag{5-12}$$

式中　γ —— 粉末材料的表面张力；

　　　η —— 粘性系数。

库钦斯基采用同质材料的小球在平板上的烧结模型（图 5-7），用实验证实弗仑克尔的粘性流动速度方程，并且在 1961 年的论文中，由纯粘性体的流动方程出发，推导出本质上相同的烧结颈长大的动力学方程。

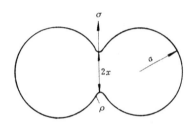

图 5-6　弗仑克尔球-球模型

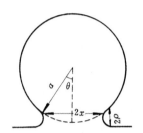

图 5-7　库钦斯基烧结球-平板模型

纯粘性流动方程 $\tau = \eta d\varepsilon/dt$ 中的剪切变形速率 $d\varepsilon/dt$ 是与烧结颈半径的长大速率 dx/dt 成正比，而剪切应力 τ 与颗粒的表面应力 σ 成正比，因此上式变为

$$\sigma = K'\eta d\varepsilon/dt = K'\eta dx/dt \tag{5-13}$$

由（5-2）式，$\sigma = -\gamma/\rho$ 并根据图 5-5（a），$\rho = x^2/2a$。将二关系式代入（5-13）式积分后，可得到

$$x^2/a = K \cdot \gamma/\eta \cdot t \tag{5-14}$$

系数 K 由（5-13）式中的比例系数 K' 决定，在确定适当的 K' 值以后，$K = 3/2$，因而（5-14）式变为

$$x^2/a = (3/2)\gamma/\eta \cdot t \tag{5-14'}$$

该式与弗仑克尔方程（5-12）式的形式完全相同。

弗仑克尔认为晶体的粘性流动是靠体内空位的自扩散来完成的，粘性系数 η 与自扩散系数 D 之间的关系为

$$1/\eta = D\delta/kT$$

式中　δ —— 晶格常数。

后来证明，弗仑克尔的粘性流动实际上只适用于非晶体物质。皮涅斯（Б. Я. Пинес）[12] 由金属的扩散蠕变理论证明，对于晶体物质上面的关系式应修正为

$$1/\eta = D\delta^3/kTL^3$$

式中　L —— 晶粒或晶块的尺寸。

弗仑克尔由粘性流动出发，计算了由于表面张力 γ 的作用，球形孔隙随烧结时间减小的速度为

274

$$dr/dt = -(3/4) \cdot \gamma/\eta$$

可见，孔隙半径 r 是以恒定速度缩小，而孔隙封闭所需的时间将由下式决定：

$$t = (4/3) \cdot (\eta \cdot r_0/\gamma)$$

式中 r_0——孔隙的原始半径。

1956 年库钦斯基[13]用玻璃毛细管进行烧结实验，证明基于粘性流动机构，闭孔隙收缩应符合关系式

$$r_0 - r = (\gamma/2\eta) \cdot t$$

库钦斯基于 1949 年发表用 0.5mm 玻璃球在玻璃平板上在 575～743℃温度下烧结的实验研究，测定了烧结颈半径 x 随时间 t 的变化，证明 x^2/a 与 t 成直线关系。假定在该温度下玻璃的表面能 $\gamma = 0.3\text{J/m}^2$，这样由各种温度下烧结的实验直线计算得到的 η 值与已知数据是一致的。

1955 年，金捷里-伯格（Kingery-Berg）[14]将半径 49μm 的玻璃球放在玻璃平板上烧结。他测定 x/a 与 t 的关系后得到如图 5-8 所示的直线（对数坐标），并由直线斜率均约等于 2 证明 x^2/a 与 t 成线性关系。取 $\gamma = 0.31\text{J/m}^2$，计算 η 值：725℃时为 $7.2 \times 10^7\text{Pa} \cdot \text{s}$；750℃时为 $8.8 \times 10^6\text{Pa} \cdot \text{s}$。

二、蒸发与凝聚

由 (5-10) 式知，烧结颈对平面饱和蒸气压的差 $\Delta p = -p_0 \cdot \gamma\Omega/kT\rho$，当球的半径 a 比颈曲率半径 ρ 大得多时，可认为球表面蒸气压 p_a 对平面蒸气压的差 $\Delta p' = p_a - p_0$ 比 Δp 小得可以忽略不计，因此，球表面的蒸气压与颈表面（凹面）蒸气压的差可近似地写成

$$\Delta p_a = (\gamma\Omega/kT\rho) \cdot p_a \tag{5-15}$$

蒸气压差 Δp_a 使原子从球的表面蒸发，重新在烧结颈凹面上凝聚下来，这就是蒸发与凝聚物质迁移的模型，由此引起烧结颈长大的烧结机构称为蒸发与凝聚。烧结颈长大的速率随 Δp_a 而增大，当 ρ 与蒸气相中原子的平均自由程相比很小时，物质转移即凝聚的速率可用单位面积上、单位时间内凝聚的物质量 m 表示，近似地应用南格缪尔公式计算[14]

$$m = \Delta p_a (M/2\pi RT)^{1/2} \tag{5-16}$$

式中 M——烧结物质的原子量；

R——气体常数。

烧结颈长大速率用颈体积 V 的增大速率表示时，有下面连续方程式成立：

$$dV/dt = (m/d)A \tag{5-17}$$

式中 A——烧结颈曲面的面积；

d——粉末的理论密度。

由图 5-5 (a) 模型的几何关系 $\rho = x^2/2a$，$A = 4\pi x\rho$，$V = \pi x^2\rho = \pi x^4/a$，代入 (5-17) 式得

$$(x^2/a) \cdot (dx/dt) = (m/d)\rho$$

再以 (5-15) 与 (5-16) 式代入，并注意到 $\Delta p_a = p_a\gamma\Omega/kT\rho$，$k = R/N_A$ 和 $N\Omega d = M$（N_A 为阿佛加德罗常数），则积分后

$$\frac{x^3}{a} = 3M\gamma\left(\frac{M}{2\pi RT}\right)^{1/2} \cdot \frac{p_a}{d^2 RT} \cdot t \tag{5-18}$$

将所有常数合并为 K'，则上式简化为

$$x^3/a = K't \tag{5-18'}$$

上二式说明，蒸发与凝聚机构的特征速度方程是烧结颈半径 x 的三次方与烧结时间 t 成线性关系。

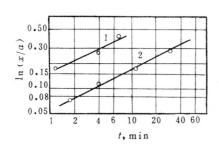

图 5-8　玻璃球-平板烧结实验
1—750℃，直线斜率=2.1；2—725℃，
直线斜率=2.1

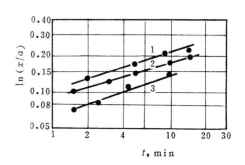

图 5-9　氯化钠小球烧结实验
1—750℃，斜率=3.3；2—725℃，
斜率=3.4；3—700℃，斜率=2.8

金捷里-柏格[14]用氯化钠小球（半径 $60\sim70\mu m$），于 $700\sim750℃$ 烧结，测量小球间烧结颈半径 x 随 t 的变化，以 $\ln(x/a)$ 对 $\ln t$ 作图，得到如图 5-9 所示的三条直线，其斜率分别为 3.3、3.4、2.8。

库钦斯基[15]也以氯化钠小球（半径 $66\sim70\mu m$）作烧结实验，同样证实了（5-18）式。

只有那些在接近熔点时具有较高蒸气压的物质才可能发生蒸发与凝聚的物质迁移过程，如 NaCl 和 TiO_2、ZrO_2 等氧化物。对于大多数金属，除 Zn 与 Cd 外，在烧结温度下的蒸气压都很低，蒸发与凝聚不可能成为主要的烧结机构；但是某些金属粉末，在活性介质的气氛或表面有氧化膜存在时进行活化烧结，这种机构也起作用。费多尔钦科（Федорченко）[16]证明，表面氧化物通过挥发，在气相中被还原，重新凝聚在颗粒凹下处，对烧结过程有明显促进作用。气相中添加卤化物与金属形成挥发性卤化物，增大蒸气压，从而加快通过气相的物质迁移，将有利于颗粒间金属接触的增长和促进孔隙的球化。蒸发与凝聚对烧结后期孔隙的球化也起作用。

三、体积扩散

在研究粉末烧结的物质迁移机构时，人们早就注意和重视扩散所起的作用，许多研究工作详细阐述了烧结的扩散过程，并应用扩散方程导出烧结的动力学方程。扩散学说在烧结理论的发展史上长时间处于领先地位。

弗仑克尔把粘性流动的宏观过程最终归结为原子在应力作用下的自扩散。其基本观点是，晶体内存在着超过该温度下平衡浓度的过剩空位，空位浓度梯度就是导致空位或原子定向移动的动力。

皮涅斯进而认为，在颗粒接触面上空位浓度高，原子与空位交换位置，不断地向接触面迁移，使烧结颈长大；而且烧结后期，在闭孔周围的物质内，表面应力使空位的浓度增高，不断向烧结体外扩散，引起孔隙收缩。皮涅斯用空位的体积扩散机构描绘了烧结颈长大和闭孔收缩这两种不同的致密化过程。

如（5-2）式所述，烧结颈的凹曲面上，由于表面张力产生垂直于曲颈向外的张应力 σ

276

$=-\gamma/\rho$，使曲颈下的平衡空位浓度高于颗粒的其它部位。根据图 5-5 (a) 模型，以烧结颈作为扩散空位"源"，而由于存在不同的吸收空位的"阱"（尾闾），空位体积的扩散可以采取如图 5-10[7] 所示几种途径或方式。

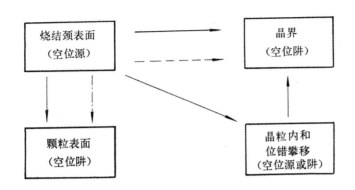

图 5-10　烧结时空位扩散途径

——体积扩散；－－－晶界扩散；－·－·－表面扩散

　　实际上，空位源远不只是烧结颈表面，还有小孔隙表面、凹面及位错；相应地，可成为空位阱的还有晶界、平面、凸面、大孔隙表面、位错等。颗粒表面相对于内孔隙或烧结颈表面、大孔隙相对于小孔隙都可成为空位阱，因此，当空位由内孔隙向颗粒表面扩散以及空位由小孔隙向大孔隙扩散时，烧结体就发生收缩，小孔隙不断消失和平均孔隙尺寸增大。

　　下面用模型推导体积扩散烧结机构的动力学方程式[11]：

　　应用图 5-5 (a) 模型，空位由烧结颈表面向邻近的球表面发生体积扩散，即物质沿相反途径向颈迁移。因此单位时间内物质的转移量应等于烧结颈的体积增大，即有连续方程式

$$dV/dt = J_v A\Omega \tag{5-19}$$

式中　J_v——单位时间单位面积通过颈上流出的空位个数；

　　　　A——扩散断面积；

　　　　Ω——一个空位（或原子）的体积，$\Omega = \delta^3$（δ 为原子直径）。

　　根据扩散第一定律，$J_v = D_v' \nabla c_v = D_v' \cdot (\Delta c_v/\rho)$

式中　D_v'——空位自扩散系数；

　　　　Δc_v——空位浓度差；

　　　　∇c_v——颈表面与球面的空位浓度梯度，$\nabla c_v = \Delta c_v/\rho$。

因而（5-19）式变为　　　　　$dV/dt = AD_v'\Omega \cdot (\Delta c_v/\rho) \tag{5-20}$

体积表示的原子自扩散系数 $D_v = D_v' c_v\Omega$，由图 5-5 (a) 的几何关系：$\rho = x^2/2a$，$A =$ $(2\pi x)(2\rho) = 2\pi x^3/a$，$V = \pi x^2\rho = \pi x^4/2a$，故 $dV = 2\pi x^3/a \cdot dx$。又根据（5-7）式，$\Delta c_v^\circ/$ $\rho = c_v^\circ \cdot (\gamma\Omega/kT\rho^2)$。将所有上述关系代入（5-20）式，化简后可得到

$$dx/dt = D_v \cdot \gamma\Omega/kT \cdot 4a^2/x^4$$

积分后得　　　　　　　　　$x^5/a^2 = (20D_v \cdot \gamma\Omega/kT) \cdot t$

或　　　　　　　　　　　　$x^5/a^2 = (20D_v \cdot \gamma\delta^3/kT) \cdot t$ $\left.\right\}$ $\tag{5-21}$

金捷里-柏格[14]基于图 5-5 (b) 模型，认为空位是由烧结颈表面向颗粒接触面上的晶界扩散的，单位时间和单位长度上扩散的空位流 $J_v = 4D_v' \Delta c_v$。由几何关系 $\rho = x^2/4a$ 得 $V = \pi x^4/2a$ （$= 2\pi x^2 \rho$），故将这些关系式一并代入连续方程 (5-19) 式，可得到

$$\mathrm{d}V/\mathrm{d}t = 2\pi x J_v \Omega$$

积分后 $\qquad\qquad x^5/a^2 = (80D_v \cdot \gamma\Omega/kT) \cdot t$

或 $\qquad\qquad x^5/a^2 = (80D_v \cdot \gamma\delta^3/kT) \cdot t$ $\qquad$ (5-22)

将上式与 (5-21) 式比较，仅系数相差四倍，形式完全相同。因此，按照体积扩散机构，烧结颈长大应服从 $x^5/a^2\text{-}t$ 的直线关系。如果以 $\ln(x/a)$ 对 $\ln t$ 作图，可得一条直线，对纵轴的斜率应接近 5。

库钦斯基用粒度为 $15\sim35\mu m$ 的三种球形铜粉和 $350\mu m$ 的球形银粉，分别在相同的金属平板上烧结，根据烧结后颗粒的断面测得：铜粉在 $500\sim800℃$ 氢气中烧结 90h，$\ln(x/a)$ 与 $\ln t$ 的关系如图 5-11 所示。将实验数据代入 (5-22) 式计算不同温度下 Cu 的自扩散系数 D_v，再以 $\ln D_v$ 对 $1/T$ 作图求出 D° 与活化能 Q 值：如 Cu 的 $D_v^\circ = 700\mathrm{cm}^2/\mathrm{s}$，$Q = 176\mathrm{kJ/mol}$。这些数值与放射性同位素所测得的结果是吻合的，这就证实了体积扩散机构。

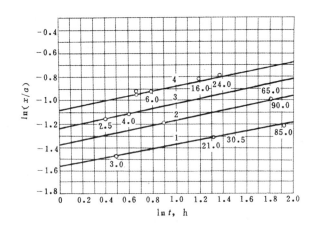

图 5-11　各种温度下烧结铜粉的实验曲线

1—500℃；2—650℃；3—700℃；4—800℃

由空位体积扩散机构可以推导烧结后期球形孔隙收缩的动力学。因为孔隙收缩速率取决于孔隙表面的过剩空位向邻近晶界的扩散速率，而孔隙表面的过剩空位浓度应为 $\gamma\Omega c_v^\circ/kTr$（$r$ 为孔隙半径），孔隙表面至晶界的平均距离取为 r，则空位浓度梯度应为 $\gamma\Omega c_v^\circ/kTr^2$。故孔隙收缩（$\mathrm{d}r<0$）速率可由扩散第一定律计算：

$$\mathrm{d}r/\mathrm{d}t = -D_v'\nabla c_v = -D_v\gamma\Omega/kTr^2 \qquad (D_v = D_v'c_v^\circ)$$

移项后 $\qquad\qquad r^2\mathrm{d}r/\mathrm{d}t = -D_v\gamma\Omega/kT$

定积分后得到孔隙体积收缩公式

$$r_0^3 - r^3 = (3\gamma\Omega/kT) \cdot D_v t \qquad (5\text{-}23)$$

可用铜丝束作烧结实验来验证上述方程[13,17]。假定孔隙为圆柱状，原始半径为 r_0，以 $(r_0^3-r^3)$ 对烧结时间 t 在不同温度下作图得到如图 5-12 所示三条直线。由直线的斜率和 (5-23) 式可计算铜的自扩散系数 D_v，证明与已知数据是一致的。

金捷里-柏格根据图 5-5（b）模型，以球中心靠拢的速率代表烧结收缩速率，则从几何关系可以证明

$$d(1 - \cos\theta)/dt = d(x^2/2a^2)/dt$$

将上式与（5-22）式联立求解可得线收缩率为

$$\Delta L/L_0 = [20\gamma\delta^3 D_v/\sqrt{2}\,a^3 kT]^{2/5} \cdot t^{2/5} \tag{5-24}$$

用直径 $100\mu m$ 的球形铜粉，在温度 950～1050℃下烧结在铜板上，测定线收缩率与时间，按自然对数坐标作成图 5-13。两直线的斜率接近 2/5，从而证明（5-24）式是正确的。

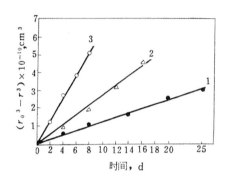

图 5-12　烧结铜丝束时孔隙体积
收缩与时间的关系

1—950℃；2—1000℃；3—1050℃

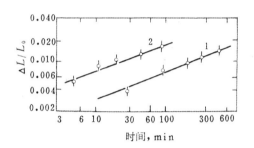

图 5-13　球形铜粉烧结线收缩率与时间的关系

1—950℃，斜率＝2.1/5；2—1000℃，斜率＝1.9/5

四、表面扩散

蒸发与凝聚机构要以粉末在高温时具有较大饱和蒸气压为先决条件，然而通过颗粒表面层原子的扩散来完成物质迁移，却可以在低得多的温度下发生。事实上，烧结过程中颗粒的相互联结，首先是在颗粒表面上进行的，由于表面原子的扩散，颗粒粘结面扩大，颗粒表面的凹处逐渐被填平。粉末极大的表面积和高的表面能，是粉末烧结的一切表面现象（包括表面原子扩散）的热力学本质。塞斯（Seith）研究纯金属粉固相烧结时发现，表面自扩散导致颗粒间产生"桥接"和烧结颈长大。邵尔瓦德也认为，当烧结体内未完全形成隔离闭孔之前，表面扩散对物质的迁移具有特别重要的作用。费多尔钦科根据测定金属粉末在烧结过程中比表面积的变化，计算表面扩散的数据，并证明比表面减小的速度与烧结的温度和时间有关，由比表面随时间的变化关系可以计算一定烧结温度下的表面扩散系数，而由其温度关系又可以计算表面扩散的激活能。他由此得出结论：烧结粉末比表面的变化服从一般的扩散规律，例如铁粉烧结的激活能测定为 $67kJ/mol$，正好等于用不同方式将铁从结晶面分开所消耗的功。苗勒尔（Muller）更借助电镜研究了钨粉烧结的表面扩散现象，测定激活能为 $126～445kJ/mol$，取决于钨的不同结晶面。

多数学者认为，在较低和中等烧结温度下，表面扩散的作用十分显著，而在更高温度时，逐渐被体积扩散所取代。烧结的早期，有大量的连通孔存在，表面扩散使小孔不断缩小与消失，而大孔隙增大，其结果好似小孔被大孔所吸收，所以总的孔隙数量和体积减少，同时有明显收缩出现；然而在烧结后期，形成隔离闭孔后，表面扩散只能促进孔隙表面光滑，孔隙球化，而对孔隙的消失和烧结体的收缩不产生影响。

原子沿着颗粒或孔隙的表面扩散，按照近代的扩散理论，空位机制是最主要的，空位扩散比间隙式或换位式扩散所需的激活能低得多。因位于不同曲率表面上原子的空位浓度或化学位不同，所以空位将从凹面向凸面或从烧结颈的负曲率表面向颗粒的正曲率表面迁移，而与此相应地，原子朝相反方向移动，填补凹面和烧结颈。

金属粉末表面有少量氧化物、氢氧化物，也能起到促进表面扩散的作用。

库钦斯基根据图 5-5 (a) 模型，推导了表面扩散的速度方程式。烧结颈表面的过剩空位浓度梯度，按（5-7）式为 $\Delta c_v/\rho = c_v{}^\circ \cdot \gamma\Omega/kT\rho^2$。假定表面扩散是在烧结颈一个原子厚的表层中进行，则扩散断面积 $A = 2\pi x\delta$，又 $V = \pi x^4/2a$，$\rho = x^2/2a$，原子表面扩散系数 $D_s = D_s{}'c_v{}^\circ\Omega$（$D_s{}'$ 为空位表面扩散系数）。将上述的关系式一并代入连续方程式，得

$$dV/dt = (2A \cdot \Delta c_v/\rho)D_s{}'\Omega$$

得 $$x^6/a^3 \cdot dx = (8\gamma\delta^4/kT) \cdot D_s dt$$

积分后 $$x^7/a^3 = (56D_s\gamma\delta^4/kT) \cdot t \tag{5-25}$$

该式表示烧结颈半径的 7 次方与烧结时间成正比。

粉末愈细，比表面愈大，表面的活性原子数愈多，表面扩散就愈容易进行。图 5-14 是由烧结各种粒度铜粉的实验所测定的自扩散系数 D_v 与温度的关系曲线。当温度较低时，测定的数据与按体积扩散预计的直线关系发生很大偏离，即实际的扩散系数偏高，这说明低温烧结时，除体积扩散外，还有表面扩散起作用。

用 $3\sim15\mu m$ 球形铜粉于铜板上于 $600\,^\circ\text{C}$ 进行低温烧结实验测定 $\ln(x/a)$ 与 $\ln t$ 的关系直线，求得斜率为 6.5，与（5-25）式中 x 的指数 7 接近。并且由 $\ln D_s$-$1/T$ 的关系直线可以测定表面扩散激活能 $Q_s = 235\text{kJ/mol}$，$D_s{}^\circ = 10^7\text{cm}^2/\text{s}$，可见，铜的 Q_s 与 Q_v 相近，而 $D_s{}^\circ$ 比 $D_v{}^\circ$ 大 10^5 倍之多。这说明，当以表面扩散为主时，活化原子的数目大约是体积扩散时的 10^5 倍。

其它学者，如卡布雷拉（Cabrera）[8]、罗克兰（Rockland）[17]、皮涅斯[12]、喜威德（Schwed）[8]等也从理论上分别导出表面扩散的特征方程，虽然指数关系各有差别，但多数与 x^7-t 的关系接近。

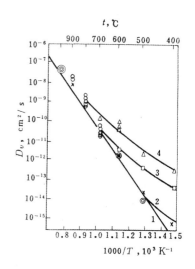

图 5-14　烧结铜粉的自
扩散系数与温度的关系
1—40$\sim$50μm；2—20$\sim$30μm；
3—10$\sim$15μm；4—3$\sim$5μm

五、晶界扩散

前已述及，空位扩散时，晶界可作为空位"阱"，晶界扩散在许多反应或过程中起着重要的作用。晶界对烧结的重要性有两方面：（1）烧结时，在颗粒接触面上容易形成稳定的晶界，特别是细粉末烧结后形成许多的网状晶界与孔隙互相交错，使烧结颈边缘和细孔隙表面的过剩空位容易通过邻接的晶界进行扩散或被它吸收；（2）晶界扩散的激活能只有体积扩散的一半，而扩散系数大 1000 倍，而且随着温度降低，这种差别增大。

晶界扩散机构已得到许多实验的证明。图 5-15[18]为铜丝烧结后的断面金相组织，从中看到，靠近晶界的孔隙总是优先消失或减少。

霍恩斯彻拉（Hornstra）[4]发现，烧结材料中晶界也能发生弯曲，并且当弯曲的晶界向

280

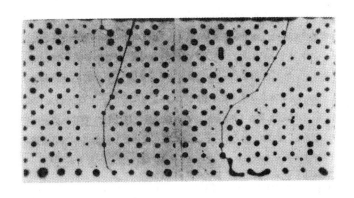

图 5-15　直径为 0.13mm 的铜丝绕在铜棒上，

在 1075℃氢气中烧结 408h 后的断面（×44）

曲率中心方向移动时，大量的空位将被吸收。伯克（Burke）[19]在研究 Al_2O_3 烧结时发现，在孔隙浓度、收缩及晶界移动这三者之间存在密切的关系：分布在晶界附近的孔隙总是最先消失，而隔离闭孔却长大并可能超过原始粉末的大小，这证明在发生体积扩散时，原子是从晶界向孔隙扩散的。

图 5-16[19]为烧结 Al_2O_3 的金相组织。弯曲晶界移动并在扫过的面上消除微孔，但是当晶界移到新位置时，微孔将聚集成大孔隙，对晶界的继续移动起阻碍作用，直至空位通过晶界很快向外扩散，孔隙减小后，晶界又能克服阻力而继续移动。烧结金属的晶粒长大过程，一般就是通过晶界移动和孔隙消失的方式进行的。

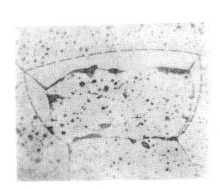

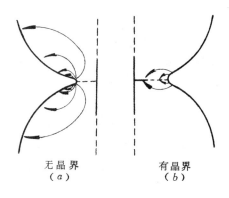

无晶界
（a）

有晶界
（b）

图 5-16　氧化铝粉烧结时由于晶界移动所形成的　　图 5-17　空位从颗粒接触面向颗粒

无孔隙区域，虚线表示原始的晶界位置　　　　　　表面或晶界扩散的模型

晶界对烧结颈长大和烧结体收缩所起的作用，可用图 5-17 模型[14]来说明。如果颗粒接触面上未形成晶界，空位只能从烧结颈通过颗粒内向表面扩散，即原子由颗粒表面填补烧结颈区。如果有晶界存在，烧结颈边缘的过剩空位将扩散到晶界上消失，结果是颗粒间距缩短，收缩发生。

伯克[19]以图 5-18 的模型说明晶界对收缩的作用。（a）代表孔隙周围的空位向晶界（空位阱）扩散并被其吸收，使孔隙缩小、烧结体收缩；（b）代表晶界上孔隙周围的空位沿晶界（扩散通道）向两端扩散，消失在烧结体之外，也使孔隙缩小、烧结体收缩。

库钦斯基的实验证明了晶界在空位自扩散中的作用：颗粒粘结面上有无晶界存在对体积扩散特征方程(x^5/a^2-t)中t前面的系数影响很大，有晶界比无晶界时增大两倍。

根据两球模型，假定在烧结颈边缘上的空位向接触面晶界扩散并被吸收，采用与体积扩散相似的方法[11]，可以导出晶界扩散的特征方程

$$x^6/a^2 = (960\gamma\delta^4 D_b/kT) \cdot t \quad (5\text{-}26)$$

如果用半径为a的金属线平行排列制成烧结模型，这时扩散层假定为一个原子厚度（(5-26)式为5个原子厚度），则晶界扩散的速度方程为

$$x^6/a^2 = (48\gamma\delta^4 D_b/\pi kT) \cdot t \quad (5\text{-}27)$$

库钦斯基由球-平板模型推导的晶界扩散方程为

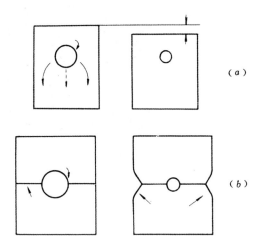

图 5-18　晶界、空位与收缩的关系模型

(a) 晶界成为空位阱；(b) 晶界成为空位扩散通道

$$x^6/a^2 = (12\gamma\delta^4 D_b/kT) \cdot t \quad (5\text{-}28)$$

式中　D_b——晶界扩散系数。

由两球模型导出的收缩动力学方程为

$$\Delta L/L_0 = [3\gamma\delta^4 D_b/a^4 kT]^{1/3} \cdot t^{1/3}$$

式中　$\Delta L/L_0$——是用两球中心距靠拢代表的线收缩率。

六、塑性流动

烧结颈形成和长大可看成是金属粉末在表面张力作用下发生塑性变形的结果。这一观点，最早是由谢勒（Shaler）和乌尔弗（Wulff）[20,21]提出。他们与同时代的弗仑克尔、克拉克-怀特（Clark-White）[22]、麦肯济（Mackenzie）、舒特耳沃思（Shuttleworth）[23]和犹丁（Udin）[24]等人，成为流动学派的代表。

塑性流动与粘性流动不同，外应力σ必须超过塑性材料的屈服应力σ_y才能发生。塑性流动（又称宾哈姆（Bingham）流动）的特征方程可写成[25]

$$\eta \cdot d\varepsilon/dt = \sigma - \sigma_y \quad (5\text{-}29)$$

与纯粘性流动（又称牛顿粘性流动）的特征方程$\sigma = \eta \cdot d\varepsilon/dt$比较，仅差一项代表塑性流动阻力的$\sigma_y$。

麦肯济-舒特耳沃思和克拉克-怀特等人用宾哈姆体模型，分别导出代表塑性流动的致密化方程，作为研究烧结后期形成闭孔的收缩和热压致密化过程的理论基础。

塑性流动理论的最新发展是将高温微蠕变理论应用于烧结过程。皮涅斯[12]最早提出烧结同金属的扩散蠕变过程相似的观点，并根据扩散蠕变与应力作用下空位扩散的关系，找出代表塑性流动阻力的粘性系数与自扩散系数的关系式$1/\eta = D\delta^3/kTL^2$。60年代末期，勒尼尔（Lenel）和安塞尔（Ansel）[26,27]用蠕变理论定量研究了粉末烧结的机构，总结出相应的烧结动力学方程式。

金属的高温蠕变是在恒定的低应力下发生的微变形过程，而粉末在表面应力（约0.2～

0.3MPa）作用下产生缓慢的流动，同微蠕变极为相似，所不同的只是表面张力随着烧结的进行逐渐减小，因此烧结速度逐渐变慢。勒尼尔和安塞尔认为在烧结的早期，表面张力较大，塑性流动可以靠位错的运动来实现，类似蠕变的位错机构；而烧结后期，以扩期流动为主，类似低应力下的扩散蠕变，或称纳巴罗-赫仑（Nabbarro-Herring）微蠕变。扩散蠕变是靠空位自扩散来实现的，蠕变速度与应力成正比；而高应力下发生的蠕变是以位错的滑移或攀移来完成的。

以上讨论的烧结物质迁移机构，可以用一个动力学方程通式描述

$$x^m/a^n = F(T) \cdot t$$

$F(T)$ 仅仅是温度的函数，但在不同烧结机构中，包含不同的物理常数，例如扩散系数（D_v、D_s、D_b）、饱和蒸气压 p_0、粘性系数 η 以及许多方程共有的比表面能 γ，这些常数均与温度有关。各种烧结机构特征方程的区别主要反映在指数 m 与 n 的不同搭配（见表5-2）。

用两球模型推导烧结收缩的动力学方程式如表 5-3[7] 所示。

七、综合作用烧结理论

烧结机构的探讨丰富了对烧结物理本质的认识，利用模型方法研究烧结这一复杂的微观过程，具有科学的抽象化和典型化的特点。但是实际的烧结过程，比模型研究的条件复杂得多，上述各种机构可能同时或交替地出现在某一烧结过程中。如果在特定的条件下一种机构占优势，限制着整个烧结过程的速度，那么它的动力学方程就可作为实际烧结过程的近似描述。

表 5-2　$x^m/a^n = F(T) \cdot t$ 的不同表达式[17]

机　　构	研　究　人	m	n	$m-n$
蒸发与凝聚	库钦斯基	3	1	2
	金捷里-柏格	3	1	2
	皮涅斯	7	3	4
	霍布斯-梅森	5	2	3
表面扩散	库钦斯基	7	3	4
	卡布勒拉	5	2	3
	斯威德 $\pi\rho \gg y_s$[①]	5	2	3
	$\pi\rho \ll y_s$	3	1	2
	皮涅斯	6	2	4
	罗克兰	7	3	4
体积扩散	库钦斯基	5	2	3
	卡布勒拉	5	2	3
	皮涅斯	4	1	3
	罗克兰	5	2	3
晶界扩散	库钦斯基、罗克兰	6	2	4
粘性流动	弗仑克尔、库钦斯基	2	1	1

① $y_s^2 = D_s' \tau_s$。D_s' 为吸附原子的表面扩散系数；τ_s 为吸附原子为了到达平衡浓度的弛豫时间。

1. 关于烧结机构理论的应用

烧结理论目前只指出了烧结过程中各种可能出现的物质迁移机构及其相应的动力学规律，而后者只有当某一种机构占优势时，才能够应用。不同的粉末、不同的粒度、不同的烧结温度或等温烧结的不同阶段以及不同的烧结气氛、方式（如外应力）等都可能改变烧结的实际机构和动力学规律。

表 5-3　烧结收缩方程表达式

作　者	科布尔（Coble）[29]	库钦斯基与艾奇诺斯（Ichinose）[30]	金捷里-柏格[14]
晶界作为空位阱	$\Delta L/L_0 =$ $-\left(2\dfrac{\gamma D_v \Omega}{RTa^3}\right)^{1/2} \cdot t^{1/2}$	$\Delta L/L_0 =$ $-\left(\dfrac{\pi \gamma D_v \Omega}{3\sqrt{2}\,RTa^3}\right)^{2/5} \cdot t^{2/5}$	$\Delta L/L_0 =$ $-\left(10\sqrt{2}\dfrac{\gamma D_v \Omega}{RTa^3}\right)^{2/5} \cdot t^{2/5}$
颗粒表面作为空位阱		$\Delta L/L_0 = 0$	$\Delta L/L_0 =$ $-\dfrac{n}{8}\left(40\dfrac{\gamma D_v \Omega}{RTa^3}\right)^{4/5} \cdot t^{4/5}$ （n 为每个颗粒的接触点数）

蒸气压高的粉末的烧结以及通过气氛活化的烧结中，蒸发与凝聚不失为重要的机构；在较低温度或极细粉末的烧结中，表面扩散和晶界扩散可能是主要的；对于等温烧结过程，表面扩散只在早期阶段对烧结颈的形成与长大以及在后期对孔隙的球化才有明显的作用。但是仅靠表面扩散不能引起烧结体的收缩。晶界扩散一般不是作为孤立的机构影响烧结过程，总是伴随着体积扩散出现，而且对烧结过程起催化作用。晶界对致密化过程最为重要，明显的收缩发生在烧结颈的晶界向颗粒内移动和晶粒发生再结晶或聚晶长大的时候。曾有人计算过，烧结致密化过程的激活能大约等于晶粒长大的激活能，说明这两个过程是同时发生并互相促进的。

大多数金属与化合物的晶体粉末，在较高的烧结温度，特别是等温烧结的后期，以晶界或表面为物质源的体积扩散总是占优势的。按最新的观点，体积扩散是纳巴罗-赫仑扩散蠕变，即受空位扩散限制的位错攀移机构。烧结的明显收缩是体积扩散的直接结果，而晶界、位错与扩散空位之间的交互作用引起收缩、晶粒大小和内部组织等一系列复杂的变化。

弗仑克尔粘性流动只适用于非晶体物质，某些晶态物质如 ThO_2、ThO_2-CaO 固溶体、TiO_2 的烧结也大致服从粘性流动的规律。塑性流动（宾哈姆流动）理论是对粘性流动理论的发展和补充，故在特征方程中亦出现粘性系数 η，但是近代金属理论已将粘性系数与自扩散系数联系起来。因此塑性流动理论已建立在金属微蠕变的现代理论基础上，重新获得了发展的生命力。

烧结机构的模型研究不仅是发展烧结理论的科学方法，而且对研究金属理论中的许多问题，如扩散、晶体缺陷、晶界、再结晶和相变等过程均有贡献。将烧结机构的特征方程同模型烧结实验结合起来，可测定物质的许多物理常数，如粘性系数、扩散系数、扩散激活能、饱和蒸气压等。

2. 烧结速度方程的限制

由理想几何模型导出的早期烧结过程的速度方程，虽然用一定的模拟实验可以验证和判断烧结的物质迁移机构，然而在更多情况下，其应用受到限制，这可以从下面三点得到说明：

（1）从模拟烧结实验作出 $\ln(x/a)$ 对 $\ln t$ 的坐标图，再由直线的斜率确定方程中 x 的指数并不总是准确地符合体积扩散 5、表面扩散 7、粘性流动 2、蒸发与凝聚 3，而是介于某两种数字之间的小数。这说明烧结过程可能同时有两种或两种以上机构起作用。例如库钦斯基实验证明，$4\mu m$ 铜粉烧结的指数为 6.5，比粗铜粉（$50\mu m$）的 5 要高，只能说明体积与表面扩散同时存在于细粉末的烧结过程。尼霍斯（Nichols）[31]引述了罗克兰[17]的实验，对于某些粗粉末，测得指数是 5.5，故应是体积扩散与晶界扩散同时起作用。

（2）对同一机构，不同人根据相同或不同的模型导出的速度方程的指数关系也不一致（表 5-2），主要原因是实验的对象（粉末种类和粒度）以及条件不相同，有次要的机构干扰烧结的主要机构。

（3）从理论上说，表面扩散机构不引起收缩，但有时在表面扩散占优势的实验条件下，如细粉末的低温烧结，仍发现有明显的收缩出现，这只能认为体积扩散或晶界扩散在上述条件下同时起作用。

鉴于上述原因，从 60 年代起，已有许多研究者注意到烧结是一种复杂过程，通常是两种或两种以上的机构同时存在，下面选出几种代表学说和速度方程加以说明。

3. 关于综合作用的烧结学说

应用罗克兰的体积扩散方程[17]

$$x^5/a^2 = (20\gamma\delta^3 D_v/kT)t \tag{5-30}$$

和表面扩散方程

$$x^7/a^3 = (34\gamma\delta^4 D_s/kT)t \tag{5-31}$$

当体积扩散与表面扩散同时存在时，烧结的速度方程应为

$$(dx/dt)_{v+s} = (dx/dt)_v + (dx/dt)_s \tag{5-32}$$

将罗克兰的两个方程微分然后代入上式

$$\left(\frac{dx}{dt}\right)_{v+s} = \frac{4D_v\gamma\delta^3}{kT} \cdot \frac{a^2}{x^4} + \frac{4.85D_s\gamma\delta^4}{kT} \cdot \frac{a^3}{x^6} \tag{5-33}$$

令

$$K_1 = \frac{4D_v\gamma\delta^3 a^2}{kT}, \quad K_2 = \frac{1.21\delta a D_s}{D_v}$$

则对（5-33）式积分，得到

$$\frac{x^5}{5} - \frac{K_2 x^3}{3} + K_2^2 x - K_2^{5/2}\mathrm{arctg}\left(\frac{x}{K_2^{1/2}}\right) = K_1 t \tag{5-34}$$

这就是体积与表面扩散同时作用的烧结颈长大动力学方程式。

关于非单一烧结机构问题，有许多的研究和评述[17,32,33,34,35,36]。约翰逊（Johnson）[34]研究了用 $78\sim150\mu m$ 的球形银粉在氩气中于接近熔点的温度下烧结，证明是体积-晶界扩散的联合机构，而威尔逊-肖蒙（Wilson-Shewmon）[37]测定了 $144\mu m$ 的球形铜粉的烧结颈长大规律，证明是表面扩散占优势，同时有体积-晶界扩散参加。

约翰逊等人[34]提出的体积扩散与晶界扩散的混合扩散机构是有一定代表性的学说。运用了模型的几何关系，进行详细的数学推导，得到表示均匀球形粉末压坯烧结时的线收缩率公式

$$\left(\frac{\Delta L}{L_0}\right)^{2.1} \cdot \frac{d(\Delta L/L_0)}{dt} = \frac{2\gamma\Omega D_v}{kTr^3}\left(\frac{\Delta L}{L_0}\right) + \frac{\gamma\Omega D_b}{2kTr^4}$$

式中　$\Delta L/L_0$——压坯相对线收缩率，L_0 为压坯原始长度；

r——粉末球半径；

D_v、D_b——体积与晶界扩散系数。

上式右边第一项代表体积扩散引起的收缩，第二项代表晶界扩散对收缩的影响。他们用膨胀仪测量压坯的烧结收缩值，应用上式计算银的扩散系数：800℃时，$D_v = 4.8 \times 10^{-10} \text{cm}^2/\text{s}$，$D_b = 1.4 \times 10^{-13} \text{cm}^2/\text{s}$，与放射性示踪原子法测定的数据十分接近。

我国学者黄培云自 1958 年开始研究烧结理论，在 1961 年 10 月的沈阳金属物理学术会议上发表了综合作用烧结理论[38]。他总结和回顾了关于烧结机构的各种学派的论点和争论后，提出烧结是扩散、流动及物理化学反应（蒸发凝聚、溶解沉积、吸附解吸、化学反应）等的综合作用的观点。由扩散、流动、物理化学反应这三个基本过程引起烧结物质浓度的变化，用数理方程表达，分别为

扩散 $$\partial c/\partial t = D \cdot \partial^2 c/\partial x^2 \tag{5-35}$$

流动 $$\partial c/\partial t = -v \cdot \partial c/\partial x \tag{5-36}$$

物理化学反应 $$\partial c/\partial t = -Kc \tag{5-37}$$

不难看出以上三式分别是扩散第二方程、流动方程和一级化学反应方程，其中 D、v 和 K 分别为扩散系数（不随浓度 c 改变），流动速度和反应速度常数。由于扩散、流动和物理化学反应综合作用的结果，烧结物质的浓度随时间的改变率 $\partial c/\partial t$ 应是以上三种过程引起的浓度变化的总和，即

$$\partial c/\partial t = D \cdot \partial^2 c/\partial x^2 - v \cdot \partial c/\partial x - Kc \tag{5-38}$$

当用烧结体内空穴浓度随位置和时间的变化关系描述致密化过程时，上式可改写成

$$\partial c/\partial t = D \cdot \partial^2 c/\partial x^2 - v \cdot \partial c/\partial x - K(c - c_\infty) \tag{5-39}$$

式中 c，c_∞——烧结在 t 时刻和完成时（$t=\infty$）的空穴浓度；

x——沿 x 轴的物质迁移的变量。

如令 $\theta = \dfrac{c - c_\infty}{c_0 - c_\infty}$（$c_0$ 是烧结开始空穴浓度）

则（5-39）式又可写成（微分 θ 时，c_0 和 c_∞ 为常数）

$$\partial \theta/\partial t = D \partial^2 \theta/\partial x^2 - v \partial \theta/\partial x - K\theta \tag{5-40}$$

在适当边界和初始条件下解上面偏微分方程式，可得到解的通式

$$\theta = \{(1-y)\exp(vL/D) + y\exp[-vL/2D(1-y)]\}\exp[-(v^2/4D + K)t]$$

式中 $y = x/L$；

L——烧结试样在 x 轴方向的长度。

当 $vL/2D$ 值不大时，上式右边大括弧内项接近于 1，故有

$$\theta = \exp[-(v^2/4D + K)t]$$

两边取对数 $$-\ln\theta = (v^2/4D + K) t \tag{5-41}$$

当 c_∞ 与 c_0 比较可以不计时，$\theta \approx c/c_0$。再用 ρ_0、ρ_m 代表烧结开始和结束时的密度，ρ 代表 t 时刻的密度。由于 $c \propto 1 - \dfrac{\rho}{\rho_m}$，$c_0 \propto 1 - \dfrac{\rho_0}{\rho_m}$，故 $\theta \propto \dfrac{\rho_m - \rho}{\rho_m - \rho_0}$。

从弗仑克尔的著作引证了下述物理常数的温度关系式：

扩散系数 $$D \propto \exp(-U_2/RT)$$

粘性系数 $$\eta \propto \exp(U_1/RT)$$

流动常数 $$v \propto \frac{1}{\eta} \propto \exp(-U_1/RT)$$

上面三式中，U_1、U_2 为过程激活能。而物理化学反应的速度常数也服从类似的温度关系式

$$K \propto \exp(-U_3/RT)$$

式中　U_3——激活能。

因此（5-41）式右边变为

$$\left(\frac{v^2}{4D}+K\right)t \propto \left\{\frac{A_1 \cdot \exp(-2U_1/RT)}{\exp(-U_2/RT)}+A_2\exp(-U_3/RT)\right\} \cdot t$$

式中　A_1，A_2——比例常数。

将上式右边 ｛　｝内较大的一项提出括号外，即

$$A \cdot \exp[-(2U_1-U_2)/RT)]\left\{1+\frac{\dfrac{A_1}{A_2} \cdot \exp(-U_3/RT)}{\exp[-(2U_1-U_2)/RT]}\right\} \cdot t$$

因大括弧内数值变化不大（一般为1～2），可作常数处理。因此当时间 t 不变即烧结至某时刻后，（5-41）式可化成

$$-\ln\theta \propto \exp[-(2U_1-U_2)/RT]$$

因 U_1、U_2、R 均为常数，故 θ 仅为烧结温度 T 的函数

$$-\ln\theta \propto \exp(-1/T)$$

将 $\theta \propto \dfrac{\rho_m-\rho}{\rho_m-\rho_0}$ 的关系式代入上式并取对数后得到

$$-\ln\ln\left(\frac{\rho_m-\rho_0}{\rho_m-\rho}\right) \propto \frac{1}{T} \tag{5-42}$$

这就是黄培云综合烧结作用的理论方程式，表示（$\rho_m-\rho_0$）/（$\rho_m-\rho$）值的双对数与烧结温度的倒数 $1/T$ 成线性关系。用金属 Ni、Co、Cu、Mo、Ta 的粉末烧结实验数据以及 W 粉活化烧结、Cu、BeO 粉的热压实验数据代入（5-42）式验证，均符合得很好。

第四节　单元系烧结

单元系烧结是指纯金属或有固定化学成分的化合物或均匀固溶体的粉末在固态下的烧结，过程中不出现新的组成物或新相，也不发生凝聚状态的改变（不出现液相），故也称为单相烧结。

单元系烧结过程，除粘结、致密化及纯金属的组织变化之外，不存在组元间的溶解，也不形成化合物，对研究烧结过程最为方便。因此，最早的烧结理论和模型都是研究纯金属或氧化物材料。

一、烧结温度与烧结时间

单元系烧结的主要机构是扩散和流动，它们与烧结温度和时间的关系极为重要。

莱因斯（Rhines）[2]用如图 5-19 所示的模型描述粉末烧结时二维颗粒接触面和孔隙的变化。（a）表示粉末压坯中，颗粒间原始的点接触；（b）表示在较低温度下烧结，颗粒表面原子的扩散和表面张力所产生的应力，使物质向接触点流动，接触逐渐扩大为面，孔隙相应缩小；（c）表示高温烧结后，接触面更加长大，孔隙继续缩小并趋近球形。

无论扩散还是流动，当温度升高后过程均加快进行。因单元系烧结是原子自扩散，当温度低于再结晶温度时，扩散很慢，原子移动的距离也不大，因此颗粒接触面的扩大很有限。只有当超过再结晶温度使自扩散加快后烧结才会明显地进行。如果流动是一种塑性流

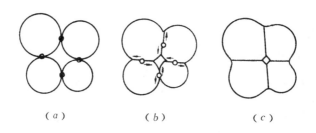

图 5-19 烧结过程接触面和孔隙形状、尺寸的变化模型

动（变形），温度升高也是有利的；虽然引起变形的表面应力也随温度升高而降低，但材料的屈服极限降低更快。

琼斯[8]根据金属烧结同焊接机构相似的观点，认为引起烧结的力就是决定材料理论强度的联结力，而该力总是随温度升高而降低的。但是，阻碍烧结的一切因素也随温度升高而更迅速地减弱，所以颗粒间的联结强度总是随温度升高而增大。这些阻碍因素包括：（1）颗粒表面的不完全接触；（2）颗粒表面的气体和氧化膜；（3）化学反应或易挥发物析出的气体产物；（4）颗粒本身的塑性较差。

增大压制压力，可改善金属颗粒间的接触；由于气体或杂质（包括氧化物）的挥发还原或溶解等反应使颗粒间的金属接触增加；温度升高使颗粒塑性大大提高，这些均是对金属粉末烧结过程有利的。但是氧化物粉末，一般在接近熔点的温度下才能充分烧结，金属粉末则可在较宽的温度范围烧结。对塑性差的粉末，可采用合适的粒度组成，通过压制尽可能获得高的密度，改善颗粒的接触，使烧结时接触面上有更多的原子形成联结力。

单元系粉末烧结，存在最低的起始烧结温度，即烧结体的某种物理或力学性质出现明显变化的温度。许提[2]以发生显著致密化的最低塔曼温度指数 α（烧结的绝对温度与材料熔点之比）代表烧结起始温度，并测定出：Au—0.3，Cu—0.35，Ni—0.4，Fe—0.4，Mn—0.45，W—0.4 等，大致遵循金属熔点愈高，α 指数愈低的规律。但如果以另外的性能作标准，则烧结起始温度改变。因此，准确地确定一种粉末的烧结起始温度是较困难的。

金斯通-许提[39]测定了电解铜粉的压坯在不同温度中烧结后的各种性能，作成如图 5-20 所示的曲线。从图可看到，在密度基本上不增加的温度范围内，抗拉强度、特别是电导率有明显的变化。电导率对反映颗粒间的接触在低温烧结阶段的变化十分敏感，所以是判断烧结程度和起始温度的主要标志。低温烧结时，孔隙特性不变化，致密化未发生。利用热膨胀仪来研究和测定烧结体的收缩也是一种有效的方法。

达维尔用测定金属辊对金属丝在不同温度时的咬入性来判断烧结的起始温度，发现各种金属的 α 值在 0.43~0.5，即比金属的再结晶温度稍高一些。

实际的烧结过程，都是连续烧结，温度逐渐升高达到烧结温度保温，因此各种烧结反应和现象也是逐渐出现和完成的。大致上可以把单元系烧结划分成三个温度阶段[1]。

（1）低温预烧阶段（$\alpha \leqslant 0.25$） 主要发生金属的回复，吸附气体和水分的挥发，压坯内成形剂的分解和排除。由于回复消除了压制时的残余弹性应力，颗粒接触反而相对减少，加上挥发物的排除，故压坯体积收缩不明显。在这阶段，密度基本维持不变，但因颗粒间金属接触增加，导电性有所改善。

（2）中温升温烧结阶段（$\alpha \leqslant 0.4 \sim 0.55$） 开始出现再结晶，首先在颗粒内，变形的晶粒得以恢复，改组为新晶粒；同时颗粒表面氧化物被完全还原，颗粒界面形成烧结颈。故电阻率进一步降低，强度迅速提高，相对而言密度增加较缓慢。

（3）高温保温完成烧结阶段（$\alpha = 0.5 \sim 0.85$） 烧结的主要过程（如扩散和流动）充分进行并接近完成，形成大量闭孔，并继续缩小，使得孔隙尺寸和孔隙总数均有减少，烧结体密度明显增加。保温足够长时间后，所有性能均达到稳定值而不再变化。长时间烧结使聚晶得以长大，这对强度影响不大，但可能降低韧性和延伸率。

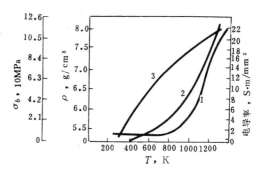

图 5-20 烧结温度对电解铜粉烧结
（H_2，2 小时）的各种性能的影响
（单位压制压力 400MPa）

1—密度；2—抗拉强度；3—电导率

通常说的烧结温度，是指最高烧结温度，即保温时的温度，一般是熔点绝对温度的 $2/3 \sim 4/5$，温度指数 $\alpha = 0.67 \sim 0.80$，其低限略高于再结晶温度，其上限主要从技术及经济上考虑，而且与烧结时间同时选择。

烧结时间指保温时间，温度一定时，烧结时间愈长，烧结体性能也愈高。但时间的影响不如温度大，仅在烧结保温的初期，密度随时间变化较快，从图 5-21[6] 中可以看到这一点。实验也表明，烧结温度每升高 100℉（55℃）所提高的密度，需要延长烧结时间几十或几百倍才能获得。因此，仅靠延长烧结时间是难以达到完全致密的，而且延长烧结时间，会降低生产率，故多采取提高温度，并尽可能缩短时间的工艺来

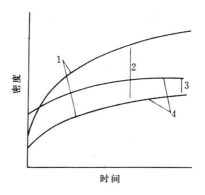

图 5-21 烧结密度-时间关系示意图

1—相同压坯密度；2—升高烧结温度；
3—提高压坯密度；4—相同烧结温度

保证产品的性能。当然过高地提高温度也会给生产设备和操作带来困难。

二、烧结密度与尺寸的变化

控制烧结件密度和尺寸的变化，对生产粉末零件极为重要，而在某种意义上来说，控制尺寸比提高密度更困难。因为密度主要靠压制控制，而尺寸不仅靠压制，还要靠烧结控制，可是零件烧结后各方向的尺寸变化（收缩）往往又是不同的。

在烧结过程中，多数情况下压制件总是收缩的，但有时也会膨胀。造成膨胀和密度降低的原因有：（1）低温烧结时压制内应力的消除，抵销一部分收缩，因此，当压力过高时，烧结后会胀大；（2）气体与润滑剂的挥发阻碍产品的收缩，因此升温过快，往往使产品鼓泡胀大；（3）与气氛反应生成气体妨碍产品收缩。当产品收缩时，闭孔中气体的压力可增至很大，甚至超过引起孔隙收缩的表面张应力，这时孔隙收缩就停止；（4）烧结时间过长或温度偏高，造成聚晶长大会使密度略为降低；（5）同素异晶转变可能引起比容改变而导

致体积胀大。

压制产品的收缩，在垂直或平行于压制方向上是不等的，一般说，垂直方向的收缩较大（图 5-22 (a)），但是也有相反的情况（图 5-22 (b)），主要取决于颗粒形状。为表示压坯各方向收缩的不均匀性，可采用收缩比 R/A ——径向（垂直压制方向）同轴向（平行压制方向）的收缩值之比来表示。$R/A=1$ 的情况不多，一般是 $R/A>1$ 或 $R/A<1$，R/A 偏离 1 愈大，收缩愈不均匀。影响 R/A 的因素有压制压力、粉末形状、压件高径比等。

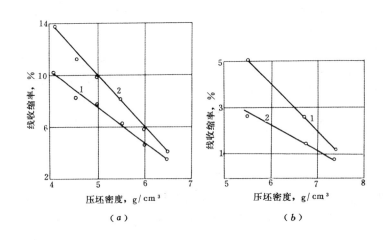

图 5-22　铁粉压坯烧结后的收缩率[6]

(a) 普通铁粉；(b) 片状铁粉

1—平行压制方向；2—垂直压制方向

三、烧结体显微组织的变化

粉末在适宜的条件下经压制、烧结可以获得与致密金属接近的性能。但对于一般的有孔烧结材料，显微组织中的孔隙形态、分布和大小对性能的影响最大。下面分别加以讨论。

1. 孔隙变化

尽管在某些情况下，烧结后的密度或尺寸变化不大，但是孔隙的形状、大小和数量的改变总是十分明显的。

烧结过程中，孔隙随时都在变化，由孔隙网络逐渐形成隔离的闭孔，孔隙球化收缩，少数闭孔长大。连通孔隙的不断消失与隔离闭孔的收缩是贯串烧结全过程中组织变化的特征。前者主要靠体积扩散和塑性流动，表面扩散和蒸发凝聚也起一定作用；闭孔生成后，表面扩散和蒸发凝聚只对孔隙球化有作用，但不影响收缩，塑性流动和体积扩散才对孔隙收缩起作用。有人认为空位通过体积扩散跑出烧结体外产生孔隙收缩，但实际上是空位通过扩散在晶界上聚集，形成所谓"空位团"或"空位片"，一旦它们长大到一定程度，就会"塌陷"而被许多新的原子层所取代。晶界的存在可认为是隔离闭孔收缩的先决条件，图 5-15、5-16 两张金相照片充分证明了这一点。但也有人认为，空位在晶界上移动十分缓慢，空位聚集成孔隙使移动的晶界锚住，因此，除非有再结晶发生，否则小孔隙在晶界上是稳定的，只有借助于塑性流动才能消除。

－300目雾化铜粉压制后于1000℃烧结，其烧结体的总孔隙度及开孔隙度与闭孔隙度的变化关系如图5-23[4]所示。总孔隙度＞10%时，以开孔隙为主；总孔隙度低于5%～10%时，大部分为闭孔隙。但是在一般的粉末烧结材料中，由于孔隙度均超过10%，所以大多数的孔隙为开孔隙。

闭孔的球化进行得很缓慢，所以在一般的烧结粉末制品中，多数孔隙仍为不规则状。因为粉末表面吸附的气体或其它非金属杂质对表面扩散和蒸发凝聚过程阻碍极大，只有极细粉末的烧结和某些化学活化烧结才能加快孔隙的球化过程。另外，提高烧结温度自然有利于孔隙球化。

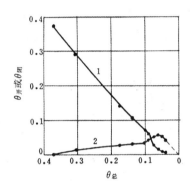

图 5-23 开孔隙度 $\theta_开$ 与闭孔隙度
$\theta_闭$ 随总孔隙度 θ 的变化
1—$\theta_开$；2—$\theta_闭$

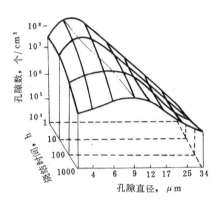

图 5-24 烧结时间对铜烧结体内孔隙
分布的影响，1000℃氢气中烧结

莱因斯[25]等人用铜粉在氢、氩、真空等气氛下烧结后，在显微镜下测定孔隙大小和数量。图5-24是在1000℃氢气下烧结所测得的结果，可以看到：随着烧结时间的延长，总孔隙数量减少，而孔隙平均尺寸增大；最小孔隙消失，而大于一定临界尺寸的孔隙长大并合并。烧结温度愈高，上述过程进行愈快。烧结后期，有些孔隙已大大超过原来的尺寸，而且在接近烧结体表面形成无孔的致密层。

2. 再结晶与晶粒长大

粉末冷压成形后烧结，同样发生回复、再结晶及晶粒长大等组织变化。回复使弹性内应力消除，主要发生在颗粒接触面上，不受孔隙的影响，在烧结保温阶段之前，回复就已基本完成。再结晶与烧结的主要阶段即致密化过程同时发生，这时原子重新排列、改组，形成新晶核并长大，或者借助晶界移动使晶粒合并，总之是以新的晶粒代替旧的，并常伴随晶粒长大的现象。粉末烧结材料的再结晶，有两种基本方式：

（1）颗粒内再结晶 冷压制后变形的颗粒，在超过再结晶温度时烧结可发生再结晶，转变为新的等轴晶粒。但由于颗粒变形的不均匀性，颗粒间接触表面的变形最大，再结晶成核也最容易，因此，再结晶具有从接触面向颗粒内扩展的特点。只有压制压力很高，颗粒变形程度极大时，整个颗粒内才可能同时进行再结晶。例如，用700MPa的单位压制压力压制电解铜粉,在600℃加热16h后作金相观察,整个颗粒的外形仍未起变化。

(2)颗粒间聚集再结晶　烧结颗粒间界面通过再结晶形成晶界,而且向两边颗粒内移动,这时颗粒合并,称为颗粒聚集再结晶。当粉末由单晶颗粒组成(如极细粉末)时,聚集再结晶就通过颗粒的合并而发生,晶粒明显长大。在 $\alpha=0.4\sim0.5$ 的温度下烧结,颗粒间产生"桥接",就是聚集再结晶的开始;而在达到 $\alpha=0.75\sim0.85$ 的温度以后,聚晶就剧烈长大,这时颗粒内和颗粒间的原始界面都变成新的晶界,无法区别。

烧结的回复、再结晶与晶粒长大的动力同烧结过程本身的动力是完全一致的。因为内应力和晶界的界面能与孔隙表面能一样,构成烧结系统的过剩自由能,因而回复使内应力消除,再结晶与晶粒长大使晶界面及界面能减小也使系统自由能降低。但是晶粒长大的动力一般要低于烧结过程的动力。计算表明:如果晶粒长大在多晶体内均匀进行,从 $1\mu m$ 长到1cm,自由能降低仅为 $500\sim2000J/kg$,所以晶粒长大或晶界移动很易受阻而停止,这些障碍包括第二相、杂质的粒子、孔隙和晶界沟。下面分别讨论晶界移动和晶粒长大受阻的情形。

1)孔隙的影响　孔隙是阻止晶界移动和晶粒长大的主要障碍。图 5-25[6] 表示晶界上如有孔隙,晶界长度(实际为晶界表面积)减小,晶界要移动到无孔的新位置去,就要增加晶界面和界面自由能,所以晶界移动困难。特别是大孔隙,靠扩散很难消失,常常残留在烧结后的晶界上,造成对晶界的钉扎作用。

但是,晶界一般是弯曲的,曲率愈大,晶界总长度也愈大。晶界就象崩紧的弦一样,力图伸展变直,以求降低晶界总能量,造成晶界向曲率中心方向移动的趋势。因此,某些曲率较大的晶界,有可能挣脱孔隙的束缚而移动,使晶界曲率减小,晶界总能量降低,以致可以补偿晶界跨越孔隙所增加的那部分晶界能量。金相照片显示了晶界扫过晶粒面上的无数小孔隙向前移动的情形:在晶界扫过的后面留下一片无孔隙的区域,显然是那些小孔隙被晶界吸收而消失的结果;但是留在晶界后面的大孔隙由于离晶界更远,空位扩散的路径更长,因而难于消失,这说明,烧结后期的残留孔隙大都分布在距离晶界较远的晶粒内部[4]。

由于孔隙对晶界移动的阻碍作用,烧结时晶粒长大总是发生在烧结的后期,即孔隙数量和大小明显减小以后。

2)第二相的作用　如图 5-26[6] 所示:当原始晶界(a)移动碰到第二相质点如杂质时,晶界首先弯曲,晶界线拉长(b),但这时杂质相的原始界面的一部分也变为晶界,使系统总的相界面和能量仍维持不变。但是,如果晶界继续移动,越过杂质相(c),基体与杂质相的那部分界面就得到恢复,系统又需增加一部分能量,所以晶界是不易挣脱质点的障碍向前移动的。当晶界的曲率不大,晶界变直所减小的能量不足以抵销这部分能量的增加时,杂质对晶界的钉扎作用就强,只有弯曲度大的晶界才能越过杂质移动。

第二相的体积百分数量愈大,对再结晶和晶粒长大的阻力就愈强,最后得到的晶粒就愈细;如果杂质体积百分数不变,质点尺寸愈大,对再结晶总的阻力相对减弱,因而晶粒也愈大。甄纳(Zener)提出下面公式计算再结晶后晶粒的大小:

$$d_f = \frac{d}{f} \tag{5-43}$$

式中　d_f —— 晶粒直径;

　　　d —— 第二相质点的平均直径;

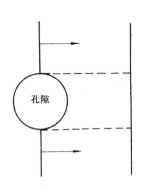

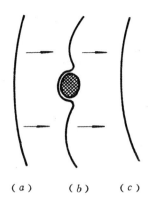

图 5-25　孔隙阻止晶界移动　　　　　图 5-26　晶界移动通过第二相质点

f —— 第二相体积百分数。

上式也可用来估计孔隙度对再结晶晶粒大小的影响,即计算能防止晶粒长大的最低孔隙度。假定晶粒完全不长大,即新晶粒 d_f 与原始晶粒 d_0 相等,而孔隙尺寸通常为 $d = d_0/10$,那么利用 (5-43) 式,则有

$$d/d_0 = d/d_f = f = 0.1$$

表示烧结后,当剩余孔隙度降低到 10% 以下时,晶粒才能开始长大,证明晶粒长大基本上只发生在烧结的后期。

3) 晶界沟的影响　在多晶材料内,露出晶体表面的晶界形成所谓晶界沟 (图 5-27),它是晶界和自由表面上两种界面张力 γ_b 和 γ_s 相互作用达到平衡的结果。晶界沟的大小用二面角 ψ 表示,根据力平衡原理,有下面方程式成立:

$$\cos(\psi/2) = \gamma_b/2\gamma_s$$

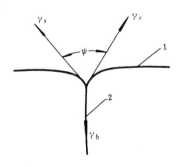

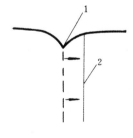

图 5-27　晶界沟的形成
1—晶体自由表面;2—晶粒界面

图 5-28　晶界沟上的晶界在晶粒内的移动
1—晶界沟;2—移动后的新晶界

当晶界沟上的晶界移动时 (图 5-28),晶界面将增加,使系统界面自由能增高,因此,晶界沟是阻止晶界移动或晶粒长大的[6]。

在致密材料内，晶界沟的阻碍作用不很强，但粉末烧结材料的晶粒细，并且粉末在高温烧结后形成许多类似金属高温退火的晶界沟，因此阻碍作用比较明显。

粉末烧结材料的再结晶同致密材料比较有以下的特点：

1）粉末烧结材料中如有较多的氧化物、孔隙及其它杂质，则聚晶长大受阻碍，故组织的晶粒较细；相反，粉末纯度愈高，晶粒长大趋势也愈大。

2）烧结材料中晶粒显著长大的温度较高，仅当粉末压制采用极高压力时，才明显降低。例如钨粉压坯，当单位压制压力为120MPa时，用金相方法测定的晶粒长大温度为1227℃；而在单位压制压力提高到500MPa时，降为927℃[2]。

3）粉末粒度影响聚晶长大。因为孔隙尺寸随粉末粒度增大而增大，对晶界移动的阻力也增加，故聚晶长大趋势减小。例如烧结细铁粉压坯，金相观察颗粒外形消失（标志聚集再结晶发生）的温度为800℃；而粗铁粉，甚至在1200℃还能清晰地分辨颗粒的轮廓[3]。

4）烧结金属在临界变形程度下，再结晶后晶粒显著长大的现象不明显，而且晶粒没有明显的取向性。因为粉末压制时颗粒内的塑性变形是不均匀的，也没有强烈的方向性。

四、影响烧结过程的因素

粉末的烧结性可以用烧结体的密度、强度、延性、电导率以及其它性能的变化来衡量，反过来也可根据这些变化来研究各种因素对烧结的影响。

对烧结起促进或阻碍作用，或者对物质迁移起加速或延缓作用的各种因素，是通过下面的一种或几种方式起作用的[7]：

（1）改变颗粒间的接触面积或接触状态；

（2）改变物质迁移过程的激活能；

（3）改变参与物质迁移过程的原子数目；

（4）改变物质迁移的方式或途径。

主要从四个方面讨论影响烧结的因素。

1. 结晶构造与异晶转变

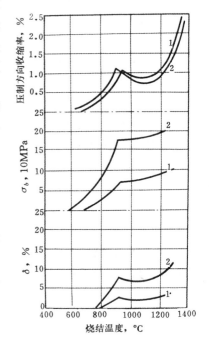

图 5-29 还原铁粉压坯烧结后收缩率、抗拉强度和延伸率随烧结温度的变化

1—单位压制压力 300MPa；
2—单位压制压力 700MPa

比较立方、六方和四方晶系的金属粉末的烧结行为，可发现烧结起始温度（以温度指数 α 代表）是随点阵对称性的降低而增高的。但是铅、锡、镉、锌等低熔点金属因为表面氧化膜极难除掉，掩盖了烧结性的优劣，不符合该规律。

关于异晶转变的影响，研究得最多的是铁粉烧结。在 α-Fe 区域，烧结迅速进行，这与 α-Fe 的自扩散系数高于 γ-Fe 的规律一致。如图 5-29[40]所示：铁粉在 $\alpha \rightarrow \gamma$ 的转变温度附近（800～950℃）烧结时，所有性能的变化曲线上均出现突变点（转折点）。这是因为异晶转变引起体积变化（$\alpha \rightarrow \gamma$ 比容减小），使孔隙度增大。粉末愈细，现象愈明显。另一原因是，铁在通过奥氏体转变临界温度 A_3 烧结时发生晶粒长大，使孔隙封闭在 γ-Fe 的粗晶粒内，破坏了颗粒间的接触，致使强度增高变慢。烧结铀在发生 $\alpha \rightarrow \beta$ 和 $\beta \rightarrow \gamma$ 异晶转变时，也出现类似的现象。

2. 粉末活性

粉末活性包括颗粒的表面活性与晶格活性两方面,前者取决于粉末的粒度、粒形(即粉末的比表面大小),后者由晶粒大小、晶格缺陷、内应力等决定。在其他条件相同时,粉末愈细,两种活性同时增高。

费道尔钦科[41]用 Fe、Ni、Co、Cr 及氧化物粉末研究了粉末的比表面与烧结活性之间的关系。粉末粒度减小将使烧结的起始温度降低,使收缩率增大(图 5-30[2]、5-31[2]、5-32[3])。一般说,低温还原和低温煅烧金属盐类得到的金属和氧化物粉末,具有较细的粒度和高的烧结活性。

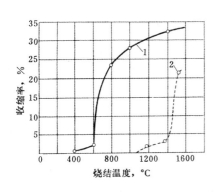

图 5-30　铁粉粒度对压坯烧结收缩率的影响
1—孔隙体积 10%,细粉(1μm);
2—孔隙体积 25%,粗粉(50μm)

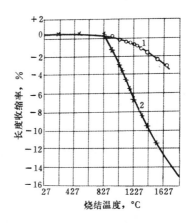

图 5-31　压制钨坯条在不同温度烧结的收缩值
1—粗粉末;2—细粉末

颗粒内晶粒大小对烧结过程也有相当大的影响。晶粒细,晶界面就多,对扩散过程有利,因此由单晶颗粒组成的粉末,烧结时晶粒长大的趋势小;而多晶颗粒则晶粒长大的倾向大。

粉末晶体的非平衡状态由过剩空位、位错及内应力等所决定,与制取粉末的方法关系很密切。高温煅烧的 Al_2O_3 粉,经长时间球磨后,活性提高,因为球磨会造成颗粒内大量的晶格缺陷。球磨对氧化物粉末活性的提高比金属粉末更显著,因为金属的再结晶温度低,在烧结致密化发生之前,再结晶过程就已开始,缺陷大部分得到回复。尽管这样,金属粉末由于冷加工造成的内应力对再结晶和烧结也起一定促进作用。格根津(Гегизин)和皮涅斯研究了存在内应力的电解铜粉的烧结收缩速率与温度的关系(图 5-33)。可以看出:在每一种升温速度下均出现收缩速率的极大值,而对应的温度又是不同的。在该温度下金属颗粒内的晶格畸变能释放得多,扩散系数最大。对于有大量内应力存在的金属粉末,减慢升温速度有利于回复和再结晶在较低温度下充分地完成,因而使烧结体在较低温度时就开始明显收缩。

3. 外来物质

主要讨论粉末表面的氧化物和烧结气氛的影响。

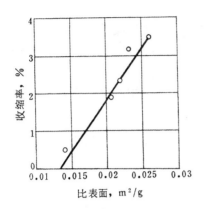

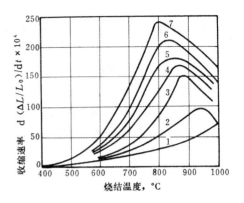

图 5-32　铁粉压坯烧结收缩率和粉末比面的关系　　　图 5-33　电解铜粉压坯在不同加热
速度下的收缩速率与烧结温度的关系[7]
1—50℃/s；2—2℃/s；3—0.8℃/s；4—0.4℃/s；
5—0.2℃/s；6—0.1℃/s；7—0.05℃/s

（1）粉末表面的氧化物，如果在烧结过程中能被还原或溶解在金属中，当氧化层小于一定厚度时（铜粉、铁粉的这个厚度分别为 40～50nm 和 40～60nm），对烧结有促进作用。因为氧化膜很快被还原成金属时，原子的活性增大，很容易烧结。许多实验证明预氧化烧结过程的激活能可以降低，但如果表面氧化物层太厚或不能被还原，反将阻碍烧结进行（扩散的障碍）。例如，铝粉的氧化膜在普通气氛下不被还原，很难烧结致密。不锈钢粉含有 Cr，也由于同样的原因，在露点较高或含碳的气氛下烧结性能差。低熔点金属如 Sn、Zn 等粉末，即使氧化膜很薄也对烧结造成很大阻碍。

（2）烧结气氛对不同粉末的影响不一样。难还原的金属粉末烧结所需气氛的还原性要强（氧分压低，湿度低），真空烧结对于多数金属的烧结都有利，但真空烧结使金属的挥发损失增大，成分改变，而且容易造成产品变形。烧结气氛中添加活性成分能活化某些粉末的烧结。气氛中氧的分压对氧化物材料的烧结影响最明显。在湿氢或氮、氩等惰性气体中烧结氧化物能降低烧结温度。如在水蒸气存在下烧结氧化铀，只需要 1300℃ 就能获得极高的密度。许多氧化物，在超过正常化学当量的氧含量下，如 UO_2 的 O/U 比值为 2.05～2.15时，烧结性能最好，只是烧结后还需在干氢中退火以去掉残余氧[7]。变价 CuO 粉末当离解压与气氛中氧的分压相等时，烧结进行得最快。

4. 压制压力

压制工艺影响烧结过程，主要表现在压制密度、压制残余应力、颗粒表面氧化膜的变形或破坏以及压坯孔隙中气体等的作用上。利尼尔发现，铜粉压坯的残余应力仅在烧结的低温（210～400℃）阶段对收缩有影响，因高温收缩前，内应力早已消除。许多金属粉末的烧结都有类似现象。如压制压力很高，烧结时由于内应力急剧消除使密度反而降低（因高压下，压坯密度已经很高），图 5-34 为不同压制压力下，烧结密度随温度变化的示意曲线。可见压力极高时，烧结后密度降低。

皮涅斯等人测定了铜粉压坯在升温和保温过程的收缩曲线，如图 5-35 所示：压坯原始孔隙度（六种不同孔隙度）愈低，压坯内气体阻碍收缩的作用愈强，当孔隙度低于14％以后，烧结后根本不收缩，$\Delta L/L_0$出现负值（膨胀）。而且，粉末愈细，膨胀愈显著。缓慢升温，使压坯内气体容易在孔隙封闭前排出，可减少压坯的膨胀。

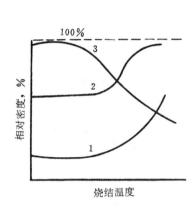

图 5-34　粉末压坯密度对烧结密度的影响[2]

1—低压力；2—中等压力；3—高压力

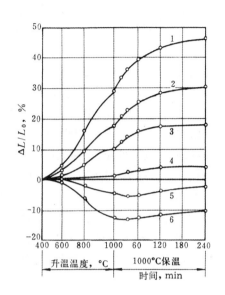

图 5-35　压坯孔隙度对烧结
收缩或膨胀的影响[7]

1—$\theta=60\%$；2—$\theta=40\%$；3—$\theta=26\%$；

4—$\theta=18\%$；5—$\theta=14\%$；6—$\theta=8\%$

第五节　多元系固相烧结

多数粉末冶金材料是由几种组分（元素或化合物）的粉末烧结而成的。烧结过程不出现液相的称为多元系固相烧结，包括组分间不互溶和互溶的两类，单相或均匀合金粉末，如果在烧结过程中不改变成分或不发生相变，也可与纯金属粉末一样看作单元素烧结。

多元系固相烧结比单元系烧结复杂得多，除了同组元或异组元颗粒间的粘结外，还发生异组元之间的反应、溶解和均匀化等过程，而这些都是靠组元在固态下的互相扩散来实现的，所以，通过烧结不仅要达到致密化，而且要获得所要求的相或组织组成物。扩散、合金均匀化是极缓慢的过程，通常比完成致密化需要更长的烧结时间。

一、互溶系固相烧结

组分互溶的多元系固相烧结有三种情况[7]：（1）均匀（单相）固溶体粉末的烧结；（2）混合粉末的烧结；（3）烧结过程固溶体分解。第一种情况属于单元系烧结，基本规律同前一节讲的相同。吐姆勒（Thümmler）用低浓度的单相固溶体（Fe-Sn、Fe-Mo、Fe-Ni、Cu-Sn）的合金丝绕在同成分的合金棒上进行模拟烧结实验，与单纯的基体金属的烧结对比后发现：合金的烧结性及最终达到的性能取决于固溶体的物理和热力学性质。第三种情况不常有，仅在文献中报导过铜汞齐的烧结实验，发现在750～900℃时汞齐的分解对烧结有促进作用。下面只讨论混合粉末的烧结。

1. 一般规律

混合粉末烧结时在不同组分的颗粒间发生的扩散与合金均匀化过程，取决于合金热力学和扩散动力学[4]。如果组元间能生成合金，则烧结完成后，其平衡相的成分和数量大致可根据相应的相图确定。但由于烧结组织不可能在理想的热力学平衡条件下获得，要受固态下扩散动力学的限制，而且粉末烧结的合金化还取决于粉末的形态、粒度、接触状态以及晶体缺陷、结晶取向等因素，所以比熔铸合金化过程更复杂化，也难获得平衡组织。

烧结合金化中最简单的情况是二元系固溶体合金。当二元混合粉末烧结时，一个组元通过颗粒间的联结面扩散并溶解到另一组元的颗粒中，如 Fe-C 材料中石墨溶于铁中，或者二组元互相溶解（如铜与镍），产生均匀的固溶体颗粒。

假定有金属 A 和 B 的混合粉末，烧结时在两种粉末的颗粒接触面上，按相图反应生成平衡相 A_xB_y，以后的反应将取决于 A、B 组元通过反应产物 AB（形成包覆颗粒表面的壳层）的互扩散。如果 A 能通过 AB 进行扩散，而 B 不能，那么 A 原子将通过 AB 相扩散到 A 与 B 的界面上再与 B 反应，这样 AB 相就在 B 颗粒内滋生。通常，A 与 B 均能通过 AB 相互扩散，那么反应将在 AB 相层内发生，并同时向 A 与 B 的颗粒内扩展，直至所有颗粒成为具有同一平均成分的均匀固溶体为止。

假若反应产物 AB 是能溶解于组元 A 或 B 的中间相（如电子化合物），那么界面上的反应将复杂化。例如 AB 溶于 B 形成有限固溶体，只有当饱和后，AB 才能通过成核长大重新析出，同时，饱和固溶体的区域也逐渐扩大。因此，合金化过程将取决于反应生成相的性质、生成次序和分布，取决于组元通过中间相的扩散，取决于一系列反应层之间的物质迁移和析出反应。但是，扩散总归是决定合金化的主要动力学因素，因而凡是促进扩散的一切条件，均有利于烧结过程及获得最好的性能。扩散合金化的规律可以概括为以下几点[4]：

（1）金属扩散的一般规律是：原子半径相差越大，或在元素周期表中相距越远的元素，互扩散速度也越大；间隙式固溶的原子，扩散速度比替换式固溶的大得多；温度相同和浓度差别不大时，在体心立方点阵相中，原子的扩散速度比在面心立方点阵相中快几个数量级。在金属中溶解度最小的组元，往往具有最大的扩散速度（表 5-4）。各种元素在铁中的扩散系数（表 5-5）和溶解度（表 5-6），对于烧结铁基制品中合金元素的选择有一定参考价值。可以看到：在 α-Fe 与 γ-Fe 中溶解度大的元素，扩散系数反而小。

根据表 5-5，在 α-Fe 和 γ-Fe 中扩散系数不同的元素可分为四种类型：1）氢在 α-Fe 以及 γ-Fe 中扩散系数最大，属于间隙扩散；2）硼、碳和氮在铁中也属于间隙扩散，但其扩散系数较小（仅为氢的六百分之一）；3）镍、钴、锰、钼在铁中形成替换式固溶体，扩散系数仅为形成间隙固溶体元素的万分之一到十万分之一；4）氧、硅、铝等元素介于形成间隙式和替换式固溶体之间，由于缺乏扩散系数的可靠数据，尚不能作结论。

表 5-4　元素在银中的扩散系数和溶解度

项　　　目	元　　素						
	Sb	Sn	In	Cd	Au	Pd	Ag（自扩散）
扩散系数（760℃），$10^{-9}cm^2/s$	1.4	2.3	1.2	0.95	0.36	0.24	0.16
最大溶解度,%（原子）	5	12	19	42	100	100	100

表 5-5 元素在铁的低浓度固溶体中的扩散系数，cm^2/s

元 素	α-Fe，800℃	γ-Fe，1100℃
H	2.1×10^{-4}	2.8×10^{-4}
B	2.3×10^{-7}	9.0×10^{-7}
N	1.3×10^{-6}	6.5×10^{-8} （950℃）
C	1.6×10^{-6}	6.3×10^{-7}
Fe（自扩散）	4.0×10^{-12}	9.0×10^{-12}
Si	7.5×10^{-11}	4.0×10^{-10} （1200℃）
Co	1.9×10^{-12}	3.4×10^{-12}
Cr	0.5×10^{-12}	5.1×10^{-12}
W	2.0×10^{-12}	3.9×10^{-12}
Cu	1.1×10^{-12}	—
Ni	—	8.0×10^{-12}
Mn	—	2.0×10^{-11}
Mo	7.0×10^{-12}	4.0×10^{-11}

表 5-6 元素在 α-Fe 和 γ-Fe 中的溶解度

元 素	在 α-Fe 中的溶解度	在 γ-Fe 中的溶解度
Al	36%	1.1%（含碳时稍高）
B	～0.008%	0.018%～0.026%
C	0.02%	2.06%
Co	76%	无限
Cr	无限	12.8%（含0.5%C时为20%）
Cu	700℃时1%，室温时0.2%	8.5%（含1%C时为8%）
Mn	～3%	无限
Mo	37.5%（低温时降低）	～3%（含0.3%C时为8%）
N	0.1%	2.8%
Nb	1.8%	2.0%
Ni	～10%（与碳含量无关）	无限
Si	18.5%（含碳时溶解度仍很高）	～2%（含0.35%C时为9%）
P	2.8%（与碳含量无关）	～0.2
Ti	～7%（低温时降低）	0.63%（含0.18%C时为1%）
V	无限	～1.4%（含0.2%C时为4%）
W	33%（低温时降低）	3.2%（含0.25%C时为11%）
Zr	～0.3%	0.7%

（2）在多元系中，由于组元的互扩散系数不相等，产生柯肯德尔（Kirkendall）效应，证明是空位扩散机构起作用。当 A 与 B 元素互扩散时，只有当 A 原子与其邻近的空位发生换位的几率大于 B 原子自身的换位几率时，A 原子的扩散才比 B 原子快，因而通过 AB 相互扩散的 A 和 B 原子的互扩散系数不等，在具有较大互扩散系数原子的区域内形成过剩空位，然后聚集成微孔隙，从而使烧结合金出现膨胀。因此，一般说在这种合金系中，烧结的致密化速率要减慢。

（3）添加第三元素可显著改变元素 B 在 A 中的扩散速度。例如在烧结铁中添加 V、Si、Cr、Mo、Ti、W 等形成碳化物的元素会显著降低碳在铁中的扩散速度和增大渗碳层中碳的浓度；添加 4%Co 使碳在 γ-Fe（1%的碳原子浓度）中的扩散速度提高一倍；而添加 3%Mo 或 1%W 时，减小一倍。添加第三元素对碳在铁中扩散速度的影响，取决于其在周期表中的位置：靠铁左边属于形成碳化物的元素，降低扩散速度；而靠右边属非碳化物形成元素，增大扩散速度。黄铜中添加 2%Sn，使锌的扩散系数增大九倍；添加 3.5%Pb 时，增大十四倍；加 Si、Al、P、S 均可增大扩散系数。

（4）二元合金中，根据组元、烧结条件和阶段的不同，烧结速度同两组元单独烧结时相比，可能快也可能慢。例如铁粉表面包覆一层镍时，由于柯肯德尔效应，烧结显著加快。

Co-Ni，Ag-Au 系的烧结也是如此。

许多研究表明，添加过渡族元素（Fe，Co，Ni），对许多氧化物和钨粉的烧结均有明显促进作用，但是，Cu-Ni 系烧结的速度反而减慢。因此决定二元合金烧结过程的快慢不是由能否形成固溶体来判断，而取决于组元互扩散的差别。如果偏扩散所造成的空位能溶解在晶格中，就能增大扩散原子的活性，促进烧结进行；相反，如空位聚集成微孔，反将阻碍烧结过程。

（5）烧结工艺条件（温度、时间、粉末粒度及预合金粉末的使用）的影响将在下一段说明。

2. 无限互溶系

属于这类的有 Cu-Ni、Co-Ni、Cu-Au、Ag-Au、W-Mo、Fe-Ni 等。对其中的 Cu-Ni 系研究得最成熟，现讨论如下：

Cu-Ni 具有无限互溶的简单相图。用混合粉烧结（等温），在一定阶段发生体积增大现象，烧结收缩随时间的变化，主要取决于合金均匀化的程度。图 5-36[7] 的烧结收缩曲线表明：纯 Cu 粉或纯 Ni 粉单独烧结时，收缩在很短时间内就完成；而它们的混合粉末烧结时，未合金化之前，也产生较大收缩，但是随着合金均匀化的进行，烧结反出现膨胀，而且膨胀与烧结时间的方根（$t^{1/2}$）成正比，使曲线直线上升，到合金化完成后才又转为水平。因为柯肯德尔效应符合这种关系，所以，膨胀是由偏扩散引起的。图 5-37 为 Cu-Ni 混合粉烧结收缩与合金化程度的关系曲线。

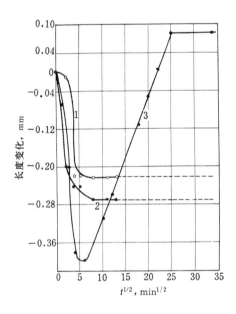

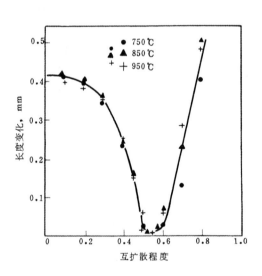

图 5-36　铜粉、镍粉及铜-镍混合粉
烧结的收缩曲线（950℃）
1—纯 Cu 粉；2—纯 Ni 粉；
3—41%Cu＋59%Ni 混合粉

图 5-37　铜-镍混合粉烧结均匀化程度
对试样长度变化的影响

可以采用磁性测量、X 光衍射和显微光谱分析等方法来研究粉末烧结的合金化过程。图 5-38[42] 是用 X 光衍射法测定的 Cu-Ni 烧结合金的衍射光强度分布图，分布愈宽的曲线（1）

表明合金成分愈不均匀。根据衍射光强度与衍射角的关系，可以计算合金的浓度分布。

许多人通过测定激活能数据（43.1～108.8kJ/mol）证明，Cu-Ni 合金烧结的均匀化机构是以晶界扩散和表面扩散为主。Fe-Ni 合金烧结也是表面扩散的作用大于体积扩散。随着烧结温度升高和进入烧结的后期，激活能升高；但是有偏扩散存在和出现大量扩散空位时，体积扩散的激活能也不可能太高。因此，均匀化也同烧结过程的物质迁移那样，也应该看作是由几种扩散机构同时起作用。

费歇尔-鲁德曼（Rudman）[43]和黑克尔（Heckel）[44]等人应用"同心球"模型（图 5-39）研究形成单相固溶体的二元系粉末在固相烧结时的合金化过程。该模型假定 A 组元的颗粒为球形，被 B 组元的球壳所完全包围，而且无孔隙存在，这与密度极高的粉末压坯的烧结情况是接近的。用稳定扩散条件下的菲克第二定律进行理论计算所得到的结果与实验资料符合得比较好。按同心球模型计算并由扩散系数及其与温度的关系可以制成算图，借助图算法能方便地分析各种单相互溶合金系统的均匀化过程和求出均匀化所需的时间。

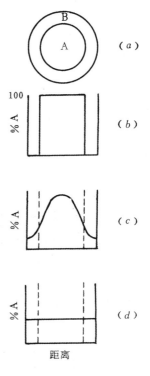

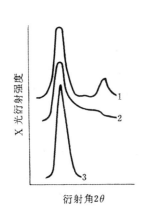

图 5-38　80％Cu＋20％Ni 烧结合金
试样的 X 光衍射强度分布曲线
烧结温度 950℃：1—未烧结混合粉；
2—烧结 1h；3—烧结 3h

图 5-39　烧结合金化模型
（a）同心球模型横断面；（b）t＝0 时浓度分布；
（c）t 时刻浓度分布；（d）t＝∞时浓度分布

描述合金化程度，可采用所谓均匀化程度因数：

$$F = m_t/m_\infty$$

式中　m_t——在时间 t 内，通过界面的物质迁移量；

m_∞——当时间无限长时，通过界面的物质迁移量。

301

表 5-7　粉末和工艺条件对 Cu-Ni 混合粉在烧结时合金化的 F 值的影响

混合料粉末类型[①]	粉末粒度 目	单位压制压力 100MPa	烧结温度 ℃	烧结时间 h	F 值
Cu 粉＋Ni 粉	−100＋140	7.7	850	100	0.64
		7.7	950	1	0.29
		7.7	950	50	0.71
		7.7	1050	1	0.42
		7.7	1050	54	0.87
	−270＋325	7.7	850	100	0.84
		7.7	950	1	0.57
		7.7	950	50	0.87
		7.7	1050	1	0.69
		7.7	1050	54	0.91
		0.39	950	1	0.41
Cu-Ni 预合金粉[②]＋Ni 粉	−100＋140	7.7	950	1	0.52
		7.7	950	50	0.71
Cu 粉＋Cu-Ni 预合金粉[③]	−270＋325	7.7	950	1	0.65
Cu 粉＋Cu-Ni 预合金粉[④]	−270＋325	7.7	950	1	0.80

①所有试样中 Ni 的平均浓度为 52%；②预合金粉成分为 70%Cu＋30%Ni；

③预合金粉成分为 69%Ni＋27%Cu，余为 Si、Mn、Fe 等杂质；

④以 Ni 包 Cu 的复合粉末，其成分为 70%Ni＋30%Cu。

F 值在 0～1 之间变化，$F=1$ 相当于完全均匀化。表 5-7[6]列举了 Cu-Ni 粉末烧结合金在不同工艺条件下测定的 F 值，从中可以看出影响 Cu-Ni 混合粉压坯的合金化过程的因素有：

（1）烧结温度　是影响合金化最重要的因素。因为原子互扩散系数是随温度的升高而显著增大的，如表中数据表明，烧结温度由 950℃升至 1050℃，即提高 10%，F 值提高 20% ～40%。

（2）烧结时间　在相同温度下，烧结时间越长，扩散越充分，合金化程度就越高，但时间的影响没有温度大。如表中数据表明，如 F 由 0.5 提高到 1，时间需增加 500 倍。

（3）粉末粒度　合金化的速度随着粒度减小而增加。因为在其它条件相同时，减小粉末粒度意味着增加颗粒间的扩散界面并且缩短扩散路程，从而增加单位时间内扩散原子的数量。

（4）压坯密度　增大压制压力，将使粉末颗粒间接触面增大，扩散界面增大，加快合金化过程，但作用并不十分显著，如压力提高 20 倍，F 值仅增加 40%。

（5）粉末原料　采用一定数量的预合金粉或复合粉同完全使用混合粉比较，达到相同的均匀化程度所需的时间将缩短，因为这时扩散路程缩短，并可减少要迁移的原子数量。

（6）杂质　如表 5-7 所示，Si、Mn 等杂质阻碍合金化，因为存在于粉末表面或在烧结过程形成的 MnO、SiO_2 杂质阻碍颗粒间的扩散进行。

烧结 Cu-Ni 合金的物理-机械性能随烧结时间的变化如图 5-40[2]所示。烧结尺寸变化 ΔL 的曲线表明，烧结体的密度，比其它性能更早地趋于稳定；硬度在烧结一段时间内有所降低，以后又逐渐增高；强度、延伸率与电阻的变化可以延续很长的时间。

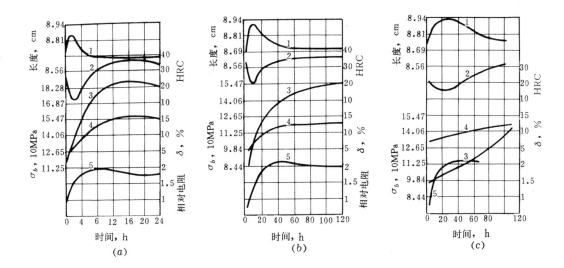

图 5-40　Cu-Ni（70-30）混合粉烧结体性能随时间的变化（980℃烧结）

粒度：(a) 325 目；(b) 250～325 目；(c) 150～200 目

性能：1—长度变化（ΔL）；2—硬度（HRC）；3—抗拉强度；4—延伸率；5—相对电阻

3. 有限互溶系

有限互溶系的烧结合金有 Fe-C、Fe-Cu 等烧结钢，W-Ni、Ag-Ni 等合金，它们与Cu-Ni 无限互溶合金不同，烧结后得到的是多相合金，其中有代表性的烧结钢。它是用铁粉与石墨粉混合，压制成零件，在烧结时，碳原子不断向铁粉中扩散，在高温中形成 Fe-C 有限固溶体（γ-Fe），冷却下来后，形成主要由 α-Fe 与 Fe$_3$C 两种相成分的多相合金，它比烧结纯铁有更高的硬度和强度。

碳在 γ-Fe 中有相当大的溶解度，扩散系数也比其它合金元素大，是烧结钢中使用得最广而又经济的合金元素。随冷却速度不同，将改变含碳 γ-Fe 的第二相（Fe$_3$C）在 α-Fe 中的形态和分布，因而得到不同的组织。通过烧结后的热处理还可进一步调整烧结钢的组织，以得到好的综合性能。同时，其它合金元素（Mo、Ni、Cu、Mn、Si 等）也影响碳在铁中的扩散速度、溶解度与分布，因此，同时添加碳和其它合金元素，可以获得性能更好的烧结合金钢。

下面对 Fe-C 混合粉末的烧结以及冷却后的组织与性能作概括性说明。

（1）Fe-C 混合粉末碳含量一般不超过 1%，故同纯铁粉的单元系一样，烧结时主要发生铁颗粒间的粘结和收缩。但随着碳在铁颗粒内溶解，两相区温度降低，烧结过程加快。

（2）碳在铁中通过扩散形成奥氏体，扩散得很快，10～20min 内就溶解完全[45]（图 5-41）。石墨粉的粒度和粉末混合的均匀程度对这一过程的影响很大。当石墨粉完全溶解后，留下孔隙；由于 C 向 γ-Fe 中继续溶解，使铁晶体点阵常数增大，铁粉颗粒胀大，使石墨留下的孔隙缩小。当铁粉全部转变为奥氏体后，碳在其中的浓度分布仍不均匀，继续提高温度或延长烧结时间，发生 γ-Fe 的均匀化，晶粒明显长大。烧结温度决定了 $\alpha \rightarrow \gamma$ 的相变进行得充分与否,温度低,烧结后将残留大量游离石墨,当低于850℃时,甚至不发生碳向奥氏体的溶解,如图 5-42[46] 所示。

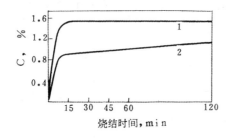

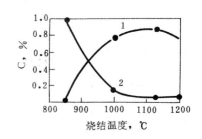

图 5-41 Fe-C 混合粉烧结钢中
含碳量与烧结时间的关系(1050℃)
1—3%C;2—1.5%C

图 5-42 烧结温度对电解铁粉加 1%石墨粉
烧结后化合碳与游离碳含量的影响
1—化合碳;2—游离碳

(3)烧结充分保温后冷却,奥氏体分解,形成以珠光体为主要组织组成物的多相结构。珠光体的数量和形态取决于冷却速度,冷却愈快,珠光体弥散度愈大,硬度与强度也愈高。如果缓慢冷却,由于孔隙与残留石墨的作用,有可能加速石墨化过程。石墨化与两方面因素有关:由于基体中 Fe_3C 内的碳原子扩散而转化为石墨,铁原子由石墨形核并长大的地方离开,石墨的生长速度与分布形态将不取决于碳原子扩散,而取决于比较缓慢的铁原子扩散。所以在致密钢中,冷却阶段的石墨化是相当困难的;但在烧结钢中,由于在孔隙中石墨的生长与铁原子的扩散无关,因此石墨的生长加快。在烧结过共析钢中,为避免和消除二次网状渗碳体,一般可在 850~900℃保温一段时间后快冷,即采用相当于正火的工艺,这样靠近共析成分的过共析钢快冷可得到伪共析钢组织。对于高碳(>2%)的烧结铁碳合金,可添加微量硫(0.3%~0.6%)以控制过共析钢中化合碳的含量和二次网状 Fe_3C 的析出。

(4)烧结碳钢的机械性能与合金组织中化合碳的含量有关。一般说,当接近共析钢(~0.8%C)成分时,强度最高,而延伸率总是随碳含量提高而降低,详见图 5-43 和图 5-44[11]。但是,当化合碳含量继续增高,冷却后析出二次网状渗碳体,达到 1.1%化合碳时,渗碳体连成网络,使强度急剧降低。

二、互不溶系固相烧结

粉末烧结法能够制造熔铸法所不能得到的"假合金",即组元间不互溶且无反应的合金。粉末固相烧结或液相烧结可以获得的假合金包括金属-金属、金属-非金属、金属-氧化物、金属-化合物等,最典型的是电触头合金(Cu-W、Ag-W、Cu-C、Ag-CdO 等)。

1. 烧结热力学

互不溶的两种粉末能否烧结取决于系统的热力学条件,而且同单元系或互溶多元系烧结一样,也与表面自由能的减小有关。皮涅斯[4]认为,互不溶系的烧结服从不等式

$$\gamma_{AB} < \gamma_A + \gamma_B$$

即 A—B 的比界面能必须小于 A、B 单独存在的比表面能之和。如果 $\gamma_{AB} > \gamma_A + \gamma_B$,虽然在 A—A 或 B—B 之间可以烧结,但在 A—B 之间却不能。在满足上式的前提下,如果 $\gamma_{AB} > |\gamma_A - \gamma_B|$,那么在两组元的颗粒间形成烧结颈的同时,它们可互相靠拢至某一临界值;如果

304

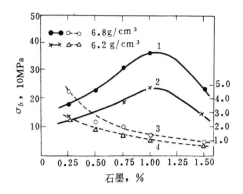

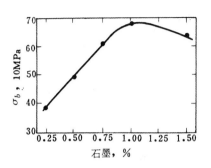

图 5-43　烧结 Fe-C 合金强度及延伸率　　　　图 5-44　烧结 Fe-C 合金热处理后强度
与石墨添加量的关系（1125℃烧结 1h）　　　与石墨添加量的关系（单位压制压力 900MPa；
　　1，2—抗拉强度；3，4—延伸率　　　　　　　　　　于 1125℃烧结 1h；油淬）

$\gamma_{AB} < |\gamma_A - \gamma_B|$，则开始时通过表面扩散，比表面能低的组元覆盖在另一组元的颗粒表面，然后同单元系烧结一样，在类似复合粉末的颗粒间形成烧结颈。只要烧结时间足够长，充分烧结是可能的，这时得到的合金组织是一种成分均匀包裹在另一成分的颗粒表面。不论是上述情况中的哪一种，只有 γ_{AB} 愈小，烧结的动力就愈大。即使烧结不出现液相，但两种固相的界面能也将决定烧结过程。而液相烧结时，由于有湿润性问题存在，不同成分的液-固界面能的作用就更显得重要。

2. 性能-成分的关系

皮涅斯和古狄逊（Goodison）[46]的研究表明，互不溶系固相烧结合金的性能与组元体积含量之间存在着二次方函数关系；烧结体系内，相同组元颗粒间的接触（A—A，B—B）同 A—B 接触的相对大小决定了系统的性质。若二组元的体积含量相等，而且颗粒大小与形状也相同，则均匀混合后按统计分布规律，A—B 颗粒接触的机会是最多的，因而对烧结体性能的影响也最大。皮涅斯用下式表示烧结体的收缩值：

$$\eta = \eta_A c_A^2 + \eta_B c_B^2 + 2\eta_{AB} c_A c_B \tag{5-44}$$

而
$$c_A + c_B = 1$$

式中　η_A、η_B——组元在相同条件下单独烧结时的收缩值，分别为 c_A 与 c_B 平方的函数；

　　　η_{AB}——全部为 A—B 接触时的收缩值；

　　c_A、c_B——A、B 的体积浓度。

如果
$$\eta_{AB} = \frac{1}{2}(\eta_A + \eta_B) \tag{5-45}$$

则烧结体的总收缩服从线性关系；如果

$$\eta_{AB} > \frac{1}{2}(\eta_A + \eta_B)$$

则为凹向下抛物线关系，这时混合粉末烧结的收缩大；而如果

$$\eta_{AB} < \frac{1}{2}(\eta_A + \eta_B)$$

得到的是凹向上抛物线关系，这时烧结的收缩小。因此，满足（5-45）式条件的体系处于最理想的混合状态。

（5-44）式所代表的二次函数关系也同样适用于烧结体的强度性能，这已被 Cu-W、Cu-Mo、Cu-Fe 等系的烧结实验所证实。这种关系，甚至可以推广到三元系。

如果系统中 B 为非活性组元，不与 A 起任何反应，并且在烧结温度下本身几乎也不产生烧结，那么 η_B 和 η_{AB} 将等于零。这时当该组元的含量增加时，用性能变化曲线外延至孔隙度为零的方法求强度，发现强度值降低。图 5-45[7] 为 Cu-W（或 Mo）系假合金的抗拉强度与成分、孔隙度的关系曲线。可以看到，随着合金中非活性组元 W（或 Mo）的含量增加（从直线 1 至 4），强度值降低，并且孔隙度愈低，强度降低的程度也愈大。

3. 烧结过程的特点

（1）互不溶系固相烧结几乎包括了用粉末冶金方法制造的一切典型的复合材料——基体强化（弥散强化或纤维强化）材料和利用组合效果的金属陶瓷材料（电触头合金、金属-塑料）。它们是以熔点低、塑性（韧性）好、导热（电）性强而烧结性好的成分（纯金属或单相合金）为粘结相，同熔点和硬度高、高温性能好的成分（难熔金属或化合物）组成的一种机械混合物，因而兼有两种不同成分的性质，常常具有良好的综合性能。

（2）互不溶系的烧结温度由粘结相的熔点决定。如果是固相烧结，温度要低于其熔点；如该组分的体积不超过 50%，亦可采用液相烧结。例如 Ag-W40 可在低于 Ag 熔点的 860～880℃烧结，而 Cu-W80 则要采用特殊的液相烧结（浸透）法。

（3）复合材料及假合金通常要求在接近致密状态下使用，因此在固相烧结后，一般需要采用复压、热压、烧结锻造等补充致密化或热成形工艺，或采用烧结-冷挤、烧结-熔浸以及热等静压、热轧、热挤等复合工艺以进一步提高密度和性能。

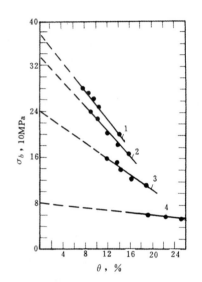

图 5-45　Cu-W（Mo）
合金抗拉强度与孔隙率的关系
1—纯 Cu；2—Cu＋5%W（或 Mo）；
3—Cu＋20%W（或 Mo）；
4—Cu＋46%W（或 Mo），
含钨量均为体积%

（4）当复合材料接近完全致密时，有许多性能同组分的体积含量之间存在线性关系，称为"加和"规律。图 5-46[11] 清楚地表明了这种加和性，即在相当宽的成分范围内，物理与机械性能随组分含量的变化成线性关系。根据加和规律可以由组分含量近似地确定合金的性能，或者由性能估计合金所需的组分含量。

（5）当难熔组分含量很高，粉末混合均匀有困难时，可采用复合粉或化学混料方法。制备复合粉的方法有共沉淀法、金属盐共还原法、置换法、电沉积法等，这些方法在制造电触头合金、硬质合金及高比重合金中已得到实际应用。

（6）互不溶系内不同组分颗粒间的结合界面，对材料的烧结性以及强度影响很大。固相烧结时，颗粒表面上微量的其它物质生成的液相，或添加少量元素加速颗粒表面原子的扩散以及表面氧化膜对异类粉末的反应等都可能提高原子的活性和加速烧结过程。氧化物基金属陶瓷材料的烧结性能，因组分间有相互作用（润湿、溶解、化学反应）而得到改善。

有选择地加入所谓中间相（它与两种组分均起反应）可促进两相成分的相互作用。例如 Cr-Al₂O₃ 高温材料，如有少量 Cr₂O₃ 存在于颗粒表面可以降低 Cr 与 Al₂O₃ 间的界面能，使烧结后强度提高[7]。这需要控制在一定的气氛条件下使 Cr 粉表面产生轻微的氧化，获得极薄的氧化膜。在 Al₂O₃ 内添加少量不溶的 MgO 对烧结后期的致密化也明显起促进作用，据认为这是 MgO 分散在 Al₂O₃ 的晶界面上，阻止 Al₂O₃ 晶粒长大的

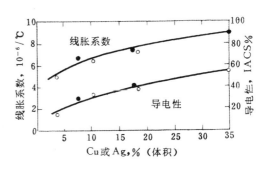

图 5-46 Ag-W、Cu-W 合金的性能与组分的关系

后果[7]。实际上，不溶组分间都有互相妨碍再结晶和晶粒长大的作用，特别是许多靠弥散相质点强化的合金或复合材料，弥散相的大小和分布状态对材料高温性能的影响较显著。为了改善氧化物弥散质点的分布和细度，可采用粉末内氧化或合金内氧化方法，再辅以后续的热成形进一步提高氧化物的弥散度和材料的密度。

第六节 液 相 烧 结

粉末压坯仅通过固相烧结难以获得很高的密度，如果在烧结温度下，低熔组元熔化或形成低熔共晶物，那么由液相引起的物质迁移比固相扩散快，而且最终液相将填满烧结体内的孔隙，因此可获得密度高、性能好的烧结产品。液相烧结的应用极为广泛，如制造各种烧结合金零件、电触头材料、硬质合金及金属陶瓷材料等。

液相烧结可得到具有多相组织的合金或复合材料，即由烧结过程中一直保持固相的难熔组分的颗粒和提供液相（一般体积占 13%～35%）的粘结相所构成。固相在液相中不溶解或溶解度很小时，称为互不溶系液相烧结，如假合金、氧化物-金属陶瓷材料。另一类是固相在液相有一定溶解度，如 Cu-Pb、W-Cu-Ni、WC-Co、TiC-Ni 等，但烧结过程仍自始至终有液相存在。特殊情况下，通过液相烧结也可获得单相合金，这时，液相量有限，又大量溶解于固相形成固溶体或化合物，因而烧结保温的后期液相消失，如 Fe-Cu（Cu<8%）、Fe-Ni-Al、Ag-Ni、Cu-Sn 等合金，称瞬时液相烧结。

一、液相烧结的条件

液相烧结能否顺利完成（致密化进行彻底），取决于同液相性质有关的三个基本条件[1]。

1. 润湿性

液相对固相颗粒的表面润湿性好是液相烧结的重要条件之一，对致密化、合金组织与性能的影响极大。润湿性由固相、液相的表面张力（比表面能）γ_S、γ_L 以及两相的界面张力（界面能）γ_{SL} 所决定。如图 5-47 所示：当液相润湿固相时，在接触点 A 用杨氏方程表示平衡的热力学条件为

$$\gamma_S = \gamma_{SL} + \gamma_L \cos\theta \tag{5-46}$$

式中 θ——湿润角或接触角。

完全润湿时，$\theta=0$，(5-46) 式变为 $\gamma_S = \gamma_{SL} + \gamma_L$；完全不润湿时，$\theta>90$，则 $\gamma_{SL} \geqslant \gamma_L + \gamma_S$。图 5-47 表示介于前两者之间部分润湿的状态，$0<\theta<90$。

液相烧结需满足的润湿条件就是润湿角 $\theta<90$；如果 $\theta>90$，烧结开始时液相即使生成，

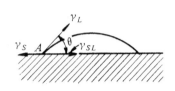

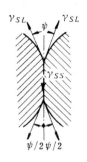

图 5-47　液相润湿固相平衡图　　　　　　图 5-48　与液相接触的二面角形成

也会很快跑出烧结体外，称为渗出。这样，烧结合金中的低熔组分将大部分损失掉，使烧结致密化过程不能顺利完成。液相只有具备完全或部分润湿的条件，才能渗入颗粒的微孔和裂隙甚至晶粒间界，形成如图 5-48 所示的状态。此时，固相界面张力 γ_{SS} 取决于液相对固相的润湿。平衡时，$\gamma_{SS}=2\gamma_{SL}\cos(\psi/2)$，$\psi$ 称二面角。可见，二面角愈小时，液相渗进固相界面愈深。当 $\psi=0°$ 时，$2\gamma_{SL}=\gamma_{SS}$，表示液相将固相界面完全隔离，液相完全包裹固相。如果 $\gamma_{SL}>1/2(\gamma_{SS})$，则 $\psi>0°$；如果 $\gamma_{SL}=\gamma_{SS}$，则 $\psi=120°$，这时液相不能浸入固相界面，只产生固相颗粒间的烧结。实际上，只有液相与固相的界面张力 γ_{SL} 愈小，也就是液相润湿固相愈好时，二面角才愈小，才愈容易烧结。

影响润湿性的因素是复杂的。根据热力学的分析，润湿过程是由所谓粘着功决定的，可由下式表示：

$$W_{SL}=\gamma_S+\gamma_L-\gamma_{SL}$$

将（5-46）式代入上式得到

$$W_{SL}=\gamma_L(1+\cos\theta)$$

说明，只有当固相与液相表面能之和（$\gamma_S+\gamma_L$）大于固-液界面能（γ_{SL}）时，也就是粘着功 $W_{SL}>0$ 时，液相才能润湿固相表面。所以，减小 γ_{SL} 或减小 θ 将使 W_{SL} 增大对润湿有利。往液相内加入表面活性物质或改变温度可影响 γ_{SL} 的大小。但固、液本身的表面能 γ_S

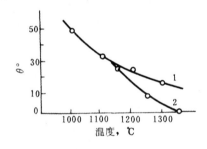

图 5-49　润湿角与温度的关系
1—W-Ag；2—W-Cu

和 γ_L 不能直接影响 W_{SL}，因为它们的变化也引起 γ_{SL} 改变。所以增大 γ_S 并不能改善润湿性。实验也证明，随着 γ_S 增大，γ_{SL} 和 θ 也同时增大。

（1）温度与时间的影响　升高温度或延长液-固接触时间均能减小 θ 角，但时间的作用是有限的。基于界面化学反应的润湿热力学理论，升高温度有利于界面反应，从而改善润湿性。金属对氧化物润湿时，界面反应是吸热的，升高温度对系统自由能降低有利，故 γ_{SL} 降低，而温度对 γ_S 和 γ_L 的影响却不大。在金属-金属体系内，温度升高也能降低润湿角（图 5-49）。根据这一理论，延长时间有利于通过界面反应建立平衡。

（2）表面活性物质的影响　铜中添加镍能改善对许多金属或化合物的润湿性，表 5-8 是对 ZrC 润湿性的影响。

另外，镍中加少量钼可使它对 TiC 的润湿角由 30° 降至 0°，二面角由 45° 降至 0°。

表 5-8　铜中含镍量对 ZrC 润湿性的影响

Cu 中含 Ni，%	$\theta°$
0	135
0.01	96
0.05	70
0.1	63
0.25	54

表面活性元素的作用并不表现为降低 γ_L，只有减小 γ_{SL} 才能使润湿性改善。举 Al_2O_3-Ni 材料为例，在 1850℃ 时，Ni 对 Al_2O_3 的界面能 $\gamma_{SL}=1.86\times10^{-4}J/cm^2$；于 1475℃ 在 Ni 中加入 0.87％Ti 时，$\gamma_{SL}=9.3\times10^{-5}J/cm^2$。如果温度再升高，$\gamma_{SL}$ 还会更低。

（3）粉末表面状态的影响　粉末表面吸附气体、杂质或有氧化膜、油污存在，均将降低液体对粉末的润湿性。固相表面吸附了其它物质后的表面能 γ_S 总是低于真空时的 γ_0，因为吸附本身就降低了表面自由能。两者的差 $\gamma_0-\gamma_S$ 称为吸附膜的"铺展压"[47]，用 π 表示（图 5-50）。因此，考虑固相表面存在吸附膜的影响后，（5-46）式就变成：

$$\cos\theta=〔(\gamma_0-\pi)-\gamma_{SL}〕/\gamma_L$$

因 π 与 γ_0 方向相反，其趋势将是使已铺展的液体推回，液滴收缩，θ 角增大。粉末烧结前用干氢还原，除去水分和还原表面氧化膜，可以改善液相烧结的效果。

（4）气氛的影响　表 5-9[3] 列举了铁族金属对某些氧化物和碳化物的润湿角的数据。可见，气氛会影响 θ 的大小，原因不完全清楚，可以从粉末的表面状态因气氛不同而变化来考虑。多数情况下，粉末有氧化膜存在，氢和真

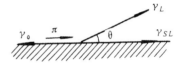

图 5-50　吸附膜对润湿的影响

空对消除氧化膜有利，故可改善润湿性；但是，无氧化膜存在时，真空不一定比惰性气氛对润湿性更有利。

2. 溶解度

固相在液相中有一定溶解度是液相烧结的又一条件，因为：（1）固相有限溶解于液相可改善润湿性；（2）固相溶于液相后，液相数量相对增加；（3）固相溶于液相，可借助液相进行物质迁移；（4）溶在液相中的组分，冷却时如能再析出，可填补固相颗粒表面的缺陷和颗粒间隙，从而增大固相颗粒分布的均匀性。

但是，溶解度过大会使液相数量太多，也对烧结过程不利。例如形成无限互溶固溶体的合金，液相烧结因烧结体解体而根本无法进行。另外，如果固相溶解对液相冷却后的性能有不好影响（如变脆）时，也不宜于采用液相烧结。

3. 液相数量

液相烧结应以液相填满固相颗粒的间隙为限度。烧结开始，颗粒间孔隙较多，经过一段液相烧结后，颗粒重新排列并且有一部分小颗粒溶解，使孔隙被增加的液相所填充，孔隙相对减小。一般认为，液相量以不超过烧结体体积的 35％ 为宜。超过时不能保证产品的形状和尺寸；过少时烧结体内将残留一部分不被液相填充的小孔，而且固相颗粒也将因直

接接触而过分烧结长大。

表 5-9 液体金属对某些化合物的润湿性

固体表面	液态金属	温 度,℃	气 氛	润 湿 角,$\theta°$
Al₂O₃	Co	1500	H₂	125
	Ni	1500	H₂	133
	Ni	1500	真空	128
Cr₃C₂	Ni	1500	Ar	0
TiC	Ag	980	真空	108
	Ni	1450	H₂	17
	Ni	1450	He	32
	Ni	1450	真空	30
	Co	1500	H₂	36
	Co	1500	Hc	39
	Co	1500	真空	5
	Fe	1550	H₂	49
	Fe	1550	Hb	36
	Fe	1550	真空	41
	Cu	1100~1300	真空	108~70
	Cu	1100	Ar	30~20
WC	Co	1500	H₂	0
	Co	1420		~0
	Ni	1500	真空	~0
	Ni	1380		~0
	Cu	1200	真空	20
NbC	Co	1420		14
	Ni	1380		18
TaC	Fe	1490		23
	Co	1420		14
	Ni	1380		16
WC/TiC (30:70)	Ni	1500	真空	21
WC/TiC (22:78)	Co	1420		21
WC/TiC (50:50)	Co	1420	真空	24.5

二、液相烧结过程和机构

液相烧结的动力是液相表面张力和固-液界面张力。液相烧结的过程和机构,在勒尼尔[48,49]和古蓝德-诺顿(Gurland-Norton)[50]的早期著作中已有详细记载,金捷里在一系列论文[51,52,53]中也系统地论述了这个问题。

1. 烧结过程

液相烧结过程大致上可划分为三个界线不十分明显的阶段:

(1) 液相流动与颗粒重排阶段 固相烧结时,不可能发生颗粒的相对移动,但在有液相存在时,颗粒在液相内近似悬浮状态,受液相表面张力的推动发生位移,因而液相对固相颗粒润湿和有足够的液相存在是颗粒移动的重要前提。颗粒间孔隙中液相所形成的毛细管力以及液相本身的粘性流动,使颗粒调整位置、重新分布以达到最紧密的排布,在这阶段,烧结体密度迅速增大。

(2) 固相溶解和再析出阶段 固相颗粒表面的原子逐渐溶解于液相,溶解度随温度和颗粒的形状、大小而变。液相对于小颗粒有较大的饱和溶解度,小颗粒先溶解,颗粒表面的棱角和凸起部位(具有较大曲率)也优先溶解,因此,小颗粒趋向减小,颗粒表面趋向平整光滑。相反,大颗粒的饱和溶解度较低,使液相中一部分过饱和的原子在大颗粒表面沉析出来,使大颗粒趋于长大。这就是固相溶解和再析出,即通过液相的物质迁移过程,与第一阶段相比,致密化速度减慢。

(3) 固相烧结阶段 经过前面两个阶段,颗粒之间靠拢,在颗粒接触表面同时产生固相烧结,使颗粒彼此粘合,形成坚固的固相骨架。这时,剩余液相充填于骨架的间隙。这阶段以固相烧结为主,致密化已显著减慢。

2. 烧结机构

(1) 颗粒重排机构 液相受毛细管力驱使流动,使颗粒重新排列以获得最紧密的堆砌和最小的孔隙总表面积。因为液相润湿固相并渗进颗粒间隙必须满足 $\gamma_S > \gamma_L > \gamma_{SS} > 2\gamma_{SL}$ 的热力学条件,所以固-气界面逐渐消失,液相完全包围固相颗粒,这时在液相内仍留下大大小小的气孔。由于液相作用在气孔上的应力 $\sigma = -2\gamma_L/r$(r 为气孔半径)随孔径大小而异,故作用在大小气孔上的压力差将驱使液相在这些气孔之间流动,这称为液相粘性流动。另外,如图 5-51 所示,渗进颗粒间隙的液相由于毛细管张力 γ/ρ 而产生使颗粒相互靠拢的分力(如箭头所示)。由于固相颗粒在大小和表面形状上的差异,毛细管内液相凹面的曲率半径(ρ)不相同,使作用于每一颗粒及各方向上的毛细管力及其分力不相等,使得颗粒在液相内漂动,颗粒重排得以顺利完成。

基于以上两种机构,颗粒重排和气孔收缩的过程进行得很迅速,致密化很快完成。但是,由于颗粒靠拢到一定程度后形成搭桥,对液相粘性流动的阻力增大,因此,颗粒重排阶段不可能达到完全致密,还需通过下面两个过程才能完全致密化。

(2) 溶解-再析出机构 因颗粒大小不同、表面形状不规整,各部位的曲率不相同造成饱和溶解度不相等,引起颗粒之间或颗粒不同部位之间的物质通过液相迁移时,小颗粒或颗粒表面曲率大的部位溶解较多,相反地,溶解物质又在大颗粒表面或具有负曲率的部位析出。同饱和蒸气压的计算一样,具有曲率半径 r 的颗粒,它的饱和溶解度与平面($r = \infty$)上的平衡浓度之差为

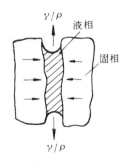

图 5-51 液相烧结
颗粒靠拢机构

$$\Delta L = L_r - L_\infty = \frac{2\gamma_{SL}\delta^3}{kT} \cdot \frac{1}{r} \cdot L_\infty$$

即 ΔL 与 r 成反比,因而小颗粒先于大颗粒溶解。溶解和再析出过程使得颗粒外形逐渐趋于球形,小颗粒减小或消失,大颗粒更加长大。同时,颗粒依靠形状适应而达到更紧密堆积,

促进烧结体收缩。

在这一阶段，致密化过程已明显减慢，因为这时气孔已基本上消失，而颗粒间距离更缩小，使液相流进孔隙变得更加困难。

（3）固架烧结机构　液相烧结有时还出现第三阶段：颗粒互相接触、粘结并形成连续骨架。当液相不完全润湿固相或液相数量较少时，这阶段表现得非常明显，结果是大量颗粒直接接触，不被液相所包裹。这阶段满足 $\gamma_{SS}/2 < \gamma_{SL}$ 或二面角 $\psi > 0$ 的条件。固架形成后的烧结过程与固相烧结相似。

3. 烧结合金的组织

液相烧结合金的组织，即固相颗粒的形状以及分布状态，取决于固相物质的结晶学特征、液相的润湿性或二面角的大小。

当固相在液相中有较大的溶解度时，液相烧结合金通过溶解和再析出，固相颗粒发生重结晶长大，冷却后的颗粒多呈卵形，紧密地排列在粘结相内，如重合金（W-Cu-Ni）组织具有这种明显的特征。但是 WC-Co 硬质合金，由于 WC 的非等轴晶特征和溶解度较小，故烧结后的合金组织中 WC 保持多边形状。

再看液相烧结合金组织与二面角的关系。根据液相对固相的润湿理论，二面角是由固-固界面张力 γ_{SS} 和固-液界面张力之比决定的[10]：$\cos(\psi/2) = 1/2 \cdot \gamma_{SS}/\gamma_{SL}$。$\gamma_{SS}/\gamma_{SL} = 1$ 时 $\psi = 120°$；$\gamma_{SS}/\gamma_{SL} = \sqrt{3}$ 时 $\psi = 60°$；如 $\gamma_{SL} > \gamma_{SS}$，则 $\psi > 120°$，这时液相呈隔离的滴状分布在固相界面的交汇点上（图 5-52（b））；如 γ_{SS}/γ_{SL} 介于 1 与 $\sqrt{3}$ 之间，ψ 角为 60°～120°，液相能渗进固相间的界面；当 γ_{SS}/γ_{SL} 值大于 $\sqrt{3}$ 即 $\gamma_{SL} \ll \gamma_{SS}$ 时，ψ 角小于 60°，液相就沿固相界面散开，完全覆盖固相颗粒表面（图 5-52（a））。

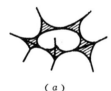 （a）　　　　　　（b）

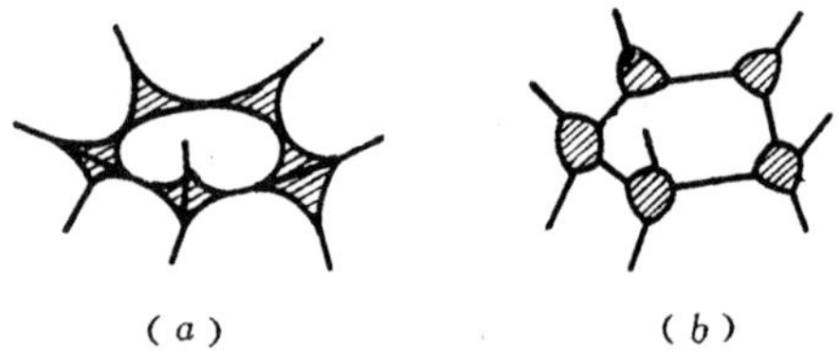

 （a）　　　（b）　　　（c）

图 5-52　液相在固相界面上的分布状态
（a）$\psi < 60°$；（b）$\psi = 135°$

图 5-53　合金组织与二面角的关系
（a）$\psi = 0$；（b）$0 < \psi < 120°$；（c）$\psi > 120°$

图 5-53[11] 进一步描述了液相烧结合金的组织特征，这是当液相数量足够填充颗粒所有间隙而且没有气孔存在的理想状况下得到的：（a）$\psi = 0$ 时，烧结初期液相浸入固相颗粒间隙，引起晶粒细化，再经过溶解-析出颗粒长大阶段，固相联成大的颗粒，被液相分隔成孤立的小岛；（b）$0 < \psi < 120°$ 时，液相不能浸蚀固相晶界，固相颗粒粘结成骨架，成为不被液相完全分隔的状态；（c）$\psi > 120°$ 时，固相充分长大，使液相被分割成孤立的小块嵌镶在骨架的间隙内。

以上是从热力学的观点讨论液相烧结合金的显微组织的形成和特点，实际上，前述烧结三个阶段的相对快慢（动力学问题）也影响合金的最终组织。科特内（Courtney）研究了液相烧结过程中颗粒合并长大的动力学及对合金组织的影响，他认为固相颗粒在液相内发生类似分子布朗运动的位移和重排，因而造成颗粒之间的直接接触，同时在颗粒间发生粘结，融合成更大的颗粒。如果颗粒合并的速度快，就形成彼此隔离的分布；相反，当颗粒互相接触的速度较高，则形成连续的骨架。同时，固相的体积比愈大，则愈容易生成隔离组织；固相数量减少，趋向于形成连续骨架。

4. 致密化规律

液相烧结的典型致密化过程如图 5-54 所示，由液相流动、溶解和析出、固相烧结等三个阶段组成，它们相继并彼此重叠地出现。致密化系数

$$\alpha = \frac{烧结体密度 - 压坯密度}{理论密度 - 压坯密度} \times 100\%$$

首先定量描述了致密化过程的是金捷里[51,52]。他根据液相粘性流动使颗粒紧密排列的致密化机构，提出第一阶段收缩动力学方程

$$\Delta L/L_0 = 1/3 \cdot \Delta V/V_0 = Kr^{-1}t^{1+x} \quad (5-47)$$

式中　$\Delta L/L_0$——线收缩率；

　　　　$\Delta V/V_0$——体积收缩率；

　　　　r——原始颗粒半径。

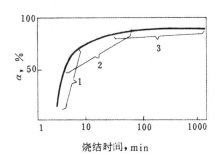

图 5-54　液相烧结致密化过程
1—液相流动；2—溶解-析出；3—固相烧结

该式表明：由颗粒重排引起的致密化速率与颗粒大小成反比。当 $x \ll 1$，即 $1+x \approx 1$ 时，与烧结时间的一次方成正比。收缩与时间近似成线性函数关系是这一阶段的特点。随着孔隙的收缩，作用于孔隙的表面应力 $\sigma = -2\gamma_L/r$ 也增大，应当使液相流动和孔隙收缩加快，但由于颗粒不断靠拢对液相流动的阻力也增大，收缩维持一恒定速度。因此，这阶段的烧结动力虽与颗粒大小成反比，但是液相流动或颗粒重排的速率却与颗粒的绝对尺寸无关。

金捷里描述第二阶段的动力学方程式为

$$\Delta L/L_0 = 1/3 \cdot \Delta V/V_0 = K'r^{-3/4}t^{1/3} \quad (5-48)$$

该式是在假定颗粒为球形，过程被原子在液相中的扩散所限制的条件下导出的。图 5-55[52] 是不同成分和粒度的铁-铜混合粉末压坯在 1150℃ 进行液相烧结时的致密化动力学曲线。直线转折处对应烧结由初期过渡到中期。转折前，收缩与时间的 1.3～1.4 次方成正比；转折后，收缩与时间的 1/3 次方成正比，从而由实验证明了（5-47）式与（5-48）式的正确性。

尚未有人对第三阶段提出动力学方程，不过这阶段相对于前两阶段，致密化的速率已很低，只存在晶粒长大和体积扩散。液相烧结有闭孔出现时，不可能达到 100% 的致密度，残余孔隙度

$$\theta_r = (p_0 r_0/2\gamma_L)^{3/2} \cdot \theta_0$$

式中　θ_0——原始孔隙度；

　　　　p_0——闭孔中的气体压力；

　　　　r_0——原始孔隙半径。

5. 影响液相烧结过程的因素

前面讨论液相烧结的三个基本条件实际上也是基本影响因素，此外，压坯密度、颗粒

大小、粉末混合的均匀程度、烧结温度、时间、气氛等也是基本因素。

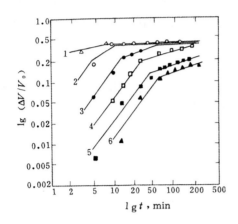

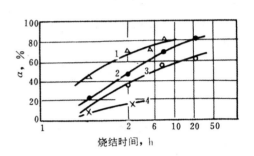

图 5-55　不同成分与不同粒度的 Fe-Cu 粉末
压坯烧结时体积收缩率同时间的关系

1—43％Cu，粒度 9.4μm；2—22％Cu，3μm；

3—22％Cu，9.4μm；4—22％Cu，15.8μm；

5—11.3％Cu，9.4μm；6—22％Cu，33.1μm

图 5-56　W-Cu 合金烧结时间、
成形压力和气氛对致密化系数的影响

1—10％Cu，78MPa，真空；2—15％Cu，

78MPa，H$_2$；3—10％Cu，78MPa，

H$_2$；4—10％Cu，156MPa，真空

图 5-56[25]是 W-Cu 合金在 1310℃ 液相烧结时，单位压制压力和气氛对致密化的影响。压力大，致密化系数反而低。因为压坯密度高，颗粒的原始接触面大，妨碍液相流动，在致密化曲线上看不到流动引起的高致密化速率阶段，相反，固相烧结的特征显著。真空烧结有利于气体排除和孔隙收缩，因而致密化系数较高。

Fe-Cu 系是烧结后期液相消失的例子。铜形成液相后向铁中扩散，大量溶解于固相颗粒内，而且于原来铜粉存在的地方留下一些微孔，故烧结体出现膨胀。铜含量达到 γ-Fe 的饱和溶解度（～8％，1150℃）时，膨胀达到最高值[3]，如图 5-57 所示。这时铜完全溶于固相骨架，形成固溶体，液相完全消失。当铜含量超过饱和溶解度之后，随着铜量的增加液相也增加，所以变成典型的液相烧结，收缩值又重新增大。烧结时间不同，收缩值也不同。

研究外力对液相烧结收缩的影响证明：（1）外力促进液相流动，加快颗粒重排致密化过程；（2）外力会增大颗粒接触面上原子的扩散与溶解速度；（3）外力引起固相烧结阶段颗粒内的塑性流动。因此，外力对于液相烧结过程是有利的。

三、液相烧结合金举例

1.WC-Co 硬质合金

WC-Co 硬质合金是液相烧结的典型例子，因为：（1）Co 对 WC 完全润湿（$\theta \to 0$）；（2）WC 在 Co 中部分溶解；（3）烧结温度超过钴的熔点，而液相在 WC 中不溶解，故保温阶段始终存在液相。图 5-58 是 W-Co-C 三元相图的 WC-Co 纵截面（WC 含 C6.1％），称 WC-Co 伪二元系相图。

工业合金含钴量为 3％～25％（重量），因此，合金成分处于伪二元相图共晶点 E（52.5％重量 WC）的右方，在过共晶相区。烧结温度随合金 Co 含量增高而降低，一般在

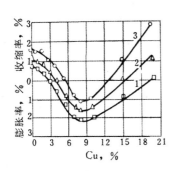

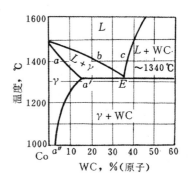

图 5-57　Fe-Cu 系烧结收缩
与铜浓度的关系曲线

1—烧结 15min；2—烧结 60min；3—烧结 180min

图 5-58　W-C-Co 相图沿 Co-WC 线的垂直截面

1350～1480℃范围内，超过了共晶点温度（～1320℃）。WC 在 Co 中的溶解度随温度而增大，在 700～750℃，以 Co 为基的 γ 固溶体中含 WC 约 1.5%（原子），1000℃时约 4%（原子），共晶温度下约 10%（原子）（～22%重量）。Co 在 WC 中溶解度极低。

合金烧结时，混合料中常有少量游离碳存在，故烧结温度下还形成 WC+γ+C 三元共晶，其熔点比 WC+γ 二元共晶熔点更低，约为 1280℃，因此，WC-Co 合金的烧结总会有二元或三元共晶的液相出现。现根据图 5-58 相图，观察合金烧结的全过程以及组织的变化。

（1）预烧及升温阶段　为低于共晶温度的固相烧结。超过 500℃之后，在 Co 颗粒之间以及 Co 与 WC 颗粒之间开始发生烧结，压坯强度已有增加；约 1000℃时，WC 开始向 Co 中迅速扩散，并随温度继续升高而加快，使 γ 相中 WC 的浓度沿着 $a''a'$ 线增加，至共晶温度时达到最大。

（2）达到共晶温度　γ 相与 WC 发生共晶反应，生成液相，如充分保温达到完全平衡，γ 相应全部进入液相，但仍有大量 WC 固相存在。

（3）继续升温到烧结温度　超过共晶温度继续升温，有更多 WC 溶解到液相中，液相数量剧增，而液相的成分将沿 Ec 线变化，达到 c 点即烧结温度后，系统才又趋于平衡。但如果升温过程中有一部分钴来不及转变为 γ 相，而且 γ 相的成分在共晶温度下也达不到 a' 点。不能全部转入液相，那么剩下的这部分 γ 相在超过共晶点继续升温时还会继续溶解 WC，转变成液相，其成分将沿着 Eb 线变化。这样，在达到烧结温度（1400℃）时，整个液相的平均成分将不是 c 点，而是介于 b 与 c 之间的某一点。同时，还可能残留一部分 WC 含量小于 a' 点的 γ 固溶体，这部分 γ 相还可以在保温阶段继续溶解 WC，使成分沿 ab 变化，达到 b 点后又转变为液相。

（4）烧结保温阶段　WC 继续溶解到液相中，使液相平均成分由 b 向 c 点变化，这时一直未溶解完的 WC 颗粒才与 c 点的液相达到真正的平衡。继续保温只发生 WC 通过液相的溶解和再析出过程，WC 晶粒逐渐长大，而两相的成分和比例都维持不变。保温时，液相的数量随合金钴含量的增高而增加，如钨-钴 6 合金为 14%（体积），钨-钴 15 为 32%，钨-钴 30 为 58%。

315

（5）保温完成后冷却　从液相中析出 WC（沿 cE 线），液相数量减少，至共晶温度时，液相成分又回到 E 点，开始析出 γ（a' 点成分），并同时结晶出共晶。

（6）低于共晶温度冷却　共晶中 γ 相的成分由 a' 向 a'' 变化，不断析出二次 WC 晶体，有些附在原来的 WC 初晶颗粒上。冷至室温后，合金组织应由原始未溶解的 WC 初晶加冷却过程中从液相或 γ 相中析出的二次 WC 晶体以及共晶（WC＋γ）所组成。因为二次 WC 晶体有的附着在 WC 初晶上，而且共晶中的 WC 也不是单独结晶，因此，合金仍为 WC＋γ 两相的组织。故有人将原始 WC 颗粒称为 α 相，冷却过程结晶析出的 WC 称为 α_1 相，但通常是难以区分的。

合金的收缩主要发生在液相出现之后。由液相流动引起 WC 颗粒重排与溶解和析出等过程使合金收缩显著，并且导致 WC 颗粒长大。保温时间愈长，WC 晶粒愈粗并且愈不均匀。烧结保温的后期，还发生 WC 的聚晶长大，它与通过液相的重结晶长大不同，是发生在 WC 固架形成之后。但帕里克（Parikh）和休姆尼克（Humenik）[54]认为，WC 晶粒主要是靠聚晶长大。他们用实验证明，在液相完全润湿固相的情况下，晶粒不会长大，而只有在润湿不良的情况下，靠颗粒彼此接触、聚合生长。他们比较了 WC-Co 和 WC-Cu 两种液相烧结合金，于 1340℃烧结 24h 后发现，虽然 WC 可溶于 Co，但长大不多，而 WC 由于不溶于 Cu，反而明显长大。这与溶解和析出颗粒长大的早期观点是矛盾的，作者是用润湿性解释这一现象。因为在 1340℃时，Cu 对 WC 的润湿角为 20°，而 Co 对 WC 为 0°。金相组织中也发现，由于 Cu 液相层厚而不连续，才使大量的细 WC 聚集长大成为大颗粒。

2. W-Cu-Ni 合金

这也是一种典型的液相烧结合金。Cu、Ni 或 Cu-Ni 合金对 W 的润湿角都接近于 0°，W 几乎不溶于 Cu，但在 Ni 中溶解度很大，1510℃时达 50%。把细钨粉与适量的镍和铜粉混合，压制后在 1350～1500℃烧结可得到接近完全致密的合金，密度在 17g/cm³ 以上，故称为重合金。以 Ni-Fe、Ni-Cr、Ni-Cu-Mo、Fe-Cu 为粘结相的重合金也有人研究，并已获得应用。重合金的强度与钢接近，容易机械加工，因此主要用来制造精密仪器（如陀螺仪）的平衡锤、自动钟表摆锤、防放射性辐射的屏蔽材料以及电触头材料等；W-Fe-Ni 合金还被用来制作炮弹芯。

高比重的合金，含钨常在 90% 以上。但由于纯钨粉烧结性不好，即使在接近熔点的温度，也难达到理论密度，而且钨性质脆。最初选择 W-Ni 二元合金，但烧结温度高，后来选用 W-Cu-Ni 系，以降低生成液相（Cu-Ni 合金）的温度，就能在较低温度（～1400℃）下烧结成致密状态。

Ni 在 W 中的固溶度很小；但 W 在 Ni 中的固溶度很大，600℃为 30%，高温（970℃）下 39%。加入 Cu 以后，W 在 Cu-Ni 相中的溶解度有所降低，于 1420℃，当 Ni/Cu＝2 时，溶解度约 17%，而且 Cu-Ni 也几乎不固溶于 W 中。

合金烧结过程：W-Cu-Ni 粉末压坯在升温过程中，Cu 与 Ni 粉在较低温度下就相互扩散固溶，同时发生 W 与 Ni 之间的扩散，但 W 粉尚未烧结。当温度升到 Cu 的熔点（1083℃）时，一部分 Cu 与 Ni 生成合金先熔化；随着温度继续升高，液相逐渐增多；达到 Cu-Ni 状态图的液相线时，液相量最多；但烧结温度一般仍选择比液相线低一些。当超过 1350℃时，Cu-Ni 全部熔化，这时溶解的 W 达到～18%。烧结后保温 15min，W 颗粒已开始长大，并长成球形。这是 W 通过液相发生溶解和再析出过程或重结晶过程，造成细的 W 颗粒溶解，大的 W 颗粒更大。重合金烧结未发现 W 颗粒直接联结长大的现象。高温烧结时间愈长，钨颗粒显得愈粗大，由接近卵形的钨颗粒与呈网状分布的 Cu-Ni 粘结相形成特有的重合金结构。图 5-59[25] 为一种普通牌号的重合金在两种保温时间下烧结后的金相组织，可见烧结 6h 后，钨颗粒已长大十好几倍。

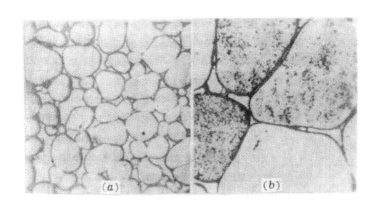

图 5-59　1450℃下烧结重合金（7.5％Ni＋2.5％Cu＋90％W）的金相组织（×600）

(a) 1h；(b) 6h

3. Cu-Sn 合金

烧结青铜或青铜-石墨是应用最早的多孔减摩材料，常用成分含 10％Sn，有时添加 1％～3％石墨或＜3％Pb 以进一步提高抗卡性和减摩性能。混合粉或雾化预合金粉经压制后在保护气氛(还原气体或固体碳填料)中于 800～850℃的温度范围内烧结，制得有 20％～30％孔隙度的多孔零件。

与前述两类合金不同，Cu-Sn 系在烧结后期液相消失。Cu 与 Sn 能相互溶解，形成一系列中间相（电子化合物）和相应的有限固溶体，其相图[4]如图 5-60 所示。

现以含 10％Sn（α 相区）的合金为例说明混合粉的烧结过程。升温过程中，Sn 粉达到 232℃就熔化，并流散在 Cu 粉压坯的孔隙内。Cu 在 Sn 的液相中溶解，经过共晶反应，生成 η 相（～60％Sn）。继续升温，液相又不断溶解 Cu；达到 415℃，发生包晶分解，生成 ε 相（38％Sn），这时液相又增加。故升温过程中 Cu 仍可继续溶解，直至再熔反应温度（640℃），ε 相转变为 γ 相，液相才明显减少。再升温至 755℃时，包晶反应又使 γ 转变为 β 相，又出现少量液相。因为烧结温度已超过另一包晶反应温度（798℃），故 β 相又分解，最后得到以 Cu 为基的高温 α 固溶体。由相图中临界点知道，含 10％Sn 的合金粉末，只有当烧结温度超过 850℃才有稳定的液相出现；含 Sn 量更高时，在较低温度下也有稳定的液相生成。冷却下来后的合金，如按平衡成分应得到 $\alpha+\varepsilon$ 相组织，但实际上当使用混合粉，且扩散不充分时，得到的室温组织可能由不均匀的 α 相和少量高温 δ 相构成。

Cu 在液态 Sn 中溶解得极为迅速，特别是当 Cu 粉很细（＜15μm）时，Sn 熔化几分钟后，就能达到饱和浓度。随着温度升高，由于 γ 相的出现，液相很快地减少或消失。但在液相消失之前，由于 Cu 的溶解，烧结过程进展很快，密度一直增大。当 γ 相出现后，烧结基本上在固相下进行，而在包晶反应温度（798℃）以上烧结，主要是通过少量液相完成 α

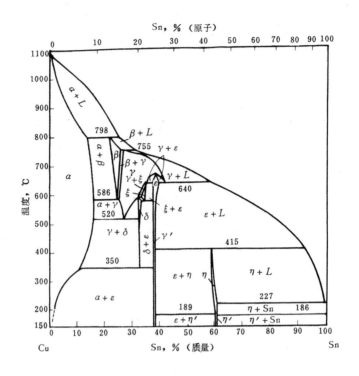

图 5-60　Cu-Sn 相图

相的均匀化。

在包晶反应温度 798℃以上烧结，体积急剧膨胀，以 820℃时最明显，再高又急变为收缩。原因是包晶反应（β→α＋液相）后液相向 α 中扩散继而又消失，在凝固过程中，液相内溶解的气体（如在 Cu 中溶解度较大的氢）急剧排除，在合金中留下许多气孔[25]。为此，可在包晶温度下保温，使扩散充分进行，让液相缓慢凝固，这时再超过包晶温度烧结体积就不致胀大。

四、熔浸

将粉末坯块与液体金属接触或浸在液体金属内，让坯块内孔隙为金属液填充，冷却下来就得到致密材料或零件，这种工艺称为熔浸。在粉末冶金零件生产中，熔浸可看成是一种烧结后处理，而当熔浸与烧结合为一道工序完成时，又称为熔浸烧结。

熔浸过程依靠外部金属液润湿粉末多孔体，在毛细管力作用下，液体金属沿着颗粒间孔隙或颗粒内孔隙流动，直到完全填充孔隙为止。因此，从本质上来说，它是液相烧结的一种特殊情况。所不同的，只是致密化主要靠易熔成分从外面去填满孔隙，而不是靠压坯本身的收缩，因此，熔浸的零件，基本上不产生收缩，烧结所需时间也短。

熔浸作为工艺方法主要用于生产电触头材料（Cu-W、Ag-W），Fe-Cu 机械零件以及金属陶瓷材料或复合材料[55]。

熔浸所必须具备的基本条件是：（1）骨架材料与熔浸金属的熔点相差较大，不致造成零件变形；（2）熔浸金属应能很好润湿骨架材料，同液相烧结一样，应满足 $\gamma_S - \gamma_{SL} > 0$ 或 $\gamma_L \cos\theta > 0$，由于 γ_L 总是 >0，故 $\cos\theta > 0$，即 $\theta < 90°$；（3）骨架与熔浸金属之间不互溶或溶

解度不大，因为如果反应生成熔点高的化合物或固溶体，液相将消失；（4）熔浸金属的量应以填满孔隙为限度，过少或过多均不利。

熔浸理论研究内容之一是计算熔浸速率。莱因斯和塞拉克(Semlak)[56]详细推导了金属液的毛细上升高度与时间的关系。假定毛细管是平行的，则一根毛细管内液体的上升速率可代表整个坯块的熔浸速率，对于直毛细管有

$$h = \left[\frac{R_c \gamma \cos\theta}{2\eta} \cdot t\right]^{1/2}$$

式中　h —— 液柱上升高度；

　　　R_c —— 毛细管半径；

　　　θ —— 润湿角；

　　　η —— 液体粘度；

　　　t —— 熔浸时间。

由于压坯的毛细管实际上是弯曲的，故必须对上式进行修正。如假定毛细管是半圆形的链状，对于高度为 h 的坯块，平均毛细管长度就是 $\pi/2h$，因此，金属液上升的动力学方程为

$$h = \frac{2}{\pi} \cdot \left[\frac{R_c \gamma \cos\theta}{2\eta} \cdot t\right]^{1/2} \tag{5-49}$$

或

$$h = K \cdot t^{1/2}$$

上式表示：液柱上升高与熔浸时间呈抛物线关系（$h \propto t^{1/2}$）。但要指出，式中 R_c 是毛细管的有效半径，并不代表孔隙的实际大小，最理想的是用颗粒表面间的平均自由长度的 1/4 作为 R_c。

熔浸液柱上升的最大高度按下式计算：

$$h_\infty = 2\gamma\cos\theta/R_c\rho g$$

式中　ρ —— 液体金属密度；

　　　g —— 重力加速度。

在考虑了坯块总孔隙度及透过率（代表连通孔隙率的多少）以后，渡边优尚[57]提出熔浸动力学方程

$$V = KS\phi^{1/4}\theta_\gamma^{3/4}\left[\gamma\cos\theta/\eta\right]^{1/2} \cdot t^{1/2} \tag{5-50}$$

式中　V —— 熔浸金属液的体积，cm^3；

　　　S —— 熔浸断面积，cm^2；

　　　ϕ —— 骨架透过率，cm^2；

　　　θ_γ —— 骨架孔隙度；

　　　γ —— 金属液表面张力，N/cm；

　　　K —— 系数。

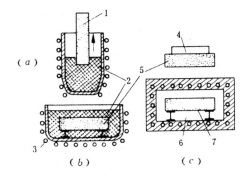

图 5-61　熔浸方式

（a）部分熔浸法；（b）全部熔浸法；（c）接触法

1、5—多孔体；2—熔融金属；3—加热体；

4—固体金属；6—加热炉；7—烧结体

因为（5-50）式中 $V/S = h$（坯块高度），故与（5-49）式形式基本一样，只是考虑了孔隙度对熔浸过程有很大影响。温度的影响，要看 $\gamma\cos\theta/\eta$ 项是如何变化的。

熔浸如图 5-61 所示有三种工艺[36]。最简便的是接触法（c），即把金属压坯或碎块放在被浸零件的上面或下面，送入高温炉，这时需根据压坯孔隙度计算熔浸金属量。

在真空或熔浸件一端形成负压的条件下，可减小孔隙气体对金属液流动的阻力，提高

熔浸质量。

第七节　烧　结　气　氛

一、气氛的作用与分类

烧结气氛的作用是控制压坯与环境之间的化学反应和清除润滑剂的分解产物，具体说有三个方面[6]：

（1）防止或减少周围环境对烧结产品的有害反应，如氧化、脱碳等，从而保证烧结顺利进行和产品质量稳定。

（2）排除有害杂质，如吸附气体、表面氧化物或内部夹杂。净化后通常可提高烧结的动力，加快烧结速度，而且能改善烧结制品的性能。

（3）维持或改变烧结材料中的有用成分，这些成分常常能与烧结金属生成合金或活化烧结过程，例如烧结钢的碳控制、渗氮和预氧化烧结等。

烧结气氛，按其功用可分为五种基本类型[2]：

（1）氧化气氛　包括纯氧、空气和水蒸气。可用于贵金属的烧结、氧化物弥散强化材料的内氧化烧结、铁或铜基零件的预氧化活化烧结。

（2）还原气氛　对大多数金属能起还原作用的气体，如纯氢、分解氨（氢-氮混合气体）、煤气、碳氢化物的转化气（H_2、CO 混合气体），使用最广泛。

（3）惰性或中性气氛　包括活性金属、高纯金属烧结用的惰性气体（N_2、Ar、He）及真空；转化气对某些金属（Cu）也可作为中性气氛；CO_2 或水蒸气对 Cu 合金的烧结也属于中性气氛。

（4）渗碳气氛　CO、CH_4 及其它碳氢化物气体对于烧结铁或低碳钢是渗碳性的。

（5）氮化气氛　NH_3 和用于烧结不锈钢及其它含 Cr 钢的 N_2。

上述分类不是绝对的，因为同一气氛对不同金属可以是中性或还原性甚至氧化性的，也可以是渗碳性或中性、脱碳性的。例如 CO_2、水蒸气对 Cu 是中性的，但对含碳烧结钢则是氧化性和脱碳性的；N_2 对大多数金属是中性的，但对 Cr、V、Ti、Ta 等则可形成氮化物；此外，转化 C-H 化物混合气的成分变化很大，对某些金属可能是氧化性或还原性的，对另一些金属也可能是渗碳性或脱碳性的。

目前，工业使用的烧结气氛主要有氢气、分解氨气、吸热或放热型气体以及真空（表5-10）。近 20 年来，氮气和氮基气体（表 5-11）的使用日渐广泛，它们适用于大多数粉末零件的烧结，如 Fe、Cu、Ni 和 Al 基材料等。纯氮中的氧极低，水分可减少至露点 $-73℃$，是一种安全而价廉的惰性气体，而且可根据需要添加少量氢及有渗碳或脱碳作用的其它成分，使其适用范围更加扩大。

二、还原性气氛

烧结最常采用含有 H_2、CO 成分的还原性或保护性气体，它们对大多数金属在高温下均具有还原性。

气氛的还原能力由金属的氧化-还原反应的热力学所决定。当用纯氢时，其还原平衡反应为

$$MeO + H_2 \Longrightarrow Me + H_2O$$

平衡常数

$$K_p = p_{H_2O}/p_{H_2}$$

当采用CO时，其还原平衡反应为

$$MeO + CO \Longrightarrow Me + CO_2$$

平衡常数
$$K_p = p_{CO_2}/p_{CO}$$

表 5-10　国外粉末冶金工业用烧结气氛举例[58]

气　氛　种　类	应 用 所 占 比 例	应　用　举　例
吸热型气体	70%	碳钢
分解氨气体	20%	不锈钢、碳钢
放热型气体	5%	铜基材料
H_2、N_2、真空	5%	铝基材料及其它

表 5-11　普通烧结气氛的成分

成分比例	吸热型气体	放热型气体	分解氨	氮基气体
N_2,%	39	70～98	25	75～97
H_2,%	39	2～20	75	20～2
CO,%	21	2～10	—	—
CO_2,%	0.2	1～6	—	—
O_2, ppm	10～150	10～150	10～35	5
露点,℃	-16～10	-25～-45	-30～-50	-50～-75

在指定的烧结温度下，上面两个反应的平衡常数都为定值，也就是在反应系统内有固定的气体组成或分压比。只要气氛中 H_2O/H_2 和 CO_2/CO 的比值维持低于平衡常数所规定的临界分压比，还原反应就能够进行；如高于临界分压比，则金属要被氧化。临界分压比是温度的函数，铁的临界分压比与温度的关系如图5-62所示。当气氛中同时有氢和一氧化碳存在时，在一定温度下，都有一很宽的还原区。对于CO来说，CO_2/CO 的比值随温度的降低而增大，就是说，低温气氛中 CO_2 含量很高仍是还原性的，但在高温下，这种气氛将变为氧化性。CO_2 在有 H_2 同时存在时，将发生下述反应：

$$CO_2 + H_2 \longrightarrow CO + H_2O$$

从而使 p_{CO_2}/p_{CO} 比值降低，使之又具有更强的还原性，因为在干燥的气氛中生成的水蒸气，不致使 p_{H_2O}/p_{H_2} 值变得太高。

从图5-62还可看到，在800℃以上，氢气的还原区比一氧化碳的宽得多。氢的还原能力与气氛中的水蒸气含量直接有关。通常用露点描述气氛的干湿程度：露点愈低，水蒸气含量愈少（表5-12）。由于还原反应不

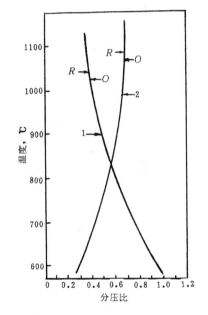

图 5-62　氧化铁还原时 p_{CO_2}/p_{CO}

和 p_{H_2O}/p_{H_2} 的临界分压

比与温度的关系曲线

1—CO_2/CO；2—H_2O/H_2；

O—氧化；R—还原

断生成水蒸气，使气氛的露点升高，因此，测量和控制气氛的露点是必要的。

对于活性高的金属 Be、Al、Si、Ti、Zr、V、Cr、Mn 来说，气氛中哪怕有极微量的氧或水气都是不允许的，因为这些金属极易生成难还原的氧化膜而阻碍烧结过程。烧结上述金属或含有这些元素的合金，如不锈钢、高速钢、钢结硬质合金、钛合金等，要用经过严

格脱水和净化的氢气，而最好采用真空或惰性气氛。电解氢的纯度仅 99%，露点在 0℃ 以上；采用冷冻干燥或钯管净化后，可提纯到 99.99%。分解氨气露点较低（−40～−50℃），游离氨在 0.05% 以下，可广泛代替电解氢使用。烧结 Fe、Cu、Ni、W、Mo 等金属时，对气氛含氧量与露点的要求可放宽一些。图 5-63 比较了各种金属的氧化-还原反应的临界温度与露点的关系，可以看出：烧结温度愈低，要求氢气的露点也愈低，因为氢还原反应的平衡常数随温度降低而减小；活性金属（Be、Zr、Al、Ti 等），要求气氛有极低的露点，而Fe、W、Mo 则高得多。

表 5-12　气氛的水蒸气含量与露点对照表[6]

露　点，℃	水　蒸　气		露　点，℃	水　蒸　气	
	mg/L	%（体积）		mg/L	%（体积）
40	51.0	7.30	−25.6	0.675	0.076
30	30.2	4.18	−30	0.455	0.0503
20	17.3	2.31	−35.6	0.272	0.0294
10	9.4	1.21	−40	0.178	0.0189
0	4.8	0.60	−45.6	0.107	0.0112
−5.6	3.28	0.40	−50	0.064	0.0065
−10	2.35	0.282	−65	0.009	0.0008
−15.6	1.54	0.18	−73.3	0.002	0.0002
20	1.08	0.125			

纯一氧化碳因为有剧毒且制造成本高，不适于单独用作还原性气氛。甲烷等碳氢化物由于有强渗碳性也不直接用作烧结气氛，但可以用空气或水蒸气加以高温转化，得到以 H_2、CO、N_2 为主要成分的混合气，可用于一般铁、铜基粉末零件的烧结。

三、可控碳势气氛

粉末冶金碳钢或合金钢中的碳含量对其机械性能影响很大，而烧结气氛对于控制和调整烧结钢零件的碳成分显得很重要。气氛按其对烧结材料中碳含量的影响可以分为渗碳、脱碳和中性三种。

1. 渗碳与脱碳的原理

Fe 与含碳气体之间进行渗碳-脱碳反应的平衡方程式为

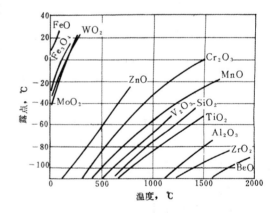

图 5-63　金属氧化物的氢还原平衡温度与露点的关系

$$Fe + 2CO \rightleftharpoons Fe(C) + CO_2$$
$$Fe + CH_4 \rightleftharpoons Fe(C) + 2H_2$$
$$Fe + CO + H_2 \rightleftharpoons Fe(C) + H_2O$$

先看第一个反应式。在 CO 气氛下，烧结铁的渗碳反应为

$$Fe + 2CO \longrightarrow (Fe,C) + CO_2$$

(Fe,C) 表示碳溶于铁中的固溶体，因烧结是在 γ-Fe 相区的温度中进行，这时，碳在 γ-Fe 中有较大的溶解度。假定气氛为 1atm（~0.1MPa），上式的平衡常数

$$K_p = \frac{p_{CO_2} \cdot a_C}{p_{CO}^2 \cdot a_{Fe}}$$

式中　a_C——为碳在 (Fe,C) 固溶体中的活度，约等于浓度；而 $a_{Fe}=1$。

故上式变为

$$K_p = p_{CO_2} \cdot a_C / p_{CO}^2$$

根据相律 $F=C-P+2$，反应系内独立组元数 $C=3$，相数 $P=2$（气与固相），即自由度 $F=3$。因为反应温度和压力已定，还剩一个自由度就是 a_C 或 p_{CO_2}/p_{CO} 中的一个，因此，为要获得一定的 a_C，即烧结铁中一定的碳浓度，必需控制气氛的 p_{CO_2}/p_{CO} 或气体浓度比。当要提高 a_C 时，p_{CO_2}/p_{CO} 必须降低，即 CO 的浓度必须提高。如果在烧结压坯内有游离碳（一般为石墨粉）存在或烧结金属中的碳浓度超过该气体成分所允许的临界值，就会有一部分碳损失到气氛中去，这就是脱碳现象。如果烧结体内的碳含量低于临界浓度，气氛就将补充一部分碳到烧结材料中去，这就是渗碳现象。当气氛被控制到与烧结体中的某一定碳浓度平衡，即具有严格相等的"碳势"或"碳位"时，就成为中性气氛。控制气氛的碳势就是要在一定温度下维持气体成分的一定比例，这里为 CO_2 与 CO 的比。

再看另一种渗碳反应

$$Fe + CH_4 \longrightarrow (Fe,C) + 2H_2$$

平衡常数　　　　　　$$K_p = p_{H_2}^2 \cdot a_C / p_{CH_4}$$

同样，反应系有三个自由度，气氛中 p_{H_2}/p_{CH_4} 值是用来控制碳势的。

图 5-64 为奥氏体铁的渗碳-脱碳平衡气体分压比的温度关系曲线。图上标明的渗碳区和脱碳区是指奥氏体铁的饱和碳溶解度，对烧结碳钢的含碳量控制有参考价值。由图 5-62 知道，不致使铁氧化的 CO_2/CO 平衡比值在整个温度范围都较高，但根据图 5-64，当温度高于 900℃ 时，为了不使钢脱碳，CO_2/CO 值必须控制很低（<0.1），只是在低于 700~800℃ 以后，脱碳的趋势才大为减小。从图上又看到，在通常的烧结温度范围，铁渗碳的平衡 CH_4/H_2 值极低，只要气氛中 CH_4 的浓度高于 0.01% 就能引起渗碳；在低温中，CH_4 的渗碳能力才大为减弱。

第三种可能的渗碳反应是

$$Fe + CO + H_2 \longrightarrow (Fe,C) + H_2O$$

平衡常数　　　　　$$K_p = p_{H_2O} \cdot a_C / p_{CO} \cdot p_{H_2}$$

这说明，在有 H_2 存在时，CO 的渗碳反应还与气氛的 H_2O/H_2（即露点）有关。通常碳氢化物的转化气体含有 CO、CO_2、CH_4、H_2、H_2O、N_2 等六种成分，根据相律分析应有 5 个自由度。烧结过程通常固定温度和压力，当控制气氛中氢与一氧化碳的浓度后，那么可变的参量就是钢中含碳量、气氛的露点、CO_2 或 CH_4 的浓度，这时露点、CO_2 或 CH_4 浓度三个参数中任一个改变都影响钢中碳的平衡浓度。另外，只要转化混合气中残留的 CH_4 含量不变，就可通过控制混合气的露点或 CO_2 的含量，达到改变气氛碳势的目的。吸热型气体的正常成分是：CO 20%、H_2 40%、CH_4 1% 和 N_2 39%。在各种烧结温度下，钢中含碳量与

这种气体的露点的关系如图 5-65[59]所示：（1）随温度升高，不发生脱碳的露点降低；（2）在指定温度下，水蒸气的脱碳作用将随钢中含碳量增高而加剧。另外，不同温度下，二氧化碳含量与钢中含碳量的关系如图 5-66 所示，随温度升高，气氛中 CO_2 的脱碳作用迅速增加。

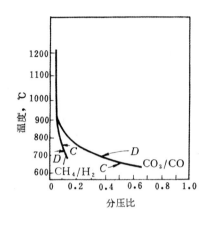

图 5-64 对于碳饱和的 γ-Fe，CO_2/CO 与 CH_4/H_2 的临界分压比与温度的关系

C—渗碳；D—脱碳

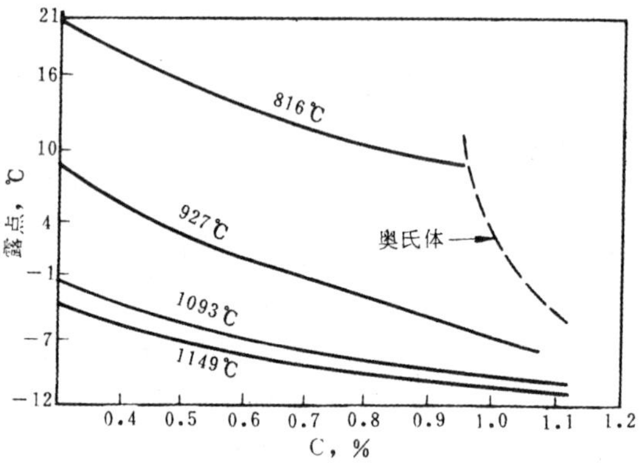

图 5-65 吸热型气体的露点对钢中含碳量的影响

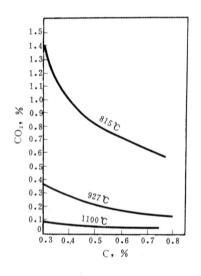

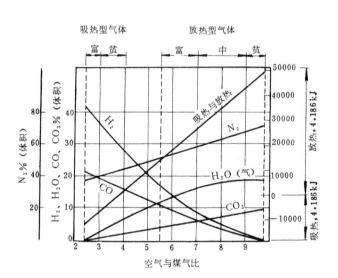

图 5-66 奥氏体钢中含碳量与气氛中二氧化碳浓度的关系

图 5-67 甲烷转化气的类型及组成与空气/甲烷混合比的关系

上面用热力学分析了烧结气氛与金属之间的化学反应，但要指出，烧结的实际过程并非处在平衡状态。炉内气氛的成分与刚通入炉内的气体成分有差别；而气氛与金属间的反应产物和炉气本身的反应产物，除非能及时排出炉外，否则都可能改变原来在热力学平衡

基础上的预期结果；而且炉内各部位气氛的成分也有变化，这时气体扩散的快慢是决定反应在各处是否均匀发生的重要动力学条件。因此烧结大零件时，碳浓度的分布可能是不均匀的，因表面渗碳或脱碳总是最早发生，而且还受烧舟材料（如石墨）或填料（碳粒）的影响。实际生产过程中必须考虑各种因素对平衡的影响。

2. 吸热型与放热型气氛

根据上面的热力学分析，对含碳材料（如烧结钢）来说，气氛中的 H_2、CO_2 和 H_2O 成分是脱碳性的，CO 和 CH_4 等碳氢化物是渗碳性的。脱碳与渗碳是可逆反应，在一定温度和气体分压比之下与金属中的一定含碳量维持平衡。

转化碳氢化物所得到的混合气中含 H_2、CO、CO_2、N_2 和少量 CH_4、H_2O，随转化方法和条件不同，上述成分可以在很宽的范围内变化。因此在一定温度下，对一定含碳量的材料，由于其中 CO/CO_2 和 CH_4/H_2 两种分压比的不同或 H_2O 含量的不同，气氛可能是渗碳性、脱碳性的，也可能是中性的。

碳氢化物（甲烷、丙烷等）是天然气的主要成分，也是焦炉煤气、石油气的重要成分。以这些气体为原料，采用空气或水蒸气在高温下进行转化（实际上为部分燃烧），从而得到一种混合气称为转化气。当用空气转化而且空气与煤气的比例较高时，转化过程中反应放出的热量足够维持转化器的反应温度，转化效率较高，这样得到的混合气称放热型气体。如果空气与煤气之比较小，转化过程放出的热量不足以维持反应所需的温度而要从外部加热转化器，则得到吸热型气体。究竟在怎样的空气比例下可制得放热型或吸热型气体，还取决于原料气的类型，即碳氢化物（主要是甲烷）的含量。

将空气与甲烷气按 2～10 的比例混合，在 900～1100℃ 的温度下预热，经氧化镍触媒的催化转化后得到的混合气体成分如图 5-67 所示[4]。当混合比为 5.5～10 时，得到的放热型气体可分为富、中和贫三类，富放热气含 H_2（体积）为 8%～16%，贫放热气为 0～0.5%，前者的 CO 含量也较高，但 CO_2、H_2O（气）和 N_2 成分较低。当混合比为 2～4 时，转化为吸热型气体，又可分为富吸热型气（H_2 37%～40%）和贫吸热型气（H_2 30%～36%）。吸热型气体与放热型气体的成分差别主要在于前者的 H_2、CO 含量高，后者由于一部分 H_2 被燃烧成 H_2O 和一部分 CO 被燃烧成 CO_2，使 H_2O、CO_2 含量增高，相应地，含 N_2 量也较高。

吸热型气体的露点，可以通过调节混合比例来控制。表 5-13[25] 为用城市煤气经空气转化后得到的吸热型气体的成分。吸热型气体具有强还原性，而且对于高碳材料来说，由于能将露点稳定地控制在 ±2℃，作为不脱碳的烧结气氛是很理想的。如果需要把它变为渗碳性，还可以掺进一些丙烷气；需要氮化气氛时，还可加入 10%NH_3，因此又广泛应用于钢件的化学热处理。

表 5-13　吸热型气体的组成（用城市煤气转化）

城市煤气/空气	含　　量，%						露点,℃
	CH_4	CO	CO_2	H_2	N_2	水蒸气	
2.3	1.2	28.6	0	48.0	22.2	0.093	−23
2.1	0.7	28.5	0.1	47.4	23.3	0.295	−9
1.9	0.4	28.0	0.2	45.0	26.4	0.600	0
1.7	0.3	27.6	0.6	43.0	28.5	1.45	+13
1.5	0	27.2	1.0	42.2	29.6	2.31	+20

放热型气体经过充分脱水，露点虽可降到 0℃ 左右，但仍具有脱碳性，故仅适用于铜基或纯铁材料的烧结。进一步用氟石除去 CO_2，并干燥至 $-40 \sim -50℃$ 的露点，对铁-碳材料烧结实际上是一种中性气氛。

表 5-14 列举了吸热型和放热型气体的标准成分和应用范围[40]。

表 5-14　铁制品烧结用转化气体标准成分及应用

气　体	标　准　成　分	应　用　举　例
吸　热　型	$40\%H_2$，$20\%CO$，$1\%CH_4$，$39\%N_2$	Fe-C，Fe-Cu-C 等高强度零件；爆炸性极强
放　热　型	$8\%H_2$，$6\%CO$，$6\%CO_2$，$80\%N_2$	纯铁，Fe-Cu 烧结零件；有爆炸性

再讨论吸热型气氛的碳势控制。所谓气氛的碳势是指该气氛与含碳量一定的烧结材料在某种温度下维持平衡（不渗碳也不脱碳）时，该材料的含碳量。由于转化气的成分可调，碳势可控，故又称为可控碳势气氛。吸热型转化气的主要成分为 H_2 和 CO，两者在 60% 以上，而残留的 CO_2、H_2O、CH_4 的总量不超过 1%，而 N_2 为惰性气体，不影响总碳势，因此，气氛的碳势实际上可通过调节其中的 CO_2、H_2O 或 CH_4 中的任一成分来控制。一般可用露点仪测量 H_2O 含量，最好用红外线吸收气体分析仪测定 CO_2 含量。露点或 CO_2 含量降低或 CH_4 增加极少量就可提高气氛的碳势。对标准吸热型气氛（$H_2 40\%$，$N_2 40\%$，$CO 20\%$）测定其碳势与 CO_2 含量的关系如图 5-68 所示[60]，可以看出：

（1）碳势随 CO_2 含量增高而降低；

（2）温度愈高，维持一定碳势所要求的 CO_2 含量愈低；

（3）在 1122℃，要求碳势为 0.1%～0.8%，则 CO_2 含量必须控制在百分之二到千分之二以内，这正是红外线分析仪所能测量和控制的范围。

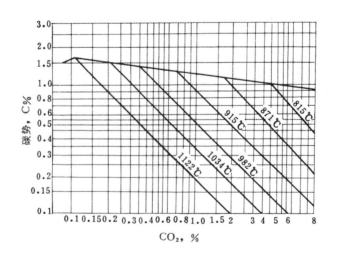

图 5-68　吸热型气氛碳势与 CO_2 含量的关系

四、真空烧结

真空熔炼在高纯和优质金属材料的制取方面应用很广泛，但真空烧结在粉末冶金中使用的历史并不长，主要用于活性和难熔金属 Be、Th、Ti、Zr、Ta、Nb 等，含 TiC 硬质合金，磁性合金与不锈钢等的烧结。30 年代硬质合金就开始应用真空烧结，近三十年来获得了较大发展[61,62]。

真空烧结实际上是低（减）压烧结，真空度愈高，愈接近中性气氛，即与材料不发生任何化学反应。真空度通常为 $1.3\times10Pa\sim1.3\times10^{-3}Pa$。

真空烧结的主要优点是：(1) 减少气氛中有害成分（H_2O、O_2、N_2）对产品的玷污，例如电解氢的含水量要求降至 $-40℃$ 露点极为困难，而真空度只要达到 $1.3\times10Pa$ 就相当于含水量为 $-40℃$ 露点，而获得这样的真空度并不困难；(2) 真空是最理想的惰性气氛，当不宜用其他还原性或惰性气体时（如活性金属的烧结），或者对容易出现脱碳、渗碳的材料均可采用真空烧结；(3) 真空可改善液相烧结的润湿性，有利于收缩和改善合金的组织；(4) 真空有助于 Si、Al、Mg、Ca 等杂质或其氧化物的排除，起到提纯材料的作用；(5) 真空有利于排除吸附气体（孔隙中残留气体以及反应气体产物），对促进烧结后期的收缩作用明显。

从经济上看，真空烧结除设备投资较大、单炉产量低的缺点之外，电能消耗是较低的，因为维持真空的消耗远远低于制备气氛（如氢）的成本。

真空下的液相烧结，粘结金属的挥发损失是个重要问题，它不仅改变和影响合金的最终成分和组织，而且对烧结过程本身也起阻碍作用。粘结金属在液态时的挥发速度与金属的蒸气压和真空度有关，而金属蒸气压又与温度有关：

$$\lg p = -L/RT + C$$

式中　p——金属蒸气压；

　　　L——液态金属的挥发潜热；

　　　C——常数。

当然，粘结金属的挥发损失量还与保温时间有关。经计算，钴的蒸气压在 1400℃ 时约 1.3×10^2Pa，在 1460℃ 约 1.6×10^2Pa。为减少钴的损失，硬质合金不能在太高的真空度中烧结，一般维持炉内剩余压力为几千 Pa。即使这样，在 $1400\sim1450℃$ 的高温中烧结，钴的损失仍不可避免，因而需要在压制混合料中配入过量（0.5%）的钴粉。在更高的温度下烧结 T15 合金，控制炉内剩余压力不低于 1300Pa 时，钴不致明显挥发。例如在 $1.3\times10Pa$、1550℃ 烧结 T15 合金 1h，合金钴含量由 6% 降低到 4%，而在 1.3×10^2Pa 下，只降到 5%。

真空烧结时粘结金属的挥发损失，主要是在烧结后期即保温阶段，因此在可能条件下，应缩短烧结时间或在烧结后期关闭真空泵，使炉内压力适当回升或充入惰性气体或氢气提高炉压。

真空烧结含碳材料的脱碳问题也值得重视。脱碳主要发生在升温阶段，这时炉内残留的空气、吸附的含氧气体（CO_2）以及粉末内的氧化杂质及水分等与碳化物中的化合碳或材料中的游离碳发生反应，生成 CO 随炉气排出，同时炉压明显升高，合金的总碳减少。因此真空烧结含碳材料虽有补充还原作用，但也造成合金脱碳。显然，碳含量的变化取决于原料粉末中的氧含量以及烧结时的真空度，两者愈高时，生成 CO 的反应愈容易进行，脱碳也愈严重。所以，根据原料中的含氧量，要控制混合料中的碳含量比在氢气烧结时更高。例如 WC-Co 合金，当炉压在 13～65Pa 时，原料中配碳应增加 0.2%～0.3%，另外，通过调节泵速（抽气量），控制真空度不太高亦可以减少脱碳。真空烧结采用石墨粒填料保护时，硬质合金仍有脱碳现象，因为脱碳主要发生在低温（<1000℃），这时石墨粒不足以生成更多 CO。

真空烧结与气体保护烧结的工艺没有根本区别，只是烧结温度更低一些，一般可降低 100～150℃，这对提高炉子寿命、降低电能消耗和减少晶粒长大均是有利的。过去认为真空烧结不经济的看法已在改变，因为真空炉应设计得结构简单、操作连续，而且由于没有庞大的造气设备而更易于被人们采用。

第八节 活 化 烧 结

采用化学或物理的措施，使烧结温度降低、烧结过程加快，或使烧结体的密度和其它性能得到提高的方法称为活化烧结。活化烧结从方法上可以分为两种：一是依靠外界因素活化烧结过程，如在气氛中添加活化剂，使烧结过程循环地发生氧化-还原或其它反应，往烧结填料中添加强还原剂（如氢化物），循环改变烧结温度，施加外应力等；二是提高粉末的活性，使烧结过程活化，例如粉末或粉末压坯的表面预氧化，使粉末颗粒产生较多晶体缺陷或不稳定结构，添加活化元素以及使烧结形成少量液相等。

一、烧结活化能

烧结与任何物理化学过程一样，当被活化而加速时，活化能必定降低。尽管烧结过程十分复杂，但总是受流动、扩散、蒸发凝聚等机构所限制，只要使这些过程的活化能降低，就能加快烧结反应的速度，这就是活化烧结的热力学本质。

设 K 代表烧结反应的速度常数，它与烧结过程活化能 Q 的关系为

$$K = A\exp(-Q/RT)$$

或 $$\ln K = \ln A - Q/RT \qquad (5-51)$$

故以 $\ln K$ 对 $1/T$ 作图，则 $\ln K$ 与 $1/T$ 成线性关系。只要测定直线的截距和斜率，就可求得上式中的 A 与 Q 值。例如铜粉烧结的活化能为 234.4kJ/mol，与铜的自扩散激活能相近。

实际上，按上述方法测定金属粉末的烧结活化能的数据不多，因为在较宽的温度范围内，难以准确求得上述线性关系，也就难以测定斜率和截距。

根据（5-51）式，欲加快烧结反应的速度有三种途径[1]：

（1）降低烧结活化能 Q，能使（5-51）式中 $\exp(-Q/RT)$ 值增大，从而使 K 值增大。通常所指活化烧结，都是 Q 降低的过程。

（2）升高烧结温度 T 也能使 K 值增大，但对一般的烧结过程也都适用，故不算活化烧结。

（3）增大 A 值 在 Q 与 T 均不变的情况下，也能使 K 值增加，从而加快烧结过程。A 值包含所谓反应原子碰撞的"频率因素"，因而在固相烧结反应中，改善烧结粉末的接触情况往往能促进反应，但不涉及活化能的改变，严格说来，也不属于"活化"，可称作"强化"。

强化烧结（Enhanced Sintering），或广义的活化烧结，按现代的观点可以包括热压、液相烧结、活化烧结（Activated Sintering）以及称作相稳定或混合相烧结。

二、钨的活化烧结

活化烧结最重要的应用是通过添加 Ni 等过渡族金属的钨粉活化烧结。

液相烧结的机构表明，当固相的原子溶解于液相（粘结相）时致密化速度增加，烧结所需时间缩短，从这个意义上讲，能在烧结温度下形成液相的就可用作活化烧结的添加元素。但是对于 W-Cu-Ni 重合金，当 Cu 与 Ni 之比为 1/2.5 时，合金在低于 Cu-Ni 相熔点的 1350℃烧结后，同样可看到钨颗粒形成明显的卵形结构，并有明显的收缩。这说明，有液相出现并不是产生活化烧结的唯一条件，在固相烧结时，亦可通过添加合金元素促进烧结制品收缩，改善其性能。

在钨粉中添加Ⅷ族过渡金属进行活化烧结已有不少人做过实验与理论的研究。艾特在 1953 年发现 0.5%～2%Ni 能使钨粉烧结活化；1959 年瓦西克研究了添加少量 Fe、Co、Ni 在 1000～1300℃进行钨粉活化烧结；1961～1963 年，布罗费（Brophy）[72]等人进而研究了 W-Ni 活化烧结的动力学，以及其它Ⅷ族过渡金属对钨的活化烧结效果（图 5-69）。

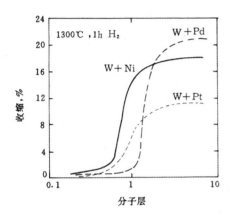

图 5-69 0.6μm 钨粉采用不同活化
剂烧结后收缩率比较
添加量以覆盖钨粉表面的分子层数表示

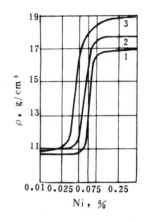

图 5-70 添加镍对钨粉压坯
烧结密度的影响
1—1100℃；2—1200℃；3—1300℃

钨粉活化烧结时，镍加入量一般为 0.1%～0.5%，由于加入量很少，为了使镍在钨粉中分散均匀，可以采用下述几种方法制备 W-Ni 复合粉：

（1）将 WO_3 粉与 $Ni(NO_3)_2$ 水溶液混合，经 150℃干燥或煅烧，再于 600～800℃氢气中共还原得到 W-Ni 复合粉；

（2）采用气相沉积法使 $Ni(NO_3)_2$ 直接包覆在 W 粉颗粒表面，然后在氢气中还原得到 W-Ni 包覆粉；

（3）将 WO_3 或 W 粉与镍盐的含铵溶液混合，用高压氢还原直接获得 W-Ni 包覆粉；

（4）将 $NiCl_2$、$6H_2O$ 溶于酒精或丙酮，再用预烧结钨粉压坯浸渍上述溶液，然后在低于 130℃温度中干燥，使溶剂挥发，再于 600℃氢气中还原。

镍添加量对钨粉压坯烧结密度的影响如图 5-70 所示[3]。平均粒度为 0.56μm 的超细钨粉，当 Ni 加入量为 0.1%～0.25%，在 1300℃经过 16h 烧结后，密度达到 18.78g/cm³，即理论密度的 98%。用镍活化烧结方法制造钨接点，以 1150～1200℃烧结 1h，密度可达到 18.5～18.8g/cm³，硬度 HV=4000～4200MPa。

钨粉活化烧结，除用镍外，还可用镍-磷合金[73]。将钨粉与 $NiCl_2 \cdot 6H_2O$ 和次亚磷酸钠（NaH_2PO_2）的混合溶液以 90℃ 温度搅拌均匀，反应后钨颗粒表面就包覆一层镍-磷合金，这称为溶液电镀法。这种粉末经真空干燥后压制成形（150MPa）并烧结。当镍含量为 0.12%，磷含量为 0.02% 时，以 1000℃ 烧结半小时，密度可达到 $18.85g/cm^3$，即理论密度的 97.7%；1200℃ 烧结 1h 可达到 $19.05g/cm^3$，即理论密度的 98.6%。烧结过程中，磷大部分挥发，镍残留下来，经分析，磷残留量为 0.002%，镍为 0.12%。

钨粉活化烧结，其镍含量应以钨粉颗粒表面完全被镍的单原子层覆盖为最理想。实验证明，平均粒度为 3.3μm 的 W 粉，加镍量以 0.13% 为最适宜；如果用更细（0.5μm）的 W 粉，由于比表面增大，镍的用量要相应增加到 0.2%～0.5%。比较Ⅷ族过渡金属对 W 粉烧结活化的效果，钯最好，镍、铑、铂、钌其次。

对活化烧结的机构存在不同的看法[74,75]，但大都认为体积扩散是主要的。镍等元素活化烧结钨的动力学介于固相烧结与液相烧结之间，类似液相烧结的溶解和析出过程。因为钨在Ⅷ族过渡金属中均有较大的溶解度（10%～20%）；相反，后者在钨中的溶解可忽略不计。当钨在镍等金属中溶解时，首先在钨颗粒表面生成所谓"载体相"，然后钨原子通过该相向镍中不断扩散，这与液相烧结时液相成为物质迁移的载体有类似的地方，只是固相活化烧结时，载体相并不溶化。扩散的结果使钨的颗粒不断靠拢，粉末坯块发生体积收缩。由于钨与镍等金属的互扩散系数不相等，钨颗粒表面层内留下大量的空位缺陷，有助于物质迁移的进行。烧结速度应受钨原子通过载体相的扩散所限制，但也有人认为是被钨在镍等金属中的溶解速度所限制。总之，当活化金属层超过一定厚度，即载体相层太厚时，烧结致密化速度就会降低。钨在镍中的体积扩散激活能测定为 $Q_v = 322kJ/mol$，应用经验公式，晶界扩散能 $Q_{gb} = 0.7Q_v = 227kJ/mol$、表面扩散能 $Q_s = 0.5Q_v = 162kJ/mol$，而镍活化烧结过程的活化能经测定为 213kJ/mol，正好介于 Q_{gb} 与 Q_s 之间，因此，可以预计镍活化烧结如果是受扩散步骤限制，那末晶界扩散与表面扩散也应同时起作用。事实上，钨原子通过载体相扩散和钨向富镍层的溶解这两个步骤是交替出现的，而且，溶解过程的激活能一般要比扩散过程激活能低，所以烧结速度最终仍受其中最慢的，也就是激活能最高的扩散步骤所限制。沙姆索洛夫[76]运用电子理论解释活化烧结的本质。

三、电火花烧结

电火花烧结可看成是一种物理活化烧结，称为电活化压力烧结。这是利用粉末间火花放电所产生的高温而且同时受外应力作用的一种特殊烧结方法。

60 年代中期，日本首先研究成功电火花烧结[77]，美国洛克希德导弹及宇航公司（LMSC）很快将这一新技术用于制造铍零件。该公司的第一台电火花烧结机于 1967 年投入生产，1969 年又安装了五台功率为 35～1035kVA 的电火花烧结机，供生产铍、钛、镍、难熔金属及合金。这些装置也可用来制造超合金、硬质合金、各种复合材料以及金刚石制品。

电火花烧结机原理如图 5-71 所示。通过一对电极板和上下模冲向模腔内粉末直接通入高频或中频交流和直流的叠加电流。压模由石墨或其它导电材料制成。加热粉末靠火花放电产生的热和通过粉末与模冲的电流产生的焦耳热。粉末在高温下处于塑性状态，通过模冲加压烧结并且由于高频电流通过粉末形成的机械脉冲波的作用，致密化过程在极短的时间（1～2s）就可完成。

火花放电主要在烧结初期发生，此时预加负荷很小，达到一定温度后控制输入的电功率并增大压力，直到完成致密化。从操作看，这与一般电阻烧结或热压很相近，但是有区别：（1）电阻烧结和热压仅仅依靠粉末本身的电阻发热，通入的电流极大；（2）热压所用的压力高达几十MPa以上，而电火花烧结所用压力低得多（几MPa）。

电火花烧结的零件既可作成接近致密（一般为理论密度的98％～100％），也可有效地控制孔隙度，如制造大型自发汗冷却的火箭鼻锥。用电火花烧结制成的铍制件可重达7.7kg，制造形状复杂的铜制件，压制面积可达到426cm²。

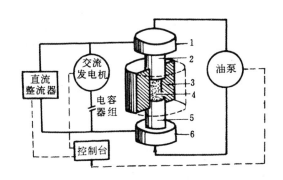

图5-71　电火花烧结机原理图
1、6—电极板；2、5—模冲；3—压模；4—粉末

第九节　热　压

热压又称为加压烧结，是把粉末装在模腔内，在加压的同时使粉末加热到正常烧结温度或更低一些，经过较短时间烧结成致密而均匀的制品。热压可将压制和烧结两个工序一并完成，可以在较低压力下迅速获得冷压烧结所达不到的密度，从这个意义上说，热压是一种强化烧结。原则上，凡是用一般方法能制得的粉末零件，都适于用热压方法制造，尤其适于制造全致密难熔金属及其化合物等材料。

热压是粉末冶金中发展和应用较早的一种热成形技术。1912年德国和1917年美国发表了用钨和碳化钨粉热压制造致密件的专利[78,79]；1926～1927年用于制造硬质合金[80]；从1930年起，热压更快地发展了，主要用于WC-Co合金大型制品以及难熔化合物、陶瓷、复合纤维材料等方面。目前，又发展了真空热压、振动热压、均衡热压和等静热压等新技术。

一、工艺特点

热压方法的最大优点是可以大大降低成形压力和缩短烧结时间，另外可以制得密度极高和晶粒极细的材料，其应用主要有：（1）制造硬质合金拉丝模、压制模、精密轧辊及其它耐磨零件；（2）热压压力仅为冷压成形的1/10，可以压制大型制件；（3）热压时，粉末热塑性好，可以压成薄壁管、薄片及带螺纹等异型制品；（4）粉末粒度、硬度对热压过程影响不明显，因此可压制一些硬而脆的粉末。然而，热压法也有明显的缺点：（1）对压模材料要求高，难以选择，而且压模寿命短、耗费大；（2）单件生产、效率低；（3）电能和压模消耗多，效率低，制品成本高；（4）制品表面较粗糙，精度低，一般需要清理和机加工。

热压模可选用高速钢及其它耐热合金，但使用温度应在800℃以下。当温度更高（1500～2000℃）时，应采用石墨材料，但承压能力又降低到70MPa以下。故一般对于低温、高压的操作，可选择金属或硬质合金模；高温、低压操作则选择石墨模。

热压加热的方式分为电阻直热式、电阻间热式和感应加热式三种。采用第一种方式时，由于电流主要通过压模材料发热，使得与上下模冲和模腔接触的部位比其它部位温度高。采用感应加热时，由于粉末坯块中的涡流大小与坯块密度有关，在热压后期密度升高，电阻降低，涡流发热也减少，使温度不好控制。因此，热压模的设计，除保证温度外，要特别注意温度分布的均匀性。

热压采用保护气氛较困难。对于不渗碳材料（各种碳化物与硬质合金）石墨模可以适用，但对渗碳金属及活性金属则不适合。为了减少空气中氧的危害，可以采用如下措施：(1)加热前先将粉末压实；(2)模具配合严密，防止空气大量进入模腔；(3)将保护气氛经过专门的管道引入模腔内；(4)采用间接加热或感应加热方式，便于采用有保护气氛或真空室的热压炉；(5)在粉末中加进一些高温下能产生还原性气氛的物质，如碳、金属氢化物、酒精等。

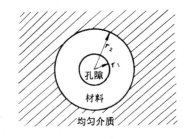

图 5-72　塑性流动模型

二、热压致密化理论

热压理论的研究较工艺的应用要晚得多，较完整的理论直到 50 年代中期才形成，60 年代才有较大的发展。热压理论的核心在于研究致密化的规律和机构。热压致密化理论是在粘性或塑性流动烧结理论的基础上建立起来的[81]，并主要沿着两个方向发展：(1)热压的动力学即致密化方程式，分为理论的和经验的两类，前者由塑性流动理论和扩散蠕变理论导出；(2)热压的致密化机构，包括颗粒相互滑过、颗粒的破碎、塑性变形以及体积扩散等。

1. 塑性流动理论

1949 年，麦肯齐和舒特耳沃思[23]发表了塑性流动烧结理论，奠定了热压塑性流动理论的基础。他们根据烧结后期形成闭孔的特点，提出图 5-72 所示模型，即一个闭孔（半径 r_1）和包围闭孔的不可压缩的致密球壳。孔隙的表面应力（$-2\gamma/r_1$）使孔隙周围的材料产生压应力而变形，迫使孔隙缩小。根据塑性体（又称宾厄姆体）的流动方程

$$\tau = \eta \dot{s} + \tau_c$$

当剪应力 τ 超过材料的屈服极限 τ_c 时，就发生塑性流动，而且变形速率 $\dot{s}$ 与应力 τ 成正比，比例系数 η 为材料的粘度。由于塑性流动，孔隙缩小。由孔隙表面能的减小等于变形功，可以导出致密化的速度方程

$$\frac{\mathrm{d}\rho}{\mathrm{d}t} = \frac{3}{2}\left(\frac{4\pi}{3}\right)^{1/3} \cdot \frac{\gamma n^{1/3}}{\eta} \cdot (1-\rho)^{2/3}\rho^{1/3}\left[1 - a\left(\frac{1}{\rho}-1\right)^{1/3}\ln\frac{1}{(1-\rho)}\right] \quad (5\text{-}52)$$

式中　$a = \sqrt{2}\ (3/4\pi)^{1/3} \cdot \tau_c/2\gamma n^{1/3}$；

　　　　n——对应于致密材料球壳的单位体积内的孔隙数；

　　　　ρ——相对密度，即孔隙加致密材料球壳的平均密度与材料理论密度之比；

　　　　γ——材料的表面张力。

由图 5-72 模型：

$$\rho = 1 - \frac{r_1^3}{r_2^3}$$

移项并且用 $4\pi/3$ 同乘以分子分母后得到

$$\frac{\frac{4}{3}\pi r_1^3}{\frac{4}{3}\pi r_2^3} = 1 - \rho$$

或

$$\frac{\frac{4}{3}\pi r_1^3}{\frac{4}{3}\pi r_2^3 - \frac{4}{3}\pi r_1^3} = \frac{1-\rho}{\rho}$$

即

$$\frac{1}{球壳体积} = \frac{1-\rho}{\rho} \cdot \frac{3}{4\pi r_1^3}$$

因为在包括球壳致密材料在内的体积中只有一个孔隙，故上式左边实际上代表单位体积内的孔隙数，即

$$n = \frac{1-\rho}{\rho} \cdot \frac{3}{4\pi r_1^3} \tag{5-53}$$

将 (5-53) 式代入 (5-52) 式，化简后得到

$$\left(\frac{d\rho}{dt}\right)_{P=0} = \frac{3}{2} \cdot \frac{\gamma}{\eta r_1} \cdot (1-\rho)\left[1 - \frac{\sqrt{2}\,\tau_c r_1}{2\gamma} \cdot \ln\frac{1}{(1-\rho)}\right] \tag{5-54}$$

该式为无外力作用 ($P=0$) 时烧结速度方程式，描述了相当于烧结后期（孔隙度<10%），靠表面张力使闭孔收缩的致密化过程。

1954 年默瑞（Murray）、罗杰斯（Rodgers）和威廉斯（Williams）[82]从塑性流动的烧结理论出发，认为热压过程与烧结后期闭孔缩小的致密化阶段相似，所不同的是除受孔隙表面应力 ($2\gamma/r_1$) 作用外，还有外加应力 P，因此，只要在 (5-54) 式中，以 ($2\gamma/r_1 + P$) 代表 $2\gamma/r_1$ 就可直接导出：

$$\left(\frac{d\rho}{dt}\right)_{P>0} = \frac{3\gamma}{2\eta r_1}\left(1 + P\frac{r_1}{2\gamma}\right)(1-\rho)\left[1 - \frac{\sqrt{2}\,\tau_c r_1}{2\gamma\left(1 + P\frac{r_1}{2\gamma}\right)}\ln\frac{1}{(1-\rho)}\right] \tag{5-55}$$

将上式整理后再与 (5-54) 式比较，可知：

$$\left(\frac{d\rho}{dt}\right)_{P>0} = \left(\frac{d\rho}{dt}\right)_{P=0} + \frac{3P}{4\eta}(1-\rho) \tag{5-56}$$

该式表明热压的致密化速度 $(d\rho/dt)_{P>0}$ 比普通烧结的致密化速度 $(d\rho/dt)_{P=0}$ 大一项 $3P/4\eta$ $(1-\rho)$，而且随着外加应力 P 的增大和粘性系数 η 的减小，热压的致密化过程加速。

通常，热压的外压力比表面应力大得多，例如当孔隙半径 $r_1 = 1\mu m$，表面能 $\gamma = 1J/m^2$，计算孔隙表面应力 $2\gamma/r_1 = 2MPa$，而外压力 P 为 10MPa 数量级；而且材料在高温下的屈服极限 τ_c 比外压力也小得多。因此，热压方程 (5-55) 式可简化，即在包括 P 的所有项内将 γ/r_1 和 τ_c 均略去不计，那么 (5-56) 式中的 $(d\rho/dt)_{P=0}$ 项实际上也可以略去，最后 (5-56) 式变成

$$\left(\frac{d\rho}{dt}\right)_{P>0} = \frac{3P}{4\eta}(1-\rho) \tag{5-57}$$

或

$$\ln\frac{1}{(1-\rho)} = \frac{3Pt}{4\eta} + C$$

式中 $C = \ln\frac{1}{(1-\rho_0)}$；

ρ_0——热压开始 ($t=0$) 的相对密度。

热压的致密化速度 $d\rho/dt$ 很高，在较短时间（通常为 $15\sim20$min）内就可达到平衡密度，即终极密度，这时 $d\rho/dt=0$，密度不再随时间增大。终极密度可令 $d\rho/dt=0$ 由（5-55）式求得。由于该式中 $\dfrac{3\gamma}{2\eta r_1}\left(1+P\dfrac{r_1}{2\gamma}\right)$ 不为零，只有方括号内的值可为零，因此

$$1-\frac{\sqrt{2}\,\tau_c r_1}{2\gamma\left(1+P\dfrac{r_1}{2\gamma}\right)}\ln\frac{1}{(1-\rho_E)}=0$$

式中 $\quad\rho_E$——终极密度。

上式整理后可得

$$\ln\frac{1}{(1-\rho_E)}=\frac{\sqrt{2}\,\gamma}{\tau_c r_1}+\frac{P}{\sqrt{2}\,\tau_c}\tag{5-58}$$

因在任一确定温度下，γ 和 τ_c 均为常数（它们只与温度和材料有关），故在指定的压力 P 下，上式中的可变的量仅有 ρ_E 和 r_1。但由（5-53）式，r_1 也应由 ρ_E 所决定，即

$$n^{1/3}=\left(\frac{1-\rho_E}{\rho_E}\right)^{1/3}\cdot\left(\frac{3}{4\pi}\right)^{1/3}\cdot\frac{1}{r_1}$$

故将上式代入（5-58）式，可得到：

$$\ln\frac{1}{(1-\rho_E)}=\frac{\sqrt{2}\,\gamma n^{1/3}}{\tau_c}\left(\frac{\rho_E}{1-\rho_E}\right)^{1/3}\cdot\left(\frac{4\pi}{3}\right)^{1/3}+\frac{P}{\sqrt{2}\,\tau_c}\tag{5-59}$$

由默瑞的热压致密化方程所导出的（5-59）式可以用来解释下面的现象：（1）当热压温度不变（即 τ_c 一定）时，增大热压压力 P 可提高密度；（2）当压力不变时，温度升高（τ_c 减小），密度也提高。图 5-73[81] 是在已知的 γ 和 n 值下，由五种不同压力按（5-59）式计算得到的终极密度，再对 τ_c 值的对数作图得到的。压力逐渐增大，曲线由 1 逐渐左移到 5，这时对应同一密度 ρ_E 的 $\lg\tau_c$ 值增大，说明热压温度可以降低，而提高温度，由于 $\lg\tau_c$ 减小，使达到相同密度 ρ_E 所需的压力降低。

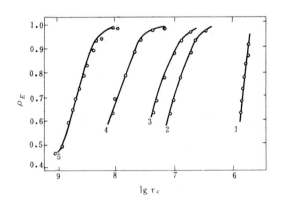

图 5-73　温度与压力对终极密度的影响

（$\gamma=0.5$N/m，$n=1.57\times10^8$/cm³）

1—$P=0$；2—$P=1.56$MPa；3—$P=3.0$MPa；4—$P=15.6$MPa；5—$P=78$MPa

1960 年麦克莱兰德（McClelland）[83]对默瑞的热压方程（5-55）式作了重大的修正。他依然是根据麦肯齐-舒特耳沃思的烧结方程（5-52）式，认为塑性流动是热压致密化的主要机构，但是他认为默瑞方程中的压力 P 是随密度而变化的，因为随着致密化孔隙的缩小，传递压力的有效面积增大，使得孔隙收缩的有效压应力并不等于外压力，而是孔隙度的函数，即与密度有关。为求出此有效应力与孔隙度的准确关系，他假定外压力是通过图 5-75 模型中的球壳层传递的，并作用在由球壳和孔隙面积构成的总面积上，则应力作用的有效面积 A_E 与总面积 A_T 之间应有下面的关系：

$$A_E/A_T = 1 - (r_1/r_2)^2$$

故使孔隙收缩的有效压应力 P_E 和外压力之间的关系则为

$$P_E = P[1 - (1 - \rho)^{2/3}]^{-1} \tag{5-60}$$

将上式代入前面的（5-54）式，即用 P_E 代替 $2\gamma/r_1$ 就得到

$$\frac{\mathrm{d}\rho}{\mathrm{d}t} = \frac{3P}{4\eta}(1 - \rho)\left\{\left[\frac{1}{1 - (1 - \rho)^{2/3}}\right] - \frac{\sqrt{2}\,\tau_c}{P} \cdot \ln\frac{1}{(1 - \rho)}\right\} \tag{5-61}$$

同样，令 $\mathrm{d}\rho/\mathrm{d}t = 0$，由（5-61）式中 $\{\ \}$ 的项等于零可得到

$$[1 - (1 - \rho_E)^{2/3}] \cdot \ln\frac{1}{(1 - \rho_E)} = \frac{P}{\sqrt{2}\,\tau_c} \tag{5-62}$$

它表示终极密度 ρ_E 与外压力 P 和温度（τ_c）有关。由于 τ_c 依赖于温度 T

$$\tau_c = A\exp(Q/RT)$$

将上式代入（5-62）式可求得终极密度 ρ_E 与压力 P 和温度 T 的关系式为

$$[1 - (1 - \rho_E)^{2/3}] \cdot \ln\frac{1}{(1 - \rho_E)} = \frac{P}{\sqrt{2}\,A\exp(Q/RT)}$$

移项后

$$\exp(Q/RT) = \frac{1}{[1 - (1 - \rho_E)^{2/3}]\ln\dfrac{1}{(1 - \rho_E)}} \cdot \frac{P}{\sqrt{2}\,A}$$

两边取对数并令 $b = \ln(P/\sqrt{2}\,A)$，可得到

$$\frac{1}{T} = \left(\frac{R}{Q}\right) \cdot \left(\ln\{[1 - (1 - \rho_E)^{2/3}] \cdot \ln(1 - \rho_E)\} + b\right)$$

上式代表了对某一特定材料，在恒压下热压的终极密度随温度而变化的关系式

2. 扩散蠕变理论

1961 年，柯瓦尔钦科（Ковальченко）和萨姆索诺夫[84]运用由气孔分散在非压缩粘性介质中所组成的系统的模型，从流变学理论推导了热压方程式，并根据纳巴罗-赫仑的蠕变理论，考虑晶界的作用和晶粒大小的影响，对方程作进一步修正。

他们的热压方程的原始形式为

$$\frac{\mathrm{d}\theta}{\mathrm{d}t} = -\frac{P}{4\eta} \cdot \frac{\theta(3 - \theta)}{1 - 2\theta} \tag{5-63}$$

式中　θ——为孔隙率，P 为压力，η 为粘度。

根据蠕变理论，粘度 η 同体积扩散系数 D_v 以及晶粒大小 d 的关系为

$$\eta = kTd^2/10D_v\Omega \tag{5-64}$$

式中　Ω——原子体积；

335

k ——玻尔兹曼常数；

T ——绝对温度。

晶粒长大与时间的关系为

$$d^2 = d_0^2(1 + bt)$$

式中　d_0——原始平均晶粒大小。

将上式代入（5-64）式，得到

$$\eta_{(t)} = d_0^2(1 + bt)kT/10D_v\Omega$$

即　　　　　　　　　　$\eta_{(t)} = \eta_0 (1+bt)$

而　　　　　　　　　　$\eta_0 = kTd_0^2/10D_v\Omega$

最后，（5-63）式可变为

$$\frac{\mathrm{d}\theta}{\mathrm{d}t} = -\frac{P}{4\eta_0(1 + bt)} \cdot \frac{\theta(3 - \theta)}{1 - 2\theta}$$

科布尔[85,86]也认为硬质粉末热压的后期是受扩散控制的蠕变过程，在考虑了晶粒长大使致密化速率降低的影响以后，他将 $\eta = kTd^2/10D_v\Omega$ 关系式直接代入默瑞方程（5-57）式而得到

$$\frac{1}{1 - \rho} \cdot \frac{\mathrm{d}\rho}{\mathrm{d}t} = \frac{15}{2} \cdot \frac{PD_v\Omega}{kT} \cdot \frac{1}{d^2}$$

再将 $d^2 = d_0^2(1+bt)$ 式代入上式，得到

$$\frac{1}{1 - \rho} \cdot \frac{\mathrm{d}\rho}{\mathrm{d}t} = \frac{15}{2} \cdot \frac{PD_v\Omega}{kT} \cdot \frac{1}{d_0^2(1 + bt)}$$

因孔隙度 $\theta = 1 - \rho$，故上式又变为

$$\frac{\mathrm{d}\theta}{\theta} = -\frac{15}{2} \cdot \frac{PD_v\Omega}{kTd_0^2} \cdot \frac{\mathrm{d}t}{1 + bt}$$

或　　　　　$$\frac{\mathrm{d}\theta}{\theta} = -\frac{15}{2} \cdot \frac{PD_v\Omega}{kTd_0^2 b} \cdot \frac{\mathrm{d}(1 + bt)}{(1 + bt)}$$

令　$K = 15/2 (D_v\Omega/kTd_0^2 b)$，则上式成为

$$\frac{\mathrm{d}\theta}{\theta} = -KP \cdot \frac{\mathrm{d}(1 + bt)}{1 + bt}$$

两边积分，令原始孔隙度为 θ_0，则

$$\ln(\theta/\theta_0) = -KP\ln(1 + bt) = \ln(1 + b)^{-KP}$$

因此

$$\theta = \theta_0(1 + bt)^{-KP}$$

式中　P ——压力；

b ——常数。

扩散蠕变理论同样可说明热压终极密度的存在。因为随着温度升高，材料的粘度 η 和临界剪切应力 τ_c 降低均有利于孔隙的缩小，但是温度升高又使热压后期材料的晶粒明显长大，对由扩散控制的致密化过程不利。这两种因素对致密化的作用相反，因此，热压的密度不能无限制地增大。

3. 经验方程式

舒尔茨（Scholz）和勒斯马歇尔（Lersmacher）[87]由 Ta、Zr、Hf 等金属的碳化物热压

实验数据总结出经验公式

$$\theta = \theta_0(1 + \beta t)^{-n}$$

式中　θ 与 θ_0 —— 为时间 t 和 $t=0$ 时的孔隙度；

　　　　B —— 为经验常数；

　　　　n —— 为与材料有关的常数。

该式表明热压致密化与时间成双曲线型函数关系，对该式取对数后，$\ln\theta$ 与 $\ln(1+\beta t)$ 成线性关系，由直线斜率决定 n 值。该式与默瑞方程一样，主要适用于热压的早中期。

韦斯特曼（Westerman）和卡尔松（Carlson）[88]根据铅粒的热压实验，找到热压经验公式

$$\frac{\mathrm{d}\theta}{\mathrm{d}t} = -\frac{K\theta}{t} \tag{5-65}$$

该式表示 $\ln\theta$ 对 $\ln t$ 的线性关系，与默瑞方程 $\ln\theta$ 对 t 的线性关系不同。(5-65)式经舒尔茨修正后又变为

$$\frac{\mathrm{d}\theta}{\mathrm{d}t} = -\frac{K\beta\theta}{1-\beta t}$$

式中　K，β —— 经验常数。

4. 致密化过程

许多实验证明，当热压温度较高，时间较长时以默瑞为代表的塑性流动方程对于硬质材料（Al_2O_3、碳化物）存在较大误差，说明在这样条件下，塑性流动对致密化的影响较小，而主要是靠扩散或受扩散控制的蠕变，而且，塑性流动理论没有考虑晶粒大小的变化对致密化的影响。但是，在热压的早中期或者对于金属等塑性好的材料，塑性流动仍然是致密化的主要机构。另外，在热压过程的早期，当温度和压力都不高时，也发生像普通压制过程一样的粉末颗粒的位移、重排。因此有理由认为热压过程比前述塑性流动和扩散蠕变更为复杂，难以用一个统一的热压动力学方程描述。在分析了多数氧化物和碳化物等硬质粉末的热压实验曲线后，可以看到致密化过程大致有三个连续过渡的基本阶段：(1) 快速致密化阶段——又称微流动阶段，即在热压初期，颗粒发生相对滑动、破碎和塑性变形，类似冷压的颗粒重排，致密化速度较大，主要取决于粉末的粒度、形状及材料的断裂和屈服强度。这阶段的线收缩，由费尔坦（Felten）[89]表示为 $\Delta L/L\propto t^n$（n 为 0.17～0.58）；(2) 致密化减速阶段——以塑性流动为主要机构，类似烧结后期的闭孔收缩阶段，可适用默瑞热压方程式，即孔隙度的对数与时间成线性关系；(3) 趋近终极密度阶段——受扩散控制的蠕变为主要机构，此时，晶粒长大使致密化速度大为降低，达到终极密度后，致密化过程完全停止，这阶段可适用柯瓦尔钦科-萨姆索诺夫或科布尔方程。

热等静压制的致密化规律同样可以适用上述各种理论和公式。

思 考 题

1. 烧结理论研究的两个基本问题是什么？为什么说粉末体表面自由能降低是烧结体系自由能降低的主要来源或部分？

2. 粉末等温烧结的三个阶段是怎样划分的？实际烧结过程还包括哪些现象？

3. 用机械力表示的烧结驱动力的表达式是怎样？式中的负号代表什么含义？简述空位扩散驱动力公式推导的基本思路和原理。

4. 应用空位体积扩散的学说解释烧结后期孔隙尺寸和形状的变化规律。

5. 从晶界扩散的烧结机构出发，说明烧结金属的晶粒长大（再结晶）与孔隙借空位向或沿晶界扩散的关系。

6. 如何用烧结模型的研究方法判断某种烧结过程的机构？烧结温度、时间、粉末粒度是如何决定具体的烧结机构的？某一烧结机构占优势是什么含义？

7. 简要叙述粉末粒度和压制压力如何影响单元系固相烧结体系的收缩值？

8. 由烧结线收缩率 $\Delta L / L_0$ 和压坯密度 ρ_g 计算烧结坯密度 ρ_s 的公式为 $\rho_s = \rho_g / (1 - \Delta L / L_0)^3$，试推导此公式。假定一压坯（相对密度 68%）烧结后，相对密度达到 87%，试计算线收缩率是多少？

9. 分析影响互溶多元系固相烧结的因素。

10. 互不溶系固相烧结的热力学条件是什么？为获得理想的烧结组织，还应满足怎样的充分条件？

11. 简明阐述液相烧结的溶解-再析出机构及对烧结后合金组织的影响。

12. 分析影响熔浸过程的因素和说明提高润湿性的工艺措施有哪些？为什么？

13. 当采用 H_2 和 CO 作还原性烧结气氛时，为什么说随温度升高 H_2 的还原性比 CO 强？

14. 可控碳势气氛的制取原理是什么？如何控制该气氛的各种气体成分的比例？指出其中的还原性和渗碳性气体成分。

15. 何谓碳势？用天然气的热离解气作烧结气氛，其渗碳反应式是怎样的？随温度升高，哪一种反应使碳势升高？为什么？

16. 活化烧结和强化烧结的准确含义有什么不同？简单说明用 Ni 等过渡金属活化烧结钨的基本原理和烧结机构。

17. 热压工艺的基本特点怎样？它与热等静压有什么异同点？

18. 用塑性流动理论（默瑞方程为代表）说明热压工艺参数对致密化的影响。

19. 扩散蠕变理论的要点是什么？简单说明晶粒长大（再结晶）与致密化的关系。

第六章　粉末锻造

第一节　粉末锻造工艺

粉末锻造通常是将烧结的预成形坯,加热后在闭式模中锻造成零件的工艺,是将传统的粉末冶金和精密模锻结合起来的一种新工艺。它兼有粉末冶金和精密模锻两者的优点,可

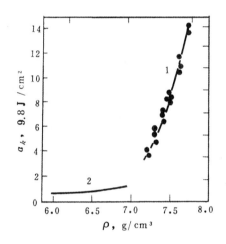

图 6-1　粉末锻钢和烧结钢(均为还原铁粉
加 0.4%C)的冲击韧性 α_k 和密度 ρ 的关系
1—粉末锻钢;2—烧结钢

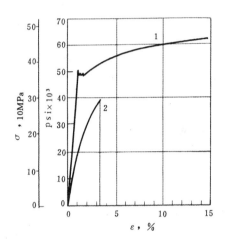

图 6-2　粉末锻钢和烧结钢(均为还原铁粉
加 0.4%C)的应力-应变曲线
1—粉末锻钢;2—烧结钢

以制取相对密度在98%以上的粉末锻件,克服了普通粉末冶金零件密度低的缺点;可获得较均匀的细晶粒组织,并可显著提高强度和韧性,使粉末锻件的物理机械性能接近、达到甚至超过普通锻件水平(见图6-1、6-2、6-3)[1]。同时,它又保持普通粉末冶金少、无切屑工艺的优点,通过合理设计预成形坯和实行少、无飞边锻造,具有成形精确、材料利用率高、锻造能量低、模具寿命高和成本低等特点。因此,粉末锻造为制取高密度、高强度,高韧性粉末冶金零件开辟了广阔的前景,成为现代粉末冶金技术重要的发展之一。

粉末锻造的目的是为了把粉末预成形坯锻成致密无裂纹的符合规定尺寸形状的零件。目前常用的粉末锻造方法有粉末热锻和粉末冷锻;而粉末热锻又分为粉末锻造、烧结锻造和锻造烧结三种,其基本工艺过程如图6-4所示。

实践指出,粉末锻造的技术关键问题有:粉末原料的选择、预成形坯的设计、锻模的设计和使用寿命、锻造工艺条件和热处理等。

粉末原料的选择是关系到锻件性能和成本的重要问题,包括粉末锻件材质的选择、粉末类型、杂质含量和粒度分布以及预合金化程度等等。国外已经研制了专用于粉末锻造的低合金钢粉和高速钢粉等特殊品种[2],特别是无镍粉末锻钢体系(如锰钼钢[3]、铜钼钢[4][5]、

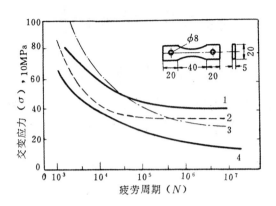

图 6-3 粉末锻钢、烧结钢和普通锻钢热处理后的疲劳试验曲线

1—粉末锻钢 Fe-2Ni-0.5C；2—粉末锻钢 Fe-0.5C；3—普通锻钢 1045；4—烧结钢

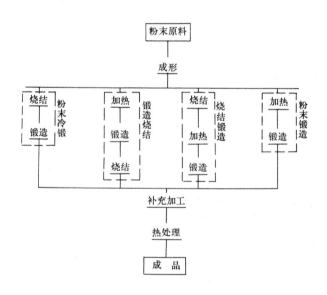

图 6-4 粉末锻造的基本工艺过程

锰铜钼钢[6]等)的研究受到了国内外的重视。预合金钢粉末锻件比混合粉末锻件具有更好的综合性能（见表 6-1)[7]。粉末原料中的杂质，主要是氧含量和氧化物形态及其分布，即使在氧化物易于还原的镍钼钢中，对锻件性能的影响也是很大的，氧含量 0.02% 的锻件，其断裂韧性 K_{1c} 的最高值为 64.5MPa/m$^{3/2}$；而氧含量 0.1% 的锻件，其断裂韧性 K_{1c} 的最高值只有 39.6MPa/m$^{3/2}$[8]。氧含量还会使粉末锻钢的淬透性显著降低。因此，减少预合金粉末的氧化夹杂十分重要。为此，应当改进雾化装置，降低粉末含氧量；还可对预合金粉末进行真空碳还原[9]、氢还原[10]、酸洗[11]、机械酸洗[12]、轧制还原[13]和超声波处理[14]。总之，

340

采用高性能、低杂质、低成本的粉末原料是粉末锻造的一项基本要求。

表 6-1　预合金粉末锻钢热处理后的机械性能和混合粉锻钢的比较

粉末类型	材　质	屈服强度 MPa	抗拉强度 MPa	延伸率 %	硬度 HRC
混合粉	1.85Ni-0.5Mo-0.5C	1472	1973	4.4	46
雾化预合金钢粉	1.85Ni-0.5Mo-0.5C	1515	1970	4.9	49

注：预成形坯密度为 6.5g/cm³，锻件相对密度为 98%。

锻造过程中材料的致密、变形和断裂主要取决于预成形坯的设计，包括预成形坯的形状、尺寸、密度和质量的设计。设计时应综合考虑预成形坯的可锻性、零件形状的复杂程度、锻造时的变形特性、锻模磨损、锻件性能和制造成本等。预成形坯的形状大体上分为两种类型：一种是预成形坯形状极为简单，零件的主要轮廓在锻造过程中成形；另一种是预成形坯形状和锻件形状相似，锻造时主要是轴向压缩，材料的横向流动很小，故锻模的磨损较少。实践中要根据具体对象来进行选择，对于有利于材料横向流动的零件，如伞齿轮，可选择形状简单的预成形坯；对于不利于材料横向流动的零件，如圆柱直齿齿轮和连杆，可选用相似形状的预成形坯。一般认为，粉末锻钢预成形坯的相对密度以 70%～85% 为宜。粉末热锻铝合金（如 601AB、201AB）预成形坯的相对密度以 90% 为宜。生产精密的无飞边锻件时，预成形坯的质量必须控制在 ±0.5% 的范围内。

按照多孔预成形坯的形状和锻模结构，可将粉末热锻分为三种方式：热复压、有限飞边模锻和无飞边闭式模锻。热复压采用形状与锻件极为相似的预成形坯，是一种横向流动很小的纯压缩致密过程，可认为是粉末热压和冷复压工艺的发展。有限飞边模锻采用形状简单的预成形坯，可认为是现代精密模锻的发展。无飞边闭式模锻是一种新发展起来的粉末锻造工艺，综合了粉末冶金和精密模锻的优点，预成形坯的质量必须严格控制，预成形坯的形状与锻件不必很相似，要保证一定的材料流动和变形，以便获得形状完整的高性能锻件。

影响粉末锻造的工艺因素，除多孔坯的可锻性以外，还有锻造压力、锻造温度、锻模温度、润滑及冷却等。盖斯特（T. L. Guest）等[15]研究了粉末镍钼钢的密度与锻造压力的关系并指出：锻造初期由于多孔坯易于变形，锻件密度增加很快；锻造后期由于部分孔隙封闭，金属流动阻力增大，锻造压力迅速增高，若要排除锻件中的残留孔隙，则需要非常高的锻造压力。阿忍（B. G. A. Aren）等[16]研究了铁粉预成形坯在 820～1080℃ 锻造到一定应变（真空应变 ε＝0.85）所需要的锻造压力与温度的关系，并指出：当锻造温度低于 900℃ 时，锻造压力随温度的升高而降低；达 900℃ 以上时，锻造压力几乎不再降低。锻模的温度、润滑及冷却状况强烈影响锻件的质量和锻模的使用寿命。在粉末热锻低合金钢时，锻模温度一般为 200～310℃，所采用的润滑剂与精密模锻相同，常采用胶体石墨水剂或二硫化钼油剂；且用压缩空气来强制冷却锻模以得到均匀的润滑薄膜。据[17、18、19]报导，美国通用汽车公司的粉末行星齿轮锻模寿命为 2～3 万件；克利伐脱公司的粉末键轮锻模寿命为 10 万件；瑞典霍格纳斯公司的粉末热锻螺母自动线，生产 5 万件后锻模磨损只有 20～30μm。

为了进一步提高粉末锻件的性能和精度，可进行必要的后续处理，包括锻件的烧结、精整、机加工和热处理等。我们于 1977 年对锻造烧结工艺的研究结果表明[4]，锻造烧结的锻件与烧结锻造及粉末锻造的锻件相比，经同样的热处理后，前者的综合性能较好，这是由于复烧可使锻件组织均匀、孔隙球化、颗粒间联结加强，从而进一步稳定和提高了锻件性能；特别是对于热复压锻件和高碳锻件来说，复烧是有益的。一般认为，粉末锻件的精度比普通铸锻件高，比烧结精整件低，和普通精密锻件相同。粉末热锻齿轮经精整之后，齿轮精度可显著提高[20]。粉末锻钢的热处理可参照同成分普通锻钢热处理规范进行，但由于粉末锻钢具有晶粒细、氧化夹杂含量高、硅锰等强淬透性元素含量低和残留孔隙的影响，使粉末锻钢的淬透性低于同成分的普通锻钢[21、22、23]。希卡塔（H.Shikata）等[24]研究了含0.25%C的粉末镍钼钢（4600）的连续冷却图并指出，它的"鼻温"位置大约是2s，可见其临界冷却速度是很高的。同时，热处理时必须设法提高粉末锻件的淬透性，或利用其低淬透性特点来提高锻件性能。同时，热处理时要特别注意粉末锻钢的脆性问题。

虽然1910年库利奇用粉末热锻研制成功了可锻钨，40年代德国和美国也发表过铁粉锻造和热压的试验报告[25、26]，然而粉末锻钢的迅速发展是从60年代中期开始的。美国通用汽车公司1964年用铁粉锻造成连杆，1968年又研制成功汽车差速器行星齿轮，1970年又与辛辛纳提公司合作建成了世界上第一条粉末热锻生产自动线[27]。1970年在纽约召开的第三届国际粉末冶金会议上发表了许多热锻论文，展出了美国和日本的粉末热锻零件。从此以后，粉末锻造像雨后春笋在世界各主要国家迅速发展起来。目前，不仅粉末锻造材质和应用范围迅速扩大，而且粉末锻造方法也层出不穷。主要有两次锻造法[28、29、30]，松装锻造法[31、32]，喷射锻造法（Osprey Process）[33]，球团锻造法[34]，步锻法[35]，摇摆模冷锻法[36、37]和粉末温锻法等。

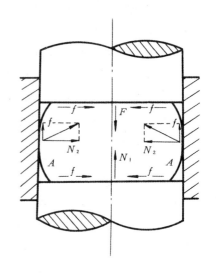

图 6-5　预成形坯在模锻过程中的受力状态

第二节　粉末锻造过程的塑性理论

一、粉末锻造过程三种基本变形和致密方式

在模锻过程中，多孔预成形坯受到外力和内力的作用产生变形而致密，如图6-5所示。作用在预成形坯上的外力通常有三种：作用力（F）、反作用力（N_1、N_2）的摩擦力（f）。作用力是由锻压机械的机械动作产生的，并通过模冲传递给预成形坯的冲击力。冲击力的大小由预成形坯锻造所需的能量确定，对于一定的锻压设备来说，其大小与它的吨位及打击状态有关。对于动压设备（如摩擦压机、高能高速锤等）来说

$$Mdv = Fdt$$

式中　M —— 锻锤的质量；

　　　v —— 锻锤向下运动的速度；

　　　t —— 锻造打击力作用在预成形坯上的时间；

　　　F —— 作用在预成形坯上的冲力，等于即时单位压力 $p(t)$ 和横断面积 A 的乘积。

$$F = p(t) \cdot A$$

由上式可知，增大锻锤质量 M 或提高打击速度 v，都能使作用力增大，即打击能量增大。但是，在粉末锻造时，增大锻锤质量比增大打击速度更易于控制。

锻造时，当预成形坯受到作用力 F 后，由于下模冲和模壁的阻碍所产生的反作用力 N_1 和 N_2，阻止预成形坯向下运动和横向流动，从而造成闭式模锻的条件。其反作用力与预成形坯作用于下模冲和模壁的力大小相等、方向相反，且垂直于下模冲和模壁。

当预成形坯产生流动时，在预成形坯与模壁的接触面上，产生一个与金属流动方向相反的摩擦阻力 f，它作用于金属与模壁接触面的切线方向。由于摩擦力作用的结果，改变了反作用力的方向，其合力不再垂直模壁，而偏向于与金属流动相反的方向，并使预成形坯的变形抗力增高，显著影响预成形坯的变形和致密过程。改变金属流动的方向，使图 6-5 中 A 部位产生拉应力，出现低密度，造成锻件密度分布和变形的不均匀性，甚至引起开裂。

由外力引起同一物体内各部分之间的相互作用力称为内力。外力使物体变形，内力阻止物体变形。所以内力是金属内部对外力作用所引起变形的一种抗力。内力可能为了平衡外部机械作用而产生，也可能由于物理过程或物理化学过程（如温度差、组织变化等）相互平衡而产生。应力是内力在其作用面上的分布密度。如果内力（ΔF）在预成形坯中是均匀分布的，就可用平均应力 σ_{Ψ} 表示：

$$\sigma_{\Psi} = \frac{\Delta F}{\Delta A}$$

当面积 ΔA 趋近于零时，比值 $\frac{\Delta F}{\Delta A}$ 的极限值称为该面上的应力。即

$$\sigma = \lim_{\Delta A \to 0} \frac{\Delta F}{\Delta A} = \frac{\mathrm{d}F}{\mathrm{d}A}$$

当截面上各处的应力相等时，应力 σ 等于单位截面上的内力。但是应该注意，应力与单位压力是两个不同的概念，应力是度量内力强弱的，而单位压力是度量外力强弱的。当外力增大时，物体的变形增大，这时内力也随之增大。

由于工程应变（又叫条件应变）

$$\varepsilon' = \frac{l - l_0}{l_0}$$

式中　l_0——试样应变前的长度；
　　l——试样应变后的长度。

只适应于应变量很小的条件，可是粉末锻造的体积应变和高度应变是很大的，如果采用微小应变的关系式来计算误差很大。所以采用真实应变（又叫自然应变或对数应变）[38]，

即

$$\varepsilon = \int_{l_0}^{l} \frac{\mathrm{d}l}{l} = \ln \frac{l}{l_0}$$

这样，其真实体应变为三个真实主应变之和

$$\varepsilon_v = \varepsilon_1 + \varepsilon_2 + \varepsilon_3 \tag{6-1}$$

式中　　　　　ε_v——真实体应变；
　　ε_1、ε_2、ε_3——分别为三个真实主应变。

在粉末模锻过程中，多孔预成形坯的变形和致密有三种基本方式：单轴压缩、平面应变压缩和复压（见图 6-6）[39、40]。

（1）单轴压缩　这是在无摩擦平板模镦粗时所发生的变形方式。在闭式模锻变形的第一阶段，当预成形坯与模壁接触以前，所发生的无摩擦镦粗变形也属于单轴压缩。因此，这是一种无侧向约束的压缩变形。

（2）平面应变压缩　在平板模镦粗长条预成形坯时，在长条坯的中心截面上产生平面应变压缩。在闭式模锻变形的第二阶锻，当预成形坯开始同模壁接触时，在预成形坯的横向流动部分受阻情况下所发生的变形，也属于平面应变压缩。因此，这是一种在一个侧向上有约束的压缩变形。

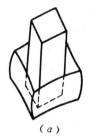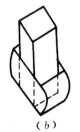

图 6-6　在粉末锻造过程中，多孔预成形坯
变形和致密的三种基本方式
（a）单轴压缩；（b）平面应变压缩；（c）复压

（3）复压　是发生在热复压过程中的一种变形。在闭式模锻变形的最后阶段，当预成形坯填满模腔后所发生的变形，也属于复压。这是一种全约束的压缩变形。

在粉末锻造过程中，上述三种基本变形和致密方式进行的情况，取决于预成形坯的形状尺寸和锻模结构的设计。应该指出，在复压阶段，预成形坯的各个部位都处于三向压应力状态。在单轴压缩和平面应变压缩阶段，在预成形坯内各个部位存在着不同的应力状态。例如，镦粗时，预成形坯的中心部位受到最大的三向压应力；在预成形坯与上、下模冲接触部位，由于外摩擦的影响，在接触面的中间部位也处于三向压应力状态；而在预成形坯侧面的鼓形表面则处于两向压、拉应力状态。同时，各种应力状态是相互联系的，也是可彼此转换的，在预成形坯内同一部位，在不同变形阶段其应力状态可以转换。例如，在闭式模锻过程中，在变形第一阶段鼓形表面所产生的两向压、拉应力状态，到变形第二阶段和最后阶段则变为三向压应力状态[41]。因此，在锻造过程中，预成形坯内各个部位所处的应力状态，与预成形坯的变形方式有关，也就是与预成形坯的形状、尺寸和锻模结构有关；其应力状态将严重影响预成形坯的可锻性，对于低拉伸塑性的多孔预成形坯来说，应力状态是一个重要控制因素。

二、锻造过程多孔预成形坯的变形特性

多孔预成形坯的变形特性是研究粉末锻造过程塑性理论的基础。锻造时，与致密金属坯的塑性变形相比，多孔预成形坯具有下列变形特性。

1. 质量不变条件

致密体在塑性变形过程中遵循着体积不变条件，而多孔体在锻造时遵循着质量不变条件[42]。由于质量 M 不变，所以体积 V 和密度 ρ 成反比

$$\rho_0 V_0 = \rho V$$

式中　ρ_0、ρ ——分别为变形前后的密度；

V_0、V ——分别为变形前后的体积。

$$\ln\left(\frac{\rho V}{\rho_0 V_0}\right) = \ln\frac{\rho}{\rho_0} + \ln\frac{V}{V_0} = 0$$

如果定义 $\ln\dfrac{\rho}{\rho_0}=\varepsilon_d$（真实密度应变），$\ln\dfrac{V}{V_0}=\varepsilon_v$（真实体应变）

则
$$\varepsilon_d+\varepsilon_v=0 \tag{6-2}$$

将（6-1）式代入（6-2）式，质量不变条件可表示为
$$\varepsilon_d+\varepsilon_1+\varepsilon_2+\varepsilon_3=0 \tag{6-3}$$

圆柱体多孔预成形坯在无摩擦单轴压缩时（见图6-7）

$$\sigma_2=\sigma_3=0$$

$$\varepsilon_1=\ln\frac{h}{h_0}=\varepsilon_h \qquad \varepsilon_2=\varepsilon_3=\ln\frac{D}{D_0}=\varepsilon_r$$

泊松比 $\qquad \nu_p=-\dfrac{\varepsilon_r}{\varepsilon_h}$

所以 $\qquad \varepsilon_2=\varepsilon_3=-\nu_p\varepsilon_h$

代入（6-3）式得

$$-\varepsilon_d=(1-2\nu_p)\varepsilon_h \tag{6-4}$$

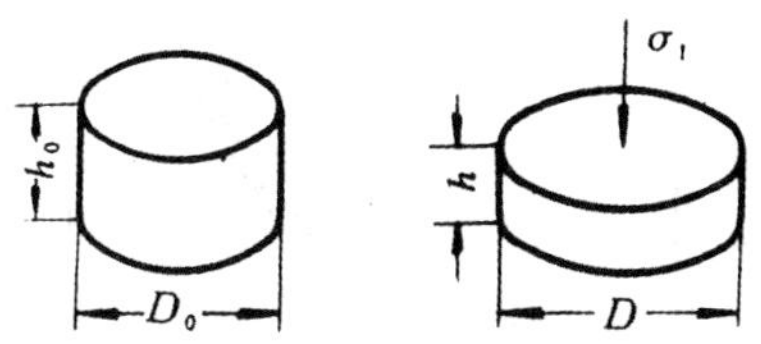

图 6-7　圆柱体多孔预成形坯的无摩擦单轴压缩试验

由（6-4）式可知：当 $\nu_p=0.5$ 时，则 $\varepsilon_d=0$，$\varepsilon_1+\varepsilon_2+\varepsilon_3=0$，即密度和体积都不变，这属于致密坯的纯塑性变形，这时质量不变条件就是塑性变形中的体积不变条件。当 $\nu_p\to0$ 时，则 $-\varepsilon_d=\varepsilon_h$，即高度应变全部转变为多孔坯的致密化，没有横向应变，这属于多孔坯的纯压实过程，热复压属于这种情况。当 $0<\nu_p<0.5$ 时，则 $-\varepsilon_d=\varepsilon_1+\varepsilon_2+\varepsilon_3$，即多孔坯同时发生塑性变形和致密化两种过程，多孔坯的锻造属于这种情况。由此可见，致密坯塑性变形时的体积不变条件只是多孔坯变形—致密时质量不变条件的一个特例。质量不变条件是描述变形—致密的一种更普遍的规律，既适合于多孔坯的锻造和粉末体的压实，又适合于致密体的塑性变形。因此，用质量不变条件可概括多孔坯锻造时塑性变形和致密化的双重特性。

2. 低屈服强度和低拉伸塑性

阿忍等研究了铁粉预成形坯无润滑平面应变热锻时，锻造压力与高度真实应变及相对密度的关系（见图6-8和图6-9）[16,43]。从图6-8中可以看出，曲线开始部分（$\varepsilon<0.5$）服从于下列关系式：

$$\sigma_p=\sigma_s+K_p\varepsilon^{n_p} \tag{6-5}$$

式中 σ_p——多孔坯的屈服强度；

σ_s——相应致密金属的屈服强度；

K_p——多孔坯的强化系数；

ε——多孔坯的真实应变；

n_p——多孔坯的加工硬化指数，当 $\varepsilon<0.5$ 时，可视为常数；当 $\varepsilon\geqslant0.5$ 时，随应变增大而增加。

曲线的后部分（$\varepsilon\geqslant0.5$），由于外摩擦和加工硬化的影响，应力-应变曲线与（6-5）式所示关系产生了偏离。如果把曲线外推到应变 $\varepsilon=0$ 时，可以测得具有不同孔隙度的预成形坯的屈服强度（见表6-2）。

由图6-9中的曲线外推到较低相对密度时，可以测得具有不同孔隙度的预成形坯的屈服强度[43]。且所得屈服强度值（见表6-2）服从于下面的经验公式：

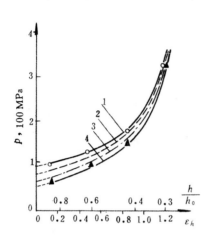 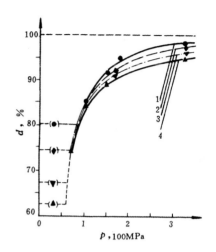

图 6-8　对还原铁粉预成形坯进行平面应变热锻　　　图 6-9　在无润滑平面应变条件下，预成形

　　时，平均单位锻造压力 p 与高度真实　　　　　坯平均相对密度 d 与平均单位锻造

　　　　　应变 ε_h 的关系　　　　　　　　　　　　　　压力 p 的关系

预成形坯孔隙度：1—19.8%；2—25.7%；3—32.7%；　　预成形坯孔隙度：1—19.8%；2—25.7%；

4—37.4%；锻造温度为 1160℃　　　　　　　　　　　3—32.7%；4—37.4%；锻造温度 1160℃

$$\sigma_p = 1.15(\sigma_s - K\theta^{2/3}) \tag{6-6}$$

式中　　θ —— 多孔预成形坯的孔隙度；

　　　　K —— 常数；

　　1.15 —— 按照密悉司（Mises）平面应变条件推导出来的系数。

表 6-2　多孔铁预成形坯的屈服强度与孔隙度的关系

预成形坯的孔隙度，%	屈 服 强 度，MPa		
	取自图 6-8	取自图 6-9	取自公式（6-6）
37.4	58	55	56
32.7	63	65	65
25.7	84	78	79
19.8	88	94	91

　　上述实验结果表明，无论由锻造压力与高度真实应变的关系曲线，还是由锻造压力与相对密度的关系曲线得到的屈服强度，均随着预成形坯孔隙度的增大而减小；且比致密铁的屈服强度（$\sigma_{s(Fe)} \approx 200$MPa）小得多。当应力低于多孔坯的屈服强度 σ_p 时，预成形坯不发生变形，因而不产生致密作用。预成形坯由于密度较低，在较小的锻造压力下就开始了塑性变形。当预成形坯相对密度达 95%～98% 以后，由于基体材料产生显著塑性变形，材料

对进一步致密化的变形抗力很大，必须用很高的锻造压力才能接近全致密。不过，当所需锻造压力较低时，锻件的最终形状就基本上形成了；当所需锻造压力很高时，锻件的大部分精细外形已经成形。锻造的最后阶段几乎是一种纯复压，只产生轻微的塑性流动。因此，在相同锻造压力下，粉末锻造能达到更精确的形状。

同时，随着锻造温度的升高，材料塑性变形的两个重要指标——变形抗力和塑性，均会发生变化。多纳契厄（S. J. Donachie）等对六种钢粉预成形坯于 649～982℃进行锻造试验的结果指出[44]，流动应力的极小值出现在 $\alpha+\gamma$ 两相区。对水雾化铁粉和还原铁粉预成形坯于 700～1150℃进行镦粗试验结果[45]，也发现在 $\alpha \Longleftrightarrow \gamma$ 相变温度范围内存在着极小镦粗力。

外摩擦引起的不均匀应力状态会造成一种严重后果，即锻件的鼓形表面在周向拉应力作用下开裂，如图 6-10 所示。虽然多孔预成形坯由于显著致密化和较小横向流动而使鼓形曲率减小，导致鼓形表面的周向应力减小，但是与致密坯相比，孔隙对拉应力更加敏感，从而使多孔预成形坯在拉应力状态下具有低塑性的特点。

3. 小的横向流动

金属在压缩过程中的横向流动是锻造时的主要变形特性。在无摩擦单轴压缩过程中，这一特性用泊松比 ν_p 表示。致密金属在塑性变形过程中，遵循体积不变条件，其高度的减小等于宽度的增加，因此泊松比 $\nu_p=0.5$，并且在整个塑性变形过程中 ν_p 值是不变的。多孔预成形坯在锻造过程中同时产生变形和致密化，遵循着质量不变条件，但其体积是不断减小的。由于锻造时消耗了部分能量来减少预成形坯的孔隙，所以多孔预成形坯同致密坯相比，具有较小的横向流动，其泊松比 $\nu_p<0.5$，并且在整个塑性变形和致密化过程中 ν_p 值是变化的。因此，较小的横向流动是多孔预成形坯锻造时最突出的变形特性之一。

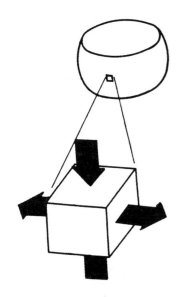

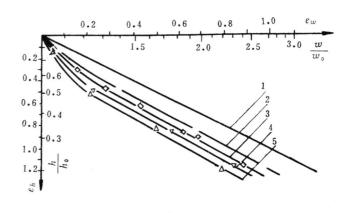

图 6-10　有外摩擦存在时，镦粗圆柱体预成形坯鼓形表面的应力状态

图 6-11　在 1160℃镦粗还原铁粉预成形坯时，于无润滑平面应变条件下，高度真实应变 ε_h 与横向真实应变 ε_w 的关系　预成形坯孔隙度：1—0；2—19.8%；3—25.7%；4—32.7%；5—37.4%

为了确定预成形坯的泊松比与孔隙度的关系，阿忍通过实验得到图 6-11[16]。图中曲线的斜率就是所求的塑性泊松比 ν_p。图中曲线所测得的多孔预成形坯的泊松比 ν_p 值列于表 6-3 中[43]。

由图 6-11 和表 6-3 可以看出，在锻造变形初期，泊松比强烈地依赖于预成形坯的孔隙度，预成形坯的孔隙度越大，ν_p 越小（即曲线斜率越小），当预成形坯孔隙度为 37.4% 时，$\nu_p = 0.13$。这说明锻造初期的变形主要是高度压缩，横向流动非常小，致密化速度很快。只

表 6-3　图 6-11 所示的预成形坯的泊松比

预成形坯孔隙度，%　　　项目名称	37.4	32.7	25.7	19.8	0
开始时（$\varepsilon = 0$）ν_p	0.13	0.16	0.20	0.25	0.50
图 6-11 中直线段 ν_p	0.43	0.43	0.45	0.45	0.50
直线段高度真实应变 ε_h	>0.55	>0.5	>0.40	>0.35	
直线段相对密度 d	>84%	>86%	>89%	>94%	

有当相对密度为 85%～95% 时，才显示出泊松比 $\nu_p \to 0.5$ 的横向流动特性。预成形坯锻造初期横向流动小这一特性，在闭式模锻中将减少预成形坯与模壁的过早接触，从而减小模壁的摩擦阻力，有利于预成形坯的致密化。多孔预成形坯这种主要沿高度方向变形的特性，对于无飞边锻造的锻模设计来说，是一个突出的优点，也是预成形坯设计时"把变形量主要放在高度方向"的理论依据。但是，它也给预成形坯设计带来困难，使预成形坯横向充填模腔的能力变差，所以横断面形状复杂的锻件，要求预成形坯形状与锻件形状相似。并且在锻件顶部和底部的边缘可能存在不易填满的部位；模腔的棱角和尖端部位，由于具有大的局部表面积和体积之比，将产生高的摩擦力和不均匀的冷硬，所以成形这些部位需要很高的压力，往往到锻造后期才能充填满。因此，通过设计展开面较小的预成形坯，可以改善其充填模腔的情况。同时，还可以看出，在高度应变量相同时，孔隙度低的预成形坯比孔隙度高的横向流动大些。所以提高预成形坯密度也可增大横向流动，使预成形坯易于充填模腔。图中直线段表明，在较高应变量下，横向应变几乎变得和高度应变相同；并且当横向应变达到最高值以前，预成形坯的孔隙度已减少了一半以上。

格雷菲斯（T. J. Griffiths）等由上述实验数据得出，在平面应变压缩条件下，泊松比 ν_{ap} 与相对密度 d 的经验公式[40]

$$\nu_{ap} = 0.5d^3$$

并且通过推导和计算，得到了与图 6-11 实验曲线相似的理论曲线。应该指出，上述实验是在无润滑条件下进行的，如果润滑模壁，减少摩擦，将减弱预成形坯孔隙度对横向流动的影响。

库恩（H. A. Kuhn）对还原铁粉预成形坯于室温下进行无摩擦压缩试验（用聚四氟乙烯薄膜衬于预成形坯与模壁之间，可基本上消除摩擦）得出了泊松比 ν_p 与相对密度 d 的关系（见图 6-12），并且用最小二乘法得到了 ν_p 与 d 之间的实验曲线和经验公式[46]

$$\nu_p = 0.5d^{1.92} \tag{6-7}$$

同时，对烧结铝合金（201ABAl、601ABAl）、烧结铜和雾化铁粉预成形坯，在室温下进行无摩擦压缩试验，也得到了同样的规律。对烧结 601ABAl 合金预成形坯，在 371℃ 进行了

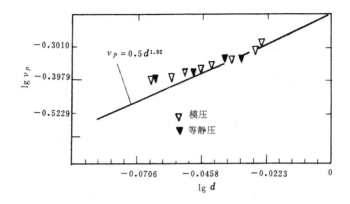

图 6-12　在室温下无摩擦压缩还原铁粉预成形坯时，
泊松比 ν_p 与相对密度 d 的关系

无摩擦热锻试验，得到下面经验公式[41]

$$\nu_p = 0.5d^2 \tag{6-8}$$

比较公式（6-7）和（6-8）可以知道，在预成形坯密度相同的情况下，热锻比冷压缩的泊松比稍低些。这是由于铝合金预成形坯的加工硬化指数 n_p 在室温变形时为 $0.20\sim0.32$，而在高温变形时由于回复和再结晶的作用使 n_p 变得很小。所以在预成形坯密度相同的情况下，高温变形比室温变形的 n_p 小得多，使得整个预成形坯基体内的变形比较均匀，产生较大的压缩应变和较好的致密程度，从而使泊松比降低。这也就是较低的加工硬化指数导致较小的泊松比的原因。

4. 变形和致密的不均匀性

在粉末锻造过程中，由于外摩擦的存在，使预成形坯内的应力分布不均匀，应力状态不同，导致预成形坯变形和致密的不均匀性。库恩对预成形坯变形和致密的不均匀性进行了研究。在平板模镦粗还原铁粉长条坯时，使坯中心区成为无润滑平面应变条件，从粉末锻棒中心区切取纵截面，测定各部位的布氏硬度值，并显示出各部位的孔隙度分布照片，如图 6-13 所示[47]，在该条件下相应的变形场如图 6-14 所示[48]。

由图 6-13 和 6-14 可以看出，在无润滑平面应变锻造条件下，预成形坯的变形和致密是很不均匀的。第 I 区，受到平板模与预成形坯接触时的摩擦和急冷作用，成为"难变形区"，又叫"摩擦死区"。在轴向压力作用下，该区内的金属有横向流动的趋势，但受到模板摩擦力的阻碍。尽管该区内的金属处于三向压应力状态，但其应力值较低，因此，它是粉末锻件内密度较低区，尤其是在与模板接触的表面区孔隙较多。第 II 区是"易变形区"，在轴向压力作用下，该区内的金属亦有横向流动的趋势，但由于受到周围金属的强大阻力，使该区内的金属处于三向压应力状态，且应力值很高。该区的应力状态变形和致密化情况与闭式模锻相似。因此，金属易于变形，可获得高密度，其残留孔隙较少。第 III 区处于锻件侧面的中间位置，是最低密度区。在轴向压力作用下，预成形坯内各部位的金属都有横向流动的趋势。根据最小阻力定律[49]，变形物体各质点在向不同方向自由移动时，一定向阻力最小的方向移动。如果接触面上的质点有两个可能的移动方向时，则该点应该是在此

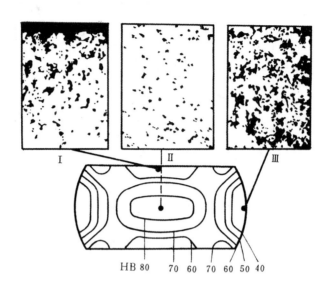

HB 80 70 60 70 60 50 40

图 6-13　在无润滑平面应变条件下，粉末锻件纵截面上硬度和孔隙
分布（镦粗到 ε＝0.85 时）

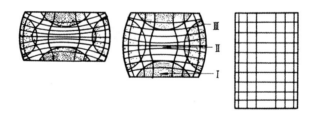

图 6-14　无润滑平面应变锻造时的变形场

点到物体周边最短的法线距离上移动。所以镦粗时，预成形坯侧面的中间部位的横向流动
阻力最小，横向流动最大，因而形成鼓形。由图 6-10 可以看出，在鼓形区产生了周向拉应
力，使之成为最低密度区，存在很多孔隙，并且容易导致锻件开裂。

　　应该指出，采用闭式模锻，可以提高鼓形区的密度。在图 6-15 中将镦粗时锻件中心区
的密度与闭式模锻时锻件的平均密度作了比较[16]。他证实了镦粗时锻件中心区的致密化比
其它部位快得多，但与闭式模相比，仍然要慢些。这种差别是由于镦粗时的横向约束力仅
仅是外摩擦力；而在闭式模锻中还存在强有力的模壁约束作用。

　　润滑模壁可以减少外摩擦力，改善锻件密度分布的不均匀性。图 6-16 表示将粉末

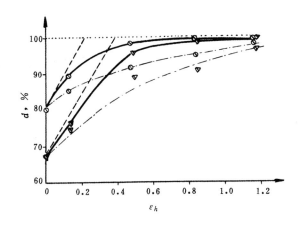

图 6-15　镦粗时锻件中心区相对密度、平均相对密度和闭式模锻
件的平均相对密度同高度真实应变 ε_h 的关系

——闭式模锻时锻件的平均相对密度；

———镦粗时锻件中心区的相对密度；

—·—镦粗时锻件的平均相对密度；

锻造温度 1160℃

601ABAl 合金圆柱体预成形坯于 371℃锻造时，锻件密度沿半径方向的变化[50]。

实验结果指出[51]，如果采用剪切变形的锻造方式，则在剪切变形的中心将出现最低密度区。这种情况类似剪切金属板时大的剪缝之间所遇到的情况。这样在锻棒中心区可能形成横向裂纹。

三、粉末锻造过程的塑性理论

致密金属的塑性理论是建立在连续介质力学基础上的，有关金属压力加工的塑性理论只适用于连续介质。而多孔预成形坯是一种松散的非连续介质，最多也不过是一种半连续介质，因此，不宜把建立在连续介质基础上的塑性理论硬搬过来，这样给粉末锻造过程塑性理论的研究带来很大困难，近年来，粉末锻造过程的塑性理论主要有下面三种：

第一种塑性理论是由库恩等提出来的。它是对密悉司屈服条件和勒维-密悉司（Levy-Mises）应力-应变方程所表达的塑性理论进行了修改，提出了多孔预成形坯锻造的塑性理论，并建立了多孔体屈服条件和应力-应变方程。通过推导和实验，找出了在三种基本变形和致密方式下，应力、应变和密度的关系[52、41、53]；并且研究了多孔预成形坯锻造过程的断裂极限，为粉末预成形坯的设计提供了理论依据[54、55、56]。

第二种塑性理论是由柯瓦尔钦科等提出的[57、58]，他们从多孔坯的体积粘性理论出发，把粉末预成形坯看作是牛顿粘性体，运用粉末冶金动热压理论研究了粉末热锻时粘性多孔体的致密化问题。他们指出，粉末热锻和动热压一样使粘性多孔体产生显著的致密化；但又与动热压不同，动热压时粘性多孔体的变形是在三向压缩条件下进行的，而粉末热锻开始阶段，粘性多孔体是在单向压缩（镦粗）和双向压缩（平面应变压缩）条件下进行的，到锻造最后阶段才在三向压缩（复压）条件下进行。他们通过对可压缩的粘性多孔体进行热

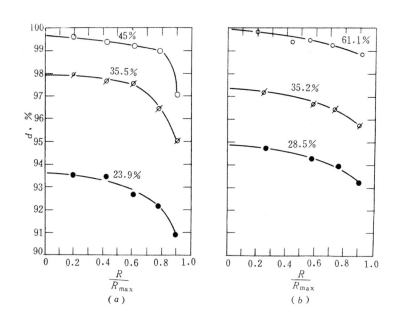

图 6-16　601ABAl 合金圆柱体预成形坯于 371℃ 锻造时，在两种
摩擦条件（润滑与无润滑）下，锻件密度沿半径方向的变化
（图中曲线上的百分数为锻造时的高度缩减率）
（a）无润滑；（b）用 MoS₂ 润滑

锻时致密化的研究指出，在固相（基体金属）和孔隙的两相复合体中，多孔体的固相是不可压缩的，且服从于流动的非线性规律

$$\dot{\varepsilon} \propto \sigma^n$$

式中　$\dot{\varepsilon}$——变形速度；

　　　σ——应力；

　　　n——多孔体固相的非线性粘性流动方程的参数。

并且从动量原理出发，得到了密度变化与打击参数及多孔体固相流动之间的关系式，提出了粉末热锻时改善致密化条件的途径。

第三种塑性理论是由格雷菲斯等提出的[40]。他们根据粉末锻造过程的三种变形和致密方式，利用多孔预成形坯的泊松比与相对密度的经验公式，考虑到在闭式模锻中侧向约束对致密化速率的影响，建立了粉末锻造过程的协调方程，并用来描述多孔预成形坯在三种基本变形和致密方式中的几何关系。由协调方程所得到的密度和高度缩减率关系的理论曲线，与实验曲线比较，在较宽的范围内相当一致。

任何一种材料的塑性变形理论，总是首先确定屈服条件，然后从而导出应力-应变方程的，例如致密材料的塑性变形，常用密悉司屈服条件和勒维-密悉司应力-应变方程。对于多孔坯锻造时的塑性变形和致密化，库恩根据其变形特性，对密悉司屈服条件进行了修改，提出了多孔坯的屈服条件和由它导出的应力-应变方程。在不可压缩的致密坯中，水静压应力状态（即球形应力状态，它的三个主应力 $\sigma_1 = \sigma_2 = \sigma_3$）不引起屈服。但在多孔坯中，水静压应力状态会引起屈服。这是由于孔隙体积一般是可压缩的，且多孔坯颗粒间的联结强度较小，在水静压应力状态下颗粒间可能引起相对移动和转动，所以对于孔隙周边的每个颗粒来说不一定保持水静压应力状态。因此，对于多孔坯的屈服条件，只考虑形状变形能，不考虑体积变形能就不行了。库恩考虑到水静压应力状态的影响，对致密坯的屈服条件进行了修改，提出了多孔坯的屈服条件：

$$f = \left[\frac{(\sigma_1 - \sigma_2)^2 + (\sigma_2 - \sigma_3)^2 + (\sigma_3 - \sigma_1)^2}{2} + (1 - 2\nu_p)(\sigma_1\sigma_2 + \sigma_2\sigma_3 + \sigma_3\sigma_1)\right]^{1/2}$$

$$(6\text{-}9)$$

式中　f——屈服函数；

σ_1、σ_2、σ_3——分别为三个方向的主应力。

从（6-9）式可以看出，多孔坯的屈服条件反映了密度变化的影响，当多孔坯相对密度接近 100% 时，泊松比 $\nu_p \to 0.5$，方括号中反映水静压应力状态影响的第二项消失，与不可压缩的致密体的屈服条件完全相同。

同致密体的塑性理论一样，通过对屈服函数（6-9）式的微分可得到下面的应变增量-应力方程：

$$
\left.
\begin{aligned}
d\varepsilon_1 &= \frac{d\lambda}{f}[\sigma_1 - \nu_p(\sigma_2 + \sigma_3)] \\
d\varepsilon_2 &= \frac{d\lambda}{f}[\sigma_2 - \nu_p(\sigma_3 + \sigma_1)] \\
d\varepsilon_3 &= \frac{d\lambda}{f}[\sigma_3 - \nu_p(\sigma_1 + \sigma_2)]
\end{aligned}
\right\}
$$

$$(6\text{-}10)$$

式中　$d\varepsilon_1$、$d\varepsilon_2$、$d\varepsilon_3$——分别表示在给定方向上的应变增量；

　　　　$d\lambda$——与材料先前的应变总量有关的比例系数。

方程（6-9）和（6-10）构成了粉末多孔坯的塑性理论。在普通加工硬化致密材料中，屈服应力随着有效应变$\left(\text{定义为 } \varepsilon_{\text{有效}} = \frac{\sqrt{2}}{3}\sqrt{(\varepsilon_1 - \varepsilon_2)^2 + (\varepsilon_2 - \varepsilon_3)^2 + (\varepsilon_3 - \varepsilon_1)^2}\right)$而增长[38]，并从简单拉伸试验中确定：$f = Y(\varepsilon_{\text{有效}})$。在多孔材料中，屈服应力不仅与基体材料的应变硬化有关，而且还与变形时的致密化有关。因此，多孔坯的屈服应力是密度和加工硬化的函数：$f = Y(d, \varepsilon_{\text{有效}})$。但在方程（6-9）和（6-10）中，没有考虑加工硬化的影响，屈服应力仅仅是作为密度的函数 $f = Y(d)$ 来处理的。当在平面应变压缩和复压条件下应用这些方程（室温）时，在低密度下能精确地推算成形压力；但达较高密度时，其精确度就降低了。这是由于基体材料的加工硬化增大了，所以，在用有效应变来表示。将由方程（6-10）得到的主应力值代入方程（6-9）中解出 $d\lambda$，得到有效应变增量 $d\varepsilon_{\text{有效}}$ 的关系式：

$$d\lambda^2 = d\varepsilon_{\text{有效}}^2 = \frac{(d\varepsilon_1 - d\varepsilon_2)^2 + (d\varepsilon_2 - d\varepsilon_3)^2 + (d\varepsilon_3 - d\varepsilon_1)^2}{2(1 + \nu_p)^2}$$

$$+ \frac{\dfrac{\nu_p(2 - \nu_p)[(d\varepsilon_1 - d\varepsilon_2)^2 + (d\varepsilon_2 - d\varepsilon_3)^2 + (d\varepsilon_3 - d\varepsilon_1)^2]}{2(1 + \nu_p)^2} + (d\varepsilon_1 d\varepsilon_2 + d\varepsilon_2 d\varepsilon_3 + d\varepsilon_3 d\varepsilon_1)}{(1 - 2\nu_p)}$$

$$(6\text{-}11)$$

由方程（6-11）可以看出，当应用应变增量为 $d\varepsilon_1$，横向应变增量为 $d\varepsilon_2 = d\varepsilon_3 = -\nu_p d\varepsilon_1$ 时，则方程（6-11）可简化为 $d\varepsilon_{有效} = d\varepsilon_1$，即同致密体的塑性理论一样。多孔材料的有效应变增量等于简单镦粗试验中的高度应变增量。

同时，根据质量不变条件，密度变化与应变之间的关系为：

$$-\frac{\mathrm{d}d}{d} = \mathrm{d}\varepsilon_1 + \mathrm{d}\varepsilon_2 + \mathrm{d}\varepsilon_3 \qquad (6\text{-}12)$$

因此，方程（6-9）、（6-10）、（6-11）、（6-12）和（6-7）或（6-8）构成了一套完整的方程组，可用来确定粉末锻造过程中的成形应力与密度、应力与应变、应变与密度之间的关系。上述方程组在三种基本变形和致密方式中应用时，得到了令人满意的结果。

1. 单轴压缩

无摩擦单轴压缩试验如图 6-7 所示，试验中的施加应力为 σ_1，径向应力 σ_2 和周向应力 σ_3 均为零（$\sigma_2 = \sigma_3 = 0$），由方程（6-9）得到 $f = Y(d) = \sigma_1$。试验中的施加应变增量为 $d\varepsilon_1$，$\nu_p = -\dfrac{\mathrm{d}\varepsilon_2}{\mathrm{d}\varepsilon_1}$，所以径向应变增量 $d\varepsilon_2$ 和周向应变增量 $d\varepsilon_3$ 为：$d\varepsilon_2 = d\varepsilon_3 = -\nu_p d\varepsilon_1$。因此，由方程（6-11）得到 $d\varepsilon_{有效} = d\varepsilon_1$。

在无摩擦单轴压缩条件下，相对密度变化可由方程（6-12）得到

$$-\frac{\mathrm{d}d}{d} = (1 - 2\nu_p)\mathrm{d}\varepsilon_1 \qquad (6\text{-}13)$$

将（6-7）式代入（6-13）式得到

$$-\frac{\mathrm{d}d}{d(1 - d^{1.92})} = \mathrm{d}\varepsilon_1 \qquad (6\text{-}14)$$

由方程（6-13）可知，在无摩擦单轴压缩条件下，如果要达到完全致密，则需要无穷大的高度压应变。换句话说，多孔预成形坯在无摩擦单轴压缩条件下是不可能达到完全致密的。

将（6-14）式积分，可得到无摩擦单轴压缩条件下相对密度 d 与高度压应变 ε_1 的关系式。图 6-17 中所示为两种不同预成形坯密度的积分结果及其与雾化铁粉、1020 和 4620 钢粉烧结预成形坯的冷压缩试验结果[15]的比较。可以看出，理论计算值稍低于 4620 钢粉坯的数据。这可能是由于 4620 钢粉坯的加工硬化较严重，所以需要修正 ν_p 与 ρ 的经验关系。库恩的塑性理论在单轴压缩中应用结果较好的实例，是菲奇梅斯特（H. F. Fischmeister）等所提供的海绵铁粉坯的热锻数据。由于采用粉末热锻，所以用（6-8）式代入（6-13）中得到类似于（6-14）的公式

$$-\frac{\mathrm{d}d}{d(1 - d^2)} = \mathrm{d}\varepsilon_1 \qquad (6\text{-}14)'$$

它的积分结果示于图 6-18 中。图中结果表明，方程（6-14）$'$ 的计算值与实验结果一致。

2. 平面应变压缩

平面应变压缩时的应力状态如图 6-19 所示。试验中的应用应力为 σ_1，且 $\sigma_3 = 0$。由于 $d\varepsilon_2 = 0$，将 σ_1、$\sigma_3 = 0$ 代入方程（6-10）的第二式中，可得到：$\sigma_2 = \nu_p(\sigma_1 + \sigma_3) = \nu_p \sigma_1$，又将三个主应力值代入方程（6-9）得到

$$f = Y(d) = \sigma_1(1 - \nu_p^2)^{1/2} \qquad (6\text{-}15)$$

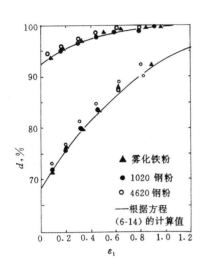

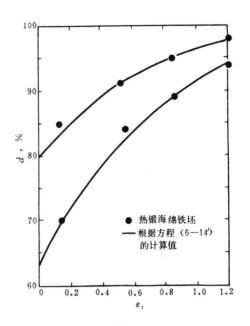

图 6-17　单轴压缩时，相对密
度 d 与高度真实应变 ε_1 的关系
（Antas 的实验数据）

图 6-18　单轴压缩时，相对密度 d 与
高度真实应变 ε_1 的关系

由 (6-15) 式可知，当 $\nu_p=0.5$ 时，$\sigma_1=\dfrac{2\sqrt{3}}{3}Y(d)$。也就是说，当
预成形坯达到完全致密时，它与不可压缩的致密材料塑性理论
的结果一致。$Y(d)$ 仍由无摩擦均匀压缩试验确定。

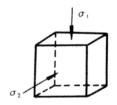

图 6-19　平面应变压缩
时的主应力图

在平面应变压缩中，施加应变增量为 $d\varepsilon_1$，而 $d\varepsilon_2=0$，将 σ_1，
$\sigma_3=0$，$\sigma_2=\nu_p\sigma_1$ 代入方程 (6-10) 的第一、三式中得到

$$\frac{d\varepsilon_3}{d\varepsilon_1}=\frac{\dfrac{d\lambda}{f}\left[-\nu_p(\sigma_1+\sigma_2)\right]}{\dfrac{d\lambda}{f}\left[\sigma_1-\nu_p\sigma_2\right]}=\frac{-\nu_p}{1-\nu_p}$$

$$\therefore\qquad d\varepsilon_3=-\frac{\nu_p}{1-\nu_p}d\varepsilon_1$$

又将 $d\varepsilon_1$，$d\varepsilon_2=0$，$d\varepsilon_3=-\dfrac{\nu_p}{1-\nu_p}d\varepsilon_1$ 代入方程 (6-12) 得到

$$-\frac{dd}{d}=\frac{1-2\nu_p}{1-\nu_p}d\varepsilon_1 \tag{6-16}$$

用 (6-7) 式代入上式得到

$$-\frac{dd(1-0.5\rho^{1.92})}{d(1-d^{1.92})}=d\varepsilon_1 \tag{6-17}$$

同样，屈服条件由方程 (6-9) 给出

$$\sigma_1 = \frac{Y(\varepsilon_{有效})}{(1 - \nu_p^2)^{1/2}} \tag{6-18}$$

有效应变增量由方程（6-11）给出

$$d\varepsilon_{有效} = \frac{d\varepsilon_1}{(1 - \nu_p^2)^{1/2}} \tag{6-19}$$

通过积分（6-17）式，得到在平面应变压缩条件下的 d 与 ε_1 的关系，其计算结果示于图 6-20 中，图中还有安特斯（H. W. Antes）由平面应变压缩所得到的实验数据。由图可以看出，两者相当一致，说明了库恩的塑性理论在平面应变压缩条件下的正确性。同时，对于海绵铁粉和 4600 钢粉，由方程（6-18）计算得到的平面应变压缩应力 σ_1；由相同材料的应力-应变曲线确定 Y（$\varepsilon_{有效}$）[59]，再从方程（6-19）计算得到 $\varepsilon_{有效}$，结果示于图 6-21 中，说明了计算结果与实验结果的一致性。以前在高密度下所出现的大偏差，由于改进了确定 Y（$\varepsilon_{有效}$）的方法而消除。

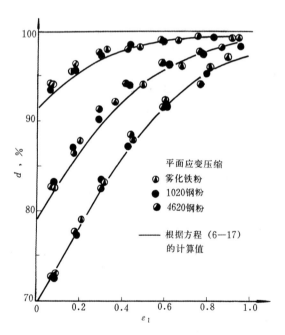

图 6-20　在室温平面应变压缩条件下，铁粉和钢粉预成形坯致密化的理论计算数据与实验结果的比较

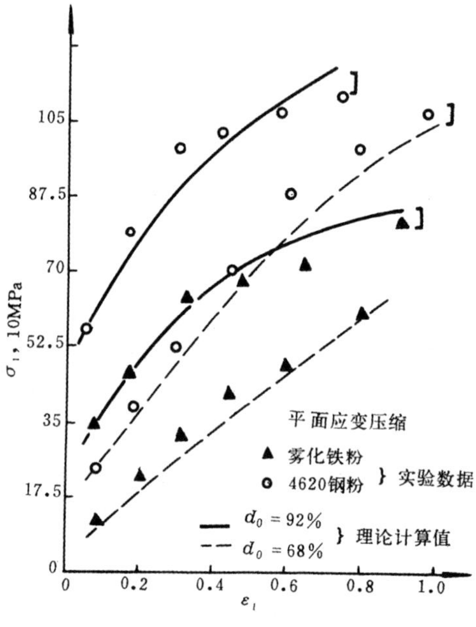

图 6-21　在室温平面应变压缩条件下，由方程（6-18）和（6-19）计算的应力、应变值与实验结果的比较

3. 复压

复压时的应力状态如图 6-22 所示。施加应力为 σ_1，将横向应变 $d\varepsilon_2 = d\varepsilon_3 = 0$ 代入方程（6-10）中的第二、三式得到

$$\begin{cases} \sigma_2 - \nu_p(\sigma_3 + \sigma_1) = 0 \\ \sigma_3 - \nu_p(\sigma_1 + \sigma_2) = 0 \end{cases}$$

解此联立方程得到

356

$$\sigma_2 = \sigma_3 = \frac{\nu_p}{1 - \nu_p}\sigma_1 = \xi\sigma_1 \qquad (6\text{-}20)$$

将 σ_1、$\sigma_2 = \sigma_3 = 1 - \dfrac{\nu_p}{\nu_p} - \sigma_1$ 代入屈服条件（6-9）式得到

$$f = Y(d) = \left[\frac{(1 - 2\nu_p)(1 + \nu_p)}{1 - \nu_p}\right]\sigma_1 \quad (6\text{-}21)$$

复压时的施加应变增量为 $d\varepsilon_1$，而 $d\varepsilon_2 = d\varepsilon_3 = 0$，代入（6-12）式得到

$$-\frac{\mathrm{d}d}{d} = \mathrm{d}\varepsilon_1 \qquad (6\text{-}22)$$

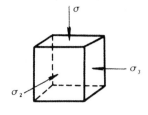

图 6-22 复压时主应力图

同样，屈服条件由方程（6-9）给出

$$\sigma_1 = Y(\varepsilon_{有效}) \frac{1}{\left[\dfrac{(1 - 2\nu_p)(1 + \nu_p)}{1 - \nu_p}\right]^{1/2}} \qquad (6\text{-}23)$$

有效应变增量由方程（6-11）给出

$$\mathrm{d}\varepsilon_{有效} = \mathrm{d}\varepsilon_1 \frac{1}{\left[\dfrac{(1 - 2\nu_p)(1 + \nu_p)}{1 - \nu_p}\right]^{1/2}} \qquad (6\text{-}24)$$

由（6-20）式可知，在多孔坯复压中，用塑性力学推导出来的侧压系数 ξ，与在粉末体的钢模压制中由弹性力学推导出来的侧压系数的表达式相同。因此，无论是多孔预成形坯的复压还是粉末体的钢模压制，均可由方程（6-20）来计算横向应力。

为了验证方程（6-21）的正确性，采用与均匀单轴压缩相同的方法（压制、烧结）制取复压用铁粉试样，复压后测定其复压应力 σ_1 和高度真实应变 ε_1，并计算出密度，实验结果示于图 6-23 中。利用无摩擦单轴压缩的密度-应力关系曲线确定屈服应力 $Y(d)$，并由（6-7）式确定 ν_p 值，然后代入方程（6-21）中，得到复压应力 σ_1 的计算值。在图 6-23 中将 σ_1 的理论值与实验值进行比较。可见，除高应力范围以外，由方程（6-21）计算的理论值与实验结果一致。然而由方程（6-22）、（6-23）和（6-24）计算得到的复压应力 σ_1（式中 Y

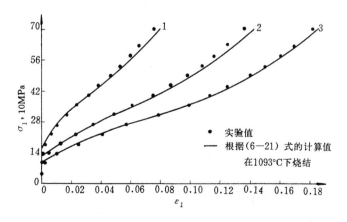

图 6-23 还原铁粉预成形坯复压时，复压应力 σ_1 的理论值与实验值的比较

预成形坯相对密度：1—87%；2—81%；3—77%

($\varepsilon_{有效}$)由单向拉伸应力-应变关系曲线确定），与阿恩特斯的雾化铁粉试样复压实验数据进行比较表明，用雾化铁粉试样复压时，在所试验范围内理论值与实验结果很好地符合，如图6-24所示。

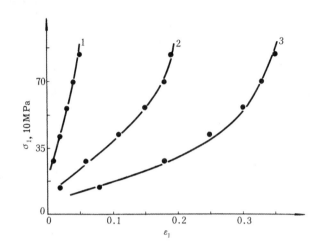

图 6-24　雾化铁粉预成形坯复压时，复压应力 σ_1 的理论值与实验值的比较

预成形坯相对密度：1—92％；2—79％；3—68％；（黑点表示实验值，粗黑线表示计算值）

第三节　粉末锻造过程的断裂

一、粉末锻造过程的断裂

在粉末冶金锻造过程中预成形坯的横向流动，对粉末锻件的冶金结构完整性和机械性能有很大的影响。据研究指出[60、54]，热复压件比同材质的热锻件，具有较小的冲击韧性，且随着横向流动量的减少而降低；同时，由于横向流动而使孔隙受到垂直压缩和剪切变形的作用，从而有利于孔隙的闭合，降低预成形坯致密时所需的压力。但是，在闭式模锻过程中，预成形坯极易产生裂纹。在闭式模锻的开始阶段，当预成形坯与锻模侧壁接触之前，与简单无润滑镦粗相似。圆柱体预成形坯鼓形表面的拉应力大小取决于自由表面凸出的程度，它随着凸面曲率的增大而增加，而凸面曲率又随着圆柱体预成形坯的高径比和外摩擦的增大而增加。

多孔预成形坯的低拉伸塑性是限制粉末锻造的主要因素。为了解决预成形坯低拉伸塑性和锻造时需要横向流动之间的矛盾，目前采取的办法有：改善润滑条件和合理设计预成形坯，控制变形方式，以便增加裂纹产生前的应变量；采用高温烧结方法，提高预成形坯的可锻性（据报导[61]，经1300℃高温烧结的钢粉预成形坯，在粉末冷锻过程中不易开裂）；采用无横向流动无断裂危险的热复压方式；利用粉末合金的微细晶粒超塑性和相变超塑性状态进行锻造；还可以采用大变形量锻造方式使锻造初期出现的裂纹重新锻合起来。为了防止多孔坯开裂，寻求设计预成形坯的科学方法，需要研究粉末锻造过程的断裂极限。李（P. W. Lee）、库恩和道尼（C. L. Downey）等[62、56、55]采用与致密材料相同的方法，通过一系列圆柱体试样的镦粗试验，测定断裂点的压应变（高度真实应变 $\varepsilon_h = \ln(h/h_0)$）和拉应变

（周向真实应变 $\varepsilon_0 = \ln \dfrac{w}{w_0} = \ln \dfrac{D}{D_0}$），如图 6-25 所示。从而可以得到多孔坯断裂时表面主应变之间的关系，叫做断裂应变迹线，又叫成形极限应变曲线，如图 6-26 所示。

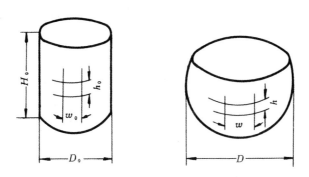

图 6-25　无润滑镦粗圆柱体试样时，"赤道线"上的表面应变

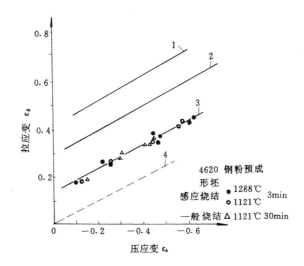

图 6-26　镦粗多孔 4620 钢粉坯、601ABAl、201ABAl 坯和 1020 致密钢坯过程
表面断裂时的总应变关系（4620 在 982℃下镦粗）
1—1020 致密钢；2—601ABAl（371℃）；3—烧结铝合金（601AB、201AB）
（室温）；4—均匀压缩

　　由图 6-26 可以看出，所有试验材料的断裂应变迹线都是一条斜率为 1/2 的直线，且平行于均匀压缩（无摩擦）的应变迹线。这说明各种材料断裂时鼓形表面的总应变关系相同。在均匀压缩中，圆柱体表面不形成鼓形，其周向应力为零，所以不会产生断裂。而偏离此条件时则可能产生断裂，也就是说，离开均匀压缩应变迹线向上弯曲的应变迹线可能穿过断裂线。各条断裂应变迹线与纵坐标轴的截距，表示在平面应变条件下断裂前的应变。可见材料的抗断裂能力是随着预成形坯的塑性增加而增大的。烧结坯由于存在孔隙，所以其

断裂应变迹线的纵截距比致密坯低得多，且室温下的断裂应变迹线比高温下低。由于烧结铝合金材料的应变硬化小，601ABAl 合金坯冷变形时的断裂应变迹线与烧结钢坯热变形的几乎重叠，所以 601ABAl 合金是供粉末锻造过程断裂极限研究用的较好的模型材料。

二、基本流动模型的研究——变形分析

库恩和道尼等对锻造过程的基本流动模型进行研究后指出[55,56]，运用上述断裂极限来研究复杂形状粉末锻件的临界断裂区时，要把断裂极限和基本流动模型的研究结合起来，用模型材料模拟实际零件的变形，并在可能断裂的区域测定表面应变，然后将这些应变与实际材料的断裂应变迹线相比较。如果所测得的应变曲线高于断裂应变迹线时，导致断裂，则必须根据断裂应变迹线来修改预成形坯的设计，或改善润滑条件，以便增加表面压应变和减少表面拉应变。经过反复试验和修改，可以确定预成形坯的设计参数。

（a）　　　　　　　（b）

图 6-27　两种基本锻件形状
（a）带凸缘的毂体；（b）杯状体

在锻造过程中，可把复杂形状的粉末锻件分割为几个区域，每个区域都用一个特殊的塑性流动模型来表征。对于各种轴对称锻件，这些区域包括横向流动（垂直于冲头运动方向）、后挤压（与冲头方向相反）和前挤压（与冲头运动方向相同）。图 6-27 所示的两种基本锻件形状，包括了上述基本流动模型，并用来作为变形分析的物理模型。其模型材料是相对密度为 80％的 601ABAl 合金粉末烧结件。

图 6-28 表示锻造带凸缘毂体时金属变形和流动的几种方式。预成形坯先填满模腔的毂区，然后靠横向流动形成凸缘（见图 6-28（a））；或先填满模腔的凸缘，再靠挤压形成毂体（见图 6-28（b））；或毂体和凸缘两者均靠变形后形成（见图 6-28（c））。

图 6-29 表示锻造杯状和环状零件时，金属变形和流动的几种方式比较。预成形坯先在冲头作用下横向流动，然后形成边缘（见图 6-29（a））；或先填满锻模底部，再通过后挤压形成边缘（见图 6-29（b））；或先充填满边缘，然后朝内横向流动形成圆环（见图 6-29（c））。

图 6-28（a）表示的预成形坯的压缩，包括轴向压应变和周向拉应变，它与在平板模间简单镦粗圆柱体的情况相同。典型的应变曲线如图 6-30 所示，当应变曲线与断裂应变迹线相交时产生断裂。跟平板模间镦粗一样，增加高径比和减少凸缘表面的摩擦力，可增大所形成的凸缘直径而不产生断裂。但减少毂区表面的摩擦力没有效果。降低毂区模具的倾角，则可增大变形约束，应变曲线明显地朝顺时针方向旋转，因而减少了断裂时的应变量。

图 6-28（b）表示预成形坯通过前挤和后挤流向毂区，上部表面为自由表面。由于模具转角处周围的摩擦力作用，使预成形坯向上凸出，使自由表面产生拉应变。这些表面主应变大小相等，其应变曲线沿着双向拉伸线延伸到应变平面的第 I 象限（见图 6-31）。当应变曲线与断裂应变迹线的外延线相交或接近时就产生断裂。

图 6-28（c）表示预成形坯通过变形后形成毂区和凸缘。虽然在凸缘区可能开裂，但在毂区的自由表面出现了有趣的现象：自由表面的应变大小相等，应变符号取决于模具角和摩擦情况。如图 6-32 所示，当摩擦系数为 0.1，模具角 α 为 40°和 50°时，毂区表面产生拉

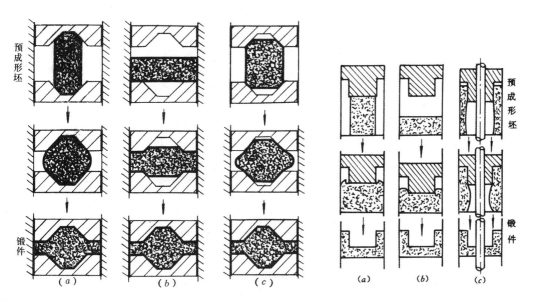

图 6-28　锻造带凸缘毂体零件时预成形坯的选择　图 6-29　锻造杯状或环状零件时预成形坯的选择

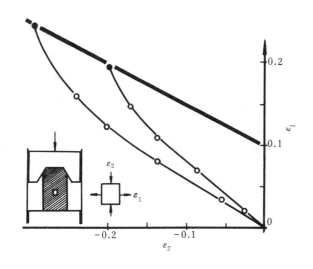

图 6-30　用图 6-28（a）的变形方式压缩圆柱体预成形坯时，鼓形
表面的应变曲线

（黑粗线表示 601ABAl 合金的断裂应变迹线；黑点表示断裂；圆圈表示实验值）

应变，同时当应变曲线在第 I 象限与断裂应变迹线的外延线相交时，则产生断裂。当模具
角 α 为 10°、20° 和 30° 时，开始为压应变，然后倒转成为拉应变，这是沿着圆锥模表面的摩
擦力作用的结果。在第 III 象限的应变曲线倒转以后，当其拉应变与在第 I 象限断裂时的拉
应变大小相等时产生断裂。当模具角 α 在 10° 以内时不会产生断裂，因为当毂区达到模具顶
部时变形停止。无论从理论上和实践上均可证明，在热锻过程中，当摩擦系数大于 0.3 时，

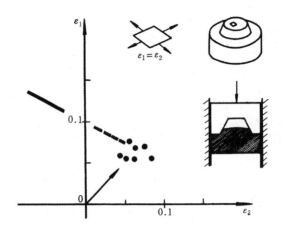

图 6-31　用图 6-28（*b*）的变形方式，即通过后挤成形毂体时，上表
面断裂的应变曲线

（黑粗虚线表示断裂应变迹线在第 I 象限内的外延线；箭头表示应变曲线的变化趋向；
其他图例同上）

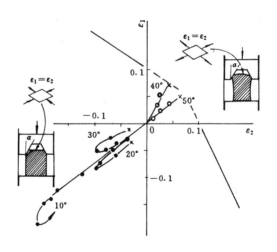

图 6-32　用图 6-28（*c*）的变形方式，在同时形成毂区和凸缘过程中
毂区上部的应变曲线（测得摩擦系数为 0.1）

（图例同上）

对于所有的模具角，毂区均产生表面拉应变。

综上所述，用测量表面应变状态的方法研究金属流动，为设计预成形坯避免断裂提供
了有用资料。将各种变形模型断裂时的表面主应变，与通过简单镦粗试验所测定的线性断
裂应变迹线进行比较，从而可得出预成形坯的设计方法。用这种方法可以修正预成形坯的
形状和尺寸，使材料的应变位于断裂应变迹线之下。在轴对称零件锻造过程中，基本流动

模型的主要特征是通过简单形状的实验应变分析测定的，其结果可应用于组合流动模型的分析和复杂形状零件的预成形坯设计。根据基本流动模型的研究结果，各种轴对称零件的预成形坯都能设计出来。

应该指出，在上面的分析中只考虑了表面断裂问题，没有研究锻造时由于预成形坯的低拉伸塑性，或者由于剪切变形所造成的内部断裂问题，而且也没有涉及锻模的磨损问题。锻模的磨损是一个重要的经济因素，因此设计时必须考虑材料流动对锻模磨损的影响。

三、预成形坯设计

预成形坯的设计不仅要考虑材料的流动和致密化，而且还要考虑锻造过程中的断裂问题。为了研究外摩擦和高径比对表面拉应力和断裂的影响，库恩等对烧结铝合金圆柱体预成形坯进行了镦粗试验[54]，图 6-33 和 6-34 分别表示 601ABAl 合金预成形坯在热镦粗过程中，产生断裂时的高度真实应变和断裂应变迹线。由图 6-33 可以看出，断裂时的应变量随着预成形坯的高径比的增大和模壁摩擦力的降低而增大，且接近于线性变化。由图 6-34 可知，图中直线的斜率为 1/2，直线与纵坐标轴的截距随着预成形坯密度的增大而升高。

在闭式模锻过程中，锻模侧壁的横向约束作用，既是为了达到全致密所需要的，又是防止鼓形表面产生断裂的有效办法。这是由于模壁的约束作用，可使鼓形表面的拉应力变为压应力。如果能让圆柱体预成形坯的鼓形表面在产生断裂之前与模壁接触，就可以防止裂纹产生。不过，粉末锻件的性能随预成形坯横向流动的增大而增高，而锻造时所允许的横向流动量又受到产生断裂的限制。库恩和道尼还利用图 6-33 和 6-34 以烧结 601ABAl 合金为例，推导出预成形坯的高径比和断裂时锻件的高径比的关系。并假设裂纹即将产生的时刻就是预成形坯到达模壁的时刻，这样产生裂纹时的高径比就是复压阶段开始的高径比。

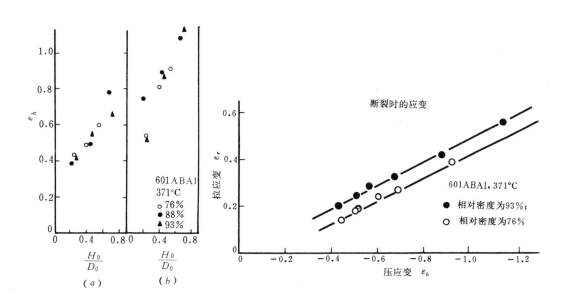

图 6-33　烧结铝合金圆柱体预
成形坯在热镦粗过程中断裂
时的高度真实应变 ε_h
（a）无润滑；（b）润滑

图 6-34　烧结铝合金圆柱体预成形坯在热镦粗过程中断裂
时拉应变（横向真实应变）和压应变（高度真实应变）的关系

由图 6-34 中的线性关系可知，断裂时拉应变 ε_r 与压应变 ε_h 之间的关系为

$$\varepsilon_r = C - \frac{1}{2}\varepsilon_h \tag{6-25}$$

式中　C——直线与纵坐标轴的截距。

同样，由图 6-33 可以得到，断裂时高度真实应变 ε_h 与预成形坯高径比之间的关系为

$$-\varepsilon_h = A + B\left(\frac{H_0}{D_0}\right) \tag{6-26}$$

式中　A、B——用最小二乘法求得的直线截距和斜率；

　　　H_0、D_0——分别表示预成形坯的高度和直径。

根据锻造过程中质量不变条件得到

$$\frac{\pi D_f^2}{4}H_f = d_0\frac{\pi D_0^2}{4}H_0 \tag{6-27}$$

式中　d_0——预成形坯的相对密度；

　H_f、D_f——分别表示锻件的高度和直径。

由 (6-25)、(6-26) 和 (6-27) 式得到

$$\varepsilon_r = \ln\frac{D_1}{D_0} = C - \frac{1}{2}\varepsilon_h = C + \frac{1}{2}\left[A + B\left(\frac{H_0}{D_0}\right)\right]$$

$$\frac{D_f}{D_0} = \frac{D_1}{D_0} = \exp\left\{\frac{1}{2}\left[A + B\left(\frac{H_0}{D_0}\right)\right] + C\right\} \tag{6-28}$$

$$\varepsilon_h = \ln\frac{H_1}{H_0} = -\left[A + B\left(\frac{H_0}{D_0}\right)\right]$$

$$\frac{H_1}{H_0} = \exp\left\{-\left[A + B\left(\frac{H_0}{D_0}\right)\right]\right\} \tag{6-29}$$

式中　H_1、D_1——分别表示断裂时锻件的高度和直径。

由 (6-27) 和 (6-28) 式得到

$$\frac{H_f}{H_0} = d_0\frac{D_0^2}{D_f^2} = 2d_0\exp\left\{-\frac{1}{2}\left[A + B\left(\frac{H_0}{D_0}\right)\right] - C\right\}$$

$$= d_0\exp\left\{-\left[A + B\left(\frac{H_0}{D_0}\right)\right] - 2C\right\} \tag{6-30}$$

由 (6-28) 和 (6-29) 式得到断裂时锻件的高径比与预成形坯高径比之间的关系

$$\frac{H_1}{D_1} = \frac{H_0}{D_0}\exp\left\{-\frac{3}{2}\left[A + B\left(\frac{H_0}{D_0}\right)\right] - C\right\} \tag{6-31}$$

可用连乘法展开的方法，求得热复压件的高径比 $\frac{H_f}{D_f}$ 与 $\frac{H_1}{D_1}$ 的关系

$$\frac{H_f}{D_f} = \left(\frac{H_1}{D_1}\right)\cdot\left(\frac{H_f}{H_1}\right)\cdot\left(\frac{D_1}{D_f}\right) \tag{6-32}$$

根据假设预成形坯断裂时已与模壁接触，所以 $D_1 = D_f$。

将 (6-28)、(6-30)、(6-31) 式代入 (6-32) 式中得到

$$\frac{H_f}{D_f} = d_0\frac{H_0}{D_0}\exp\left\{-\frac{3}{2}\left[A + B\left(\frac{H_0}{D_0}\right)\right] - C\right\}\exp(-2C)$$

$$= d_0\left(\frac{H_1}{D_1}\right)\exp(-2C) \tag{6-33}$$

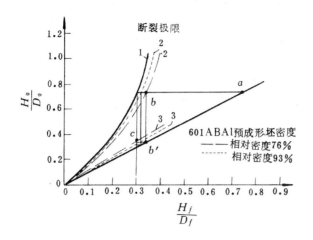

图 6-35　圆柱体多孔预成形坯在无润滑热锻时致密与断裂的关系
1—总变形（复压＋镦粗）；2—镦粗；3—复压

　　这种解析方法的图解如图 6-35 所示。图中表示具有两种相对密度的烧结铝合金圆柱体预成形坯，在无润滑热锻时致密和断裂的关系。用高径比为 H_0/D_0 的预成形坯于 a 点开始热锻，首先在镦粗过程中高径比 H/D 逐渐减小，沿水平线达到 b 点，此时即将产生裂纹，但这时鼓形表面已与模壁接触，可避免裂纹产生；复压从 b' 点开始，高径比 H/D 继续减小，沿水平线达到 c 点，可得到高径比为 H_f/D_f 的无裂纹锻件。如果将顺序反过来，从所要求锻件的高径比 H_f/D_f 出发，沿垂直方向引直线与复压曲线相交于 c 点，再沿水平线达到 b' 点，由 c 点到 b' 点这一段代表复压阶段所需要完成的变形量；然后又沿垂直线到裂纹即将产生的 b 点，再沿水平线达到 a 点，由 b 点到 a 点这一段代表镦粗阶段所需要完成的变形量。从 a 点或 b 点向纵坐标轴投影，就可得到所需要设计的预成形坯的高径比$\dfrac{H_0}{D_0}$。在图中给出了两种相对密度预成形坯锻成$\dfrac{H_f}{D_f}=0.3$锻件的结果。可见所计算的预成形坯高径比 H_0/D_0 对两种密度而言都一样。不过，相对密度为 76％ 的预成形坯所经受的镦粗变形量要比相对密度 93％ 的小，而要求更大的复压变形量，否则就会产生断裂。通常在设计与锻件形状相似的预成形坯时，为了防止任何两个部分之间金属发生折叠和断裂，预成形坯各部分的金属量的分配，不要使金属过多地从一个部分流到另一个部分。应该指出，预成形坯的设计除了考虑锻件性能要求、材料的流动和断裂以外，还应考虑锻模使用寿命问题。

第四节　粉末锻造过程的变形机构

　　关于粉末锻造过程微观理论的研究，已发表的不多。盖尔（H.L.Gaigher）[63]和库恩研究了预成形坯致密化过程中孔隙形态（尺寸、形状、分布）、晶体位错结构以及夹杂物的分布，初步分析了它们与致密化过程的关系；安特斯[39]、库恩和道尼[54]研究了孔隙、夹杂物变形和锻造变形-致密方式的关系。

　　由于多孔预成形坯是由基体金属和孔隙组成的复合体，在锻造时同时产生塑性变形和致密化，与致密金属坯锻造时塑性变形的微观机构相比，具有不同的特点。致密金属塑性变形的微观机构主要是金属晶体的位错运动；而多孔预成形坯塑性变形和致密化的微观机构，不仅基体金属晶体产生晶间和晶内变形，而且与孔隙的变形有关。因此，研究粉末锻造过程塑性变形和致密化的微观机构时，由于基体金属晶体的塑性变形很小，故应着重研究颗粒间变形机构和孔隙变形的规律。

一、粉末锻造过程孔隙变形的规律

李等[62]对还原铁粉预成形坯进行无摩擦均匀单轴压缩，得到在无开裂现象情况下试样密度与轴向压应力的关系曲线（见图6-36），并运用金相显微镜和扫描电子显微镜对试样进行了观察和分析。

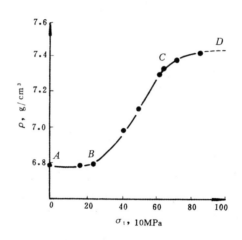

图 6-36　在无摩擦均匀单轴压缩条件下，试样密度 ρ 与轴向压应力 σ_1 的关系

对海绵铁粉和烧结态预成形坯轴向断口的扫描电子显微照片分析指出，单个海绵铁粉的形状是不规则的，具有任意分布的管状孔隙，大多数孔隙直径在 $0.1\mu m$ 至 $1\mu m$ 之间，少数孔隙直径大于 $5\mu m$；孔隙与孔隙在粉末颗粒表面上的间距为 $0.15\sim10\mu m$。经过在 1093℃ 于氢中烧结 1h 的预成形坯，其相对密度为 86%。烧结态预成形坯的内孔结构与原始粉末的内孔结构没有显著差别，在颗粒内部的晶界上分布着小而圆的孔隙，在颗粒间界上存在着比较大的角状孔隙。从显微镜上直接测得的孔隙直径（见表6-4）表明，小孔隙对预成形坯的孔隙度起着决定性作用，大多数颗粒间的孔隙直径由 0.5 至 $5\mu m$，而直径大于 $8\mu m$ 的颗粒间孔隙造成密度上的变化最多不超过 1%。

表 6-4　烧结海绵铁粉预成形坯的孔隙尺寸分布

孔隙直径 D，μm	所 占 份 额
$D \geqslant 12$	2%
$8 \leqslant D < 12$	16%
$4 < D < 8$	13%
$D < 4$	79%

注：预成形坯的相对密度为 86%，测量面积为 $\sim 0.4mm^2$（轴向断口）。

由图 6-36 可以看出，曲线 AB 段相当于轴向应力小于 175MPa、高度缩减率小于 5% 的情况。金相分析指出，其孔隙形态几乎没有发生什么变化，唯一发现的孔隙结构变化是大孔隙（$D \geq 20\mu m$）数量减少，以及材料朝颗粒间的孔隙内横向流动。由于这些大孔隙只占总孔隙度的 1% 强，所以这个阶段的密度变化很小。锻件轴向断口扫描电子显微照片的分析表明，当高度缩减率为 17% 时，颗粒和孔隙两者都在一定程度上被压扁；当高度缩减率为 48% 以上时，压扁现象进一步加剧；当高度缩减率接近 48% 时，尚有一些小圆形孔（$D < 1\mu m$）存在；但当高度缩减率达 70% 时，这些内孔也在不同程度上被压扁。锻件横向断口的扫描电子显微照片分析指出，孔隙闭合但没有压扁。这是由于材料朝孔隙内横向流动所造成的。从这个方向观察，在各种不同变形程度下，许多内孔都保持不变。因此，在曲线 BC 段，其长轴与压缩方向大致垂直的小圆柱形孔隙被压扁，使这个阶段的密度迅速增大。材料朝颗粒间孔隙内横向流动的现象延续到这个阶段的初期。曲线 CD 段相当于在 490～700MPa 的轴向应力范围内，锻件的相对密度大约为 96%。由于存在着长轴与压缩方向大致平行的圆柱形孔隙，这些孔隙在锻造过程中难压扁，因而密度不能进一步提高。

孔隙的变形不但与变形程度有关，而且还受到变形方式及应力状态的影响。图 6-37 表示孔隙变形与应力状态的关系[39、54]。第一种孔隙变形方式如图 6-37（a）所示，孔隙只受到水静压应力状态的作用。按照经典应力理论，水静压应力状态对致密体只能引起弹性变形，不可能产生塑性变形；但水静压应力状态可以使多孔坯致密，孔隙体积可以通过弹性变形和塑性变形方式减小。但是，想通过水静压应力状态来完全消除孔隙是困难的，因为需要无穷大的压应力。正如描述热压致密化机构时所指出的[64]，根据塑性流动模型，被一层不可压缩的致密材料所包围的球形孔隙，在水静压应力状态作用下的致密化过程，在一定的温度和压力下存在一个"终点"密度。第二种孔隙变形方式如图 6-37（b）所示，孔隙同时受到水静压应力和切应力的作用，在变形过程中，孔隙体积不仅受到水静压缩，而且由于剪切变形使孔隙闭合和拉长。因此，采取不同的锻造方式，孔隙变形的方式是不同的，锻件的残留孔隙度和孔隙形态也不同。热复压时，由于材料几乎不产生横向流动，只靠轴向压应力将孔隙压扁；镦粗时，由于材料产生横向流动，使孔隙同时受到轴向压缩和剪切变形的作用，这种剪切变形作用容易使孔隙拉长和闭合，并降低多孔坯致密化所需要的力。热复压时由于没有材料的横向流动和孔隙剪切变形的作用，锻件中长轴与压缩方向大致平行的圆柱形残留孔隙比热镦粗多，从而使热复压件的动力学性能和颗粒界面结合强度比热锻件低。从理论上和实践上都可证明，对热复压件和高碳钢件进行复烧，可使锻件组织均匀、孔隙球化、颗粒间联结加强，有利于稳定和提高锻件性能。

还应该指出，锻造过程中夹杂物的变形往往伴随着孔隙的产生。安特斯用图 6-38 表示锻造时多孔预成形坯中夹杂物变形的几种方式[39]。图 6-38（a）表示变形前基体中夹杂物的断面。如果夹杂物的强度比基体金属高，在变形过程中夹杂物可能不产生变形也不破碎，但在基体和夹杂物的界面上形成孔隙，如图 6-38（b）所示。如果夹杂物的强度不比基体高，则塑性夹杂物可能产生拉伸变形，在变形后的两端形成孔隙（见图 6-38（c））；而脆性夹杂物可能被压碎，在各碎片之间形成孔隙（见图 6-38（d））。因此，在锻造过程中，夹杂物的变形往往伴随着产生孔隙。同时，在变形夹杂物和基体的界面上材料容易流动。

二、粉末锻造过程的颗粒间变形机构

在致密金属多晶体中，晶粒间的结合力很强，常温下晶界对塑性变形有显著的阻碍作

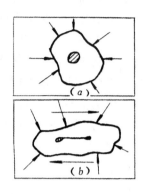

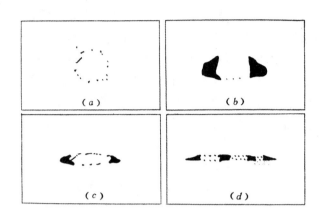

图 6-37　孔隙变形与应力状态的关系　　　　图 6-38　锻造时多孔预成形坯中夹杂物变形的几种方式

用，在晶界附近形成一个难变形区，使常温下的晶界强度高于晶内，所以塑性变形先从晶内开始当温度升高时，晶界对塑性变形的阻碍作用减弱，接近熔点时，晶界强度比晶内低，塑性变形先从晶界产生。在多孔预成形坯中，晶界特性比较复杂，包括原始颗粒内的晶界和原始颗粒间晶界两种。原始颗粒内的晶界，首先是在制粉过程中形成的，类似于致密金属多晶体的晶界，但往往存在较多的缺陷，特别是可能存在许多微孔。原始颗粒间晶界存在大量缺陷和夹杂物，特别是由于含有大量孔隙而严重地削弱了晶界强度，使常温下原始颗粒间晶界强度比晶内低得多。所以，在常温下进行塑性变形时，晶界容易产生塑性变形和脆性断裂。因此，常温下多孔坯的原始颗粒间晶界不是难变形区，而是易变形区。高温下，在这种原始颗粒间晶界上，畸变晶格原子由于获得较大的能量，当受外力作用时，会出现晶界塑性流动。同时，在原始颗粒间晶界上，可能存在较多的易熔杂质，使晶界的熔点比晶内低。因此，无论在常温下还是在高温下，当多孔预成形坯进行塑性变形时，原始颗粒间晶界是容易产生滑移和塑性流动的区域。

　　阿忍指出[16]，在压制烧结过程中预成形坯内形成的一部分颗粒间联结，被热锻开始时的轻微变形所破坏，使得通过烧结所得到的冲击韧性又大部分丧失，所以经轻微变形锻件的冲击韧性比烧结态还要低。但随着变形程度的增大，宏观塑性流动又使颗粒间接触面增大，联结增强，所以冲击韧性又增高。这说明预成形坯颗粒间晶界是很容易产生滑移和塑性流动的区域。粉末热锻似乎是松散金属塑性流动的热压缩过程，锻件颗粒间的联结主要在热锻过程中形成。

　　综上所述，作者认为，粉末锻造过程塑性变形和致密化的微观机构，应该包括孔隙变形、晶体塑性变形、颗粒间位移和变形，但由于基体金属晶体的塑性变形是有限的，所以孔隙变形、颗粒间位移和变形的影响将是主要的，而孔隙的变形也依赖于颗粒间位移和变形。因此，可动性的颗粒间变形机构成为多孔坯锻造过程塑性变形和致密化的主要机构。由于孔隙周围的颗粒形状和位向是不同的，颗粒间的联结强度又很低，所以在外力作用下，每个颗粒所处的应力状态不同，使每个颗粒的变形和颗粒间晶界的滑移也不同，从而引起颗粒间多种形式的相对移动、转动和变形，造成孔隙的倒塌、闭合和拉伸。如图 6-37（b）所示，在水静压应力和切应力同时作用下的孔隙闭合和拉伸是显而易见的；而处在水静压应力状态下孔隙的变形也不难理解。当整个预成形坯中某一个包含孔隙的区处于水静压应力状态时，作用到每一个颗粒上时则不一定保持水静压应力状态。只有当三个方向大小相等的水静压应力汇交于一点时，才能保持水静压应力状态，这时颗粒不产生塑性变形和移动。但颗粒的形状和位向极不规则，要求处于水静压应力状态下的孔隙周围颗粒保持水静压应力状态是很困难的，因而，在水静压应力状态作用下的孔隙区，同样会引起颗粒间的相对移动、转动和变形，造成孔隙变形。然后在原孔隙周围形成较小的孔隙，小孔隙又变成更小的孔隙，直到高密度时，所有残留的小孔隙近似于球形为止。这是因为原来位错密度较高的颗粒界面和孔隙周边，在变形过程中由位错塞积所产生的位错"钉扎"现象，造成高的局部应力，使位错继续运动困难，从而阻碍了颗粒间晶界的继续滑移和变形。同时，可以预见，从上述可动性的颗粒间变形机构出发，在粉末锻造过程中，通过获得微细晶粒的超塑性状态，有可能发展超塑性锻造和固液相锻造方法。

思 考 题

1. 粉末热锻的三种方式的预成形坯设计和锻模结构各有什么特点？其锻件性能如何？各适合于什么情况？

2. 粉末锻造时多孔体的变形为什么用真实应变表示而不用工程应变？真实体应变与真实主应变之间有什么关系？

3. 粉末锻造过程中多孔预成形坯变形和致密的三种基本方式各发生在什么情况下？其主应力图和主应变图如何？

4. 多孔体变形过程的质量不变条件和致密体变形过程的体积不变条件有什么联系和区别？

5. 多孔体锻造时横向流动小的特点在预成形坯设计中有什么作用？

6. 多孔体锻造时的屈服条件与致密体压缩时的屈服条件有什么不同？公式（6-9）中的修正项应如何理解？

7. 叙述粉末锻造过程断裂产生的条件、位置和原因及其预防措施。

8. 锻造时多孔体变形和致密的不均匀性状况及原因是什么？它对锻件性能有什么影响？应如何改善？

9. 预成形坯设计包括哪些内容？应考虑哪些因素？如何合理设计圆柱体预成形坯的高径比？

10. 锻造时多孔预成形坯中孔隙和夹杂的变形规律及其与锻造方式的关系是什么？

第七章　粉末材料的孔隙性能与复合材料的强韧化

第一节　概　　述

在本书的绪论中曾根据用途对粉末材料和制品进行分类。随着科学技术的进步，粉末材料的发展非常迅速，目前，材料科学领域的颗粒材料（Particulate Material）用途极广，它包括粉末材料、金属间化合物、陶瓷和复合材料，并且都与粉末冶金密切相关。图7-1形象地表示了复合材料的范畴。颗粒材料按体系分类，如图7-2所示。

第二节　粉末材料的孔隙度特性

一般粉末冶金材料是金属和孔隙的复合体，其孔隙度范围很广，有低于1%～2%残留孔隙度的致密材料，有10%左右孔隙度的半致密材料，有>15%孔隙度的多孔材料，也有高达98%孔隙度的泡沫材料。孔隙是粉末冶金材料的固有特性，孔隙度显著地影响粉末冶金材料的机械、物理、化学和工艺性能。在普通

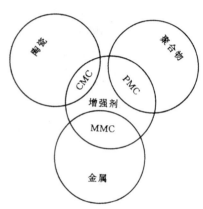

图 7-1　复合材料的范畴

铸件中，气孔和缩孔是常见的缺陷，也是熔铸法难以克服的问题；而用粉末冶金法制取的材料，其孔隙度、孔径及分布可以有效地控制，并且可在相当宽的范围内调整。由于孔隙的存在，多孔材料具有大的比表面和优良的透过性能，以及易压缩变形、吸收能量好和质量轻等特性。这些孔隙度特性是粉末冶金多孔材料的基本特性，也是它们得到广泛应用的基本原因。

一、粉末材料孔隙度和孔径的测定

孔隙度和密度是粉末冶金材料的基本特性，孔隙度和密度的测定是控制粉末冶金材料质量的主要方法之一。试样的体积可采用量度几何尺寸的方法，也可采用液体静力学称量方法来测定。对于致密材料，可直接将试样放在水中称重，其残留孔隙度也可以采用显微镜法进行定量估算。对于具有开孔隙的材料，用液体静力学法称量时，为了不让液体介质进入孔隙，可浸渍熔融石蜡、石蜡-泵油、无水乙醇-液体石蜡、油、二甲苯和苯甲醇等物质，或者涂覆硅树脂汽油溶液、透明胶溶液和凡士林等物质，使烧结体的开孔隙饱和或堵塞。多孔材料的密度和孔隙度常采用真空浸渍法来测定[1,2]。浸渍试样的方法和粉末真密度的测定方法相同，首先将清洗干净的试样在空中称重；接着在真空状态下浸渍熔融石蜡、石蜡-泵油或油等液体介质，使全部开孔隙饱和后取出试样，除去表面多余介质；再一次在空中称重，然后在水中称重；最后，按下列公式计算烧结试样的密度和孔隙度：

$$\rho = \frac{w_1 \rho_l}{w_2 - w_3} = \frac{w_1}{w_2 - w_3}$$

式中　ρ ——试样密度，g/cm³；

ρ_l——称量时所用液体介质的密度，若用蒸馏水时，$\rho_l = 1\,\text{g/cm}^3$；

w_1——试样在空中的质量，g；

w_2——浸渍后试样在空中的质量，g；

w_3——浸渍后试样在液体介质（水）中的质量，g。

应 用 举 例

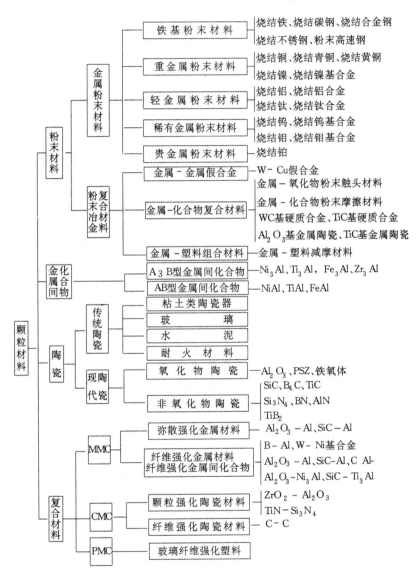

图 7-2　颗粒材料按体系的分类图解

$$V_{\text{开}} = \frac{w_2 - w_1}{\rho_I}$$

$$\theta_{\text{开}} = \frac{(w_2 - w_1)\rho_l}{(w_2 - w_3)\rho_I} \times 100 = \frac{w_2 - w_1}{(w_2 - w_3)\rho_I} \times 100$$

371

$$\theta = \left(1 - \frac{\rho}{\rho_0}\right) \times 100 = \left(1 - \frac{w_1\rho_l}{(w_2 - w_3)\rho_0}\right) \times 100$$

$$\theta_闭 = \theta - \theta_开$$

式中 $V_开$——试样的开孔隙体积，cm^3；

$\quad\quad\ \theta$ ——试样的总孔隙度，%；

$\quad\quad\ \theta_开$——试样的开孔隙度，%；

$\quad\quad\ \theta_闭$——试样的闭孔隙度，%；

$\quad\quad\ \rho_l$ ——浸渍介质的密度，g/cm^3；

$\quad\quad\ \rho_0$——相应材质的理论密度，g/cm^3。

"假合金"和成分之间相互作用很弱的合金，可采用加和法求其理论密度；否则，需要采用与测定粉末真密度相同的方法进行测定。求加和密度的公式为：

$$\rho_0 = \frac{1}{\dfrac{A\%}{\rho_A} + \dfrac{B\%}{\rho_B}}$$

式中 $A\%$、$B\%$——分别为试样中合金成分的质量百分含量；

$\quad\quad\ \rho_A$、ρ_B——分别为相应合金成分的理论密度，g/cm^3。

据资料〔3〕介绍，使用具有低蒸汽压和稳定密度的苯甲醇浸渍试样，可以获得良好的结果；使用无水乙醇-液体石蜡浸渍试样，精度也较高。但是浸渍介质不可能浸渍到所有孔隙中去，特别是不易填满窄缝，结果开孔隙度的测量值偏低。

图 7-3 表示烧结铁的开孔隙度、闭孔隙度和总孔隙度之间的关系[4]。从图中可以看出，当总孔隙度为 20%～30% 时，闭孔隙度大约为 1%～2%；当总孔隙度为 8% 左右时，全部开孔隙都变成了闭孔隙。

目前测定孔径及其分布的方法很多，主要有：汞压入法、气泡法，离心力法、悬浊液过滤法、透过法、气体吸附法、X 射线小角度散射法和显微镜分析法等等，其中使用较多的是汞压入法。这是利用汞对固体表面不润湿的特性，把汞用一定压力压入多孔体的孔隙中以克服毛细管阻力。假设在孔壁光滑的直圆柱形毛细管孔内，当作用在液面与孔壁的接触线的平面法线方向上的压力 $\frac{1}{4}\pi D^2 p$ 与同一平面上表面张力在法线方向上的分量 $\pi D\gamma\cos\alpha$ 平衡，则：

$$\frac{1}{4} \times 10^{-6}\pi D^2 p + 10^{-6}\pi D\gamma\cos\alpha = 0$$

$$D = -\frac{4\gamma\cos\alpha}{p} \quad\quad (7\text{-}1)$$

式中 p ——对汞所施压强，MPa；

$\quad\quad\ \gamma$ ——汞的表面张力，N/m；

$\quad\quad\ \alpha$ ——汞对试验材料的润湿角，度；

$\quad\quad\ D$——孔隙直径，μm。

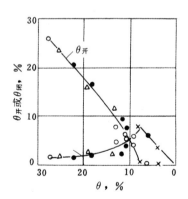

图 7-3 烧结铁的开孔隙度
$\theta_开$、闭孔隙度 $\theta_闭$ 和
总孔隙度 θ 之间的关系

烧结温度：○—850℃；△—950℃；

●—1200℃；×—1350℃

如果 γ 取 0.473N/m(20℃)，对于多孔镍来说 $\alpha=130°$，压强 p 以 MPa 表示，则(7-1)式可简化为：

$$D = \frac{1.22}{p} \quad (\mu m) \tag{7-2}$$

汞压入法测定多孔材料孔径分布的方法如下：将试样置于膨胀计中，并放入充汞装置内，在真空条件（真空度为 1.33～0.013Pa）下，向膨胀计充汞，浸没试样。压入多孔体的汞量是以与试样部分相联结的膨胀计毛细管内汞柱的高度变化来表示的。当对汞所施的附加压强低于大气压强时，向充汞装置中导入大气，从而使膨胀计中的汞，对于多孔镍来说，获得可测大于 $1.22\mu m$ 以上的孔径所需的压强。为了使汞进入孔径小于 $1.22\mu m$ 的孔隙，必须对汞施加高压。随着对汞所施压强的增加，汞逐渐地充满到小孔隙中，直到开孔隙为汞所填满为止。从而得到汞压入量与压强的关系曲线，并由此可求得其开孔孔径分布。汞压入法可测定的最小孔径为 $2\mu m$ 左右。但由于装置结构必然具有一定的汞头压力，所以最大孔径的测定是有限的。一般可测最大孔径，对于高压汞压测孔仪来说不超过 $200\mu m$，对于低压汞压测孔仪来说可达 $300\mu m$。由于汞压入法可测范围宽，测量结果重复性好，仪器专门化，操作和数据处理比较简便，也比较精确，所以已成为研究多孔材料孔隙度特性的重要手段之一，可用来测定孔径及其分布、孔道形状分布、比表面、孔隙度和密度等。

气泡法测定最大孔径及孔径分布的原理与汞压入法相同，但过程相反。它利用能润湿多孔材料的液体介质（如水、乙醇、异丙醇、丁醇、四氯化碳等）浸渍，使试样的开孔隙饱和，再用压缩气体将毛细管中的液体挤出来。气泡法仪器设备简单，操作容易。但气泡法无论是在测定孔径分布的重复性还是测量分布区间方面，都不如汞压入法，所测数值相当于汞压入法所测定的孔径体积分布比较集中的贯穿孔隙部分。气泡法与汞压入法相反，尽管测量最小孔径比较困难，但是测量最大孔径的精确度高。

宝鸡有色金属研究所介绍了测定孔径及其分布的悬浊液过滤法[5]。该法分析过滤前后悬浊液系统的粒度分布变化规律，得出表征多孔材料的孔径分布。它是一种模拟过滤过程的方法，具有较好的稳定性，对于过滤材料来说，用此法测得的孔径，可以预计多孔材料对悬浊液的净化效果，从而可作为选择过滤材料的依据。本方法的主要缺点是粒子计数困难，如果配备粒子自动计数装置，将是一种快速测定孔径的方法。

二、粉末多孔材料的透过性能

对于过滤器、含油轴承和其他多孔材料来说，透过性能是一种很重要的孔隙度特性。研究流体通过多孔材料的透过性能，可为设计、工艺和应用提供参考数据。在多孔体中，当作用在流体上的压差较小，流速较低，流体的雷诺数 Re 小于临界雷诺数 $Re_{临界}$ 时，则为层流。对于多孔材料来说，临界雷诺数与孔中流体的雷诺数、孔道表面的相对粗糙度，以及孔道长度上孔截面的变化程度有关。在多孔材料中，层流时比能损失较小（和流速的一次方成正比），而且在流体流过很细的孔道时，流速一般不会很高。下面着重研究在层流条件下流体的透过规律。

当有层流的流体通过多孔材料时，在单位面积上的流速与其压力梯度成正比，通常以达尔西公式表示

$$\frac{Q}{A} = \beta \frac{\Delta p}{\eta \delta} \tag{7-3}$$

式中　Q——流速，单位时间内流过的流体体积，m^3/s；

　　　A——流体通过试样的横截面积，m^2；

　　　η——流体的粘度系数，$Pa \cdot s$；

　　$\dfrac{\Delta p}{\delta}$——压力梯度，Δp 为压差，Pa；δ 为试样厚度，m；

　　　β——透过系数；这是取决于材料的一个比例常数，对于气体叫透气系数，对于液体叫渗透系数。

为了工程上使用方便，在实际测量中多采用相对透过系数 K，$K = \dfrac{\beta}{\eta \delta}$。对于气体叫相对透气系数；对于液体叫相对渗透系数。则（7-3）式可变为：

$$\frac{Q}{A} = K\Delta p \tag{7-4}$$

（7-4）式简明地表达了单位面积上体积流速（Q/A）与压差（Δp）的线性关系。

应该指出，达尔西公式对实际多孔体的透过规律具有普遍意义，但只适用于层流条件，而过滤材料往往不一定只限于层流状态，是否属层流取决于临界雷诺数。据测量多孔体的渗透性时发现，流体（液体或气体）的体积流速与压差并不呈线性关系。这说明在一定压力下，在某些孔隙大小范围内，将超过临界雷诺数而出现紊流。关于雷诺数 Re 的计算，由于孔道结构复杂，表达式也各不相同。摩尔根（Morgan）[6]对于过滤材料推荐如下公式：

$$Re = \frac{4\rho Q}{A\eta S_v(1 - \alpha)} \tag{7-5}$$

式中　ρ——流体密度；

　　　S_v——体积比表面，即单位体积所具有的表面积。

由（7-5）式可知，用粗粉末制取的高孔隙度试样出现紊流的情况比低孔隙度试样要早。用球形粉末制取的多孔材料其临界雷诺数要比用非球形粉末制取的大，而且颗粒形状越复杂，雷诺数越低。

还应该指出，当孔径较小，例如 $2\sim3\mu m$ 时，液体与气体的透过系数相差可达 20 倍。这种现象，并不是滤流的层流条件被破坏所产生的，而是由于固体和液体的介电常数的数量级不同，使固体表面形成过剩电场，处于固体表面的液体附面层的物理性质与液体内部的性质不同，使液体附面层的粘滞系数较高，并且在净化液体中可能存在固体微粒，从而引起所谓毛细通道"闭合"现象[1]。

多孔材料由于对液体和气体介质的透过性均匀，具有很好的过滤作用和均匀分流作用，可以制成各种过滤器和流体分布元件。

由于孔隙的毛细管作用和蓄积作用，粉末多孔材料具有很好的浸透性和自润滑性。孔隙的毛细管作用是用各种液态物质浸透（渍）多孔骨架制取浸透材料和多孔含油轴承的基础。多孔含油轴承具有良好的自润滑性能。制造时润滑油靠毛细管作用渗入并贮存于孔隙中；使用时，轴在轴承中旋转，像一只旋转式真空泵，在轴和轴承的间隙中造成低真空状态，把孔隙中所贮存的油吸到轴承工作表面；同时，由于摩擦热使轴承工作温度升高，热膨胀引起孔隙体积减小和油体积的增大，并且油的膨胀系数比金属大得多，从而把孔隙中的一部分油挤向轴承工作表面。结果在轴和轴承之间形成润滑油膜，使摩擦系数降低。如果有胶体石墨存在时，石墨能吸附润滑油，可保护油膜的连续性，使润滑效果更好。当轴停止转动时，轴承和油的工作温度降低，孔隙体积增大，轴承工作表面多余的润滑油又靠毛细管作用渗入孔隙；不过，由于油的表面张力的作用，在轴承工作表面上仍保留部分润滑油。用聚四氟乙烯和二硫化钼浸渍制取的金属纤维增强自润滑材料，具有低的摩擦系数良好的导热性和小的热膨胀系数，是一种既减摩又耐磨的无油润滑材料；由于用高强度高弹性模量的纤维制取网格骨架，所以具有高机械性能，能储存大量润滑剂，易形成润滑膜，且具有良好的塑性、弹性、密封性和加工性，能承受较高的负荷和较宽的工作温度范围[7]。

三、粉末多孔材料的表面特性

大量孔隙的存在使多孔材料具有很大的比表面，而比表面的大小又是决定其使用性能的重要指标。测定开孔隙比表面的方法很多，可用类似于测量粉末比表面的方法来测定。用B.E.T.法测定每克只有十分之几平方厘米的比表面的试样已相当困难，因此，对一般由粒度在微米以上的粉末制取的多孔材料，就不大适用了。当孔隙度大于20%时，用透过法测定比表面可以得到足够精确的结果，满足实际应用的需要。

测定比表面的透过法是通过测定透过系数来求得比表面的。这个方法的原理是根据柯青-卡门公式[8]

$$S_v = \rho S_w = 14 \times 10^{-3/2} \sqrt{\frac{\Delta p \cdot A}{\eta \cdot \delta Q} \cdot \frac{\theta^3}{(1-\theta)^2}} \tag{7-6}$$

式中　S_v——体积比表面，m^2/cm^3；

　　　S_w——质量比表面，m^2/g；

　　　A——流体通过试样的横截面积，m^2；

　　　δ——试样的厚度，m；

　　　η——流体的粘度系数，$Pa \cdot s$；

　　　Q——单位时间内通过试样的流体体积，m^3/s；

　　　θ——孔隙度，%；

　　　ρ——试样密度，g/cm^3；

　　　Δp——流体通过试样两端的压力差，MPa。

测定比表面的透过法，通常是以气体（特别是空气）为介质，操作简便、迅速，得到了广泛应用。但此法只适用于层流而不适用于紊流，并且当孔道很细，接近气体分子平均自由程时，也不适用。

粉末多孔材料由于具有发达的表面，从而具有很强的穿流介质热交换作用和表面作用，可制成各种多孔电极、催化剂、发汗材料、热交换器和止火器等。由于多孔材料和穿流介质之间存在很大的接触面，具有十分迅速的热交换作用，所以常将高温部件做成多孔体，用冷却剂通过加以冷却。这种冷却方式的吸热过程一般通过三条途径实现：利用冷却介质和热流的逆向冷却；冷却剂发生物态变化（如熔化、分解、蒸发等）以吸收大量热量；喷射冷却改变附面层状态，以隔绝壁表面与高热气流。"发散冷却"又称为"多孔壁冷却"或"射流冷却"。它是解决宇航高温材料的重要途径。按照冷却剂物态不同，发散冷却又可分为气体发散冷却、液体发散冷却和固体发散冷却。气体发散冷却是将冷气流通入多孔体，再由壁上小孔排出，在壁表面形成一层冷气膜，将壁表面与热气流隔绝。实验结果[4]表明，其冷却效果主要取决于冷却气体的分子量，当消耗同重量的氢、氩和氮时，冷却效果最好的是氢气，效果最差的是氩气；但在多孔材料内部进行热交换时，由于没有冷气膜，其散热效果在很大程度上取决于材料的孔隙度。液体发散冷却的效果更好，它除了在多孔壁表面形成液膜以外，还发生液体的蒸发吸热过程。这种冷却方式又称为发汗冷却。当在多孔材料基体中浸透固体冷却剂时，在工作温度下固体冷却剂熔化、蒸发，因吸收大量热而使多孔壁冷却，这种固体发散冷却方式又称自发汗冷却，其冷却过程主要依靠传导冷却、蒸发冷却和界面冷却三种效应起降温作用。当工作温度突然升高时，含固体冷却剂的多孔体大量吸热，使固体冷却剂发生熔化和汽化，体内的冷却剂通过表层多孔壁而流向加热表面，形成气-液冷却界面，在多孔壁表面形成冷气膜，将壁表面与热气流隔绝，这就是界面冷却效应。冷却剂在达到沸腾以后的各种效应几乎全是界面冷却的结果，它是阻止表面温升最有效的途径。

多孔体止火的原理，是根据火焰通过毛细孔时产生热交换，使燃烧物的热量通过孔壁而散失，从而阻止燃烧过程的进行，使火焰熄灭。换句话说，火焰在管道中传播的速度和孔隙大小是有一定关系的，当孔径减小到某一临界尺寸时，可燃气体将不可能着火。孔径的这一极限值称为临界熄火孔径。它与燃气的各种性能之间的关系用皮克来（Peclet）数 $Pe_{临界}$ 表示[1]：

$$Pe_{临界} = \frac{v_n D_{临界} c_p p_{临界}}{RT\lambda}$$ （7-7）

式中　v_n ——混合燃气火焰传播的正常速度，m/s；

　　　λ ——混合燃气的导热系数，W/m·K；

　　　R ——气体常数，Pa·m³/mol·K；

　　　c_p ——混合燃气的比热容，J/mol·K；

　　$D_{临界}$ ——临界熄火孔径，m；

　　$p_{临界}$ ——混合燃气的临界压强，Pa；

　　　T ——燃气温度，K。

由（7-6）式可知，火焰传播速度越快，燃气压力越高，临界熄火孔径则越小。实验指出，氢、甲烷、乙炔与空气或氧的混合气体燃烧时，其 $Pe_{临界}$ 是一个常数，约为65。火焰传播的正常速度最大的是乙炔-氧与氢-氧火焰。粉末多孔材料孔径小、透气性好、强度高，最适于作高速火焰的止火器。粉末多孔电极具有大的比表面和晶体缺陷，可以有效地降低氢的超电压。

多孔材料的耐腐蚀性比相应的致密材料差，多孔材料的表面非常发达，所以与周围介质反应的能力显著增强。致密材料的腐蚀常常发生在表面，多孔材料的腐蚀不仅发生在表面，而且发生在基体内部，并且腐蚀介质（特别是液态介质）进入孔隙后，就很难清除掉。因此，由易腐蚀材料制取的多孔产品，常常需要进行防腐处理。

安德里叶夫斯基（Р. А. Андриевский）对铁基和镍基多孔材料抗氧化性的研究[4]指出，多孔金属的氧化与温度的关系具有非单调性特点。例如，多孔铁 600℃ 时的氧化比 800℃ 时强烈。这是由于 800℃ 时氧化产物堵塞了孔隙出口，造成孔隙内氧的分压比孔隙外低，从而使氧化速度减慢。然而当温度继续升高时，由于试样表面迅速形成氧化物而使氧化速度加剧。

四、粉末多孔材料的其他特性

粉末多孔材料易压缩变形的特性，是通过各种变形方式使多孔体致密化的基础。关于多孔体的变形特性，第六章已经详细讨论过，不再重复。在工业技术上也常利用这一特性来制取密封材料。高孔隙度的多孔铁的柔软性和易压缩变形特性接近于铅。德国曾用多孔铁代替铜制造炮弹箍，以节约大量铜材，它具有和铸铜相同的硬度，当炮弹沿炮身来复线射出时，炮弹箍由于易压缩变形和孔隙中润滑剂的作用，不至于磨坏来复线。粉末多孔材料除了可作通常的管接头、套管和凸缘的密封垫以外，还用于航空燃气轮机转动部分的密封，可承受高温、高压、高速气流的作用。

粉末多孔材料具有质量轻和吸收能量好的特性，可用做消音、消震和隔热装置，使用效果很好。消音器是控制声音衰减的一种零件，从喷射工程中的吸音材料到助听装置中的衰减器，均有所应用。用粉末冶金方法可以通过控制材料密度、原始粉末大小、孔径、孔隙形状和零件尺寸来生产有严格声学要求的零件。用金属纤维制得的粉末多孔材料，在低频时具有优越的消音性能。用不锈钢纤维制得的多孔材料，在 815℃高温中仍然不丧失消音性能[4]。由于孔隙多，多孔材料的弹性内耗很大，消震性能很好。高孔隙度的泡沫材料在宇航技术中是一种很有发展前途的新型材料，具有消音、消震、隔热和质量很轻等特性。例如，泡沫钨的密度只有 $0.475g/cm^3$，孔隙度高达 98%；泡沫铝的密度为 $0.45g/cm^3$，孔隙度为 80%；泡沫镍和泡沫铜的密度仅为致密金属的 2%～7%；镁及超合金的密度则可降低到 $0.02g/cm^3$[9]。

第三节　孔隙度对粉末材料性能的影响

一、机械性能与孔隙及孔隙度的关系

随着材料、温度、应力状态和加载速度的不同，金属材料的断裂表现出多种类型。根据断裂前发生塑性变形的情况，一般可分为脆性断裂和延性断裂两类。粉末材料除了一部分由塑性金属制成的致密（低孔）材料属于延性断裂以外，大多数材料均具有脆性断裂的特征。按照孔隙对材料断裂影响的机理不同，可将粉末材料分为两大类：一类是具有高硬度和脆性的致密（低孔）及多孔材料，如硬质合金、金属陶瓷、难熔化合物、淬火的粉末锻钢和烧结钢等；另一类是具有一定塑性的，由塑性金属制成的致密（低孔）及多孔材料，如烧结金属、合金和多孔金属等。在脆性粉末材料中，孔隙引起强烈的应力集中，成为材料中的薄弱环节，使材料在较低的名义应力下断裂。在具有一定塑性的粉末材料中，孔隙并不引起相当大的应力集中，主要是削弱了试样承载的有效断面，存在着应力沿材料显微体积的不均匀分布。并且随着孔隙度的增加，材料的塑性降低；即使是由塑性金属制成的粉末材料，当含有大量孔隙时，材料断口仍没有宏观塑性变形的特征。所以，一般孔隙度较高的材料具有低拉伸塑性，其断裂应力与同成分的普通铸锻材料相比是相当低的。

脆性材料的断裂问题已经取得了较好的研究成果，早在本世纪 20 年代初，格雷菲斯从能量观点出发，提出了微裂纹理论[10]。为了解释实际强度和理论强度之间的巨大差异，他假设材料中有微裂纹存在，引起应力集中，使断裂强度大为下降。一定尺寸的裂纹有一对应的临界应力值 σ_c。当外力低于 σ_c 时，裂纹不会扩大；只有当应力超过 σ_c 时，裂纹才迅速扩展，引起断裂。

由格雷菲斯微裂纹理论（见本章第四节）可知，影响粉末冶金脆性材料强度的主要因素有三个：弹性模量（E），它反映了物质结构的本质，对显微组织不大敏感，但与孔隙度有一定的关系；单位面积表面能（γ），它是显微组织和结构的函数，决定着材料对断裂的

阻力；裂纹（c），它是一种与粉末材料的孔隙大小和形状有关的材料内部缺陷，会造成局部应力集中，引起材料断裂。所以，粉末冶金脆性材料的断裂可认为是裂纹的形成、扩展和分开的过程。当外力作用时，沿孔隙尖端所引起的应力集中可能形成微裂纹，而这种微裂纹一旦产生，应力集中将更为剧烈，促使裂纹迅速扩展，引起材料断裂；或者由于孔隙和微裂纹已经存在于整个材料体中，在外力作用下，已有的微裂纹和孔隙迅速扩展和连接，从而引起材料的断裂。因此，孔隙和裂纹在粉末脆性材料中成为应力集中的断裂源，引起材料在较低的应力下断裂，使强度降低，特别是使塑性和韧性显著降低。

图 7-4 表示一种含有椭圆形孔隙的板形试样，垂直于椭圆长轴方向进行拉伸。其应力集中系数 K_t 可从理论上计算。通常对于弹性应力有算式：

$$K_t = \frac{\text{最大应力 } \sigma_{\max}}{\text{名义应力 } \sigma} \tag{7-8}$$

对于一种无限宽的板来说，椭圆形孔隙尖端的应力集中系数 K_t 可用下式计算：

$$K_t = 1 + \frac{2c}{b} = 1 + 2\sqrt{\frac{c}{r}} \tag{7-9}$$

式中　c —— 椭圆形孔隙的长半轴；

　　　b —— 椭圆形孔隙的短半轴；

　　　r —— 椭圆形孔隙尖端的曲率半径。

由 (7-9) 式可以看出，对于圆孔来说，$c=b$，则 $K_t=3$，这说明最大应力 $\sigma_{\max}$ 只比名义应力 σ 大三倍；而对于狭长的扁孔隙来说，$c \gg b$，则 $K_t \gg 3$，这说明引起了剧烈的应力集中。这时在椭圆形孔隙尖端可能形成裂纹，并迅速扩展而断裂。实际上对于有限宽度的板来说，情况比较复杂。对于球形孔隙，K_t 更小，最大值为 2。所以，孔隙的球化可以减少应力集中。因而，在粉末脆性材料中，由于孔隙和裂纹的存在所引起的应力集中，可使局部产生塑性变形，导致局部弹性极限降低，引起孔隙和裂纹的扩展以至断裂，使材料的屈服强度和抗拉强度降低。这类引起应力集中和强度下降的孔隙因素包括：孔隙度的增大，孔隙不规则程度的增加，孔隙曲率半径的减小，孔隙间距的减小和孔隙邻接度的增加，等等。

普雷纳布（Pranab Ray 等）研究了烧结铁的断裂机理[11]。他们采用细（−325 目）、中（−200+325 目）、粗（−100+200 目）三种海绵铁粉，制取高（孔隙度 $\theta > 15\%$）、中（$\theta = 10\% \sim 15\%$）、低（$\theta < 5\%$）三种孔隙度的烧结试样，然后进行拉伸和冲击试验，并用扫描电镜观察断口。研究结果表明，烧结材料的断裂机理在很大程度上取决于孔隙度以及与孔隙度有关的几何、物理参数。由于在各种孔隙度值时，孔隙的形态和分布是不同的，因而断裂机理也不同。高孔隙度的烧结铁主要沿原始颗粒晶界断裂，塑性变形所吸收的能量很低；由于孔隙的非均匀分布，原始颗粒之间的联结很弱，容易发生解理和分离，所以断裂在原始颗粒之间孔隙的连接处发生。低孔隙度的烧结铁主要是穿晶断裂，细小孔隙在切应力作用下迅速长大，使

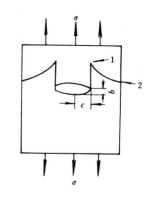

图 7-4　在含有椭圆形孔隙的板形试样中拉伸时的应力分布状态

1—最大应力 $\sigma_{\max}$；

2—名义应力 σ

裂纹扩展；其塑性变形是相当大的，断裂可通过解理产生，但纯解理几乎是不存在的；由于孔隙细而均匀分布，所以断裂可通过孔隙的聚合而扩展。中等孔隙度的烧结铁的断裂机理，由穿晶断裂到原始颗粒间的晶界断裂两者都有可能，但有所侧重，也可能仅有一种，且比正常解理要求较大的能量。同时，从平面应力断裂韧性与孔隙度之间的关系曲线（见图7-5）可以看出，随着孔隙度的变化，平面应力断裂韧性在孔隙度为10%～15%时发生了突变。事实上，这条曲线可以近似地以两条直线代表，此二直线在孔隙度为14.5%时相交，斜率也发生了急剧改变，从而可以证明，孔隙度14.5%是断裂机理是由原始颗粒之间的晶界断裂到穿晶断裂转变的分界点。

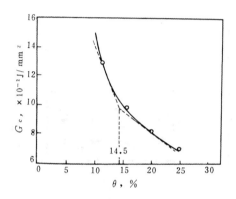

图 7-5　烧结铁的平面应力断裂韧性
G_c 与孔隙度 θ 的关系

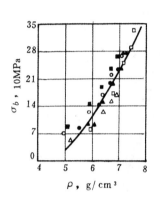

图 7-6　烧结铁的抗拉强度 σ_b 与
密度 ρ 的关系

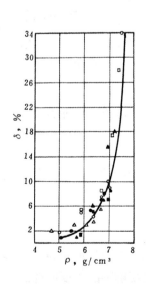

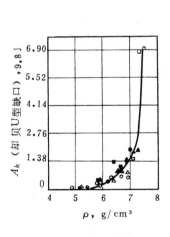

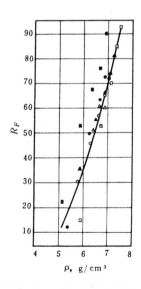

图 7-7　烧结铁的延伸
率 δ 与密度 ρ 的关系

图 7-8　烧结铁的冲击
功 A_k 与密度 ρ 的关系

图 7-9　烧结铁的硬度
R_F 与密度 ρ 的关系

工程上常用的机械性能包括断裂韧性、静态强度、塑性、动态性能、硬度和弹性模量等。由图7-5～7-11的实验结果可以看出[12、13、2]，常用机械性能与孔隙度有密切关系，其中抗拉强度、抗弯强度、塑性、韧性、疲劳强度和断裂韧性等，不仅与孔隙度有关，而且与孔隙形状关系密切。

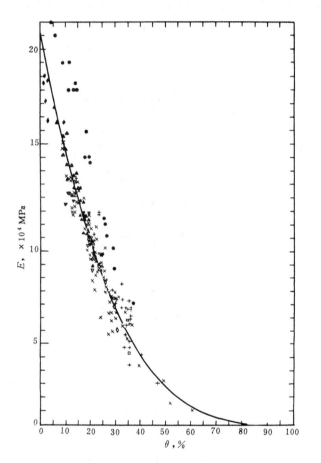

图7-10　各种铁基粉末材料的弹性
模量 E 与孔隙度 θ 的关系

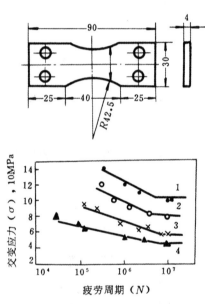

图7-11　烧结铁的弯曲疲劳试验曲线
1—密度为 $7.2 g/cm^3$；2—密度为
$6.9 g/cm^3$；3—密度为 $6.4 g/cm^3$；
4—密度为 $6.1 g/cm^3$

1. 断裂韧性

工程材料常常存在能引起应力集中的各种内部和表面缺陷，如裂纹、缺口、孔隙、擦痕、焊缝和夹杂物等。因此，既要允许材料有一定尺度的裂纹存在，同时又保证材料在实际使用过程中不会发生灾难性的断裂事故，就成为工程设计上要解决的重要问题。60年代以来，基于格雷菲斯微裂纹理论，奥罗万（E. Orowan）、伊尔温（Irwin）塑性功理论和伊尔温裂纹前端应力强度因子理论而发展起来的断裂力学，着眼于裂纹尖端应力集中区的应力和应变场分布，研究裂纹的萌生、扩展而引起断裂的过程和规律，以及抑制裂纹的扩展，防止断裂的条件；并建立了一整套测试材料断裂韧性（即裂纹增长抗力）的实验技术，作为工程设计的依据。

材料的断裂起源于裂纹，但断裂又受到裂纹扩展的控制。对具有中心缺口的薄板试样，研究其断裂过程后指出，断裂过程一般包括三个不同阶段：（1）裂纹开始增长，（2）裂纹缓慢增长时期，（3）灾难性的裂纹传播，导致完全断裂。在第三阶段中，这种迅速失稳扩展的裂纹，不仅要具备一定的尺寸条件，而且还要具备一定的应力（应变）或能量条件。这种条件称为裂纹迅速扩展的临界条件，也就是材料的断裂条件。材料的断裂韧性常用 G_c 或 K_c 来作为裂纹迅速扩展的判据。当裂纹尖端处于平面应力状态下（此时，试样厚度较薄，垂直于板面的应力分量为零），能量释放率（单位面积的裂纹扩展所释放的弹性变形能 G）达到临界值 G_c 时，裂纹就迅速扩展，发生失稳断裂（脆性断裂）；同样，对于平面应变状态，裂纹尖端的应力强度因子 K（即应力集中系数）达到临界应力强度因子 K_c 时，裂纹就迅速失稳扩展。如图 7-12 所示，随着试样厚度的增加，K_c 或 G_c 值减小，当试样厚度超过一定限度后，K_c 或 G_c 趋近于极限值 K_{1c} 或 G_{1c}。这样定出的是平面应变状态的断裂韧性（此时，试样厚度足够大，厚度方向的变形受到约束而不能发生，垂直于板面方向有拉应力）。由此可知，临界应力强度因子 K_{1c} 是一个基本上与试样几何形状无关的材料常数，是材料的固有性质，反映了带裂纹材料抵抗脆性断裂的能力。它是根据带裂纹试样的断裂试验测定出来的，可作为评价材料和工程设计的依据。能量释放率 G 和应力强度因子 K 之间有一定关系，Ⅰ型（张开型）裂纹的能量释放率同应力强度因子的关系如下[14]：

在平面应力状态下
$$K_c = \sigma_f \sqrt{\pi c} = \sqrt{EG_c}$$

在平面应变状态下
$$K_{1c} = \sigma_f \sqrt{\pi c} = \sqrt{\frac{EG_{1c}}{1-\nu^2}}$$

式中　σ_f——断裂应力；

　　　　ν——泊松比。

近年来，对粉末材料的断裂韧性进行了不少研究。据资料〔15〕介绍，由预合金钢粉 4640 制取的密度 $6.7\sim7.8g/cm^3$ 的烧结钢和粉末锻钢，经 850℃ 加热 30min 油淬，再经

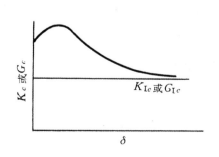

图 7-12　板厚 δ 对断裂
韧性 K_c（或 G_c）的影响

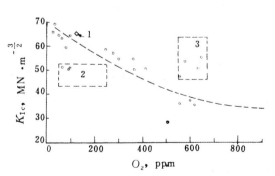

图 7-13　粉末锻造镍钼钢的断裂韧
性 K_{1c} 与含氧量 O_2 的关系
（所有试样热处理后硬度为 45～47HRC）
1—普通锻造试样；2—低密度试样；
3—46F$_2$-3M 试样

600℃或 650℃回火 60min，制成断裂韧性试样，试验结果指出，其平面应变断裂韧性随着孔隙度的降低而增加。当密度由 $6.7g/cm^3$ 增到 $7.8g/cm^3$ 时，室温下的 K_{1c} 值由 $28MN/m^{3/2}$ 增到 $80MN/m^{3/2}$，200K 时的 K_{1c} 值由 $34MN/m^{3/2}$ 增到 $58MN/m^{3/2}$。应该指出，试样中的夹杂物和孔隙的作用一样，对断裂韧性影响很大。图 7-13 说明，粉末锻造镍钼钢的断裂韧性 K_{1c} 强烈地依赖于试样的含氧量[16]。这是由于各种各样的氧化物夹杂聚集在原始颗粒边界上，造成类似于孔隙的薄弱区，容易形成裂纹，导致 K_{1c} 值降低。拉达尼（T. J. Ladany）研究了粉末包套锻造铬锰钢的断裂韧性[17]，用光学和扫描电子显微镜、X 射线荧光分析及电子衍射等方法对断口和夹杂物作了广泛的研究。试验结果指出，断裂韧性 K_{1c} 随含氧量的增加而明显下降，最低含氧量（0.0125%）试样的 K_{1c} 为 $61.5MN/m^{3/2}$，约为同成分同硬度的普通锻钢（含氧量为 0.008%）K_{1c} 值（$78.5MN/m^{3/2}$）的 80%。夹杂物有两种基本类型：粗夹杂（>10μm）是硅酸锰和硅酸铝，主要分布在颗粒内部，有时也分布在颗粒边界；细夹杂（约 1μm）是尖晶石型氧化物和硅酸锰（或铝），密集地分布在颗粒边界上。断口呈凹窝结构，含氧量高的试样为晶间断裂，是由细夹杂物在断口上留下的凹窝；从穿晶断裂的断口上，可观察到粗夹杂物留下的凹窝。无论是晶间断裂还是穿晶断裂，断裂韧性 K_{1c} 与断面上凹窝之间的间距 λ_c 的关系均可用下式表示：

$$K_{1c} \approx \sqrt{2\sigma_s E\lambda_c} \qquad (7-10)$$

式中　σ_s —— 屈服应力，MPa；

　　　E —— 弹性模量，MPa；

　　　λ_c —— 夹杂物之间的间距，相当于断口上凹窝之间的间距，μm。

由此式可以大致估算 K_{1c} 值。当 σ_s 为 1.3×10^3MPa，E 为 2×10^5MPa，λ_c 为 2～5μm 时，对于晶间断裂试样来说，K_{1c} 值估算为 38～51MN/m$^{3/2}$，且同实验值比较一致。改善断裂韧性的途径可根据锻造工艺条件对 λ_c 的影响：一种是在致密化之前，通过对粉末和预成形坯的处理，使夹杂物含量减少，有效地增大夹杂物之间的间距；另一种是锻造时采用大横向流动的变形方式和两次锻造法，使夹杂物分散，也可以有效地增大 λ_c。

表 7-1　粉末材料的静态强度与孔隙度的关系式

序号	公　式	注　　释	作　　者	时间	资料来源
1	$\sigma_b = \sigma_0 (1-\theta)^m$	m —— 常数，依赖于试样制取工艺条件，$m=2$ ～6。在一定孔隙度下，对于一般多孔金属确保最佳性能的烧结制度来说，$m=3$；对于多孔纤维金属来说，$m=2$	巴　尔　申	1949 年	〔18〕
2	$\sigma_b = \sigma_0 [1-\dfrac{3}{2}\theta (1+2s) + \dfrac{9}{2}s\theta^2]$	s —— 削弱系数，由实验确定，大致等于 2/3	皮　涅　斯	1956 年	〔19〕
3	$\sigma_b = \sigma_0 K\theta^{2/3}$	K —— 常数，与原始粉末形状和粒度有关。对于形状不规则的还原粉末，K 值较小；对于形状规则的雾化粉末，K 值较大；对于细粉末，K 值较小；对于粗粉末，K 值较大	尤　迪　尔 (M. Eudier)	1962 年	〔20〕
4	$\sigma_b = \sigma_0 (1-K\theta^{2/3})$			1968 年	〔21〕

序号	公 式	注 释	作 者	时间	资料来源
5	$\sigma_b = \sigma_0 \, (1 - \theta/\theta_0)^m$	m——常数 θ_0——松装粉末的初始孔隙度	克拉索夫斯基 (А. Я. Красовский)	1964 年	[22] [23]
6	$\sigma_b = \sigma_0 d^2 \, (1 - \theta/\theta_y)$	θ_y——粉末摇实后的孔隙度	巴 尔 申	1964 年	[18]
7	$\sigma_b = \sigma_0 \, (1 - c\theta) \, (1 - \theta)^{2/3}$	c——常数,对于烧结铁来说,$c = 1.36$	加 利 讷 (V. Gallina)	1968 年	[24]
8	$\sigma_b = \sigma_0 \dfrac{1 - 1.5\theta}{1 + 1.5\beta\theta}$	β——常数,由应力沿断面不均匀分布所确定,它取决于粉末特性和烧结条件,即取决于孔隙的大小和形状	特罗申柯 (В. Т. Трощенко)	1963 年	[25]
9	$\sigma_b = \sigma_0 \dfrac{1 - \theta}{1 + 3\theta}$		赫 讷 斯 (R. Haynes)	1971 年	[26] [27]
10	$\sigma_b = \dfrac{1}{0.03\theta + 0.02}$		杜德罗维 (E. Dudrove) 库贝利克 (J. Kubelik)	1970 年	[28] [29]
11	$\sigma_{b平} = \sigma_0 \, (1 - \alpha) \, \left(1 - \dfrac{1}{n+1}\right)$	α——在 1cm² 断面上孔隙所占据的面积,由孔隙形状所决定。对于球形和椭圆形孔隙来说,$\alpha = 3/2\theta$ $\sigma_{b平}$——粉末材料瞬时破断的平均拉应力 n——常数	皮萨连柯 (Г. С. Писаренко)	1962 年	[30]
12	$\sigma_b = [1 - \theta/\theta_n E] \, [1 + F \, (\theta/\theta_n)^G]$	E、F、G——实验常数 θ_n——粉末松装烧结时的孔隙度	米拉德 (D. J. Millard)	——	[31]
13	$\sigma_b = f \, (\theta) \cdot F \, (\xi)$	$f \, (\theta)$——孔隙度的指数函数 $F \, (\xi)$——孔隙大小的指数函数	赫斯勒曼 (D. P. H. Hasslemann)	1967 年	[32]
14	$\sigma_b = \sigma_0 \exp \, (-b\theta)$	b——常数,取决于材料制造和实验条件	鲁什凯威茨 (E. Ryshkewitch) 杜克沃思 (W. Duckworth)	1953 年	[33] [34]
15	$\sigma_b = \sigma_0 \, (1 - \theta^2)^2 \exp \, (-b\theta)$	b——常数	谢尔班 (Н. И. Щербань)	1973 年	[35]
16	$\sigma_b = (K_1 + K_2 G^{-1/2}) \times \exp \, (-K_3\theta)$	K_1、K_2、K_3——常数 G——晶粒尺寸	克努曾 (F. P. Knudsen)	1959 年	[36]
17	$\sigma_b = K_4 \sigma_0 dm/G$	G——晶粒尺寸 K_4——常数,取决于材料的几何因素和烧结周期 m——常数,$m = 6$	日尔曼 (R. M. German)	1977 年	[37]

序号	公　式	注　　释	作　者	时间	资料来源
18	(1) 对于低密度范围： $\sigma_{b1}=\sigma'_0-\kappa_1\theta$ (2) 对于中等密度范围： $\sigma_{b2}=\sigma_0''\exp(-b\theta)$ (3) 对于高密度范围： $\sigma_{b3}=(\sigma_0t\kappa_2G^{-1/2})$ $\times\exp(-b\theta)$ 如果晶粒大小 G 是 θ 的函数时，则：$\sigma_{b3}=(\sigma_0+\kappa_3\theta^a)$ $\times\exp(-b\theta)$	σ'_0、σ''_0、κ_1、κ_2、κ_3、a、b——均为实验常数 G——晶粒大小	小原嗣朗	1975 年	〔38〕 〔39〕
19	$\sigma_{bc}=Al_{\mp}(1-\theta)$ $\exp(-K\theta)$	$l_{\mp}$——孔隙的平均截取长度 σ_{bc}——粉末材料的抗压强度 A、K——常数	格逊契尔 (G. H. Gessinger)	1971 年	〔40〕
20	$\gamma=\alpha\exp(-\beta\theta)$	γ——在硬质合金强度试验中，出现危险孔隙的几率 α、β——常数	克列依麦尔 (Г. С. Креймер)	1974 年	〔41〕
21	$\sigma_{bb}=\sigma_{bb0}\exp(-b\theta)$	b——常数	鲁什凯威茨、罗曼诺娃 (Н. И. Романова)	1975 年	〔42〕
22	$\sigma_{bb}=\sigma_{bb0}\left[1/(1+2\sqrt{c/r})(1-2\Delta l/l)\right.$ $\left.\times(1-2\Delta h/h)\right]$	σ_{bb0}——无缺陷硬质合金基体材料的理论抗弯强度 r——缺陷尖端的曲率半径 c——椭圆形缺陷的长半轴 h——试样高度 l——试验跨度 Δh——断裂源至最大张力面的距离 Δl——断裂源至跨距中心的距离	铃木寿、林宏尔	1974 年	〔43〕

附注：θ—粉末材料的孔隙度；σ_{bb}—粉末材料的抗弯强度；d—粉末材料的相对密度；σ_0—相应致密材料的抗拉强度；σ_b—粉末材料的抗拉强度。

2. 静态强度

静态强度包括抗拉、抗弯和抗压强度。由于粉末原料和制造工艺不同，即使粉末材料的孔隙度相同，但孔隙形状、大小及分布的变化也是复杂的，所以实验数据很分散，理论推导较困难。目前大量的研究工作是关于抗拉强度与孔隙度的关系，而对孔隙形状影响的规律研究得较少。由图 7-6 可知，只在不宽的密度范围内，抗拉强度才与密度呈线性关系。若要描述宽密度范围内的关系，需要较复杂的数学表达式。表 7-1 列举了有关粉末材料静态强度与孔隙度的关系式。

由表 7-1 可知，关于粉末材料的静态强度与孔隙度的关系式是很多的，其中有理论公式，但大多数是经验公式和半经验公式。它们分别适用于不同的材质和不同的制造工艺，均不能全面地准确地表达粉末材料的静态强度与孔隙度的关系。这主要是由于粉末材料的静态强度不仅与孔隙度有关，而且还与孔隙的形状、大小和分布有关。概括起来，粉末材料的静态强度与孔隙度的关系可用下式表示：

$$\sigma = K\sigma_0 f(\theta) \tag{7-11}$$

式中　σ——粉末含孔隙材料的强度；

　　　σ_0——相应致密材料的强度；

　　　K——常数，取决于材质和制造工艺；

　$f(\theta)$——孔隙度（或相对密度）的函数。

从表 7-1 中可以看出，函数 $f(\theta)$ 的形式是多种多样的，有线性函数、二次函数和多次函数，还有指数函数。发表较早的公式 1 是 1949 年由巴尔申提出的。目前应用比较多的公式 14，是由杜克沃思和鲁什凯威茨对陶瓷材料提出来的，大量关于氧化物和 Si_3N_4 的试验结果都证实了它的实用性。谢尔班对大量数据进行分析比较后指出，对于粉末材料来说，公式 14 中的 b 取 4～7；当孔隙度为 0%～30% 时，公式 14 与实验数据符合，此时，$(1-\theta^2)^2 \approx 1$，公式 15 与 14 一致。萨拉克（A. Salak）等[44]在大量实验数据的基础上，也建立了与公式 14 同类型的经验公式。对于烧结铁来说，可以精确地表示为：

$$\sigma_b = 344\exp(-0.043\theta)\text{MPa} \tag{7-12}$$

当 $\theta=0$ 时，$\sigma_b=324\text{MPa}$。这个抗拉强度的平均值与低碳钢的 σ_b 一致。可见，在低孔隙度范围内，此经验公式是相当精确的。公式 21 也是公式 14 在硬质合金中的应用和推广，当钨钴硬质合金的残留孔隙度小于 0.5% 时，抗弯强度与孔隙度的关系符合于公式 21 的规律。

表 7-1 中公式 11 是根据从塑性金属制取的多孔材料推导出来的理论公式。在这类材料中，孔隙不会引起相当大的应力集中，主要是由于孔隙削弱了试样承载的有效断面，并且应力沿材料显微体积的分布不均匀。在公式 11 中考虑了对单相粉末材料抗拉强度影响的三个方面，说明材料颗粒间的联结强度取决于材质、试样有效断面的减小和瞬时断裂时应力沿断面的不均匀分布。公式 11 实质上相当于第一强度理论，认为材料的断裂是由最大正应力引起的，此公式可以解释同成分、同孔隙度材料，由于制造工艺不同所得的不同抗拉强度值。

日本铃木寿、林宏尔研究组织缺陷对硬质合金抗弯强度的影响时发现，无论是高强度还是低强度硬质合金的断裂，都是从缺陷区开始的。这是一种直径为 0.3～0.5mm 的平滑区，周围呈放射状，在偏光下呈微白色（见图 7-14）。这个缺陷区称为断裂源，又称为白点。用光学显微镜或扫描电子显微镜进一步观察结果表明，白点是硬质合金的一种组织缺陷，如孔隙、粗晶粒 WC、钴池、碳化物的聚集体、游离石墨、η 相和外来夹杂等。

铃木寿、林宏尔还研究了组织缺陷的位置对硬质合金抗弯强度的影响，并提出了硬质合金抗弯强度的新解析式[43]：

图 7-14　白点照片

$$\sigma_{bb} = \sigma_{bb0}[1/(1 + 2\sqrt{c/r})(1 - 2\Delta l/l)(1 - 2\Delta h/h)] \qquad (7\text{-}13)$$

由 (7-13) 式可知，硬质合金的抗弯强度 σ_{bb} 主要取决于无缺陷基体材料的理论抗弯强度 σ_{bb0} 和断裂源的大小及位置。据研究指出，硬质合金的强度在很大程度上取决于孔隙。即使在孔隙度低于标准要求的硬质合金中，每平方厘米内仍含有几百个至几千个孔隙。因此，降低孔隙度是提高硬质合金强度的重要途径。

应该指出，多孔体在压缩过程中是依靠外力的作用而提高其密度的。因此，多孔体的抗拉强度比抗压强度低得多。并且粉末特性和烧结条件对抗压强度的影响是很小的。抗压强度与孔隙度的关系在一定条件下是线性的。

3. 塑性

塑性包括延伸率和断面收缩率。粉末材料由于孔隙的存在，有利于裂纹的形成和扩展，所以表现出低拉伸塑性和脆性。如图 7-7 所示，延伸率强烈地依赖于试样密度。延伸率除了受孔隙度的强烈影响以外，还对孔隙形状很敏感。据对孔隙周围的应力分析可知，较大的孔隙可以减小应力集中，不利于变形过程。周耳 (S. Joel) 在一种塑性金属的断裂理论模型中，导出了表示塑性与孔隙度的关系式[47]。对于较大的孔隙度（约大于 10%）而言

$$\delta = K_1 - K_2 \ln\theta$$

式中 δ——粉末材料的延伸率，%；
K_1 和 K_2——材料常数，取决于孔隙的形状和分布。

克拉索夫斯基[23]和萨拉克[44]分别在大量实验数据的基础上，建立了烧结铁的延伸率和孔隙度之间的经验公式

$$\delta = \delta_0(1 - \theta)^n$$
$$\delta = \delta_0 \theta^{-K_1} \exp(-K_2\theta) \qquad (7\text{-}14)$$

式中 δ_0——相应致密材料的延伸率，%；
n、K_1 和 K_2——常数。
对于不同制造工艺的烧结铁，(7-14) 式可具体化为：

一般烧结	$\delta = 22.4\exp(-0.058\theta)$

$$\qquad\qquad\qquad\qquad (7\text{-}15)$$

复压复烧	$\delta = 37.15\exp(-0.066\theta)$

$$\qquad\qquad\qquad\qquad (7\text{-}16)$$

实验结果表明[23]，在低孔隙度范围内，(7-14) 式较好地与实验数据符合。按 (7-15) 式和 (7-16) 式计算的结果也与实验数据比较符合。例如，按 (7-16) 式计算得到的无孔隙烧结铁的延伸率为 37.15%，相当于退火低碳钢延伸率的下限；当试样孔隙度为 55% 时，其延伸率为零。同时，比较 (7-15) 式和 (7-16) 式的计算结果可知，在孔隙度相同时，复压复烧铁的延伸率比一般烧结铁高 6% 左右。例如，孔隙度 10% 的一般烧结铁的平均延伸率为 12.2%，而复压复烧铁的平均延伸率达 18.3% 以上。这是由于用两种工艺方法制取的试样，其孔隙结构具有不同特征。孔隙由于复压时变形，在复烧过程中引起孔壁的圆滑平直化和球化，从而使得对孔隙结构敏感的延伸率得到改善。

4. 动态性能

动态性能包括冲击韧性和疲劳强度，它们强烈地依赖于材料的塑性，从而也像塑性一样强烈地依赖于孔隙度，如图 7-8 和图 7-11 所示。据研究指出[2]，粉末材料的冲击韧性与密度的关系服从于指数函数规律，随着密度的增加而增高。由于冲击韧性对孔隙结构非常

敏感，所以孔隙度为 15%～20% 的粉末材料，其
冲击韧性 a_k（或冲击功 A_k）值是很小的，比相应
致密材料的值低几倍。如果采用氯化铵填料进行
活化烧结的铁粉试样，在相同孔隙度下，与一般
烧结铁相比，其冲击韧性 a_k 值高 5～6 倍。同时，
纤维材料的冲击韧性比粉末材料高得多。例如，
用铁纤维制造的孔隙度为 40% 的试样的冲击韧
性等于烧结铁粉试样的八倍[4]。

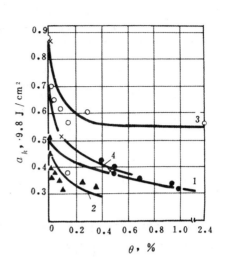

图 7-15 硬质合金的冲击
韧性与孔隙度的关系
1，2—WC-8%Co；3，4—WC-15%Co；
1，3—细孔；2，4—粗孔

图 7-15 表示 WC-Co 硬质合金的冲击韧性
a_k 值与孔隙度的关系[42]。结果表明，WC-8%Co
和 WC-15%Co 合金的 a_k 值随孔隙度的增大而降
低，在很低的孔隙度范围内下降得非常强烈，当
进一步增大孔隙度时，下降率减缓。这可能是由
于引起最大应力集中的危险孔隙的影响。a_k 值与
孔隙度的关系服从于杜克沃思和鲁什凯威茨所
提出的公式类型（见表 7-1 中的 14 式）：

$$a_k = a_{k0}\exp(-b\theta)$$

式中　　a_k——硬质合金的冲击韧性；

　　　a_{k0}——相应的无孔硬质合金的冲击韧性。

从图 7-15 可以看出，带粗孔（$>50\mu m$）的硬质合金 a_k 值同细孔（$<50\mu m$）的比较，下
降得更快。从表面上看，粗孔的应力集中应该比细孔小，但金相研究指出，细孔隙一般呈
球形或近球形状态；而粗孔呈不规则的拉长状态，从而使应力集中严重。

据周惠久等研究指出[48]，绝大多数机械零件都不是受到一次巨大冲击负荷而破坏的，
是在单位体积内承受小能量的多次冲击负荷条件下，经过数百万次运转以后才断裂的。以
大能量的一次摆锤冲击试验所得到的 a_k 值不能衡量机件抵抗小能量多次冲击的能力。一次
摆锤冲击试验是一次加载断裂，多次冲击断裂是裂纹发生发展的结果，有个损伤的积累过
程。实践证明，材料对能量很大次数很少的冲击抗力，主要决定于材料的冲击韧性 a_k；而
对小能量次数很多的冲击抗力，则主要决定于材料的强度，而不决定于 a_k。例如，球墨铸
铁的 a_k 值很低，但在小能量多次冲击负荷下球墨铸铁的性能优于 45 号钢，所以球墨铸铁曲
轴已经广泛使用，甚至比钢制造的更为合适。同样道理，粉末材料，特别是多孔材料的 a_k
值虽低，但是由于有大量孔隙存在，材料的弹性内耗很大，减震性能好，缺口敏感度较连
续基体小，小能量多次冲击性能较好，所以在能量不大的冲击和循环负荷下使用，能够获
得满意的结果。

粉末材料的疲劳试验与致密金属一样，把疲劳周期为 10^7 次时的应力作为材料的疲劳
强度（即疲劳极限）。表 7-2 表示烧结钢、粉末锻钢和普通锻钢的疲劳强度和疲劳比（即疲
劳强度与抗拉强度之比）。从表中可以看出，当粉末锻钢的密度达 $7.8g/cm^3$ 时，它的疲劳
强度与普通锻钢相同，疲劳比相近；而密度为 $7.0g/cm^3$ 的烧结钢的疲劳强度和疲劳比都较
低。对疲劳断口的分析指出[49]，在粉末烧结材料的疲劳试验过程中，首先从带锐角的孔隙
开始产生微裂纹，当疲劳裂纹扩展时，这些裂纹便相互连接起来，向变粗的主裂纹发展。所

以孔隙起了断裂源的作用，这是烧结钢疲劳强度低的主要原因。

表 7-2　烧结钢、粉末锻钢和普通锻钢的疲劳强度和疲劳比

材　　料	密度 g/cm³	状　态	硬　　度	抗拉强度 σ_b MPa	旋转弯曲疲劳强度 σ_{wB} MPa	疲劳比 σ_{wB}/σ_b
烧　结　钢	7.0	烧结态	HRB 55～65	490	130	0.27
Fe-2Ni-0.3Mn-0.3Mo-0.4C	7.0	淬火-回火态	HRB 90～100	710	210	0.30
粉末锻钢	7.8	退火态	HRB 80～90	700	220	0.31
Fe-2Ni-0.3Mn-0.3Mo-0.4C	7.8	淬火-回火态	HRC 30～35	117	540	0.45
普通锻钢　SCM-4		淬火-回火态	HRC 30～35	105	550	0.52

由于应力集中对于疲劳强度的有效作用，常常采用带缺口的疲劳试样来测定缺口疲劳极限。材料在交变负荷下对缺口的敏感程度称为缺口敏感度，常用 q 表示

$$q = \frac{K_f - 1}{K_t - 1} \tag{7-17}$$

式中　K_t——理论应力集中系数，由公式（7-9）计算；

K_f——疲劳应力集中系数，若以 σ_{-1} 表示光滑疲劳极限，σ_{-1n} 表示缺口疲劳极限，则可由下式计算：

$$K_f = \frac{\sigma_{-1}}{\sigma_{-1n}}$$

由（7-17）式可知，q 值在 0～1 之间，q 值愈大对缺口愈敏感。实验测定结果表明[47]，烧结钢具有比较低的缺口敏感度 q 值，与铸铁相似，但比普通锻钢低。

5. 硬度

硬度属于对孔隙形状不敏感的性能，主要取决于材料的孔隙度。如图 7-9 所示，宏观硬度随孔隙度的增大而降低。这是由于基体材料被孔隙所削弱，测量硬度时，压头同时压在金属基体和孔隙上，使抵抗压头的体积显著减少，从而使材料表层抗塑性变形的能力降低，结果使所测硬度值偏低。因此，宏观硬度值由于孔隙的存在，不能反映多孔金属基体的真实硬度。但如果采用显微硬度测量法，有选择地把压头压在金属基体上，一般可测得材料金属基体的真实硬度。图 7-16 表示同一材料的显微硬度值宏观硬度值与相对密度的关系[47]。从图中可以看出，宏观硬度随试样密度的增加而增大，而显微硬度几乎与试样密度无关。不过，含有显微孔隙的试样，也会使所测显微硬度值偏低。因此，将多孔材料的宏观硬度值与致密材料相比较是不合理的。有时为了初步鉴别材料中的相组织和合金化程度，也常采用显微硬度测量法。

实验结果表明，烧结铁的 HB 硬度值不受制造工艺方法（一般烧结法和复压复烧法）的影响，说明它对孔隙形状不敏感，主要依赖于孔隙度。萨拉克（前面两个公式）和谢法尔德（R. G. Shephard）等得到有关经验公式[44]：

$$H_s = H_0 \theta^{K_1} \exp(-K_2 \theta) \tag{7-18}$$

$$HB_s = 831 \theta^{0.127} \exp(-0.049\theta) \quad (MPa) \tag{7-19}$$

$$H'_s = H'_0 (1 - K\theta)$$

式中　H_s 和 HB_s——烧结铁的硬度；

H'_0——相应锻造材料的硬度；

K_1、K_2 和 K——常数；

H_s' 和 H_0' ——分别为粉末高速钢和普通高速钢的硬度。

按（7-19）计算，当孔隙度为零时，烧结铁的硬度值为HB83.1，接近于相应锻造材料的硬度值。萨拉克对（7-18）和（7-19）式进行修正，可得到硬度与孔隙度之间的线性关系[44]：

$$H_s = K_1\theta + K_2$$

$$HB_s = -2\theta + 877 \quad (MPa)$$

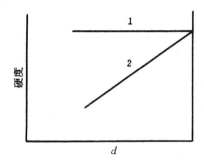

图 7-16 同一材料的显微硬度、
宏观硬度与相对密度 d 的关系

1—显微硬度；2—宏观硬度

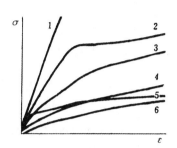

图 7-17 致密钢、铜和具有不同孔隙度 θ
的烧结铁的拉伸图开始部分

1—钢；2—$\theta=10\%$；3—$\theta=20\%$；
4—$\theta=30\%$；5—铜；6—$\theta=35\%$

6. 弹性模量

弹性模量表征着点阵中原子间的结合强度，是应力-应变曲线在弹性范围以内直线段的斜率。如图 7-17 所示，烧结多孔铁的比例极限是很低的，其弹性模量随孔隙度的增加而降低，高孔隙度（$\theta>30\%$）烧结铁的弹性模量比铜还低。在给定应力下，弹性模量的降低意味着较大的弹性应变。

麦克亚当（D. G. McAdam）根据实验数据绘制了各种铁基粉末冶金材料的弹性模量与孔隙度的关系曲线（见图 7-10）。其实验数据的分散度较小，说明弹性模量对烧结时间、合金化程度和原始粉末粒度大小不敏感。麦克亚当根据图 7-10 曲线，得到了对于烧结铁和钢（退火态）的弹性模量与孔隙度的经验公式[13]：

$$E = E_0(1 - \theta)^{3.4}$$

式中 E ——粉末冶金材料的弹性模量；

E_0 ——相应致密材料的弹性模量。

巴尔申推荐用与抗拉强度相同的公式来计算弹性模量[50]：

$$E = E_0 d^2 \left(1 - \frac{\theta}{\theta_y}\right)$$

式中 符号（d、θ_y、θ）与表 7-1 中公式 6 相同。

费多尔钦科介绍了一种多孔体弹性模量的计算公式[3]：

$$\frac{E}{E_0} = 1 - 15\theta \frac{1-\nu}{7-5\nu} + A\theta^2 \tag{7-20}$$

式中　ν——多孔材料的泊松比，式中假设 ν 与 θ 无关；

　　　A——实验常数。

在大多数情况下，θ 的平方项可以忽略。多孔体的弹性实验研究结果与公式（7-20）很好地符合。

翁德腊歇克（Ondracek）等[51]把多孔材料看作是孔隙和基体金属的两相复合体，并且分为基体型和穿透型两种基本显微组织。穿透型显微组织的两相都是连续的，而基体型显微组织是在连续基体相中非连续地分布第二相的。如果第二相为孔隙，则穿透型和基体型的显微组织分别具有连通孔隙和闭孔隙。他们着重分析了显微组织中的闭孔隙对弹性模量的影响。通过对烧结材料的定量显微分析，考虑到显微组织对弹性模量影响的三个因素：孔隙度 θ、孔隙形状因子 F 和孔隙方向因子 $\cos\alpha$。对于各向同性的两相材料（即含孔隙材料，$\cos^2\alpha = 0.33$）和球形孔隙（$F = 0.33$）来说，得出了多孔材料弹性模量和显微组织的关系式：

$$\frac{E}{E_M} = \frac{3(3 - 5\theta)(1 - \theta)}{9 - \theta(9.5 - 5.5\nu_M)} \tag{7-21}$$

式中　E_M——基体相的弹性模量；

　　　E——多孔材料的弹性模量；

　　　ν_M——基体相的泊松比。

实验结果表明，各向同性含孔隙材料的弹性模量的实验数据，与由（7-21）式计算得到的理论曲线很好地符合。但应该指出，当闭孔隙为 60% 时，含有球形孔隙的各向同性材料的弹性模量为零。这说明（7-21）式只当 $\theta < 60\%$ 时才是有效的。

二、物理性能与孔隙度的关系

在稳定条件下，电流、热流、磁感应和极化等现象都可以用完全相似的方法来描述，因此，可以概括地用传导性来加以研究，电导率、热导率、磁导率和电容率都属于传导性。

根据资料[52]的介绍，基体型多相系统的传导性为

$$\lambda = \lambda_1 \left[1 + \frac{\theta_2}{\dfrac{1 - \theta_2}{3} + \dfrac{\lambda_1}{\lambda_2 - \lambda_1}} \right] \tag{7-22}$$

式中　λ_1——连续基体（第一相）的传导性；

　　　λ_2——孤立夹杂物（第二相）的传导性；

　　　θ_2——夹杂物（第二相）的体积百分数。

（7-22）式可用来计算基体型两相复合材料的传导性。如果把孔隙当作孤立夹杂物，则公式中的 $\lambda_2 = 0$，即孔隙的传导性为零。因此，对于具有孤立孔隙的多孔体来说，可由（7-22）式得到

$$\lambda = \lambda_0 \left(1 - \frac{3\theta}{2 + \theta} \right) \tag{7-23}$$

式中　λ_0——相应无孔材料的传导性；

　　　θ——孔隙度，%（体积）。

对于非孤立夹杂物呈混乱分布的多相系统，可得到如下关系式：

$$\sum_i \frac{\lambda_i - \lambda}{\lambda_i + 2\lambda} \theta_i = 0 \tag{7-24}$$

式中　λ_i——i 相的传导性；

θ_i —— i 相的体积百分数。

对于孔隙度为 θ 的多孔体，由（7-24）式得到

$$\frac{\lambda_1 - \lambda}{\lambda_1 + 2\lambda}(1 - \theta) + \frac{\lambda_2 - \lambda}{\lambda_2 + 2\lambda}\theta = 0 \tag{7-25}$$

因为第二相为非孤立夹杂物-孔隙，所以 $\lambda_2 = 0$。因此得到

$$\lambda = \lambda_0(1 - 1.5\theta) \tag{7-26}$$

若混合物各组元的传导性相差不大时，则该混合物的传导性可表示为

$$\lambda^{1/3} = \sum_i \theta_i \lambda_i^{1/3} \tag{7-27}$$

（7-22）式～（7-27）式都已经被多孔体和一般两相材料的电导率、热导率和电容率的实验数据所证实。在粉末冶金实践中最常用的是（7-26）式，当 $\theta = 60\%$ 时，$\lambda \approx 0$，所以该式只有当 $\theta < 60\%$ 时才适用。按（7-26）式计算的结果与实验数据的比较，如图 7-18 所示。从图可以看出，烧结铁和烧结铜的电导率对于孔隙度的关系，其计算值与实验数据较好地一致。

多孔体的电导率可用来衡量颗粒间接触面大小。但在确定多孔体的电导率公式时，假设多孔体颗粒间是具有完整接触的；而实际上粉末多孔材料颗粒间的接触是不完整的。例如，由球形粉末制取的材料，颗粒间的接触半径 r 与颗粒半径 R 之比 ξ 只有 $0.2 \sim 0.5$，由还原粉末制取的不锈钢材料，ξ 为 $0.6 \sim 0.9$。因此，（7-26）式只适用于烧结性能良好的非球形粉末制品，如铜、铁、银和镍等，而对于大多数粉末材料是不合适的。对于颗粒间接触不完整的多孔体，斯科罗霍德（B. B. Скороход）提出了计算电导率的修正公式：

$$\lambda = \xi\lambda_0(1 - 1.5\theta) \tag{7-28}$$

ξ 值可由下述两种方法进行估算。由球形粉末制取的材料可用显微镜法估算 ξ 值。由非球形粉末制取的材料，先从手册中查出相应无孔隙材料的电导率 λ_0，再将实验数据代入（7-26）式计算得到

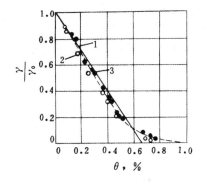

图 7-18 烧结铁和烧结铜的电导率
λ 与孔隙度 θ 的关系同
（7-26）式的计算结果比较
—— 按（7-26）式计算得到的曲线；
○ 在 $1150 \sim 1200$℃烧结的多孔铁；
● 在 $700 \sim 1000$℃烧结的多孔铜

无孔材料的电导率 λ'_0，然后按 $\xi = \dfrac{\lambda_0}{\lambda'_0}$ 计算，即可得到 ξ 值。实验证实了由上述方法计算的 ξ 值与由铜粉和镍粉制取的试样的显微分析数据一致。用这两种方法确定的 ξ 值相差不超过 $10\% \sim 20\%$。

烧结材料的传导性与孔隙度的关系，如前面所述的弹性模量与孔隙度的关系一样，翁德腊歇克等[51]通过定量显微组织分析法，从孔隙度 θ、孔隙形状因子 F 和孔隙方向因子 $\cos\alpha$ 三种组织因素出发，对于各向同性的含孔隙材料和球形孔隙，提出传导性与显微组织的关系式

$$\frac{\lambda}{\lambda_M} = (1 - \theta)^{\frac{3}{2}}$$

式中 λ_M——基体相的传导性。

根据多埃布克（W. Doebke）[53] 所提供的计算两相系统传导性的公式

$$\lambda = \lambda_1 \frac{\lambda_2(1 + 2K) - 2K\rho_1(\lambda_2 - \lambda_1)}{\lambda_1(1 + 2K) - \rho_1(\lambda_2 - \lambda_1)} \qquad (7\text{-}29)$$

式中 λ——多相材料的传导性；

λ_1 和 λ_2——分别为相应组元的传导性；

ρ_1——第一组元的体积百分数；

K——常数。

当第二相为孔隙时，则孔隙的传导性 $\lambda_2 = 0$，$\rho_1 = 1 - \theta$。因而由（7-29）式得到

$$\lambda = \lambda_0 \frac{2K(1 - \theta)}{2K + \theta} \qquad (7\text{-}30)$$

常数 K 取决于材料的组织因素，即与孔隙形状、大小、分布和取向有关。当孔隙扁平且垂直于传导流向时，$K < 1$；当孔隙为针状且平行于传导流向时，$K > 1$；当孔隙为球形，$K \approx 0.3$；当孔隙分布具有各向同性时，$K = 1$。

应该指出，孔隙形状对磁导率和电容率的影响很大。例如，最大磁导率主要取决于孔隙形状，孔隙形状越接近于球形，在颗粒表面凹凸部分的退磁场影响就越小；同时，孔隙阻碍磁畴壁的迁移，从而降低最大磁导率。

多孔体的热容与饱和磁化强度均属于加和性能，服从于多相系统的加和计算法[3]：

$$B_s = \sum_i B_{si}\theta_i$$

式中 B_s——混合物的饱和磁化强度或其他加和性能；

B_{si}——混合物中 i 组元的饱和磁化强度或其他性能；

θ_i——混合物中 i 组元的百分含量。

对于多孔体来说

$$B_s = B_{s0}(1 - \theta)$$
$$C = C_0(1 - \theta)$$

式中 C——多孔体的热容；

C_0——相应无孔材料的热容；

B_{s0}——相应无孔材料的饱和磁化强度。

三、工艺性能与孔隙度的关系

为了提高烧结多孔体的机械、物理、化学性能和精度，以及生产所需要的线材、板材、带材、管材和零件，对多孔体还要进行烧结后处理，包括熔浸、浸渍、复压复烧、精整、整形、等静压、锻造、轧制、挤压、拉丝、机加工、焊接、热处理、化学热处理和其他表面处理等。然而这些烧结后处理工艺都受到孔隙度的影响。与致密金属的加工处理相比，粉末冶金材料具有下列一系列特点。

首先，在烧结后处理的各种加热过程中，晶粒有较小的过热敏感性和较强的气氛敏感性。在加热过程中，晶粒长大主要通过再结晶进行，而再结晶长大又是以晶界迁移方式进行的。在粉末多孔材料中，原始颗粒间晶界是孔隙、夹杂物聚集和晶格不完整的区域，又是加工变形过程中接触变形最大的区域，所以它是再结晶形核可能性最大的区域。但是，在烧结体内存在大量孔隙、氧化物夹杂和低熔点夹杂，它们强烈地阻碍再结晶过程。晶界的

迁移受到烧结体内第二相（如孔隙、夹杂物等）的强烈阻碍。第二相对于晶粒长大的抑制作用，已研究得出定量结果，例如当第二相为球状物或孔隙时，有泽讷尔（Zener）公式[47]：

$$R = \frac{4r}{3f} \tag{7-31}$$

式中 R —— 晶粒的平均曲率半径；

r —— 第二相（如孔隙）的平均半径；

f —— 第二相（如孔隙）的体积百分数。

由（7-31）式可以看出，材料的晶粒度和孔隙度存在相互关系，较小的孔隙或弥散相数量较多时，也就是孔隙或弥散相的弥散度 f/r 较大时，对晶粒长大的阻碍作用也较大，所以粉末材料易获得均匀的细晶粒组织。例如，不下坠钨丝就是由于在钨中包含了微量的K_2O，在高温退火时形成弥散的气泡，而气泡对晶界有钉扎作用，从而有效地阻碍了钨晶粒的再结晶长大。可见，孔隙度对于晶粒长大是一种很有效的障碍。在较低的温度下加热时，多孔体由于晶界迁移困难，实际上晶粒不长大；随着加热温度的升高和保温时间的延长，由于孔隙度减少和孔隙球化，晶粒才再结晶长大；只有当温度过高和保温时间过长时，晶粒才明显长大。因此，多孔体在复烧、熔浸、热变形和热处理的加热过程中，具有较小的过热敏感性，容许在较高的温度下加热。

由于烧结体内存在孔隙，易使加热介质进入孔隙，并残留下来，从而引起氧化、脱碳和腐蚀。因此，加热介质的选择对于多孔体是非常重要的。例如，在致密钢热处理过程中常用的盐浴加热法，对于多孔烧结钢是不合适的，因这时熔盐进入孔隙并残留下来，引起烧结钢内部腐蚀。所以烧结钢常采用可控制碳势的吸热性气氛作加热介质，严格控制气氛的碳势和露点，保证加热过程中不氧化、不脱碳、不渗碳。为了满足各种粉末材料加热时的要求，可以分别采用氢、分解氨、氮、氩、吸热性气氛、放热性气氛、空气和真空等加热介质，以得到良好的效果。

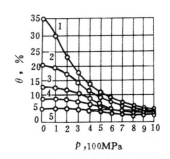

图 7-19 多孔铁坯复压时孔隙度 θ 与复压压力 p 的关系

（铁粉压块经 850℃ 预烧结 0.5h）

1—第一次压制压力 100MPa；
2—第一次压制压力 300MPa；
3—第一次压制压力 500MPa；
4—第一次压制压力 700MPa；
5—第一次压制压力 1000MPa

正如在第六章已经论述的，多孔体在锻造、挤压、轧制、等静压和复压过程中，遵循着质量不变条件，同时发生塑性变形和致密化两个过程，并具有低屈服强度、低拉伸塑性、小横向流动和变形-致密不均匀性等变形特性。粉末多孔体的断裂应变迹线与纵坐标的截距比致密材料低得多，说明多孔体在变形过程中容易产生断裂。为了减少变形外力和避免多孔体在变形过程中断裂，在复压、轧制、拉拔之间可进行中间退火。例如，在多次压制时进行中间退火，可消除加工硬化，使多孔体复压在较低压力下进行。如图 7-19 所示，复压时，压制压力可以大大降低[3]。例如，制取孔隙度为 5%～6% 的制品，采用一次压制烧结法，压制压力至少要 900～1000MPa；而采用二次压制工艺，压制压力只要 500～600MPa 就行了。

应该指出，由于粉末材料的晶粒可以满足超细化、等轴化和稳定化的要求，所以有可能在一定应变速率和温度下产生超塑性，实现所谓微细晶粒超塑性变形。例如，粉末高温合金由于采用雾化预合金粉末，每一颗粉末相当于一个"微小铸件"，可把合金成分的偏析控制在粉末颗粒范围以内；粉末由于是多晶体，其晶粒度比颗粒尺寸小得多；并且粉末表面残留氧化夹杂而坯块内残留孔隙，在热成形过程中有效地阻碍晶粒长大。因此，粉末高温合金具有微细晶粒组织，与熔铸高温合金相比，较容易获得超塑性状态，从而大大改善了高温合金的热加工性能，使难于塑性变形的高温合金具有良好的压力加工性能。如对熔铸高温合金 In100 采用轻微热锻时，极易引起裂纹；而粉末高温合金 In100，在 980～1100℃下进行等温锻造时，显示出明显的超塑性，其延伸率可达 1000％以上，因此，可用很低的单位压力等温锻成复杂形状锻件[54]。

当制品尺寸精度要求较高时，必须精整，精整后的尺寸精度可与机加工的精度媲美。烧结多孔制品的精整实际上是通过少量塑性变形来提高产品的精度和减小表面粗糙度，并且使制品表面有一定程度的硬化。精整压力与制品孔隙度及组织有关，并随着孔隙度的增加而显著降低；具有珠光体组织制品的精整压力几乎是具有铁素体组织制品的两倍。因此，采用微脱碳气氛烧结的铁基制品，由于制品表面轻微脱碳，精整后可得到高精度。为了减少模具的磨损和降低精整压力，模壁应该润滑，可将润滑剂喷涂到模具工作面上或浸涂在精整坯件上。据资料[8]推荐，硬脂酸锌是一种良好的耐高压润滑剂，用硬脂酸锌酒精溶液浸涂坯件，可得到良好的润滑效果。如果坯件内浸入较多的油，加压时呈现抗压性，去压后将产生弹性后效。

粉末材料和致密材料一样，用热处理和化学热处理方法可以有效地提高材料性能。但孔隙的存在，对粉末材料的热处理性能影响很大。常用的热处理和化学热处理方法有：退火、正火、淬火、回火、渗碳、碳氮共渗、盐浴氮化、离子氮化、氧化处理、硫化处理、渗铬、渗硼和渗锌等等。

在烧结钢中，晶粒细、氧化夹杂含量高，而硅、锰含量低，特别是孔隙多，使烧结钢的导热性降低，淬火的临界冷却速度提高。因此，烧结钢的淬透性比同成分致密钢要低。费多尔钦科[3]指出，由于多孔铁的导热性低，试样断面大于 12mm、含碳量小于0.1％的烧结铁，实际上是不能淬硬的。甚至在含碳量较高的情况下，如果不采用特别强烈的冷却手段，也很难得到马氏体组织。图7-20 表示密度对淬透性的影响[55]。试样由与 1080 钢成分相同的混合粉制成，烧结后于氮中加热 870℃保温 30min，然后顶端淬火，并绘制其淬透性曲线。由图可以看出，低密度的烧结钢，由于导热性低，淬硬层硬度HRA 随密度的减小而降低，淬硬层的深度

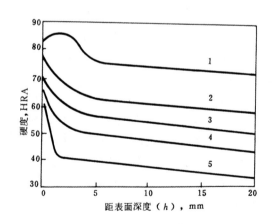

图 7-20　烧结钢密度对淬透性的影响
1—C-1080 锻钢；2—7.1g/cm³ 烧结钢；
3—6.8g/cm³ 烧结钢；4—6.4g/cm³ 烧结钢；
5—6.0g/cm³ 烧结钢

也随密度的降低而减少。淬火时，淬火液易浸入孔隙引起制品腐蚀；孔隙和夹杂物的尖端也往往由于缺口效应而引起淬火裂纹。但是，孔隙的存在，可使淬火试样的内应力减小，热处理前后的试样尺寸变化不大。

图 7-21 表示烧结钢密度对渗碳层深度的影响[55]。由图可以看出，烧结钢渗碳层的深度随密度增加而成比例下降，一直到密度 6.8g/cm³ 为止。大于 6.8g/cm³ 后，渗碳层深度急剧下降，渗碳层明显，有利于提高材料的疲劳强度；当密度达 7.2g/cm³ 时，渗碳层深度已不受试样密度的影响。如果将图 7-21 和 7-3 联系起来分析，就可知道，由于低密度烧结钢渗碳时，渗碳气体通过开孔隙以分子扩散方式向试样中心穿透，通过碳原子扩散的作用不大；而高密度烧结钢的开孔隙很少，当密度达 7.2g/cm³ 时，几乎没有开孔隙，主要通过碳原子扩散方式进行渗碳。所以，前者渗碳过程进行得非常迅速，短时间内能得到深的渗碳层。如果用密度小于 6.8g/cm³ 的烧结钢渗碳时，则由于试样内部也同时渗碳，而使整个试样变脆。为此，一般要求渗碳试样不低于 7g/cm³；或者用滚压、精整、喷砂、机加工等方法提高试样表层的密度；或者在混合料中添加少量硫（以 0.25% 硫较好），由于硫化亚铁与铁在 988℃ 时形成低熔共晶使孔隙封闭；或者采用氧化处理和硫化处理来使孔隙封闭，从而可得到稍薄而明显的渗碳层[8]。

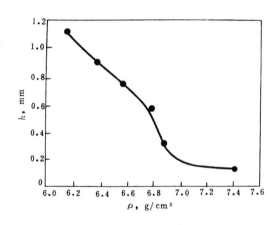

图 7-21　烧结钢密度 ρ 对
渗碳层深度 h 的影响

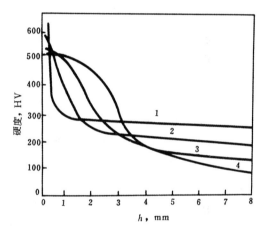

图 7-22　烧结铁密度对碳氮共
渗淬硬层深度 h 的影响

条件：纯铁粉试样于 870℃ 碳氮共渗 30min 后油淬
1—C-1080 锻钢；2—6.8g/cm³ 烧结铁；
3—6.4g/cm³ 烧结铁；4—6.0g/cm³ 烧结铁

烧结铁的密度对碳氮共渗淬硬层深度的影响，与渗碳相似。如图 7-22 所示[55]，由于气体通过开孔隙以分子扩散方式向试样内部穿透，所以烧结铁的密度愈低，淬硬层愈深；由于孔隙使热导率下降，所以试样表层硬度随密度的减小而降低，而试样心部硬度随密度的增加而增高。碳氮共渗温度通常比渗碳温度稍低，但变形比渗碳大。因而在温度较低的碳氮共渗中，必须注意防止网状碳化物的形成，温度较高（826～870℃）时这些碳化物可以溶解。

盐浴氮化可以改善粉末制品的机械强度、耐磨性和疲劳性能，减缓材料疲劳性能的缺口敏感度，并且试样尺寸变化小。离子氮化使氮原子在直流电场中成为带电离子，氮离子打入金属零件表面形成氮化层，可使试样表面硬化。密度为 6.2～6.3g/cm³ 的 Fe-13%Cr 不锈钢粉末，在 500℃进行离子氮化（80%H₂、20%N₂、压力为 267Pa）5h 后，表面硬度约为 HV1300，硬化层总深度为 0.1mm。由于氮化反应主要在试样表面进行，密度较低的粉末材料的硬度分布曲线，几乎和成分相近的熔铸钢相同[56]。

由于孔隙的存在，在烧结铁的氧化处理和硫化处理过程中，金属的氧化物和硫化物，不仅在试样表面形成，而且穿透于试样内部；结果孔隙由于氧化物或硫化物的阻塞而变得狭窄，甚至被封闭。例如据资料[57,58]介绍，孔隙为 27%的零件，经水蒸气处理后孔隙度下降到 2%左右；经硫化处理的零件，由于孔隙尺寸减小而使硬度提高 0.5～1 倍。同时，烧结铁的孔隙度，特别是开孔隙及其孔隙形状、大小，对渗金属处理（如渗锌、渗铬等）和浸渍润滑剂处理（如浸油、浸聚四氟乙烯等）的影响很大。据资料指出[3]，渗铬层的深度随密度的增加而线性下降，但渗铬速度仍比致密金属高几十倍。

为了提高粉末零件的抗腐蚀性、耐磨性和表面质量，常进行电镀处理和涂层处理。大量孔隙的存在，对烧结零件的电镀工艺和效果影响很大。当零件的孔隙度不大时，其电镀方法与致密金属相同；当制品孔隙度较大时，电解液进入孔隙引起内部腐蚀，且镀层表面不致密。因此，电镀前多孔制品需采取封闭表面孔隙的措施。封闭孔隙的方法可以分为四种：（1）机械封闭。例如，采用精整、滚压、滚磨、复压、喷砂和各种抛光方法，可以有效地封闭制品孔隙。同时，喷砂等本身也是一种有效的表面硬化处理方法。（2）用固体物质堵塞。例如，采用石蜡、硬脂酸锌和塑料等物质堵塞孔隙，可获得良好效果。（3）渗金属提高零件密度和堵塞孔隙。例如，渗铜、滚磨渗锌等能得到很好效果。（4）用憎水液体填充孔隙。例如，某些有机硅化物可以形成表面薄层，并允许金属离子渗入表面薄层下面，所以采用硅油的四氯化碳或四氯乙烯溶液填充孔隙，能使孔隙较小的粉末制品得到满意的电镀层。同时，由于孔隙成倍地增高了制品的表面积，高电流密度和酸性溶液具有很好的微粒沉积能力。例如，当孔隙度为 40%的低密度制品电镀时，与同成分致密体相比，在同样的电镀时间内，电流密度需要加大到四倍，才能得到同样厚度的镀层。为了用加热方法排除孔隙中残留的洗涤液和电镀液，也可以采用低温预烧-电镀-烧结工艺，它不仅可排除孔隙中残留的电解液，而且由于扩散而改善了镀层与基体之间的粘结，又可以大大地减少镀层的孔隙。

粉末制品为了达到最终形状、尺寸和精度，有时要进行切削、钻孔、磨削等机加工。低孔隙度（θ≤5%）粉末材料的机加工，与普通致密材料相同。但随着孔隙度的增加，孔隙破坏了材料的完整性，出现冲击载荷和断屑等现象，使粉末多孔材料的机加工具有需要锋利刀具、高切削速度和小走刀量等特点；同时，切削孔隙度大于 10%的材料时，使用水乳浊液是不适宜的。此外，焊接粉末多孔材料时，要注意避免制品氧化，并防止熔化了的焊料进入孔隙。采用高温熔焊、对焊烧结、烧结钎焊和高频焊接等方法，可以获得良好的效果。

第四节　弥散强化

各种热力机械（燃气轮机、喷气发动机、火箭）、宇航工业、原子能工业对耐热材料的要求很高。现在，飞机喷气发动机使用的耐热金属材料主要是镍基和钴基超合金，其主要强化机构是通过热处理析出第二相，但使用温度还是有一定限度的。钼基合金、铌等高熔点金属及其合金的高温强度是优越的，但抗氧化性差。弥散强化合金作为这二者中间的耐热材料有希望得到应用。

为了防止钨条高温时晶粒长大，加入 ThO_2 得 W-ThO_2 合金，这是应用弥散强化的开始。弥散强化的结构材料，最先是 1946 年瑞士依尔曼（R. Irman）发现烧结铝（Al-Al_2O_3 合金），以后又有 Cu-Al_2O_3、Ni-ThO_2 等。金属化合物或氧化物用作高强度合金的第二相，比基体金属硬得多。在基体中渗入第二相的方法有好几种，最常见的是利用固溶体的脱溶沉淀，进行时效热处理，这就是沉淀强化；以后又发展了内氧化法、粉末冶金法，称为弥散强化。所谓弥散强化，就是使金属基体（金属或固溶体）中含有高度分散的第二相质点而达到提高强度的目的。虽然加入第二相的方法不同，但强化的机理却有共性，沉淀强化的情况更复杂。

一、弥散强化的机理

弥散强化机构的代表理论是位错理论。在弥散强化材料中，弥散相是位错线运动的障碍，位错线需要较大的应力才能克服障碍向前移动，所以弥散强化材料的强度高。位错理论有多种模型用以讨论屈服强度、硬化和蠕变。下面分析几种主要的位错理论模型。

1. 屈服强度问题

（1）奥罗万机构[59] 奥罗万机构的示意图如图 7-23 所示。

按照这个机构，位错线不能直接超过第二相粒子，但在外力下位错线可以环绕第二相粒子发生弯曲，最后在第二相粒子周围留下一个位错环而让位错通过。位错线的弯曲将会增加位错影响区的晶格畸变能，这就增加了位错线运动的阻力，使滑移抗力增大。电子显微镜薄膜透射的观测证实了这个设想[60]。

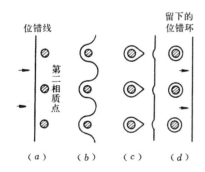

图 7-23 奥罗万机构示意图

（a）位错线通过前；（b）位错线弯曲；

（c）形成位错环；（d）位错线通过后

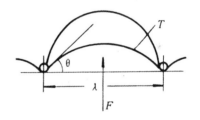

图 7-24 位错线的平衡

在切应力 τ 作用下，位错线和一系列障碍相遇将弯曲成圆弧形，圆弧的半径取决于位错所受作用力和线张力的平衡。在障碍处位错弯曲角度 θ（见图 7-24），障碍对具有柏氏矢量 b 的位错的作用力 F 将与位错的线张力 T 保持平衡

$$F = 2T\sin\theta$$

作为位错运动的障碍，第二相粒子显然比单个溶质原子要强，因此 θ_c（临界值）要大些。当 $\theta = \pi/2$ 时，位错线成半圆形，作用于位错的力 F 最大。

如果用线张力的近似值 $\frac{1}{2}Gb^2$（G 是切变模量）[59]，临界切应力 $\tau_c = \dfrac{F_{max}}{\lambda b}$（$\lambda$ 是位错线上

粒子的间距）代入上式，则可得

$$\lambda b \tau_c = Gb^2$$

所以 $\qquad \tau_c = \dfrac{Gb}{\lambda}$

从此式可以看出，屈服应力与粒子间距成反比，粒子间距越小，材料的屈服强度越大。这基本与实践结果符合，烧结铝的屈服应力与粒子间距的关系[61]如图 7-25 所示。

（2）安塞尔-勒尼尔机构[62]　安塞尔等人对弥散强化合金的屈服提出了另一个位错模型。他们把由于位错塞积引起的弥散第二相粒子断裂作为屈服的判据。当粒子上的切应力等于弥散粒子的断裂应力时，弥散强化合金便屈服。

由于位错塞积而在一个弥散第二相粒子上的切应力可认为等于

$$\tau = n\sigma \qquad (7\text{-}32)$$

式中　n——一个弥散粒子前边或周围塞积的位错数；

σ——所加的应力。

对一个粒子起作用的位错数取决于粒子间距

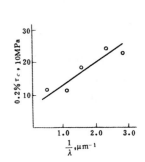

图 7-25　烧结铝屈服应力与
　　　　粒子间距的关系

$$n = \frac{2\lambda\sigma}{Gb} \qquad (7\text{-}33)$$

式中　λ——弥散粒子间距；

G——基体金属的切变模量；

b——柏氏矢量。

综合式（7-32）和式（7-33），第二相粒子上的切应力为

$$\tau = \frac{2\lambda\sigma^2}{Gb} \qquad (7\text{-}34)$$

使弥散粒子断裂的极限应力与粒子的切变模量成正比

$$极限应力 = \frac{G^*}{C} \qquad (7\text{-}35)$$

式中　G^*——第二相粒子的切变模量；

C——比例常数，可以通过理论计算，通常约为 30。

综合式（7-34）和式（7-35），可以得弥散强化两相合金的屈服应力为

$$屈服应力 = \sqrt{\frac{G \cdot b \cdot G^*}{2\lambda C}}$$

从该方程式可以得出：1）屈服应力与基体和弥散相的切变模量的平方根的积成正比，也就是说与基体和弥散相的本性有关；2）屈服应力与粒子间距的平方根成反比，这也符合实验结果[62]（见图 7-26）；3）柏氏矢量是位错的重要因素，屈服强度的大小直接与位错有关。

如果第二相粒子的分布不好，按屈服应力公式计算的应力小于引起位错从位错源处集结所需的应力时，则该式不能使用。

2. 蠕变问题

金属在恒定应力下，除瞬时形变外还要发生缓慢而持续的形变，称为蠕变。对于蠕变，

弥散粒子的强化有两种情况。

（1）弥散相是位错的障碍，位错必须通过攀移始能越过障碍　显然，位错扫过一定面积所需的时间比纯金属要长，因而蠕变速率降低。设粒子直径为 d，粒子间距为 λ，因每次攀移时间正比于 d，攀移次数反比于 λ，因而蠕变速率与 λ/d 成正比。若第二相总量不变，粒子长大总伴随着粒子间距的增大，d 和 λ 是按近比例增长的，因此，在过时效以前，蠕变速率不受粒子长大的影响。

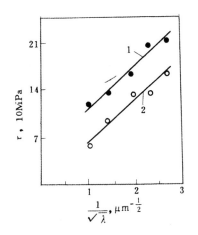

图 7-26　烧结铝的强度与
粒子间距的关系
1—25℃的屈服强度；2—400℃的抗拉强度

安塞尔和威特曼（J. Weertmann）[63] 推导了低应力和高应力情况下的蠕变速率。

在低应力情况下

$$K=\frac{\pi\sigma b^3 D}{2kTd^2}$$

在高应力情况下

$$K=\frac{2\pi\sigma^4\lambda^2 D}{G^3 kTd}$$

式中　　σ——应力；

λ——粒子间距；

D——自扩散系数；

d——粒子直径；

G——基体切变模量；

k——玻尔兹曼常数；

T——绝对温度。

在低应力情况下，弥散强化材料的蠕变速率与弥散粒子直径的平方成反比；在高应力情况下，蠕变速率与弥散粒子直径成反比。粒子越大，位错攀移的高度越大，结果金属形变的速度就越慢。当然，不能片面地认为粒子越大越好。在弥散相含量一定时，粒子增大，粒子间距也会变大，可能失去阻止位错运动的能力。当粒子间距增大到位错能绕过粒子时，蠕变速率增加，强化作用逐渐消失。安塞尔和威特曼的理论适用于烧结铝的蠕变，而与 Ni-Al$_2$O$_3$ 弥散强化合金[64] 和 TD-Ni[65] 的蠕变实验结果不一致。但总的来说，弥散强化合金的蠕变强度是高的。上述情况还不能说明第二相粒子对回复的阻抑作用，因此有第二种可能的机构。

（2）第二相粒子沉淀在位错上阻碍位错的滑移和攀移　这种具有弥散相的合金的抗蠕变能力与抗回复能力有对应关系。普悦斯顿（O. Preston）等人[66] 研究内氧化法弥散强化铜时，形变烧结铜合金的回复温度几乎接近熔点，而形变纯铜的软化在低于 $T_{熔点}$ 的温度即已完成（见图 7-27）。麦克林（D. McLean）[67] 认为滑移可以在几个面和几个方向上进行。如图 7-28 所示，实线代表滑到纸面上的位错，虚线代表运动出纸面的位错，在粒子之间两组可以相交而形成结点。点线表示在第三种平面上的位错又可与这两组位错形成结点，结果弥散粒子被这些位错乱网所联结。由于乱网中位错密度很高，造成强烈的应变硬化；同时，粒子又阻碍这些位错的滑移与攀移，因而得以保持这种硬化状态而不产生回复。这一过程是提高耐热强度的关键，因为一般加工硬化状态是容易获得的，但要保持到高温不回复则是不容易的。

必须指出，以上两种强化机构能够发挥作用的前提是弥散相粒子要稳定而不长大或保

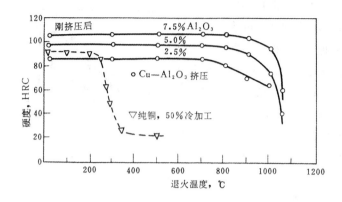

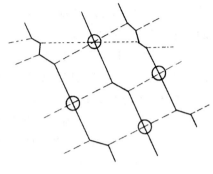

图 7-27　形变 Cu 和 Cu-Al₂O₃ 合金的软化

图 7-28　被弥散相质点钉扎的位错网示意图

持高的弥散度。

二、影响弥散强化材料强度的因素

弥散强化材料的强度不但取决于基体和弥散相的本性，而且决定于弥散相的含量、粒度、分布、形态以及弥散相与基体的结合情况，同时也与工艺（如加工方式，加工条件）有关。下面分别加以讨论。

1. 弥散相和基体的性质

（1）弥散相的性质　根据以上讨论，弥散相粒子稳定而不长大是强化的前提之一。

对同一基体而言，弥散相不同会有不同的强化效果。例如，实践证明，采用 Al_2O_3、SiO_2、TiO_2、MgO、ZrO_2 等作为镍合金的弥散相都未得到突出的效果，而 $Ni\text{-}ThO_2$ 的强度很高；在铜合金的研究中，Al_2O_3 就比 ZrO_2、SiO_2 好。这就是说对弥散相的硬度、化学稳定性等有一定的要求。

弥散相要求具有高的化学稳定性、高的熔点，从热力学来说，要求弥散相的生成自由能负值大。因为物质生成自由能的大小反映物质的稳定性，生成自由能负值越大，弥散相在合金中就越稳定。从这一点出发，一般认为选用氧化物作弥散相比碳化物、氮化物、硼化物、硅化物较好。在氧化物中用得较多的是 Al_2O_3、ThO_2、Y_2O_3（见表 7-3）。

表 7-3　氧化物的生成自由能和某些性能[68]

氧 化 物	ΔH_{298}, 10^6J/mol	ΔZ_{298}, 10^6J/mol	熔　　点，℃	莫氏硬度
Al_2O_3	−1.67	−1.58	2050	9
BeO	−0.61	−0.58	2550	9
CaO	−0.64	−0.60	2600	4.5
Cr_2O_3	−1.13	−1.05	2265	
HfO_2	−1.14	−1.08	2777	
La_2O_3	−1.92	−1.82	2305	
MgO	−0.60	−0.57	2800	6
SiO_2	−0.86	−0.80	1728	7

氧 化 物	ΔH_{298}, 10^6J/mol	ΔZ_{298}, 10^6J/mol	熔 点, ℃	莫氏硬度
Ta$_2$O$_5$	-2.09	-1.97	1890	
ThO$_2$	-1.22	-1.24	3300	7
TiO$_2$	-0.91	-0.85	1840	
UO$_2$	-1.13	-1.07	2280	
V$_2$O$_3$	-1.21	-1.13	1977	
Y$_2$O$_3$	-1.88	-1.80	2410	
ZrO$_2$	-1.08	-1.02	2600	7~8

此外，弥散相也要求具有高的结构稳定性，例如，Al$_2$O$_3$ 在高温下有结构类型的变化（$\alpha \rightleftharpoons \gamma$），不过，它在 1000℃ 以下却是稳定的。

（2）基体的性质　不同的金属具有不同的属性。就同种金属来看，纯金属的强度就不如固溶体的大，如果使基体合金化形成固溶体，则强度会有提高。例如，在 Ni-ThO$_2$ 中加入适量的 Mo 使 Ni 基体固溶强化，则强度有所提高（见表 7-4）。

表 7-4　不同镍合金的强度

合 金 成 分	抗拉强度, MPa	制粉方法	试验温度, ℃
Ni-7%ThO$_2$	1085	机械法	室温
Ni-7%ThO$_2$-12%Mo	1450		
Ni-2%ThO$_2$	280	化学法	650
Ni-2%ThO$_2$-20%Mo	700		

又如 TD-Ni 中加入 20%Cr，不但能提高 TD-Ni 的强度，而且提高了抗氧化能力[70]。铬对 TD-Ni 抗氧化性的影响如图 7-29 所示。

2. 弥散相的几何因素和形态

弥散相的含量、粒度和粒子间距互相是有联系的。当含量一定时，粒子愈细，则粒子数愈多，因而粒子间距也就愈小。这些弥散相的几何因素是影响材料强度的重要因素。克雷门斯（W. S. Cremens）等[69]研究了三者之间的关系，得出

$$\lambda = \frac{2}{3}d\left(\frac{1}{f} - 1\right)$$

式中　λ ——粒子间距；

　　　f ——弥散相体积百分率；

　　　d ——粒子直径。

（1）弥散相的含量　在研究烧结铝时，Al$_2$O$_3$ 的含量对硬度、强度和伸长率的影响如图 7-30 所示[71]。随着 Al$_2$O$_3$ 含量的增加，合金硬度、强度也随着提高，但延性降低。

ThO$_2$ 对 Ni-ThO$_2$ 合金性能的影响如表 7-5 所示。随着 ThO$_2$ 含量的增加，硬度和强度

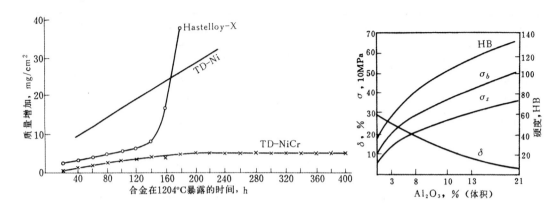

图 7-29 铬对 TD-Ni 抗氧化性的影响　　　　图 7-30 Al₂O₃ 含量对
烧结铝性能的影响

增加，延性降低。

表 7-5　Ni-ThO₂ 合金的性能

材　料	ThO₂ %（体积）	密度 g/cm³	室 温 性 能				高温性能 100h，815℃ 破坏应力，MPa
			HV，MPa (10kg)	σ_b MPa	δ %	ψ %	
羰基镍	0	8.9	750	283	42	65	15.7
羰基镍+ThO₂	1.0	8.90	1310	330	40	80	46
羰基镍+ThO₂	2.5	8.85	1660	420	36	78	94
羰基镍+ThO₂	5.0	8.82	1890	550	23	48	110
羰基镍+ThO₂	7.5	8.83	2030	565	11	14	115
羰基镍+ThO₂	10.0	8.85	2330	610	5	7	117

大量实践证明，弥散相的含量一般可在 1%～15% 的范围内选用。

（2）弥散相的粒度和粒子间距　讨论位错理论的模型时，已得知弥散强化材料的屈服强度与粒子间距 λ^{-1} 或 $\lambda^{-\frac{1}{2}}$ 成比例（见图 7-25 和图 7-26）。当弥散相含量一定时，粒子愈细，粒子间距也就愈小。根据奥罗万的 $\tau_c = Gb/\lambda$ 的关系式，合金屈服强度如果下限是 $G/1000$，则上限是理论断裂强度 $G/30$，一般设 $b \approx 0.3\text{nm}$，则粒子间距的范围为 $0.01 \sim 0.3\mu\text{m}$。粒子间距与粒子大小常为同一数量级，一般粒子大小范围为 $0.1 \sim 0.01\mu\text{m}$。

弥散强化材料要求弥散相均匀分布于基体中，这与生产方法有关。分布不均匀，就会导致弥散相的聚集和粒子间距的增大，结果材料性能下降。

关于弥散相的形状对性能的影响尚未进行深入的研究。有人认为：球形粒子可能比片状粒子好，因为片状粒子对于与其平行的原子面上运动的位错阻力小，而球形粒子对任何原子面上的位错具有相同的阻力。

3. 弥散相与基体之间的作用

（1）弥散相在基体中要求几乎不溶解，与基体不发生化学反应。

402

（2）基体与弥散相之间的界面能要求小。二者之间的界面能低意味着两相接合较好，这是粒子阻碍位错运动所需要的。相反，高界面能就等于粒子周围的空洞多，不仅不能阻碍位错运动，而且可能产生显微裂纹。

4. 压力加工

在生产弥散强化材料的过程中，一般采用热挤压工序。热挤压可以提高材料的密度，更重要的是使材料发生高速应变，贮存大量的能量而强化材料。

普悦斯顿等[66]研究弥散强化材料应变能强化时得出，合金单位体积的储能等于

$$\frac{n\sigma}{r}\left[\left(\frac{3f}{4\pi}\right)^{\frac{1}{3}}-\left(\frac{3f}{4}\right)\right]$$

式中　r——粒子半径；

　　　f——弥散相的体积百分率；

　　　n——贯穿粒子的界面数；

　　　σ——界面能。

储能的大小首先是弥散相含量的函数，同时也是挤压温度和挤压比的函数。

5. 生产方法

除了上述主要方面的因素外，不同生产方法制取的弥散强化材料可以有不同的性能。因此，在确定成分后，也要根据具体条件采用适当的生产方法。弥散强化材料的生产方法很多，有内氧化法[89]、机械混合法[90]、表面氧化法、氧化-还原法[73]、弥散相颗粒悬浮液沉积法、共沉淀法、粉末包覆法等。一般来说，共沉淀法生产的弥散强化材料的性能比机械混合法或氧化-还原法生产的就好一些。例如，氧化-还原法生产的 Fe-16％Al_2O_3 材料（经过挤压），650℃时的抗拉强度为 193MPa；而共沉淀法生产的同样成分的材料，在 650℃时的抗拉强度有 226MPa[75]。

综合以上影响性能因素，可以得出：为了提高材料的强度性能，除了正确选择合金成分外，还要在一定范围内提高弥散相的含量，减小弥散相的粒度和粒子间距，使弥散相均匀分布于基体中，并采用大的加工形变。但必须指出，在实践中不能片面强调某一方面，因为随着强度、硬度的提高，延性和其他某些性能可能降低，同时还要考虑到经济效果与资源条件。

三、弥散强化材料的性能

自 1946 年烧结铝问世以后，30 多年以来，又研制了许多弥散强化材料新的品种。基体除铝以外，发展了铜[66,72]、镍[69]、镍-钼[70]、镍-铬[70]、铁[73,74,75]、铬[74]、钼[76,77]、钛[82]、铍、镁、铅、不锈钢[79]以及银[78]、铂、钯等贵金属。近来，超合金弥散强化材料[80,81,91]和弥散强化高温转子材料（钴-铁合金基体中加入弥散相）得到了发展。弥散相除 Al_2O_3 外，发展了以下化合物：

氧化物：Al_2O_3、ThO_2、MgO、SiO_2、BeO、CdO、Cr_2O_3、TiO_2、ZrO_2 以及 Y_2O_3 和镧系稀土氧化物[82]；

金属间化合物：Ni_3Al、Fe_3Al 等；

碳化物、硼化物、硅化物、氮化物：WC、Mo_2C、TiC、TaC、Cr_3C_2、B_4C、SiC、TiB_2、Ni_2B、$MoSi_2$、Mg_2Si、TiN、BN 等。

在应用上取得一定效果的有 TD-Ni 及弥散强化无氧铜。其他的还在研究和发展中。

弥散强化材料固有的低延性，需要予以重视和研究改进，但弥散强化材料在性能上的优越性还是主要的。

1. 再结晶温度高，组织稳定

纯金属的再结晶温度（$T_{再}$）一般是金属熔点（$T_{熔}$）的 $35\% \sim 40\%$，即 $T_{再}/T_{熔}=0.35\sim 0.40$。由于再结晶，金属材料的组织和机械性能都发生变化。因此，提高金属材料的再结晶温度仍是研究耐热合金的一个目标。弥散强化材料在这方面显示了它的特点，它的再结晶温度很高，甚至在金属熔点附近的温度下退火也不发生再结晶。表 7-6 中所列弥散强化铜的数据可以说明这个问题。

表 7-6　弥散强化铜的再结晶温度

合　　　金	再结晶温度，℃
铜	＜300
黄铜	＜500
氧化铝弥散强化铜〔Cu-3.5%（体积）Al_2O_3〕	～1050
氧化硅弥散强化铜〔Cu-12%（体积）SiO_2〕	～800

2. 屈服强度和抗拉强度高

一般变形材料的屈服强度是不太高的。屈服强度越接近于极限抗拉强度，材料的刚性就越好，就越不容易发生形变。例如，用于微波管中的铜构件就要求刚性很好，以免变形造成误差。弥散强化材料正具有这一优点，弥散强化材料的屈服强度不但有很高的绝对值，而且很接近其抗拉强度，这种关系在高温下更加明显。例如，烧结铝的 σ_b 为 350MPa，$\sigma_{0.2}$ 为 260MPa。烧结铝的抗拉强度如图 7-31 所示，并与 Y 合金（Cu4%，Ni2%，Mg1.5%，Ti0.1%，Al 余量）的性能对比[71]。

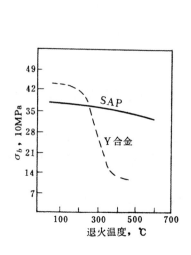

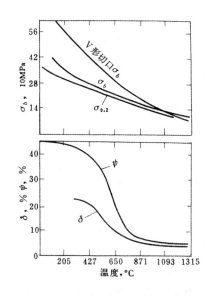

图 7-31　烧结铝 SAP 与 Y 合金抗拉强度的比较　　　图 7-32　TD-Ni 棒材的短时高温性能

TD-Ni（2%（体积）ThO$_2$，ThO$_2$粒度小于0.1μm）棒材的抗拉强度与温度的关系如图 7-32 所示[83]。从图中可以看出，屈服强度和抗拉强度随温度下降得很慢，室温时屈服强度为 350MPa，当温度为 1315℃时，屈服强度还有 70MPa。TD-Ni 与几种耐热材料的高温屈服强度的比较如图 7-33 所示[84,85]。

内氧化法制的 Cu-Al$_2$O$_3$ 合金的屈服强度比铜高得多，特别是在 300～400℃下还降低不多，如图 7-34 所示[86]。

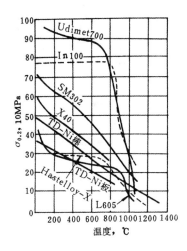

图 7-33　TD-Ni 与几种耐热材料
高温屈服强度的比较

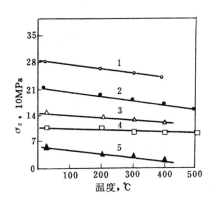

图 7-34　内氧化 Cu-Al$_2$O$_3$ 合金的高温屈服强度
1—0.84%Al；2—0.22%Al；3—0.09%Al；
4—0.04%Al；5—0%Al

3. 随温度提高硬度下降得少

随温度提高硬度下降得少是弥散强化材料一个很大的优点。例如，烧结铝与 Y 合金的高温硬度变化如图 7-35 所示[71]。Ni-ThO$_2$ 合金的高温硬度如图 7-36 所示[88]。再结晶温度高，高温时硬度变化小以及蠕变速度低都说明弥散强化合金具有很好的热稳定性。

4. 高温蠕变性能好

高温蠕变是衡量高温合金的一个不可缺少的指标，要求高温材料具有很好的抗蠕变能力。随着温度的提高，很多耐热合金的持久强度降低得很快，而温度对弥散强化材料的持久强度的影响较小。例如，TD-Ni100 小时的蠕变断裂强度与几种耐热材料的比较如图 7-37 所示[83]，（Hastelloy-X 的成分：Ni47%，Cr22%，Fe20%，Mo9%；Haynes-25 的成分：Co51%，Cr20%，W15%，Ni10%；SM302 的成分：Co57%，Cr22%，W10%，Ta9%）。TD-Ni1000 小时的蠕变断裂强度与几种耐热材料的比较如图 7-38 所示[87]。可以看出，TD-Ni 在 1100℃时 100 小时的持久强度还有 67MPa，超过了很多以超合金著称的镍基合金和钴基合金。这就意味着 TD-Ni 可以在更高的温度下使用，TD-Ni 在发动机上最有希望使用的部件是导向叶片，此部件经受的应力一般不很高，而温度却可达 1300℃。但真正得到应用还需作更多的工作。

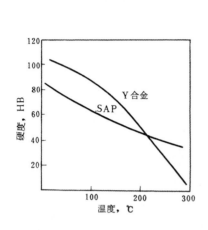

图 7-35　烧结铝与 Y 合金高温硬度的比较

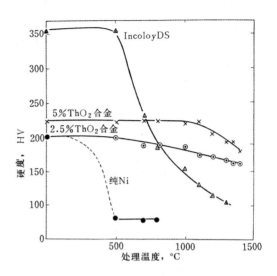

图 7-36　Ni-ThO₂ 合金的高温硬度（处理 2h）

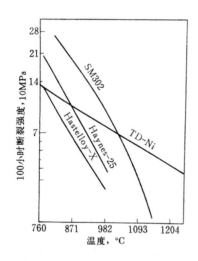

图 7-37　TD-Ni100 小时蠕变断裂强度

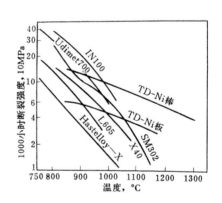

图 7-38　TD-Ni1000 小时蠕变断裂强度

　　近年，正在研究超合金的弥散强化。弥散强化超合金是使用温度 1100℃ 左右最有希望的耐热合金材料。例如，美国[81]用 4～7μm 的羰基镍粉、过 200 目的铬粉、10～50μm 的 ThO₂ 和 Y₂O₃、过 200 目的真空熔炼的 Ni-Al-Ti 母合金粉，以干式高能球磨的方法使粉末机械合金化，经成形、挤压、热处理制得了弥散强化的镍基超合金，使超合金的性能提高到一个新的水平。表 7-7 列出了所试制的合金的成分。其机械性能分别如表 7-8 和图 7-39、图 7-40、图 7-41 和图 7-42 所示。

406

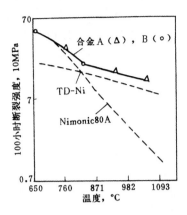

图 7-39 Y₂O₃-超合金 100 小时断裂强度

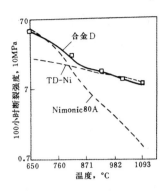

图 7-40 ThO₂-超合金 100 小时断裂强度

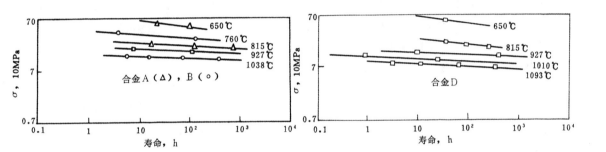

图 7-41 Y₂O₃-超合金应力断裂试验结果　　　图 7-42 ThO₂-超合金应力断裂试验结果

表 7-7　弥散强化镍基超合金的成分 （％）

合　　金	C	Al	Ti	Cr	Mo	Nb	Zr	B	ThO₂	Y₂O₃	Al₂O₃
A	0.061	0.92	2.46	20.4			0.029	0.005	—	1.22	0.37
B	0.049	0.96	2.77	18.7			0.09	0.003	—	1.33	0.99
C	0.056	0.90	2.33	20.6			0.065	0.005	—	1.22	0.83
D	0.055	0.74	2.10	19.0			0.025	0.002	2.71	—	1.30
E	0.069	4.19	0.82	10.4	3.0	1.6	0.03	0.007	3.00	—	1.38

表 7-8　Y₂O₃ 弥散强化超合金的机械性能

合　　金	试验温度 ℃	$\sigma_{0.2}$ MPa	σ_b MPa	δ ％	ψ ％
C	室温	903	1225	9	13.5
A	538	748	987	10	10.5
A	760	568	591	25	32.5
A	871	220	232	25	42
A	1038	146	160	9	19

从表中和图中的结果可以看出，在较低温度下，时效沉淀强化起主要作用；在高温下，时效强化消失了，弥散强化使材料仍具有较高的强度；在中等温度范围内，弥散强化与时效强化同时有效。弥散强化超合金具有稳定的性能，不仅表现在温度的作用，而且表现在工作时间上，延长时间对弥散强化合金断裂强度的影响较小，而对时效强化合金的影响则较大。

5. 疲劳强度高

烧结铝和 Y 合金的疲劳断裂应力如图 7-43 所示。在 300℃以上重复同样次数，烧结铝的疲劳强度比 Y 合金的好。

6. 高的传导性

很多弥散强化材料的传导性都很好。首先是导热性，高温材料的导热性是非常重要的，如果导热性太差，就可能因工作中温度梯度太大而产生大的热应力，以致使材料遭到破坏。

导电性也是材料的一个重要性能。铜是一种很好的导电材料，可是纯铜的强度差，若能在不降低铜的导电性的前提下又能大大提高强度则是最理想的。铜-铍合金的强度较高，而导电性却大大降低了。弥散强化合金恰好克服了这一困难，例如，

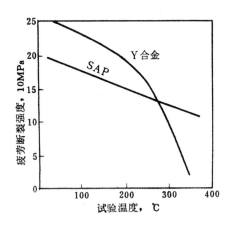

图 7-43　重复 2×10^6 次的烧结铝和 Y 合金的疲劳断裂应力

以纯铜的电导率为 100%，铜-铍合金的电导率只 35%左右，而 $Cu\text{-}Al_2O_3$ 弥散合金的电导率却有 95%。我国中南矿冶学院、黄河冶炼厂等单位在弥散强化无氧铜方面作了不少工作，取得了可喜的成绩。

第五节　颗　粒　强　化

硬质合金和金属陶瓷类复合材料就是利用金属硬质化合物和金属结合的。硬质合金是利用金属硬质化合物相的高硬度与金属的塑性而用作切削工具和耐磨件；金属陶瓷是利用金属硬质化合物相的高温强度与金属的塑性而用作耐热材料。

硬质合金包括：（1）所谓粘结碳化物的含钨硬质合金；（2）无钨硬质合金，如碳化钛基硬质合金，碳化铬基硬质合金（抗氧化性和抗腐蚀性好）；（3）钢结硬质合金[128]等。

金属陶瓷有：（1）氧化物基金属陶瓷；（2）碳化物基金属陶瓷；（3）其他难熔金属化合物（氮化物、硼化物、硅化物）基金属陶瓷等。

硬质合金和金属陶瓷这一类复合材料的强化属于颗粒强化。

表 7-9　难熔金属硬质化合物

元素	C	N	B	Si
Ti	TiC	TiN	TiB，TiB_2，Ti_2B_5	Ti_5Si_3，$TiSi$，$TiSi_2$
Zr	ZrC	ZrN	ZrB，ZrB_2，Zr_2B_5	Zr_5Si_3，Zr_2Si，$ZrSi$，$ZrSi_2$
Hf	HfC	HfN	HfB，HfB_2	$HfSi$，$HfSi_2$
V	VC	V_3N，VN	VB，VB_2	V_3Si，VSi_2

元素	C	N	B	Si
Nb	NbC	Nb_2N, NbN	Nb_3B, Nb_2B, NbB, Nb_3B_4, NbB_2	$NbSi_2$
Ta	Ta_2C, TaC	Ta_2N, TaN	Ta_3B, Ta_2B, TaB, Ta_3B_4, TaB_2	Ta_2Si, Ta_5Si_3, $TaSi_2$
Cr	$Cr_{23}C_6$, Cr_3C_2, Cr_7C_3	Cr_2N, CrN	Cr_2B, Cr_3B_2, CrB, Cr_3B_4, CrB_2	Cr_3Si, Cr_3Si_2, CrSi, $CrSi_2$
Mo	Mo_2C, MoC	Mo_2N, MoN	Mo_2B, Mo_3B_2, MoB, MoB_2, Mo_2B_5	Mo_3Si, Mo_3Si_2, $MoSi_2$
W	W_2C, WC	W_2N	W_2B, WB, WB_2, W_2B_5	W_3Si_2, WSi_2

周期表Ⅳ、Ⅴ、Ⅵ过渡族难熔金属化合物（见表 7-9）大多数都是属于间隙相，这些化合物的结构特性由金属原子半径（r_m）与非金属原子半径（r_x）的比值来决定，当比值 $r_x/r_m < 0.59$，则形成间隙相。这些间隙相具有高的熔点，高的硬度，同时也具有金属的特性。这些碳化物、氮化物、硼化物和硅化物的主要性能如表 7-10、7-11、7-12 和 7-13 所示。此外，非金属难熔化合物已用于金属陶瓷的有 B_4C，SiC，BN 和 Si_3N_4，这几种化合物的性能如表 7-14 所示。

表 7-10　某些碳化物的主要性能[92]

化 合 物	碳含量 %	密度 g/cm³	熔点 ℃	显微硬度 MPa	弹性模量 MPa
TiC	20.1	4.93	3250	28500～32000	350000
ZrC	11.62	6.9	3175±50	28360	355000
HfC	6.3	11.8～12.6	3890±150	28300	359000
VC	19.08	5.48	2830	20940	276000
NbC	14.41	7.82	3500±125	20550	345000
TaC	6.23	14.3	3880±150	15470	291000
Cr_3C_2	13.33	6.68	1895	13000	194000
Cr_7C_3	9.0	—	1680	—	—
Mo_2C	5.91	9.18	2690	14790	—
MoC	11.13	8.4	2700	15000	—
W_2C	3.16	17.2	2750	30000	42800
WC	6.12	15.5～15.7	2600	17300	72200

表 7-11　某些氮化物的主要性能[92]

化 合 物	氮含量 %	密度 g/cm³	熔点 ℃	显微硬度 MPa	弹性模量 MPa
TiN	22.65	5.21	2950±50	21600	256000
ZrN	13.31	6.93～6.97	2980±50	19830	—
HfN	7.28	—	3310	—	—
VN	21.5	6.04	2050～2320	—	—
NbN	13.1	8.4	2030	—	—

化 合 物	氮含量	密度	熔点	显微硬度	弹性模量
	%	g/cm³	℃	MPa	MPa
TaN	7.19	13.80	3087±50	32360	—
CrN	21.7	5.8~6.1	1500℃分解	—	—
Mo₂N	6.75	8.04	600℃分解	—	—
W₂N	3.67	12.2	—	—	—

表 7-12 某些硼化物的主要性能[92]

化 合 物	硼含量	密度	熔点	显微硬度	弹性模量
	%	g/cm³	℃	MPa	MPa
TiB₂	31.10	4.45	2980	33700	374000
ZrB₂	19.18	5.82	3040±100	22500	350000
HfB₂	10.81	10.5	3250±100	29000	—
VB₂	29.80	4.61	2400±50	20800	273000
NbB₂	18.89	6.60	3000±50	25900	—
TaB₂	10.68	11.70	3100±50	25300	262000
CrB	17.25	6.05	2000±50	—	—
CrB₂	29.55	5.6	1900±50	18000	215000
MoB₂	18.4	7.78	2100	12000	—
Mo₂B₅	22.0	8.01	2100	23500	—
WB₂	10.55	13	—	12000	—
W₂B₅	12.81	11	2300±50	26600	—

表 7-13 某些硅化物的主要性能[92]

化 合 物	硅含量	密度	熔点	显微硬度	弹性模量
	%	g/cm³	℃	MPa	MPa
Ti₅Si₃	26.1	—	2120	9860	—
TiSi₂	53.9	4.39	1540	8700	—
Zr₅Si₃	15.58	5.90	2250	12800~13900	—
ZrSi₂	38.09	4.88	1700	8300~9800	—
HfSi₂	24	7.2	—	9300	—
VSi₂	52.4	4.71	1670	10900	—
NbSi₂	37.7	5.45	1950~2150	10500	—
TaSi₂	23.7	9.1	2200	15100~16100	—
CrSi	35.05	5.43	1545±50	10050	—
CrSi₂	51.9	4.4	1550±20	9960~11600	—
MoSi₂	36.9	6.28	2030±50	12600	188000
WSi₂	23.4	9.33	2165	10570~10900	—

表 7-14　几种非金属难熔化合物的主要性能[93]

化 合 物	成分 %	密度 g/cm³	熔点 ℃	显微硬度 MPa	弹性模量 MPa
B_4C		2.48~2.52	2450	48000	116000~145000
SiC		3.76~3.99	2690	33400	—
BN	42.4~44B 54~56N	1.9	2980	—	—
Si_3N_4	59.5Si，40N	3.18	1900	—	—

一、金属陶瓷性能及其影响因素

氧化物基金属陶瓷最先研究的是 Al_2O_3-Cr 金属陶瓷，在高温性能上，特别是在抗氧化性和化学稳定性方面较为优越。现在已发展使用多种氧化物，除 Al_2O_3 外，还有 MgO、BeO、Cr_2O_3、ZrO_2 等，因此也就有了多种氧化物基金属陶瓷，例如，Al_2O_3-Cr·Co·Ni，Al_2O_3-Fe，Al_2O_3-Cr·W，Al_2O_3-TiO_2-Ni·Mo，BeO-Ni·Co·Fe，BeO-Ni·Nb，MgO-NiO-TiN-Co·Ni 等。

众所周知，碳化钨用钴粘结的金属陶瓷材料是作为切削工具发展起来的，不是作耐热结构材料用的。比碳化钨具有更好性能的碳化钛作为耐热材料的基体更适宜。碳化钛比碳化钨难熔，前者熔点是 3250℃，而后者的熔点为 2600℃；碳化钛的密度只有碳化钨密度的 1/3，这一点是耐热材料用在旋转部件中一个很重要的性能；碳化钛的抗氧化能力也比碳化钨强。因此，碳化钛基金属陶瓷得到了广泛的研究和应用。碳化钛基金属陶瓷作为切削材料使用就是碳化钛基硬质合金，这类硬质合金适于碳素钢、合金钢、不锈钢等的精加工。在这一节里不讨论碳化钛基硬质合金，主要讨论碳化钛基金属陶瓷。

现在已有多种碳化钛基金属陶瓷，如奥地利普兰西（Plansee）公司的 WZ 合金，美国 K141A、K152B 牌号和 FS 牌号的金属陶瓷，这几种主要牌号的碳化钛基金属陶瓷的成分如表 7-15 所示。

表 7-15　某些碳化钛基金属陶瓷的成分[68,94]

合金牌号	化 学 成 分，%						
	TiC	Ni	Co	Cr	Mo	W	Al
WZ-1b	60	32	—	8	—	—	—
WZ-1c	50	40	—	10	—	—	—
WZ-1d	35	52	—	13	—	—	—
WZ-12a	75	15	5	5	—	—	—
WZ-12b	60	24	8	8	—	—	—
WZ-12c	50	30	10	10	—	—	—
WZ-12d	35	39	13	13	—	—	—
K138	80	—	20	—	—	—	—
K141A	(70)	—	30	—	—	—	—
K152B	(70)	30	—	—	—	—	—
K162B	(70)	25	—	—	5	—	—

合金牌号	化　学　成　分，%						
	TiC	Ni	Co	Cr	Mo	W	Al
K163B₁	(60)	33	—	—	7	—	—
K164B	(50)	42.5	—	—	7.5	—	—
K184B	(50)	40	—	3	4	—	3
K196	(28)	60	—	5	—	7	—
FS-2	63	29.6	—	7.4	—	—	—
FS-5	63	—	25.9	11.1	—	—	—
FS-8	63	22.2	7.4	7.4	—	—	—
FS-26	54.3	40.0	—	5.7Cr₃C₂	—	—	—
FS-27	42.9	50.0	—	7.1Cr₃C₂	—	—	—

注：表中括号（ ）的数字包括 6%（TiC·TaC·NbC）固溶体。

　　某些国家大力研究利用金属陶瓷作喷气发动机涡轮叶片，虽有实例说明，但冲击韧性差，加工问题仍相当麻烦。近来，金属陶瓷的研究工作主要着重改善其抗热震性，注意高韧性金属陶瓷的研究。例如发展以下体系：TiC-Al₂O₃-Co·Ni、TiC-Al₂O₃-Ni·Mo、TiC-B₄C-SiC-Co·Ni、TiC-MgO-Co·Ni、TiC-TiB₂-Ni·Mo 等，特别对 Si₃N₄ 作涡轮盘进行了大量的研究，表现出很有希望。

　　下面主要讨论碳化钛基金属陶瓷的性能。

　　1. 机械性能

　　某些碳化钛基金属陶瓷的机械性能如表 7-16 所示。

　　从表 7-16 中的数据可以看出：碳化钛基金属陶瓷的硬度比铸造的 X40 高温合金的硬度高；碳化钛基金属陶瓷的抗弯强度和抗拉强度在室温下是相当高的，WZ-12 型的金属陶瓷在 20～300℃ 范围内还可以保持其抗弯强度和抗拉强度，而 WZ-12C 型金属陶瓷甚至在 400℃ 还可以保持其抗弯强度和抗拉强度。这几种金属陶瓷的抗弯强度和抗拉强度与温度的关系如图 7-44 和图 7-45 所示[95]。

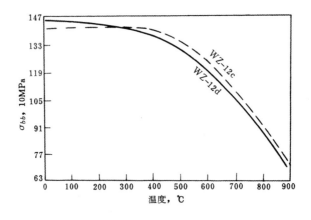

图 7-44　某些金属陶瓷抗弯强度与温度的关系

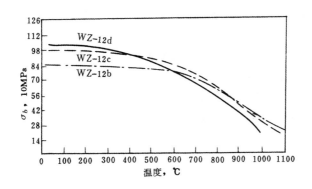

图 7-45 某些金属陶瓷抗拉强度与温度的关系

表 7-16　某些碳化钛基金属陶瓷的机械性能[68,94]

合金牌号	密度 g/cm³	硬度	弹性模量 MPa	抗弯强度, MPa 20℃	抗弯强度, MPa 870℃	抗拉强度, MPa 20℃	抗拉强度, MPa 870℃	冲击功, 9.8J 20℃	冲击功, 9.8J 870℃
WZ-1b	6.20	HV：9500	383000	1300~1400	—	700~800	450	0.55	0.55
WZ-1c	6.50	MPa：7900	—	1590~1700	—	900~1000	500	0.55	0.97
WZ-1d	6.90	5900	—	1700~1790	—	950~1050	420	0.97	—
WZ-12a	6.0	10700	418000	1200~1300	—	600~700	—	0.38	0.43
WZ-12b	6.25	9600	394000	1340~1500	—	800~900	500	0.55	—
WZ-12c	6.55	8200	356000	1590~1790	700	900~1000	450	0.69	0.83
WZ-12d	6.95	6000	323000	1740~1880	620	1000~1080	380	0.97	1.24
K138	5.5	HRA：90.5	385000	1225	—	—	—	—	—
K141A	6.0	87.0	380000	1330	—	—	—	—	—
K152B	6.0	85	387000	1358	—	875	413	1.52	0.97
K162B	6.0	89	400000	1295	—	784	651	1.52	1.24
K163B₁	6.2	86	387000	1652	—	790	546	1.79	1.24
K164B	6.6	84	351000	1484	—	882	576	2.21	1.11
K184B	6.3	85	351000	1351	—	938	658	1.52	—
K196	7.4	73	393000	1421	—	896	350	1.11	1.11
FS-2	6.0	87.2	—	1230	—	—	—	—	—
FS-5	6.15	89.5	—	1110	—	—	—	—	—
FS-8	6.05	87.5	—	1138	—	—	—	—	—
FS-26	6.25	85.0	—	1160	—	—	—	0.62	—
FS-27	6.55	81.0	—	1265	—	—	—	0.65	—
X40 高温合金	8.61	62.5	—	—	—	710~850	206	4.6~5.7	>5.7

粘结剂含量极大地影响金属陶瓷的密度、硬度和强度。从表 7-17 可以看出，随着粘结

剂含量的增加，密度和抗弯强度是增加的，而硬度是降低的。不同温度下，Ni-Co-Cr合金粘结剂对WZ合金抗拉强度的影响如图7-46所示[95]。在900~1000℃时，含粘结剂较多的合金的抗拉强度大大降低。

当前碳化钛基金属陶瓷的主要缺陷是冲击韧性差，从表7-16中的数据可以看出，冲击功无论是室温还是高温下都比铸造的X40高温合金的差很多。

金属陶瓷的冲击韧性首先与金属粘结剂的含量有关。一般规律是随粘结剂含量增加，冲击韧性是增加的，因此，粘结剂含量一般不能太少。TiC-Ni金属陶瓷的冲击功与镍含量的关系如图7-47所示[68]。

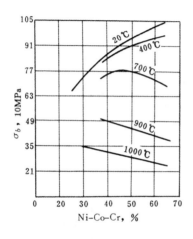

图7-46　不同温度下WZ合金抗拉
强度与粘结剂含量的关系

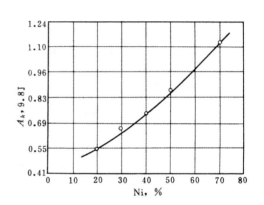

图7-47　TiC-Ni金属陶瓷冲击功与
镍含量的关系

其次，生产方法也影响金属陶瓷的冲击韧性。例如，用熔浸法生产的金属陶瓷，其冲击功有所提高了（见表7-17）。

表7-17　碳化钛基金属陶瓷的冲击功[95]

不 同 方 法 生 产 的 合 金	冲击功，9.8J		
	20℃	870℃	980℃
Ni粘结的 Ti（Ta、Nb）C	0.47~0.58	0.59~0.71	0.91~0.97
Ni-Mo粘结的 Ti（Ta、Nb）C	0.17~0.32	0.25~0.86	0.29~0.34
Ni-Cr熔浸的 TiC（SCA100金属陶瓷）	1.2~1.66	1.38~2.24	2.04~2.7
Co-Cr-Mo熔浸的 TiC（SCA200金属陶瓷）	0.63~0.86	0.84~1.01	0.95~1.12
Co-Cr-W熔浸的 TiC（SCA300金属陶瓷）	0.58~0.72	0.76~0.91	0.91~1.14
X40高温合金	4.6~5.7	>5.7	>5.7

还有人试验用金属电镀来避免金属陶瓷表面微裂纹的形成，从而改善金属陶瓷的冲击韧性。例如，用Ni-Cr合金熔浸TiC时，若将TiC电镀一层0.15~0.25mm厚的金属镍，可使冲击功提高1倍多；镀镍层厚度为0.635mm时，则冲击功可增加到约33.4J[94]。

此外，金属陶瓷在高温下恒荷重的持久强度较好。某些碳化钛基金属陶瓷100h的持久强度和疲劳极限如表7-18所示。

表 7-18　碳化钛基金属陶瓷 100h 的持久强度和疲劳极限[94]

合 金 牌 号	持久强度，MPa		10^8 次的疲劳极限，MPa		
	870℃	980℃	20℃	870℃	980℃
K152B	130	46	500	330	63
K162B	220	90	600	354	140
K163B₁	218	84	580	274	150
K164B	204	70	600	274	160
K184B	270	95	586	245	140
K196	170	56	365	224	很低
WZ-12c	240	105	—	—	—
WZ-12d	200	110	—	—	—

SCA300 金属陶瓷 1093℃的持久强度如图 7-48 所示[94]。

SCA300 金属陶瓷 1093℃100h 的持久强度约 60MPa，为时效 X40 高温合金的 2 倍；或者说，当应力 60MPa 时，X40 高温合金仅能使用 3.3h，而 SCA300 金属陶瓷使用时间约为 X40 高温合金的 30 倍。

2. 抗氧化性

对于高温下工作的材料来说，抗氧化性是很重要的。金属陶瓷一般来说具有较好的抗氧化性。材料的抗氧化能力取决于表面氧化物的特征。如果氧化层是致密的，能阻碍金属原子由内部向表面扩散和氧原子由气氛中向金属内扩散，材料的抗氧化能力就高；反之，氧化物层疏松，则抗氧化能力差。此外，所形成的氧化物层的成分愈复杂，则金属原子和氧原子通过氧化层扩散愈困难，因而材料的抗氧化能力也就愈高。几种金属陶瓷在 980℃保持 200h 后的氧化层厚度如图 7-49 所示[94]。

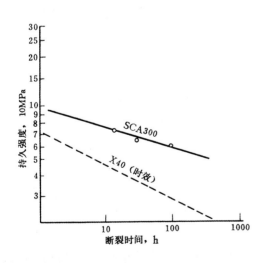

图 7-48　SCA300 金属陶瓷 1093℃的持久强度

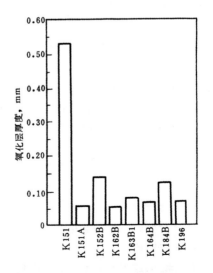

图 7-49　几种金属陶瓷在 980℃保持 200h 后的氧化层厚度

415

从图 7-49 中可看出:用 TiC-TaC-NbC 固溶体代替部分 TiC,促进生成一层牢固的氧化膜,可以改善碳化钛基金属陶瓷的抗氧化能力。如 K151 和 K151A 相比,K151 的碳化物不是固溶体,K151A 在 980℃ 保持 200h 的氧化情况只为 K151 的十分之一。

同理,加入某些元素也可改善碳化钛基金属陶瓷的抗氧化能力。例如,加入 Cr 或 Cr_3C_2 可使 TiC-Ni 金属陶瓷的抗氧化能力在 900℃ 以上,甚至比很多高温合金优越。又如加入少量硅也可改善碳化钛基金属陶瓷的抗氧化能力。但是要注意,硅量过多时往往有较脆的硅化物生成,如与镍生成镍的硅化物,从而大大降低金属陶瓷的强度。

3. 抗热震性

抗热震性是材料抵抗由于环境温度突然变化而产生的热应力导致破坏的能力。当材料处于热应力的条件下,材料的抗拉强度要大于热应力,材料才不致破坏。

稳定态的热应力与下列因素有关:

$$\sigma_t = \frac{C \cdot \alpha \cdot E \cdot \Delta t}{1 - \nu}$$

式中　α —— 热胀系数;

　　　E —— 弹性模量;

　　　Δt —— 温度差;

　　　ν —— 泊松比;

　　　C —— 几何常数。

因此,要求热应力小时,材料的热胀系数、弹性模量、泊松比和温度差都要小。

研究者们将某些性能与抗热震性联系起来,

$$R' = \frac{\sigma_b \cdot \lambda (1 - \nu)}{\alpha \cdot E}$$

式中　σ_b —— 材料的抗拉强度;

　　　λ —— 热导率。

R' 称为热应力参数。热应力参数 R' 值愈大,抗热震性愈好。要求材料抗热震性好,则要求材料具有高的抗拉强度和高的热导率,低的热胀系数和低的弹性模量以及低的泊松比。

一般来说,金属陶瓷的抗热震性是比较差的,因此,人们一直注意改善抗热震性的研究。

陶瓷学者赫斯勒曼[96]发展了微裂纹理论。上述理论是应用于缺陷发生以前情况的,实际上,金属陶瓷中总有缺陷存在的,微裂纹理论则应用于缺陷已存在的条件下。只要缺陷不扩展成大裂纹,就可以吸收大量的热应力,由此得出抗热震损害参数的关系式:

$$R^* = \frac{E \cdot G}{\sigma_b^2 (1 - \nu)}$$

式中　G —— 表面断裂能;

　　　E —— 弹性模量;

　　　σ_b —— 材料的抗拉强度;

　　　ν —— 泊松比。

R^* 称为抗热震损害参数,抗热震损害参数越大,材料抗热震性越好。为了达到高的 R^*,要求材料具有高的表面断裂能和低的断裂弹性能。而断裂弹性能低,即要求具有高的弹性模量和低的抗拉强度。

微裂纹理论跳出了经典理论的限制，有一定的贡献。但也存在一些问题：（1）σ_b 愈小，抗热震性愈好，这似乎不太合理；（2）抗热震损害参数没有包含明显影响抗热震性的因素如热胀系数，导热系数等。微裂纹理论提出后，应用于金属陶瓷得到了部分实验的证明，例如，密度 $2.54g/cm^3$ 的有孔的 Si_3N_4 之抗热震性比密度 $3.18\sim3.19g/cm^3$（接近理论密度）的 Si_3N_4 之抗热震性好。但是，也有的实验并不符合微裂纹理论，进一步研究微裂纹理论使之更加完善对发展金属陶瓷具有重要的意义。产生微裂纹的方法有很多，在此不详细讨论了。

二、硬质合金性能及其影响因素

前已指出，碳化钛基金属陶瓷作为切削材料叫做碳化钛基硬质合金。碳化钛基硬质合金已有多种，如表 7-19 所列。

在这一节里主要讨论所谓粘结碳化钨的含钨硬质合金。含钨硬质合金基本上有两大类，一类是钨钴合金（WC-Co）；一类是钨钛钴合金（WC-TiC-Co）。钨钽钴合金（WC-TaC-Co）和钨钽铌钴合金（WC-TaC-NbC-Co）是在钨钴合金基础上加 TaC、NbC 形成的，钨钛钽钴合金（WC-TiC-TaC-Co）和钨钛钽铌钴合金（WC-TiC-TaC-NbC-Co）是在钨钛钴合金基础上加 TaC、NbC 形成的。还有加其他碳化物如 VC 的硬质合金等等。

表 7-19　无钨的碳化钛基硬质合金的发展

材　料	出现的年代	材　料	出现的年代
TiC-Mo₂C-Ni・Cr・Mo	1929～1931	TiC-Mo₂C-TaC-Ni・Co・Cr	1950
TiC-Ni	1930～1931	TiC-可热处理钢	1952～1961
TiC-TaC-Co	1931	2TiC-1TiB₂	1957
TiC-VC-Ni・Fe	1938	TiC-Mo₂C-Ni・Mo	1965～1970
TiC-NbC-Ni・Co	1944	(Ti・Mo)C-Ni・Cr・Mo	1968～1970
TiC-VC-NbC-Mo₂C-Ni	1949	TiC-TiN-Ni	1969～1970

硬质合金是硬质化合物和粘结金属的矛盾统一体。随着生产技术的发展，要求高耐磨性和高强度的硬质合金日益迫切，在发展硬质合金中希望耐磨性和强度得到兼顾，并且这一种性能的提高必需不损害另一种性能，最好强度和硬度同时提高，但强度的提高尤为重要。

根据实践的总结，硬质合金强度与下列各方面的因素有关：（1）合金的组成；（2）合金的烧结组织，包括碳化物相晶粒度、粒度分布和邻接度以及粘结相的分布；（3）合金中碳的含量；（4）合金中的内部缺陷，包括孔隙度和夹杂；（5）合金的表面状态和体积大小。下面分别来讨论影响硬质合金强度和硬度的因素，着重讨论强度方面的问题。

1. 合金的组成

（1）对硬度的影响

各种硬质化合物的性能已如前述。一般来说，碳化物晶粒度相同时，合金中碳化物含量越高，粘结金属（钴）含量越低，则合金的硬度越高。含钴量一样时，钨钛钴合金的硬度比钨钴合金的高。

（2）对强度的影响

合金抗弯强度是合金韧性的标志，从组成来说，碳化物晶粒度相同时，粘结金属（钴）含量愈高，则合金抗弯强度也愈高。含钴量一样时，钨钴合金的抗弯强度大于钨钛钴合金的。钴含量对 WC-Co 合金抗弯强度的影响如图 7-50 所示[97]。从图 7-50 可以看出，抗弯强度-钴含量关系曲线上有一转折点。对于 WC 平均晶粒度 1.64μm 和 3.3μm 的合金，最高点大约在 20% 钴；而对于 WC 平均晶粒度 4.95μm 的合金，最高点大约在 15% 钴。抗弯强度与钴含量的关系曲线，在一定范围内具有转折点，在此实验结果以前美国的研究结果[98]和在此实验以后西德的研究结果[99]大体上都是一致的，下面还要讨论到。

对钨钛钴合金的情况，WC-TiC-Co 两相合金抗弯强度与钴含量的关系如图 7-51 所示[100]。WC-TiC-Co 三相合金抗弯强度与钴含量的关系如图 7-52[101]和图 7-53[102]所示。前二者也是苏联克列依麦尔等的研究结果，而图 7-53 是基费尔的研究结果。

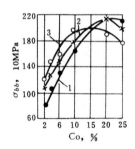

图 7-50　WC-Co 合金抗弯
强度与钴含量的关系

1—WC 晶粒度 1.64μm；2—WC 晶粒
度 3.3μm；3—WC 晶粒度 4.95μm

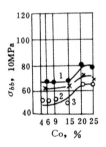

图 7-51　WC-TiC-Co 两相合金抗
弯强度与钴含量的关系

1—碳化物晶粒度 0.9μm；2—碳化物晶粒度
2.6μm；3—碳化物晶粒度 5.6μm

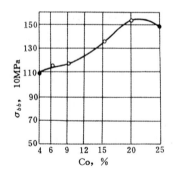

图 7-52　WC-TiC-Co 三相合
金抗弯强度与钴含量的关系

TiC：WC=15：79；碳化物晶粒度：
(Ti，W) C3μm；WC1.8μm

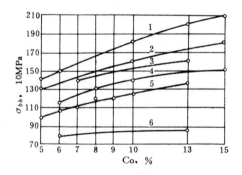

图 7-53　WC-TiC-Co 三相合金抗弯强
度与钴和碳化钛含量的关系

1—TiC2.5%；2—TiC4.5%；3—TiC8%；
4—TiC12%；5—TiC16%；6—TiC25%

从图 7-51 可看出：WC-TiC-Co 两相合金抗弯强度与钴含量的关系与上述 WC-Co 合金不同，WC-TiC-Co 两相合金的抗弯强度在 15％钴以下时不取决于钴的含量。克列依麦尔等[101]指出，WC-TiC-Co 两相合金在 15％钴以下时是（Ti，W）C 晶粒组成的连续碳化物骨架，断裂时裂纹沿碳化物骨架通过，因而抗弯强度不取决于钴含量；当钴含量高于 15％时，碳化物骨架的连续性破坏成为被钴包围的（Ti，W）C 晶粒的聚合体，抗弯强度-钴关系的曲线与 WC-Co 合金的具有同样的特性，即具有转折点。

从图 7-52 可看出：对于 WC-TiC-Co 三相合金，在 4％～20％钴范围内抗弯强度随钴含量增加而增加，不过在 4％～9％钴范围内增加不大。钴含量超过 20％时，抗弯强度降低。除 4％～9％钴范围以外，与 WC-Co 合金的一样。

从图 7-53 可看出：同样钴含量下，随着碳化钛含量的增加，抗弯强度降低。但当碳化钛为 25％时，即接近于两相合金（曲线 6）成分时，在钴含量 6％～13％范围内，抗弯强度变化不大，这与上面讨论的 WC-TiC-Co 两相合金的规律很一致。

2. 合金的烧结组织

合金的烧结组织包括碳化物相晶粒度、粒度分布和邻接度以及粘结相的分布等。

（1）对 WC-Co 合金硬度和强度的影响　碳化钨晶粒度对 WC-Co 合金硬度和抗弯强度的影响分别如图 7-54 和图 7-55 所示[98]。

粘结相（钴）的平均自由路程对 WC-Co 合金硬度和抗弯强度的影响分别如图 7-56 和图 7-57 所示[98]。

从 WC-Co 合金硬度和抗弯强度与 WC 晶粒度和钴相平均自由路程的关系可以看出，WC-Co 合金的硬度随 WC 晶粒度和钴相平均自由路程的增大线性地下降。

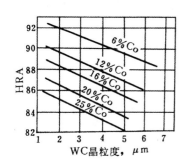

图 7-54　WC-Co 合金硬度
与 WC 晶粒度的关系

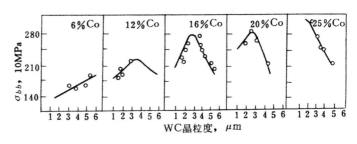

图 7-55　WC-Co 合金抗弯强度与 WC 晶粒度的关系

在 WC-Co 合金的抗弯强度与 WC 晶粒度的关系中，除了 6％钴和 25％钴两种情况外，随着 WC 晶粒度的增加都有一个最高转折点，古兰德认为，对 6％钴的情况，继续增大 WC 晶粒度也将出现最高点；对 25％钴的情况，继续减小晶粒度也将出现最高点。抗弯强度与 WC 平均晶粒度的关系，在转折点的两侧上都呈线性关系。

WC-Co 合金抗弯强度与钴相平均自由路程的关系有如图 7-50 所示的抗弯强度与钴含量关系曲线一样的性质，随着钴相厚度增大，达最高点后，抗弯强度下降。

（2）对 WC-TiC-Co 合金强度的影响　WC-TiC-Co 两相合金抗弯强度与碳化物晶粒度

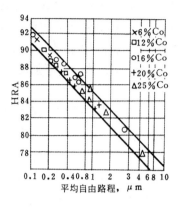

图 7-56 WC-Co 合金硬度与
钴相平均自由路程的关系

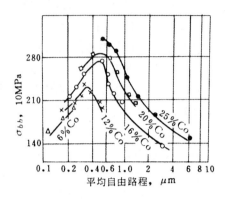

图 7-57 WC-Co 合金抗弯强度与钴相
平均自由路程的关系

的关系如图 7-58 所示[100]。WC-TiC-Co 三相合金抗弯强度与碳化物晶粒度的关系如图 7-59
和图 7-60 所示[101]。

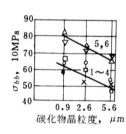

图 7-58 WC-TiC-Co 两相合金
抗弯强度与碳化物晶粒度的关系
1—4%Co；2—6%Co；3—9%Co；
4—15%Co；5—20%Co；
6—25%Co

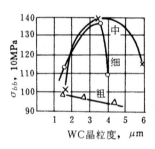

图 7-59 T15K6 合金抗弯
强度与 WC 晶粒度的关系

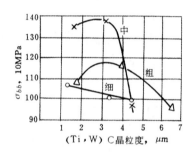

图 7-60 T15K6 合金抗弯强度与
(Ti，W) C 晶粒度的关系
粗、中、细表示 WC 的晶粒度
粗—4.5～7μm；
中—2.3～3.5μm；
细—1.2～1.8μm

从图 7-58 可以看出：WC-TiC-Co 两相合金在抗弯强度与碳化物晶粒度的关系上与
WC-Co 合金的很不相同，随着碳化物晶粒度的增加，抗弯强度降低。

从图 7-59 和图 7-60 可以看出：在 WC-TiC-Co 三相合金中，粗晶粒 Ti 相合金的抗弯强
度虽然较低，但随 WC 相晶粒的增大而变化不大；细晶粒和中等晶粒的 Ti 相的合金，抗
弯强度随 WC 相晶粒由 1.5μm 增到 3.5μm 急剧增加，以后，WC 相晶粒度由 3.5μm 继续
增大到 6μm 时，抗弯强度急剧下降；在 WC-TiC-Co 三相合金中，细晶粒 WC 相合金的抗
弯强度较低，实际上受 Ti 相晶粒的影响很小；细晶粒 Ti 相合金（Ti 相晶粒度 1.7μm，WC
相晶粒度 3.8μm）和中等晶粒 Ti 相合金（Ti 相晶粒度 3.3μm，WC 相晶粒度 3.2μm）具有

最高的抗弯强度，随 Ti 相晶粒度增大，三相合金的抗弯强度急剧下降；而粗晶粒 WC 相合金，在 Ti 相为中等晶粒度时，抗弯强度较高，随着 Ti 相晶粒度的增大，抗弯强度也下降。

3. 合金中碳的含量

实践证明，合金中存在有 η 相（W_3Co_3C）对合金强度影响极坏。众所周知，η 相是由于脱碳后产生的一种脆性三元复式碳化物。游离碳对合金强度的影响不逊于 η 相的影响。碳含量对 WC-Co 合金抗弯强度、硬度等的影响如图 7-61[103] 和图 7-62[104] 所示。

从图 7-61 可以看出：随着 WC 中的碳从 5.9% 增加到 6.2%，即出现游离石墨以前，合金抗弯强度成直线地上升到最大值；出现游离石墨后，抗弯强度开始下降，但下降不如上升的快。不过，这些数据是按研磨料的碳含量控制而不是按烧结合金控制的。从图 7-62 可以看出：在合金中含 0.5%（体积）石墨到 0.5%（体积）η 相范围内，抗弯强度保持不变，这与 WC 中 6.05% 到 6.2% 的含碳量相当。在上述 η 相和石墨量的范围外，抗弯强度都大大下降，因为 η 相化合了一部分钴，并且很脆，从而降低强度。游离石墨多时，材料致密性被破坏，强度也随之降低。

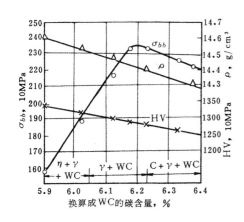

图 7-61　WC-10%Co 合金机械性能
与碳含量的关系

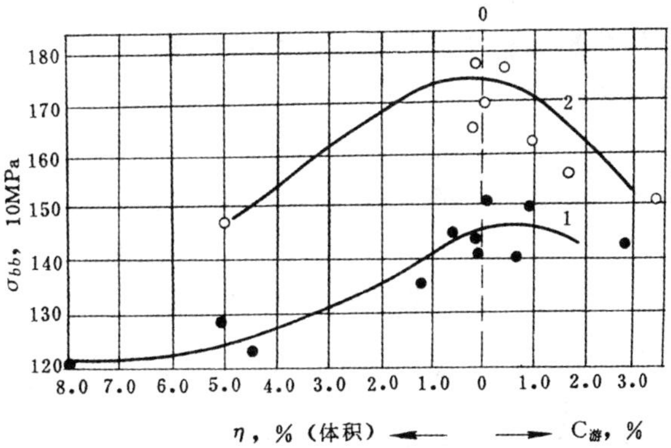

图 7-62　WC-8%Co 合金与 η 相和游离碳的关系
1—C5.13%～6.4%；2—C5.94%～6.7%
0—0 线表示无游离石墨和 η 相的两相合金

4. 合金中的剩余孔隙度

在标准 WC-Co 合金中只要剩余孔隙度达 0.5%（体积），抗弯强度就大大降低。例如，在粗晶粒 WC-10%Co 合金中没有剩余孔隙度时，抗弯强度可以从 2800～2900MPa 提高到 3400MPa 以上[105]。采用热等静压是减少孔隙度的有效措施[43]。减少剩余孔隙度是提高抗弯强度的方向之一，也是值得重视加以研究的。

5. 合金的表面状态和体积大小

这方面因素与上述四个方面的不同，并不受粉末加工过程的影响。但评价合金强度时应予以考虑。

合金抗弯强度与试样表面状态的关系如表 7-20 所示。从表中所列数据可以看出：合金试样表面经研磨后可使抗弯强度提高，因为可以消除表面缺陷。

表 7-20　试样表面状态对抗弯强度的影响[106]

合金	抗弯强度，MPa		强度提高%
	表面未加工	表面经研磨	
WC-6%Co	1260	1535	22
WC-8%Co	1500	1700	13
WC-11%Co	1560	1845	18
WC-15%Co	1840	2160	17

合金抗弯强度与试样厚度的关系如图 7-63 所示[107]。尽管数据有偏差，明显的趋势是试样体积愈大，强度愈低。这种趋势是符合脆性材料的规律的，因为体积增大，其中存在危险性的缺陷就增加，以致降低强度。

硬质合金是一种脆性材料，考虑到对裂纹的敏感性，在给定的应力条件下，单位体积的合金的破坏几率 P_f 是可以确定的。硬质合金试样愈大，单位体积数愈多，任何单位体积中发生的断裂都会造成硬质合金试样的破坏，基于这样的理由，可以推导出硬质合金体积效应和应力效应之间的关系[106,108]：

单位体积试样的使用几率 $S = 1 - P_f$

$$(7\text{-}36)$$

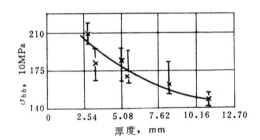

图 7-63　WC-10%Co 合金抗弯强度
与试样厚度的关系

对体积为 V 个单位体积的合金试样而言，则

$$S = (1 - P_f)^V \qquad (7\text{-}37)$$

而断裂的危险性 R 和使用几率的关系为

$$R = -\ln S \qquad (7\text{-}38)$$

从式（7-37），由于 $P_f < 1$，$(1-P_f) < 1$，随着 V 增加，即随试样体积增加，S 减小，即寿命下降。

对式（7-37）取对数，　　　　$\ln S = V \ln (1 - P_f)$ 　　　　(7-39)

从式（7-38）和式（7-39）得，　　　　$R = -V \ln (1 - P_f)$ 　　　　(7-40)

对式（7-40）微分得，　　　　$dR = -\ln (1 - P_f) \cdot dV$ 　　　　(7-41)

韦伯尔（Weibull）用实验得到

$$-\ln(1 - P_f) = \left(\frac{\sigma}{\sigma_0} \right)^m \qquad (7\text{-}42)$$

从式（7-41）和式（7-42）得　　　　$dR = \left(\frac{\sigma}{\sigma_0} \right)^m \cdot dV$ 　　　　(7-43)

对式（7-43）积分得　　　　$R = V \cdot \left(\frac{\sigma}{\sigma_0} \right)^m$ 　　　　(7-44)

式中　$\dfrac{\sigma}{\sigma_0}$——应力梯度；

　　　m——取决于材料塑性的系数。

在抗拉条件下，若两试样的体积为 V_1 和 V_2，则

$$R_1 = V_1 \left(\frac{\sigma_1}{\sigma_0} \right)^m$$

$$R_2 = V_2 \left(\frac{\sigma_2}{\sigma_0} \right)^m$$

在两个试样具有相同的断裂危险性的情况下，即 $R_1 = R_2$，可得

$$\frac{\sigma_1}{\sigma_2} = \left(\frac{V_2}{V_1} \right)^{1/m} \tag{7-45}$$

可清楚地看出，试样体积愈大，则相应的有效强度就愈低；同时，若材料愈脆，m 就小，体积效应越严重。但必须注意，在两试样相差不大的范围内，体积效应往往被测量误差所掩盖，因此式（7-45）在体积相差较大时才有指导意义。

硬质合金的使用几率 S 随试样体积增加而下降的规律，也可推广到试样表面缺陷和不均匀性，那么，式（7-45）可表示为，

$$\frac{\sigma_1}{\sigma_2} = \left(\frac{A_2}{A_1} \right)^{1/m}$$

式中　A——试样的总表面积。

式（7-45）也可改写为，

$$\sigma = \frac{C}{V^{1/m}} \tag{7-46}$$

式中　C——常数。

对式（7-46）取对数，　　　$\lg\sigma = \lg C - \frac{1}{m}\lg V$

根据 $\sigma\text{-}V$ 的关系作图，可求 m。

有人研究了 WC-2%Co、WC-3%Co、WC-6%Co、WC-8%Co、WC-15%Co、WC-15%TiC-6%Co 合金平均抗弯强度与体积的关系后得出了 m 值（见表 7-21）。

表 7-21　几种硬质合金的 m 值[106]

材　料	WC-2%Co	WC-3%Co	WC-6%Co	WC-8%Co	WC-15%Co	WC-15%TiC-6%Co
m 值	9.9	11.1	10	11.95	10	8.4

三、硬质合金的断裂机理

上面图 7-50，图 7-55，图 7-57 中 WC-Co 合金抗弯强度与钴含量、WC 晶粒度、钴相平均自由路程的关系曲线上都有一个强度峰值，在峰值两侧有着完全不同的强度变化规律。下面主要讨论解释这种强度变化规律的强度理论。

1. WC-Co 合金强度-成分曲线左支线的断裂机理

WC-Co 合金强度-成分曲线左支线的主要特征是随着钴含量增加强度增加。为了解释左支线合金断裂的特性，克列依麦尔认为合金的断裂是脆性断裂，根据格雷菲斯方程式，这种合金的强度决定于裂纹的萌生和扩展。为此，有必要先介绍一下格雷菲斯的微裂纹理论。

格雷菲斯微裂纹理论　为了解释实际材料的断裂强度和理论强度的差异,格雷菲斯[109]提出,材料中有微裂纹存在会引起应力集中,使得断裂强度下降。对应于一定尺寸的裂纹,

有一临界应力值 σ_c，当外加应力低于 σ_c 时，裂纹不能扩展，只有当应力超过 σ_c 时，裂纹迅速扩大，导致断裂。设试样为一薄板，中间有一长度为 $2c$ 的裂纹贯穿其间（如图 7-64 所示）。设板受到均匀张应力 σ 的作用，它和裂纹面正交。在裂纹面两侧的应力被松弛了（应力比 σ 低），而在裂纹两端局部地区引起应力集中（应力超过 σ）。

格雷菲斯用能量条件导出 σ_c，即裂纹扩展所降低的弹性能恰好足以供给表面能的增加。裂纹所松弛的弹性能可以近似地看作为形成直径为 $2c$ 的无应力区域（单位厚度）所释放的能量。在松弛前弹性能密度等于 $\dfrac{\sigma^2}{2E}$，被松弛区域的体积为 πc^2，粗略估计弹性能的改变量等于 $-\dfrac{\pi c^2 \sigma^2}{2E}$，更精确计算求出的值为粗略估计值的一倍，即

$$U_1 = -\frac{\pi c^2 \sigma^2}{E}$$

式中　E——弹性模量。

裂纹所增加的表面能（单位厚度）为

$$U_2 = 4c\gamma$$

式中　γ——单位面积的表面能。

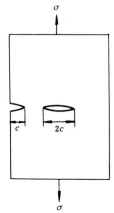
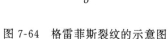

图 7-64　格雷菲斯裂纹的示意图

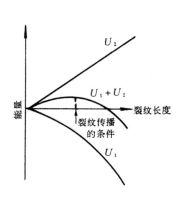

图 7-65　裂纹的能量与长度关系的示意图

U_1、U_2 及 $U_1 + U_2$ 与裂纹长度的关系可以图 7-65 来表示。如果裂纹的长度对应于能量 $U_1 + U_2$ 的极大值，裂纹就可自发地扩展，这样的过程降低系统的能量，因而裂纹传播的能量判据可以表示为

$$\frac{\mathrm{d}}{\mathrm{d}c}(U_1 + U_2) = \frac{\mathrm{d}}{\mathrm{d}c}\left(4c\gamma - \frac{\pi c^2 \sigma^2}{E} \right) = 0$$

于是求出裂纹传播的临界张应力为

$$\sigma_c = \left(\frac{2E\gamma}{\pi c} \right)^{\frac{1}{2}} \approx \left(\frac{E\gamma}{c} \right)^{\frac{1}{2}}$$

此式称为格雷菲斯方程式，表明裂纹传播的临界应力与裂纹长度的平方根成反比。

奥罗万[110]用 X 光测定，发现低碳钢脆性断裂时，直接连接于断裂表面的金属层产生范

424

性形变。同时指出，范性形变功比表面能大 2～3 个数量级，奥罗万建议将格雷菲斯方程式中的 γ 值用单位表面的范性变形功 P 来代替。这样，格雷菲斯方程式可写成如下形式：

$$\sigma_c = \left(\frac{2EP}{\pi c}\right)^{\frac{1}{2}}$$

此式称为格雷菲斯-奥罗万方程式。

（1）克列依麦尔的解释 克列依麦尔[111,112]在研究 WC-Co 合金脆性断裂时，发现连接于断裂表面的局部粘结相区产生范性形变。根据格雷菲斯-奥罗万的方程式，显然，钴相的范性形变功应与断裂表面该相所占的面积成比例，而此面积又与合金中钴的体积成比例。因此，连接于断裂表面的局部钴相区的范性形变功与合金中钴相的体积含量成比例。

$$P = aC$$

式中 a——比例系数，表示通过单位体积百分含量钴的范性变形功；

C——钴含量%（体积），近似于%（质量）。

这样的比例关系在一定程度上为实验的冲击功与钴含量的关系所证实[98]（如图 7-66 所示）。

考虑 $P = aC$ 的关系，可将格雷菲斯-奥罗万方程式写成如下形式：

$$\sigma^2 = AEC$$

式中 A——与 E 同因次的比例常数，等于 $\frac{2a}{\pi c}$；

C——钴含量%（体积），近似于%（质量）。

现在，我们来验证表征断裂机理的 $\sigma^2 = AEC$ 关系式的正确性。用此关系式来分析图 7-50 所示的实验的强度-成分曲线上的左支线。为了校正，根据图 7-50 的实验数据作一个 σ^2 与 EC 乘积的关系图[111,112]（如图 7-67 所示）。WC-Co 合金的弹性模量列于表 7-22。

表 7-22　WC-Co 合金的弹性模量[113]

Co,%（重量）	6	9	10	15	20	25
E_1, 10^4MPa	62	—	55	51	47	44

从图 7-67 可以看出：图中直线 1（WC 晶粒度 1.64μm）与方程式 $\sigma^2 = AEC$ 相符，并通过坐标原点。当 C 接近于 0 时，强度也趋近于 0。而直线 2 和 3，在纵坐标上有一截距（K），截距的长度随 WC 晶粒度增加而增长。这可解释如下，在 WC 晶粒度较细时，断裂裂纹仅仅通过两相界面和钴相区，而绕过 WC 晶粒，相界面是强度最小的结构部分，它的断裂功可以忽略不计。在 WC 晶粒中等时，裂纹沿钴相，也沿 WC 晶粒通过，绕过最细的 WC 晶粒，破坏最大的 WC 晶粒。在 WC 晶粒最大时，裂纹也沿钴相，也沿 WC 晶粒通过，破坏所有遇到的 WC 晶粒。因此，方程式 $\sigma^2 = AEC$ 可以改写为

$$\sigma^2 = AEC + K$$

克列依麦尔的基于格雷菲斯-奥罗万方程式的理论只能解释左支线强度与钴的质量%关系，为什么在转折点达到最大的范性变形抗力（见图 7-50）。随着 WC 晶粒的增大，钴层厚度增加，这样，合金范性变形抗力降低，而转折点向减少钴含量的方向移动。

上面的分析均指 WC-Co 两相合金的情况，其中没有 η 相和游离碳。必须注意到，合金

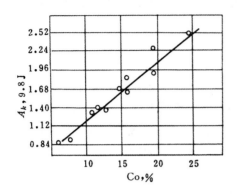

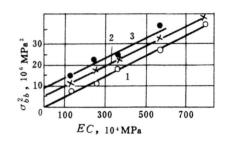

图 7-66　WC-Co 合金冲击功与钴含量
的关系（WC 晶粒度 1.4～3.1μm）

图 7-67　WC-Co 合金抗弯强度的平方与
EC 乘积的关系〔C 取%（重量）〕
1—WC 晶粒度 1.64μm；2—WC 晶粒度 3.3μm；
3—WC 晶粒度 4.95μm

强度与钴含量、WC 晶粒度和碳含量综合有关。从前面图 7-62 已经得出，合金中含 0.5%
（体积）游离碳和 0.5%（体积）η 相时，合金强度最大。

（2）古兰德的解释　古兰德[114]力求正确说明 WC-
Co 合金转折点左支线的结构参数与抗弯强度的关系。与
克列依麦尔提出的看法相似，他也把断裂看作裂纹的扩
展过程，但是他略去了 WC 晶粒度对裂纹扩展路程的影
响。粘结相阻碍裂纹沿 WC 晶粒连续扩展，因此，强度随
粘结相的平均自由路程增大而增加，这也意味着强度
随钴含量增加和 WC 晶粒度增大而增加。由于钴量正比
于碳化物的分离度$(1-C)$，古兰德提出了 $\sigma \propto (1-C)$ 的
关系，此处 C 是 WC 颗粒接触表面分数。σ 与 $(1-C)$ 的
关系如图 7-68 所示。此 WC-Co 合金的钴含量为 10%、
19%、25%、31%（体积），WC 晶粒度为 1.4μm、5.1μm。

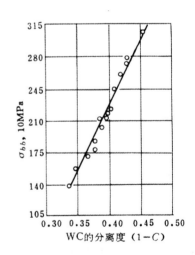

作者原想找出 $(1-C)$ 对方程式 $\sigma_c = \left(\dfrac{2E\gamma}{\pi c}\right)^{\frac{1}{2}}$ 中 γ 和
c 的影响，但是未求得此方程式中的强度参数与合金结
构参数间的定量关系。

图 7-68　位于强度-Co%曲线
左支线的 WC-Co 合金抗弯强度
与 WC 分离度的关系

2. WC-Co 合金强度-成分曲线右支线的断裂机理

（1）古兰德的解释　古兰德[114]用弥散强化的观点解释右支线上合金强度与结构参数间
的关系。他根据位错数和靠近颗粒基体界面位错堆的应变能推导出了临界应力与强度结构
参数之间的关系（推导从略）

$$(q\sigma - \sigma_0)^2 = k\gamma\mu\frac{f^{2/3}}{d}$$

式中 q——应力倍加系数，约等于$\frac{1}{3}$；

σ——轴向应力；

σ_0——刚好移动一个被隔绝的位错所需要的应力；

f——WC 的体积分数；

d——WC 的平均晶粒度；

γ——WC 的表面能；

μ——基体的弹性模量；

k——常数。

这个关系式能够说明右支线合金断裂强度与结构参数的关系。强度与 d（WC 晶粒度）成反比，与 $f^{2/3}$ 成正比。强度随平均自由路程的减小而增大，或者说，随钴相区厚度的减小而增大。

因此，在钴相平均自由路程临界值以下时，强度与结构参数间的关系服从于格雷菲斯的断裂理论，断裂是连续断裂；在钴相平均自由路程临界值以上时，强度与结构参数间的关系服从于弥散强化，断裂是非连续断裂。在这两个断裂模型之间的过渡达到最大强度。

（2）克列依麦尔的解释　克列依麦尔[106,115]应用奥罗万以及安塞尔-勒尼尔的屈服强度的弥散强化理论（见本章第四节）来解释 WC-Co 合金强度-成分曲线右支线的规律。弥散强化理论用到两个公式。第一个是 $\tau_c = \dfrac{Gb}{\lambda}$，钴的切变模量为 84000MPa[106]，因为基体相不是纯钴，而是 WC 在钴中的固溶体，可以采用切变模量为 10^5MPa；柏氏矢量 b 可以认为等于 2.5×10^{-8}cm；屈服应力平均等于 10^3MPa，但切变屈服应力等于正常屈服应力的一半，可以采用 $\tau_c = 0.5 \times 10^3$MPa。

于是，
$$\lambda = \frac{Gb}{\tau_c} = \frac{10^5 \times 2.5 \times 10^{-8}}{0.5 \times 10^3} = 5 \times 10^{-6}\text{cm}$$

实践中，显微镜可以看到的钴相区厚度一般为 $(1 \sim 2) \times 10^{-4}$cm，这是光学显微镜分辨能力的界限，在 WC-Co 合金中存在尺寸极微的钴区是不容置疑的。因此，计算得到的 λ 值 $10^{-5} \sim 10^{-6}$cm 与弥散强化理论应用于 WC-Co 合金的结果并不矛盾。

另一个公式是屈服应力 $= \sqrt{\dfrac{G \cdot b \cdot G^*}{2\lambda c}}$。两个公式中的 G、G^*、b 对 WC-Co 合金来说都是不变的，那么，可以写成如下形式：

$$\sigma = \frac{a}{V^n} + b$$

式中 σ——强度；

V——钴的体积含量；

n——$\dfrac{1}{3} \sim 1$ 间的数；

a，b——常数。

对于屈服极限来说，$b = 0$。

$$\sigma_s = \frac{a}{V^n}$$

那么，将方程式取对数得：

$$\lg\sigma_s = \lg a - n\lg V$$

根据实验数据，可以作出 σ_s 与 V 的对数坐标的关系，n 就是直线的斜率。

表 7-23　WC-Co 合金的屈服极限、抗压强度和最大变形

钴，%		屈服极限 $\sigma_{0.1}$	抗压强度 σ_{bc}	断裂前最大变形	
（重量）	（体积）	MPa	MPa	%	应力，MPa
6	10.5	2000	3550	1.1	3370
15	25	1300	2900	1.49	2700
25	40	890	2550	4.35	2400
35	50	650	2250	5.10	2000
50	64.8	460	2070	6.86	1800

现在根据依万生（В. А. Ивенсен）[116] 的数据（见表 7-23）来检验上式，可得满意的直线结果，如图 7-69 所示。

下面进一步讨论 WC-Co 合金强度-成分曲线右支线上的强度、屈服极限与 WC 平均晶粒度的关系。从 WC 平均晶粒度来考虑，可把经验公式 $\sigma_s = \dfrac{a}{V^n}$ 改写成如下形式：

$$\sigma_s = \frac{a}{d_{\Psi}^n}$$

式中　d_{Ψ}——WC 的平均晶粒度。

根据实验数据，可以作出 σ_s 与 d 的对数坐标关系。

现在，根据杜曼诺夫（В. И. Туманов）和克列依麦尔的实验数据（见图 7-70）来检验此式，可得满意的直线结果，如图 7-71 所示。

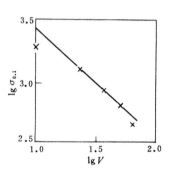

图 7-69　WC-Co 合金 $\sigma_{0.1}$ 与 Co% 的关系（按依万生的数据，$n=0.93$）

3. 铃木寿、林宏尔的关于硬质合金断裂的解释

1974 年起，日本学者铃木寿、林宏尔[43,45,46] 研究了硬质合金内部组织的缺陷与其强度的关系。缺陷是一种断裂源，他们称之为白点（包括孔隙、粗晶粒 WC、钴池等，见前面图 7-14）。硬质合金抗弯时断裂源的位置如图 7-72 所示。

由于白点往往不是在跨距中心的最大张力面处，而是在偏离 Δl 及 Δh 的地方。

对于横向偏离 Δl 处的强度 $\sigma_{\Delta l}$

$$\frac{\sigma_{\Delta l}}{\sigma_{bb}} = \frac{M_{\Delta l}/W}{M_m/W} = \frac{M_{\Delta l}}{M_m}$$

$$= \frac{P/2 \cdot (l/2 - \Delta l)}{P/2 \cdot l/2} = 1 - \frac{2\Delta l}{l}$$

式中　M_m——中心断面的弯距；

　　　$M_{\Delta l}$——偏离 Δl 处断面的弯距；

　　　W——试样的抗弯截面模量；

　　　Δl——断裂源至跨距中心的距离；

　　　Δh——断裂源至最大张力面的距离。

所以　　　　　　　　　　　　$\sigma_{\Delta l} = \sigma_{bb}(1 - 2\Delta l/l)$　　　　　　　　(a)

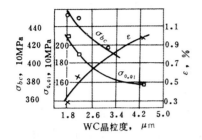

图 7-70 WC-8％Co 合金 WC 晶粒
度对强度的影响

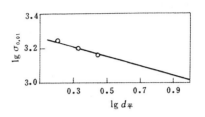

图 7-71 WC-Co 合金 $\sigma_{0.01}$ 与
WC 平均晶粒度的关系（按杜曼诺夫的

数据，$n \approx \dfrac{1}{3}$）

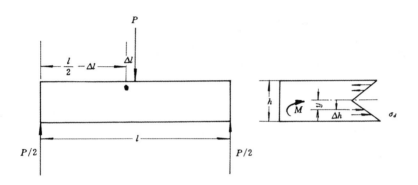

图 7-72 抗弯时断裂源的位置

因为
$$\frac{\sigma_d}{\sigma_{\Delta l}} = \frac{y}{h/2} = \frac{h/2 - \Delta h}{h/2} = 1 - \frac{2\Delta h}{h} \tag{b}$$

所以
$$\sigma_d = \sigma_{\Delta l}(1 - 2\Delta h/h)$$

将 (a) 式代入 (b) 式，得横向断裂时作用于缺陷的外加应力 σ_d

$$\sigma_d = \sigma_{bb}(1 - 2\Delta l/l)(1 - 2\Delta h/h) \tag{c}$$

已知孔隙尖端应力集中系数 K_t 为

$$K_t = 1 + \frac{2c}{b} = 1 + 2\sqrt{\frac{c}{r}}$$

那么，缺陷尖端基体材料的强度 σ_{bb0} 为

$$\sigma_{bb0} = \sigma_d \left(1 + 2\sqrt{\frac{c}{r}}\right) \tag{d}$$

再由 (c) 式和 (d) 式综合得到硬质合金的抗弯强度 σ_{bb} 为

$$\sigma_{bb} = \sigma_{bb0}\left\{\frac{1}{(1 + 2\sqrt{c/r})(1 - 2\Delta l/l)(1 - 2\Delta h/h)}\right\}$$

由此式可见，硬质合金的抗弯强度主要取决于无缺陷基体材料的理论抗弯强度（σ_{bb0}），并受缺陷大小及位置的支配。因而提高合金的强度主要是减小缺陷，特别是孔隙的大小。这

429

一点得到了实践的证实，他们的理论解释具有一定的实际意义。作者本人在中南工业大学 WC-Co 硬质合金小能多冲性能的研究[136]中，也得出合金的多冲寿命与断裂源和断裂路径的类型有密切关系。

第六节　纤维强化

弥散强化材料还是利用基体的强度，工作温度不能太高，一般使用温度为熔点的 80%～85%，如弥散强化镍基合金可在 1100℃附近的高温使用。而纤维强化材料则是利用纤维的强度，可采用具有高的高温强度的难熔金属丝或无机纤维，因而纤维强化材料有可能在基体的熔点附近的高温使用，即有可能提供 1100℃以上的高温材料。

将具有高强度的纤维或晶须加到金属（合金）基体中使金属得到强化,这样的材料称为纤维强化金属材料。纤维强化金属材料是在纤维强化塑料的基础上发展起来的。以塑料为基体的玻璃纤维复合材料，即所谓玻璃钢从 40 年代后就得到了广泛的应用。以后以金属为基体的纤维复合材料（石墨、碳、SiC、Al_2O_3、钨、钼等）又引起人们所注意。21 世纪将是复合材料的时代,预计纤维强化材料在今后二、三十年会有很大的发展，将是飞机、导弹、宇宙飞行器、人造卫星、舰艇、高压容器等的重要材料。

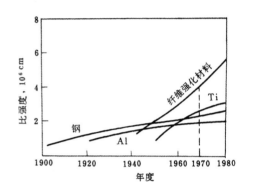

图 7-73　几种材料比强度的变化

纤维强化金属材料的特点首先是高温性能好，因为是软的金属中加入高强度、高弹性模量的纤维或晶须，所以能在高温条件下，长时间稳定有效地工作；其次一个突出点是比强度和比弹性高。如图 7-73 所示，纤维强化金属材料的比强度是最高的。比强度高，意味着达到一定的强度所需材料少；或者说材料一样重时，构件可承受较大的负荷。这是航空技术发展中非常需要的。据报导，F106 截击机如采用 B-Al 复合材料代替钛合金作主要构件，可以减轻 23%，从而增加 115% 的有效载荷而不减少速度和航程；或者在不增加载荷情况下，飞行速度可提高到马赫数 3。

纤维强化材料所使用的纤维类别也是很广泛的，综合如表 7-24 所示。

表 7-24　纤维强化材料所使用的纤维

长　纤　维	非　晶　体		玻璃，熔融 SiO_2 等
	多　晶　体	金　属	W，Mo，Be，Ti 等
		非　金　属	C，Al_2O_3，ZrO_2，BN 等
	多　相　体		B/W，B/SiO_2，$B_4C/B/W$ 等
晶　须	单　晶　体	金　属	Cr，Cu，Fe，Ni 等
		非　金　属	Al_2O_3，BeO，SiC，B_4C 等

纤维强化材料的基体已有很多类型：有纤维强化塑料、纤维强化橡胶、纤维强化陶瓷和纤维强化金属。

纤维强化的机理对各类材料都是共同的。在这一节里，先讨论纤维强化的机理。对纤维强化材料的性能主要只围绕纤维强化金属复合材料加以讨论。而其他体系纤维强化材料，不是本课程教学大纲的要求，因而不予介绍。

一、纤维强化的机理

纤维强化材料所用的纤维均是具有高键合强度的硬质材料。众所周知，硬质材料虽有高的键合强度，但由于裂纹的存在，导致断裂强度大幅度地下降，使其键合强度不能充分利用。如果将这些材料制成纤维状，一束纤维对裂纹的敏感性就比整块材料低很多，因为几何条件不同了，横跨纤维的裂纹很短，而平行于纤维轴的裂纹基本上变得无害了。硬的纤维束埋在软的基体中，材料所承受的负荷就转嫁到硬的纤维身上，这就构成了纤维强化的复合材料。纤维强化和弥散强化相比，二者都是软硬两种材料掺合在一起，但强化的机理却不相同。弥散强化主要是利用硬的粒子阻碍位错的运动或增强加工硬化的作用，因而弥散相粒子间距对强化极为关键；而纤维强化主要是靠纤维本身承受主要负荷，在工作过程中，外力可能同时作用到基体和纤维上，作用到金属基体上的力，通过基体的范性流变将负荷转嫁到纤维身上，因此，纤维间的间距不一定要在微米尺度内，只要纤维具有高的强度和高的弹性模量，并且数量多到能承担所需的负荷就可以。而金属基体的作用是传递应力，保护纤维表面不受损伤，避免纤维互相接触，从而维持纤维原来的尺寸，稳定纤维的几何排列。金属基体和纤维必须很好结合在一起，有足够的结合强度，否则，基体与纤维互相滑移，材料就会破坏。

下面分析负荷转嫁的问题[117]。设想长度为 l 的一段纤维（弹性模量 E_f）埋在基体（弹性模量 E_m）之中，如图 7-74（a）所示。

现在对此复合体沿纤维轴向加一负荷，纤维和基体都发生了弹性形变。由于 E_f 比 E_m 大，因而纤维在局部地区牵制了基体的伸长。这样，基体中的弹性形变就变得不均匀了，在纤维的两端将产生明显的应力集中，如图 7-74（b）所示。通过基体-纤维界面上切应力 τ 的作用，在纤维内部产生了轴向张应力 σ，这样，负荷就从基体转移到纤维身上。考虑到距离纤维一端为 x 处的一小段纤维的平衡条件（见图 7-75），便可以得到 σ 与 τ 所满足的微分方程

$$\pi r_0^2 \frac{\mathrm{d}\sigma}{\mathrm{d}x} = 2\pi r_0 \tau \tag{7-47}$$

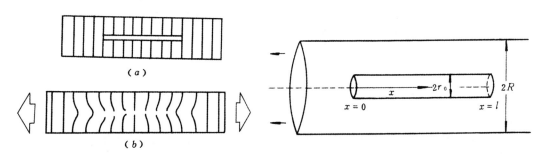

图 7-74　弹性加载下纤维复合体　　　　图 7-75　纤维复合体坐标的示意图
基体中形变示意图
（a）加载前；（b）加载后

在基体和纤维都作弹性形变的情况下，通过简化的理论模型计算，可以求出 σ 和 τ 随 x 的变化关系（见图 7-76）。τ 的数值在纤维两端为极大，然后逐渐下降，到纤维中部为零；而 σ 则在纤维两端为零，在纤维中部为极大，趋近于 $E_f\bar{\varepsilon}$（$\bar{\varepsilon}$ 为复合体的平均应变，$E_f\bar{\varepsilon}$ 为连续的纤维（$l=\infty$）所承担的张应力）。如果外加负荷是使基体产生范性形变，这样界面上的切应力 τ 就应等于其屈服应力 τ_s。如忽略加工硬化效应，即可认为 τ 基本上保持恒定的数值。这样，对式（7-47）积分，可求出：

$$\int \mathrm{d}\sigma = \frac{2\tau}{r_0}\int \mathrm{d}x$$

$$\therefore \quad \sigma = \frac{2\tau x}{r_0} \tag{7-48}$$

此式表示 σ 自纤维两端线性地增大。当 σ 的数值达到纤维的抗拉强度 σ_f，纤维就断裂，因而 σ 的值不能超过 σ_f（见图 7-77）。

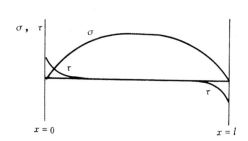

图 7-76　纤维中张应力和界面上切应力
分布示意图（基体和纤维作弹性形变）

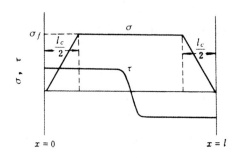

图 7-77　纤维中张应力和界面上切应力
分布示意图（基体发生范性流变，$l > l_c$）

若令 l_c 表示产生纤维断裂所需要的临界长度，则

$$l_c = \frac{r_0 \sigma_f}{\tau_s} \tag{7-49}$$

如果纤维的长度 l 小于临界长度 l_c，则负荷的转移是不完全的，断裂将在基体内而不是在纤维内发生，这样就不能充分发挥纤维强化的作用。当纤维的长度 l 大于 l_c 时，负荷的转移将在距端为 $l_c/2$ 的长度内实现，因而 $l_c/2$ 称为负荷的转移长度。

纤维长度 l 与纤维直径 d 的比被称为外形比，临界外形比为 l_c/d，则式（7-49）可变成

$$\frac{l_c}{d} = \frac{\sigma_f}{2\tau_s} \tag{7-50}$$

从式（7-50）可以看出：临界外形比取决于纤维的断裂强度与基体的屈服强度的比值。提高基体的屈服强度，将使临界外形比减小。

在纤维断裂时，纤维内的平均应力 $\bar{\sigma}$ 应小于 σ_f，根据图 7-77，可以求得

$$\bar{\sigma} = \frac{\sigma_f}{l}(l - l_c) + \frac{\sigma_f}{l} \cdot \frac{l_c}{2} = \sigma_f\left(1 - \frac{l_c}{2l}\right) \tag{7-51}$$

又复合体的抗拉强度 σ_t 应等于纤维断裂时垂直于拉伸轴的截面上的平均张应力，即

$$\sigma_t A = \bar{\sigma} A_f + \bar{\sigma}_m A_m$$

$$\sigma_t = \overline{\sigma} V_f + \overline{\sigma}_m V_m$$
$$\sigma_t = \overline{\sigma} V_f + \overline{\sigma}_m (1 - V_f) \tag{7-52}$$

式中　$\overline{\sigma}_m$——纤维断裂时基体所承受的平均应力；

$\quad A$——复合体的截面积，等于 $A_f + A_m$；

$\quad V_f$——纤维所占体积百分数 $= \dfrac{A_f}{A}$；

$\quad V_m$——基体所占体积百分数 $= \dfrac{A_m}{A}$。

将式（7-51）代入式（7-52）得

$$\sigma_t = \sigma_f \left(1 - \frac{l_c}{2l}\right) V_f + \overline{\sigma}_m (1 - V_f) \tag{7-53}$$

若 $l = \infty$，$\dfrac{l_c}{2l} \to 0$，就得到连续纤维复合材料的抗拉强度。可以得出，不连续纤维复合材料的抗拉强度要略低一些。但如果 $l \gg l_c$，二者的差别也不大。V_f 要达到 0.5 并不困难，而 $\sigma_f \gg \overline{\sigma}_m$，所以纤维复合材料的强度可以接近 $\sigma_f V_f$。

二、影响纤维强化材料强度的因素

根据以上纤维强化的机理，纤维强化材料的强度首先与纤维的本性有关；此外，还受下列因素的影响，如：纤维的尺寸和体积、纤维的分布与排列、纤维与基体的结合强度以及制作中纤维的损伤程度等等。下面分别加以讨论。

1. 纤维和基体的本性

（1）纤维本性的影响　纤维强化材料所以得到发展，就是利用了纤维具有高的强度、高的弹性模量和高的比强度、高的比弹性。纤维强化用的纤维和晶须的抗拉强度和弹性模量如表 7-25 所示。

表 7-25　强化用纤维和晶须的抗拉强度和弹性模量[93]

名称	性能	熔点 ℃	密度 ρ g/cm³	抗拉强度 σ_f MPa	比强度 σ_f/ρ 10^4cm	弹性模量 E_f MPa	比弹性 E_f/ρ 10^4cm	断面直径 μm
纤 维	**非晶体**							
	钠玻璃	软化点 840	2.5	4550	1820	88000	35200	10
	石英玻璃	软化点 1600	2.19	5950	2720	73500	33500	35
	非金属							
	α-Al$_2$O$_3$	2050	3.15	2100	666	175000	55000	—
	ZrO$_2$	2650	4.84	2100	434	350000	72300	—
	BN	2980	1.9	1400	736	91000	47900	7
	碳/石墨	3650	1.5	2450	1630	210000	140000	5
	B$_4$C	2450	2.36	2300	972	490000	207500	—
	SiC	2690	4.09	2100	512	490000	120000	76
	TiB$_2$	2980	4.48	1100	245	520000	116000	—
	B	2300	2.36	2800	1180	385000	163000	115
	金属							
	W	3400	19.4	4060	210	413000	21300	13
	Mo	2610	10.2	2240	220	364000	35600	25
	钢	1300	7.74	4200	542	203000	26200	13
	Be	1280	1.83	1300	710	245000	134000	127

名 称	性 能	熔点 ℃	密度 ρ g/cm³	抗拉强度 σ_f Mpa	比强度 σ_f/ρ 10⁴cm	弹性模量 E_f MPa	比弹性 E_f/ρ 10⁴cm	断面直径 μm
晶 须	非金属							
	α-Al_2O_3	2050	3.96	21000	5300	434000	109500	3～10
	BeO	2570	2.85	13300	4660	350000	123000	10～30
	B_4C	2450	2.52	14000	5560	490000	195000	—
	SiC	2690	3.18	21000	6600	490000	154000	1～3
	Si_3N_4	1900	3.18	14000	4400	385000	121000	—
	石 墨	3650	1.66	19900	12000	714000	430000	—
	金 属							
	Cr	1890	7.20	9100	1260	245000	34000	—
	Cu	1083	8.92	2990	335	126000	14100	—
	Fe	1540	7.8	13300	1700	203000	25900	—
	Ni	1455	8.98	3920	440	217000	24200	—
	W	3400	19.4	14700	750	510000	26200	—

目前已经使用的增强纤维大都是表中所列的玻璃丝、石英玻璃丝（非晶体纤维）、石墨纤维与碳纤维、硼纤维（非金属纤维）等。制备质量均匀的长纤维丝的工艺已经成熟。潜力最大的增强纤维要算晶须，采用 $V_f = 0.5$ 来估计，利用石墨、Al_2O_3 及 SiC 这一类晶须[118]可能获得抗拉强度达到 10000MPa 的复合材料，为最高强度钢（冷拉钢丝）的 2.5 倍，不仅强度的绝对值高，比强度（σ/ρ）也高，可达钢的 5～9 倍，用作航天材料特别有利。但尚待解决的关键问题是如何制得大量质量均一的长晶须。所以，目前实际应用的主要是普通纤维，特别是硼纤维和碳纤维，例如，硼-铝复合材料是当前纤维强化金属的一个典型代表，在航空技术中得到了实际应用。

陶瓷纤维的密度小，弹性模量高，特别在高温下具有良好的抗氧化性，不易与金属及合金反应。但是，陶瓷纤维塑性差，与基体粘合能力弱，制作较难，在加工过程中容易损坏。

难熔金属纤维与陶瓷纤维不同，塑性较好，制作也比较容易；其缺点是密度大，较易与基体金属反应。

各种纤维的高温强度如图 7-78 所示[93]。

由图 7-78 可以看出：在常温下，玻璃纤维的强度仅次于 Al_2O_3 晶须，但是玻璃纤维的软化温度低，因而玻璃纤维强化材料只能应用于300℃左右。其他纤维强化材料可能在较高的温

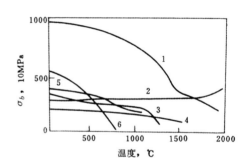

图 7-78 各种纤维的高温强度
1—Al_2O_3 晶须；2—碳纤维；3—W 纤维；
4—SiC 纤维；5—硼纤维；6—钠玻璃纤维

度下工作，特别是碳纤维的稳定性好，提高温度，对强度影响不大。不过，碳纤维极易与许多金属发生反应，如果能防止碳纤维与基体金属反应，碳纤维强化材料将是非常理想的。

比较 W 和 W-ThO_2 合金纤维可知，合金化也能提高纤维的高温性能，因此，合金化纤维也是提高纤维强化材料性能的一个途径。同理，复合纤维的性能比单一纤维的好，采用复合纤维也可以提高纤维强化材料的性能，这方面的问题在下面纤维强化材料的性能中还

要讨论到。

（2）基体本性的影响 纤维强化的基体有高分子材料、金属或陶瓷。要获得最高的比强度和比弹性，最好应用高分子材料作基体，但高分子基体的切变模量小，相应地临界长度 l_c 值较大，使用温度很难超过 200℃。

金属可以在较高温度使用，而且也可以通过范性流变来松弛纤维两端的应力集中，增加复合材料的断裂韧性。但缺点是在交变应力作用下容易产生疲劳断裂；另外，密度较大，比强度和比弹性较小。

2. 纤维的体积和尺寸

（1）纤维体积百分数的影响 在上面讨论负荷转嫁问题时所得的(7-52)式，纤维所占体积百分数是很重要的。研究 Borsic 复合纤维(B 纤维表面上包覆一层 SiC 称为 Borsic)强化铝时所得纤维体积百分数对复合材料抗拉强度和弹性模量的影响如图 7-79 和图 7-80 所示[119]。

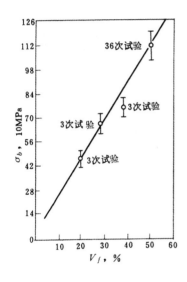
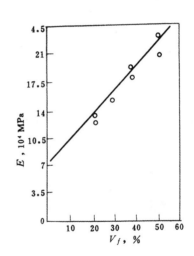

图 7-79 纤维体积百分数对材料抗拉强度的影响　图 7-80 纤维体积百分数对材料弹性模量的影响

可以看出，在 V_f 为 50％的范围内，材料抗拉强度和弹性模量随着纤维体积百分数的增加线性地增加。因此，在一定范围内要保持足够的纤维体积百分数。

（2）纤维长度和直径的影响 一般说金属和陶瓷纤维的抗拉强度与其直径成反比，直径增大，则强度减小。从这个意义上看，应选择尽可能细的纤维。但是，由于很难避免纤维与基体之间的不利作用以及在制作过程中纤维受损伤，因此，选用纤维直径不宜过小，要根据具体条件去考虑。例如，直径 3μm 的晶须受到 1～2μm 深度的径向侵蚀后，就可能完全毁坏，而直径为 25μm 的纤维当受到同样深度的侵蚀时，则纤维的有效直径仍比 3μm 大得多。

纤维的长度对纤维复合材料的性能有着重大影响。连续纤维当然是最好的。对于短纤维来说，纤维的长度必须达到一定临界长度以后，才能承受最大的应力。

临界长度 l_c 与其直径之比，称为临界外形比，或者叫临界长细比。纤维外形比对复合材料强化率的影响如图 7-81 所示[120]。强化率是指强化后的强度与强化前的强度之比。

从图 7-81 可以看出：不同的系统，有不同的临界外形比。必须指出，在实际生产中，纤维的搭接长度比临界外形比更为重要，因为在一般情况下得到外形比大于临界外形比的纤维是不困难的，而纤维的搭接长度是必须注意的。有人证明，搭接的最小长度不能小于 $l_c/2$（负载的转移长度），否则，将在连接点上造成基体的剪切断裂。

对于短纤维，特别是晶须来说，纤维在基体中必须有足够的体积百分数，否则，纤维间距过大，对基体的强化效果很小，甚至不起强化作用，反而成为基体中的夹杂，造成弱化。有的研究者指出，当复合体中的纤维间距大于 0.8mm 时，基体实际上得不到强化。

纤维长度、体积百分数与强度之间的关系，如图 7-82 所示。

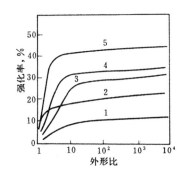

图 7-81 纤维强化率与外形比之间的关系
1—不锈钢-Al；$V_f=0.20$；2—W-Cu，$V_f=0.5$；
3—Al_2O_3-Ag，$V_f=0.24$；4—Al_2O_3-Al，
$V_f=0.35$；5—SiO_2-Al，$V_f=0.5$

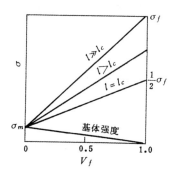

图 7-82 不同长度纤维的体积
百分数与强度的关系

在同样长度下，纤维愈细，外形比也就愈大。因此，在同样体积百分数时，愈细的纤维复合材料的强度愈高。根据休顿（W. H. Sutton）[78]的研究，Al_2O_3 晶须的粗细、体积百分数与强化银的抗拉强度的关系如图 7-83 所示。当 Al_2O_3 晶须 $V_f=0.3$ 时，复合材料的抗拉强度可达 1130MPa 以上。

3. 纤维与基体金属的结合强度

为了充分发挥纤维的作用，保证材料具有最高的强度，纤维与基体金属的结合强度是很重要的。

提高纤维与基体金属间的结合强度，可以从两方面来考虑，一方面是改善纤维与基体金属间的润湿性，使纤维与基体金属粘合得很好；另一方面也可利用纤维与基体金属间的相互反应，形成如同金属陶瓷中那样的过渡层以提高结合强度。在工艺上，常采用纤维涂层或在基体金属中加入合金元素来调节纤维与基体金属间的润湿性。

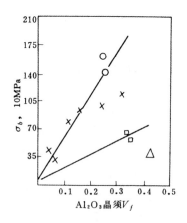

图 7-83 Al_2O_3 晶须大小、
体积百分数与强度的关系
○—细晶须；×—混合晶须；
□—粗晶须；△—特粗晶须

436

4. 纤维的分布和排列

纤维的排列，也就是纤维的取向问题，如同结合强度一样，也是影响纤维复合材料强度的一个重要问题。

在制作复合材料时，纤维的排列可能有三种方式，其示意图如图 7-84 所示。

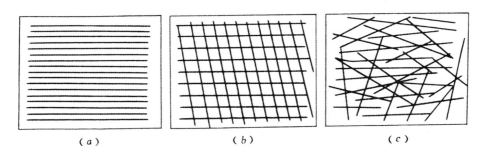

图 7-84　纤维的排列情况

(a) 平行排列；(b) 交叉排列；(c) 杂乱分布

从力学观点看，纤维平行排列是最好的，这样可以使纤维与主负载轴一致，这时纤维的全面积承受负荷，使纤维得到充分利用。但是，不能认为在实际材料中所有纤维都必须沿一个方向平行排列，因为有些部件承受着复杂的应力，所以在实际生产中，可根据部件所受应力的情况考虑纤维的取向。

总之，应尽量避免纤维的杂乱分布。杂乱分布不但不能充分发挥所有纤维的作用，而且有些纤维有可能成为缺陷从而降低材料的性能。

不同取向的硼-铝复合材料纤维在室温下的强度和弹性模量如表 7-26 和表 7-27 所示[121,126]。

表 7-26　硼-铝复合材料的室温强度

纤维方向	单				向		0～90°交叉		±30°交叉	
V_f,%	25		37		50		45		50	
板材厚度，mm	0.508	2.032	0.508	2.032	0.508	2.032	0.508	2.032	0.508	2.032
纵向抗拉强度，MPa	554	505	879	881	1174	1097	531	414	536	311
横向抗拉强度，MPa	102	110	93	108	85	106	480	297	120	105
剪切强度，MPa	86	90	87	106	91	131	105	92	—	—

表 7-27　硼-铝复合材料的弹性模量

材　料	纤维方向	V_f,%	弹性模量，MPa
硼-6061	单向	45～50	225000～260000
硼-6061	0～90°交叉	45	130000～180000
硼-6061	±30°交叉	50	110000～210000

5. 复合方法

纤维强化材料的纤维与基体的复合方法有很多种。不同复合方法制得的纤维复合材料的性能有很大的差别。因此，根据具体条件选择适当的复合方法时，不仅要从材料性能上，而且也要从经济上去考虑。

现在研究和实验过的方法有：扩散结合法、熔融金属浸透法、等离子喷涂法、粉末冶金法、电沉积法、气相沉积法、热挤或轧制法、高速高能成形法、粉浆浇注法、定向凝固法等等。几种方法生产的硼-铝复合材料的性能如图 7-85 所示[127]。扩散结合法是用得比较广泛的，所制得的复合材料的性能也较好。

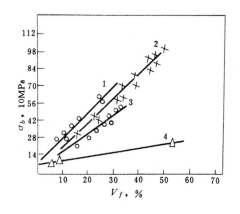

图 7-85　不同生产方法制得的硼-铝复合材料的性能
1—扩散结合 B/Al；2—等离子喷涂后扩散结合 B/Al；
3—电沉积后扩散结合 B/Al；4—粉末冶金 B/Al

三、纤维强化材料的性能

前面已讨论过，纤维基本上分陶瓷（非金属）和金属两类，而基体基本上有塑料、橡胶、金属和陶瓷（非金属）。纤维和基体组合可能有如表 7-28 所示类型。某些纤维强化金属基复合材料如表 7-29 所示。

表 7-28　纤维和基体的组合

纤　维	基　体	应　用　和　发　展
陶瓷	塑料	玻璃纤维强化塑料（玻璃钢）已广泛应用。可能发展硼、碳纤维强化塑料
陶瓷	金属	在迅速发展中
陶瓷	陶瓷	有希望发展碳-碳纤维复合材料，用于非常高的高温
金属	塑料	应用有限
金属	金属	有希望的材料，用于喷气发动机、火箭等喷口
金属	陶瓷	有可能发展

纤维强化材料有许多方面的特点，例如，高的强度和比强度，高的比弹性，高的高温强度，良好的蠕变强度，良好的疲劳强度，良好的抗蚀能力，高的抗磨损性等。下面就抗拉强度、蠕变性能、疲劳强度和抗蚀性，以陶瓷纤维强化金属材料和金属纤维强化金属材料为例分别加以讨论。

1. 抗拉强度

硼-铝复合材料与其他铝合金相比，具有很高的强度和弹性模量，更重要的是这些性质对温度的稳定性。不同含量的硼-铝复合材料的抗拉强度与温度的关系如图 7-86 所示[121,126]。高性能的硼-铝复合材料，在 370℃ 的抗拉强度仍在 700MPa 以上。

几种纤维强化铝的高温抗拉强度如图 7-87 所示[119]。可以看出，纤维强化铝的高温抗拉强度比弥散强化烧结铝高得多，而且从比较中得出，Borsic 纤维强化铝的强度性能比硼纤维或其他纤维强化铝的要高。

表 7-29　已发展的纤维强化金属基复合材料

复　合　材　料	制　造　方　法
B-Al，B-Mg，W-Cu，Ta-Cu，W-Ni，W-Ag，钢-Ag	熔融金属熔浸法
B-Al，Be-Al，钢-Al，SiC-Al，B（包覆SiC）-Al，SiO_2-Al，B-Mg，B-Ti，Be-Ti，SiC-Ti	扩散结合法
B-Al，W-Ni，Mo-Ni，Mo-Ti，W-Ag	冷压烧结法
B-Al，SiC-Al，B（包覆SiC）-Al，W-W	等离子喷涂法
B-Al，W-Al，B-Ni，W-Ni，SiC-Ni，B-Ti，SiC-Ti	高速高能成形法
B-Al，SiC-Al，W-Cu，W-Ni，B-Ni，SiC-Ni	电沉积法
B-W，W-W，Be-Al	气相沉积法
B-Al，W-Ni，Mo-Ni，B-Ti，Mo-Ti	热挤轧制法
W（ThO_2）-Ni 基超合金	粉浆浇注法

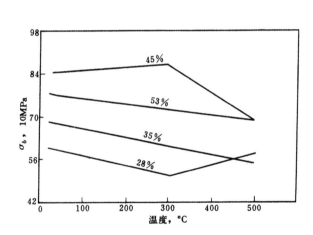

图 7-86　不同含量的硼-铝复合材料
的抗拉强度与温度的关系

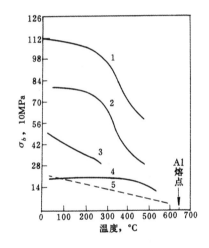

图 7-87　几种纤维强化铝的高温抗拉强度
1—50%（体积）Borsic 纤维强化铝；
2—50%（体积）SiO_2 纤维强化铝；
3—40%（体积）Be 纤维强化铝；
4—50%（体积）玻璃纤维强化铝；
5—20%（体积）弥散强化烧结铝

钼纤维强化 Ti-6Al-4V 合金的高温抗拉强度和弹性模量如图 7-88 所示[122]。钼纤维强化 Ti-6Al-4V 合金的性能比纯钛合金的高得多。

　2. 蠕变性能

硼-铝复合材料与烧结铝的高温蠕变性能的比较如图 7-89 所示[121,126]。硼-铝复合材料的高温蠕变性能比烧结铝的高得多。

Borsic 纤维强化铝的应力与断裂时间的关系如图 7-90 所示，其与硼-铝复合材料蠕变

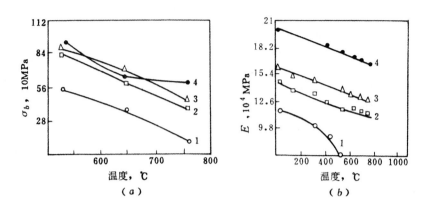

图 7-88　钼纤维强化 Ti-6Al-4V 合金的高温抗拉强度和弹性模量

(a) 抗拉强度；(b) 弹性模量

1—Ti-6Al-4V；2—20％（体积）钼纤维；3—30％（体积）钼纤维；4—40％（体积）钼纤维

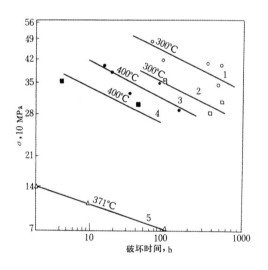

图 7-89　硼-铝复合材料的应力断裂曲线

1—32％硼，热压的；2—23％硼，冷压烧结的；3—37％硼，等离子喷涂；

4—23％硼，冷压烧结的；5—烧结铝

性能比较如图 7-91 所示[121]。

　　Borsic 纤维强化铝的 500℃时的蠕变性能是很好的，比 Ti-6Al-4V 耐热钛合金优越；从图 7-91 可以看出，Borsic 纤维强化铝与 B 纤维强化铝的蠕变性能，短时间内二者差不多，时间延长，差别很大，Borsic 纤维强化铝的效果好多了。

　　众所周知，难熔金属纤维有很好的高温强度，但抗氧化性较差，而以超合金著称的镍基高温合金，抗氧化性较好，但强度又满足不了当前的要求。为此，综合利用难熔金属纤维和镍基超合金的优点，就有可能生产出符合要求的新型高温材料。美国莱维斯研究中心在这方面做了一些工作[123,124]。

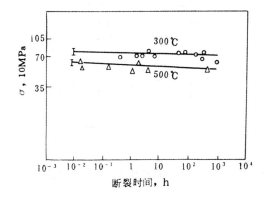

图 7-90　Borsic 纤维强化铝的蠕变性能

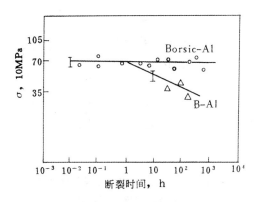

图 7-91　Borsic 纤维强化铝与 B 纤维
强化铝的蠕变性能的比较

　　镍基超合金的成分为：Ni56%，W25%，Cr15%，Al2%和 Ti2%，合金经真空熔炼后雾化成过 325 目的粉末。用 W-ThO$_2$ 合金丝进行强化。所用几种合金纤维的性能如表 7-30 所示。此种复合材料在 1093℃ 100h 和 1000h 的持久强度如图 7-92 所示。W-ThO$_2$ 强化的镍基合金 100h 和 1000h 的持久强度（1093℃）分别为最好铸造镍基合金的 4 倍和 6 倍。此种材料可能用作涡轮叶片，钨合金纤维强化的镍基合金涡轮叶片的使用温度比普通镍基合金可以高 93℃。

表 7-30　几种纤维的抗拉强度

纤维材料	纤维直径，mm	抗拉强度，MPa		
		21℃	1093℃	1204℃
W-2%ThO$_2$-5%Re	0.51	2170	1295	1029
W-2%ThO$_2$	0.25	2893	1029	924
W-2%ThO$_2$	0.38	2688	1211	1050
W-1%ThO$_2$	0.51	2345	812	749

3. 疲劳强度

　　33%（体积）硼-铝复合材料的疲劳特性如图 7-93 所示[125]。可以看出，硼-铝复合材料的疲劳特性是很好的。

4. 抗蚀性

　　例如，硼-铝复合材料的抗蚀性很好，在 32℃ 的 5%NaCl 盐雾中，质量变化只有铝的质量变化的三分之一，仅在铝的表面形成轻微的麻点，而不影响硼纤维。

　　上面将纤维强化复合材料的优越性能作了分析。尽管纤维强化复合材料今后会有很大的发展，但必须指出，有很多问题需要作进一步研究，例如，在材料性能方面，有一个方向性问题，使用时要具体考虑；在制作方面，要求纤维与基体结合得很好，并防止纤维损坏，实际上，在高温下它们会发生相互作用而使性能大大降低；在材料焊接时，焊缝也是

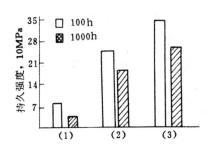

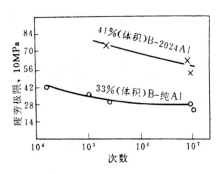

图 7-92　钨合金纤维强化镍基合金在 1093℃时
的持久强度（纤维体积 70%）
(1) 铸造镍基合金；(2) 70%（体积）W-2%ThO$_2$
纤维强化镍基合金；(3) 70%（体积）W-1%ThO$_2$
纤维强化镍基合金

图 7-93　硼纤维强化铝合金的疲劳特性

弱点而妨碍使用等等。只有这些方面的问题解决以后，纤维强化复合材料才会显示出它的优越性。

<h3 style="text-align:center">第七节　相变韧化和弥散韧化</h3>

随着现代科学技术对新材料的需要，现代陶瓷得到了发展。现代陶瓷领域有三个方面：(1) 结构陶瓷，包括耐磨陶瓷和工具陶瓷；(2) 电子陶瓷；(3) 涂层。陶瓷材料具有脆性的固有弱点，提高现代陶瓷，特别是结构陶瓷的韧性是非常重要的课题。经过人们的努力，高韧性陶瓷的研究取得了显著的进展。

高韧性陶瓷复合材料的韧化有两种机理：(1) 过程区域机理，包括相变韧化，微裂纹韧化，孪晶韧化等；(2) 桥接区域机理，包括弥散（粒子）韧化，晶须韧化，纤维韧化等。其中相变韧化和弥散韧化的效果最为明显，有代表性的是 ZrO$_2$ 增韧陶瓷。

一、相变韧化

1. 相变韧化机理

氧化锆增韧陶瓷的制得是利用陶瓷基体内弥散的亚稳四方氧化锆（t-ZrO$_2$）粒子在受到外力作用时转变为单斜氧化锆（m-ZrO$_2$），吸收了能量从而提高陶瓷的韧性。这类陶瓷有两类：(1) ZrO$_2$ 基陶瓷，如部分稳定氧化锆（PSZ，立方氧化锆（c-ZrO$_2$）基体＋四方氧化锆粒子），四方氧化锆多晶体（TZP，全部由四方氧化锆细晶粒组成）；(2) 其它陶瓷基的陶瓷，如 ZrO$_2$ 增韧的 α-Al$_2$O$_3$ 陶瓷等。应力诱导 ZrO$_2$ 马氏体相变韧化是 t-ZrO$_2$ 的主要韧化机理。关于相变韧化机理的解释有几派观点，下面介绍 Griffith 解[129]。

第一，对于无相变发生的情况

由于新的裂纹表面生成给基体自由能的增加

$$U_s = \pi c^2 G_0 \tag{7-54}$$

式中　c——裂纹半径；

　　　G_0——临界应变能释放率。

442

第二，由于裂纹扩展增加的应变能与载荷作功的减少一致

$$W_1 = \frac{-8(1 - \nu_c^2)\sigma_c^2 c^3}{3E_c} \tag{7-55}$$

式中　σ_c——施加拉伸应力；

　　　E_c——材料弹性模量；

　　　ν_c——材料的泊松比。

第三，相变区附加的功

$$W_2 = -2\pi R c^2 W V_i \tag{7-56}$$

式中　$2\pi R c^2$——相变区的容积（其中 R 为相变区的大小）；

　　　V_i　——高温相（如 $t\text{-}ZrO_2$）的体积分数；

　　　W——诱导相变单位体积所作的功。

W 可通过下式确定：

$$\Delta G_{t\text{-}m} = -\Delta G^c + \Delta U_{se} f - W = 0$$

式中　ΔG^c——$ZrO_2\ (t) \to ZrO_2\ (m)$ 反应的化学自由能的变化；

　　　ΔU_{se}——与相变有关的应变能的变化；

　　　$(1-f)$——应变能的损失。

那末

$$W = -\Delta G^c + \Delta U_{se} f \tag{7-57}$$

将（7-57）式代入（7-56）式，则

$$W_2 = 2\pi R c^2 V_i (|\Delta G^c| - \Delta U_{se} f)$$

综合以上三个方面，系统的总能量为：

$$U_{总} = \pi c^2 G_0 + 2\pi R c^2 V_i (|\Delta G^c| - \Delta U_{se} f)$$
$$- \frac{8(1 - \nu_c^2)\sigma_c^2 c^3}{3E_c}$$

移项：

$$\frac{-8(1 - \nu_c^2)\sigma_c^2 c^3}{3E_c} = \pi c^2 G_0 + 2\pi R c^2 V_i (|\Delta G^c| - \Delta U_{se} f)$$

$$\sigma_c = \left\{ \frac{3E_c \pi c^2 G_0 + 6E_c \pi R\ c^2 V_i (|\Delta G^c| - \Delta U_{se} f)}{8(1 - \nu_c^2) c^3} \right\}^{\frac{1}{2}}$$

$$= \left\{ \frac{3\pi E_c \{ G_0 + 2R V_i (|\Delta G^c| - \Delta U_{se} f) \}}{8(1 - \nu_c^2) c} \right\} \tag{7-58}$$

因为　$K_c = \dfrac{2}{\pi^{\frac{1}{2}}} \sigma_c c^{\frac{1}{2}}$

所以

$$K_c = 1.2 \left[K_0^2 + \frac{2RE_c V_i (|\Delta G^c| - \Delta U_{se} f)}{(1 - \nu_c^2)} \right]^{\frac{1}{2}}$$

$$\approx \left[K_0^2 + \frac{2RE_c V_i (|\Delta G^c| - \Delta U_{se} f)}{(1 - \nu_c^2)} \right]^{\frac{1}{2}} \tag{7-59}$$

式中　$K_0 = \left[\dfrac{E_c G_0}{(1 - \nu_c^2)} \right]^{\frac{1}{2}}$ 即无相变材料的临界应力强度因子。

可以看出，应力诱导相变韧化对复合陶瓷断裂韧性的贡献，正比于 $t\text{-ZrO}_2$ 体积分数的平方根。

2. 相变韧化的实践

ZrO_2 增韧陶瓷的室温断裂韧性和强度列于表 7-31 中以资比较。

表 7-31　ZrO_2 增韧陶瓷的室温断裂韧性和强度[130]

陶瓷材料	单 基 体		基 体+ZrO_2	
	K_{1c}, MPa, m$^{1/2}$	σ_{bb}, MPa	K_{1c}, MPa, m$^{1/2}$	σ_{bb}, MPa
$c\text{-ZrO}_2$	2.4	180	2～3	200～300
PSZ			6～8	600～800
TZP			7～12	1000～2500
Al_2O_3	4	500	5～8	500～1300
莫来石	1.8	150	4～5	400～500
烧结 Si_3N_4	5	600	6～7	700～900

文献〔132〕研究了 $c\text{-ZrO}_2/\beta''\text{-Al}_2\text{O}_3$ 和 $t\text{-ZrO}_2/\beta''\text{-Al}_2\text{O}_3$ 复合陶瓷，它们的断裂韧性和强度随 ZrO_2 体积百分数的变化列于表 7-32 中。在 $c\text{-ZrO}_2/\beta''\text{-Al}_2\text{O}_3$ 和 $t\text{-ZrO}_2/\beta''\text{-Al}_2\text{O}_3$ 陶瓷中，强度的提高是由于 K_{1c} 提高的结果。$c\text{-ZrO}_2$ 并没有 $t\text{-ZrO}_2$ 的相变韧化作用，为什么它能提高 $\beta''\text{-Al}_2\text{O}_3$ 的 K_{1c} 和强度？这主要是由于弥散韧化的作用，其机理将在下面讨论。

表 7-32　$c\text{-ZrO}_2/\beta''\text{-Al}_2\text{O}_3$ 和 $t\text{-ZrO}_2/\beta''\text{-Al}_2\text{O}_3$ 的断裂韧性和强度

ZrO_2 %（体积）	K_{1c}, MPa, m$^{1/2}$			σ_{bb}, MPa		
	$\beta''\text{-Al}_2\text{O}_3$	$c\text{-ZrO}_2/$ $\beta''\text{-Al}_2\text{O}_3$	$t\text{-ZrO}_2/$ $\beta''\text{-Al}_2\text{O}_3$	$\beta''\text{-Al}_2\text{O}_3$	$c\text{-ZrO}_2/$ $\beta''\text{-Al}_2\text{O}_3$	$t\text{-ZrO}_2/$ $\beta''\text{-Al}_2\text{O}_3$
0	2.28			225		
5		2.44	2.96		280	310
10		2.62	3.44		280	330
15		2.82	4.10		290	360
20		—	4.35		—	395

文献〔133〕研究了 $\text{ZrO}_2\text{-Al}_2\text{O}_3$ 体系中 $t\text{-ZrO}_2/m\text{-ZrO}_2$ 值对热等静压 $\text{ZrO}_2 \cdot \text{Al}_2\text{O}_3$ 固溶体机械性能的影响，其结果列于表 7-33 中。除了 $m\text{-ZrO}_2$ 的量外，还与热等静压温度和密度有关。

二、弥散韧化

1. 弥散韧化的机理

在前面讨论弥散强化时，硬质点提高基体强度的同时会降低韧性。如果基体本身就是脆性材料，塑性区很小，那末粒子可能提高其韧性，这就是弥散韧化的出发点。例如，在 $c\text{-ZrO}_2$ 与 Al_2O_3，$t\text{-ZrO}_2$ 与 Al_2O_3 复合陶瓷中，前已指出，应力诱导 ZrO_2 马氏体相变韧化是 $t\text{-ZrO}_2$ 的主要韧化机理，而 $c\text{-ZrO}_2$ 的韧化机理是弥散韧化。

表 7-33　t-ZrO_2/m-ZrO_2 对热等静压 $ZrO_2 \cdot Al_2O_3$ 固溶体机械性能的影响

试样 №	煅烧温度 ℃	煅烧粉末中的相	HIP 温度 ℃	密度 g/cm³	t-ZrO_2/m-ZrO_2 %	K_{Ic} MPa·m$^{1/2}$	σ_{bb} MPa
1	800	立方	1000	4.78	70/30	9.5	380
2	800	立方	1100	5.10	40/60	18	470
3	900	立方	1000	4.75	80/20	11.5	330
4	900	立方	1100	5.14	55/45	23	570
5	1000	四方	1000	4.98	95/5	4.5	170
6	1000	四方	1100	5.26	70/30	17	700
7	1000	四方	1125	5.25	50/50	16.5	470
8	1000	四方	1000	4.9	85/15	4.5	130

　　在复合陶瓷中，当裂纹遇到第二相粒子时会避开粒子而偏转，在弥散粒子之间走"之"字，裂纹形状和长度的改变，新的断裂表面的形成都会吸收能量，从而提高材料的韧性。裂纹遇到圆柱状弥散粒子时发生偏转而走"之"字的示意图如图 7-94 所示[131]。

图 7-94　裂纹遇到第二相圆柱状粒子发生偏转的情形

　　第二相粒子的弥散韧化对复合陶瓷 K_{Ic} 的贡献可用下式表示：

$$\Delta K_I \approx \frac{EV_f e^T \sqrt{\lambda}}{1-2\nu} \tag{7-60}$$

式中　E——粒子的弹性模量；

　　　V_f——粒子的体积分数；

$e^T = \dfrac{\Delta V}{V}$——粒子的应变，其中 V 和 ΔV 分别为体积和体积变化；

　　　λ——粒子间距；

　　　ν——泊松比。

即第二相粒子弥散韧化对复合陶瓷 K_{Ic} 的贡献正比于粒子的 E，V_f，e^T 和 λ 的平方根。那末可写成

$$K_{Ic} = K_0 + \Delta K_I \tag{7-61}$$

式中　K_0——陶瓷基体的断裂韧性；

　　　ΔK_I——弥散韧化对 K_{Ic} 的贡献。

　　如果复合陶瓷体系中同时有弥散韧化和相变韧化作用，则

$$K_{Ic} = K_0 + \Delta K_I + \Delta K_2 \tag{7-62}$$

式中　ΔK_2——相变韧化对 K_{Ic} 的贡献。

2. 弥散韧化的实践

$c\text{-}ZrO_2/\beta''\text{-}Al_2O_3$ 的断裂韧性和强度[132]见表 7-32 所列数据。$c\text{-}ZrO_2$ 能提高 $\beta''\text{-}Al_2O_3$ 的 K_{1c} 和强度，便是弥散韧化的结果。

文献[134]研究了 Al_2O_3 弥散 TZP 的复合陶瓷的性能。Al_2O_3 添加量和烧结温度对复合陶瓷 K_{1c} 的影响示于图 7-95 中。由图可见：在 1400℃烧结时，随 Al_2O_3 含量达 15% 以上，复合陶瓷的 K_{1c} 逐渐增加到 6.7MPa·$m^{1/2}$；在 1500℃烧结时，Al_2O_3 15% 的复合陶瓷 K_{1c} 达最大值为 8.2MPa·$m^{1/2}$；Al_2O_3 超过 15%，K_{1c} 迅速下降；在 1600℃烧结时，随 Al_2O_3 含量增加，复合陶瓷 K_{1c} 平稳地降低。

不致密陶瓷不仅强度低，K_{1c} 也是低的。就 TZP 而言，相变韧化对 K_{1c} 的相对贡献在不同工艺条件下也是不同的。从此研究可以看出，此复合陶瓷的 K_{1c} 达最大值还与 Al_2O_3 含量和烧结温度有关。K_{1c} 的结果是 TZP 基体因添加 Al_2O_3 而抑制晶粒长大的平衡条件的产物。用电子显微镜和扫描电镜研究其微观组织说明产生了晶粒长大抑制效应的相间交互作用，可达到满意的弥散韧化效果。

弥散韧化在其它陶瓷基体如 Si_3N_4 也得到了应用。日本[135]研究的 Si_3N_4/TiN 纳米复合陶瓷材料，用 Y_2O_3 作烧结助剂，添加 20～30nm 的 TiN 微粒。结果是 TiN 弥散于 Si_3N_4 基体晶粒中，复合陶瓷的 K_{1c} 可达 10.56MPa·$m^{1/2}$。人们预言，纳米陶瓷可达到很高的延性足以进行热轧等热加工。

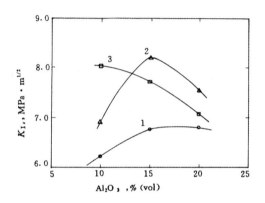

图 7-95 Al_2O_3 添加量和烧结温度对
3Y-TZP/Al_2O_3 复合陶瓷 K_{1c} 的影响
1—1400℃，2h；2—1500℃，2h；3—1600℃，2h

思 考 题

1. 粉末冶金多孔材料有哪些孔隙特性？各有哪些主要应用？

2. 孔隙及孔隙度对粉末冶金材料的拉伸性能有什么影响？如何解释？

3. 在粉末冶金材料的机械物理性能中，哪些性能对孔隙形状敏感？哪些不敏感？应采取什么措施来提高对孔隙形状敏感的性能？

4. 粉末冶金材料的一次大能量冲击性能和小能量多次冲击性能各有什么特点？如何解释和选用？

5. 孔隙度对粉末冶金制品的热处理、表面处理和机加工性能有什么影响？应采取什么措施改善？

6. 弥散强化的机理及其影响因素是什么？它在金属基复合材料中有何意义？

7. 弥散强化材料有哪些体系？现在又发展了些什么体系？发展前景如何？

8. 影响金属陶瓷性能的因素有哪些？

9. 影响硬质合金性能的因素有哪些？

10. 举出硬质合金强度理论，比较各家理论优缺点。

11. 金属基复合材料中的纤维强化机理是什么？
12. 纤维强化材料有哪些体系？现在又发展了些什么体系？发展前景如何？
13. 相变韧化的机理是什么？应用于哪些方面？
14. 弥散韧化的机理是什么？它在陶瓷基复合材料中有何意义？

参 考 文 献

第一章

[1] H. E. McGannon：The Making，Shaping and Treating of Steel，1971

[2] R. E. Carter：J. Chem. Phys.，1961，V. 34，№ 6，2010

[3] 卢肇基等：含油轴承（专集），机械工业出版社，1958，5～20

[4] С. Т. Ростовцев и др.：Термодинамика и Кинетика Процессов Восстановления Металлов，1972

[5] В. Я. Буланов：Получение Железных Порошков из Природнолегированного Сырья，1978

[6] Д. М. Чижиков：Термодинамика и Кинетика Процессов Восстановления Металлов，1972

[7] Van Put J. W. et al.：Int. J，Refract. Met. Hard Mater.，1991，V. 10，№. 3，123

[8] В. И. Третьяков：Металлокерамические Твердые Сплавы，Металлургиздат，1962

[9] M. Dahl：P/M，SEMP 5，1978，Ⅱ，143

[10] 住友电气研究部：硬质合金译文（株洲硬质合金厂），1973，№ 1，1～11

[11] 株洲硬质合金厂：硬质合金的生产，冶金工业出版社，1974

[12] Г. А. Меерсон и др：Ивуз. Цвет. Мет.，1972，№ 6，105～110

[13] 日本特许公报 昭35—3509

[14] 日本特许公报 昭45—14655

[15] 原昭夫：日本金属学会会志，1969，V. 33，№ 12，1323～1328

[16] Р. Киффер и др.：Твердые Сплавы，Металлургиздат，1957

[17] M. Miyake：同 [9]，93

[18] Г. В. Самсонов：Твердые Соединения Тугоплавких Металлов，Металлугиздат，1957

[19] Г. В. Самсонов：Сплавы на Основе Тугоплавких Соединений，Оборонгиз，1961

[20] F. Habashi：Principles of Extractive Metallurgy，V. 1，1969

[21] G. Trageser：Symposium Nickel，1970

[22] Y. Saeki et al.：J. Less-Common Metals，1973，V. 33，№ 2，313～316

[23] L. Ramqvist：Modern Development in P/M，1971，V 4，75～84

[24] 国外硬质合金，冶金工业出版社，1976

[25] O. Kubaschewski：Metallurgical Thermochemistry，1952

[26] A. Münster：Z. Electrochem.，1953，57

[27] В. П. Елютин и др：Ивуз чер. Мет.，1964，т. 7，№ 3，124～130

[28] M. Lee：J. Electrochem. Soc.，1973，V. 120，№ 7，993～996

[29] E. Neuenshwander：J. Less-Common Metals，1966，V. 11，№ 2，365～375

[30] R. Kieffer：P. M. I. 1972，V. 4，№ 4，191～193

[31] ibid. 1973，V. 5，№ 1，25～27

[32] М. Л. Епископосян：ИЗВ. АН. Арм ССР，Хим. Науки，1964，т. 17，№ 4，447～456

[33] J. Kamecki：Polska Akad. Nauk Arch. Hutnic，1956，№ 1，195～216

[34] 同 [20]，V. 2，1969

[35] 北京矿冶研究院：有色金属（选冶部分），1976，№ 9，28～34

[36] V. N. MacKiw et al.：Trans. AIME，1957，V. 209，786～793

[37] R. T. Wimber et al.：ibid.，1961，V. 221，1141～1148

[38] W. Kunda et al.：Bull. Can. Min. Met. 1962，V. 55，25～29

[39] D. J. I. Evans et al.：ibid. 1961，V. 54，530～538

[40] B. Meddings et al.：Гидрометаллургия（перевод с англ.），1971

[41] 中南矿冶学院：粉末冶金材料，1973

[42] 依田连平：金属材料，1966，V. 6，№ 1，101～105

[43] 依田连平：金属材料，1966，V. 6，№ 2，75～80

[44] O. Кудра и др.：Электролитическое Получение Металлических Порошков，1952

[45] A. B. Помосов и др.：Порош. Мет.，1962，№ 2，58～65

[46] H. T. Кудрявцев и др.：ДАН СССР，1950，72

[47] D. W. Drumiler：Ind. Eng. Chem.，1950，V. 42，№ 10，2099～2102

[48] Б. B. Дроздов：ЖПХ，1955，т. 28，№ 1，45～51

[49] И. М. 费多尔钦科：粉末冶金原理（中译本），冶金工业出版社，1974

[50] A. B. Помосов：ЖПХ，1957，т，30，1225～1228

[51] 中南矿冶学院粉末冶金教研室：粉末冶金实验指导书，1973

[52] W. D. Jones：Fundamental Principles of Powder Metallurgy，1960

[53] 粉末冶金技术协会：金属粉の生成，日刊工业新闻社，1964

[54] H. A. Самгунова и др.：Порош. Мет.，1962，№ 2，49～56

[55] Б. П. Юрьев：Порош. Мет.，1967，№ 12，1～9

[56] J. F. Walkinson：powder Met.，1958，№ 1，13

[57] Ю. A. Грацианов：Металлические Порошки из Расплавов. 1970

[58] H. Lubanska：J. Metals，1970，V. 22，№ 2，45～49

[59] M. C. Волынский：ДАН，СССР，1948，V. 62，№ 3

[60] O. C. Ниципоренко：Порош. Мет.，1967，№ 12，46～51

[61] 同上，1970，№ 12，1～4

[62] A. Lawley：Int. J. Powder Met. & Powder Techn.，1977，V. 13，№ 3，169～188

[63] E. Klar：P/M for High-Performance Appl.，1972，Syracuse Univ.，57～68

[64] M. Б. Лев：Порош. Мет.，1964，№ 12，89～98

[65] W. D. Jones：Symposium on Powder Met.，1954，1～7

[66] P. U. Gummeson：同 [63]，27～55

[67] N. J. Grant：同 [63]，85～97

[68] 徐润泽：雾化铁粉试生产（中南矿冶学院科技情报科），1965

[69] M. A. 格林柯夫等：冶金炉（中译本）第一册，商务印书馆，1953

[70] S. Small：Int. J. Powder Met.，1968，V. 4，№ 3，7～17

[71] G. Naeser：Stahl und Eisen，1948，№ 9，346～353

[72] G. A. Robert et al.：Precision Metal Molding，1952，V. 10，№ 7，23～26，67～70

[73] 朱建霞等：同 [3]，21～32

[74] C. G. Goetzel：Treatise on Powder Metallurgy，V. 1，Interscience，1949

[75] C. C. 基巴里索夫：粉末冶金学（中译本），中南矿冶学院，1958

[76] A. И. Августник：Порош. Мет，1963，№ 2，3～7

[77] M. Л. Моргулис：Труды НИИХИМАШ，т. 3，1950

[78] J. S. Benjamin：Met. Trans.，1974. V. 5，1929

[79] W. D. Jones：Principles of Powder Metallurgy，1957

[80] S. B. Brandstedt：Precision Metal，1969，V. 27，№ 4，52～55

第二章

[1] M. Ю. Бальшин：Порошковое Металловедение，Металлургиздат，1948，7

[2] J. E. Latty et al.：Nature，1959，V. 184，49

[3] H. H. Hausner：New Types of Metal Powders；Gordon & Breach，1964

[4] 久保辉一：粉体 理论と应用，丸善，1962

[5] 陶正已：硬质合金，1977，№ 4，1

[6] ASTM：1976 Annual Book of ASTM Standards，9

[7] P. R. Marshall：Powder Met.，1961，№ 7，129

[8] 荒川正文：粉体工学研究会志，1974，V. 11，№ 4，216

［9］牟田明德：粉体工学研究会志，1977，V. 14，№ 10，576～585

［10］J. K. Beddow et al. ：Planseeberechte für Pulvermetallurgie，1979，V. 27，№1～2，3～12

［11］H. Heywood：Powder Met. ，1961，№ 7，1

［12］И. M. 费多尔钦科：粉末冶金原理（中译本），冶金工业出版社，1974

［13］S. J. 格雷格：固体表面化学（中译本），上海科技出版社，1966

［14］A. R. Poster：Handbook of Metal Powders，Reinhold，1966

［15］松山芳治等：粉末冶金学（中译本），科学出版社，1978，237～238

［16］日本粉体工业协会：粉体机器要览，广信社，1974

［17］高坂彬夫：材料科学，1970，V. 7，№ 3，159

［18］B. H. Kaye：Chem. Eng. ，1966，№ 7，239

［19］N. G. Stanley-Wood：Powder Met Inter. ，1977，V. 9，№ 1，27～29；№2，81；№3，138

［20］H. F. Fischmeister：Powder Met. ，1961，№ 7，82

［21］H. F. Fischmeister：Modern Development in P/M，1966，V. 1，106

［22］中国科学院上海硅酸盐研究所：新型无机材料，1977，№ 1，71

［23］张瑞福：粉末冶金（中南矿冶学院），1976，№ 1，50

［24］牟田明德：粉体および粉末冶金，1971，V. 17，№ 7，285

［25］日高重助：粉体工学研究会志，1976，V. 13，№ 2，81

［26］H. K. Brian：Chem. Eng. ，1966，V. 73，239

［27］顾惕人：化学通报，1963，№ 1，8

［28］山本博司：粉体および粉末冶金，1969，V. 16，№ 1，23

［29］上海第二冶炼厂：简化 BET 法测粉末表面平均粒度试验报告，1974

［30］R. M. German：Powder Metallurgy Science，MPIF，1984，22～25

［31］ASM：Metals Handbook，9th Ed. ，V. 7，Powder Metallurgy，Metals Park，Ohio，1984，216～222

［32］D. T. Wason ：Powder Tech. ，1976，V. 14，№ 2，229

［33］AC 报告，LA-4404 TR UC-25

［34］宝鸡有色金属研究所：硬质合金（株洲），1977，№ 2，25

［35］W. F. Keyes：Ind Eng. Chem. ，1964，V. 18，33

［36］P. J. Rigden：J. Soc. Chem. Ind. ，1943，V. 62，1；1947，V. 66，130

［37］曾德麟：硬质合金（株洲），1978，№ 3，23

［38］N. G. Stanley-Wood et al. ：Powder Tech. ，1974，V. 9，№ 1，7～14

［39］上原保彦：粉体工学研究会志，1974，V. 11，№ 8，466～470

［40］G. Krass et al. ：J. Phys. Chem. ，1953，V. 57，330

［41］Б. В. Дерятин и др. ：Опредение Удельной Поверхности Порошкообразных Тел по Сопротивлению Фильтрации Разреженного Воздуха，AH CCCP，1957，32

第三章

［1］И. M. Федорченко и др. ：Основы Порошковой Металлургии，1961，139～187

［2］M. Ю. Бальшин：Порошковая Металлургия，1948，50～91

［3］M. Ю. Бальшин：Порошковое Металловедение，Металлургиздат，1948，65～177

［4］W. D. Jones：Fundamental Principles of Powder Metallurgy，1960

［5］粉末冶金技术协会：粉体の物性と测定检查，日刊工业新闻社，1964

［6］中南矿冶学院粉末冶金教研室，粉末冶金基础，冶金工业出版社，1974

［7］粉末冶金技术协会：金属粉の成形，日刊工业新闻社，1964，1～67

［8］黄培云：粉末压型问题（中南矿冶学院），1980

［9］加赖勋：粉体および粉末冶金；1966. V. 13. №. 3，107～112，132

［10］大矢根守哉：同上，113～121

［11］若林隆夫：同上，1963. V. 10，№ 3.83～87

[12] 林悦雄：同上，№ 2，64~67

[13] 川北公夫：同上，№ 6，236~246

[14] 川北公夫：同上，№ 2，71~75

[15] 小林成彬：同上，68~70

[16] D. Yarnton et al.：P/M, spring 1963, № 11, 7

[17] C. Agte et al.：Tungsten & Molybdenum, NASA Trans., F-135, 1963, 69

[18] 冲本邦郎他：粉体および粉末冶金，1975，V.22，№ 7，205~212

[19] Порош. Мет.，1972，№ 2，15~18

[20] 中南矿冶学院粉冶教研室：粉末冶金原理（第二分册成形部分）

[21] 松山芳治：总说粉末冶金学，日刊工业新闻社，1972

[22] Г. А. Виноградов и др：Прессование и Прокатка Металлокерамических Материалов，Машгиз，1963

[23] 株洲硬质合金厂：硬质合金的生产，冶金工业出版社，1974

[24] 尾崎义治：粉体および粉末冶金，1972，V.19 № 4，137~141

[25] 成都电讯工程学院：铁氧体磁性材料

[26] 粉末冶金技术协会：粉末ヤ金应用制品（Ⅱ）~磁性材料，日刊工业新闻社，1964

[27] 日本 JSPM 标准 4~69（粉体および粉末冶金，1969.V.16，№ 5，242）

第四章

[1] Metal Powder, Report, 1980, V.35, № 7, 300~304

[2] N. P. Pinto：Intern. J. Powder Met. Techn.，5~11

[3] 冶金部钢铁研究院：新金属材料，1976，№ 4，65~69

[4] O. W. Reen：Progess in Powder Metallurgy，1964，194~201

[5] Metal Powder Report，1975，V.30，№ 11，341~346

[6] PMI, Vol.19, №3, 1987, 3

[7] MPR，May，1989，355

[8] J. R. Merhar：MPR，May，1990，339~342

[9] W. Robert，R. W Messlev：MPR，May，1990，363~370

[10] 冶金部钢铁研究院：新金属材料，1974，№3，36~45

[11] P. Popper：Isostatic Pressing，1976

[12] М. Ю. Бальшин：Порошковое Металловедение，1948

[13] 黄培云，粉末压形问题（中南矿冶学院），1964

[14] 中南矿冶学院粉末冶金教研室编：粉末冶金原理（中册），1978

[15] H. C. Jackson：Perspectives in P/M，Plenum，1967，V.1，13~16

[16] C. E. Van Buren：ibid.，27~64

[17] P/M SEMP 5，1978，№1，110~116

[18] H. O. McIntire et al.：Modern Development in Powder Metallurgy，1974，V.6，133~154

[19] J. B. Pfeffer：Precision Metal，1973，V.31，№ 8，30~34

[20] 赵继贤：硬质合金，（株洲），1978，№ 1，28~41

[21] Metal Powder Report，1973，V.32，№ 10，393~397

[22] H. D. Blore et al.：Sheet Metal Industries，1972.V.49，№ 6，404~408

[23] 松山芳治等：粉末冶金学（中译本），科学出版社，1978，61~64

[24] P. E. Evan et al.：同 [15]，99~145

[25] Г. А. Виноградов и др.：Порокатка Металлических Порошков，Металлургиздат，1960

[26] Steel，1958，№ 10，114~145

[27] G. M. Sturgeon et al.：Sheet Metal Industries，1972，V.49，№ 1，59~65

[28] 刘清平等：轧制参数对粉末带材性能的影响，大连钢厂研究报告文集，1963

[29] 冶金部钢铁研究院：新金属材料，1976，№ 5，55~58

［30］冶金部钢铁研究院：新金属材料，1976，№6，113～117

［31］W. Pietsch：Rolling Pressing，1976

［32］Г. А. Виноградов и др.：Прессование и Порокатка Металлических Материалов，Машгиз，1963

［33］冶金部有色金属研究院广东分院编译：国外稀有金属，1978，№1，22～28

［34］Metal Powder Report，1977，V. 32，391～392

［35］冶金部钢铁研究院：新金属材料，1974，№4，56～62

［36］F. Embey：同［15］，83～97

［37］株洲硬质合金厂：硬质合金的生产，冶金工业出版社，1974，213～223

［38］A. S. Bufferd：P/M for High-Performance Appl.，1972，Syracuse Univ，303～316

［39］R. V. Watkins et al.：同［15］，181～194

［40］И. М. 费多尔钦科等：粉末冶金原理（中译本），冶金工业出版社，1974，230～236

［41］N. R. Gardner：同［15］，169～180

［42］宝鸡有色金属研究所：粉末冶金多孔材料，（上），冶金工业出版社，88～102

［43］B. C. Weber：金属陶瓷，（中译本），上海科学出版社，63～78

［44］株洲硬质合金厂：硬质合金的生产，冶金工业出版社，1974，242～245

［45］Metal Powder Report，1976，V. 31，№11，407～410

［46］H. H, Hausner：同［15］，221～238

［47］E. M. Stein et al.：Metal Progress，1964，V. 85，№4，83～87

［48］A. K. Bhalla et al.：Powder Metallurgy，1976，№1，31～37

［49］C. R. A. Lennon et al.：Powder Metallurgy，1978，№1，29～34

［50］MPR，March，1988，205

［51］MPR，December，1983，607

［52］R. L. Anderson et al：MPR，Octorber，1988

［53］MPR，July/August，1990，56

［54］G. Hotmann，R. Hack et al：PMI，V. 19，№6，1987

［55］A. R. E. Singer：Met and Mater，1970，246

［56］A. R. E. Singer：UK Patent，№1262471，1972

［57］A. R. E. Singer：The Institute of Metals，1972

［58］A. R. E. Singer：The International Journal of Powder Met. and Powder Technology，1985，V，21，№3，219～224

［59］A. R. E Singer：Powder Metallurgy，1982，V，25，№4，195～197

［60］R. W. Evans，A. G. Leathan et al：Powder Metallurgy，1985，Vol，28，№1，13～20

［61］唐华生：粉末冶金技术，1989，Vol，8，№3，189～192

［62］MPR，November，1988，776～778

［63］PMI，Vol. 22，№1，1990

［64］S. L Lin，R. M. German：PMI，V. 21，№5，1989

［65］MPR，May，1990，355～357

［66］MPR，May，1990，339～342

［67］余根新：粉末冶金技术，1988，V. 16，№4，321～340

［68］P. Bhave，W. Dormon et al：MPR，May，1990，559～362

第五章

［1］中南矿冶学院：粉末冶金原理（第三分册），1977

［2］G. G. Goetzel：Treatise on Powder Metallurgy V. 1. Interscience，1949

［3］И. М. 费多尔钦科等：粉末冶金原理（中译本），冶金工业出版社，1974

［4］W. D. Jones：Principles of Powder Metallurgy，Edward Arnold，1960

［5］曾德麟：中南矿冶学院学报，1979，№2，102～115

［6］ J. S. Hirschhorn：Introduction to Powder Metallurgy，APMI，1969

［7］ F. Thümmler et al.：Metals & Materials and Met. Rev.，1967，V. 1，№ 6，69～108

［8］ Ф. Айзенкольб：Порошковая Металлургия，Металлургиздат，1959，116～118

［9］ G. C. Kuzynski：Powder Met. Proc. Intern. Conf.，Academic，1961

［10］ Roman Pampuch：Ceramic Materials，Elsevier，1976，130～136

［11］ 日本金属协会：金属便览，丸善，1971

［12］ Б. Я. Пинес：Успех. Физ. Наук，1954，V. 52，501

［13］ G. C. Kuzynski：Acta Met.，1956，V. 4，58

［14］ W. D. Kingery et al.：J. Appl. Physics，1955，V. 26 № 10，1205～1212

［15］ G. C. Kuzynski et al.：J. Amer. Ceram. Soc.，1962，V. 45，№ 2，92

［16］ И. М. Федорченко：Порош. Мет.，1961，№ 1，9

［17］ J. G. R. Rockland：Acta Met.，1967，V. 15，№ 2，277～285

［18］ B. H. Alexander et al.：Acta Met.，1957，V. 5，№ 11，666～667

［19］ J. E. Burke：J. Amer, Ceram. Soc.，1957，V. 40，80

［20］ A. J. Shaler et al.：J. Phys. Rev.，1947，V. 72，79

［21］ A. J. Shaler：J. Metals，1949，V. 18，796

［22］ P. W. Clark et al.：J. Metals，1949，V. 18，786

［23］ J. K. Mackenzie et al.：Proc. Phys. Soc.，1949 ［13］，V. 62，883

［24］ H. Udin et al.：Trans. AIME，1949，V. 185，186

［25］ 松山芳治等：粉末冶金学（中译本），科学出版社，1978

［26］ F. V. Lenal et al.：Modern Development in P/M，Plenum，1966 V. 1，281；1971，V. 4，199

［27］ F. V. Lenal：P/M for High Performance Appl.，Syracuse Univ，1972，119

［28］ J. J. Weertman：J. Appl. Physics，1957，V. 28，362

［29］ R. L. Coble：J. Amer. Ceram. Soc.，1958，V. 41，55

［30］ H. Jchinose et al.：Acta Met.，1962，V. 10，209

［31］ F. A. Nichols：Acta Met.，1968，V. 16，№ 1，103～113

［32］ 三谷裕康：金属，1976，V. 46，№ 6，17～23

［33］ G. Matsumura：Acta Met.，1971，V. 19，№ 8，851～855

［34］ D. L. Johnson et al：Acta Met.，1964，V. 12，№ 10，1173～1179

［35］ D. L. Johnson：J. Appl. Phys.，1969，V. 40，192～200

［36］ G. J. Brett et al.：Acta Met.，1966，V. 14，№ 5，575～582

［37］ T. L. Wilson et al.：Trans. AIME，1966，V. 236，48

［38］ 黄培云：烧结理论研究之一，综合作用理论（沈阳金属物理学术会议文件），1961

［39］ W. E. Kingston et al.：The Physics of Powder Metallurgy，1951，21

［40］ Höganäs AB：Höganäs Iron Powder Handbook，1957～1962

［41］ И. М. Федорченко：ФММ，1960，№ 10，72

［42］ А. И. Райченко и др.：Вопросы Порошковой Металлургии и Прочности Материалов，Vl，Изд-во АН УССР，1958，3

［43］ B. Fisher et al.：J. Appl. phys.，1961，V. 32，1604～1611

［44］ R. W. Heckel：Trans, ASM.，1964，V. 57，№ 2，443～463

［45］ V. A. Dymchenko et al.：Perspective in P/M，Plenum，1968，293

［46］ J. Goodison et al.：Agglomeration，Interscience，1962，251

［47］ S. J. 格雷格，固体表面化学（中译本），上海科技出版社，1966，176

［48］ F. V. Lenel：The Physics of P/M，1951，McGraw-Hill，238

［49］ F. V. Lenel et al.：Plansee Proc.，1953，106

［50］ J. Gurland et al.：Trans. AIME，1952，V. 149，1051

［51］ W. D. Kingery：Kinetics of High Temp. Processes，1959，187

［52］ W. D. Kingery：J. Appl. Physics，1959，V. 30，301

［53］ W. D. Kingery et al.：J. Amer. Ceram. Soc.，1961，V. 44，29

［54］ U. M. Parikh et al.：J. Amer. ceram. Soc.，1957，V. 40，315

［55］ P. W. Taubenhlat et al.：Modern Development in P/M. 1974，V. 8

［56］ K. A. Semlak et al.：Trans. AIME，1957，V. 209，63；1958，V. 212，325

［57］ 渡边优尚：粉末および粉末冶金，1970，V. 16，№ 8，351

［58］ H. S. Nayar；Modern Development in P/M，1977，V. 9，213

［59］ N. K. Koebel；Metal Progr.，1957，V. 72，№ 2，65～68

［60］ F. V. Lenel et al.：J. Powder Met.，1974，V. 5，№ 2，13

［61］ 株洲硬质合金厂：硬质合金的生产，冶金工业出版社，1974，314

［62］ 国外硬质合金编写组：国外硬质合金，冶金工业出版社，1976，188

［63］ L. Northcott：Molybdenum，Butterworth Science.，1956，36

［64］ C. Agte et al.：Wolfram and Molybdenum，Praha，1954，113

［65］ J. Vacek：Planseeberichte für Pulvermetallurgie，1959，V. 7，№ 1，2

［66］ И. М. Федорченко и др.：Порошковая Металлургия，Дополнительный Металлургии，НТО Машпром，Ярославль，1957，15

［67］ G. Hüttig et al.：Powder Met.，Bull.，1950，V. 5，№ 3，30

［68］ M. Eudier：Symposium on Powder Met.，spec. rep.，1956，№ 58，59

［69］ В. В. Скороход：Современные Проблемы Порошковой Металлургии，1970，81～91

［70］ И. М. Федорченко и др.：Powder Met.，1959，№ 3，147；Порошковая Металлургия，1961，№ 1，9

［71］ F. Eisencolb：Stahl und Eisen，1958，V. 78. № 3，141

［72］ J. H. Brophy et al.：J. Electrochem. Soc.，1963，V. 110，№ 3，805

［73］ 伊藤普：粉末および粉末冶金，1969，V. 16，№ 6，274；1970，V. 17，№ 4，143

［74］ G. H. Gessinger et al.：J. Less-Common Metals，1972，V. 27，№ 2，129

［75］ I. J. Toth et al.：J. Less-Common Metals，1967，V. 12，353

［76］ Г. В. Самсонов и др.：Порошковая Металлургия，1967，№ 8，10

［77］ 日本特许公报　昭38—6355，昭38—6607，昭38—13202，昭39—27286

［78］ 德国专利　289864（1912）

［79］ 美国专利　1343976（1917）

［80］ 德国专利　49558（1926）；504484（1927）

［81］ L. Ramgvist；Powder Met.，1966，V. 9，№ 7，1～25

［82］ P. Murray et al.：Trans. Brit. Ceram. Soc.，1954，V. 53，474～503

［83］ D. McClelland：Powder Met. Proc. Internat. Conf.，Academic，1961，157

［84］ M. С. Ковальченко и др.：Порошковая Металлургия，1961，№ 2，3

［85］ R. L. Coble et al.：J. Amer. Ceram. Soc.，1963，V. 46，441～438

［86］ R. L. Coble：J. Appl. Physics，1961，V. 32，793

［87］ S. Scholz；Special Ceramics 1962，Academic，1963，293

［88］ F. E. Westerman et al.：Trans. AIME.，1961，V. 221，649

［89］ E. J. Felten：J. Amer. Ceram. Soc.，1961，V. 44，381

第六章

［1］ Yasuhiko Ishimaru et al.：New Perspectives in Powder Met.；6，Forging of Powder Met. Proforms，New York，1973

［2］ 山腰登：神户制钢技报，1974，V. 24，№ 2，12～17

［3］ 中南矿冶学院粉末冶金教研室等：粉末冶金技术（益阳）1979，№ 1，12～21

［4］ 中南矿冶学院粉末冶金教研室等：中南矿冶学院学报，1977，№ 1，6～25

［5］ N. Nokita et al.：Int. J. Powder Met. & Powder Techn.，1978，V. 14，№ 3，203～211

[6] T. Krantz et al.：Modern Development in P/M.，1977，V.10，15～41

[7] 北京天桥粉末冶金机床配件厂等：国外粉末冶金汽车零件，机械出版社，1973

[8] G. T. Brown；Powder Met.，1971，V.14，№27，124～143

[9] 武谷：粉体および粉末冶金，1969，V.16，№2，90～95

[10] L. R. Aronin et al.：Progress in Powder Met.，1971，V.27，pt.2，23～44

[11] 日本特许公报 昭48—34510

[12] 美国专利 1340805

[13] 日本特许公报 昭50—29438

[14] И. И. Одокменко：Порош. Мет.1976，№5，1～5

[15] T. L. Guest et al.；Powder Met.，1973，V.16，№32，314

[16] B. G. A. Aren et al.；P. M. I.，1972，V.4，№3，117～213

[17] 日本特许公报 昭51—10802

[18] T. W. Pietrocini：Modern Development in P/M，1974，V.7，395～410

[19] G. Bockstiegel et al.：P/M SEMP5，1978，Ⅰ，32

[20] 益阳粉末冶金厂等：粉末冶金技术（益阳），1979，№1，22～30

[21] 美国专利 3646176

[22] G. W. Cull；Powder Met.，1970，V.13，№26，156～164

[23] R. A. Huseby：Metal Progress，1971，V.100，№6，84～86

[24] H. Shikata et al.；同［19］，128

[25] H. H. Hausner et al；同［1］，1

[26] H. H. Otto et al.：Hot Pressing of Iron Powder Metal Techn.，1945，1919

[27] 中南矿冶学院：美国铁基粉末冶金工业概况，冶金工业部情报标准研究所，1978

[28] 西江宏：金属，1976，V.46，№6，41～45

[29] G. Hoffman：Preprints of 4th European Symposium for Powder Met，1975，7～3～1

[30] 沈阳汽车齿轮厂：粉末冶金汽车行星齿轮，沈阳汽车齿轮厂，1979

[31] R. L. Ruecki：1975 National Powder Met. Conference Process，1975，23～40

[32] A. G. Dowson et al.：Metal Powder Report，1975，V.30，№3，66～69

[33] R. G. Brooks et al.：Powder Met.，1977，V.20，№2，100～102

[34] Singer，Ahier：同［19］，134

[35] L. Olsson et al.：ibid.，237

[36] J. Ogrodnik et al.：P. M. I.，1977，V.9，№3，133～135

[37] J. Kotschy et al.：Int. J. Powder Met.，1973，V.9，№4，135～137

[38] O. 霍夫曼等：工程塑性理论基础（中译本），中国工业出版社，1964

[39] H. W. Antes：P/M for High-Performance Appl.，1972，Syracuse Univ.，171～210

[40] T. J. Griffiths et al.：Powder Met.，1976，V.19，№..4，214～220

[41] H. A. Kuhn：1971 Fall Powder Met. Conference Process，1972，299～312

[42] 姜奎华：多孔材料塑性理论的几个问题，武汉工学院，1979

[43] H. F. Fischmeister et al.：Powder Met.，1971，№.14，144～163

[44] S. J. Donachie et al.：Int. J. Powder Met.＆ Powder Techn.，1974，V.10，№.1，33～41

[45] W. J. Huppmann：ibid.，1976，V.12，№.4，275～279

[46] H. A. Kuhn et al.：J. Eng. Material and Techn.1973，41

[47] H. A. Kuhn：Modern Dovelopment in P/M，1971，V.4，463

[48] H. F. Fischmeister et al.：P. M. I.，1974，V.6，№.1，30～41

[49] 东北工学院钢铁压力加工教研室：金属压力加工原理，中国工业出版社，1961

[50] 同［41］，151～162

[51] R. W. Evans：Powder Met.，1976，V.19，№.4，202～209

[52] H. A. Kuhn et al.：Int. J. Powder Met., 1971, V. 7, №. 1, 15～25

[53] H. A. Kuhn：同 [39], 153～169

[54] H. A. Kuhn et al.：Int. J. Powder Met.& Powder Techn., 1974, V. 10, №. 1, 59～66

[55] C. L. Downey et al.：J. Eng. Material and Techn., 1975, V. 97H, №. 2 121～125

[56] H. A. Kuhn et al.：1975 National Powder Met. Conference Process, 1975, 159～174

[57] M. C. Ковальченко：Порош Мет., 1974, №. 6, 29～36

[58] M. C. Ковальченко：Порош Мет., 1973, №. 10, 16～22

[59] H. W. Antes：Modern Development in P/M., 1971, V. 4, 415～424

[60] A. Lawley：The Properties of Consolidated Powders, MPIF, 1972, 67

[61] R. J. Dower et al.：同 [19], 59

[62] P. W. Lee et al.：Met. Trans., 1973, V. 4, №. 4, 969～974

[63] H. L. Gaigher et al.：Int. J. Powder Met.& Powder Techn., 1974, V. 10, №. 1, 21～31

[64] 中南矿冶学院粉末冶金教研室：粉末冶金原理（第三分册），中南矿冶学院，1977

第七章

[1] 宝鸡有色金属研究所：粉末冶金多孔材料（下册），冶金工业出版社，1979

[2] 松山芳治等：粉末冶金学（中译本），科学出版社，1978

[3] И. M. 费多尔钦科：粉末冶金原理（中译本），冶金工业出版社，1974

[4] P. A. Андриевский：Пористые Металлокерамичиские Материалы，Изд-ство Мет.，1964

[5] 宝鸡有色金属研究所：稀有金属合金加工，1976, №4, 56～103

[6] V. Morgan：Symposium on Powder Met. Special Report, 1956, №58, 81

[7] 刘荣华等：金属纤维增强自润滑材料，北京钢铁研究总院，1980

[8] 椙山正孝：粉末冶金の技术と材料および性能，地人书馆，1966

[9] 中南矿冶学院：粉末冶金材料（中南矿冶学院），1973

[10] A. A. Griffith：Trans. Roy. Soc., 1921, V. 221, 163

[11] Pranab Ray et al.：Planseeberichte für Pulvermetallurgie, 1976, B. 24, №. 3, 198～207

[12] A. Squire：Trans. AIME Techn. Publ., 1947, №. 2165

[13] D. G. McAdam：J. Iron Steel Inst, . 1951, V. 168, №4, 346～358

[14] 国防科技大学断裂科研组：断裂力学原理及应用，1979

[15] N. Lngelstrom：Powder Met., 1975, V. 18, №36, 303～322

[16] R. M. Pilliar et al.：Int. J. Powdet Met.& Powder Techn., 1977, V. 13, №2, 99～119

[17] T. J. Ladany：Met. Trans., 1975, 6A, №11, 2037～2048

[18] M. Ю. Бальшин：ДАН СССР, 1949, т. 67. 831

[19] Б. Я. Пинес и др.：ЖТФ, 1956, т. 26, №9, 2076

[20] M. Eudier：Powder Met, 1962, 278

[21] M. Eudier：Second European Symposium on Powder Met., V. 1, 1968

[22] A. Я. Красовский：Порош. Мет., 1964, №. 4, 1～9

[23] A. Я. Красовский：Порош. Мет., 1964, №5, 9～15

[24] V. Gallina et al.：Powder Met., 1968, V. 11, №21, 73～82

[25] B. T. Трощенко：Порош. Мет., 1963, 3

[26] R. Haynes：Powder Met., 1971, V. 14, №27, 64

[27] R. Haynes：ibid, 1971, V14, №27, 71

[28] E. Dudrove et al.：Third Int. Powder Met. Conference, 1970

[29] E. Dudrove：Pokrcky Prashkove Metlurgiye Vupm, 1971, №3, 25

[30] Г. C. Писаренко：Прочность Металлокерамических Материалов и Сплавов при Нормальных и Высоких Температурах, 1962, 239～248

[31] D. J. Millard：Mechanical Properties of Non-Metallic Brittle Materials, Sci., 1956, 45

[32] D. P. H. Hassleman：J. Amer. Ceramic Soc. ，1967，V. 50，399

[33] E. Ryshkewitsh：J. Amer. Ceramic Soc. ，1953，V. 36，65

[34] W. Duckworth：J. Amer. Ceramic Soc. ，1953，V. 36，68

[35] Н. И. Щербань：Порош. Мет，1973，№9，57～73

[36] F. P. Knudsen：J. Amer. Ceramic Soc. ，1959，V. 42，376

[37] R. M. German：Int. J. Powder Met. & Powder Techn. ，1977，V13，№. 4，259～271

[38] 小原嗣朗：粉体および粉末冶金，1975，V. 22，№. 4，141～146

[39] 同上，1976，V. 23. №. 6，196～200

[40] G. H. Gessinger et al. ：Powder Met. ，1971，289

[41] Н. И. Романова и др.：Порош. Мет. ，1974，№8，84

[42] Н. И. Романова：Цвет. Металлы，1975，№8，75～77

[43] 铃木寿：日本金属学会志，1974，V. 38，№11，1013～1019

[44] A. Salak et al. ：P. M. I. ，1974，V. 6，№3，128～132

[45] 林宏尔：粉体および粉末冶金，1976，V. 23，№1，1～6

[46] 铃木寿：金属，1976，V. 46，№6，24～30

[47] S. Joel et al. ：Introduction to Powder Met. ，New York，1969

[48] 周惠久：材料强度研究及应用，江西人民出版社，1978

[49] 川北宇夫：粉体および粉末冶金，1971，V. 17，№8，331～337

[50] М. Ю. Бальшин：ДАН СССР，1964，т. 164，№1

[51] Ondracek et al. ：P/M SEMP5，1978，II，206

[52] В. И. Оделевский：ЖТФ，1951，т. 21，№6，678

[53] W. Doebke：Z. Techn. Phys. ，1930，V. 11，12～16

[54] S. H. Reichman et al. ：Int. J. Powder Met. ，1970，V. 6，№1，65～75

[55] H. Ferguson：P. M. I. ，1972，V. 4，№2，89～93

[56] 竹内荣一：热处理，1978，V. 18，№2，72～78

[57] P. Szeki：Metalloberfläche，1960，V. 14 №9，266～269

[58] М. Г. Ефимов：Автомобильная Промышленность，1959，№10，40

[59] E. Orowan：Symposium on Internal Stress in Metals and Alloys，1948，451

[60] P. B. Hirsch：2nd Intern. Confer. on the Strength of Metals and Alloys，ASM，1970

[61] N. J. Grant：J. Metals，1954，V. 6，247

[62] G. S. Ansell et al. ：Acta Met. ，1960，V. 8，№9，612

[63] G. S. Ansell et al. ：Trans. AIME，1959，V. 215，838

[64] 高橋仙之助：日本金属学会志，1964，V. 28，559

[65] B. A. Wilcox：Trans. AIME，1966，V. 236，570

[66] O. Preston et al. ：Trans. AIME，1961，V. 221，164

[67] D. Mclean：Met. Review，1962，V. 7，481

[68] I. E. Campbell：High-Temperature Technology，1956

[69] W. S. Cremens et al. ：Amer. Soc. for Testing Materials，№83，1958

[70] B. A. Wilcox：Trans. AIME，1967，V. 239. 1791

[71] R. Irmann：Metallurgia，1952，V. 46，125

[72] K. M. Zwilsky：Trans. AIME，1957，V. 209，1197

[73] A Gatti：Trans. AIME，1959，V. 215，753

[74] Y. Imai et al. ：Powder Metallurgy，Interscience，1961，359

[75] B. Bovanick：Progress in Powder Met. ，1964，V. 20，64

[76] C. D. McHugh：J. American Ceram. Soc. ，1966，V. 49，486

[77] L. F. Olds：Trans. AIME，1956，V. 206，150

[78] W. H. Sutton: Fiber Composite Materials, ASM, 1965, 173

[79] D. A. J. Miller: Trans. ASM, 1954, V. 46, 1544

[80] R. P. H. Flemting: P/M SEMP5, 1978, I. 210

[81] J. S. Benjamin: Met. Trans. 1970, V. 1, №10, 2943

[82] R. C. Waugh: Int. J. Powder Met. &. Powder Techn. , 1976, V. 12, №2, 85~89

[83] F. J. Anders: Metal Progress, 1962, V. 82, 88

[84] 依田连平: 金属材料, 1966, V. 6, №1, 101

[85] 依田连平: 金属材料, 1966, V. 6, №2, 75

[86] D. L. Wood: Trans. AIME, 1959, V. 215, 925

[87] C. C. Goetzel: J. Metals, 1959, V. 11, 276

[88] D. K. Worn: Powder Metallurgy, Interscience, 1961, 309~342

[89] J. H. Swisher: J. Inst. Metals, 1970, V. 98, 129

[90] J. S. Benjamin: Met. Trans. , 1974, V. 5, №8, 1929

[91] G. H. Gessinger: High Temperature Materials in Gas Turbine, 1974

[92] Г. В. Самсонов: Твердые Соединения Тугоплавких Металлов, Металлургздат, 1957

[93] 林毅: 复合材料工学, 1971

[94] J. R. Tinklepaugh: Cermets, 1960

[95] Прахфингер и др. : Жаропрочные Металлические Материалы (перевод с англ.) Изд-ство ИЛ, 1958, 138

[96] D. P. H. Hassleman: J. American Ceram. Soc. , 1969, V. 52, №11, 600

[97] Г. С. Креймер и др; Изв. АН СССР, ОТН, Металлургия и Топливо, 1959, №3, 92

[98] J. Gurland: J. Metals, 1955, V. 7, №2, 311

[99] H. Fischmeiser: Archiv Eisenhüttenwesen, 1966, B. 37, №6, 499

[100] Г. С. Креймер и др: ФММ, 1960, Т. 10, №5, 698

[101] 同上 1962, Т. 13 №. 6, 901

[102] В. И. Третьяков: Металлокерамические Твердые Сплавы, Металлургиздат, 1962

[103] H. Suzuki: Planseeberichte für Pulvermetallurgie, 1966, B. 14, №. 2, 96

[104] Г. С. Креймер и др: Порошковая Металлургия, 1965, №. 6, 24

[105] P. B. Anderson et al: Planseeberichte für Pulvermetallurgie, 1967, B. 15, №3, 180

[106] Г. С. Креймер: Прочность Твердых Сплавов, 1971

[107] J. Gurland: Powdr Metallurgy, Interscience, 1961, 661

[108] R. Venter: Materials Science &. Engineering, 1975, V. 19, №2, 201

[109] A. Griffith: Phil. Trans. Roy. Soc. , 1921, V. 221, 163

[110] E. Orowan: Reports on Progress Physics, XⅡ , 1949, 185

[111] Г. С. Креймер и др: ФММ, 1962, т. 13, №4, 609~614

[112] 同上, 1963, т. 15, №3, 428~434

[113] E. Lardner: J. Inst. Metals, 1951~1952, V. 80, 369

[114] J. Gurland et al. : Trans. AIME, 1963, V. 227, №5, 1146~1150

[115] Г. С. Креймер и др: ФММ, 1964, т. 17, №4, 572

[116] В. А. Ивенсен: Порош. Мет. 1964, №4, 43

[117] 冯端: 金属物理 (下册), 科学出版社, 1975

[118] F. L. V. Snyder: 同 [60], V. 3, 1013

[119] K. Krider: Trans, AIME, 1969, V. 245, 1279

[120] R. H. Krock: Modern Composite Materials, 1967, 3~26

[121] E. M. Breinan: Met. Trans, 1970, V. 1, 93~104

[122] R. W. Jech: Reactive Metals, 1959

[123] D. W. Petrasek: NASA, TN. D-4787, 1968

[124] D. W. Petrasek：NASA，TN. D-5575，1970

[125] K. G. Kreider；SAMPE，1966，V. 10，1～9

[126] K. C. Antony：Trans. ASM，1968，V. 61，550～558

[127] 三浦维四他：日本金属学会志，1969，V. 33，1171

[128] 美国专刊，2828202，1958

[129] F. F. Lange：J. Mater. Sci. ，1982，V. 17，№1，235

[130] NiLs Claussen：Mater. Sci. ，1985，V. 71，№1/2，23

[131] K. T. Faber et al. ：Acta Metall. ，1983，V. 31，№4，565

[132] 殷声：粉末冶金技术，1990，V. 8，№2，66

[133] S. Inamure et al. ：J. Mater. Sci. Letters，1993，V. 12，№17，1368

[134] D. D. Upadhyaya et al. ：J. Mater. Sci. ，1993，V. 28，№22，6103

[135] 松井辰珠：粉体および粉末冶金，1992，V. 39，№12，1119

[136] Xu Runze et al. ：Modern Developments in Powder Metallurgy，1988，V. 19，53～59

冶金工业出版社部分图书推荐

书　　名	作　　者	定价(元)
中国冶金百科全书·金属材料	编委会　编	229.00
粉末冶金手册(上册)	韩凤麟　主编	248.00
粉末冶金手册(下册)	韩凤麟　主编	268.00
粉末冶金原理与工艺(本科教材)	曲选辉　主编	42.00
粉末冶金工艺及材料(本科教材)	陈文革　等编	33.00
粉末冶金电炉及设计(本科教材)	范才河　主编	39.00
物理化学(第4版)(本科教材)	王淑兰　主编	46.00
冶金物理化学(本科教材)	张家芸　主编	39.00
冶金工程实验技术(本科教材)	陈伟庆　主编	39.00
合金相与相变(第2版)(本科教材)	肖纪美　主编	37.00
金属学原理(本科教材)(第2版)	余永宁　编	160.00
金属材料学(第2版)(本科教材)	吴承建　等编	52.00
金属学与热处理(本科教材)	陈惠芬　主编	39.00
金相实验技术(第2版)(本科教材)	王　岚　等编	32.00
材料现代测试技术(本科教材)	廖晓玲　主编	45.00
相图分析及应用(本科教材)	陈树江　等编	20.00
传输原理(本科教材)	朱光俊　主编	42.00
耐火材料(第2版)(本科教材)	薛群虎　主编	35.00
特种冶炼与金属功能材料(本科教材)	崔雅茹　等编	20.00
粉末烧结理论	果世驹　著	34.00
粉末冶金摩擦材料	曲在纲　著	39.00
快速凝固粉末铝合金	陈振华　著	89.00
粉末金属成形过程计算机仿真与缺陷预测	董林峰　著	20.00
硬质合金生产原理和质量控制(本科教材)	周书助　编著	39.00
金属硅化物	易丹青　等著	99.00
人造金刚石工具手册	宋月清　等编	260.00